MATEMÁTICA
APLICADA

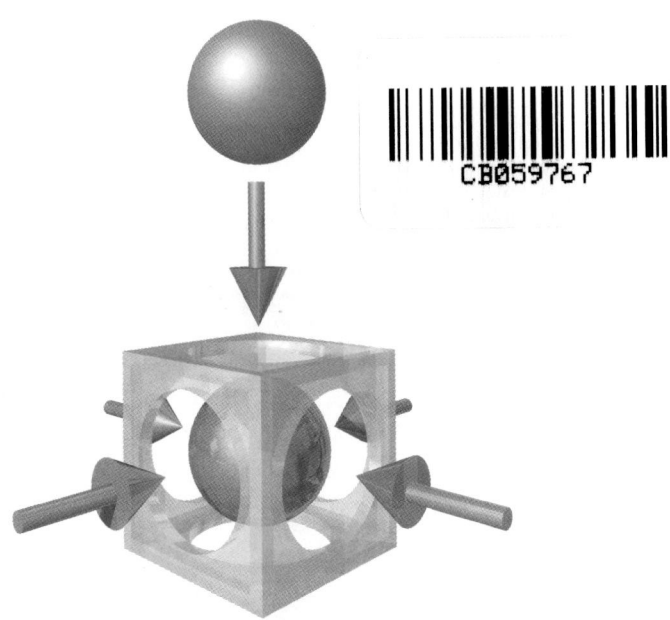

www.saraivauni.com.br

SEIJI HARIKI

Matemático pela Faculdade de Filosofia, Ciências e Letras da Universidade de São Paulo (FFCL - USP)
Mestre pelo Instituto de Matemática e Estatística da Universidade de São Paulo (IME - USP)
Ph.D. pela Universidade de Southampton, Reino Unido
Professor do Instituto de Matemática e Estatística da Universidade de São Paulo (IME - USP)

OSCAR JOÃO ABDOUNUR

Engenheiro Eletrônico pelo Instituto Tecnológico de Aeronáutica (ITA)
Mestre pelo Instituto de Matemática e Estatística da Universidade de São Paulo (IME - USP)
Doutor pela Faculdade de Educação da Universidade de São Paulo (FE - USP)
Professor do Instituto de Matemática e Estatística da Universidade de São Paulo (IME - USP)

MATEMÁTICA APLICADA

ADMINISTRAÇÃO • ECONOMIA • CONTABILIDADE

Editora Saraiva

Rua Henrique Schaumann, 270
Pinheiros – São Paulo – SP – CEP: 05413-010
Fone PABX: (11) 3613-3000 • Fax: (11) 3611-3308
Televendas: (11) 3613-3344 • Fax vendas: (11) 3268-3268
Site: http://www.editorasaraiva.com.br

ISBN 978-85-02-02802-9

CIP-BRASIL. CATALOGAÇÃO NA FONTE
SINDICATO NACIONAL DOS EDITORES DE LIVROS, RJ.

Filiais

AMAZONAS/RONDÔNIA/RORAIMA/ACRE
Rua Costa Azevedo, 56 – Centro
Fone/Fax: (92) 3633-4227 / 3633-4782 – Manaus

BAHIA/SERGIPE
Rua Agripino Dórea, 23 – Brotas
Fone: (71) 3381-5854 / 3381-5895 / 3381-0959 – Salvador

BAURU/SÃO PAULO (sala dos professores)
Rua Monsenhor Claro, 2-55/2-57 – Centro
Fone: (14) 3234-5643 – 3234-7401 – Bauru

CAMPINAS/SÃO PAULO (sala dos professores)
Rua Camargo Pimentel, 660 – Jd. Guanabara
Fone: (19) 3243-8004 / 3243-8259 – Campinas

CEARÁ/PIAUÍ/MARANHÃO
Av. Filomeno Gomes, 670 – Jacarecanga
Fone: (85) 3238-2323 / 3238-1331 – Fortaleza

DISTRITO FEDERAL
SIA/SUL Trecho 2, Lote 850 – Setor de Indústria e Abastecimento
Fone: (61) 3344-2920 / 3344-2951 / 3344-1709 – Brasília

GOIÁS/TOCANTINS
Av. Independência, 5330 – Setor Aeroporto
Fone: (62) 3225-2882 / 3212-2806 / 3224-3016 – Goiânia

MATO GROSSO DO SUL/MATO GROSSO
Rua 14 de Julho, 3148 – Centro
Fone: (67) 3382-3682 / 3382-0112 – Campo Grande

MINAS GERAIS
Rua Além Paraíba, 449 – Lagoinha
Fone: (31) 3429-8300 – Belo Horizonte

PARÁ/AMAPÁ
Travessa Apinagés, 186 – Batista Campos
Fone: (91) 3222-9034 / 3224-9038 / 3241-0499 – Belém

PARANÁ/SANTA CATARINA
Rua Conselheiro Laurindo, 2895 – Prado Velho
Fone: (41) 3332-4894 – Curitiba

PERNAMBUCO/ ALAGOAS/ PARAÍBA/ R. G. DO NORTE
Rua Corredor do Bispo, 185 – Boa Vista
Fone: (81) 3421-4246 / 3421-4510 – Recife

RIBEIRÃO PRETO/SÃO PAULO
Av. Francisco Junqueira, 1255 – Centro
Fone: (16) 3610-5843 / 3610-8284 – Ribeirão Preto

RIO DE JANEIRO/ESPÍRITO SANTO
Rua Visconde de Santa Isabel, 113 a 119 – Vila Isabel
Fone: (21) 2577-9494 / 2577-8867 / 2577-9565 – Rio de Janeiro

RIO GRANDE DO SUL
Av. A. J. Renner, 231 – Farrapos
Fone: (51) 3371- 4001 / 3371-1467 / 3371-1567 – Porto Alegre

SÃO JOSÉ DO RIO PRETO/SÃO PAULO (sala dos professores)
Av. Brig. Faria Lima, 6363 – Rio Preto Shopping Center – V. São José
Fone: (17) 3227-3819 / 3227-0982 / 3227-5249 – São José do Rio Preto

SÃO JOSÉ DOS CAMPOS/SÃO PAULO (sala dos professores)
Rua Santa Luzia, 106 – Jd. Santa Madalena
Fone: (12) 3921-0732 – São José dos Campos

SÃO PAULO
Av. Antártica, 92 – Barra Funda
Fone PABX: (11) 3613-3666 – São Paulo

Hariki, Seiji, 1944 – 1998.
   Matemática aplicada : administração, economia, contabilidade / Seiji Hariki, Oscar João Abdounur. – São Paulo : Saraiva, 1999.

   Bibliografia
   ISBN 978-85-02-02802-9
   85-02-02802-2

   1. Matemática - Estudo e ensino. I. Abdounur, Oscar João. II. Título.

04-3952   CDD-330

Índice para catálogo sistemático:
1. Matemática aplicada : Estudo e ensino 510-07

Copyright © Seiji Hariki e Oscar João Abdounur
1999 Editora Saraiva
Todos os direitos reservados.

Direção editorial	Flávia Alves Bravin
Coordenação editorial	Rita de Cássia da Silva
Editorial Universitário	Luciana Cruz
	Patricia Quero
Editorial de Negócios	Gisele Folha Mós
Produção editorial	Daniela Nogueira Secondo
	Rosana Peroni Fazolari
Produção digital	Nathalia Setrini Luiz
Suporte editorial	Najla Cruz Silva
Arte e produção	Setup - Bureau Editoração Eletrônica S/C Ltda.
Capa	Ulhôa Cintra Comunicação Visual e Arquitetura S/C Ltda.
Produção gráfica	Liliane Cristina Gomes
Impressão e acabamento	Assahí Gráfica

Contato com o editorial
editorialuniversitario@editorasaraiva.com.br

1ª edição

1ª tiragem: 1999	6ª tiragem: 2008	11ª tiragem: 2012
2ª tiragem: 2002	7ª tiragem: 2008	12ª tiragem: 2014
3ª tiragem: 2003	8ª tiragem: 2009	
4ª tiragem: 2005	9ª tiragem: 2010	
5ª tiragem: 2006	10ª tiragem: 2012	

Nenhuma parte desta publicação poderá ser reproduzida por qualquer meio ou forma sem a prévia autorização da Editora Saraiva. A violação dos direitos autorais é crime estabelecido na lei nº 9.610/98 e punido pelo artigo 184 do Código Penal.

350.515.001.012

In Memoriam
Ao Professor Seiji Hariki

Prefácio

Seiji Hariki nos deixou muito cedo. Ficaram muitas saudades, exemplos, idéias, obras. Escrevia um livro que ficou inacabado. Coube a Oscar João terminar a obra, procurando manter-se fiel ao que Seiji pretendia. E, fazendo o que era também vontade de Seiji, honrou-me com o convite para prefaciar a obra. É com emoção que o faço.

Conheci Seiji há mais de vinte anos. Foi meu aluno num curso de verão e depois escolheu-me para ser seu orientador no Mestrado. Surgiu desde então uma grande amizade entre nós. Leal às suas idéias e aos amigos, Seiji enfrentou dificuldades para encontrar seu espaço no mundo acadêmico. Foi um dos primeiros a sair para um Ph.D. no exterior com foco em Educação Matemática. Na Universidade de Southampton, granjeou respeito e admiração de seus professores e colegas. Enveredou por uma área nova e difícil, que é a análise de textos e de estilos de escrever matemática. Analisou inúmeros livros. De volta ao Brasil, consolidou uma nova área de pesquisa e procurou criar no Instituto de Matemática e Estatística da Universidade de São Paulo um ambiente favorável para a pesquisa em Educação Matemática.

Conheço Oscar João há menos tempo. Acompanho sua pesquisa em uma área muito original, que é o estudo do paralelismo na evolução da matemática e da música ao longo da história européia. Oscar João vai sendo internacionalmente reconhecido por suas contribuições a essa importante área de pesquisa. Oscar João compartilhava com Seiji as inquietações com a qualidade dos cursos de graduação e a vontade de oferecer aos alunos que ingressam na universidade um curso básico de matemática de alto nível.

A análise de inúmeros textos e a sensibilidade para perceber o que é necessário para alunos cursando a graduação deveriam, inevitavelmente, resultar em uma proposta de como deve ser um curso básico de matemática. De fato, assim foi e Seiji desenhou um curso de matemática para a graduação. A proposta é um livro escrito com rigor mas sem ser pedante, em linguagem e estilos modernos sem ser prolixo, e útil para o estudante sem cair na mera aquisição de técnicas. A idéia central é fazer uma exposição teórica e ilustrar o porquê dos conceitos. Uma das maiores dificuldades que estamos enfrentando na educação matemática atual, em todos os níveis, é a falta de motivação dos estudantes. Parece que os enfoques tradicionais para motivar os alunos, tais como insistir na importância da matemática e na beleza de sua organização interna, não estão sendo atrativos. Preocupa a queda de procura de cursos de matemática nas universidades. As práticas pedagógicas atuais parecem ser uma razão para isso. Normalmente, o professor vai para a aula preparado para desenvolver um tema e se prende a ele. Os exemplos e ilustrações são, com raras exceções, tirados de uma física obsoleta. Os estudantes têm curiosidades e interesse nos problemas que afetam nosso cotidiano, mas os alunos são desencorajados, muitas vezes explicitamente, a propor questões que se desviem do tema da aula. E muitas vezes o que mais lhes interessa jamais chega a ser discutido em aula. Isso afeta particularmente os cursos de Administração, Contabilidade, Economia e áreas correlatas.

Seiji se sensibilizou com essa situação e decidiu escrever o livro Matemática Aplicada à Administração, à Contabilidade e à Economia, com algumas características únicas. Os autores começam fazendo uma revisão de matemática bem elementar, como as quatro operações, frações, equações lineares e quadráticas. Realisticamente, pedem aos alunos que façam exercícios sobre esses tópicos. Mas, desde o início, revelam sua preocupação com os conceitos. E ao tratar os temas elementares, os conceitos começam a ser introduzidos com a precisão e o rigor adequados para esse nível de ensino. E então entram no estudo dos conteúdos que constituem um curso de Cálculo. Buscam motivação no que talvez seja o mais presente nas preocupações dos estudantes, que é a economia. Utilizam exemplos da economia e cobrem o que se costuma estudar nos cursos de matemática financeira. Ilustram as teorias matemáticas com conceitos da economia moderna e chegam a uma introdução às técnicas avançadas de otimização. Os autores conseguem a proeza de, partindo da matemática elementar, tornar acessível aos estudantes um instrumental matemático avançado.

A educação brasileira se enriquece com esta obra.

Ubiratan D'Ambrosio
Professor Emérito de Matemática, UNICAMP

Nota dos Autores

A passagem da Matemática Elementar para a Matemática Superior é sempre complicada, tanto para alunos quanto para professores. Por um lado, os alunos queixam-se que o Cálculo é de difícil compreensão; nisso os alunos têm razão. Por outro lado, os professores queixam-se que os alunos não aprendem Cálculo porque muitos deles chegam mal preparados para a Faculdade; nisso os professores têm razão.

Seria interessante, tanto para os professores como para os alunos, que essa passagem fosse a menos traumática possível. É, portanto, com o intuito de amenizar um pouco essa transição, que começaremos o nosso curso de Cálculo com uma boa revisão de conceitos e técnicas de Matemática Elementar, que serão bastante utilizados ao longo do curso.

Prof. Seiji Hariki

O texto acima é mais do que a parte inicial do prefácio que o Prof. Seiji Hariki elaborava e interrompeu abruptamente. Sua transcrição é, na verdade, uma homenagem ao grande amigo e orientador de doutorado, com quem tive a oportunidade de conviver e trocar experiências muito preciosas.

Tendo a honra de dar continuidade a sua obra, procurou-se elaborar um curso básico de Cálculo com a linguagem e os conhecimentos necessários a estudantes das áreas de Economia, Administração e Contabilidade.

Após uma revisão de definições e técnicas elementares de matemática, aborda-se o cálculo em uma variável, apresentando conceitos importantes tais como limite, derivada, integral definida e indefinida, culminando no Teorema Fundamental do Cálculo e suas aplicações em Economia, Administração e Contabilidade.

A parte final do livro trata do cálculo multivariacional — muito útil nas definições, problemas e modelamentos nas áreas a que se dirige — retornando e estendendo os conceitos já abordados, agora adaptados para várias variáveis e concedendo ênfase especial à otimização em modelos econômicos.

Prof. Oscar João Abdounur
(oscar@editorasaraiva.com.br)

Sumário

1. **Números Reais**
   - 1.1. Conjuntos 1
   - 1.2. Números Naturais, Inteiros e Racionais 6
   - 1.3. Números Reais 13
   - 1.4. Desigualdades 18
   - 1.5. Intervalos 25
   - 1.6. Módulo de um Número Real 27
   - 1.7. Plano Cartesiano 33

2. **Funções**
   - 2.1. Funções 38
   - 2.2. Operações com Funções 46
   - 2.3. Função Linear 51
   - 2.4. Função Modular 58
   - 2.5. Função Quadrática 64
   - 2.6. Funções Trigonométricas 71

3. **Limite e Continuidade**
   - 3.1. Limite de Seqüência 77
   - 3.2. Limite de Função 84
   - 3.3. Propriedades dos Limites 94
   - 3.4. Continuidade 99
   - 3.5. Funções Exponenciais e Logarítmicas 104
   - 3.6. Limites Fundamentais 111
   - 3.7. Juros Compostos 113

4. **Derivadas**
   - 4.1. Derivada de uma Função 117
   - 4.2. Regras de Derivação 127
   - 4.3. Regra da Cadeia 136
   - 4.4. Derivadas das Funções Logarítmicas e Exponenciais 144
   - 4.5. Derivadas e Integrais de Funções Trigonométricas 148
   - 4.6. Análise Marginal 151
   - 4.7. Regra de l'Hôpital 155

5. **Estudo Completo das Funções**
   - 5.1. Crescimento e Decrescimento 160
   - 5.2. Máximos e Mínimos Relativos 166
   - 5.3. Concavidade 169
   - 5.4. Assíntotas 176
   - 5.5. Estudo Completo de uma Função 179
   - 5.6. Problemas de Otimização 184

6. Integral
- 6.1. Integral de uma Função 187
- 6.2. Métodos de Integração 195
- 6.3. Funções Trigonométricas: Integrais e Técnicas 208
- 6.4. Equações Diferenciais 217

7. Integral Definida
- 7.1. Área sob o Gráfico de uma Função 233
- 7.2. Integral Definida 239
- 7.3. Integral Imprópria 247
- 7.4. Aplicações à Economia 253

8. Funções de Várias Variáveis: Limite e Continuidade
- 8.1. Espaços R^2 e R^3 270
- 8.2. Funções de Duas e Três Variáveis 288
- 8.3. Limite e Continuidade 301
- 8.4. R^n e Funções de n Variáveis: Limite e Continuidade 311

9. Diferenciação em Funções de Várias Variáveis
- 9.1. Derivadas Parciais 321
- 9.2. Diferenciação 337
- 9.3. Funções Homogêneas: a Função de Produção de Cobb-Douglas 345
- 9.4. Gradiente e Derivadas Direcionais 354
- 9.5. Aplicações 367

10. Otimização em Funções de Várias Variáveis
- 10.1. Introdução à Programação Linear 378
- 10.2. Máximos e Mínimos Não-Condicionados 389
- 10.3. Otimização Condicionada a Igualdades: Multiplicadores de Lagrange 413
- 10.4. Otimização Condicionada a Desigualdades: Condições de Kuhn-Tucker 435

Respostas dos Exercícios (*Ímpares*) 447
Bibliografia 465

1
NÚMEROS REAIS

Você verá neste capítulo:

Conjuntos
Números naturais, inteiros e racionais
Números reais
Desigualdades
Intervalos
Módulo de um número real
Plano cartesiano

1.1 CONJUNTOS

Iniciamos este capítulo recordando algumas definições e notações básicas da Teoria dos Conjuntos, que serão utilizadas ao longo do curso.

Conjunto é sinônimo de coleção; trabalharemos neste curso com conjunto de números, conjunto de funções, conjunto de vetores etc. Em geral, designamos os conjuntos com letras maiúsculas A, B, C, D etc. Os membros de um conjunto são chamados de *elementos*.

Se x é um elemento de um conjunto A, dizemos que x *pertence a* A e escrevemos $x \in A$. Caso contrário, dizemos que x *não pertence a* A e escrevemos $x \notin A$. Por exemplo, se A é o conjunto dos cinco primeiros algarismos, $A = \{0, 1, 2, 3, 4\}$, então $3 \in A$, mas $7 \notin A$.

Um conjunto está *determinado*, *definido* ou *dado*, quando temos um critério para saber se um dado elemento pertence ou não a esse conjunto, ou seja,

(i) quando conhecemos todos os seus elementos; ou

(ii) quando conhecemos uma propriedade característica de seus elementos.

Por exemplo, ao dizermos que D é o conjunto dos divisores naturais de 8, estamos definindo-o por meio de sua propriedade característica. Simbolicamente:

$$D = \{x \in \mathbb{N}: x \text{ é divisor de } 8\}$$

onde $\mathbb{N}$ é o conjunto dos números naturais.

[lê-se *D é o conjunto dos x pertencentes a $\mathbb{N}$ tais que x é divisor de 8*]

Este conjunto pode também ser dado por enumeração de seus elementos:

$$D = \{1, 2, 4, 8\}$$

Por outro lado, o conjunto dos números naturais primos

$$P = \{x \in \mathbb{N} : x \text{ é primo}\}$$

está determinado, mas não pode ser dado pela enumeração de seus elementos, pois não conhecemos todos os números primos.

• Conjuntos numéricos importantes

Os seguintes conjuntos numéricos serão estudados nas seções seguintes:

$\mathbb{N} = \{0, 1, 2, 3, ...\}$ = conjunto dos números naturais

$\mathbb{Z} = \{..., -4, -3, -2, -1, 0, 1, 2, 3, 4, ...\}$ = conjunto dos números inteiros

$\mathbb{Q}$ = conjunto dos números racionais

$\mathbb{R}$ = conjunto dos números reais

• Subconjunto

Um conjunto A é um *subconjunto* de B se todo elemento de A pertence a B. Neste caso, dizemos que A *está contido em* B e designamos este fato por

$A \subset B$ [lê-se A *está contido em* B]

Por exemplo, se $A = \{2, 4, 6\}$ e $B = \{1, 2, 3, 4, 5, 6\}$, então $A \subset B$.

Muitas propriedades e relações entre conjuntos ficam claras quando representamos conjuntos por meio de regiões planas. Tais representações chamam-se *diagramas de Venn*. A Figura 1.1 ilustra o fato de que A *está contido em* B.

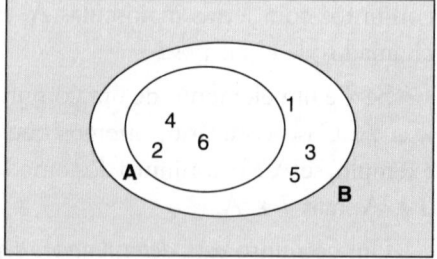

FIG. 1.1

Quando A *não está contido em* B, isto é, quando existe pelo menos um elemento de A que não pertence a B, escrevemos $A \not\subset B$.

Por exemplo, se $A = \{2, 5, 7\}$ e $B = \{5, 7, 9, 11\}$, então $A \not\subset B$, pois $2 \in A$, e $2 \notin B$.

• Igualdade de conjuntos

Dois conjuntos A e B são *iguais* (A = B), se eles possuem os mesmos elementos. Em outras palavras, A = B, se e somente se todo elemento de A pertence a B, e todo elemento de B pertence a A:

$$A = B \Leftrightarrow A \subset B \text{ e } B \subset A.$$

[$\Leftrightarrow$ lê-se *se e somente se*]

• REUNIÃO DE CONJUNTOS

A *reunião*, ou *união*, de dois conjuntos A e B é o conjunto, designado por A ∪ B, cujos elementos são tanto os elementos de A como os de B. Em outras palavras,

$$x \in A \cup B \Leftrightarrow x \in A \text{ ou } x \in B$$

[A ∪ B lê-se A *união* B]

Por exemplo, se A = {1, 2, 3, 5} e B = {3, 4, 5, 7}, então A ∪ B = {1, 2, 3, 5, 4, 7}.

O diagrama de Venn da Figura 1.2 ilustra a reunião de A e B.

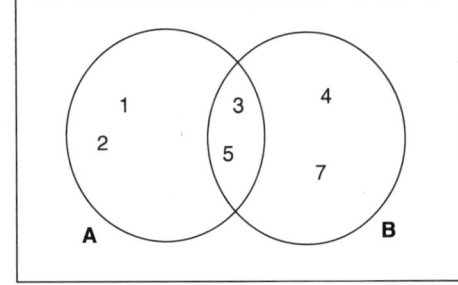

FIG. 1.2

Propriedades da reunião:

- comutativa: A ∪ B = B ∪ A
- associativa: A ∪ (B ∪ C) = (A ∪ B) ∪ C
- elemento neutro: A ∪ ∅ = A

• INTERSEÇÃO DE CONJUNTOS

A *interseção* de dois conjuntos A e B é o conjunto, designado por A ∩ B, formado pelos elementos comuns a A e a B. Em outras palavras,

$$x \in A \cap B \Leftrightarrow x \in A \text{ e } x \in B$$

[A ∩ B lê-se A *inter* B]

Por exemplo, se A = {1, 2, 3} e B = {2, 3, 4, 5, 6}, então A ∩ B = {2, 3}.

O diagrama de Venn da Figura 1.3 ilustra a interseção de A e B.

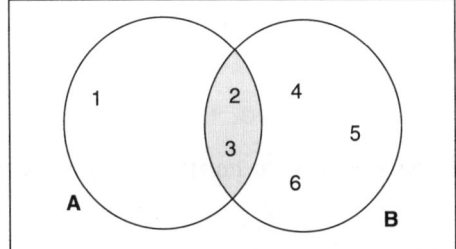

FIG. 1.3

Propriedades da interseção:

- comutativa: A ∩ B = B ∩ A
- associativa: A ∩ (B ∩ C) = (A ∩ B) ∩ C
- A ∩ ∅ = ∅
- distributivas:

    A ∩ (B ∪ C) = (A ∩ B) ∪ (A ∩ C)
    A ∪ (B ∩ C) = (A ∪ B) ∩ (A ∪ C)

• CONJUNTO VAZIO

O *conjunto vazio*, designado por $\emptyset$, é o conjunto que não possui nenhum elemento. Por exemplo, $\{x \in \mathbb{N} : x < 0\} = \emptyset$.

• CONJUNTOS DISJUNTOS

Dois conjuntos A e B são *disjuntos* se a sua interseção é vazia, isto é, não possui nenhum elemento. Em outras palavras, A e B são disjuntos se e somente se $A \cap B = \emptyset$. Por exemplo, se $A = \{1, 3, 5\}$ e $B = \{2, 4, 6, 8\}$, então $A \cap B = \emptyset$.

• CONJUNTO-DIFERENÇA

O *conjunto-diferença* de dois conjuntos A e B, designado por $A \setminus B$, é o conjunto dos elementos de A que não pertencem a B.

[$A \setminus B$ lê-se A *menos* B]

Por exemplo, se $A = \{5, 6, 7, 8\}$ e $B = \{1, 2, 3, 7, 8\}$, então $A \setminus B = \{5, 6\}$ enquanto $B \setminus A = \{1, 2, 3\}$.

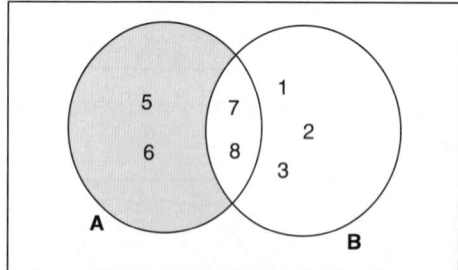

O diagrama de Venn da Figura 1.4 ilustra o conjunto diferença $A \setminus B$.

FIG. 1.4

Propriedades do conjunto-diferença:

$(A \setminus B) = A \setminus (A \cap B)$
$A \cup B = (A \setminus B) \cup (A \cap B) \cup (B \setminus A)$

• COMPLEMENTAR DE UM CONJUNTO

Se todos os elementos em consideração pertencem a um mesmo conjunto U, este chama-se *universo de discurso*. Se A é um subconjunto de U, então o conjunto-diferença $U \setminus A$ chama-se *complementar* de A e é designado por $C(A)$ ou A^c. Em outras palavras,

$$x \in C(A) \Leftrightarrow x \in U \text{ e } x \notin A$$

O diagrama de Venn da Figura 1.5 ilustra o complementar de A.

Propriedades do complementar:

◆ C(C(A)) = A
◆ Leis de De Morgan:
  C(A ∪ B) = C(A) ∩ C(B)
  C(A ∩ B) = C(A) ∪ C(B)

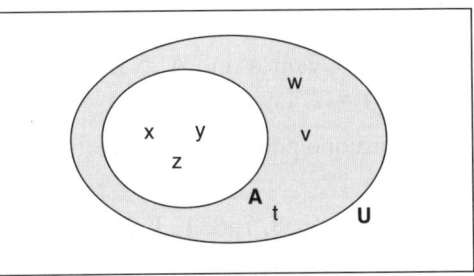

FIG. 1.5

• PRODUTO CARTESIANO

O *produto cartesiano* de dois conjuntos A e B, designado por A × B, é o conjunto dos pares ordenados (x,y) tais que x ∈ A e y ∈ B.

Por exemplo, se A = {1, 2, 3} e B = {2, 4}, então
A × B = {(1,2), (1,4), (2,2), (2,4), (3,2), (3,4)}
Observe que A × B é diferente de B × A:
B × A = {(2,1), (2,2), (2,3), (4,1), (4,2), (4,3)}
pois, por exemplo, (1,2) pertence a A × B, mas não pertence a B × A.

• NÚMERO DE ELEMENTOS DA REUNIÃO DE CONJUNTOS

Se A é um conjunto finito, designamos por n(A) o número de elementos de A. Por exemplo, se A = {0, 1, 5}, então n(A) = 3.

Para determinar o número de elementos da reunião de dois conjuntos A e B, dividimos o problema em dois casos:

1º caso: A e B são disjuntos. Neste caso, é claro que

$$n(A \cup B) = n(A) + n(B)$$

2º caso: A e B não são disjuntos. Neste caso, quando somamos n(A) com n(B), contamos os elementos de A ∩ B duas vezes. Portanto,

$$n(A \cup B) = n(A) + n(B) - n(A \cap B)$$

Observe que esta fórmula é válida, mesmo quando A e B são disjuntos, pois, neste caso, n(A ∩ B) = n(∅) = 0. Logo, podemos concluir que

> Se A e B são conjuntos finitos, então
> $$n(A \cup B) = n(A) + n(B) - n(A \cap B)$$

Exemplo 1.1:

Utilize a fórmula acima para determinar o número de elementos da reunião dos conjuntos A = {2, 5, 7, 8} e B = {1, 3, 5, 7, 9}.

Resolução:

Primeiro, vemos que $A \cap B = \{5,7\}$. Temos então que $n(A) = 4$, $n(B) = 5$ e $n(A \cap B) = 2$. Logo, $n(A \cup B) = 4 + 5 - 2 = 7$.

É claro que poderíamos ter realizado a reunião $A \cup B$ e ter contado os seus elementos:

$A \cup B = \{2, 5, 7, 8, 1, 3, 9\}$

Logo, $n(A \cup B) = 7$.

Exercícios 1.1

1. Sejam $A = \{1, 2, 3, 4\}$ e $B = \{2, 3, 5, 7\}$. Determine

(a) $A \cup B$
(b) $A \cap B$
(c) $A \backslash B$
(d) $B \backslash A$
(e) $A \times B$

2. Sejam $A = \{0, 1, 2, 3, 5\}$ e $B = \{1, 2, 3, 4\}$. Calcule

(a) $n(A \cup B)$
(b) $n(A \cap B)$
(c) $n(A \backslash B)$
(d) $n(B \backslash A)$
(e) $n(A \times B)$

3. Assinale cada uma das afirmações abaixo com V (verdadeira) ou F (falsa).

(a) $A \cap \varnothing = A$.
(b) Se $x \notin A \cap B$, então $x \notin A$ e $x \notin B$.
(c) Se $x \notin A \cap B$, então $x \notin A$ ou $x \notin B$.
(d) Se $x \notin A \cup B$, então $x \notin A$ ou $x \notin B$.
(e) Se $x \notin A \cup B$, então $x \notin A$ e $x \notin B$.
(f) $\varnothing \subset A$, qualquer que seja o conjunto A.
(g) Se $A \subset B$, então $n(B \backslash A) = n(B) - n(A)$.

4. Numa pesquisa sobre preferências de detergentes realizada numa população de 100 pessoas, constatou-se que 62 consomem o produto A; 47 consomem o produto B e 10 pessoas não consomem nem A nem B. Pergunta-se: quantas pessoas dessa população consomem tanto o produto A quanto o produto B? [Sugestão: Use um diagrama de Venn.]

1.2 NÚMEROS NATURAIS, INTEIROS E RACIONAIS

Números naturais

Os *números naturais* são utilizados para a contagem de objetos, pessoas etc. Designamos com o símbolo $\mathbb{N}$ o conjunto dos números naturais:

$$\mathbb{N} = \{0, 1, 2, 3, ...\}$$

e com $\mathbb{N}^*$ o conjunto dos números naturais não-nulos:

$$\mathbb{N}^* = \{1, 2, 3, ...\}$$

Se a e b são números naturais, a *soma* a + b e o *produto* a · b (a × b ou ab) são sempre números naturais. Por outro lado, a diferença de dois números naturais pode não pertencer a **N**. Por exemplo, o resultado de 3 − 5 não pertence a **N**.

- REPRESENTAÇÃO GEOMÉTRICA DOS NÚMEROS NATURAIS

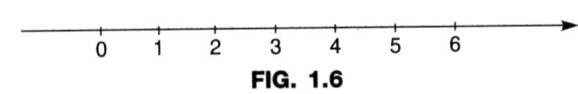

FIG. 1.6

Números inteiros

Designamos com o símbolo **Z** o conjunto dos números *inteiros* ou *inteiros relativos*:

$$\mathbf{Z} = \{..., -3, -2, -1, 0, 1, 2, 3, ...\}$$

Subconjuntos importantes de **Z**:

$\mathbf{Z}_+ = \{0, 1, 2, 3, ...\}$ = conjunto dos inteiros *não-negativos*

$\mathbf{Z}_+^* = \{1, 2, 3, 4, ...\}$ = conjunto dos inteiros *positivos*

$\mathbf{Z}_- = \{0, -1, -2, -3, ...\}$ = conjunto dos inteiros *não-positivos*

$\mathbf{Z}_-^* = \{-1, -2, -3, ...\}$ = conjunto dos inteiros *negativos*

A soma, o produto e a diferença de inteiros são inteiros. Por outro lado, se a e b são inteiros, com a ≠ 0, nem sempre o quociente $\frac{b}{a}$ é inteiro. Por exemplo, $\frac{8}{2} = 4$ é inteiro, mas $\frac{15}{6}$ não é inteiro.

- REPRESENTAÇÃO GEOMÉTRICA DOS NÚMEROS INTEIROS

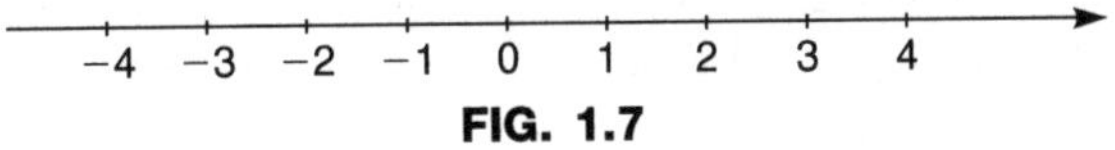

FIG. 1.7

Números racionais

Números racionais são aqueles que podem ser representados na forma de uma fração $\frac{p}{q}$, onde p e q são inteiros e q ≠ 0.

Por exemplo, os seguintes números são racionais:

$\frac{2}{3}$;

$-\dfrac{3}{4} = \dfrac{(-3)}{4} = \dfrac{3}{(-4)};$

$\dfrac{(-3)}{(-2)} = \dfrac{3}{2};$

$\dfrac{16}{4} = 4;$

$0{,}25 = \dfrac{25}{100} = \dfrac{1}{4};$

$1{,}333\ldots = \dfrac{4}{3}.$

Designamos com o símbolo **Q** o conjunto dos números racionais.

Observemos que todo inteiro p pode ser posto na forma de uma fração: $p = \dfrac{p}{1}$. Assim, **Z** pode ser considerado como um subconjunto de **Q**.

Lembremos que a soma, a diferença, o produto e o quociente (com o divisor diferente de 0) de dois números racionais $\dfrac{a}{b}$ e $\dfrac{c}{d}$ são definidos pelas seguintes fórmulas:

$$\dfrac{a}{b} + \dfrac{c}{d} = \dfrac{ad + bc}{bd}$$

$$\dfrac{a}{b} - \dfrac{c}{d} = \dfrac{ad - bc}{bd}$$

$$\dfrac{a}{b} \cdot \dfrac{c}{d} = \dfrac{ac}{bd}$$

$$\dfrac{\dfrac{a}{b}}{\dfrac{c}{d}} = \dfrac{a}{b} \cdot \dfrac{d}{c} = \dfrac{ad}{bc}$$

Exemplos:

$$\dfrac{2}{3} + \dfrac{5}{7} = \dfrac{(2 \cdot 7 + 3 \cdot 5)}{(3 \cdot 7)} = \dfrac{29}{21}$$

$$\dfrac{2}{3} - \dfrac{5}{7} = \dfrac{(2 \cdot 7 - 3 \cdot 5)}{(3 \cdot 7)} = -\left(\dfrac{1}{21}\right)$$

$$\left(\dfrac{2}{3}\right) \cdot \left(\dfrac{5}{7}\right) = \dfrac{(2 \cdot 5)}{(3 \cdot 7)} = \dfrac{10}{21}$$

$$\dfrac{\left(\dfrac{2}{3}\right)}{\left(\dfrac{5}{7}\right)} = \left(\dfrac{2}{3}\right) \cdot \left(\dfrac{7}{5}\right) = \dfrac{(2 \cdot 7)}{(3 \cdot 5)} = \dfrac{14}{15}$$

• REPRESENTAÇÃO DECIMAL DAS FRAÇÕES

Podemos representar as frações por meio de números decimais.

Capítulo 1 — Números Reais

Exemplo 1.2:

Encontre a representação decimal da fração $\frac{375}{8}$.

Resolução:

1º método: usando a calculadora. Ela nos dá, com rapidez e precisão,

$$\frac{375}{8} = 46{,}875.$$

2º método: usando o algoritmo da divisão.

```
375  | 8
 55    46,875
 70
 60
 40
  0
```

Portanto, $\frac{375}{8} = 46{,}875$.

3º método: como o denominador é uma potência de 2 ($8 = 2^3$), podemos obter como denominador um múltiplo de 10, multiplicando o numerador e o denominador por 5^3:

$$\frac{375}{8} = \frac{375 \times 5^3}{(2^3 \times 5^3)} = \frac{375 \times 125}{10^3} = \frac{46.875}{1.000} = 46{,}875.$$

Exemplo 1.3:

Escreva a fração $\frac{432}{7}$ como um número decimal.

Resolução:

1º método: usando a calculadora. Aqui a calculadora *não resolve* o problema, pois fornece apenas um valor aproximado:

$$\frac{432}{7} \approx 61{,}714286. \quad [\approx \text{lê-se } \textit{é aproximadamente igual a}]$$

Não é possível, neste caso, saber se o último dígito é exato ou não.

$2^{\underline{o}}$ *método:* utilizando o algoritmo da divisão (sempre funciona, embora demande tempo e concentração).

```
432  | 7
 12    61,7142857
 50
 10
 30
 20
 60
 40
 50
 10
```

Portanto, o decimal que representa a fração dada é uma *dízima periódica*:

$$\frac{432}{7} = 61{,}714285\ 714285\ 714285\ ...$$

sendo o período igual a 714285.

Para abreviar a notação, costuma-se designar a dízima periódica colocando uma barra em cima do período:

$$\frac{432}{7} = 61{,}\overline{714285}$$

Vejamos agora o problema inverso: como escrever um decimal finito ou uma dízima periódica na forma fracionária.

Exemplo 1.4:

Represente o decimal finito 2.397,81 como uma fração de inteiros.

Resolução:

Basta multiplicar e dividir o número dado por 100:

$$2.397{,}81 = \frac{2.397{,}81 \times 100}{100} = \frac{239.781}{100}$$

Exemplo 1.5:

Represente a *dízima periódica* 12,4333 ... como uma fração de inteiros.

Resolução:

Seja x = 12,4333 ...

Multiplicando x por 10 e por 100, determinamos múltiplos de x com a mesma parte decimal:

$10x = 124{,}333\ldots$

$100x = 1.243{,}333\ldots$

Fazendo a diferença $100x - 10x$, as partes decimais se cancelam e obtemos como resultado um número inteiro:

$90x = 1.243{,}333\ldots - 124{,}333\ldots = 1.243 - 124 = 1.119$

Portanto,

$x = \dfrac{1.119}{90}.$

A fração $\dfrac{1.119}{90}$ chama-se a *fração geratriz* da dízima periódica $12{,}4333\ldots$

Resumindo, as representações decimais de números racionais são de dois tipos: decimais finitos, tais como $\dfrac{3}{5} = 0{,}6$; $\dfrac{1}{2} = 0{,}5$; $\dfrac{1}{20} = 0{,}05$ ou decimais infinitos periódicos (dízimas periódicas), tais como $\dfrac{1}{3} = 0{,}333\ldots$

• REPRESENTAÇÃO GEOMÉTRICA DOS NÚMEROS RACIONAIS

Podemos representar os números racionais por meio de pontos de uma reta. Na Figura 1.8, plotamos alguns pontos correspondentes a números racionais.

Traça-se uma semi-reta com origem no ponto O. Nessa semi-reta, utilizando uma unidade de medida qualquer, marcam-se sucessivos pontos de 1 a 13. Une-se o ponto 6 dessa semi-reta ao ponto 1 da reta numérica. Pelo ponto 13 da semi-reta traça-se uma paralela a esse segmento, que interceptará a reta numérica no ponto correspondente ao número 13/6. Isto pode ser justificado pelo Teorema de Tales da Geometria Plana.

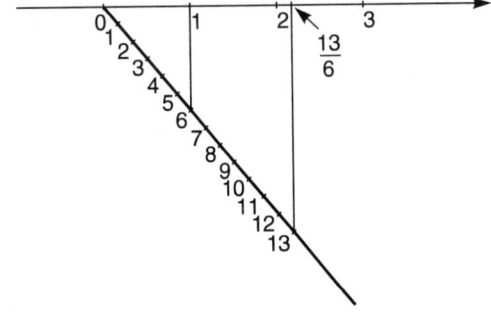

FIG. 1.8

Exercícios 1.2

Calcule:

1. $\dfrac{3}{5} + \dfrac{8}{7}$

2. $\dfrac{3}{7} + \dfrac{11}{7}$

3. $\dfrac{7}{3} + \dfrac{7}{11}$

4. $2 + \dfrac{5}{9}$

5. $\dfrac{1}{3} + \dfrac{5}{6} + \dfrac{17}{2}$

6. $\dfrac{4}{3} - \dfrac{6}{7}$

7. $\dfrac{8}{5} - \dfrac{19}{5}$

8. $\dfrac{5}{8} - \dfrac{5}{19}$

9. $\dfrac{3}{4} - \dfrac{7}{8}$

10. $\dfrac{3}{7} - 8$

11. $\dfrac{8}{3} \cdot \dfrac{4}{5}$

12. $\dfrac{1}{9} \cdot 3$

13. $\dfrac{\dfrac{3}{1}}{\dfrac{1}{5}}$

14. $\dfrac{3}{5} \cdot \dfrac{4}{25}$

15. $\dfrac{5}{9} \cdot \dfrac{3}{25}$

16. $\dfrac{1}{3} + \dfrac{2}{5} - \dfrac{7}{8}$

17. $\left(3 + \dfrac{1}{5}\right) \cdot \left(\dfrac{2}{3} - \dfrac{3}{7}\right)$

18. $\dfrac{\dfrac{7}{2} - \dfrac{3}{4} + 5}{\left(\dfrac{8}{3} - 3\right) \cdot \dfrac{6}{5}}$

19. $\left(\dfrac{1}{2} + \dfrac{2}{3}\right)^2$

20. $\left(\dfrac{2}{7} - 1\right)\left(\dfrac{2}{7} + 1\right)$

21. $\dfrac{5 - \dfrac{\dfrac{7}{5} + 1}{4 - \dfrac{1}{9}} \cdot \dfrac{1}{4}}{\dfrac{5}{9}}$

Converta a fração dada em número decimal:

22. $\dfrac{114}{25}$

23. $\dfrac{3}{400}$

24. $\dfrac{5}{7}$

25. $\dfrac{19}{3}$

26. $\dfrac{3}{13}$

Determine a fração irredutível (numerador e denominador são primos entre si) correspondente ao decimal finito:

27. 21,235

28. 0,0042

29. 34,875

30. 0,003

31. 1.032,99

Determine a fração geratriz da dízima periódica:

32. 0,1 4444...

33. 31,5 34 34 34...

34. 0,00 135 135 135...

35. −0,2 91 91 91...

36. 33, 4 5555...

Resolva a equação:

37. $\dfrac{3x}{7} - 4 = \dfrac{5 - 2x}{9}$

38. $x + \dfrac{1}{4} = \dfrac{x}{13 - 4}$

39. $\dfrac{x}{2} - \dfrac{x}{4} + \dfrac{x}{5} = 1$

40. A *média aritmética* de dois números a e b é $\dfrac{(a + b)}{2}$. Prove que a média aritmética de dois números racionais é um número racional.

41. Plote na reta numérica os pontos correspondentes aos números racionais $\dfrac{2}{3}$, $\dfrac{17}{8}$ e $-\dfrac{5}{6}$.

1.3 NÚMEROS REAIS

Números reais são aqueles que possuem uma representação decimal. Designamos com o símbolo $\mathbb{R}$ o conjunto dos números reais.

Como vimos na seção anterior, os números racionais admitem uma representação decimal finita, ou infinita periódica. Os outros números reais, isto é, aqueles cuja representação decimal é infinita não-periódica, chamam-se *números irracionais*. Assim, $\mathbb{R}$ é a reunião do conjunto dos números racionais com o conjunto dos números irracionais.

Exemplos de números irracionais:

$\sqrt{2} = 1{,}414213...$;

$\sqrt{3} = 1{,}732050...$;

$\pi = 3{,}141592...$;

$e = 2{,}718281...$ (base do logaritmo natural).

· REPRESENTAÇÃO GEOMÉTRICA DOS NÚMEROS REAIS

Uma das propriedades mais importantes dos números reais é que:

> Existe uma correspondência biunívoca (um-a-um) entre os números reais e os pontos de uma reta. Em outras palavras, é possível fazer corresponder a cada número real um único ponto da reta, e vice-versa, a cada ponto da reta fazer corresponder um único número real.

Em geral, esta correspondência é estabelecida fixando-se um *sistema de coordenadas cartesianas* na reta. Marcam-se dois pontos O e U da reta, correspondentes dos números 0 e 1 respectivamente. Dessa forma, a reta fica orientada: o *sentido positivo* da reta é o de O para U, enquanto o *sentido negativo* é o sentido oposto.

Seja A um ponto da reta, distinto de O. Primeiro, se o segmento orientado OA tem o sentido concordante com o sentido positivo da reta, então associamos ao ponto A o número positivo a igual ao comprimento do segmento OA, medido com a unidade de medida |OU|. Assim, $a = |OA|/|OU|$.

Segundo, se o segmento orientado OA tem o sentido contrário ao do sentido positivo da reta, então associamos ao ponto A o número negativo a, oposto do comprimento do segmento OA, medido com a unidade de medida |OU|. Nesse caso, $a = -|OA|/|OU|$.

Dessa forma, a cada ponto da reta fica associado um único número real e, a cada número real fica associado um único ponto da reta.

Se o número real x corresponde ao ponto P, dizemos que x é a *abscissa* de P, denotado por P(x). O ponto O chama-se a *origem das coordenadas*.

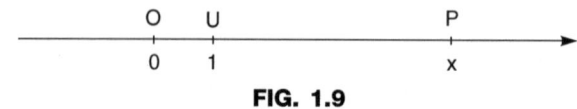

FIG. 1.9

Propriedades operatórias dos números reais

A adição e a multiplicação em $\mathbb{R}$ satisfazem as seguintes propriedades fundamentais:

- (A1) *Associativa da adição:* $a + (b + c) = (a + b) + c$
- (A2) *Comutativa da adição:* $a + b = b + a$
- (A3) *Elemento neutro da adição:* $a + 0 = 0 + a = a$
- (A4) *Elemento oposto:* para cada número real a, existe em correspondência um único número real chamado *oposto de a* e designado por $-a$, tal que

$$a + (-a) = (-a) + a = 0$$

- (M1) *Associativa da multiplicação:* $a \cdot (b \cdot c) = (a \cdot b) \cdot c$
- (M2) *Comutativa da multiplicação:* $a \cdot b = b \cdot a$
- (M3) *Elemento neutro da multiplicação:* $a \cdot 1 = 1 \cdot a = a$
- (M4) *Elemento inverso:* para cada número real $a \neq 0$, existe em correspondência um único número real chamado *inverso de a* e designado por a^{-1} ou $\frac{1}{a}$, tal que

$$a \cdot a^{-1} = a^{-1} \cdot a = 1$$

- (D) *Distributiva:* $a \cdot (b + c) = a \cdot b + a \cdot c$

Subtração e divisão: A subtração e a divisão em $\mathbb{R}$ podem ser definidas em função da adição e da multiplicação. Definimos a *diferença* a menos b como sendo a soma de a com o oposto de b:

$$a - b = a + (-b)$$

Em palavras, subtrair b de a significa somar o oposto de b a a.

Analogamente, definimos o *quociente* de a por b, onde $b \neq 0$, como sendo o produto de a pelo inverso de b:

$$\frac{a}{b} = a \cdot b^{-1}$$

Em palavras, dividir a por b significa multiplicar a pelo inverso de b.

• OUTRAS PROPRIEDADES

♦ *Lei do cancelamento da adição:* se $a + c = b + c$, então $a = b$.

Prova

Suponhamos que $a + c = b + c$.

Pela propriedade (A4), existe $-c$, o oposto de c. Somando $-c$ a ambos os membros da equação, obtemos

$(a + c) + (-c) = (b + c) + (-c)$

Pela propriedade associativa da adição (A1), temos

$a + (c + (-c)) = b + (c + (-c))$

Pela propriedade do elemento oposto (A4), temos

$a + 0 = b + 0$

Pela propriedade do elemento neutro da adição (A3), $a + 0 = a$ e $b + 0 = b$. Portanto, $a = b$.

♦ *Lei do cancelamento da multiplicação:* se $a \cdot c = b \cdot c$ e $c \neq 0$, então $a = b$.

Prova

Seja $a \cdot c = b \cdot c$, com $c \neq 0$.

Como $c \neq 0$, sabemos que, pela propriedade do elemento inverso (M4), existe c^{-1}, o inverso de c. Multiplicando ambos os membros da equação por c^{-1}, obtemos

$(a \cdot c) \cdot c^{-1} = (b \cdot c) \cdot c^{-1}$

Pela propriedade associativa da multiplicação (M1), temos

$a \cdot (c \cdot c^{-1}) = b \cdot (c \cdot c^{-1})$

Pela propriedade do elemento inverso (M4), temos
a · 1 = b · 1
Pela propriedade do elemento neutro da multiplicação (M3), a · 1 = a e b · 1 = b. Portanto, a = b.

♦ *Lei do anulamento do produto:* se a · b = 0, então a = 0 ou b = 0.

Prova: Veja os exercícios no fim da seção.

Equação de primeiro grau

Uma equação da forma
$$ax + b = 0$$
onde a e b são números reais, com a ≠ 0, chama-se *equação do primeiro grau*.

Vamos resolver a equação ax + b = 0, passo a passo, a fim de ilustrar o uso das propriedades operatórias dos números reais.

Somando −b, que existe pela propriedade do elemento oposto (A4), a ambos os membros da equação, obtemos

(ax + b) + (−b) = 0 + (− b)

Pelas propriedades (A1), (A3) e (A4), temos
ax + (b + (−b)) = −b
ax + 0 = −b
ax = −b

Todas essas passagens podem ser resumidas, dizendo simplesmente que passamos *b* para o segundo membro e trocamos o seu sinal.

Agora, dividindo por *a* ambos os membros da equação (ou seja, multiplicando pelo inverso de *a*, obtemos, pelas propriedades (M1), (M2), (M3) e (M4), a solução da equação:

$$x = \frac{-b}{a}.$$

Nota: Nos exercícios, não será necessário detalhar tanto.

Exemplo 1.6:

Resolva a equação $2x - 3 = 0$ em $\mathbb{R}$.

Resolução:

Passando −3 para o segundo membro e trocando o sinal, temos
$2x = -(-3) = 3$

Dividindo por 2 ambos os membros da equação, temos $x = \frac{3}{2}$, que é a solução da equação.

Equação do segundo grau

Uma equação da forma

$$ax^2 + bx + c = 0$$

onde a, b, c são números reais, com a $\neq$ 0, chama-se uma *equação do segundo grau*. Para resolvê-la, utilizamos a *fórmula de Bhaskara*:

$$x = \frac{-b \pm \sqrt{\Delta}}{2a}$$

onde $\Delta = b^2 - 4ac$ (*discriminante*). [Δ lê-se *delta*]

Há três casos:

- *se* $\Delta > 0$, *a equação tem duas raízes reais distintas:*

$$x_1 = \frac{-b + \sqrt{\Delta}}{2a} \quad e \quad x_2 = \frac{-b - \sqrt{\Delta}}{2a}.$$

- *se* $\Delta = 0$, *a equação tem uma única raiz real:* $x_1 = -\frac{b}{2a}$.

- *se* $\Delta < 0$, *a equação não tem raízes reais.*

Exemplo 1.7:

Resolva as seguintes equações em $\mathbb{R}$
(i) $3x^2 - 4x + 1 = 0$,
(ii) $4x^2 - 12x + 9 = 0$,
(iii) $x^2 - 4x + 7 = 0$.

Resolução:

(i) $3x^2 - 4x + 1 = 0$
O discriminante é $\Delta = (-4)^2 - 4 \cdot 3 \cdot 1 = 16 - 12 = 4 > 0$.
Portanto, a equação tem duas raízes reais:

$$x_1 = \frac{-(-4) + \sqrt{4}}{2 \cdot 3} = \frac{6}{6} = 1 \quad e$$

$$x_2 = \frac{-(0-4) - \sqrt{4}}{2 \cdot 3} = \frac{4-2}{6} = \frac{2}{6} = \frac{1}{3}.$$

(ii) $4x^2 - 12x + 9 = 0$

O discriminante é $\Delta = (-12)^2 - 4 \cdot 4 \cdot 9 = 144 - 144 = 0$.

Logo, a equação tem uma única raiz real: $x = \dfrac{-(-12)}{2 \cdot 4} = \dfrac{12}{8} = \dfrac{3}{2}$.

(iii) $x^2 - 4x + 7 = 0$

O discriminante é $\Delta = (-4)^2 - 4 \cdot 1 \cdot 7 = 16 - 28 = -12 < 0$.

Logo, a equação não tem raízes reais.

Exercícios 1.3

Resolva a equação em $\mathbb{R}$

1. $\dfrac{1}{x} + \dfrac{2}{3x} = 4 - \dfrac{1}{7}x$

2. $\dfrac{5}{x} - 1 = 3 + \dfrac{1}{3}x$

3. $\sqrt{2x} - \sqrt{3x} = 2\sqrt{3x} + 5\sqrt{2x} + 1$

Resolva a equação do segundo grau em $\mathbb{R}$

4. $x^2 + 4x = 0$

5. $x^2 = 9$

6. $6x^2 - x - 1 = 0$

7. $25x^2 + 10x + 1 = 0$

8. $8x^2 + 39x - 5 = 0$

9. $x^2 + x = 3x^3$

10. $x^2 + \sqrt{3} \cdot x = \sqrt{2} \cdot x + \sqrt{6}$

Fatore

11. $x^2 - 9$

12. $2x^2 + 5x - 3$

13. $x^2 - 5x + 6$

14. Prove que, para todo número real a, $a \cdot 0 = 0$. [Sug.: Desenvolva $a \cdot (0 + 0)$ e use a lei do cancelamento da adição.]

15. Prove a lei do anulamento do produto: se $a \cdot b = 0$, então $a = 0$ ou $b = 0$. [Sug.: Utilize o resultado do exercício anterior.]

1.4 DESIGUALDADES

Há vários sinais de desigualdade:

$a \leq b$ lê-se a é *menor ou igual a* b

$a < b$ lê-se a é *menor que* b

$a \geq b$ lê-se a é *maior ou igual a* b

$a > b$ lê-se a é *maior que* b

Significados:

$a \leq b$ significa que $b - a \geq 0$

$a < b$ significa que $b - a > 0$

Capítulo 1 — Números Reais

a ⩾ b significa que a − b ⩾ 0

a > b significa que a − b > 0

A relação de ordem entre os números reais pode ser visualizada na reta numérica. Na Figura 1.10, a reta numérica está orientada da esquerda para a direita. Os números reais positivos estão à direita da origem e os negativos à sua esquerda. Dizer que a < b equivale a dizer que o ponto A, correspondente ao número a, está à esquerda do ponto B, correspondente do número b.

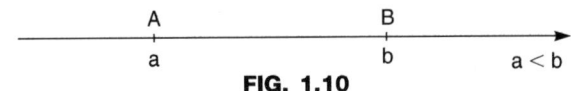

FIG. 1.10

Propriedades das desigualdades:

♦ Tricotomia: se a ∈ R, ou $a > 0$, ou $a < 0$, ou $a = 0$.

♦ Transitiva: se a < b e b < c, então a < c.

♦ Compatibilidade com a adição: se a > 0 e b > 0, então a + b > 0.

♦ Se a < 0 e b < 0, então a + b < 0.

♦ Se a, b, c ∈ R. Então,

a > b ⇔ a + c > b + c.

♦ *Regra dos sinais:*

Se a > 0 e b > 0, então a · b > 0

Se a > 0 e b < 0, então a · b < 0

Se a < 0 e b > 0, então a · b < 0

Se a < 0 e b < 0, então a · b > 0

♦ Compatibilidade com a multiplicação: se a > b e c > 0, então a · c > b · c.

♦ Se a > b e c < 0, então a · c < b · c. [Atenção: aqui o sinal da desigualdade muda!]

♦ Se a > 0, então −a < 0.

♦ Se a < 0, então −a > 0.

♦ Se a > 0, então $a^{-1} > 0$.

♦ Se a < 0, então $a^{-1} < 0$.

Exemplo 1.8:

Prove que, se a, b, c e d são números reais *positivos*, então

$\frac{a}{b} < \frac{c}{d} \Leftrightarrow ad < bc$.

Resolução:

Mostremos que $\frac{a}{b} < \frac{c}{d} \Rightarrow ad < bc$.   [$\Rightarrow$ lê-se *implica*]

1º) Suponhamos que $\frac{a}{b} < \frac{c}{d}$. Como $b > 0$ e $d > 0$, temos que $bd > 0$. Logo, multiplicando ambos os membros da desigualdade por bd, temos

$$\left(\frac{a}{b}\right) \cdot bd < \left(\frac{c}{d}\right) \cdot bd.$$

Simplificando os dois membros, temos
$ad < cb = bc$.

2º) Suponhamos que $ad < bc$.

Como $bd > 0$, $(bd)^{-1} > 0$. Dividindo ambos os membros por *bd*, isto é, multiplicando ambos os membros da desigualdade pelo inverso de bd, temos

$$\frac{ad}{bd} < \frac{bc}{bd}$$

Simplificando, temos $\frac{a}{b} < \frac{c}{d}$.

Inequação linear

Cada uma das inequações seguintes
$ax + b < 0$,
$ax + b > 0$,
$ax + b \leq 0$,
$ax + b \geq 0$,
onde $a, b \in \mathbb{R}$, com $a \neq 0$, chama-se *inequação linear* ou *inequação do primeiro grau*.

Exemplo 1.9:

Resolva a inequação $-3x + 4 < 0$ em $\mathbb{R}$.

Resolução:

Passando 4 para o segundo membro e trocando o sinal, temos
$-3x < -4$

Multiplicando por -1 ambos os membros da inequação, temos
$3x > 4$

Dividindo por 3 ambos os membros da inequação, temos

$$x > \frac{4}{3},$$

que é a solução da inequação. Na Figura 1.11, desenhamos o conjunto-solução da inequação.

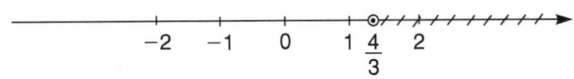

FIG. 1.11

Inequação quadrática

Cada uma das inequações abaixo

$ax^2 + bx + c < 0,$

$ax^2 + bx + c > 0,$

$ax^2 + bx + c \leq 0,$

$ax^2 + bx + c \geq 0,$

onde a, b, c ∈ R, com a ≠ 0, chama-se *inequação quadrática* ou *inequação do segundo grau*.

Para resolver as inequações acima, é preciso fazer uma análise do sinal do trinômio $f(x) = ax^2 + bx + c$. Temos três casos.

$\boxed{\text{Caso 1: } \Delta > 0.}$

Se $\Delta > 0$, a equação $ax^2 + bx + c = 0$ tem duas raízes reais distintas x_1 e x_2, digamos que $x_1 < x_2$. Daí, podemos fatorar o trinômio

$f(x) = ax^2 + bx + c = a(x - x_1)(x - x_2).$

Os sinais das expressões podem ser vistos no seguinte quadro comumente chamado de "varal":

		x_1		x_2	
$(x - x_1)$	−		+		+
$(x - x_2)$	−		−		+
$(x - x_1)(x - x_2)$	+		−		+

A primeira linha diz que a expressão $(x - x_1)$ é negativa se $x < x_1$, e positiva se $x > x_1$.

A segunda linha diz que a expressão $(x - x_2)$ é negativa se $x < x_2$, e positiva se $x > x_2$.

Logo, o produto dessas expressões é positivo se $x < x_1$ ou $x > x_2$, e é negativo se x está entre x_1 e x_2.

Portanto,

- Se $a > 0$, o sinal de $f(x)$ é o mesmo do produto $(x - x_1)(x - x_2)$, ou seja, $f(x) > 0$ se $x < x_1$ ou $x > x_2$ e $f(x) < 0$ se $x_1 < x < x_2$. Em palavras, $f(x)$ é positivo se x está fora do intervalo das raízes e é negativo se x está entre as raízes.

- Se $a < 0$, o sinal de $f(x)$ é o contrário do sinal do produto, ou seja, $f(x) > 0$ se $x_1 < x < x_2$, e $f(x) < 0$ se $x < x_1$ ou $x > x_2$. Em palavras, $f(x)$ é positivo se x está entre as raízes e é negativo se x está fora do intervalo das raízes.

Exemplo 1.10:

Resolva a inequação $6x^2 - x - 1 > 0$ em R.

Resolução:

Considere inicialmente a equação $6x^2 - x - 1 = 0$. Seu discriminante é $\Delta = (-1)^2 - 4 \cdot 6 \cdot (-1) = 25 > 0$. Logo, esta equação tem duas raízes reais distintas, a saber, $x_1 = -\frac{1}{3}$ e $x_2 = \frac{1}{2}$.

Varal:

		$-\frac{1}{3}$		$\frac{1}{2}$	
$\left(x + \frac{1}{3}\right)$	$-$		$+$		$+$
$\left(x - \frac{1}{2}\right)$	$-$		$-$		$+$
$\left(x + \frac{1}{3}\right)\left(x - \frac{1}{2}\right)$	$+$		$-$		$+$
$6\left(x + \frac{1}{3}\right)\left(x - \frac{1}{2}\right)$	$+$		$-$		$+$

Portanto, $f(x) = 6x^2 - x - 1 > 0 \Leftrightarrow x < -\frac{1}{3}$ ou $x > \frac{1}{2}$.

Na Figura 1.12, representamos na reta numérica o conjunto-solução da inequação.

$$\xrightarrow{\underset{-1}{|}\underset{-\frac{1}{2}}{|}\underset{-\frac{1}{3}}{|}\underset{0}{|}\underset{\frac{1}{2}}{\circ}\underset{1}{|}\underset{\frac{3}{2}}{\circ}}$$

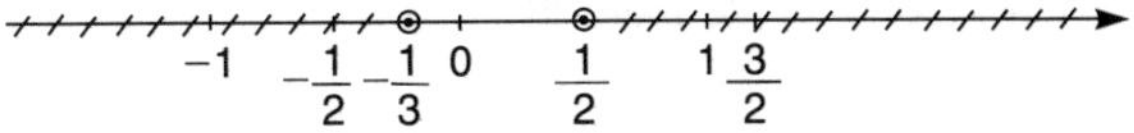

FIG. 1.12

Exemplo 1.11:

Resolva a inequação $-2x^2 + 5x - 3 \geq 0$

Resolução:

Vamos primeiro resolver a equação $-2x^2 + 5x - 3 = 0$.

O discriminante é $\Delta = (5)^2 - 4 \cdot (-2) \cdot (-3) = 1 > 0$. Logo, a equação tem duas raízes reais: $x_1 = 1$ e $x_2 = \dfrac{3}{2}$. Logo,

$$-2x^2 + 5x - 3 = (-2)(x-1)\left(x - \frac{3}{2}\right)$$

Fazendo o varal:

		1		$\frac{3}{2}$	
$x - 1$	−		+		+
$x - \dfrac{3}{2}$	−		−		+
$(x-1)\left(x - \dfrac{3}{2}\right)$	+		−		+
$(-2)(x-1)\left(x - \dfrac{3}{2}\right)$	−		+		−

Portanto, os pontos x tais que $1 \leq x \leq \dfrac{3}{2}$ formam o conjunto-solução da inequação dada.

$\boxed{\text{Caso 2: } \Delta = 0.}$

Se $\Delta = 0$, a equação $ax^2 + bx + c = 0$ tem uma única raiz, digamos x_1 e, então, podemos fatorar

$$f(x) = ax^2 + bx + c = a(x - x_1)^2.$$

Daí, o sinal de $f(x)$ é o mesmo de a.

- se $a > 0$, então $f(x) = ax^2 + bx + c = a(x - x_1)^2 > 0$ para $x \neq x_1$.
- se $a < 0$, então $f(x) = ax^2 + bx + c = a(x - x_1)^2 < 0$ para $x \neq x_1$.

Exemplo 1.12:

Resolva a inequação $2x - x^2 < 1$ em $\mathbb{R}$.

Resolução:

Esta inequação é equivalente a

$x^2 - 2x + 1 > 0$.

Consideremos inicialmente a equação $x^2 - 2x + 1 = 0$. O discriminante desta equação é $\Delta = 0$. Logo, a equação tem uma única raiz, a saber, $x_1 = 1$. A inequação torna-se

$x^2 - 2x + 1 = (x - 1)^2 > 0$.

Portanto, se $x \neq 1$, $(x - 1)^2 > 0$ e conseqüentemente $2x - x^2 < 1$. Segue-se que o conjunto-solução da inequação é $\mathbb{R} \setminus \{1\}$.

$\boxed{\text{Caso 3: } \Delta < 0.}$

Se $\Delta < 0$, o sinal de $f(x)$ é o mesmo do coeficiente dominante a.

- se $a > 0$, $f(x) > 0$, para todo $x \in \mathbb{R}$.
- se $a < 0$, $f(x) < 0$, para todo $x \in \mathbb{R}$.

[Provaremos estes fatos quando estudarmos as funções quadráticas.]

Exemplo 1.13:

Resolva a inequação $x^2 \leq x - 1$ em $\mathbb{R}$.

Resolução:

Essa inequação é equivalente a

$x^2 - x + 1 \leq 0$

Consideremos inicialmente a equação $x^2 - x + 1 = 0$. O seu discriminante é $\Delta = -3 < 0$. Logo, como o coeficiente dominante é $1 > 0$, $x^2 - x + 1 > 0$, para todo número real x, o que significa que a inequação dada não tem solução real. O conjunto-solução desta inequação é o conjunto vazio.

Exercícios 1.4

Resolva a inequação em $\mathbb{R}$

1. $2x - 1 \geq 5(x - 2)$
2. $1 - 2x \leq 3x - 4$
3. $\dfrac{x}{3} - \dfrac{x}{2} < \dfrac{x}{5} + 4$
4. $\dfrac{x}{4} - x > \dfrac{x}{5}$
5. $\dfrac{(x+3)}{2} < \dfrac{(2-x)}{5}$

Resolva a inequação em $\mathbb{R}$

6. $(x+1)(x+2) > 0$

7. $\left(x - \dfrac{1}{2}\right)\left(x - \dfrac{2}{3}\right) \leq 0$
8. $(x - 1)(x - 4) < 0$
9. $(1 - x)(x - 4) \geq 0$
10. $x(x+1) < 0$

Resolva a inequação em $\mathbb{R}$
11. $x^2 + 2x - 3 \geq 0$
12. $2x^2 + 3x + 1 < 0$
13. $x^2 - x + 8 \leq 0$
14. $3x^2 + 2x + 5 > 0$
15. Para que valores de b a equação $x^2 - bx + 4 = 0$ tem duas raízes reais distintas?
16. Para que valores de a a equação $ax^2 + 3x - 1 = 0$ tem uma única raiz real?
17. Para que valores de c a equação $x^2 - 3x + c = 0$ não tem raiz real?

1.5 INTERVALOS

Sejam a e b números reais, com $a < b$.

O *intervalo aberto* de extremidades a e b é o conjunto

$$]a,b[\,=\, (a,b) = \{x \in \mathbb{R} : a < x < b\}$$

Sua representação geométrica é um segmento da reta numérica cujas extremidades são os pontos a e b. Atenção: as extremidades a e b não pertencem ao intervalo aberto $]a,b[$. Veja a Figura 1.13.

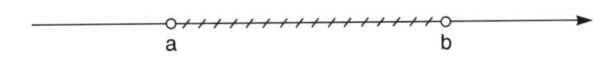

FIG. 1.13 Intervalo aberto $]a,b[$

O *intervalo fechado* de extremidades a e b é o conjunto

$$[a,b] = \{x \in \mathbb{R} : a \leq x \leq b\}$$

Observe que ambas as extremidades do intervalo fechado lhe pertencem.

FIG. 1.14 Intervalo fechado $[a,b]$

Além dos intervalos abertos e fechados, teremos ocasião de trabalhar com os intervalos semi-abertos:

$$]a,b] = \{x \in \mathbb{R} : a < x \leq b\}$$

que se chama *intervalo aberto à esquerda e fechado à direita*, e

$$[a,b[\,=\, \{x \in \mathbb{R} : a \leq x < b\}$$

que se chama *intervalo fechado à esquerda e aberto à direita*.

(a)]a,b] (b) [a,b[

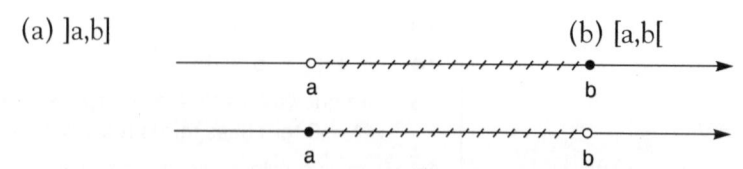

FIG. 1.15 Intervalos semi-abertos

Além dos intervalos limitados, aparecerão com freqüência os intervalos infinitos:

$]a,+\infty[= \{x \in \mathbb{R} : x > a\}$

$[a,+\infty[= \{x \in \mathbb{R} : x \geq a\}$

$]-\infty,b[= \{x \in \mathbb{R} : x < b\}$

$]-\infty,b] = \{x \in \mathbb{R} : x \leq b\}$

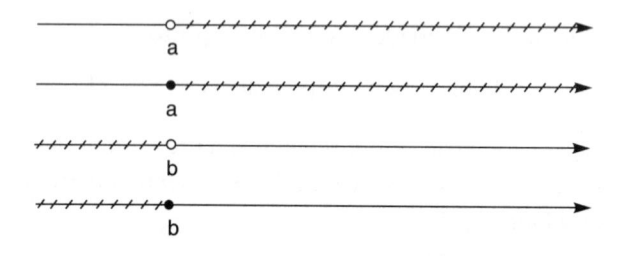

FIG. 1.16 Intervalos infinitos

Para completar, a própria reta real é considerada como um intervalo:

$]-\infty, +\infty[= \{x \in \mathbb{R} : -\infty < x < +\infty\} = \mathbb{R}$

Exercícios 1.5

Escreva na notação de intervalo o conjunto dos números reais x tais que

1. $-\dfrac{1}{2} \leq x - 1 \leq \dfrac{1}{2}$

2. $-\dfrac{1}{5} < x + 3 < \dfrac{1}{5}$

3. $x - 3 \leq 0$

4. $x + 2 > 0$

Descreva em termos de desigualdades os intervalos

5. $]-10,5[$
6. $[-3,6]$
7. $[0,9]$
8. $[-4,8[$
9. $]-5,+\infty[$
10. $]-\infty,2]$

Determine a interseção dos intervalos I e J

11. $I = \left[-5, \dfrac{7}{2}\right]$, $J = \left]0, \dfrac{25}{3}\right[$

12. $I =]-3,3]$, $J = [3,4]$

13. $I = \left]-\infty, \dfrac{5}{8}\right]$, $J = \left]\dfrac{3}{7}, +\infty\right[$

1.6 MÓDULO DE UM NÚMERO REAL

O *módulo* ou *valor absoluto* de um número real x, designado por $|x|$, é igual ao máximo entre x e $-x$: $|x| = $ máx. $\{x,-x\}$.

Por exemplo, $|4| = $ máx. $\{4,-4\} = 4$; $|-7| = $ máx. $\{-7,-(-7)\} = $ máx. $\{-7,7\} = 7$; $|0| = $ máx. $\{0,-0\} = 0$.

Em outras palavras, $|x|$ é igual ao próprio x, se $x \geqslant 0$ e é igual ao oposto de x, se $x < 0$. Em símbolos,

$$|x| = \begin{cases} x, & \text{se } x \geqslant 0 \\ -x, & \text{se } x < 0 \end{cases}$$

Por exemplo, $|0| = 0$; $|1| = 1$; $|2| = 2$; $|-1| = -(-1) = 1$; $|-2| = -(-2) = 2$.

Geometricamente, $|x|$ representa a distância do ponto x à origem. Conseqüentemente, se $r > 0$, o conjunto dos x tais que $|x| < r$ é o intervalo $(-r,r)$, ou seja, o conjunto dos pontos x tais que $-r < x < r$. Em símbolos, se $r > 0$,

$$|x| < r \Leftrightarrow -r < x < r$$

Veja a Figura 1.17:

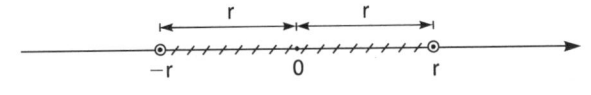

FIG. 1.17

No caso geral, $|a - b|$ representa a distância entre os pontos *a* e *b*. Assim, se $r > 0$,

$|x - a| < r \Leftrightarrow -r < x - a < r$. Portanto, se $r > 0$,

$$|x - a| < r \Leftrightarrow a - r < x < a + r$$

Veja a Figura 1.18:

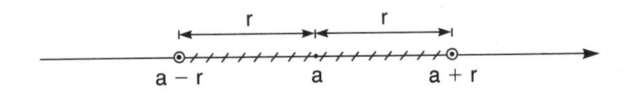

FIG. 1.18

Propriedades do módulo

São válidas as seguintes propriedades dos módulos.

- $|x| \geq 0$, para todo x real.
- $|x| = 0 \Leftrightarrow x = 0$
- $|xy| = |x| \cdot |y|$
- $|x + y| \leq |x| + |y|$ (desigualdade triangular)
- $|x| = \sqrt{x^2}$

Atenção: Não é verdade que $\sqrt{x^2} = x$. Por exemplo, $\sqrt{(-1)^2} = 1 \neq -1$.

- Se $r > 0$, $|x| > r \Leftrightarrow x < -r$ ou $x > r$.

Centro e raio de um intervalo

O ponto médio do intervalo fechado [a, b] é o ponto $\frac{(a+b)}{2}$ chamado *centro* do intervalo. A distância de cada uma das extremidades desse ponto, chamado *raio* do intervalo, é igual $\frac{(b-a)}{2}$. Assim, o intervalo fechado [a,b] nada mais é que o conjunto dos pontos x da reta tais que sua distância ao centro é menor ou igual ao seu raio.

Em outras palavras, se $x_0 = \frac{(a+b)}{2}$ e $r = \frac{(b-a)}{2}$, então

$$a \leq x \leq b \Leftrightarrow |x - x_0| \leq r$$

Analogamente, o intervalo]a,b[é o conjunto dos pontos x da reta real tais que a sua distância ao centro $x_0 = \frac{(a+b)}{2}$ é menor que o raio $r = \frac{(b-a)}{2}$.

Em outras palavras, se $x_0 = \frac{(a+b)}{2}$ e $r = \frac{(b-a)}{2}$, então

$$a < x < b \Leftrightarrow |x - x_0| < r$$

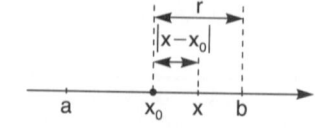

FIG. 1.19

Exemplo 1.14:

Determine o centro e o raio do intervalo $[-2,4]$.

Resolução:

O centro é o ponto $M = \dfrac{(-2+4)}{2} = 1$ e o raio é $r = \dfrac{(4-(-2))}{2} = 3$.

Veja a Figura 1.20.

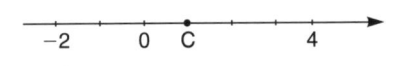

FIG. 1.20

Equação modular

Equação modular é uma equação na qual aparece efetivamente o módulo de algum número real.

Exemplo 1.15:

Resolva a equação $|2x - 1| = 3$.

Resolução:

$|2x - 1| = 3 \Leftrightarrow 2x - 1 = \pm 3 \Leftrightarrow 2x = 1 \pm 3$

Logo, a equação tem duas soluções reais: $x_1 = \dfrac{4}{2} = 2$ e $x_2 = -\dfrac{2}{2} = -1$.

Exemplo 1.16:

Resolva a equação $|2x + 3| = |3x - 4|$.

Resolução:

$|2x + 3| = \pm(2x + 3)$
$|3x - 4| = \pm(3x - 4)$

Aparentemente são quatro casos a considerar:

$+(2x + 3) = +(3x - 4)$
$+(2x + 3) = -(3x - 4)$
$-(2x + 3) = +(3x - 4)$
$-(2x + 3) = -(3x - 4)$

Mas a segunda equação e a terceira são equivalentes entre si e a primeira e a última também. Portanto há somente dois casos:

1º caso: $+(2x + 3) = +(3x - 4)$

$3 + 4 = 3x - 2x = x$

Logo, $x = 7$.

2º caso: $+(2x + 3) = -(3x - 4)$

$2x + 3x = 4 - 3$

$5x = 1$

Logo, $x = \frac{1}{5}$ é solução.

Portanto, a equação tem duas soluções: $\frac{1}{5}$ e 7.

Inequação modular

Inequação modular é uma inequação em que aparece efetivamente o módulo de algum número real.

Exemplo 1.17:

Resolva a inequação $|3x - 1| \leq 4$.

Resolução:

$|3x - 1| \leq 4$ é equivalente a

$-4 \leq 3x - 1 \leq 4 \Leftrightarrow$

$1 - 4 \leq 3x \leq 4 + 1 \Leftrightarrow$

$-3 \leq 3x \leq 5 \Leftrightarrow$

$-1 \leq x \leq \frac{5}{3}$

Exemplo 1.18:

Resolva a inequação $|2x + 1| \geq |3x - 4|$.

Resolução:

Primeiro, localizemos os pontos em que os módulos se anulam.

$2x + 1 = 0 \Leftrightarrow x = -\frac{1}{2}$

$3x - 4 = 0 \Leftrightarrow x = \frac{4}{3}$

Façamos agora a tabela de sinais dos "modulandos":

	$-\dfrac{1}{2}$		$\dfrac{4}{3}$	
2x + 1	−	+	+
3x − 4	−	−	+

Resolvemos a inequação em cada um desses intervalos.

No intervalo $x < -\dfrac{1}{2}$:

$|2x + 1| = -(2x + 1)$

e

$|3x - 4| = -(3x - 4)$

A inequação é então equivalente a

$-(2x+1) \geq -(3x - 4)$

$2x + 1 \leq 3x - 4$

$5 \leq x$

Ou seja, $x \geq 5$, que é incompatível com $x < -\dfrac{1}{2}$. Logo não existe solução da inequação nesse intervalo.

No intervalo $-\dfrac{1}{2} < x < \dfrac{4}{3}$:

$|2x + 1| = +(2x + 1)$

$|3x - 4| = -(3x - 4)$

A inequação é equivalente a

$+(2x + 1) \geq -(3x - 4)$

$5x \geq 3$

$x \geq \dfrac{3}{5}$

Os pontos x tais que $\dfrac{3}{5} \leq x < \dfrac{4}{3}$ satisfazem a inequação.

Testando o ponto $x = \dfrac{4}{3}$, temos que $\left|2 \cdot \dfrac{4}{3} + 1\right| = \dfrac{11}{3}$ e $\left|3 \cdot \dfrac{4}{3} - 4\right| = 0$.

Logo, o ponto $\dfrac{4}{3}$ também satisfaz a inequação.

No intervalo $x > \frac{4}{3}$:

$|2x + 1| = +(2x + 1)$

$|3x - 4| = +(3x - 4)$

A inequação é equivalente a

$+(2x + 1) \geq +(3x - 4)$

$5 \geq x$.

Ou seja, os pontos x tais que $\frac{4}{3} < x \leq 5$ satisfazem a inequação.

Portanto, o intervalo fechado $\left[\frac{3}{5}, \frac{4}{3}\right] \cup \left]\frac{4}{3}, 5\right] = \left[\frac{3}{5}, 5\right]$ é o conjunto-solução da inequação.

Exemplo 1.19:

Determinar o centro e o raio do intervalo $-0{,}7 < x - 4 < 0{,}7$.

Resolução:

A inequação dada é equivalente a $|x - 4| < 0{,}7$. Isto significa que o centro é 4 e o raio é 0,7. Veja a Figura 1.21:

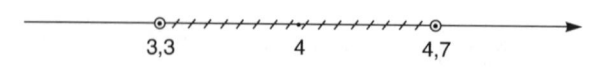

$$\underset{3{,}3 \qquad\qquad 4 \qquad\qquad 4{,}7}{\longrightarrow}$$

FIG. 1.21

Exercícios 1.6

Resolva as seguintes equações
1. $|x - 3| = 2$
2. $|x + 3| = 2$
3. $|3 - x| = 4$
4. $|3x + 1| = \frac{1}{2}$
5. $|3 + x| = 5$
6. $|1 - 2x| = 4$
7. $|2x + 1| = |3x - 1|$
8. $|3x - 1| = \left|\frac{x}{3}\right|$
9. $\left|2x + \frac{1}{2}\right| = \left|1 - \frac{3x}{2}\right|$
10. $|2x + 1| = |2x - 1|$

Determine o centro e o raio do intervalo
11. $[-7, 4]$
12. $[0, 7]$
13. $(-5, 1)$
14. $[-5, 5]$
15. $\left[\frac{7}{5}, \frac{3}{2}\right]$

Determine as extremidades do intervalo cujos centro e raio são

16. centro 7; raio $\frac{3}{2}$.

17. centro -3; raio $0,5$.

18. centro 0; raio 10^{-3}.

19. centro a; raio r.

Resolva as seguintes inequações

20. $|3 - 2x| < 1$
21. $|2x + 3| > 5$
22. $|x - 1| \geq 6$
23. $|3 + 4x| \leq 8$
24. $|-3x + 2| \leq |x - 8|$
25. $|2x + 3| < |5x + 1|$
26. $\left|4x - \frac{1}{6}\right| \geq |x + 1|$
27. $|3 - 4x| > |2x|$
28. Prove que, para quaisquer x e y reais, $|x| - |y| \leq |x - y|$. Quando ocorre a igualdade?
29. Prove a desigualdade triangular: para quaisquer x, y reais, $|x + y| \leq |x| + |y|$. Quando ocorre a igualdade?

1.7 PLANO CARTESIANO

Assim como representamos os pontos de uma reta por meio de números reais, representamos os pontos de um plano por meio de pares ordenados de números reais. Para isso, construímos um sistema de coordenadas cartesianas no plano, formado por dois eixos, perpendiculares entre si, encontrando-se na origem comum 0; este ponto chama-se *origem das coordenadas*. Um dos eixos chama-se *eixo x* ou eixo das abscissas e o outro, *eixo y* ou eixo das ordenadas.

Se P é um ponto do plano, traçamos, pelo ponto P, paralelas aos eixos coordenados. Digamos que a paralela ao eixo y corte o eixo x no ponto $P_1(a)$ e a paralela ao eixo x corte o eixo y no ponto $P_2(b)$. Então, fazemos corresponder ao ponto P o par de números reais (a,b). O número a chama-se *abscissa* ou 1ª coordenada de P e o número b, *ordenada* ou 2ª coordenada de P.

Um plano munido de um sistema de coordenadas cartesianas chama-se *plano cartesiano*. Na Figura 1.22 foram plotados alguns pontos.

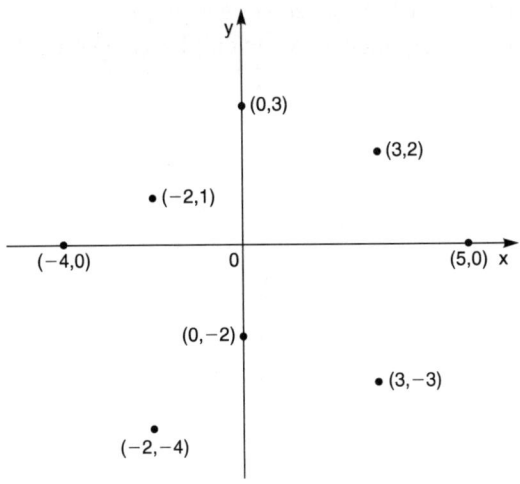

FIG. 1.22

• **Quadrantes**

Os dois eixos coordenados dividem o plano cartesiano em quatro regiões denominadas *quadrantes*, que são numerados no sentido anti-horário.

O ponto P(x,y) está no 1º quadrante se e somente se $x > 0$ e $y > 0$.

No 2º quadrante, os pontos têm abscissa negativa e a ordenada positiva.

No 3º quadrante, os pontos têm as duas coordenadas negativas.

No 4º quadrante, os pontos têm abscissa positiva e a ordenada negativa.

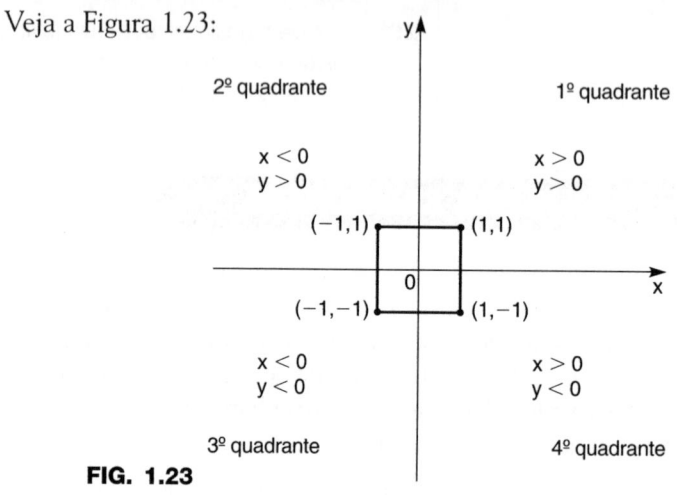

Veja a Figura 1.23:

FIG. 1.23

• **Simetrias**

Os pontos (a,b) e (a,−b) são *simétricos em relação ao eixo dos x*, ou seja, as distâncias desses pontos ao eixo dos x são iguais. Por exemplo, (2,3) e (2,−3).

Os pontos (a,b) e (−a,b) são *simétricos em relação ao eixo dos y*, ou seja, as distâncias desses pontos ao eixo dos y são iguais. Por exemplo, (2,3) e (−2,3).

Os pontos (a,b) e (−a,−b) são *simétricos em relação à origem*, ou seja, as distâncias desses pontos ao ponto O são iguais. Por exemplo, (2,3) e (−2,−3).

Veja a Figura 1.24:

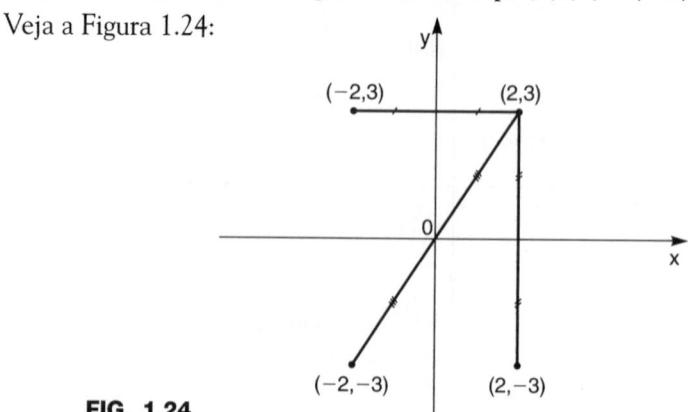

FIG. 1.24

Os pontos (a,b) e (b,a) são *simétricos em relação à reta* y = x. Por exemplo, (2,3) e (3,2).

Os pontos (a,b) e (−b,−a) são *simétricos em relação à reta* y = −x. Por exemplo, (2,3) e (−3,−2).

Veja a Figura 1.25:

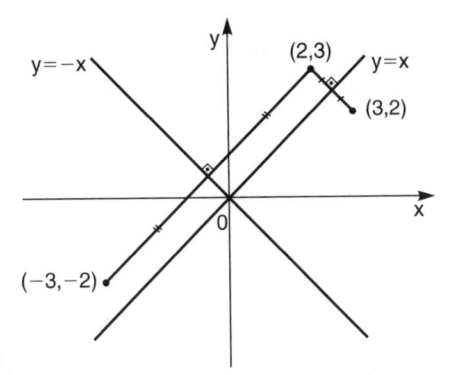

FIG. 1.25

Gráfico de uma equação

O *gráfico de uma equação da forma* $f(x,y) = 0$ *em duas variáveis reais* x *e* y *é o conjunto dos pares* (x,y) *que satisfazem a equação.* Em geral, tal conjunto forma uma curva no plano cartesiano.

Exemplo 1.20:

Desenhe o gráfico da equação $2x + 3y = 6$.

Resolução:

Sabemos da Geometria Analítica que a equação dada é uma equação linear em x e y e, portanto, tem, como gráfico, uma reta.

Para desenhar essa reta, basta marcar dois pontos. Por exemplo,

Fazendo x = 0, temos que $2 \cdot 0 + 3y = 6$ e, daí, y = 2. Logo, (0,2) pertence à reta.

Fazendo y = 0, temos que $2x + 3 \cdot 0 = 6$ e, daí, x = 3. Logo, (3,0) pertence à reta.

Veja o gráfico da equação na Figura 1.26:

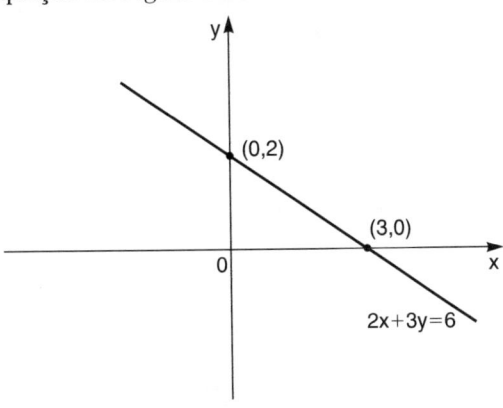

FIG. 1.26

Exemplo 1.21:

Desenhe o gráfico da equação $(x - 3)^2 + (y - 1)^2 = 4$.

Resolução:

Sabemos da Geometria Analítica que a equação acima é a equação de uma circunferência de centro $(3,1)$ e raio $r = 2$. Veja o gráfico da equação na Figura 1.27:

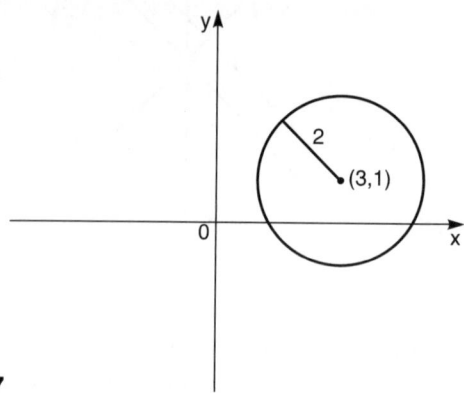

FIG. 1.27

Exemplo 1.22:

Estude a simetria dos gráficos das equações (i) $x^2 = 4y$, (ii) $y^2 = 4x$ e desenhe-os.

Resolução:

Sabemos da Geometria Analítica que os gráficos dessas equações são parábolas.

O gráfico da equação (i) é simétrico em relação ao eixo dos y. De fato, se (x,y) satisfaz a equação (i), então o ponto $(-x,y)$ também a satisfaz: $(-x)^2 = x^2 = 4y$. Isto significa que o eixo y é o *eixo de simetria* da parábola. Além disso, sabemos que a parábola tem o vértice na origem, e a concavidade voltada para cima. Veja a Figura 1.28:

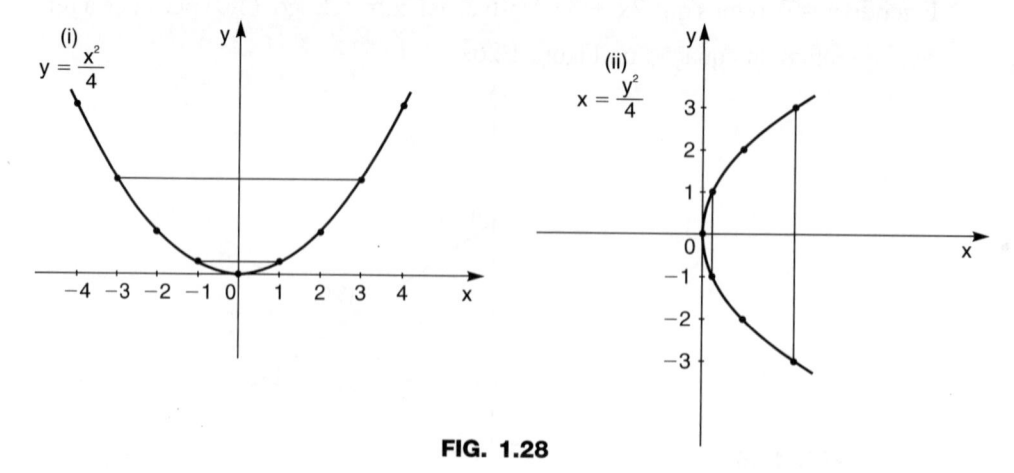

FIG. 1.28

O gráfico da equação (ii) é simétrico em relação ao eixo dos x: se (x,y) satisfaz a equação (ii), então o ponto (x,−y) também a satisfaz: $(-y)^2 = y^2 = 4x$. Isto quer dizer que o eixo x é o eixo da parábola. Além disso, sabemos que a parábola tem o vértice na origem e a concavidade voltada para a direita.

Exercícios 1.7

Determine o simétrico do ponto dado em relação ao eixo dos x

1. (3,−5)
2. (3,0)
3. (−5,−5)
4. (0,0)
5. (−1,1)

Determine o simétrico do ponto dado em relação ao eixo dos y

6. (3,−2)
7. (−4,−4)
8. (0,4)
9. (0,0)
10. (−5,4)

Determine o simétrico do ponto dado em relação à origem

11. (a,2a)
12. (−3,−3)
13. (x,y)
14. (a −b,c − a)
15. (0,0)

Determine o simétrico do ponto dado em relação à reta y = x

16. (3,0)
17. (−2,−4)
18. (2 + a,3 − b)
19. (h,k)
20. (0,0)

Determine o simétrico do ponto dado em relação à reta y = −x

21. (3,−8)
22. (0,0)
23. (5,0)
24. (x,y)
25. (a + b,c − d)

Esboce o gráfico da equação

26. $\frac{x}{2} + \frac{y}{3} = 1$
27. x + 2y = 0
28. x − 2y = 0
29. $x^2 + y^2 = 2xy$
30. $x^2 + y^2 = -2xy$
31. |x| + |y| = 1

2
FUNÇÕES

Você verá neste capítulo:

Funções
Operações com funções
Função linear
Função modular
Função quadrática
Funções trigonométricas

2.1 FUNÇÕES

Em algumas equações em x e y, é possível isolar a variável y e colocá-la em função de x, de modo que, para cada valor de x, fique associado um único valor de y. Geometricamente, isto significa que qualquer reta vertical x = k corta o gráfico da equação, no máximo, em um ponto.

Neste caso, dizemos que y *é uma função de x* e representamos este fato por y = f(x) [lê-se *f de x*]. A variável x é denominada *variável independente* e y, *variável dependente*. O gráfico da equação denomina-se *gráfico da função f*.

Por exemplo, se a equação é 2x + 3y = 6, então 3y = −2x + 6, e daí $y = -\frac{2x}{3} + 2$.

Na Figura 2.1, a curva da esquerda é gráfico de função, ao passo que a curva da direita não é gráfico de função.

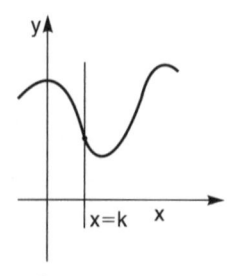

É gráfico de função 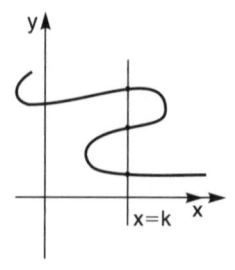   Não é gráfico de função

FIG. 2.1

Capítulo 2 — Funções

Mais formalmente: dados dois conjuntos A e B, uma *função f de A em B* é uma lei ou regra de correspondência que a cada elemento x de A, denominado *domínio*, associa um único elemento y = f(x) de B, denominado *contradomínio*.

Notação: f : A → B.

Por exemplo, consideremos a função f que a cada x do intervalo A = [−3,3] associa o número real y = x^3 − 4x. O contradomínio é assumido como sendo $\mathbb{R}$.

Para ter uma idéia do comportamento desta função, façamos uma tabela dando valores para x e calculando os y correspondentes:

x = −3,   y = f(−3) = $(-3)^3$ − 4 · (−3) = −15

x = −2,   y = f(−2) = $(-2)^3$ − 4 · (−2) = 0

x = −1,   y = f(−1) = $(-1)^3$ − 4 · (−1) = 3

x = 0,   y = f(0) = 0^3 − 4 · 0 = 0

x = 1,   y = f(1) = 1^3 − 4 · 1 = −3

x = 2,   y = f(2) = 2^3 − 4 · 2 = 0

x = 3,   y = f(3) = 3^3 − 4 · 3 = 15

Tabela

x	y = f(x) = x^3 − 4x
−3	−15
−2	0
−1	3
0	0
1	−3
2	0
3	15

O gráfico da função y = f(x) é o conjunto dos pares ordenados (x,f(x)) tais que x ∈ [−3,3]. Mais tarde, utilizando o conceito de derivada, mostraremos que o gráfico da função y = x^3 − 4x tem aproximadamente a forma apresentada na Figura 2.2.

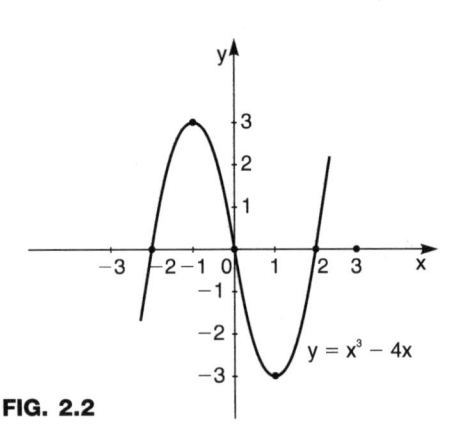

FIG. 2.2

• Função real de variável real

Uma função f é uma *função real de variável real* se o seu domínio e o seu contradomínio são subconjuntos de $\mathbb{R}$.

Uma função só está determinada (definida), quando conhecemos três aspectos:

(i) o *domínio*, isto é, o conjunto em que a variável independente assume valores,

(ii) o *contradomínio*, isto é, o conjunto em que a variável dependente assume valores, e

(iii) a *regra* de correspondência.

No entanto, por comodidade de linguagem, não se costuma declarar o domínio e o contradomínio de uma função real de variável real, dando-se apenas a lei de correspondência $f(x) = \ldots$ ou $y = \ldots$ Neste caso, está subentendido que o domínio da função f é o maior subconjunto de $\mathbb{R}$ para o qual a expressão $f(x)$ tem sentido, enquanto o contradomínio é sempre tomado como sendo $\mathbb{R}$.

Exemplo 2.1:

Determine o domínio e o contradomínio da função $y = f(x) = \dfrac{1}{(x-2)}$.

Resolução:

Como o denominador de uma fração não pode se anular, temos que impor que $x \neq 2$. Logo, o domínio da função é o conjunto $\mathbb{R} \setminus \{2\}$. O contradomínio é $\mathbb{R}$.

• Valor de uma função num ponto

Seja f uma função de A em B. Se $a \in A$, então $f(a)$ chama-se o *valor da função f no ponto a* ou *imagem de a pela função f*.

Exemplo 2.2:

Calcule o valor da função $f(x) = \dfrac{(3x^2 + 1)}{(1 - 4x)}$ no ponto $x = 2$.

Resolução:

Basta substituir x por 2 na expressão de $f(x)$:

$$f(2) = \frac{(3 \cdot 2^2 + 1)}{(1 - 4 \cdot 2)} = \frac{13}{(-7)} = -\frac{13}{7}.$$

Observações:

(1) *Uma função pode levar elementos distintos para o mesmo elemento.* Por exemplo, a função f de $\mathbb{R}$ em $\mathbb{R}$, dada por $y = x^2$, leva -2 e 2 para o mesmo valor $y = 4$.

(2) *Podem existir elementos do contradomínio que não são imagens de elementos do domínio.* Por exemplo, considere a função f de $\mathbb{R}$ em $\mathbb{R}$ dada por $y = f(x) = x^2$. O número real -1 pertence ao contradomínio de f mas não é imagem de nenhum número real pela função f.

• IMAGEM DE UMA FUNÇÃO

O conjunto das imagens dos elementos do domínio A pela função f chama-se a *imagem de f*. Em símbolos,

$$\text{Im}(f) = \{f(x) \mid x \in A\}$$

Note que $\text{Im}(f)$ é um subconjunto do contradomínio B.

Em geral, não é fácil determinar a imagem de uma função f; muitas vezes precisaremos da teoria dos máximos e mínimos de uma função, que será apresentada no Capítulo 5. No entanto, para algumas funções simples, é possível determinar a sua imagem.

Exemplo 2.3:

Determine a imagem da função $f(x) = x^2 + 1$.

Resolução:

Dado um número real y, a equação $x^2 + 1 = y$ tem soluções reais $x_1 = \sqrt{y-1}$ e $x_2 = -\sqrt{y-1}$ se e somente se $y \geq 1$. Logo, a imagem da função é o intervalo $[1, +\infty)$.

• GRÁFICO DE UMA FUNÇÃO

O *gráfico* de uma função f de A em B é o conjunto dos pares ordenados $(x, f(x))$ tais que $x \in A$, ou seja:

$$G(f) = \{(x, f(x)) : x \in A\}$$

Exemplo 2.4:

Construa no plano cartesiano o gráfico da função $y = f(x) = 4 - 2x$.

Resolução:

O gráfico da função f é o gráfico da equação $y = 4 - 2x$.

Sabemos da Geometria Analítica que o gráfico da equação y = 4 − 2x é uma reta. Portanto, para desenhá-la, no plano cartesiano, basta determinar dois de seus pontos.

Fazendo x = 0, temos y = 4 − 2·0 = 4. Logo, o ponto (0,4) pertence à reta.

Fazendo y = 0, temos 0 = 4 − 2x. Logo, 4 = 2x e, portanto, x = 2. Logo, o ponto (2,0) pertence à reta.

A Figura 2.3 mostra o gráfico da função f(x) = 4 − 2x, que é a reta que passa pelos pontos A = (0,4) e B = (2,0).

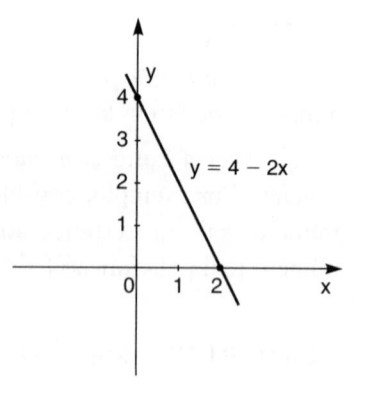

FIG. 2.3

Classificação de funções

As funções podem ser classificadas em injetoras, sobrejetoras, bijetoras ou nenhuma das anteriores.

• Função injetora

Uma função f de A em B é *injetora* se leva elementos distintos para elementos distintos, ou seja, se $a_1 \neq a_2$ implica $f(a_1) \neq f(a_2)$.

Ou, de modo equivalente, f : A → B é injetora se e somente se $f(a_1) = f(a_2)$ implica $a_1 = a_2$.

Na Figura 2.4, ilustramos casos de função injetora e não-injetora.

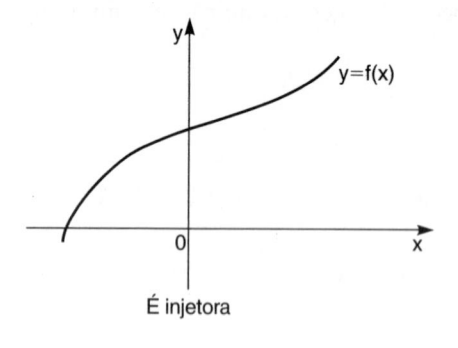

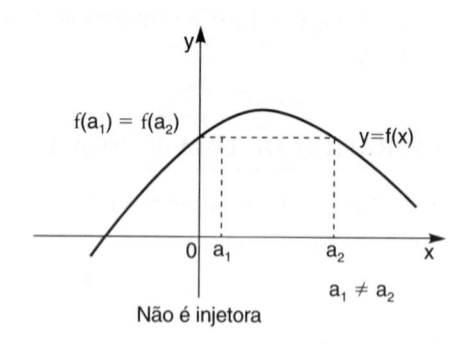

FIG. 2.4

Exemplo 2.5:

Prove que toda função linear f(x) = ax + b, com a ≠ 0, de ℝ em ℝ, é injetora.

Resolução:

Suponha que $ax_1 + b = ax_2 + b$.

Então, cancelando b, temos

$ax_1 = ax_2$.

Como $a \neq 0$, podemos cancelá-lo e então

$x_1 = x_2$.

Exemplo 2.6:

Prove que a função h de $\mathbb{R}$ em $\mathbb{R}$, dada por $h(x) = x^2$, não é injetora.

Resolução:

Basta notar que, por exemplo, 2 e -2 têm a mesma imagem: $2^2 = 4 = (-2)^2$.

• FUNÇÃO SOBREJETORA

Uma função $f : A \to B$ é *sobrejetora* se, para todo elemento b de B, existe algum elemento a de A tal que $f(a) = b$.

Em outras palavras, $f : A \to B$ é sobrejetora, se a imagem de f coincide com o contradomínio.

Na Figura 2.5, ilustramos casos de função sobrejetora e não-sobrejetora.

É sobrejetora / Não é sobrejetora

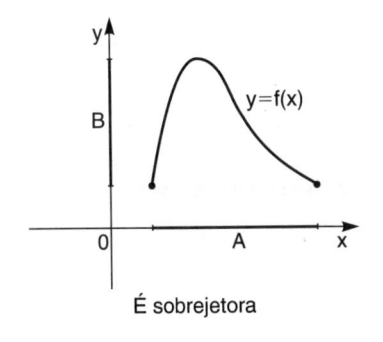

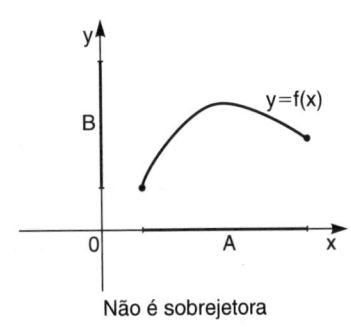

FIG. 2.5

Exemplo 2.7:

Prove que toda função linear de $\mathbb{R}$ em $\mathbb{R}$, $f(x) = ax + b$, com $a \neq 0$, é sobrejetora.

Resolução:

Seja c um número real qualquer.

Mostremos que a equação c = ax + b tem solução real.

ax = c − b

$x = \dfrac{c-b}{a}$.

Logo, x é um número real tal que f(x) = c. Portanto, f é sobrejetora.

Exemplo 2.8:

Prove que a função f de $\mathbb{R}$ em $\mathbb{R}$, dada por f(x) = x^2 + 1, não é sobrejetora.

Resolução:

Basta notar que, por exemplo, não existe número real x tal que f(x) = 0.

• FUNÇÃO BIJETORA

Uma função f : A → B é *bijetora* se é, ao mesmo tempo, injetora e sobrejetora.

Em outras palavras, f : A → B é bijetora, se, para todo elemento b ∈ B, existe um *único* elemento a ∈ A tal que f(a) = b.

Na Figura 2.6 abaixo, ilustramos casos de função bijetora e não-bijetora.

É bijetora de A em B

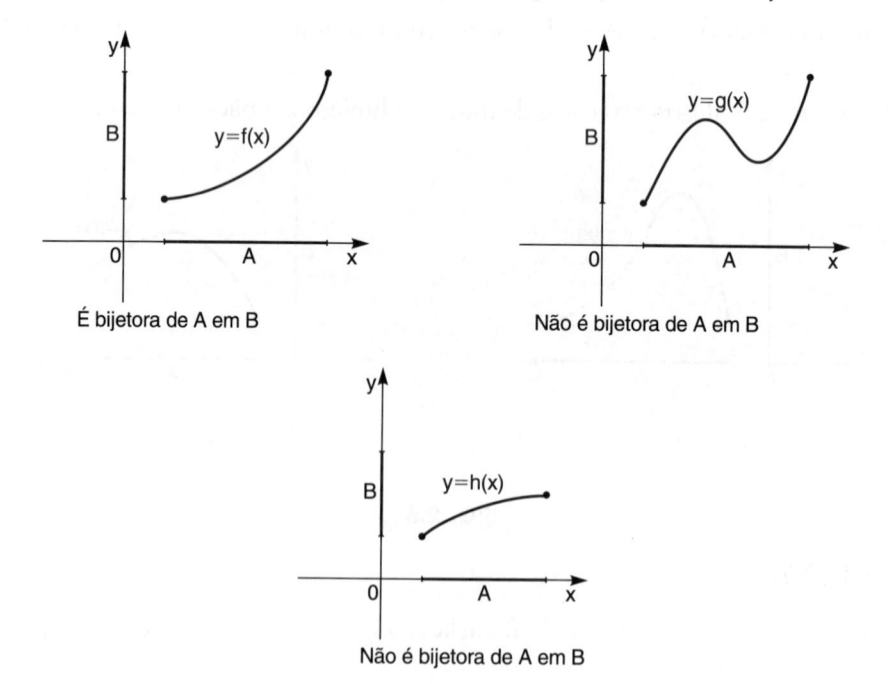

Não é bijetora de A em B

Não é bijetora de A em B

FIG. 2.6

Capítulo 2 — Funções

Exemplo 2.9:

Prove que a função $f : \mathbb{R} \to \mathbb{R}$, dada por $y = f(x) = -3x + 1$, é bijetora.

Resolução:

Basta verificar que, dado y, existe um único x tal que $y = -3x + 1$.

Com efeito, passando $-3x$ para o primeiro membro e y para o segundo membro, e trocando os respectivos sinais, temos

$3x = -y + 1$

Logo, $x = \dfrac{-y + 1}{3}$ é o *único* número real que a função f leva para y.

Exemplo 2.10:

Prove que a função f de $\mathbb{R}$ em $\mathbb{R}$, dada por $y = f(x) = x^2$, não é nem injetora nem sobrejetora.

Resolução:

Ela não é injetora porque leva 1 e -1 para o mesmo valor 1. Ela não é sobrejetora, pois, por exemplo, o número -1 não é imagem de nenhum número real por essa função.

Exercícios 2.1

1. Quais dos gráficos abaixo são gráficos de funções?

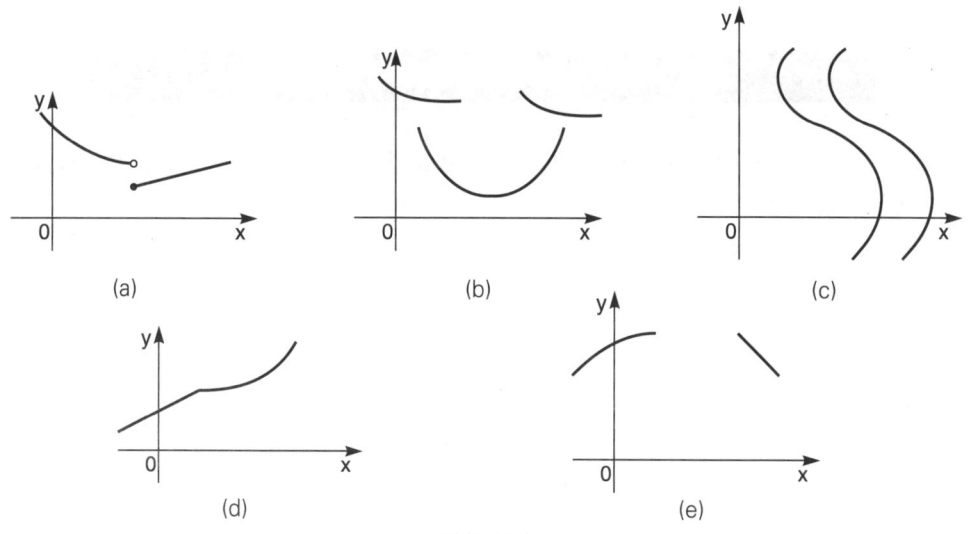

(a)　(b)　(c)　(d)　(e)

FIG. 2.7

2. Quais das equações definem y como função de x, em algum intervalo da reta?

a) $2x + 3y = 7$

b) $5x^8 + 4x + \dfrac{y}{6} = 1$

c) $x^2 + y^3 = 1$

d) $x^3 + y^4 = 1$

Calcule, se existir, o valor da função no ponto dado.

3. $f(x) = x^2 + x - 5, \quad x = 2$

4. $g(x) = \left(x + \dfrac{\pi}{2}\right)^3, \quad x = \pi$

5. $h(x) = (2x - \pi)^3, \quad x = \dfrac{\pi}{3}$

6. $p(x) = \dfrac{2x - 1}{3x + 1}, \quad x = -\dfrac{1}{3}$

7. $q(x) = \sqrt[3]{x + 1}, \quad x = -28$

Determinar o domínio da função

8. $f(x) = \sqrt{4 - x}$

9. $g(x) = \sqrt{x^2 - 9}$

10. $h(x) = \sqrt[3]{x}$

11. $p(x) = \sqrt[3]{x + 1}$

12. $q(x) = x + \dfrac{1}{x}$

13. $r(x) = \dfrac{x - 3}{x^2 - 9}$

14. $s(x) = \dfrac{1}{\sqrt{x^2 - 1}}$

15. $t(x) = \sqrt{x^2 + x}$

Esboce o gráfico da função

16.
$$f(x) = \begin{cases} 2 - x & \text{se } x \leq 0 \\ -3x + 2 & \text{se } x > 0 \end{cases}$$

17.
$$g(x) = \begin{cases} x + 2 & \text{se } x < -1 \\ |x| & \text{se } -1 \leq x \leq 1 \\ 2 - x & \text{se } x > 1 \end{cases}$$

Classifique as funções dadas em injetora, sobrejetora, bijetora ou nenhuma das anteriores.

18. $f(x) = x^3$, onde $f : \mathbb{R} \to \mathbb{R}$

19. $g(x) = x^2$, onde $g : [0,2] \to \mathbb{R}^+$

20. $h(x) = x^3$, onde $h : [-1,1] \to \mathbb{R}^+$

21. $p(x) = x^2 + 1$, onde $p : \mathbb{R}^+ \to \mathbb{R}^+$

22. $q(x) = x^3 + x^2$, onde $q : \mathbb{R} \to \mathbb{R}$

23. $r(x) = |x|$, onde $r : \mathbb{R} \to \mathbb{R}^+$

2.2 OPERAÇÕES COM FUNÇÕES

Sejam f e g duas funções reais de variável real. Definimos a *soma*, a *diferença*, o *produto* e o *quociente* de f e g pelas seguintes expressões:

$(f + g)(x) = f(x) + g(x)$

$(f - g)(x) = f(x) - g(x)$

$(f \cdot g)(x) = f(x) \cdot g(x)$

$\dfrac{f}{g}(x) = \dfrac{f(x)}{g(x)}$, onde $g(x) \neq 0$

Por exemplo, se $f(x) = 2x^3$ e $g(x) = 4x + 1$, então

$(f + g)(x) = f(x) + g(x) = 2x^3 + 4x + 1$

$(f - g)(x) = f(x) - g(x) = 2x^3 - (4x + 1) = 2x^3 - 4x - 1$

$(f \cdot g)(x) = f(x) \cdot g(x) = 2x^3 \cdot (4x + 1) = 8x^4 + 2x^3$

$\dfrac{f}{g}(x) = \dfrac{f(x)}{g(x)} = \dfrac{2x^3}{4x + 1}$, para $x \neq -\dfrac{1}{4}$.

Função composta

Sejam $f : A \to B$ e $g : C \to D$ funções tais que a imagem de f esteja contida no domínio de g. Assim, a função leva um elemento x de A para a sua imagem $f(x)$, e g leva $f(x)$ para a sua imagem $g(f(x))$. A *função composta*, designada por gof, é a função que leva x ao elemento $g(f(x))$, ou seja

$$\text{gof}(x) = g(f(x))$$

Veja a Figura 2.8:

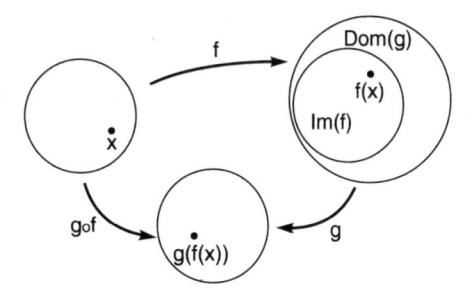

FIG. 2.8

Exemplo 2.11:

Determine as funções compostas fog e gof se $f(x) = x^3 - 1$ e $g(x) = x^2 + 2x$.

Resolução:

A função composta gof é definida por

$(\text{gof})(x) = g(f(x)) = (f(x))^2 + 2f(x) = (x^3 - 1)^2 + 2(x^3 - 1) =$
$x^6 - 2x^3 + 1 + 2x^3 - 2 = x^6 - 1$

A função composta fog é definida por

$(\text{fog})(x) = f(g(x)) = (g(x))^3 - 1 = (x^2 + 2x)^3 - 1 =$
$x^6 + 3(x^2)^2 \cdot 2x + 3 \cdot x^2 \cdot (2x)^2 + (2x)^3 - 1 = x^6 + 6x^5 + 12x^4 + 8x^3 - 1$

Observamos que gof $\neq$ fog, pois, por exemplo, $(\text{gof})(1) = 0$ e $(\text{fog})(1) = 26$.

Exemplo 2.12:

Escreva a função $h(x) = \sqrt{x^2 + 1}$ como uma função composta, explicitando as funções componentes.

Resolução:

Sejam $f(x) = x^2 + 1$ e $g(x) = \sqrt{x}$. Então, $g(f(x)) = \sqrt{f(x)} = \sqrt{x^2 + 1} = h(x)$.

Função inversa

Seja f uma função de A em B injetora. Isto significa que a cada y pertencente à imagem de f, existe em correspondência um único elemento x de A tal que f(x) = y. A função que faz essa correspondência chama-se *função inversa* de f e é designada por f^{-1}. Temos então que se f(x) = y, então $x = f^{-1}(y)$. Valem portanto as igualdades

$f(f^{-1}(y)) = y$, para todo y da imagem de f e

$f^{-1}(f(x)) = x$, para todo x do domínio de f.

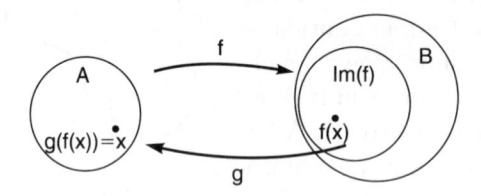

FIG. 2.9

Se f é uma função bijetora de A em B, então ela é automaticamente injetora e, portanto, existe a função inversa de f. A sua inversa f^{-1} é uma função bijetora de B em A tal que para todo y ∈ B,

$$f^{-1}(y) = x \Leftrightarrow y = f(x).$$

Veja a Figura 2.10:

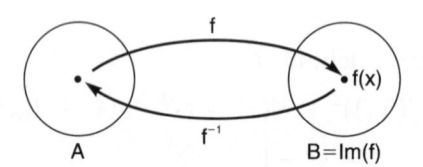

FIG. 2.10

Exemplo 2.13:

Determine a expressão analítica da função inversa de y = f(x) = 3x + 1.

Resolução:

Para descobrir a função inversa de f, isolemos x:

3x = y − 1

$x = \dfrac{y}{3} - \dfrac{1}{3}$

Troquemos x por y, para obter a forma usual de representação de função:

$$y = \frac{x}{3} - \frac{1}{3}$$

Esta expressão define a função inversa de f:

$$y = f^{-1}(x) = \frac{x}{3} - \frac{1}{3}.$$

Restrição de função

Se f é uma função de A em B e $D \subset A$, então a *restrição de f a D* é a função, designada por f | D, tal que (f | D) (x) = f(x) para todo $x \in D$.

Dada uma função que não é injetora, interessa-nos, muitas vezes, considerar restrições dessa função que sejam injetoras.

Por exemplo, considere a função de $\mathbb{R}$ em $\mathbb{R}$ dada por $y = f(x) = x^2$. Ela não é injetora.

A restrição de f a $\mathbb{R}^+$, designada por $f | \mathbb{R}^+$, é definida em $\mathbb{R}^+$ por $(f | \mathbb{R}^+)(x) = f(x) = x^2$. Esta função é injetora, e sua imagem é $\mathbb{R}^+$. Portanto, ela possui inversa e a sua inversa $(f | \mathbb{R}^+)^{-1}: \mathbb{R}^+ \to \mathbb{R}^+$ é dada por

$$(f | \mathbb{R}^+)^{-1}(x) = \sqrt{x}.$$

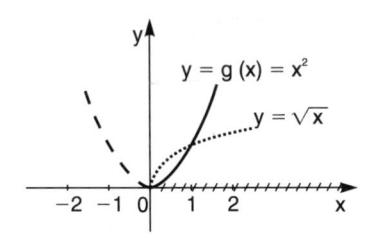

FIG. 2.11

Por outro lado, restringindo f a $\mathbb{R}^-$, obtemos a função $f | \mathbb{R}^- : \mathbb{R}^- \to \mathbb{R}$ cuja expressão é $(f | \mathbb{R}^-)(x) = x^2$. Esta função é injetora e tem imagem $\mathbb{R}^+$. Portanto, ela possui inversa e a sua inversa $(f | \mathbb{R}^-)^{-1}: \mathbb{R}^+ \to \mathbb{R}^-$ é dada por

$$(f | \mathbb{R}^-)^{-1}(x) = -\sqrt{x}.$$

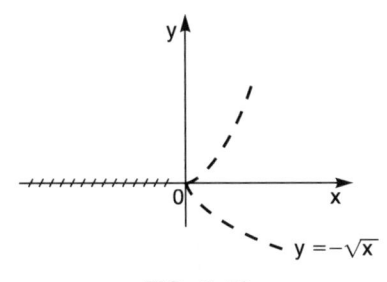

FIG. 2.12

> **Teorema:** Os gráficos da função f e de sua inversa f^{-1} são curvas simétricas em relação à reta y = x.

Prova

Basta mostrar que

(i) se (x,y) pertence ao gráfico de f, então (y,x) pertence ao gráfico de f^{-1}, e

(ii) se (x,y) pertence ao gráfico de f^{-1}, então (y,x) pertence ao gráfico de f.

Com efeito, se (x,y) é um ponto do gráfico da função f, então y = f(x), e portanto $x = f^{-1}(y)$, ou seja, (y,x) = (y,$f^{-1}(y)$) pertence ao gráfico da função inversa.

Reciprocamente, se (x,y) pertence ao gráfico de f^{-1}, então $y = f^{-1}(x)$, o que é equivalente a dizer que x = f(y). Logo, (y, x) = (y, f(y)) pertence ao gráfico da função f.

Exercícios 2.2

Calcule as expressões analíticas da soma, diferença, produto e quociente das funções

1. $f(x) = 3x^2 + 2x - 1$, $g(x) = x^2 - x$

2. $f(x) = (x - 1)^2$, $g(x) = (x + 1)^2$

Determine as expressões analíticas das funções compostas f∘g e g∘f

3. $f(x) = 3x^2 + 1$, $g(x) = \sqrt[3]{x - 1}$

4. $f(x) = 1 + 2x$, $g(x) = \text{sen}\left(\dfrac{x}{3}\right)$

5. $f(x) = 3$, $g(x) = x^2$

6. $f(x) = \dfrac{1}{x + 1}$, $g(x) = \sqrt{x^3}$

Determine as funções componentes da função composta

7. $\varphi(x) = \sqrt[3]{x^2 - x + 1}$

8. $\varphi(x) = \text{sen}\left(3x + \dfrac{\pi}{2}\right)$

9. $\varphi(x) = \dfrac{\sqrt{\text{tg}(x + \pi)}}{2}$

10. $\varphi(x) = \sqrt[3]{1 + \dfrac{1}{x^3}}$

11. Dê exemplos de funções f e g tais que f(g(x)) = g(f(x)), para todo x ∈ ℝ.

12. Dê a expressão da inversa da função num domínio adequado

$y = f(x) = \dfrac{x}{2} - 1$

13. Dê a expressão da inversa da função num domínio adequado

$f(x) = x^2 + x$

14. Na Figura 2.13 apresentamos o gráfico de uma função f de [0,3] em [0,4], que é bijetora. Desenhe na mesma figura o gráfico da função direta e o da inversa.

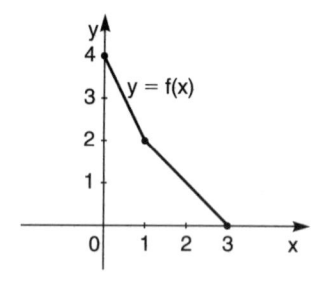

FIG. 2.13

15. Na Figura 2.14 apresentamos o gráfico de uma função de ℝ em ℝ bijetora. Desenhe na mesma figura o gráfico da função direta e o da inversa. O que há de interessante a se observar?

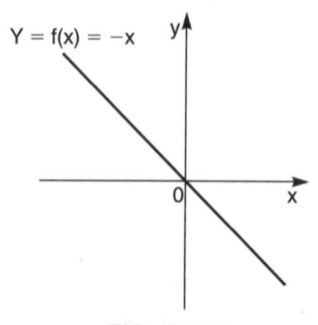

Y = f(x) = −x

FIG. 2.14

2.3 FUNÇÃO LINEAR

As funções mais importantes e, ao mesmo tempo, as mais simples são as funções lineares.

Uma função f de $\mathbb{R}$ em $\mathbb{R}$ é *linear* ou *linear afim* se a sua expressão analítica é da forma

$$y = f(x) = ax + b$$

onde a e b são constantes reais, com a $\neq$ 0.

O gráfico de uma função linear é sempre uma reta.

O número real a, coeficiente de x, chama-se *coeficiente angular* ou *declividade* da reta. O ângulo θ, com $-\frac{\pi}{2} < \theta < \frac{\pi}{2}$, tal que tg θ = a chama-se *inclinação* da reta.

O termo constante b chama-se *coeficiente linear* da reta; ela representa a ordenada do ponto em que a reta corta o eixo dos y.

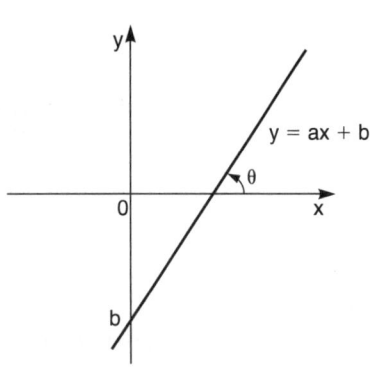

FIG. 2.15

Exemplo 2.14:

Represente na mesma figura os gráficos das funções lineares

$$f(x) = x, \; g(x) = 2x, \; h(x) = 3x, \; p(x) = \frac{x}{2}, \; q(x) = \frac{x}{3}.$$

Resolução:

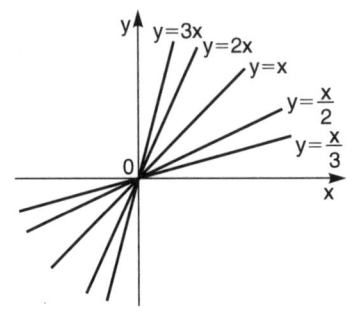

FIG. 2.16

Observe que os gráficos de todas essas funções passam pela origem.

> Se a função linear é da forma f(x) = ax, com a $\neq$ 0, o seu gráfico é uma reta que passa pela origem.

Exemplo 2.15:

Represente na mesma figura os gráficos das funções

$f(x) = \dfrac{x}{2} - 1$, $g(x) = \dfrac{x}{2}$, $h(x) = \dfrac{x}{2} + 1$.

Resolução:

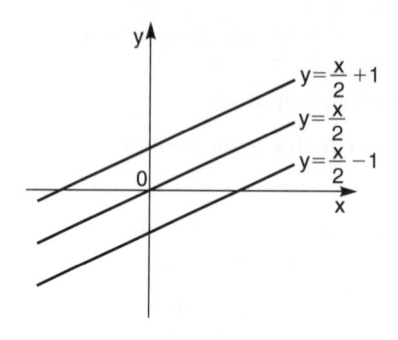

FIG. 2.17

Observe que os gráficos dessas funções são retas paralelas entre si. Isto decorre do fato de que os seus coeficientes angulares são iguais.

• FUNÇÃO CRESCENTE E FUNÇÃO DECRESCENTE

Uma função $f : \mathbb{R} \to \mathbb{R}$ é

(i) *crescente*,   se $x_1 < x_2 \Rightarrow f(x_1) < f(x_2)$.

(ii) *decrescente*, se $x_1 < x_2 \Rightarrow f(x_1) > f(x_2)$.

Veja a Figura 2.18.

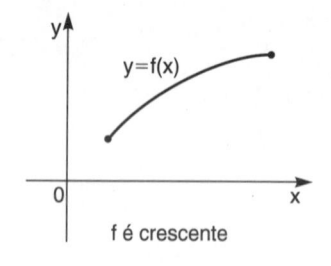

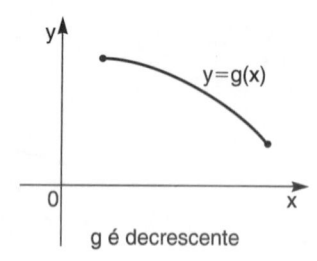

FIG. 2.18

Exemplo 2.16:

Prove que a função $f(x) = 2x + 1$ é crescente.

Resolução:

Se $x_1 < x_2$ então, multiplicando ambos os membros da desigualdade por 2, obtemos

$2x_1 < 2x_2$.

Somando 1 a ambos os membros da desigualdade, obtemos $2x_1 + 1 < 2x_2 + 1$.

Logo, $f(x_1) = 2x_1 + 1 < 2x_2 + 1 = f(x_2)$.

Assim, a função f é crescente. Veja o seu gráfico na Figura 2.19.

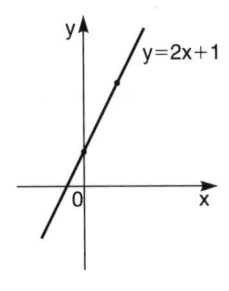

FIG. 2.19

Exemplo 2.17:

Prove que a função $g(x) = -2x + 1$ é decrescente.

Resolução:

Seja $x_1 < x_2$. Multiplicando ambos os membros por -2, obtemos

$-2x_1 > -2x_2$.

Somando 1 a ambos os membros da inequação, obtemos

$-2x_1 + 1 > -2x_2 + 1$

Logo, $g(x_1) = -2x_1 + 1 > -2x_2 + 1 = g(x_2)$.

Assim, a função g é decrescente. Veja o seu gráfico na Figura 2.20.

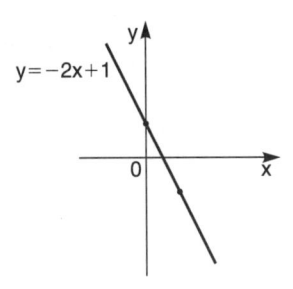

FIG. 2.20

Mais geralmente:

Uma função linear $f(x) = ax + b$ é *crescente*, se $a > 0$ e *decrescente*, se $a < 0$.

• Função constante

Existe um outro tipo de função, além das funções lineares, cujo gráfico é uma reta: são as funções constantes f(x) = b.

Exemplo 2.18:

Represente no mesmo desenho os gráficos das funções constantes f(x) = 2, g(x) = 0, h(x) = −2.

Resolução:

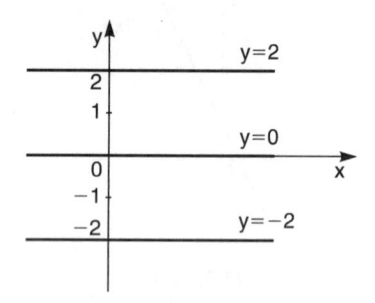

FIG. 2.21

• Aplicação na resolução de inequações lineares

O uso das funções lineares facilita bastante a resolução de inequações lineares.

Exemplo 2.19:

Resolva a inequação 3x − 5 < 0.

Resolução:

Considere a função linear f(x) = 3x − 5.

Ela se anula no ponto x tal que 3x − 5 = 0, isto é, $x = \frac{5}{3}$.

Como o coeficiente angular m = 3 > 0, a função f é crescente. Logo, o gráfico da função tem a forma dada pela Figura 2.22.

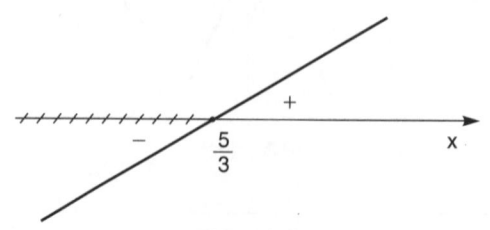

FIG. 2.22

Assim, vemos que $f(x) < 0$, se x está à esquerda de $\frac{5}{3}$. Ou seja, o conjunto-solução da inequação dada é $x < \frac{5}{3}$.

Aplicações à economia

Os modelos lineares são úteis para descrever, *grosso modo*, o comportamento de algumas funções econômicas.

• Funções custo, receita, e lucro; ponto de "break even"

Considere uma firma que fabrica e vende um determinado bem (produto). Se x representa a quantidade produzida e vendida, então,

— o *custo fixo* CF é a soma de todos os custos que não dependem do nível de produção tais como aluguel, seguros etc.,

— o *custo variável* CV(x) é a soma de todos os custos que dependem do número x de unidades produzidas tais como mão-de-obra, material etc.,

— o *custo total* C(x) é a soma do custo fixo com o custo variável,

— a *receita total* R(x) é a quantia que o fabricante recebe pela venda de x unidades,

— o *lucro total* L(x) é a diferença entre a receita total e o custo total:

$$L(x) = R(x) - C(x).$$

Resumindo,

```
custo total = custo fixo + custo variável
lucro total = receita total − custo total
```

Ponto de "break-even"

É o ponto de interseção entre o gráfico da receita total e o do custo total. Ele indica a quantidade produzida tal que o lucro total é zero. É a partir dessa quantidade mínima que o produtor começará a ter lucro positivo.

Exemplo 2.20:

Uma indústria de autopeças tem um custo fixo de R$ 15.000,00 por mês. Se cada peça produzida tem um custo de R$ 6,00 e o preço de venda é de R$ 10,00 por peça, quantas peças deve a indústria produzir para ter um lucro de R$ 30.000,00 por mês?

Resolução:

Custo total = 15.000 + 6x

Receita total = 10x

Lucro = receita total − custo total

30.000 = 10x − (15.000 + 6x)

30.000 = 4x − 15.000

45.000 = 4x

x = 11.250

A indústria precisa vender mais de 11.250 peças por mês para ter lucro.

• FUNÇÕES DEMANDA E OFERTA; PONTO DE EQUILÍBRIO

A quantidade demandada de um determinado bem depende do preço desse bem, dos preços de outros bens, e de outros fatores. A *lei da procura* afirma que: quanto menor o preço de um determinado bem, maior a quantidade que se deseja comprar, por unidade do tempo, *ceteris paribus* (ou seja, mantidas constantes as demais condições).

Uma *curva de demanda* (procura) deve então ter o aspecto da curva mostrada na Figura 2.23, onde p designa preço e q designa quantidade.

Atenção: os economistas, contrariando o costume dos matemáticos, representam a variável independente p (preço) no eixo vertical e a variável dependente q (quantidade demandada) no eixo horizontal.

Curva de demanda

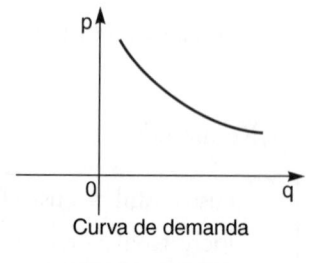

FIG. 2.23

A quantidade ofertada de um determinado bem depende do preço desse bem, da oferta de insumos, dos impostos e subsídios, e de outros fatores. Numa situação "normal", se o preço aumentar, a quantidade ofertada aumentará concomitantemente. O gráfico de uma curva de oferta será parecido com o da Figura 2.24.

Curva de oferta

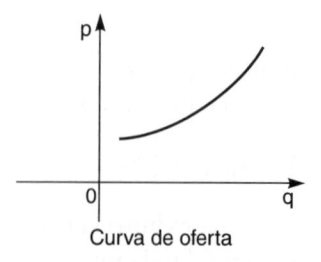

FIG. 2.24

O *ponto de equilíbrio* é o ponto de interseção do gráfico da oferta com o da demanda. Suas coordenadas são o *preço de equilíbrio* e a *quantidade de equilíbrio*. Veja a Figura 2.25. Se o preço está acima do preço de equilíbrio há excesso de oferta e o preço tende a cair; se o preço está abaixo do preço de equilíbrio, há escassez de oferta e o preço tende a subir.

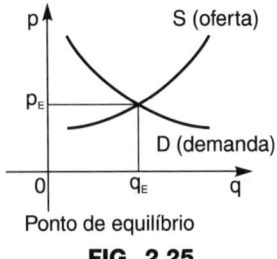

Ponto de equilíbrio
FIG. 2.25

Exemplo 2.21:

Num modelo linear de oferta e procura, as quantidades ofertadas e demandadas são, respectivamente, funções lineares do preço:

$q_d = 24 - p$

$q_s = -20 + 10p$

Pede-se o preço e a quantidade de equilíbrio. Esboce o gráfico da situação.

Resolução:

Fazendo $q_d = q_s$, temos o preço de equilíbrio:

$24 - p = -20 + 10p$

Logo, $p = 4$

Substituindo em q_d (ou q_s), obtemos

$q_d = 24 - 4 = 20$

Logo, preço de equilíbrio = 4, quantidade de equilíbrio = 20.

Veja a Figura 2.26.

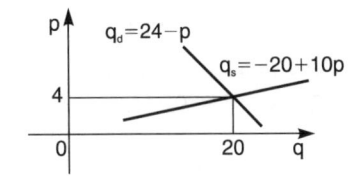

FIG. 2.26

Atenção: O símbolo q_d designa quantidade demandada e q_s indica quantidade ofertada (a letra s vem do inglês *supply* = oferta).

Exercícios 2.3

1. Determine o ponto de interseção dos gráficos das funções $f(x) = -3x + 2$ e $g(x) = x + 8$.

Faça o gráfico da função nas questões 2 a 6:

2. $f(x) = -\dfrac{x}{2} + 4$

3. $g(x) = 3 - 2x$

4. $h(x) = \begin{cases} 2x + 1 & \text{se } x < 1 \\ 5x & \text{se } x \geq 1 \end{cases}$

5. $p(x) = \begin{cases} 3, & \text{se } x < 0 \\ 0, & \text{se } x = 0 \\ 2, & \text{se } x > 0 \end{cases}$

6.
$$q(x) = \begin{cases} 2x - 1 & \text{se } x < -1 \\ -3 & \text{se } -1 \leq x < 1 \\ -2x - 1 & \text{se } x \geq 1 \end{cases}$$

Classifique as seguintes funções em crescente/decrescente:

7. $f(x) = 2x - 1$
8. $g(x) = -4 + x$
9. $h(x) = 5 - x$
10. $q(x) = -2x + 1$
11. Determine os intervalos em que a função dada na Figura 2.27 é crescente.

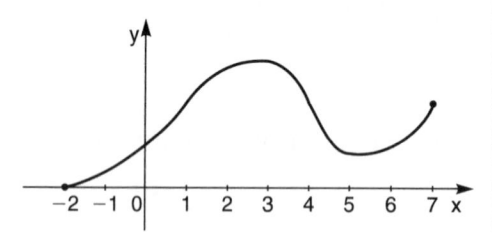

FIG. 2.27

Resolva as inequações:

12. $2x - 1 < 0$
13. $\dfrac{x}{3} + \dfrac{2}{7} \geq 0$
14. $-\dfrac{x}{14} + \dfrac{1}{5} \leq 0$
15. $2x + 1 > -\dfrac{x}{3} + \dfrac{1}{2}$

16. $\dfrac{1}{x+1} < -5$

17. $\dfrac{x+1}{x-1} > 2$

Nas equações a seguir, y representa preço, e x representa quantidade. Quais das equações podem ser consideradas como equação de demanda? Quais as possíveis equações de oferta?

18. $2x - 3y = 4$
19. $x + 20y = 10$
20. $2x - 4y = -8$
21. $x = \dfrac{4y}{5}$
22. $x = -2y + 400$
23. $x = 4$
24. $y = 20$

25. Uma firma de serviços de fotocópias tem um custo fixo de 800,00 por mês e custos variáveis de 0,04 por folha que reproduz. Expresse a função custo total em função do número x de páginas copiadas por mês. Se os consumidores pagam 0,09 por folha, quantas folhas a firma tem que reproduzir para não ter prejuízo?

26. A equação de demanda de um certo bem é $q_d = 14 - 2p$ e a equação de oferta é $q_o = -10 + 6p$. Determine o ponto de equilíbrio.

2.4 FUNÇÃO MODULAR

Uma *função modular* é uma função em cuja expressão aparece o sinal de módulo.

Exemplo 2.22:

Esboce o gráfico da função *módulo de x*: $f(x) = |x|$.

Resolução:

Temos que
$f(0) = 0$,
$f(x) = x \quad \text{se } x > 0$,
$f(x) = -x \quad \text{se } x < 0$.

Capítulo 2 — Funções

O gráfico da função f(x) = |x| é formado por duas semi-retas com origem no ponto (0,0) e tem como eixo de simetria a reta vertical que passa pelo vértice. Veja a Figura 2.28.

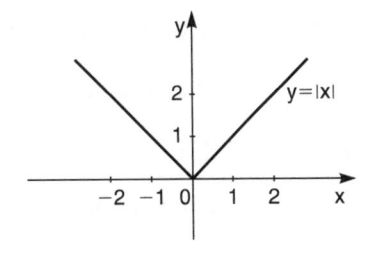

FIG. 2.28

Exemplo 2.23:

Faça o gráfico da função f(x) = |x − 2|.

Resolução:

|x − 2| = 0	se x − 2 = 0, isto é, se x = 2.
|x − 2| = x − 2	se x − 2 > 0, isto é, se x > 2.
|x − 2| = − (x−2) = −x + 2	se x < 2.

O gráfico da função está desenhado na Figura 2.29. O gráfico é um par de semi-retas com a origem comum no ponto (2,0). Para desenhar as semi-retas, basta calcular os valores de f nos pontos "inteiros" vizinhos de x = 2:

f(1) = |1 − 2| = 1 e
f(3) = |3 − 2| = 1.

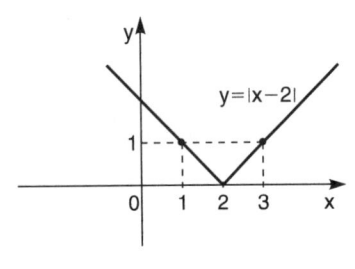

FIG. 2.29

Exemplo 2.24:

Esboce o gráfico da função f(x) = 3 |x − 1|.

Resolução:

f(x) = 0	se x = 1.
f(x) = 3(x − 1) = 3x − 3	se x > 1.
f(x) = −3(x − 1) = −3x + 3	se x < 1.

O gráfico está na Figura 2.30. O vértice do ângulo é o ponto (1,0). Os lados do ângulo podem ser desenhados, calculando-se os valores de f(x) nos pontos "inteiros" vizinhos:

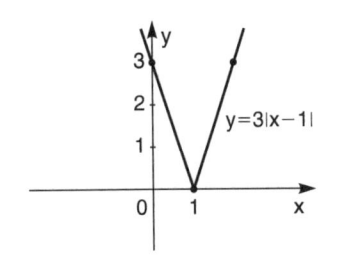

f(0) = 3 · |0 − 1|= 3,
f(2) = 3 · |2 − 1|= 3.

FIG. 2.30

• APLICAÇÃO ÀS INEQUAÇÕES MODULARES

O uso de funções modulares facilita a resolução de inequações modulares.

Exemplo 2.25:

Resolva a inequação $|x - 1| > |2x - 6|$.

Resolução:

Considere as funções modulares $f(x) = |x - 1|$ e $g(x) = |2x - 6|$.
Construa os seus gráficos na mesma figura.

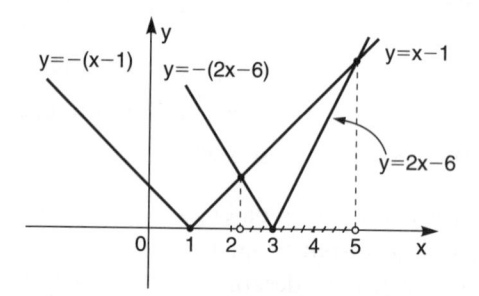

FIG. 2.31

Pela figura, observamos que os gráficos se interceptam nos pontos x tais que

(i) $x - 1 = 2x - 6$, ou seja, $x = 5$,

(ii) $(x-1) = -(2x - 6)$, ou seja, $3x = 7$, isto é, $x = \dfrac{7}{3}$,

Logo, a inequação é satisfeita para $\dfrac{7}{3} < x < 5$.

Exemplo 2.26:

Resolva a inequação $|2x + 1| \geq |3x - 4|$.

Resolução:

Primeiro método: localizemos, inicialmente, os pontos em que os módulos se anulam.

$2x + 1 = 0 \Leftrightarrow x = -\dfrac{1}{2}$

$3x - 4 = 0 \Leftrightarrow x = \dfrac{4}{3}$

Façamos agora o varal:

		$-\dfrac{1}{2}$	$\dfrac{4}{3}$
$\|2x+1\|=$	$-(2x+1)$	$2x+1$	$2x+1$
$\|3x-4\|=$	$-(3x-4)$	$-(3x-4)$	$3x-4$

Resolvemos a inequação em cada um desses intervalos.

No intervalo $x < -\dfrac{1}{2}$:

$|2x + 1| = -(2x + 1)$

e

$|3x - 4| = -(3x - 4)$

A inequação é então equivalente a

$-(2x + 1) \geq -(3x - 4)$

$2x + 1 \leq 3x - 4$

$5 \leq x$

Ou seja, $x \geq 5$, que é incompatível com $x < -\dfrac{1}{2}$. Logo, não existe solução da inequação nesse intervalo.

Testando o ponto $x = -\dfrac{1}{2}$, temos que $|2x+1| = \left|2\left(-\dfrac{1}{2}\right) + 1\right| = 0$ e $|3x - 4| = \left|3\left(-\dfrac{1}{2}\right) - 4\right| = \dfrac{11}{2}$. Logo, $-\dfrac{1}{2}$ não é solução da inequação.

No intervalo $-\dfrac{1}{2} < x < \dfrac{4}{3}$:

$|2x + 1| = +(2x + 1)$

$|3x - 4| = -(3x - 4)$

A inequação é equivalente a

$+(2x + 1) \geq -(3x - 4)$

$5x \geq 3$

$x \geq \dfrac{3}{5}$

Os pontos x tais que $\frac{3}{5} \leq x < \frac{4}{3}$ satisfazem a inequação.

Testando o ponto $x = \frac{4}{3}$, temos que $\left|2 \cdot \frac{4}{3} + 1\right| = \frac{11}{3}$ e $\left|3 \cdot \frac{4}{3} - 4\right| = 0$.

Logo, o ponto $\frac{4}{3}$ também satisfaz a inequação.

No intervalo $x > \frac{4}{3}$:

$|2x + 1| = +(2x + 1)$

$|3x - 4| = +(3x - 4)$

A inequação é equivalente a

$+(2x + 1) \geq +(3x - 4)$

$5 \geq x$.

Ou seja, os pontos x tais que $\frac{4}{3} < x \leq 5$ satisfazem a inequação.

Portanto, o intervalo fechado $\left[\frac{3}{5}, 5\right]$ é o conjunto-solução da inequação.

Segundo método: um método mais eficiente, baseado no conceito de continuidade de função a ser estudado mais adiante, é o seguinte.

Para resolver uma inequação modular, inicie pela equação e não pela inequação. Depois, escolha pontos particulares no interior e no exterior do(s) intervalo(s) entre as raízes da equação. Se a inequação for satisfeita (ou não) por esses pontos particulares, então ela será satisfeita (ou não) pelos demais pontos da região correspondente.

Aplicando este método ao exemplo, temos

Equação: $|2x + 1| = |3x - 4|$.

1º) $2x + 1 = 3x - 4$

Logo, $x = 5$ é uma raiz da equação.

2º) $2x + 1 = -(3x - 4) = -3x + 4$

$5x = 3$

Logo, $x = \frac{3}{5}$ é uma raiz da equação.

Portanto, $\frac{3}{5}$ e 5 são as raízes da equação.

Essas raízes dividem a reta real em 3 intervalos: $\left(-\infty, \frac{3}{5}\right)$, $\left(\frac{3}{5}, 5\right)$ e $(5, +\infty)$

1º) Testando um ponto particular do intervalo $\left(-\infty, \frac{3}{5}\right)$:

Para x = 0, temos $|2 \cdot 0 + 1| = 1$ e $|3 \cdot 0 - 4| = 4$. Logo, x = 0 não satisfaz a inequação e, portanto, nenhum ponto do intervalo $\left(-\infty, \frac{3}{5}\right)$ satisfaz a inequação.

2º) Testando um ponto particular do intervalo $\left(\frac{3}{5}, 5\right)$:

Para x = 1, temos $|2 \cdot 1 + 1| = 3$ e $|3 \cdot 1 - 4| = 1$. Logo, x = 1 satisfaz a inequação e, portanto, todos os pontos do intervalo $\left(\frac{3}{5}, 5\right)$ satisfazem a inequação.

3º) Testando um ponto particular do intervalo $(5, +\infty)$:

Para x = 6, temos $|2 \cdot 6 + 1| = 13$ e $|3 \cdot 6 - 4| = 14$. Logo, x = 6 não satisfaz a inequação e, portanto, nenhum ponto do intervalo $(5, +\infty)$ satisfaz a inequação.

Como os pontos $\frac{3}{5}$ e 5 satisfazem a inequação por satisfazerem a equação, concluímos que o intervalo fechado $\left[\frac{3}{5}, 5\right]$ é o conjunto-solução da inequação dada.

Exercícios 2.4

Esboce o gráfico da função

1. $f(x) = -|x|$
2. $g(x) = -|x - 1|$
3. $h(x) = -|3x - 2|$
4. $p(x) = -2|2 + x|$

Resolva a inequação

5. $|x - 1| < 3$
6. $|1 - x| > |x|$
7. $|2x + 3| \leq |3x + 2|$
8. $|x + 1| \geq x$

Esboce o gráfico da função

9. $f(x) = |x| + |x + 1|$
10. $g(x) = 2|1 - x| + 3|x - 1|$
11. $h(x) = x + |x|$
12. $p(x) = \frac{x}{|x|}$
13. $f(x) = \frac{x + |x|}{2}$

14. $g(x) = \dfrac{x - |x|}{2}$

15. $h(x) = x|x|$

16. $p(x) = \sqrt{x^2} - |x|$

Resolva a inequação

17. $|2x + 3| < |5x + 1|$

18. $|-3x + 2| \leq |x - 8|$

19. $|3 - 4x| > |2x|$

20. $\left|4x - \dfrac{1}{6}\right| \geq |x + 1|$

21. $|x - 1| + |x - 2| > |x - 3| + |x - 4|$

22. $|3x + 2| > |x + 1| + |2x - 5|$

2.5 FUNÇÃO QUADRÁTICA

Uma *função quadrática* ou *função polinomial do segundo grau* é uma função da forma

$$f(x) = ax^2 + bx + c,$$

onde a, b e c são números reais, com a ≠ 0.

O coeficiente *a* chama-se o *coeficiente dominante* do trinômio.

Considere a função quadrática $f(x) = x^2$. Para esboçar o seu gráfico, construímos uma pequena tabela de valores.

x	$f(x) = x^2$
-2	4
-1	1
$-\dfrac{1}{2}$	$\dfrac{1}{4}$
0	0
$\dfrac{1}{2}$	$\dfrac{1}{4}$
1	1
2	4

Pode-se provar que o gráfico da função $f(x) = x^2$ é uma parábola, com a concavidade voltada para cima, cujo eixo coincide com o eixo dos y e cujo vértice coincide com a origem do sistema de coordenadas. Veja a Figura 2.32.

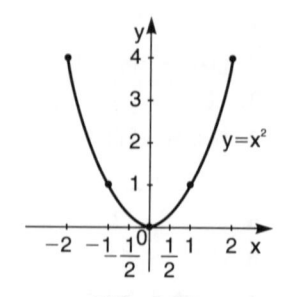

FIG. 2.32

Pode-se provar o resultado mais geral:

> O gráfico da função $f(x) = ax^2$, com $a > 0$, é uma parábola com a concavidade voltada para cima, cujo eixo coincide com o eixo dos y, e cujo vértice é a origem.

Veja na Figura 2.33 como varia a forma da parábola conforme a vai mudando.

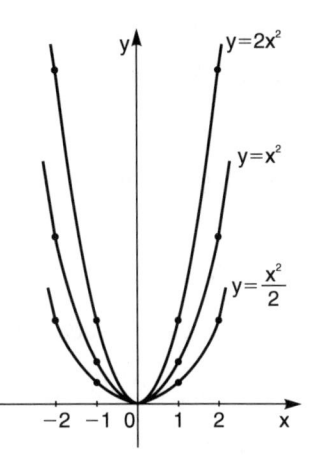

FIG. 2.33

Considere a função $f(x) = -x^2$. Vamos construir uma pequena tabela de valores.

x	$f(x) = -x^2$
-2	-4
-1	-1
$-\dfrac{1}{2}$	$-\dfrac{1}{4}$
0	0
$\dfrac{1}{2}$	$-\dfrac{1}{4}$
1	-1
-2	-4

O gráfico da função $f(x) = -x^2$ é o simétrico do gráfico da função $g(x) = x^2$, em relação ao eixo dos x. É, portanto, uma parábola, com a concavidade voltada para baixo, cujo eixo coincide com o eixo dos y e cujo vértice coincide com a origem. Veja a Figura 2.34.

Pode-se provar o resultado mais geral:

> O gráfico da função $f(x) = ax^2$, com $a < 0$, é uma parábola, com a concavidade voltada para baixo, cujo eixo coincide com o eixo dos y, e cujo vértice é a origem.

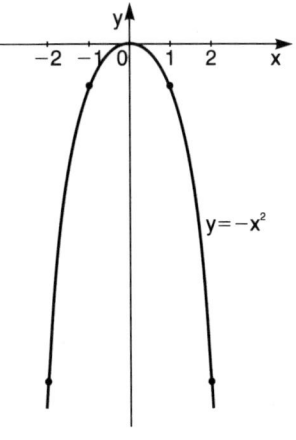

FIG. 2.34

• PROCEDIMENTO GERAL PARA ESBOÇAR O GRÁFICO DE UMA FUNÇÃO QUADRÁTICA

Seja $f(x) = ax^2 + bx + c$, onde a, b e c são números reais e $a \neq 0$. Para esboçar o seu gráfico temos que considerar o sinal do discriminante.

Há 3 casos: (i) $\Delta = 0$, (ii) $\Delta > 0$, (iii) $\Delta < 0$.

(i) $\Delta = 0$

Neste caso, a equação $f(x) = 0$ tem uma única raiz, que é $x = -\frac{b}{2a}$. Portanto, o vértice da parábola é o ponto $\left(-\frac{b}{2a}, 0\right)$.

Determinemos mais dois pontos da parábola, simétricos em relação ao seu eixo, considerando a equação $f(x) = c$.

$ax^2 + bx + c = c$

$x(ax + b) = 0$

$x = 0$ e $x = -\frac{b}{a}$.

Isto significa que os pontos $(0, c)$ e $\left(-\frac{b}{a}, c\right)$ pertencem à parábola e são simétricos em relação ao eixo da parábola.

Veja o gráfico da função na Figura 2.35, conforme $a > 0$ ou $a < 0$.

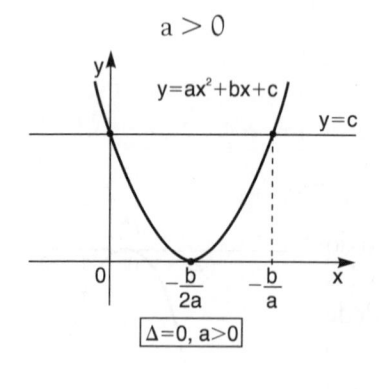

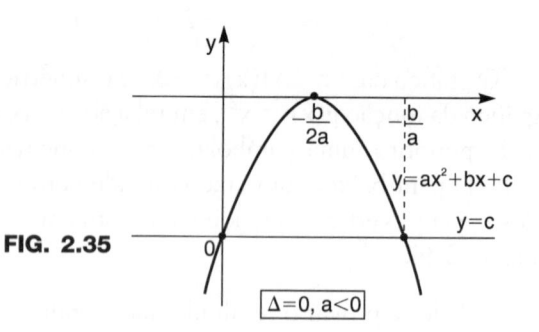

FIG. 2.35

(ii) $\Delta > 0$

Neste caso, a equação $f(x) = 0$ tem duas raízes reais, dadas pela fórmula de Bhaskara. Daí temos dois pontos da parábola $(x_1, 0)$ e $(x_2, 0)$, onde

$x_1 = \frac{(-b - \sqrt{\Delta})}{2a}$, $x_2 = \frac{(-b + \sqrt{\Delta})}{2a}$.

A abscissa do vértice é a média aritmética de x_1 e x_2:

$$x_v = \frac{(x_1 + x_2)}{2} = -\frac{b}{2a}.$$

A ordenada é dada por

$$y_v = f(x_v) = a(x_v)^2 + b \cdot x_v + c = \frac{a \cdot b^2}{4a^2} - \frac{b}{2a} \cdot b + c =$$

$$\frac{b^2}{4a} - \frac{b^2}{2a} + c = \frac{b^2 - 2b^2 + 4ac}{4a} = -\frac{\Delta}{4a}.$$

Logo, as coordenadas do vértice são $\left(-\frac{b}{2a}, -\frac{\Delta}{4a}\right)$.

Veja o gráfico na Figura 2.36, conforme $a > 0$ ou $a < 0$.

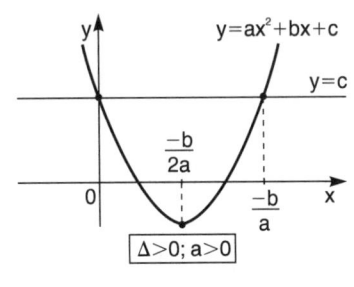

FIG. 2.36

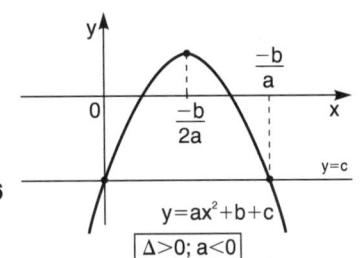

(iii) $\Delta < 0$

Neste caso, a equação $f(x) = 0$ não tem raízes reais. Portanto, o gráfico da função está, ou inteiramente acima do eixo dos x (se $a > 0$), ou inteiramente abaixo do eixo dos x (se $a < 0$).

Para esboçar o gráfico, convém determinar dois pontos, simétricos em relação ao seu eixo, considerando a equação $f(x) = c$.

Os pontos $(0, c)$ e $\left(-\frac{b}{a}, c\right)$ são pontos da parábola simétricos em relação ao eixo da parábola.

Utilizando o vértice $V = \left(-\frac{b}{2a}, -\frac{\Delta}{4a}\right)$, podemos esboçar o gráfico.

Veja o gráfico na Figura 2.37, conforme a > 0 ou a < 0.

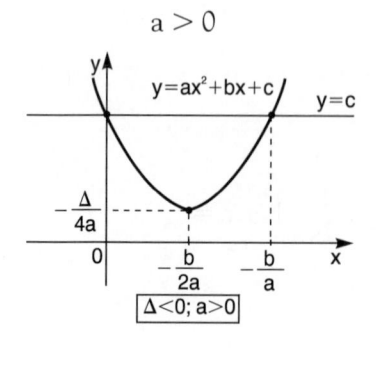

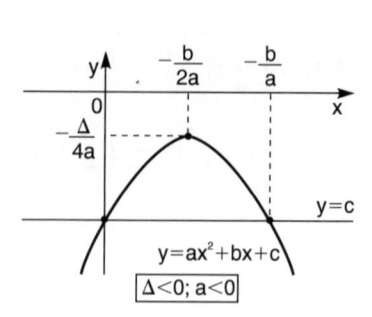

FIG. 2.37

Exemplo 2.27:

Esboce o gráfico da função quadrática $f(x) = x^2 - 2x - 3$.

Resolução:

Calculemos o valor do discriminante:

$\Delta = 2^2 - 4 \cdot 1 \cdot (-3) = 4 + 12 = 16 > 0$

A equação f(x) = 0 tem, portanto, duas raízes reais, dadas pela fórmula de Bhaskara:

$x = \dfrac{(2 \pm \sqrt{16})}{2} = \dfrac{(2 \pm 4)}{2} = 1 \pm 2$, ou seja, $x_1 = 3$, $x_2 = -1$.

O vértice é o ponto $V = (x_v, y_v)$, onde

$x_v = -\dfrac{b}{2a} = -\dfrac{(-2)}{2 \cdot 1} = 1$ e $y_v = -\dfrac{\Delta}{4a} = -\dfrac{16}{4 \cdot 1} = -4$.

Logo, $V = (1, -4)$.

O gráfico da função f é uma parábola, côncava para cima, que passa pelos pontos (3,0) e (−1,0), cujo eixo é a reta x = 1 e cujo vértice é o ponto (1,−4). Veja a Figura 2.38.

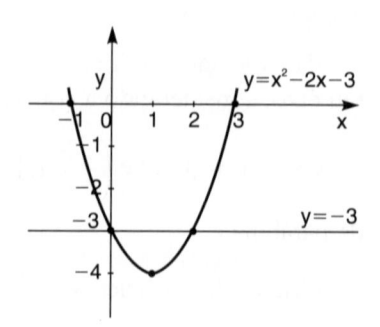

FIG. 2.38

Exemplo 2.28:

Esboce o gráfico da função quadrática $f(x) = x^2 - 6x + 9$.

Resolução:

Calculemos o valor do discriminante:

$\Delta = 6^2 - 4 \cdot 1 \cdot 9 = 36 - 36 = 0$

Logo, a equação $f(x) = 0$ tem uma única raiz que é $x = -\dfrac{b}{2a} = -\dfrac{(-6)}{2} = 3$.

Determinemos mais dois pontos da parábola, fazendo $f(x) = 9$:

$x^2 - 6x + 9 = 9$

$x(x - 6) = 0$

$x = 0$ ou $x = 6$.

Logo, os pontos (0,9) e (6,9) pertencem à parábola e são simétricos em relação ao seu eixo. Portanto, o eixo da parábola é a reta $x = 3$.

O gráfico da função é uma parábola, côncava para cima, que passa pelos pontos (0,9) e (6,9), cujo eixo é a reta $x = 3$ e cujo vértice é o ponto (3,0). Veja a Figura 2.39.

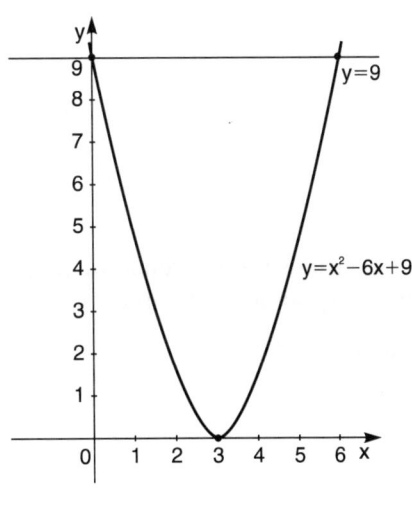

FIG. 2.39

Exemplo 2.29:

Esboce o gráfico da função quadrática $f(x) = -x^2 + 2x - 4$.

Resolução:

Calculemos o valor do discriminante:

$\Delta = 2^2 - 4 \cdot (-1)(-4) = 4 - 16 = -12 < 0$

Logo o gráfico da função não corta o eixo dos x.

Como o coeficiente dominante é -1, o gráfico da função f tem a concavidade voltada para baixo e está inteiramente abaixo do eixo dos x.

Determinemos dois pontos da parábola, fazendo $f(x) = -4$.

Logo,
$-x^2 + 2x = 0$
$x(-x + 2) = 0$
$x = 0$ ou $x = 2$.

Portanto, os pontos $(0,-4)$ e $(2,-4)$ pertencem ao gráfico e são simétricos em relação ao seu eixo. A equação do eixo da parábola é portanto $x = 1$.

O vértice da parábola tem coordenadas:

$x_v = \dfrac{-2}{2(-1)} = 1$

$y_v = \dfrac{-(-12)}{4(-1)} = -3$.

Logo, $V = (1,-3)$.

Veja o gráfico na Figura 2.40.

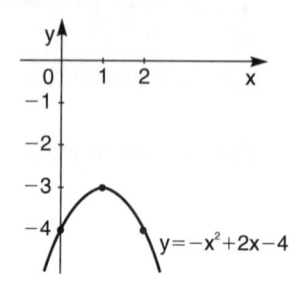

FIG. 2.40

• APLICAÇÃO ÀS INEQUAÇÕES DE SEGUNDO GRAU

Podemos resolver uma inequação do segundo grau mais facilmente utilizando a função quadrática envolvida.

Exemplo 2.30:

Resolva a inequação $x^2 - 5x + 6 > 0$.

Resolução:

Seja $f(x) = x^2 - 5x + 6$.

Calcule o discriminante:

$\Delta = (-5)^2 - 4 \cdot 1 \cdot 6 = 25 - 24 = 1 > 0$.

Logo, a equação $f(x) = 0$ tem duas raízes reais:

$x_1 = \dfrac{5-1}{2} = 2$ e $x_2 = \dfrac{5+1}{2} = 3$.

Isto significa que o gráfico da função passa pelos pontos $(2,0)$ e $(3,0)$. Como a concavidade da parábola é voltada para cima, $f(x) > 0$ para x fora do intervalo entre as raízes $[2,3]$, ou seja, para $x < 2$ ou $x > 3$. Veja a Figura 2.41.

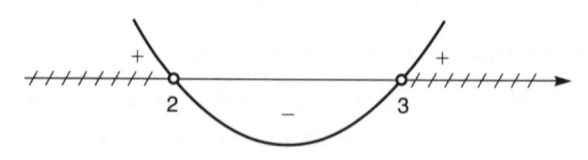

FIG. 2.41

Exercícios 2.5

Desenhe o gráfico da função
1. $f(x) = x^2 - x - 1$
2. $g(x) = -x^2 - 2x + 2$
3. $h(x) = 2x^2 + 3x + 2$
4. $p(x) = 2 - x + \dfrac{x^2}{4}$

Determine dois pontos da parábola, simétricos em relação ao seu eixo:

5. $f(x) = x^2 - 3x + 1$
6. $g(x) = -x^2 + x + 4$
7. $h(x) = 3x^2 - \dfrac{x}{4}$
8. $p(x) = 1 - \dfrac{x}{4} - x^2$

Determine as coordenadas do vértice da parábola

9. $y = x^2 + 3x$
10. $y = -\dfrac{x^2}{3} + \dfrac{x}{3-1}$
11. $y = 3x^2 + \dfrac{x}{4} + \dfrac{2}{5}$

Determine a equação do eixo da parábola

12. $y = -x^2 + 14$
13. $y = 3x^2 + \dfrac{x}{4} + \dfrac{2}{5}$
14. $y = -x^2 + 14$

Resolva a inequação

15. $x^2 + x > 2$
16. $5x - 3 > \dfrac{x^2}{9}$
17. $x^2 < x + 5$
18. $x \geqslant x^2 + 1$

Resolva a dupla inequação

19. $-3 < x^2 + x < 8$
20. $0 \leqslant x^2 - 1 < 8$
21. $-1 < x^2 + 1 < 3$
22. $x < x^2 + 1 < 3x$
23. $-1 < x^2 + 1 < 3$
24. $x < x^2 + 1 < 3x$

2.6 FUNÇÕES TRIGONOMÉTRICAS

Iniciamos esta seção fazendo uma rápida revisão das funções trigonométricas e de suas propriedades, com o intuito de operar o cálculo diferencial e integral para tais funções. Tal familiaridade propiciará a introdução a algumas técnicas trigonométricas de primitivação.

Funções seno e cosseno

A circunferência com centro na origem do sistema de coordenadas cartesianas no plano, e cujo raio é igual a um denomina-se *círculo trigonométrico*. Sua equação é:

$$x^2 + y^2 = 1$$

Um *arco trigonométrico* é um arco cuja origem é o ponto A (1,0) e cuja extremidade P(x,y) é um ponto do círculo trigonométrico. Se a medida do arco AP em radianos é θ (*theta*), então, por definição:

x = cos θ

y = sen θ

Veja a Figura 2.42:

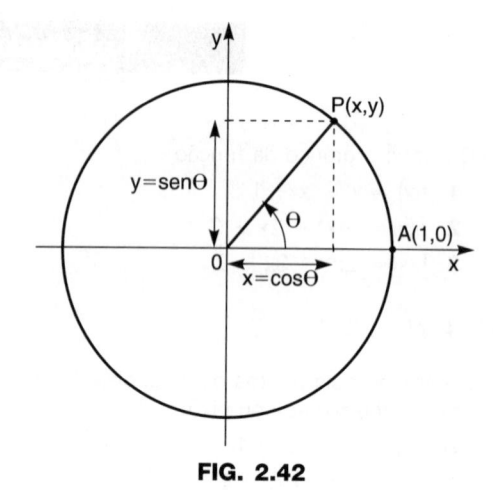

FIG. 2.42

Se o θ_0 é o resto da divisão de θ por 2π, temos que $0 \leq \theta_0 < 2\pi$. Se a medida de θ é dada em graus, basta lembrarmos que 360° equivale a 2π radianos. O número real θ_0 denomina-se valor principal de θ. Como θ_0 é também um arco trigonométrico que termina em P = (x,y), temos que:

x = cos θ = cos θ_0

y = sen θ = sen θ_0

Segue das definições de seno e cosseno o seguinte resultado.

Teorema: As funções seno e cosseno são periódicas de período 2π, para qualquer número real θ,

sen (θ + 2π) = sen θ

cos (θ + 2π) = cos θ

Como o par (sen θ, cos θ) pertence ao círculo trigonométrico, temos a seguinte identidade.

Identidade trigonométrica fundamental: para todo número real θ,
$$\text{sen}^2\, \theta + \cos^2\, \theta = 1$$

Valores particulares de seno e de cosseno:

sen 0 = 0	cos 0 = 1	sen $\frac{\pi}{2}$ = 1	cos $\frac{\pi}{2}$ = 0
sen $\frac{\pi}{6}$ = $\frac{1}{2}$	cos $\frac{\pi}{6}$ = $\frac{\sqrt{3}}{2}$	sen π = 0	cos π = -1
sen $\frac{\pi}{4}$ = $\frac{\sqrt{2}}{2}$	cos $\frac{\pi}{4}$ = $\frac{\sqrt{2}}{2}$	sen $\frac{3\pi}{2}$ = -1	cos $\frac{3\pi}{2}$ = 0
sen $\frac{\pi}{3}$ = $\frac{\sqrt{3}}{2}$	cos $\frac{\pi}{3}$ = $\frac{1}{2}$	sen 2π = 0	cos 2π = 1

Outras funções trigonométricas

A função *tangente* é definida por:
$$y = \operatorname{tg}(x) = \frac{\operatorname{sen} x}{\cos x}$$

O seu domínio é $\left\{x \in \mathbb{R} : x \neq \dfrac{\pi}{2} + k\pi, k \in \mathbb{Z}\right\}$.

A função *cotangente* é definida por:
$$y = \operatorname{cotg} x = \frac{1}{\operatorname{tg} x} = \frac{\cos x}{\operatorname{sen} x}$$

O seu domínio é $\{x \in \mathbb{R} : x \neq k\pi, k \in \mathbb{Z}\}$.

A função *secante* é definida por:
$$y = \sec x = \frac{1}{\cos x}$$

O seu domínio é o mesmo da tangente: $\left\{x \in \mathbb{R} : x \neq \dfrac{\pi}{2} + k\pi, k \in \mathbb{Z}\right\}$.

A função *cossecante* é definida por:
$$y = \operatorname{cossec} x = \frac{1}{\operatorname{sen} x}$$

O seu domínio é o mesmo da cotangente: $\{x \in \mathbb{R} : x \neq k\pi, k \in \mathbb{Z}\}$

As seguintes identidades serão utilizadas com freqüência no cálculo de integrais.

Identidades:
$$1 + \operatorname{tg}^2 x = \sec^2 x$$
$$1 + \operatorname{cotg}^2 x = \operatorname{cossec}^2 x$$

Prova: a cargo do leitor.

As identidades anteriores juntamente com as definições das funções trigonométricas podem ser interpretadas geometricamente de acordo com a Figura 2.43:

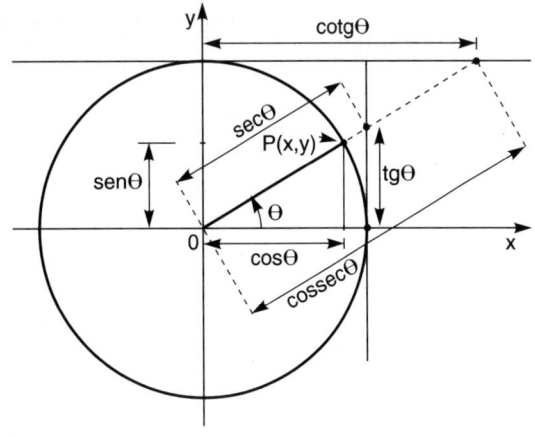

FIG. 2.43

Fórmulas de transformação

$$\begin{array}{|l|}\hline \operatorname{sen}(a+b) = \operatorname{sen} a \cos b + \operatorname{sen} b \cos a \\ \operatorname{sen}(a-b) = \operatorname{sen} a \cos b - \operatorname{sen} b \cos a \\ \cos(a+b) = \cos a \cos b - \operatorname{sen} a \operatorname{sen} b \\ \cos(a-b) = \cos a \cos b + \operatorname{sen} a \operatorname{sen} b \\ \hline \end{array}$$

Provemos a primeira identidade: $\operatorname{sen}(a+b) = \operatorname{sen} a \cos b + \operatorname{sen} b \cos a$
Represente p e q como:
p = a + b
q = a − b

Dessa maneira, $a = \dfrac{(p+q)}{2}$ e $b = \dfrac{(p-q)}{2}$.

Utilizando as fórmulas do seno da soma e do seno da diferença, temos:

$$\operatorname{sen} p + \operatorname{sen} q = \operatorname{sen}(a+b) = 2 \operatorname{sen} a \cos b = 2 \operatorname{sen}\left[\dfrac{(p+q)}{2}\right] \cdot \cos\left[\dfrac{(p-q)}{2}\right]$$

Deixamos a cargo do leitor a prova das outras identidades.

Arco Duplo

$$\begin{array}{|c|}\hline \operatorname{sen} 2a = 2 \operatorname{sen} a \cos a \\ \cos 2a = \cos^2 a - \operatorname{sen}^2 a = 1 - 2\operatorname{sen}^2 a = 2\cos^2 a - 1 \\ \hline \end{array}$$

Você pode provar, como exercício, as seguintes identidades:

$$\operatorname{sen} p + \operatorname{sen} q = 2 \operatorname{sen}\left[\dfrac{(p+q)}{2}\right] \cdot \cos\left[\dfrac{(p-q)}{2}\right]$$

$$\operatorname{sen} p - \operatorname{sen} q = 2 \operatorname{sen}\left[\dfrac{(p-q)}{2}\right] \cdot \cos\left[\dfrac{(p+q)}{2}\right]$$

$$\cos p + \cos q = 2 \cos \dfrac{(p+q)}{2} \cdot \cos \dfrac{(p-q)}{2}$$

$$\cos p - \cos q = -2 \operatorname{sen} \dfrac{(p+q)}{2} \cdot \operatorname{sen} \dfrac{(p-q)}{2}$$

Para se calcular a derivada e a integral das funções trigonométricas mencionadas, é necessário conhecer os seguintes limites:

Funções trigonométricas inversas

Quando restringimos a função seno ao intervalo $\left[\dfrac{-\pi}{2}, \dfrac{\pi}{2}\right]$, ela se torna uma função bijetora desse intervalo sobre o intervalo $[-1,1]$. Neste caso, a sua função inversa é designada por $y = \text{arc sen } x$ e denomina-se *função arco seno*.

Assim, a função arco seno está definida no intervalo $[-1,1]$ e assume valores em $\left[\dfrac{-\pi}{2}, \dfrac{\pi}{2}\right]$

$$y = \text{arc sen } x \Leftrightarrow x = \text{sen } y \in \left[\dfrac{-\pi}{2}, \dfrac{\pi}{2}\right]$$

Gráfico de $y = \text{arc sen } x$

Analogamente, quando restringimos a função cosseno ao intervalo $[0,\pi]$, ela se torna uma função bijetora desse intervalo no intervalo $[-1,1]$. A sua função inversa é denotada por $y = \text{arc cos } x$ e denomina-se *função arco cosseno*.

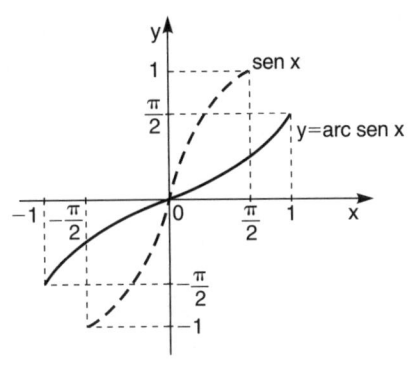

FIG. 2.44

Assim, a função arco cosseno está definida no intervalo $[-1,1]$ e assume valores no intervalo $[0,2\pi]$.

$Y = \text{arc cos } x \Leftrightarrow x = \cos y$ para todo $y \in [0,\pi]$

Gráfico de $y = \text{arc cos } x$

A *função arco tangente* é a função inversa da função tangente restrita ao intervalo

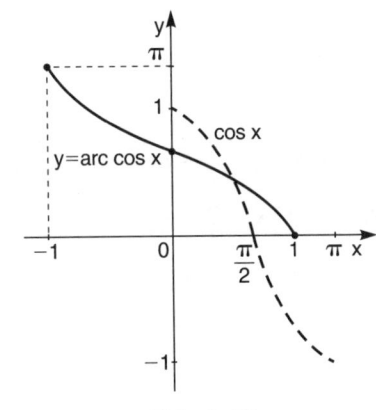

$$\left(\dfrac{-\pi}{2}, \dfrac{\pi}{2}\right)$$

Notação: $y = \text{arc tg } x$

FIG. 2.45

Assim, a função arco tangente está definida em $\mathbb{R}$ e assume valores em $\left(\dfrac{-\pi}{2}, \dfrac{\pi}{2}\right)$

Gráfico de $y = \text{arc tg } x$

Não estudaremos com detalhes as funções arco secante e arco cossecante pois não as utilizaremos neste curso.

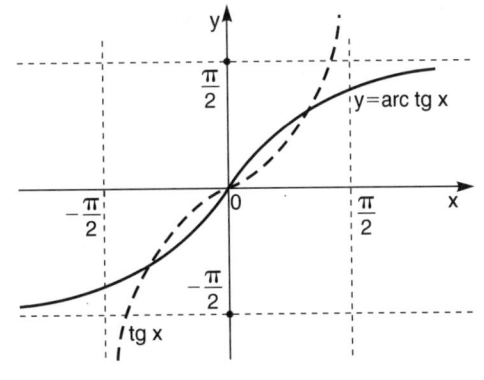

FIG. 2.46

Exercícios 2.6

1. Simplifique as expressões abaixo:

a) $\text{sen}(11\pi + x) - \cos(-\pi + x) - \text{tg}(7\pi + x)$

b) $\dfrac{\text{tg}\left(\alpha + \dfrac{3\pi}{2}\right) - \text{cotg}\left(\alpha + \dfrac{13\pi}{2}\right)}{\text{cotg}\left(\alpha + \dfrac{3\pi}{2}\right) + \text{cotg}\left(\alpha + \dfrac{13\pi}{2}\right)}$

c) $\dfrac{\text{sen}(270° - x) \cdot \text{tg}(540° - x)}{\text{tg}(540° + x) \cdot \cos(540° - x)}$

d) $\dfrac{\text{sen }330° + \text{sen}(-450°)}{\text{tg }120° \cdot \text{cotg}(-210°)}$

2. Determine o domínio das seguintes funções:

a) $y = \sqrt{\text{sen}\left(x - \dfrac{\pi}{2}\right)}$, $0 \leq x - \dfrac{\pi}{2} < 2\pi$

b) $y = \sqrt{\cos\left(x + \dfrac{\pi}{6}\right)}$, $0 \leq x + \dfrac{\pi}{6} < 2\pi$

c) $y = \text{tg}\left(x - \dfrac{\pi}{2}\right)$

d) $y = \text{cotg}\left(x + \dfrac{\pi}{6}\right)$

e) $y = \sec\left(\dfrac{x}{3} - \dfrac{\pi}{4}\right)$

f) $y = \text{cossec}(2x + \pi)$

3. Determine os valores de a tais que:
$\begin{cases} \text{sen } x + \cos x = 5a \\ \text{sen } x - \cos x = a \end{cases}$

4. Demonstre as identidades

a) $\dfrac{1 + \cos x}{1 - \cos x} = (\text{cotg } x + \text{cossec } x)^2$

b) $\dfrac{\text{sen } x}{1 + \cos x} + \dfrac{1 + \cos x}{\text{sen } x} = 2\text{cossec } x$

5. Simplifique a expressão:

$\dfrac{2 - \text{sen}^2 x}{\cos^2 x} - \text{tg}^2 x$

6. Sabendo que $\text{sen } x = \dfrac{3}{5}$ e $\text{sen } y = \dfrac{12}{13}$ com $0 < x, y < \dfrac{\pi}{2}$, calcule:

a) $\text{sen}(x + y)$

b) $\text{cotg}(x - y)$

c) $\text{tg}(x + y)$

d) $\sec(x + y)$

e) $\text{cossec}(x - y)$

f) $\cos(x - y)$

7. Transforme em produto as expressões abaixo:

a) $y = \text{sen } 3x + \text{sen } x$

b) $y = \cos 70 - \text{sen } 60$

c) $y = \cos 40 + \cos 80 + \cos 160$

8. Resolva as equações:

a) $2\cos^2 x + \cos x - 1 = 0$

b) $\text{sen } x = \sec x - \cos x$

c) $\text{sen } x + \text{sen } 3x = \text{sen } 2x + \text{sen } 4x$

9. Resolva as inequações:

a) $\text{sen } 2x - \cos x > 0$; $0 \leq x \leq \dfrac{\pi}{2}$

b) $\dfrac{1}{\cos^2 x} < 2\text{tg } x$

3
LIMITE E CONTINUIDADE

Você verá neste capítulo:

Limite de seqüência
Limite de função
Propriedades dos limites
Continuidade
Funções exponenciais e logarítmicas
Limites fundamentais
Juros compostos

3.1 LIMITE DE SEQÜÊNCIA

Seqüência infinita

Uma seqüência infinita de números reais $u_1, u_2, u_3, ..., u_n, ...$ pode ser encarada como uma função f de $\mathbb{N}^*$ em $\mathbb{R}$ se levarmos em conta a lei de correspondência que associa a cada número natural não-nulo n o n-ésimo termo da seqüência:

$1 \to u_1$
$2 \to u_2$
$3 \to u_3$
......
$n \to u_n$
....

Em outras palavras, a função f leva n em u_n, ou seja, $f(n) = u_n$. O número real u_n diz-se o *termo geral* da seqüência. A seqüência é designada com o símbolo $(u_n)_n$ ou simplesmente com (u_n).

Por exemplo, a função $y = f(n) = 2n$ é a seqüência que a cada $n \in \mathbb{N}^*$ associa o seu dobro; os termos dessa seqüência são os naturais pares não-nulos: 2, 4, 6, 8, ..., 2n, ... Veja o gráfico da função f na Figura 3.1.

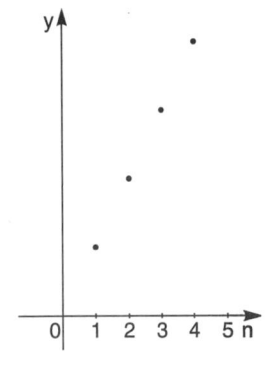

FIG. 3.1

O gráfico de uma seqüência é um conjunto discreto de pontos do plano. Na prática, costuma-se ligar os pontos do gráfico por meio de segmentos de reta, a fim de tornar mais visível o comportamento da função, como na Figura 3.2 (a).

Ou então, o gráfico da seqüência é apresentado na forma de um histograma. Veja a Figura 3.2 (b).

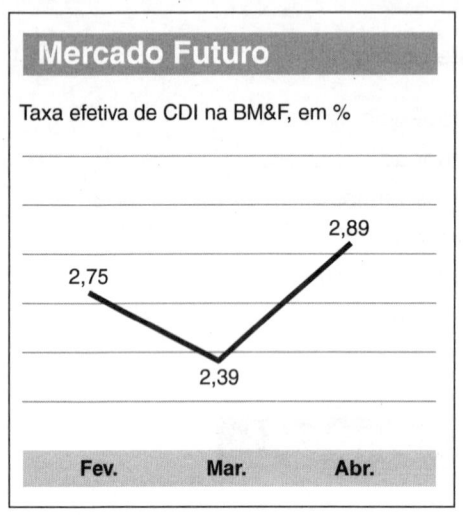

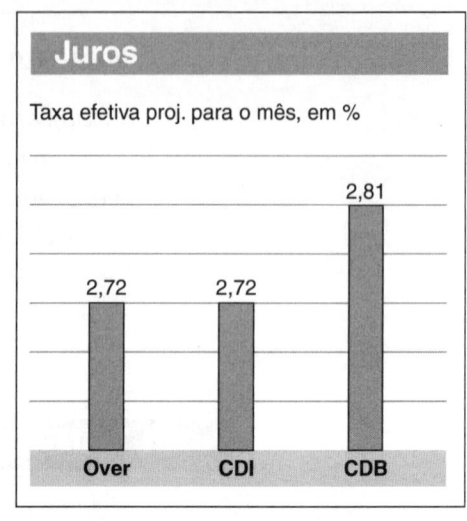

(a) **FIG. 3.2** (b)

É possível também uma representação mista, como na Figura 3.3.

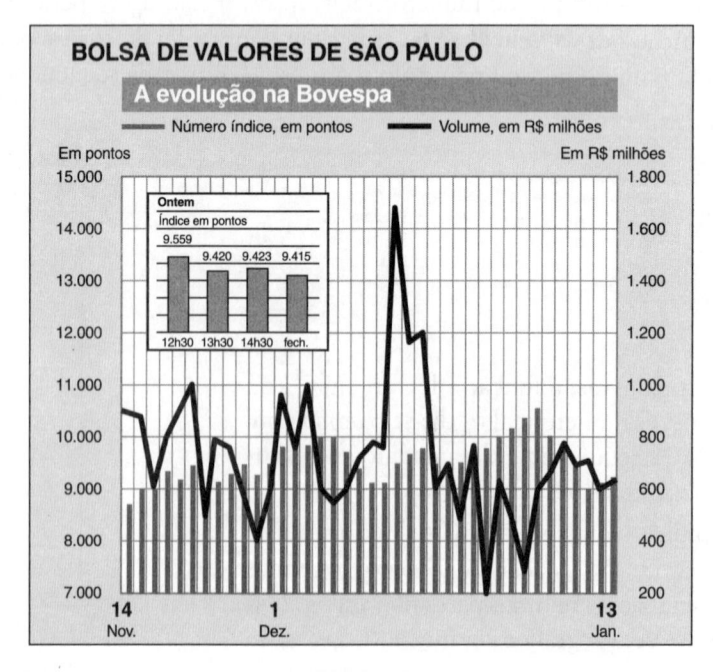

FIG. 3.3

Capítulo 3 — Limite e Continuidade

Exemplo 3.1:

Determine a expressão analítica y = f(n) da progressão aritmética, cujo primeiro termo é $u_1 = -3$ e cuja razão é r = 2, e esboce o seu gráfico.

Resolução:

$u_1 = f(1) = -3$

$u_2 = f(2) = f(1) + 2 = -3 + 2 = -3 + 1 \cdot 2$

$u_3 = f(3) = f(2) + 2 = -3 + 2 \cdot 2$

$u_4 = f(4) = f(3) + 2 = -3 + 3 \cdot 2$

....

$u_n = f(n) = f(n-1) + 2 = -3 + (n-1) \cdot 2$

Logo, $y = f(n) = -3 + (n-1) \cdot 2 = 2n - 5$ é a expressão analítica da seqüência.

O gráfico é uma sucessão de pontos colineares.

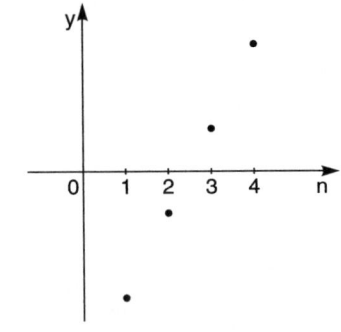

FIG. 3.4

Exemplo 3.2:

Determine a expressão analítica u = f(n) da progressão geométrica, cujo primeiro termo é $u_1 = 3$ e cuja razão é $q = \dfrac{1}{2}$, e esboce o seu gráfico.

Resolução:

$u_1 = f(1) = 3$

$u_2 = f(2) = f(1) \cdot \dfrac{1}{2} = 3 \cdot \dfrac{1}{2}$

$$u_3 = f(3) = f(2) \cdot \frac{1}{2} = 3 \cdot \left(\frac{1}{2}\right)^2$$

$$u_4 = f(4) = f(3) \cdot \frac{1}{2} = 3 \cdot \left(\frac{1}{2}\right)^3$$

....

$$u_n = f(n) = f(n-1) \cdot \frac{1}{2} = 3 \cdot \left(\frac{1}{2}\right)^{n-1}$$

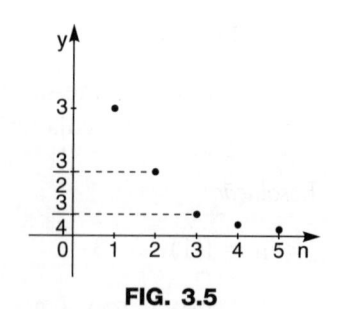

FIG. 3.5

Logo, $y = f(n) = 3 \cdot \left(\frac{1}{2}\right)^{n-1} = \frac{3^{n-1}}{2}$ é a expressão analítica da seqüência.

Exemplo 3.3:

Esboce o gráfico da seqüência $y = f(n) = \frac{1}{n}$.

Resolução:

$$f(1) = \frac{1}{1} = 1$$

$$f(2) = \frac{1}{2} = 0,5$$

$$f(3) = \frac{1}{3} = 0,33...$$

$$f(4) = \frac{1}{4} = 0,25$$

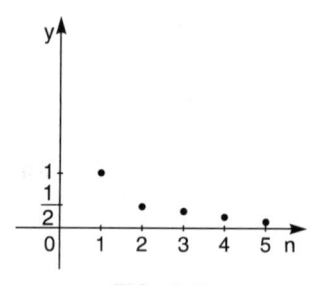

....

FIG. 3.6

Exemplo 3.4:

Esboce o gráfico da seqüência $y = f(n) = \left(1 + \frac{1}{n}\right)^n$.

Resolução:

$$f(1) = \left(1 + \frac{1}{1}\right)^1 = 2$$

$$f(2) = \left(1 + \frac{1}{2}\right)^2 = 2,25$$

$$f(3) = \left(1 + \frac{1}{3}\right)^3 = 2,37...$$

$$f(4) = \left(1 + \frac{1}{4}\right)^4 = 2,44...$$

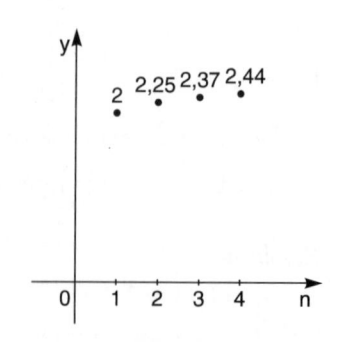

....

FIG. 3.7

Limite de seqüência

Muitas vezes interessa estudar o *comportamento assintótico* de uma seqüência (u_n). Queremos saber, por exemplo, se, quando n tende a infinito, isto é, quando n cresce indefinidamente, a seqüência u_n também cresce indefinidamente, ou se decresce indefinidamente, ou se ela é oscilante, ou se ela tende para um determinado número. Neste último caso, dizemos que a seqüência converge para o número.

Dizemos que uma seqüência (u_n) *converge para um número real L quando n tende a infinito*, se, dado um intervalo U de centro L e raio $r > 0$ arbitrariamente pequeno, existe um número real $M > 0$ suficientemente grande, tal que se $n > M$, então u_n pertence ao intervalo U.

Veja na Figura 3.8 a ilustração da convergência da seqüência $f(n) = 3 - \dfrac{1}{n}$ para $L = 3$.

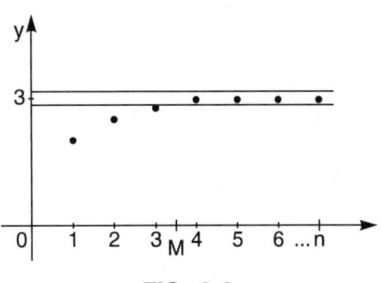

FIG. 3.8

Neste caso, dizemos também que *L é o limite da seqüência (u_n) quando n tende a infinito*, e escrevemos

$$L = \lim_{n \to \infty} u_n$$

Exemplo 3.5:

Mostre que $\lim\limits_{n \to \infty} \dfrac{1}{n} = 0$.

Resolução:

Seja U o intervalo $(-r, r)$, onde $r > 0$. Seja $M > \dfrac{1}{r}$, e, portanto, $\dfrac{1}{M} < r$. Temos que, se $n > M$, então $0 < \dfrac{1}{n} < \dfrac{1}{M} < r$. Isto significa que $\dfrac{1}{n}$ pertence a U.

Exemplo 3.6:

Mostre que a seqüência $a_n = 1 + (-1)^n$ não converge.

Resolução:

Os valores da seqüência são alternadamente iguais a 0 e 2. Logo, não existe L para o qual a seqüência tenda quando n tende a infinito.

• PROPRIEDADES DOS LIMITES DE SEQÜÊNCIAS

♦ O limite de uma seqüência, quando existe, é único.

♦ O limite de uma seqüência constante é a própria constante.

São válidas ainda as seguintes propriedades operacionais dos limites, caso $\lim_{n \to \infty} a_n$ e $\lim_{n \to \infty} b_n$ existam.

♦ O limite da soma é a soma dos limites: $\lim_{n \to \infty} (a_n + b_n) = \lim_{n \to \infty} a_n + \lim_{n \to \infty} b_n$

♦ O limite da diferença é a diferença dos limites: $\lim_{n \to \infty} (a_n - b_n) = \lim_{n \to \infty} a_n - \lim_{n \to \infty} b_n$

♦ O limite do produto é o produto dos limites: $\lim_{n \to \infty} (a_n \cdot b_n) = \lim_{n \to \infty} a_n \cdot \lim_{n \to \infty} b_n$

♦ $\lim_{n \to \infty} (k a_n) = k \cdot \lim_{n \to \infty} a_n$

♦ O limite do quociente é o quociente dos limites:

$$\lim_{n \to \infty} \frac{a_n}{b_n} = \frac{\lim_{n \to \infty} a_n}{\lim_{n \to \infty} b_n}, \text{ se } \lim_{n \to \infty} b_n \neq 0$$

♦ Propriedade do confronto ou do "sanduíche":

Se $a_n \leq b_n \leq c_n$ e $\lim_{n \to \infty} a_n = \lim_{n \to \infty} c_n = L$, então $\lim_{n \to \infty} b_n = L$.

Exemplo 3.7:

Calcule $\lim_{n \to \infty} \dfrac{1}{(n^2 + 1)}$.

Resolução:

$$0 \leq \frac{1}{(n^2 + 1)} \leq \frac{1}{n^2}$$

Temos que

$$\lim_{n \to \infty} \frac{1}{n^2} = \lim_{n \to \infty} \frac{1}{n} \cdot \lim_{n \to \infty} \frac{1}{n} = 0 \cdot 0 = 0$$

Como $\lim_{n \to \infty} 0 = 0$, segue-se pela "propriedade do sanduíche" que

$$\lim_{n \to \infty} \frac{1}{(n^2 + 1)} = 0.$$

Exemplo 3.8:

Calcule (i) $\lim_{n\to\infty}\left(3 + \dfrac{2}{n}\right)$; (ii) $\lim_{n\to\infty}\left[\dfrac{1}{n} - \dfrac{1}{(n+1)}\right]$;

Resolução:

(i) $\lim_{n\to\infty}\left(3 + \dfrac{2}{n}\right) = \lim_{n\to\infty} 3 + \lim_{n\to\infty} \dfrac{2}{n} = 3 + 2 \lim_{n\to\infty} \dfrac{1}{n} = 3 + 2\cdot 0 = 3$

(ii) $0 \leq \dfrac{1}{n} - \dfrac{1}{(n+1)} = \dfrac{1}{n(n+1)} \leq \dfrac{1}{n^2}$

Como $\lim_{n\to\infty} \dfrac{1}{n^2} = 0$, temos pela "propriedade do sanduíche" que

$\lim_{n\to\infty}\left[\dfrac{1}{n} - \dfrac{1}{(n+1)}\right] = 0.$

Exercícios 3.1

Dê a expressão analítica

1. da seqüência dos múltiplos de 3
2. da progressão aritmética, cujo 1º termo é 5 e cuja razão é $r = -\dfrac{1}{3}$
3. da progressão geométrica, cujo 1º termo é 5 e cuja razão é $q = \dfrac{1}{4}$

Esboce o gráfico da seqüência

4. $f(n) = (-1)^n$
5. $g(n) = 3 + \dfrac{1}{n}$
6. $h(n) = 3 - \dfrac{1}{n}$
7. $p(n) = \left(1 - \dfrac{1}{n}\right)^n$

Calcule, se existir, o limite da seqüência

8. $\lim_{n\to\infty} (-1)^n$
9. $\lim_{n\to\infty} (-1)^{2n}$
10. $\lim_{n\to\infty} \dfrac{(-1)^n}{n}$
11. $\lim_{n\to\infty} \left(n + \dfrac{1}{n}\right)$
12. $\lim_{n\to\infty} \left[1 + \dfrac{3}{(n+1)}\right]$
13. $\lim_{n\to\infty} \left[1 - \dfrac{3}{(n+1)}\right]$
14. $\lim_{n\to\infty} \dfrac{(2+n)}{(3-n)}$
15. $\lim_{n\to\infty} \dfrac{(n^2 + n - 4)}{(5n^2 - n + 5)}$
16. $\lim_{n\to\infty} \left[\dfrac{\dfrac{1}{n^2} - 1}{(n^2 + 1)}\right]$
17. $\lim_{n\to\infty} \left(\dfrac{1}{n} - \dfrac{1}{n^2}\right)$

3.2 LIMITE DE FUNÇÃO

Muitas vezes interessa estudar o comportamento de uma função real de variável real y = f(x) quando n tende a "mais infinito", isto é, quando n cresce indefinidamente.

Limite de f(x) quando x tende a "mais infinito"

Consideremos, por exemplo, a função real de variável real $f(x) = \dfrac{1}{x}$, com $x \in \mathbb{R}$, que é uma extensão da função $f(n) = \dfrac{1}{n}$, com $n \in \mathbb{N}^*$.

É fácil perceber que, quando x tende a $+\infty$ (*mais infinito*), isto é, quando x cresce indefinidamente, os valores da função f(x) tendem para 0. Exprimimos este fato, escrevendo

$$\lim_{x \to +\infty} \dfrac{1}{x} = 0$$

[lê-se: limite de $\dfrac{1}{x}$ quando x tende a "mais infinito" é igual a zero.] Veja a Figura 3.9.

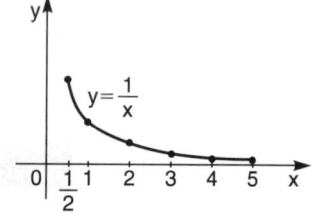

FIG. 3.9

Dizemos que *L é o limite de f(x) quando x tende a "mais infinito"*,

$$L = \lim_{x \to +\infty} f(x)$$

se, dado um intervalo U de centro L e de raio $\varepsilon > 0$, tão pequeno quanto se queira, existe em correspondência um número real M > 0, suficientemente grande, tal que se x > M, então f(x) pertence a U.

Em símbolos,

> *L é o limite de f(x) quando x tende a "mais infinito"*, e escreve-se
>
> $$\lim_{x \to +\infty} f(x) = L$$
>
> se, dado $\varepsilon > 0$, existe M > 0 tal que
>
> $$x > M \Rightarrow |f(x) - L| < \varepsilon$$

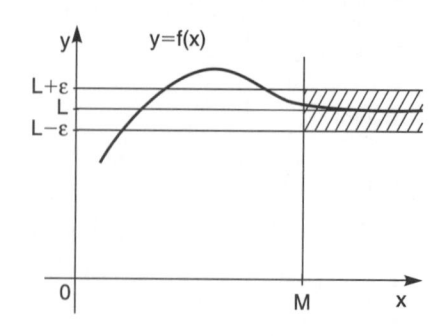

FIG. 3.10

• Propriedades dos limites de f(x) quando x→+∞

- O lim f(x), quando existe, é único.
- O limite de uma função constante é a própria constante.

  As seguintes propriedades operacionais de limites são válidas, caso existam $\lim_{x\to+\infty} f(x)$ e $\lim_{x\to+\infty} g(x)$.

- O limite da soma é a soma dos limites:

  $$\lim_{x\to+\infty} [f(x) + g(x)] = \lim_{x\to+\infty} f(x) + \lim_{x\to+\infty} g(x)$$

- O limite da diferença é a diferença dos limites:

  $$\lim_{x\to+\infty} [f(x) - g(x)] = \lim_{x\to+\infty} f(x) - \lim_{x\to+\infty} g(x)$$

- O limite do produto é o produto dos limites:

  $$\lim_{x\to+\infty} [f(x) \cdot g(x)] = \lim_{x\to+\infty} f(x) \cdot \lim_{x\to+\infty} g(x)$$

- O limite do quociente é o quociente dos limites:

  $$\lim_{x\to+\infty} \frac{f(x)}{g(x)} = \frac{\lim_{x\to+\infty} f(x)}{\lim_{x\to+\infty} g(x)}, \text{ caso } \lim_{x\to+\infty} g(x) \neq 0$$

- Propriedade do confronto ou do "sanduíche":

  Se $f(x) \leq g(x) \leq h(x)$, para todo $x \in \mathbb{R}$, e $\lim_{x\to+\infty} f(x) = \lim_{x\to+\infty} h(x) = L$, então $\lim_{x\to+\infty} g(x) = L$.

Exemplo 3.9:

Calcule o limite, se existir,

$$\lim_{x\to+\infty} \frac{3x - 1}{4x + 1}$$

Resolução:

Divida o numerador e o denominador por x:

$$\lim_{x\to+\infty} \frac{3x - 1}{4x + 1} = \lim_{x\to+\infty} \frac{3 - \frac{1}{x}}{4 + \frac{1}{x}} = \frac{\lim_{x\to+\infty} 3 - \frac{1}{x}}{\lim_{x\to+\infty} 4 + \frac{1}{x}} = \frac{\lim_{x\to+\infty} 3 - \lim_{x\to+\infty}\left(\frac{1}{x}\right)}{\lim_{x\to+\infty} 4 + \lim_{x\to+\infty}\left(\frac{1}{x}\right)} =$$

$$= \frac{3 - 0}{4 + 0} = \frac{3}{4}$$

Limite de f(x) quando x tende a "menos infinito"

Por analogia com o caso anterior, podemos estudar o comportamento de $f(x) = \dfrac{1}{x}$, quando x tende a $-\infty$ (*menos infinito*), isto é, quando x decresce indefinidamente.

No exemplo $f(x) = \dfrac{1}{x}$, é claro também que os valores de $\dfrac{1}{x}$ tendem a 0. Exprimimos este fato escrevendo

$$\lim_{x \to -\infty} \frac{1}{x} = 0$$

[lê-se: limite de $\dfrac{1}{x}$ quando x tende a "menos infinito" é igual a 0.] Veja a Figura 3.11.

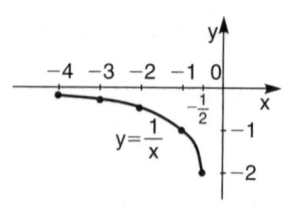

FIG. 3.11

Dizemos que L é o *limite de f(x) quando x tende a "menos infinito"* e escrevemos

$$L = \lim_{x \to -\infty} f(x)$$

se, dado $\varepsilon > 0$, existe $M > 0$ tal que

$$x < -M \implies |f(x) - L| < \varepsilon$$

Veja a Figura 3.12.

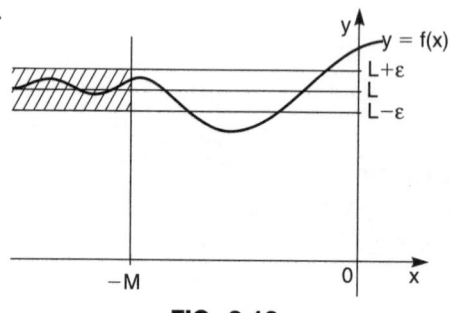

FIG. 3.12

As propriedades anteriores sobre limite de função quando x tende a "mais infinito" também valem analogamente no caso em que x tende a "menos infinito".

Exemplo 3.10:

Calcule o seguinte limite, se existir,

$$\lim_{x \to -\infty} \frac{(1 - 2x)}{(3x - 4)}$$

Resolução:

Divida o numerador e o denominador por x:

$$\lim_{x \to -\infty} \frac{1 - 2x}{3x - 4} = \lim_{x \to -\infty} \frac{\frac{1}{x} - 2}{3 - \frac{4}{x}} = \frac{\lim_{x \to -\infty}\left(\frac{1}{x} - 2\right)}{\lim_{x \to -\infty}\left(3 - \frac{4}{x}\right)} =$$

$$\lim_{x \to -\infty} \frac{\lim_{x \to -\infty} \frac{1}{x} - \lim_{x \to -\infty} 2}{\lim_{x \to -\infty} 3 - \lim_{x \to -\infty} \frac{4}{x}} = \frac{0 - 2}{3 - 0} = -\frac{2}{3}$$

Limites laterais

Como preparativo para introduzir o conceito de limite lateral, estudemos o comportamento da seguinte função particular.

• FUNÇÃO MAIOR INTEIRO

Seja x um número real. O *colchete de x*, designado por [x], é definido como sendo o maior inteiro menor ou igual a x, ou seja, é o inteiro n tal que $n \leq x < n + 1$.

Por exemplo, $[1,3] = 1$; $[\pi] = 3$; $\left[\frac{1}{2}\right] = 0$; $[-0,7] = -1$; $[-2] = -2$.

Mais precisamente:

[x] = −1, se −1 ≤ x < 0;

[x] = 0, se 0 ≤ x < 1;

[x] = 1, se 1 ≤ x < 2, e assim por diante.

A função que a cada número real x associa [x] chama-se função *maior inteiro contido em x*. O seu gráfico, mostrado na Figura 3.13, tem a forma de uma escada.

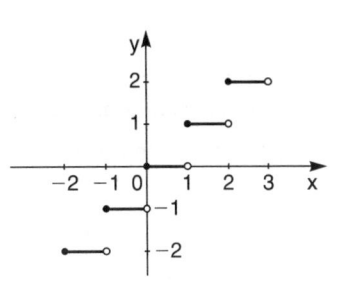

FIG. 3.13

Observemos o comportamento da função y = [x] na vizinhança do ponto 1. Se x está à esquerda de 1, entre 0 e 1, então [x] é igual a 0, por mais próximo que x esteja de 1. Por isso, dizemos que o limite lateral de [x] quando x tende a 1 pela esquerda, é igual a 0. Em símbolos,

$$\lim_{x \to 1^-} [x] = 0$$

Por outro lado, se x está à direita de 1, entre 1 e 2, então [x] = 1, por mais próximo que x esteja de 1. Por causa disso, dizemos que o limite lateral de [x], quando x tende a 1 pela direita, é igual a 1. Em símbolos,

$$\lim_{x \to 1^+} [x] = 1$$

Observemos que os limites laterais da função [x] no ponto 1 são distintos. Neste caso, diremos que não existe o limite da função quando x tende a 1.

Dizemos que um número real L é o *limite lateral esquerdo* de f(x) quando x tende a a, se, dado um intervalo I em torno de L, de raio ε (*epsilon*) tão pequeno quanto se queira, é possível achar um intervalo J ao redor de a, de raio δ (*delta*) suficientemente pequeno, de modo que a função f leva todos os *elementos de J que estão à esquerda de a* para o interior da vizinhança I de L.

Mais formalmente,

Seja f(x) uma função definida numa vizinhança do ponto a, à esquerda de a. Dizemos que L é o *limite de f(x) quando x tende a "a" pela esquerda* e escrevemos

$$L = \lim_{x \to a^-} f(x)$$

se, dado ε > 0, existe δ > 0 tal que

$$a - \delta < x < a \Rightarrow L - \varepsilon < f(x) < L + \varepsilon$$

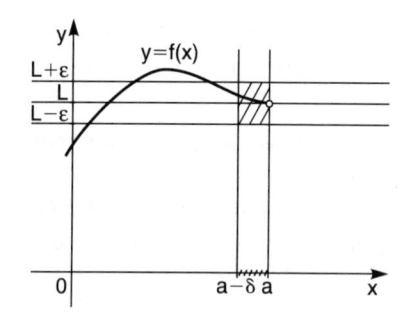

FIG. 3.14

Analogamente, podemos definir limite lateral direito de uma função.

L é o *limite lateral direito* da função f no ponto a, se, dado um intervalo I em torno de L, de raio ε tão pequeno quanto se queira, é possível achar um intervalo J em torno de a, de raio δ > 0 suficientemente pequeno, de modo que a função f leva todos os *elementos de J que estão à direita de a* para o interior da vizinhança I de L.

Mais formalmente,

Seja f(x) uma função definida numa vizinhança do ponto a, à direita de a. Dizemos que L é o *limite de f quando x tende a "a" pela direita* e escrevemos

$$L = \lim_{x \to a^+} f(x)$$

se, dado ε > 0, existe δ > 0 tal que

$$a < x < a + \delta \Rightarrow L - \varepsilon < f(x) < L + \varepsilon$$

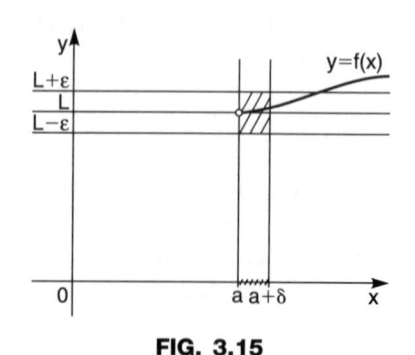

FIG. 3.15

Capítulo 3 — Limite e Continuidade

Vamos agora considerar diversas situações, como preparativo para introduzir o conceito de limite de uma função num ponto.

Consideremos a função $y = f(x) = \dfrac{x^3 - 8}{x - 2}$. Observe que $f(x)$ não está definida no ponto $x = 2$, pois nesse ponto o denominador se anularia.

Para adivinhar qual é o limite lateral esquerdo, construímos, usando calculadora, uma tabela de valores de $f(x)$, para x tendendo a 2 por valores inferiores a ele.

x	f(x)
1,9	11,41
1,99	11,9401
1,999	11,994001
1,9999	11,9994
1,99999	11,99994
...	...

Tudo leva a crer que $f(x)$ tende a 12, quando x tende a 2 pela esquerda:

$$\lim_{x \to 2^-} f(x) = \lim_{x \to 2^-} \dfrac{x^3 - 8}{x - 2} = 12$$

Verifiquemos agora o comportamento da função à direita de 2, construindo uma outra tabela de valores de $f(x)$, para x tendendo a 2 por valores superiores a ele.

x	f(x)
2,01	12,0601
2,001	12,006001
2,0001	12,0006
2,00001	12,00006
2,000001	12,000006
...	...

Tudo leva a crer que $f(x)$ tende a 12, quando x tende a 2 pela direita:

$$\lim_{x \to 2^+} f(x) = \lim_{x \to 2^+} \dfrac{x^3 - 8}{x - 2} = 12$$

Como os dois limites laterais existem e são iguais, dizemos que existe o limite de $f(x)$ quando x tende a 2; o seu valor é igual ao valor comum dos limites laterais. Em símbolos,

$$\lim_{x \to 2} f(x) = \lim_{x \to 2} \dfrac{x^3 - 8}{x - 2} = 12$$

Nota: Para calcular os valores da função f(x) na calculadora utilizamos a seguinte identidade $\frac{x^3 - 8}{x - 2} = x^2 + 2x + 4 = x(x + 2) + 4$.

É plausível que

$$\lim_{x \to 2} f(x) = \lim_{x \to 2} \frac{x^3 - 8}{x - 2} = \lim_{x \to 2} (x^2 + 2x + 4) =$$
$$= \lim_{x \to 2} x^2 + \lim_{x \to 2} 2x + \lim_{x \to 2} 4 = 4 + 4 + 4 = 12.$$

Nas igualdades anteriores, foram utilizadas algumas propriedades dos limites que serão explicitadas mais adiante, logo após a definição de limite. Veja a Figura 3.16.

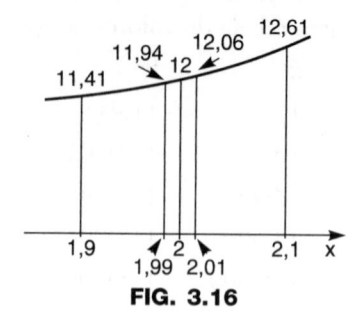

FIG. 3.16

Vejamos agora mais um exemplo.

Seja $f(x) = \sqrt{x}$ e seja $a = 4$. Quando x tende a 4, pela esquerda ou pela direita de 4, $\sqrt{x}$ tende a $\sqrt{4} = 2$. Logo, o limite de $\sqrt{x}$, quando x tende a 4, é igual a 2, que é igual ao valor da função nesse ponto, ou seja, $f(4) = \sqrt{4} = 2$. Neste caso, dizemos que a função f é contínua no ponto 4.

Limite de uma função

Um ponto *a* é um *ponto interior de um conjunto* A se existe um intervalo aberto I, centrado em *a*, contido em A.

Seja f uma função definida num intervalo I e seja *a* um ponto interior de I. Dizemos que o número real L é o *limite de f(x) quando x tende a "a"*, e escreve-se

$$L = \lim_{x \to a} f(x)$$

se os limites laterais esquerdo e direito existem e são iguais a L.

Isto quer dizer que: *L é o limite de f(x) quando x tende a "a"*, se, dado um intervalo I em torno de L, de raio $\varepsilon > 0$ tão pequeno quanto se queira, existe em correspondência um intervalo J em torno de *a*, de raio $\delta > 0$ suficientemente pequeno, tal que f leva todos os elementos de J, à esquerda e à direita de a, exceto eventualmente o ponto a, para o interior do intervalo I.

Mais formalmente,

> Seja f uma função definida num intervalo I e seja a um ponto interior de I. Dizemos que
> $$L = \lim_{x \to a} f(x)$$
> se, dado $\varepsilon > 0$, existe $\delta > 0$ tal que
> $$a - \delta < x < a + \delta \text{ e } x \neq a \Rightarrow L - \varepsilon < f(x) < L + \varepsilon$$

É mais usual definir limite usando módulos em vez de desigualdades. A definição "oficial" de limite é, portanto, a seguinte:

> Seja f uma função definida num intervalo I e seja a um ponto interior de I.
> Dizemos que
> $$L = \lim_{x \to a} f(x)$$
> se, dado $\varepsilon > 0$, existe $\delta > 0$, tal que
> $$0 < |x - a| < \delta \Rightarrow |f(x) - L| < \varepsilon$$

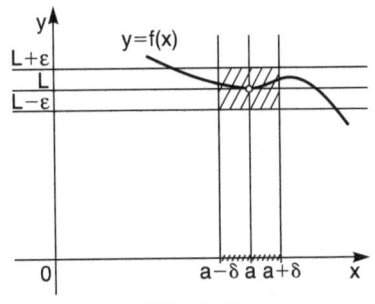

FIG. 3.17

Exemplo 3.11:

Calcule os limites laterais e o limite da função

$$f(x) = \begin{cases} x^2 - 1 & \text{se } x < 0 \\ 0 & \text{se } x = 0 \\ x^3 + 4 & \text{se } x > 0 \end{cases}$$

quando x tende a 0, caso existam.

Resolução:

Temos que

$$\lim_{x \to 0^-} f(x) = \lim_{x \to 0^-} (x^2 - 1) = -1$$

$$\lim_{x \to 0^+} f(x) = \lim_{x \to 0^+} (x^3 + 4) = 4$$

Como os limites laterais são distintos, não existe o limite de f(x) quando x tende a 0.

Exemplo 3.12:

Calcule os limites laterais e o limite da função

$$f(x) = \frac{4x - 8}{|x - 2|}, \text{ quando x tende a 2, caso existam.}$$

Resolução:

Para calcular o limite lateral pela direita de 2, vejamos qual é a expressão da função f nessa parte.

Para $x > 2$, temos que $|x - 2| = x - 2$. Assim,

$f(x) = \dfrac{4(x-2)}{x-2} = 4$, para $x > 2$.

Logo, $\lim\limits_{x \to 2^+} f(x) = \lim\limits_{x \to 2^+} 4 = 4$.

Analogamente, para calcular o limite lateral pela esquerda de 2, vejamos qual a expressão da função f nessa parte.

Para $x < 2$, $x - 2 < 0$ e portanto $|x - 2| = -(x-2)$. Assim,

$f(x) = \dfrac{4(x-2)}{-(x-2)} = -4$, para $x < 2$.

Logo, $\lim\limits_{x \to 2^-} f(x) = \lim\limits_{x \to 2^-} (-4) = -4$

Os limites laterais são distintos e, portanto, não existe o limite de f(x) quando x tende a 2.

Exemplo 3.13:

Seja f a função dada pela expressão $f(x) = \dfrac{x}{|x|}$. Prove que não existe $\lim\limits_{x \to 0} f(x)$.

Resolução:

A função não está definida no ponto $x = 0$.

Quando $x > 0$, temos que $f(x) = \dfrac{x}{x} = 1$ e, quando $x < 0$, temos que

$f(x) = \dfrac{x}{(-x)} = -1$.

Podemos então redefinir a função f da seguinte maneira:

$f(x) = \begin{cases} 1 & \text{se } x > 0 \\ -1 & \text{se } x < 0 \end{cases}$

Logo, qualquer que seja o intervalo I ao redor de 0, sempre existirão pontos nos quais f assume o valor -1 (pontos que estão à esquerda de 0) e pontos nos quais f assume o valor 1 (pontos que estão à direita de 0).

Portanto, não existe um valor único L do qual a função f se aproxime, quando x tende a 0. Veja a Figura 3.18.

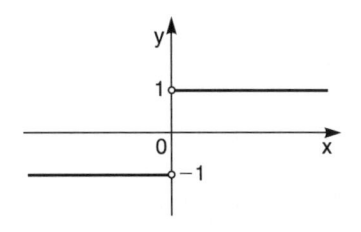

FIG. 3.18

Na resolução do exemplo anterior, utilizamos implicitamente o teorema seguinte.

Teorema de unicidade: Se existe $\lim_{x \to a} f(x)$, então esse limite é único.

Prova

Suponha que L_1 e L_2 sejam valores para os quais $f(x)$ tende quando x tende a a. Existem portanto vizinhanças U_1 e U_2 respectivamente de L_1 e L_2, que, sem perda de generalidade, podemos supor que sejam disjuntas, de modo que em correspondência existam δ_1 e δ_2 tais que

$a - \delta_1 < x < a + \delta_1$, $x \neq a \Rightarrow f(x) \in U_1$

$a - \delta_2 < x < a + \delta_2$, $x \neq a \Rightarrow f(x) \in U_2$

Chamando $\delta = \min(\delta_1, \delta_2)$, segue-se que

$a - \delta < x < a + \delta \Rightarrow f(x) \in U_1 \cap U_2$, o que é absurdo.

Portanto, o limite de $f(x)$ quando x tende a a tem que ser único.

Exercícios 3.2

Calcule

1. $\lim_{x \to +\infty} \dfrac{3x + 2}{-x + 1}$

2. $\lim_{x \to +\infty} \dfrac{4 - x}{x}$

3. $\lim_{x \to +\infty} \dfrac{-x^2 + x - 1}{3x^2 - 5}$

4. $\lim_{x \to +\infty} \dfrac{x^5}{x^6 + 1}$

5. $\lim_{x \to +\infty} \dfrac{x + 1}{|x + 3|}$

6. $\lim_{x \to -\infty} \dfrac{4x + 1}{x - 1}$

7. $\lim_{x \to -\infty} \dfrac{8 - 3x}{x}$

8. $\lim_{x \to -\infty} \dfrac{1 - x}{1 + x}$

9. $\lim_{x \to -\infty} \dfrac{1 + x - x^2}{x^2 - 4}$

10. $\lim_{x \to -\infty} \dfrac{x + 3}{|x + 4|}$

Esboce o gráfico da função

11. $[-x]$

12. $-[x]$

13. $x - [x]$
14. $[x - 1]$

Calcule

15. $\lim_{x \to 1-} (x - [x])$

16. $\lim_{x \to 1+} (x - [x])$

17. $\lim_{x \to 1-} \dfrac{x}{|x|}$

18. $\lim_{x \to 1+} \dfrac{x}{|x|}$

Calcule $\lim_{x \to 0} f(x)$ para

19. $f(x) = \begin{cases} -x + 2, \text{ se } x \leq 0 \\ x + 2, \text{ se } x > 0 \end{cases}$

20. $f(x) = \begin{cases} -2x + 1, \text{ se } x \leq 0 \\ 2x - 1, \text{ se } x > 0 \end{cases}$

3.3 PROPRIEDADES DOS LIMITES

Não é fácil calcular limite de função por meio da definição formal. Para contornar essa dificuldade, lançamos mão das seguintes propriedades dos limites.

Propriedade 1: O limite da função *identidade* $f(x) = x$, quando x tende a a, é igual a a:

$$\lim_{x \to a} x = a$$

Exemplo 3.1: $\lim_{x \to 3} x = 3$.

Propriedade 2: O limite de uma função *constante* $f(x) = k$, quando x tende a a, é igual à própria constante:

$$\lim_{x \to a} k = k$$

Exemplo 3.2: $\lim_{x \to 2} 4 = 4$.

Propriedade 3: O limite da *soma* é a soma dos limites, caso esses limites existam.

$$\lim_{x \to a} [f(x) + g(x)] = \lim_{x \to a} f(x) + \lim_{x \to a} g(x)$$

Exemplo 3.3: $\lim_{x \to 3} (x + 5) = \lim_{x \to 3} x + \lim_{x \to 3} 5 = 3 + 5 = 8$

Propriedade 4: O limite da *diferença* é a diferença dos limites, caso esses limites existam.

$$\lim_{x \to a} [f(x) - g(x)] = \lim_{x \to a} f(x) - \lim_{x \to a} g(x)$$

Exemplo 3.4: $\lim_{x \to 4} (3 - x) = \lim_{x \to 4} 3 - \lim_{x \to 4} x = 3 - 4 = -1$

Capítulo 3 — Limite e Continuidade

Propriedade 5: O limite do *produto* é o produto dos limites, caso esses limites existam.

$$\lim_{x \to a} [f(x) \cdot g(x)] = \lim_{x \to a} f(x) \cdot \lim_{x \to a} g(x)$$

Exemplo 3.5: $\lim_{x \to 3} x^2 = \lim_{x \to 3} x \cdot x = (\lim_{x \to 3} x) \cdot (\lim_{x \to 3} x) = 3 \cdot 3 = 3^2 = 9$

Como caso particular, temos a propriedade seguinte.

Propriedade 6: O limite de *constante vezes uma função* é a constante vezes o limite da função, caso esse limite exista:

$$\lim_{x \to a} (k \cdot f(x)) = k \cdot \lim_{x \to a} f(x)$$

Exemplo 3.6: $\lim_{x \to 2} 5x = 5 \cdot \lim_{x \to 2} x = 5 \cdot 2 = 10$

Propriedade 7: O limite do *quociente* é o quociente dos limites, caso esses limites existam e o limite do denominador seja diferente de zero.

$$\lim_{x \to a} \frac{f(x)}{g(x)} = \frac{\lim_{x \to a} f(x)}{\lim_{x \to a} g(x)}$$

Exemplo 3.7: $\lim_{x \to 3} \frac{x^2 - 1}{x^2 + 1} = \frac{\lim_{x \to 3} (x^2 - 1)}{\lim_{x \to 3} (x^2 + 1)} = \frac{\lim_{x \to 3} (x^2 - 1)}{\lim_{x \to 3} (x^2 + 1)} = \frac{\lim_{x \to 3} (3^2 - 1)}{\lim_{x \to 3} (3^2 + 1)} =$

$= \frac{8}{10} = \frac{4}{5}$

Propriedade 8: O limite da *potência* de uma função $(f(x))^n$, onde n é um inteiro positivo, é a potência do limite da função, caso esse limite exista:

$$\lim_{x \to a} (f(x))^n = (\lim_{x \to a} f(x))^n$$

Exemplo 3.8: $\lim_{x \to 1} (2x + x^3)^4 = (\lim_{x \to 1} (2x + x^3))^4 = (3)^4 = 81$

Propriedade 9: O limite da *raiz* de uma função $\sqrt[n]{f(x)}$ é a raiz do limite da função, se $\lim_{x \to a} f(x)$ existe e é maior ou igual a zero:

$$\lim_{x \to a} \sqrt[n]{f(x)} = \sqrt[n]{(\lim_{n \to a} f(x))}$$

Exemplo 3.9: $\lim_{x \to 2} \sqrt{x^3 - 1} = \sqrt{\lim_{x \to 2} (x^3 - 1)} = \sqrt{2^3 - 1} = \sqrt{7}$

Propriedade 10: Propriedade do confronto ou "sanduíche".

Se $f(x) \leq g(x) \leq h(x)$, para todo x numa vizinhança a e $\lim_{x \to a} f(x) = \lim_{x \to a} h(x) = L$, então $\lim_{x \to a} g(x) = L$.

Exemplo 10: $\lim_{x \to 0} \dfrac{f(x)}{x^2}$, se $|f(x)| \leq x^3 \ \forall \ x \in R$

$$-x^3 \leq f(x) \leq x^3$$

Dividindo por x^2 toda a inequação temos $-x \leq \dfrac{f(x)}{x^2} \leq x$. Pela propriedade do confronto, temos:

$$\lim_{x \to 0} -x \leq \lim_{x \to 0} \dfrac{f(x)}{x^2} \leq \lim_{x \to 0} x \Rightarrow$$
$$\Rightarrow 0 \leq \lim_{x \to 0} \dfrac{f(x)}{x^2} \leq 0 \Rightarrow \lim_{x \to 0} \dfrac{f(x)}{x^2} = 0$$

Exemplo 3.14:

Calcule o seguinte limite, se existir, mencionando as propriedades utilizadas:

$\lim_{x \to -1} (x^2 - 2x + 3)$

Resolução:

$\lim_{x \to -1} (x^2 - 2x + 3) = \lim_{x \to -1} x^2 - 2 \cdot \lim_{x \to -1} x + \lim_{x \to -1} 3 =$
$= (-1)^2 - 2 \cdot (-1) + 3 = 6$

Utilizamos as propriedades dos limites da soma, da diferença, do produto de constante por função, da potência, da identidade e de constante.

Exemplo 3.15:

Calcule o seguinte limite, se existir, mencionando as propriedades utilizadas:

$\lim_{x \to 2} (x^2 + 4x - 1) \cdot (x^3 + 4)$

Resolução:

$\lim_{x \to 2} (x^2 + 4x - 1) \cdot (x^3 + 4) = \lim_{x \to 2} (x^2 + 4x - 1) \cdot \lim_{x \to 2} (x^3 + 4) =$
$= (2^2 + 4 \cdot 2 - 1) \cdot (2^3 + 4) = 11 \cdot 12 = 132$

Utilizamos as propriedades do limite do produto, da soma, da diferença, do produto de constante por função, e da potência.

Exemplo 3.16:

Calcule o seguinte limite, se existir.

$$\lim_{x \to -3} \frac{x^3 + 2}{x - 1}$$

Resolução:

$$\lim_{x \to -3} \frac{x^3 + 2}{x - 1} = \frac{\lim_{x \to -3}(x^3 + 2)}{\lim_{x \to -3}(x - 1)} =$$

$$= \frac{(-3)^3 + 2}{(-3) - 1} = \frac{-25}{-4} = \frac{25}{4}.$$

Exemplo 3.17:

Calcule o seguinte limite, se existir:

$$\lim_{x \to 1} \frac{x^3 - 1}{x - 1}$$

Resolução:

Podemos fatorar $x^3 - 1$:

$$x^3 - 1 = (x - 1) \cdot (x^2 + x + 1).$$

Portanto, $\lim_{x \to 1} \frac{x^3 - 1}{x - 1} = \lim_{x \to 1}(x - 1) \cdot \frac{x^2 + x + 1}{x - 1} =$

$$= \lim_{x \to 1}(x^2 + x + 1) = 1^2 + 1 + 1 = 3$$

Limite infinito

Vamos agora abusar da linguagem, em favor da intuição. Considere novamente a função $f(x) = \frac{1}{x}$. A função f não está definida no ponto $x = 0$. Observemos que, quando x tende a 0 pela direita, f(x) não tende para nenhum limite finito mas cresce indefinidamente, isto é, tende para $+\infty$. Representamos esse fato escrevendo

$$\lim_{x \to 0^+} \frac{1}{x} = +\infty$$

Por outro lado, quando x tende a 0 pela esquerda, f(x) decresce indefinidamente, isto é, vai para $-\infty$. Representamos esse fato, escrevendo:

$$\lim_{x \to 0^-} \frac{1}{x} = -\infty$$

Observe que aqui estamos cometendo um abuso de linguagem, pois o limite de uma função, quando existe, é um número real. Infinito, mais infinito e menos infinito não são números.

Veja o comportamento da função na vizinhança do ponto 0 na Figura 3.19.

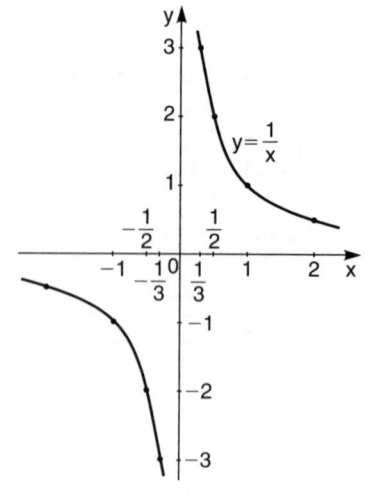

FIG. 3.19

Dizemos que $f(x)$ tende a "mais infinito" quando x tende a "a" pela direita e escrevemos

$$\lim_{x \to a^+} f(x) = +\infty$$

se, dado um número real $M > 0$, tão grande quanto se queira, é possível achar um número real $\delta > 0$, suficientemente pequeno, tal que

$$a < x < a + \delta \Rightarrow f(x) > M.$$

Analogamente, podemos definir

$$\lim_{x \to a^+} f(x) = -\infty$$

$$\lim_{x \to a^-} f(x) = +\infty$$

$$\lim_{x \to a^-} f(x) = -\infty$$

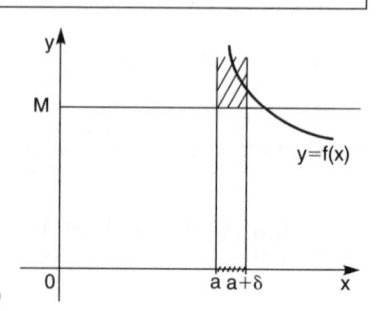

FIG. 3.20

Exemplo 3.18:

Calcule o seguinte limite, caso exista:

$$\lim_{x \to +\infty} (x^2 - x + 1)$$

Resolução:

Coloque x^2 em evidência:

$$\lim_{x \to +\infty} (x^2 - x + 1) = \lim_{x \to +\infty} x^2 \left(1 - \frac{x}{x^2} + \frac{1}{x^2}\right) = \lim_{x \to +\infty} x^2 \cdot \lim_{x \to +\infty} \left(1 - \frac{1}{x} + \frac{1}{x^2}\right) =$$
$$= +\infty \cdot 1 = +\infty$$

Exemplo 3.19:

Calcule o seguinte limite, caso exista:

$$\lim_{x \to -\infty} \frac{x^2}{(1-x)}$$

Resolução:

Divida o numerador pelo denominador:

$$\frac{x^2}{(1-x)} = \frac{-x^2}{(x-1)} = -\left[x + 1 + \frac{1}{(x-1)}\right] = -x - 1 - \frac{1}{(x-1)}$$

$$\Rightarrow \lim_{x \to -\infty} \frac{x^2}{(1-x)} = \lim_{x \to -\infty}\left[-x - 1 - \frac{1}{(x-1)}\right] = \lim_{x \to -\infty}(-x) - \lim_{x \to -\infty} 1 - \lim_{x \to -\infty}\frac{1}{(x-1)} =$$

$$= +\infty - 1 - 0 = +\infty$$

Exercícios 3.3

Calcule o limite se existir

1. $\lim\limits_{x \to 2} \dfrac{x^2 - x + 1}{\sqrt{x+3}}$

2. $\lim\limits_{x \to 1} \dfrac{x^3 - 1}{x - 1}$

3. $\lim\limits_{x \to 1} \dfrac{x - 1}{x^4 - 1}$

4. $\lim\limits_{x \to -1} (x^9 - 1) \cdot (x^3 - 4)$

5. $\lim\limits_{x \to 1} (x^7 - 3)^9$

6. $\lim\limits_{x \to 3} \dfrac{\sqrt[7]{5x - 2}}{x}$

7. $\lim\limits_{x \to 0} \dfrac{x + 1}{x}$

8. $\lim\limits_{x \to 1} \dfrac{x - 1}{\sqrt{x - 1}}$

9. $\lim\limits_{x \to 1} \dfrac{x - 1}{\sqrt[3]{x - 1}}$

10. $\lim\limits_{x \to 2} \dfrac{x - 2}{\sqrt{x} - \sqrt{2}}$

3.4 CONTINUIDADE

• Função contínua num ponto

Seja f uma função definida num intervalo I a valores reais e seja *a* um ponto interior de I. Dizemos que *f é contínua no ponto a*, se

(i) existe $\lim\limits_{x \to a} f(x)$ e

(ii) vale a igualdade $\lim\limits_{x \to a} f(x) = f(a)$.

Exemplo 3.22: A função $f(x) = x^2 + 1$ está definida no ponto 0, sendo $f(0) = 1$. Ela é contínua no ponto 0, pois

$$\lim_{x \to 0} f(x) = \lim_{x \to 0} (x^2 + 1) = 1 = f(0).$$

Exemplo 3.20:

Prove que a função

$$f(x) = \begin{cases} \dfrac{x}{|x|}, & \text{se } x \neq 0 \\ 0, & \text{se } x = 0 \end{cases}$$

não é contínua no ponto $a = 0$.

Resolução:

A função f está definida em $\mathbb{R}$. Vimos anteriormente que não existe $\lim_{x \to 0} \dfrac{x}{|x|}$, pois os limites laterais são distintos. Logo, a função $f(x)$ não é contínua no ponto $x = 0$.

> Dizemos que a função f é *contínua na extremidade esquerda a* de seu domínio de definição se $\lim_{x \to a+} f(x) = f(a)$.

Por exemplo, a função $f(x) = \sqrt{x}$ está definida no intervalo $[0, +\infty)$. Ela é considerada contínua no ponto 0, pois $\lim_{x \to 0+} \sqrt{x} = 0 = f(0)$.

Analogamente,

> Dizemos que a função f é *contínua na extremidade direita b* de seu domínio de definição se $\lim_{x \to a-} f(x) = f(b)$.

Por exemplo, a função $g(x) = \sqrt[4]{-x}$ está definida no intervalo $(-\infty, 0]$. Ela é considerada contínua no ponto 0, pois $\lim_{x \to 0-} \sqrt[4]{-x} = 0 = g(0)$.

• FUNÇÃO CONTÍNUA

> Dizemos que uma função f é *contínua em um conjunto* A se ela é contínua em todos os pontos de A. Uma função é dita *contínua* se ela é contínua em todos os pontos de seu domínio.

Intuitivamente, uma função é contínua se o seu gráfico não apresenta quebras ou saltos, ou seja, se podemos traçar o seu gráfico no papel sem largar o lápis.

Exemplo 3.21:

Prove que a função $f(x) = x^2$ é contínua.

Resolução:

Seja $a \in \mathbb{R}$ qualquer. Vimos anteriormente que

$$\lim_{x \to a} f(x) = \lim_{x \to a} x^2 = a^2 = f(a).$$

Logo, f é contínua em *a*.

• PROPRIEDADES DAS FUNÇÕES CONTÍNUAS

> A soma, a diferença, o produto e o quociente (com o denominador diferente de zero) de funções contínuas num ponto *a* são contínuas nesse ponto.

Prova

Com efeito,

$$\lim_{x \to a} (f+g)(x) = \lim_{x \to a} (f(x) + g(x)) = \lim_{x \to a} f(x) + \lim_{x \to a} g(x) = f(a) + g(a) = (f+g)(a)$$

$$\lim_{x \to a} (f-g)(x) = \lim_{x \to a} (f(x) - g(x)) = \lim_{x \to a} f(x) - \lim_{x \to a} g(x) = f(a) - g(a) = (f-g)(a)$$

$$\lim_{x \to a} (f \cdot g)(x) = \lim_{x \to a} f(x) \cdot g(x) = \lim_{x \to a} f(x) \cdot \lim_{x \to a} g(x) = f(a) \cdot g(a) = (f \cdot g)(a)$$

$$\lim_{x \to a} \frac{f}{g}(x) = \lim_{x \to a} \frac{f(x)}{g(x)} = \frac{\lim_{x \to a} f(x)}{\lim_{x \to a} g(x)} = \frac{f(a)}{g(a)} = \frac{f}{g}(a)$$

Exemplo 3.22:

Prove que a função potência $f(x) = x^n$ é contínua.

Resolução:

A função potência $f(x) = x^n$ pode ser encarada como o produto da função identidade por si mesma, n vezes.

$$x^n = x \cdot x \cdot \ldots \cdot x$$
n vezes

Seja *a* um número real qualquer. Aplicando a propriedade do limite do produto, temos que

$$\lim_{x \to a} x^n = \lim_{x \to a} x \cdot \lim_{x \to a} x \cdot \ldots \cdot \lim_{x \to a} x = a \cdot a \cdot \ldots \cdot a = a^n$$

Logo, $\lim_{x \to a} x^n = a^n$ e, portanto, a função potência é contínua em a.

> **Teorema:** Toda função polinomial
> $f(x) = a_0 x^n + a_1 x^{n-1} + \ldots + a_{n-2} x^2 + a_{n-1} x + a_n$ é contínua.

Prova

Cada um dos termos componentes $a_k x^{n-k}$ do polinômio é função contínua e, portanto, a função polinomial, sendo soma de funções contínuas, é também contínua.

Uma *função racional* é um quociente de duas funções polinomiais.

> **Teorema:** Toda função racional é contínua nos pontos em que o denominador não se anula.

Prova

Segue do fato de que funções polinomiais são contínuas e de que o quociente de função contínua é contínuo nos pontos em que o denominador não se anula.

Exemplo 3.23:

Calcule o limite da função $f(x) = \dfrac{x^4 - 2x^3 + x^2 - x + 1}{x^3 - 3x^2 + 2}$ quando x tende a 2.

Resolução:

Calculemos o valor do denominador no ponto 2:

$2^3 - 3 \cdot 2^2 + 2 = 8 - 12 + 2 = -2 \neq 0$.

Como a função $f(x)$ é contínua no ponto 2, para calcular o limite pedido basta calcular o valor da função nesse ponto:

$$f(2) = \frac{2^4 - 2 \cdot 2^3 + 2^2 - 2 + 1}{-2} = \frac{16 - 16 + 4 - 2 + 1}{-2} = -\frac{3}{2}.$$

Portanto, $\lim_{x \to 2} \dfrac{x^4 - 2x^3 + x^2 - x + 1}{x^3 - 3x^2 + 2} = -\dfrac{3}{2}$.

> **Teorema:** Se f é contínua e existe $\lim_{x \to a} g(x)$, então
> $$\lim_{x \to a} f(g(x)) = f(\lim_{x \to a} g(x))$$

Prova:

Como f é contínua, ela é, em particular, contínua no ponto $b = \lim\limits_{x \to a} g(x)$, ou seja,

$\lim\limits_{u \to b} f(u) = f(b)$.

Como $\lim\limits_{x \to a} g(x) = b$,

g(x) tende a *b* quando x tende a *a*. Logo, tomando somente os u da forma g(x), temos que, quando x tende a *a*, u tende a *b*. Logo,

$\lim\limits_{x \to a} f(g(x)) = \lim\limits_{u \to b} f(u) = f(b) = f(\lim\limits_{x \to a} g(x))$

Este teorema é importante, pois quando a função f é contínua, pode-se "entrar nela" com o sinal de limite, e calcular o limite do seu argumento.

Exemplo 3.24:

Prove que

$\lim\limits_{x \to a} (g(x))^n = (\lim\limits_{x \to a} g(x))^n$

Resolução:

A função potência $f(x) = x^n$ é contínua. Logo, utilizando o teorema anterior,

$\lim\limits_{x \to a} (g(x))^n = \lim\limits_{x \to a} f(g(x)) = f\left(\lim\limits_{x \to a} g(x)\right) = \left(\lim\limits_{x \to a} g(x)\right)^n$

Por exemplo, $\lim\limits_{x \to 2} (2x - 1)^{14} = \left[\lim\limits_{x \to 2} (2x - 1)\right]^{14} = 3^{14}$.

Como corolário do teorema acima, obtemos o importante resultado.

> **Teorema:** A composta de duas funções contínuas é uma função contínua.

Exemplo 3.25:

Calcule o limite da função $f(x) = (x + 1)^3 - (x + 1)^2 + 3(x + 1) - 5$, quando x tende a 2.

Resolução:

A função f(x) é uma composta de funções contínuas e portanto é contínua. Basta portanto calcular o valor da função no ponto 2:

$f(2) = (2 + 1)^3 - (2 + 1)^2 + 3(2 + 1) - 5 = 27 - 9 + 9 - 5 = 22.$

Logo, $\lim\limits_{x \to 2} f(x) = 22.$

Exercícios 3.4

Para que valor de *a* a função é contínua?

1. $f(x) = \begin{cases} 3x - 2, & \text{se } x \neq 2 \\ a, & \text{se } x = 2 \end{cases}$

2. $f(x) = \begin{cases} \dfrac{(x^2 - 1)}{(x - 1)}, & \text{se } x \neq 1 \\ a, & \text{se } x = 1 \end{cases}$

3. $f(x) = \begin{cases} ax + 1, & \text{se } x < 5 \\ 4x - 1, & \text{se } x \geq 5 \end{cases}$

Classifique a função em contínua/descontínua no ponto *a*:

4.

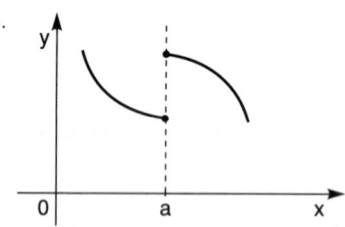

5.

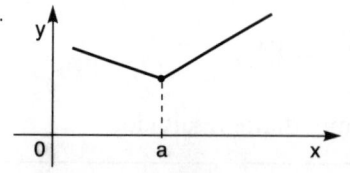

6.

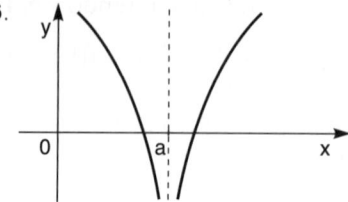

7.

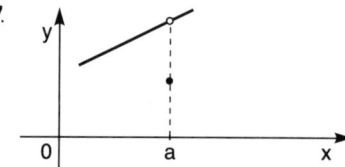

8.

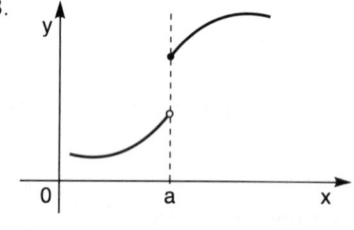

3.5 FUNÇÕES EXPONENCIAIS E LOGARÍTMICAS

Funções exponenciais

Seja *a* um número real positivo, $a \neq 1$. A função que a cada número real x associa o número real a^x chama-se *função exponencial de base a*.

Para fixar mais claramente as idéias, consideremos o caso $a = 2$, isto é, consideremos a função exponencial $f(x) = 2^x$.

Capítulo 3 — Limite e Continuidade

Expoente natural: Começamos definindo $f(n) = 2^n$, para $n \in \mathbb{N}$, por recorrência:

$2^0 = 1$

$2^{n+1} = 2^n \cdot 2$, para todo número natural n.

Assim,

$2^1 = 2^0 \cdot 2 = 1 \cdot 2 = 2$

$2^2 = 2^1 \cdot 2 = 2 \cdot 2 = 4$

....

$2^n = 2^{n-1} \cdot 2 = 2 \cdot 2 \cdot \ldots \cdot 2$ \quad (n fatores)

Valem as seguintes propriedades: para quaisquer $m, n \in \mathbb{N}$,

$$2^n \cdot 2^m = 2^{n+m}$$
$$(2^n)^m = 2^{n \cdot m}$$

Estendemos a definição de exponencial para expoentes inteiros, da seguinte maneira.

Se $n \geq 0$, já sabemos o que é 2^n. Queremos definir 2^m para m inteiro negativo, de modo que as duas propriedades citadas acima continuem válidas para expoentes inteiros quaisquer.

Assim, queremos que valha, para quaisquer $m, n \in \mathbb{Z}$,

$2^n \cdot 2^m = 2^{n+m}$

Em particular, para $m = -n$,

$2^n \cdot 2^{-n} = 2^{n-n} = 2^0 = 1$

Devemos portanto definir 2^{-n} como sendo o inverso de 2^n:

$$2^{-n} = \frac{1}{2^n}$$

Por exemplo,

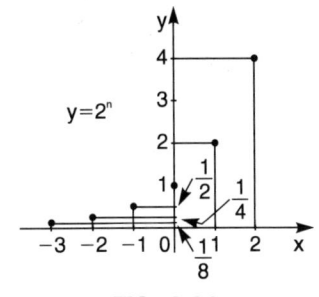

$2^{-1} = \dfrac{1}{2^1} = \dfrac{1}{2}$

$2^{-2} = \dfrac{1}{2^2} = \dfrac{1}{4}$

$2^{-3} = \dfrac{1}{2^3} = \dfrac{1}{8}$

FIG. 3.21

....

Estendemos a definição de exponencial para expoentes racionais, da seguinte maneira.

Queremos definir $f\left(\dfrac{m}{n}\right) = 2^{\frac{m}{n}}$, onde m, n são inteiros, com n > 0, de modo que as duas propriedades mencionadas acima continuem válidas para expoentes racionais quaisquer.

Por exemplo, o que seria $2^{\frac{1}{2}}$? Queremos que valha $(2^n)^m = 2^{nm}$. Em particular, para $n = \dfrac{1}{2}$ e $m = 2$,

$$\left(2^{\frac{1}{2}}\right)^2 = 2^{\frac{1}{2} \cdot 2} = 2^1 = 2$$

Logo, devemos definir: $2^{\frac{1}{2}} = \sqrt{2}$.

Mais geralmente: se $\dfrac{m}{n}$ é um número racional, com m e n inteiros e n > 0, devemos ter

$$2^{\frac{m}{n}} = 2^{\frac{m \cdot 1}{n}} = (2^m)^{\frac{1}{n}} = \sqrt[n]{2^m}$$

Logo, definimos: $2^{\frac{m}{n}} = \sqrt[n]{2^m}$.

Queremos agora estender a função exponencial para expoentes reais quaisquer. Por exemplo, o que é $2^{\sqrt{2}}$?

Como $\sqrt{2} = 1{,}414213562\ldots$

queremos que $2^{\sqrt{2}}$ seja o limite da seqüência

$2^{1,4} = 2^{\frac{14}{10}} = 2{,}6390158$

$2^{1,41} = 2^{\frac{141}{100}} = 2{,}6573716$

$2^{1,414} = 2^{\frac{1414}{1000}} = 2{,}6647496$

$2^{1,4142} = 2^{\frac{14142}{10000}} = 2{,}6651191$

$2^{1,41421} = 2^{\frac{141421}{100000}} = 2{,}6651376$

....

Pode-se provar que existe uma única função contínua f de $\mathbb{R}$ em $\mathbb{R}$ tal que, restrita aos números racionais $\frac{m}{n}$, é dada pela fórmula $f\left(\frac{m}{n}\right) = 2^{\frac{m}{n}} = \sqrt[n]{2^m}$ e tal que valem as seguintes propriedades, para x, y $\in \mathbb{R}$:

$2^x \cdot 2^y = 2^{x+y}$

$(2^x)^y = 2^{xy}$

Essa função chama-se *função exponencial de base 2*.

Mais especificamente:

Se a é um número real qualquer, e (a_n) é uma seqüência de números racionais convergindo para a, isto é, tal que $\lim_{n \to \infty} a_n = a$, então definimos 2ª como sendo igual ao limite $\lim_{n \to \infty} 2^{a_n}$:

Se $\lim_{n \to \infty} a_n = a$, então $2^a = \lim_{n \to \infty} 2^{a_n}$

Generalizando:

Se a é um número real positivo, com $a \neq 1$, existe uma única função contínua f de $\mathbb{R}$ em $\mathbb{R}$ tal que f, restrita aos números racionais $\frac{m}{n}$, é dada pela fórmula $f\left(\frac{m}{n}\right) = a^{\frac{m}{n}} = \sqrt[n]{a^m}$. Essa função chama-se *função exponencial de base a*.

Veja a função exponencial na Figura 3.22:

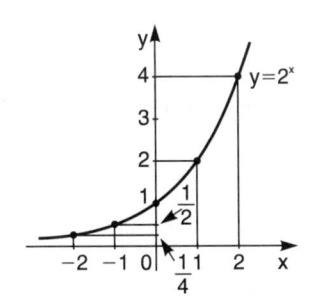

FIG. 3.22

COMPORTAMENTO DA FUNÇÃO EXPONENCIAL

1° caso: $f(x) = a^x$, com $a > 1$.

O domínio é $\mathbb{R}$ e a imagem é $\mathbb{R}^+$.

Ela é bijetora e estritamente crescente.

O seu gráfico corta o eixo dos y no ponto (0,1) mas não corta o eixo dos x.

Temos que $\lim_{x \to -\infty} a^x = 0$ e

$\lim_{x \to +\infty} a^x = +\infty$.

O seu gráfico tem a concavidade voltada para cima.

Veja na Figura 3.23 o gráfico de $f(x) = a^x$, com $a > 1$.

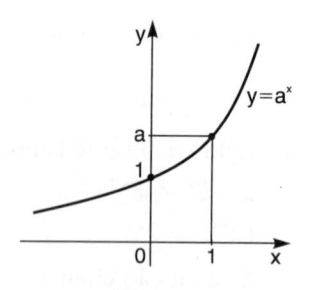

FIG. 3.23

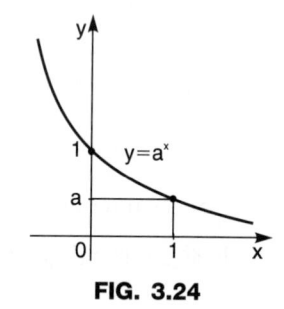

2º caso: $f(x) = a^x$, com $0 < a < 1$.

O domínio é $\mathbb{R}$ e a imagem é $\mathbb{R}^+$.

A função é bijetora e decrescente.

O seu gráfico corta o eixo dos y no ponto (0,1) mas não corta o eixo dos x.

Quando x tende a $-\infty$, ela tende a $+\infty$. Quando x tende a $+\infty$, ela tende a 0.

O seu gráfico tem a concavidade voltada para cima.

Veja na Figura 3.24 o gráfico da função $f(x) = a^x$, com $0 < a < 1$.

FIG. 3.24

• Função exponencial de base e

Pode-se provar que

$$\lim_{n \to \infty} \left(1 + \frac{1}{n}\right)^n$$

é um número irracional, que vale aproximadamente 2,718. Designaremos tal número com a letra *e*:

$$e = \lim_{n \to \infty} \left(1 + \frac{1}{n}\right)^n = 2{,}718\ldots$$

Por motivos que ficarão claros na seção seguinte, quando estudarmos juros compostos, interessa considerar a função exponencial de base e: $f(x) = e^x$.

A figura ao lado mostra o gráfico da função $f(x) = e^x$.

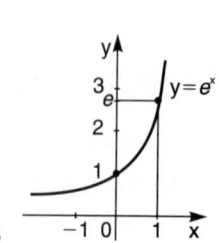

FIG. 3.25

• Propriedades da exponencial

1) $a^m \cdot a^n = a^{(m+n)}$

2) $\dfrac{a^m}{a^n} = a^{(m-n)}$

3) $(a^m)^n = a^{m \cdot n}$

4) $(a \cdot b)^n = a^n \cdot b^n$

5) $\left(\dfrac{a}{b}\right)^n = \dfrac{a^n}{b^n}$

Funções logarítmicas

A função logarítmica de base a é a inversa da função exponencial de mesma base:

$$\log_a(x) = y \Leftrightarrow x = a^y$$

Portanto, é um número real positivo, $a \neq 1$. Podemos então obter o gráfico da função $f(x) = \log_a(x)$, fazendo a reflexão do gráfico da função exponencial $y = a^x$, em relação à reta $y = x$.

A Figura 3.26 ilustra o caso da função logarítmica de base 2.

O domínio da função $f(x) = \log_2(x)$ é $\mathbb{R}^+$; a sua imagem é $\mathbb{R}$. O gráfico corta o eixo dos x no ponto (1,0). A função é crescente, sendo negativa à esquerda de $x = 1$ e positiva à sua direita. A concavidade da curva está voltada para baixo. Quando x tende a 0, pela direita, $\log_2(x)$ tende a $-\infty$. Quando x tende a $+\infty$, $\log_2(x)$ também tende a $+\infty$.

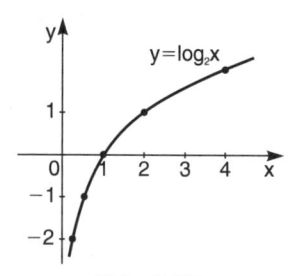

FIG. 3.26

Na Figura 3.27, ilustramos a função logarítmica de base $a = \dfrac{1}{2}$.

O domínio da função $y = \log_{\frac{1}{2}}(x)$ é $\mathbb{R}^+$; sua imagem é $\mathbb{R}$. Seu gráfico corta o eixo dos x no ponto (1,0). Ela é decrescente, sendo positiva à esquerda de 1 e negativa à direita de 1. A concavidade de seu gráfico é voltada para cima. Quando x tende a 0 pela direita, $\log_{\frac{1}{2}}(x)$ tende a $+\infty$. Quando x tende a $+\infty$, $\log_{\frac{1}{2}}(x)$ tende a $-\infty$.

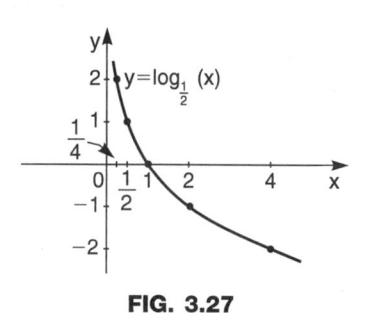

FIG. 3.27

• Função logarítmica de base e

A função logarítmica de base e é a inversa da função exponencial de base e.

$$\log_e(x) = y \Leftrightarrow x = e^y$$

Notação: Utilizamos a expressão ln (x) [lê-se *logaritmo neperiano* ou *natural de x*] para exprimir a função $\log_e (x)$:

$$\ln (x) = \log_e (x)$$

Na figura ao lado, para efeito de comparação, mostramos os gráficos de

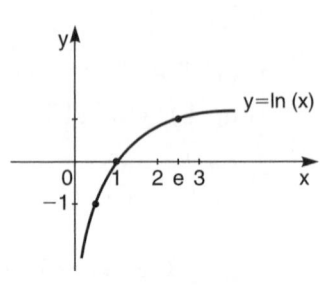

$$y = \log_{10} (x) \text{ e } y = \ln (x).$$

FIG. 3.28

• Propriedades do logaritmo

1) $\log_a 1 = 0$

2) $\log_a a = 1$

3) $\log_a (b \cdot c) = \log_a b + \log_a c$

4) $\log_a \left(\dfrac{b}{c}\right) = \log_a b - \log_a c$

5) $\log_a (b)^c = c \cdot \log_a b$

6) $\log_a b = \dfrac{\log_c b}{\log_c a}$ (mudança de base)

7) $\log_a b = \dfrac{1}{\log_b a}$

Prova das propriedades: deixamos como exercício.

Exercícios 3.5

Sejam a = ln 2 e b = ln 5. Calcule em função de a e b

1. $\log_{10} e^5$
2. $\log_{10} 10^5$
3. $\ln 10^8$
4. $\log_{10} \sqrt[3]{10^7}$
5. $\ln 1.000$
6. $\ln \dfrac{1}{10.000}$
7. $\ln 10 \cdot e^{10}$
8. $\log_{10} (10e)^e$
9. $\log_{\frac{10}{e}} \dfrac{100}{e^4}$
10. $\log_{10} e^{-10}$

Desenhe o gráfico das seguintes funções.

11. $f(x) = 2^{x+1}$
12. $g(x) = 2^x + 1$

Capítulo 3 — Limite e Continuidade

13. $h(x) = \dfrac{1}{2^x}$

14. $p(x) = 2^{1-x}$

Calcule

15. $e^{\ln e^2}$

16. $\dfrac{(3^8)^4 \cdot (3^4)^{-2}}{(3^7)^2 \cdot (\sqrt{3})^{20}}$

17. $\log_{10} 10 \cdot 10^{-e}$

18. $\log_2 3 \cdot \log_3 2 \cdot \log_4 3 \cdot \ldots \log_{10} 9$

Qual é o maior:

19. $\log_{10} e$ ou $\log_e 10$?

20. $\log_{\frac{1}{2}} 2$ ou $\log_2 \dfrac{1}{2}$?

21. Resolva as equações

   a) $(16^x)^{x+1} = \dfrac{1}{2}$

   b) $5^{(x-1)} + 5^{(x-2)} = 30$

   c) $3^x - \dfrac{15}{3^{x-1}} + 3^{x-3} = \dfrac{23}{3^{x-2}}$

22. Resolva as inequações

   a) $2^{\frac{2x+1}{x-1}} \leq \dfrac{1}{2}$

   b) $2^{(x+2)} + 2^{(-1-x)} < 3$

   c) $10^{(3x-1)} > 100^x$

23. Encontre os valores de x, y, z tais que

$$\begin{cases} 3^x \cdot 3^y \cdot 3^z = 1 \\ \dfrac{2^x}{2^y \cdot 2^z} = 4 \\ 4^{-x} \cdot 16^y \cdot 4^z = \dfrac{1}{4} \end{cases}$$

24. Resolva as equações

   a) $\log_3 \{-3\log_2(1 - \log_9[2 + \log_3 x])\} = 1$

   b) $\log x^2 = \log\left(x + \dfrac{11}{10}\right) + 1$

   c) $\log x - \log y = \log y$
      $3x + 2y = 33$

   d) $\log_x 2 \cdot \log_{\frac{x}{16}} 2 = \log_{\frac{x}{64}} 2$

25. Resolva as inequações

   a) $\dfrac{1}{2} < \log_4 3x < 1$

   b) $\log_5(x - 2) + \dfrac{1}{\log_{(x-3)} 5} > \log_5 2$

3.6 LIMITES FUNDAMENTAIS

- $\lim\limits_{x \to 0} \dfrac{e^x - 1}{x} = 1$

Prova:

Chamando $e^x - 1 = h \Rightarrow x = \ln(h + 1)$. Se $x \to 0 \Rightarrow h \to 0 \Rightarrow$ o limite fica:

$$\lim_{h \to 0} \dfrac{h}{\ln(h+1)} = \lim_{h \to 0} \dfrac{1}{\ln(h+1)^{\frac{1}{h}}} =$$

$$= \lim_{u \to \infty} \dfrac{1}{\ln\left(\dfrac{1}{u}+1\right)^u} = \dfrac{1}{\ln \lim\limits_{u \to \infty}\left(\dfrac{1}{u}+1\right)^u} =$$

$$= \dfrac{1}{\ln e} = 1$$

- $\lim\limits_{x \to 0} \dfrac{\text{sen } x}{x} = 1$

Prova:

Considere o círculo trigonométrico

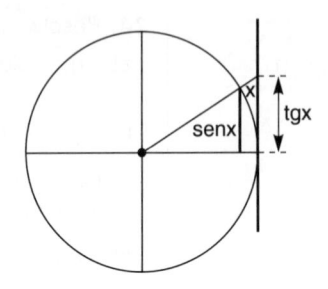

sen $x \leq x \leq$ tg x, se $0 < x < \varepsilon$ (1)

tg $x \leq x \leq$ sen x, se $-\varepsilon < x < 0$ (2)

Dividindo (1) por sen $x \Rightarrow 1 \leq \dfrac{x}{\text{sen } x} \leq \dfrac{1}{\cos x}$, se $0 < x < \varepsilon$

Dividindo (2) por $x < 0 \Rightarrow 1 \leq \dfrac{x}{\text{sen } x} \leq \dfrac{1}{\cos x} \Rightarrow 1 \leq \dfrac{x}{\text{sen } x} \leq \dfrac{1}{\cos x}$,

para $|x| < \varepsilon$

Pela propriedade do confronto,

$\lim\limits_{x \to 0} 1 \leq \lim\limits_{x \to 0} \dfrac{x}{\text{sen } x} \leq \lim\limits_{x \to 0} \dfrac{1}{\cos x} \Rightarrow 1 \leq \lim\limits_{x \to 0} \dfrac{x}{\text{sen } x} \leq 1 \Rightarrow$

$\Rightarrow \lim\limits_{x \to 0} \dfrac{x}{\text{sen } x} = 1 \Rightarrow \lim\limits_{x \to 0} \dfrac{\text{sen } x}{x} = 1$

- $\lim\limits_{x \to 0} \dfrac{1 - \cos x}{x} = 0$

Prova:

$\lim\limits_{x \to 0} \dfrac{(1 - \cos x)(1 + \cos x)}{x(1 + \cos x)} = \lim\limits_{x \to 0} \dfrac{(1 - \cos^2 x)}{x(1 + \cos x)} = \lim\limits_{x \to 0} \dfrac{\text{sen}^2 x}{x(1 + \cos x)} =$

$= \lim\limits_{x \to 0} \dfrac{\text{sen } x}{x} \cdot \dfrac{\text{sen } x}{(1 + \cos x)} = \lim\limits_{x \to 0} \dfrac{\text{sen } x}{x} \cdot \lim\limits_{x \to 0} \dfrac{\text{sen } x}{(1 + \cos x)} = 1 \cdot 0 = 0 \Rightarrow$

$\Rightarrow \lim\limits_{x \to 0} \dfrac{(1 - \cos x)}{x} = 0$

Exercícios 3.6

Calcule

1. $\lim_{x \to 0} \dfrac{\operatorname{sen} 5x}{x}$

2. $\lim_{x \to 0} \dfrac{\operatorname{sen}\left(x^2 + \dfrac{1}{x}\right) - \operatorname{sen} \dfrac{1}{x}}{x}$

3. $\lim_{x \to 0} \dfrac{x + \operatorname{sen} x}{x^2 - \operatorname{sen} x}$

4. $\lim_{x \to \infty} \left(1 + \dfrac{1}{x}\right)^{2x}$

5. $\lim_{x \to 0} \dfrac{e^{3x} - 1}{x}$

6. $\lim_{x \to 0} \dfrac{7^x - 1}{x}$

7. $\lim_{x \to 0} \dfrac{e^{x^2} - 1}{x}$

3.7 JUROS COMPOSTOS

Juros simples

Exemplo 3.26:

João pediu emprestado a seu irmão a quantia P e combinou que pagaria juros simples de 8% ao ano. Quanto João deve a seu irmão após 5 anos?

Resolução:

Após 1 ano, João deve a quantia de $P + 0{,}08 \cdot P = P(1 + 0{,}08)$

Após 2 anos, João deve a quantia de $P(1 + 0{,}08) + 0{,}08P = P(1 + 0{,}08 \cdot 2)$

....

Após 5 anos, João deve a quantia de $P(1 + 0{,}08 \cdot 5) = 1{,}4P$

Generalizando:

> Se uma quantia P (principal) é emprestada (ou investida) a juros simples, a uma taxa de juros de 100i por cento ao ano, a quantia $S = S(t)$ devida (ou acumulada) após t anos é
>
> $$S = P(1 + it)$$

Juros compostos

Exemplo 3.27:

João depositou a quantia P (principal) no banco, que lhe pagará juros compostos de 8% ao ano, a serem incorporados ao principal, no fim de cada ano. Quanto é o montante S após 5 anos?

Resolução:

Após 1 ano, o montante é $S_1 = P + 0{,}08P = P(1 + 0{,}08)$

Após 2 anos, o montante é $S_2 = S_1 + 0{,}08S_1 = S_1(1 + 0{,}08) =$

$= P(1 + 0{,}08)(1 + 0{,}08) = P(1 + 0{,}08)^2$

....

Após 5 anos, o montante é $S_5 = P(1 + 0{,}08)^5 = 1{,}46P$.

Generalizando:

> Se uma quantia P é investida a juros compostos, à taxa de 100i por cento ao ano, e os juros são capitalizados anualmente, então o montante após t anos é
>
> $$S(t) = P(1 + i)^t$$

Exemplo 3.28:

João investiu a quantia P, à taxa de juros compostos de 8% ao ano, num outro banco, só que os juros são incorporados ao principal trimestralmente. Quanto é o montante após 5 anos?

Resolução:

Após 1 trimestre, o montante é $P + \dfrac{0{,}08P}{4} = P\left(1 + \dfrac{0{,}08}{4}\right)$

Após 2 trimestres, o montante é $P\left(1 + \dfrac{0{,}08}{4}\right) + \dfrac{0{,}08P}{4}\left(1 + \dfrac{0{,}08}{4}\right) =$

$P\left(1 + \dfrac{0{,}08}{4}\right)\left(1 + \dfrac{0{,}08}{4}\right) = P\left(1 + \dfrac{0{,}08}{4}\right)^2$

Após 1 ano, isto é, após 4 trimestres, o montante é $P\left(1 + \dfrac{0{,}08}{4}\right)^4$

....

Após 5 anos, isto é, após 5 · 4 = 20 trimestres, o montante é

$$M = P\left(1 + \frac{0{,}08}{4}\right)^{20} = 1{,}48P.$$

Generalizando,

Se uma quantia P é investida a juros compostos, à taxa de juros de 100i por cento ao ano, e os juros são capitalizados n vezes ao ano, então o montante após t anos é

$$S(t) = P\left(1 + \frac{i}{n}\right)^{nt}$$

Juros compostos continuamente

Queremos saber qual será o limite de $M = P\left(1 + \frac{i}{n}\right)^{nt}$ quando n tender a infinito.

Fazendo $\frac{1}{m} = \frac{i}{n}$, tem-se que $m = \frac{n}{i}$, ou seja, $n = mi$

Logo,

$$M = P\left(1 + \frac{i}{n}\right)^{nt} = P\left(1 + \frac{1}{m}\right)^{mit} = P\left[\left(1 + \frac{1}{m}\right)^{m}\right]^{it}$$

Calculando o limite,

$$\lim_{n \to +\infty} P\left(1 + \frac{i}{n}\right)^{nt} = \lim_{m \to +\infty} P\left[\left(1 + \frac{1}{m}\right)^{m}\right]^{it}$$

Como a função potência $f(x) = x^{it}$ é contínua, temos que

$$\lim_{n \to +\infty} P\left(1 + \frac{i}{n}\right)^{nt} = P\left[\lim_{m \to +\infty} \left(1 + \frac{1}{m}\right)^{m}\right]^{it} = Pe^{it}.$$

Isto significa que

Se a quantia P é investida a juros compostos, à taxa de juros de 100i por cento, e os juros são capitalizados continuamente, então o montante após t anos é

$$S(t) = Pe^{it}$$

Exemplo 3.29:

Calcule o montante máximo que um investidor pode esperar obter após 10 anos de uma aplicação da quantia de 5 mil reais à taxa de juros de 8% ao ano?

Resolução:

O sistema de juros mais favorável ao investidor é o sistema de juros compostos continuamente. Assim, o montante máximo seria obtido nesse sistema de juros.

$M = Pe^{it}$,

onde $P = 5.000,00$, $i = 0,08$, $t = 10$.

Portanto, $M = 5\ 000\ e^{0,8}$

$M \approx 5.000,00 \cdot 2,22 = 11.100,00$.

Exercícios 3.7

Investindo-se 3.000,00 a juros de 15% ao ano, qual é o montante a ser recebido depois de 3 anos, se os juros forem compostos:

1. anualmente?
2. semestralmente?
3. trimestralmente?
4. mensalmente?
5. Qual é o montante atual se 5.000,00 foram investidos há um ano atrás, a juros de 12% ao ano e os juros foram compostos continuamente?
6. Quanto tempo leva para um investimento de 5.000,00 dobrar, se a taxa de juros é de 8% ao ano, e os juros são compostos continuamente?
7. Quanto tempo leva para um investimento de 10.000,00 dobrar, se a taxa de juros é de 20% ao ano e os juros são compostos mensalmente?

4
DERIVADAS

Você verá neste capítulo:

Derivada de uma função
Regras de derivação
Regra da cadeia
Derivadas das funções logarítmicas e exponenciais
Derivadas e integrais de funções trigonométricas
Análise marginal
Regra de l'Hôpital

4.1 DERIVADA DE UMA FUNÇÃO

Velocidade média e velocidade instantânea

Vamos utilizar uma historinha para ilustrar melhor os conceitos:

O sr. Mário mora na cidade A e, nos fins de semana, vai visitar a irmã que mora na cidade B, distante 200 quilômetros de A, e nesse percurso ele leva duas horas e meia. Na última vez, o sr. Mário foi multado pela polícia rodoviária por excesso de velocidade. Ele tentou argumentar que, como percorre 200 km em duas horas e meia, a sua velocidade é de 80 km e portanto não poderia ser multado. Por que os guardas rodoviários não lhe deram ouvidos?

A velocidade a que se refere o sr. Mário é a velocidade média:

$$v_m = \frac{\text{distância percorrida}}{\text{tempo decorrido}} = \frac{200}{2,5} = \frac{80 \text{ km}}{\text{hora}}$$

A velocidade a que se refere o guarda rodoviário é a velocidade instantânea, que provavelmente era maior do que 80 km/hora no instante em que ele passava pelo local, pois é difícil manter uma velocidade constante num percurso tão longo.

Lembremos o que é velocidade instantânea.

Seja $s = s(t)$ a equação horária do movimento de um ponto material na reta numérica, isto é, $s(t)$ indica a coordenada do ponto material no instante t. A velocidade média do ponto material no intervalo de tempo $[t, t + \Delta t]$ é dada pela razão entre o espaço percorrido e o tempo decorrido:

$$v_m = \frac{\Delta s}{\Delta t} = \frac{s(t + \Delta t) - s(t)}{\Delta t}$$

A velocidade instantânea do ponto material no instante t é o limite da velocidade média $\frac{\Delta s}{\Delta t}$ quando Δt tende para 0:

$$v = v(t) = \lim_{\Delta t \to 0} \frac{\Delta s}{\Delta t} = \lim_{\Delta t \to 0} \frac{s(t + \Delta t) - s(t)}{\Delta t}$$

Mais tarde diremos que a velocidade instantânea é a derivada do espaço em relação ao tempo:

$$v(t) = \frac{ds}{dt}$$

Exemplo 4.1:

Seja $s(t) = 3t^2 + 10t$ a equação horária de um ponto material que se move na reta numérica. Supomos que s seja medido em metros e t, em segundos. Calcule:

(i) a velocidade média do ponto material no intervalo de tempo [2,4],

(ii) a velocidade instantânea no instante t = 2.

Resolução:

(i) velocidade média:

$$v_m = \frac{s(4) - s(2)}{4 - 2} = \frac{(3 \cdot 4^2 + 10 \cdot 4) - (3 \cdot 2^2 + 10 \cdot 2)}{2} =$$

$$\frac{48 + 40 - 12 - 20}{2} = \frac{56}{2} = 28 \text{ m/s}.$$

(ii) velocidade instantânea no instante 2:

$$v = \lim_{\Delta t \to 0} \frac{s(2 + \Delta t) - s(2)}{\Delta t} =$$

$$= \lim_{\Delta t \to 0} \frac{3(2 + \Delta t)^2 + 10(2 + \Delta t) - (3 \cdot 2^2 + 10 \cdot 2)}{\Delta t} =$$

$$= \lim_{\Delta t \to 0} \frac{3 \cdot 4 + 3(\Delta t)^2 + 3 \cdot 4 \cdot \Delta t + 20 + 10 \cdot \Delta t - 12 - 20}{\Delta t} =$$

$$= \lim_{\Delta t \to 0} [3 \cdot \Delta t + 22] = 22 \text{ m/s}.$$

Taxa de variação

O conceito de velocidade aplica-se apenas às funções cuja variável independente seja o tempo. Para funções quaisquer, o conceito análogo é o de taxa de variação.

Sejam $y = f(x)$ uma função definida num intervalo I e a um ponto interior de I. Seja $x = a + \Delta x$ um ponto pertencente a uma vizinhança de a, $x \neq a$. A razão

$$\frac{\Delta y}{\Delta x} = \frac{f(x) - f(a)}{x - a} = \frac{f(a + \Delta x) - f(a)}{\Delta x}$$

chama-se *taxa média de variação* da função f no intervalo $[a, a + \Delta x]$.

O limite da taxa média de variação $\frac{\Delta y}{\Delta x}$ quando Δx tende a zero:

$$\lim_{\Delta x \to 0} \frac{\Delta y}{\Delta x} = \lim_{\Delta x \to 0} \frac{f(a + \Delta x) - f(x)}{\Delta x}$$

chama-se *taxa instantânea de variação* da função f no ponto a.

Exemplo 4.2:

Calcule:

(i) a taxa média de variação da função $y = f(x) = x^2 - 3x + 2$ no intervalo $[1, 1 + \Delta x]$ e

(ii) a taxa instantânea de variação dessa função no ponto $a = 1$.

Resolução:

A variação da variável dependente y é

$\Delta y = f(1 + \Delta x) - f(1) = [(1 + \Delta x)^2 - 3(1 + \Delta x) + 2] - [1^2 - 3 \cdot 1 + 2] =$
$= 2\Delta x + \Delta x^2 - 3\Delta x = \Delta x^2 - \Delta x$

Logo, a taxa média de variação da função f no intervalo $[1, 1 + \Delta x]$ é

$$\frac{\Delta y}{\Delta x} = -1 + \Delta x$$

A taxa instantânea de variação da função f no ponto $a = 1$ é

$$\lim_{\Delta x \to 0} \frac{\Delta y}{\Delta x} = \lim_{\Delta x \to 0} (-1 + \Delta x) = -1$$

Derivada de uma função num ponto

Seja f uma função definida num intervalo I e seja a um ponto interior de I. A *derivada de f no ponto a* é o número real

$$f'(a) = \lim_{h \to 0} \frac{f(a + h) - f(a)}{h}$$

se este limite existir. Neste caso, dizemos que a função f é *diferenciável* ou *derivável* no ponto a.

[f'(a): lê-se *f-linha de a*.]

Outras notações para a derivada de f em a: $Df(a) = \frac{dy}{dx}(a) = y'(a)$.

Assim, a derivada de uma função no ponto *a* nada mais é do que a taxa instantânea de variação da função nesse ponto.

Exemplo 4.3:

Calcule a derivada da função $f(x) = x^2 + 1$ no ponto a = 2.

Resolução:

$$f'(2) = \lim_{h \to 0} \frac{f(2+h) - f(2)}{h}$$

Temos que

$f(2+h) = (2+h)^2 + 1 = 4 + 4h + h^2 + 1 = 5 + 4h + h^2$

$f(2) = 2^2 + 1 = 5$

Logo,

$$f'(2) = \lim_{h \to 0} \frac{(5 + 4h + h^2) - 5}{h} = \lim_{h \to 0} \frac{4h + h^2}{h} = \lim_{h \to 0} (4 + h) = 4.$$

Quando passamos do ponto *a* para o ponto *a + h*, dizemos que a variável independente x sofre uma *variação* ou *incremento*

$$h = \Delta x = x - a$$

A variável dependente y sofre, em correspondência, uma variação ou incremento

$$\Delta y = f(x) - f(a) = f(a + \Delta x) - f(a) = f(a + h) - f(a)$$

Assim, podemos escrever a derivada de *f* no ponto *a* de diversas maneiras:

$$f'(a) = \lim_{h \to 0} \frac{f(a+h) - f(a)}{h} =$$

$$= \lim_{\Delta x \to 0} \frac{\Delta y}{\Delta x} = \lim_{\Delta x \to 0} \frac{f(a + \Delta x) - f(a)}{\Delta x} = \lim_{x \to a} \frac{f(x) - f(a)}{x - a}$$

Interpretação geométrica da derivada

Seja f uma função definida num intervalo I e seja *a* um ponto interior de I. Seja x um ponto pertencente a uma vizinhança de *a*. Os pontos T = (a,f(a)) e P = (x,f(x)), pertencentes ao gráfico da função f, determinam uma reta que, em geral, é secante ao gráfico de f.

Designe o incremento na variável independente por
$$\Delta x = x - a$$
e o incremento correspondente na variável dependente por
$$\Delta y = f(x) - f(a).$$
O coeficiente angular da reta TP é igual à *razão incremental*
$$\frac{\Delta y}{\Delta x} = \frac{f(x) - f(a)}{(x - a)}$$

Supomos que a função f seja contínua no ponto *a*, isto é, supomos que, quando x se aproxima de *a*, o ponto P aproxima-se do ponto T. Se, em decorrência disso, a reta secante TP aproximar-se de uma mesma posição-limite, independente do modo como P aproxima-se de T, diremos que a reta-limite é a *reta tangente* ao gráfico de f no ponto T.

Como essa reta passa pelo ponto T, ela estará determinada se soubermos qual o seu coeficiente angular. Este nada mais é que o limite dos coeficientes angulares das retas secantes TP quando P tende a T, ou seja, o limite dos quocientes $\frac{\Delta y}{\Delta x}$ quando Δx tende a 0. Em outras palavras, é igual à derivada da função f no ponto a:

$$m = \lim_{x \to a} \frac{f(x) - f(a)}{x - a} = f'(a)$$

Veja a Figura 4.1.

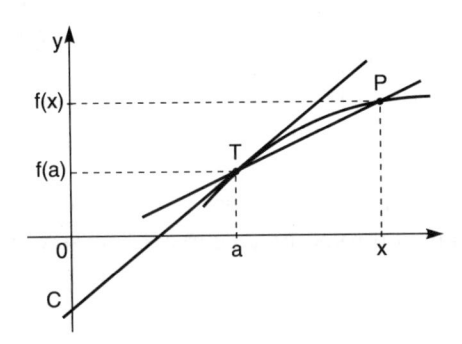

FIG. 4.1

Temos então a seguinte interpretação geométrica da derivada num ponto:

A *derivada da função f no ponto a* é o coeficiente angular da reta tangente ao gráfico de f no ponto T = (a,f(a)).

Conseqüentemente,

A *equação da reta tangente* ao gráfico da função f no ponto T = (a,f(a)) é
$$y - f(a) = f'(a) \cdot (x - a)$$

Exemplo 4.4:

Ache a equação da reta tangente ao gráfico da função $f(x) = \dfrac{x^2}{2}$, no ponto correspondente à abscissa a = 1.

Resolução:

A derivada de f no ponto 1 é igual a

$$f'(1) = \lim_{x \to 1} \frac{f(x) - f(1)}{x - 1} = \lim_{x \to 1} \frac{\dfrac{x^2}{2} - \dfrac{1}{2}}{x - 1} = \lim_{x \to 1} \frac{x + 1}{2} = 1$$

Logo, o coeficiente angular da reta tangente é igual a 1.

Portanto, a equação da reta tangente ao gráfico da função f no ponto $T\left(1, \dfrac{1}{2}\right)$ é

$y - \dfrac{1}{2} = 1 \cdot (x - 1)$, ou seja, $y = x - \dfrac{1}{2}$.

Veja a Figura 4.2.

Atenção: O conceito de reta tangente a uma curva não é mais o mesmo que você aprendeu no colégio: agora mudou!

A reta tangente a uma circunferência toca-a num ponto só, a saber, no ponto de tangência. Entretanto, a reta tangente a uma curva, que não seja a circunferência, não precisa necessariamente tocá-la em apenas um ponto. Ela pode tocá-la no ponto de tangência e cortá-la em um outro ponto da curva, como se vê no exemplo seguinte.

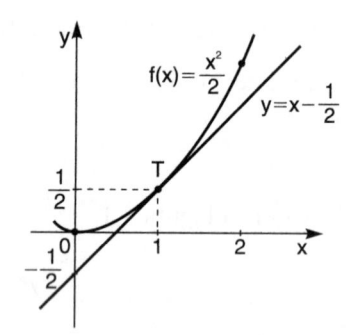

FIG. 4.2

Exemplo 4.5:

Determine a equação da reta tangente ao gráfico da função $f(x) = x^3$ no ponto correspondente a $a = 1$ e, em seguida, verifique se existe algum outro ponto em comum entre essa reta e a curva.

Resolução:

Razão incremental: para $x \neq 1$, temos

$$\frac{f(x) - f(1)}{x - 1} = \frac{x^3 - 1^3}{x - 1} = \frac{x^3 - 1}{x - 1} = x^2 + x + 1.$$

Derivada de f no ponto 1:

$$f'(1) = \lim_{x \to 1} \frac{(f(x) - f(1))}{(x - 1)} = \lim_{x \to 1} (x^2 + x + 1) = 1^2 + 1 + 1 = 3.$$

Portanto, a equação da reta tangente à curva no ponto $(1,1)$ é:

$y - 1 = 3(x - 1)$, ou seja, $y = 3x - 2$.

Se igualarmos x^3 a $3x - 2$, obteremos a equação

$x^3 = 3x - 2$,

ou seja,

$x^3 - 3x + 2 = 0$. Como $x = 1$ é solução, podemos fatorar

$x^3 - 3x + 2 = (x - 1)(x^2 + x - 2) =$

$= (x - 1)(x - 1)(x + 2)$

Portanto, as interseções correspondem aos pontos com $x = 1$ e $x = -2$, ou seja, $(1, 1)$ e $(-2, -8)$.

Isto significa que a reta $y = 3x - 2$ é tangente à curva no ponto $(1,1)$ e corta a curva no ponto $(-2,-8)$. Veja a Figura 4.3.

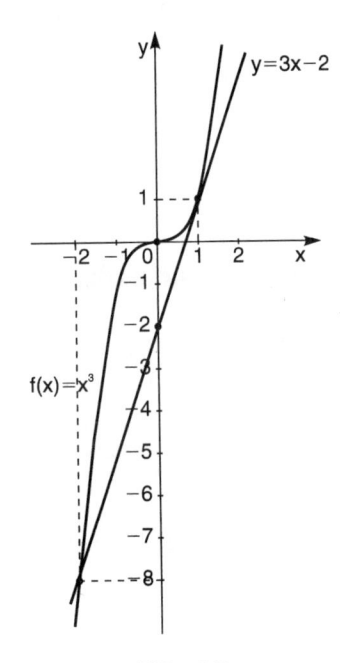

FIG. 4.3

Um caso mais intrigante de reta tangente é o do exemplo seguinte.

Exemplo 4.6:

Determine a reta tangente ao gráfico da função $f(x) = x^3$ no ponto correspondente à abscissa $a = 0$. O que há de notável nesta reta tangente?

Resolução:

$$f'(0) = \lim_{x \to 0} \frac{f(x) - f(0)}{x - 0} = \lim_{x \to 0} \frac{x^3}{x} = \lim_{x \to 0} x^2 = 0$$

Logo, a equação da reta tangente ao gráfico de f é

$y - 0 = 0 \cdot (x - 0)$, ou seja, $y = 0$, que é a equação do eixo x.

Notável é que a reta tangente ao gráfico da função não a toca, mas a atravessa! Veja a Figura 4.4.

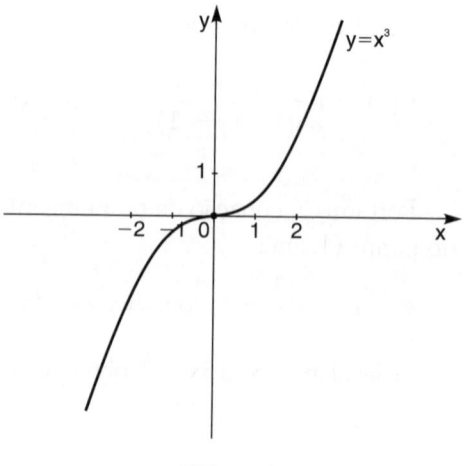

FIG. 4.4

Função derivada

Para indicar a derivada de uma função f num ponto genérico x, utilizamos a seguinte notação:

$$f'(x) = \lim_{h \to 0} \frac{f(x+h) - f(x)}{h}$$

Seja D o conjunto dos pontos do domínio em que a função f é derivável. A função que a cada ponto $x \in D$ associa o número real $f'(x)$ chama-se a *função derivada* de f ou simplesmente a *derivada de f*.

Exemplo 4.7:

Calcule a derivada da função $y = f(x) = x^2$.

Resolução:

Razão incremental: para $h \neq 0$, temos

$$\frac{f(x+h) - f(x)}{h} = \frac{(x+h)^2 - x^2}{h} = \frac{2xh + h^2}{h} = 2x + h$$

Derivada de f:

$$f'(x) = \lim_{h \to 0} \frac{f(x+h) - f(x)}{h} = \lim_{h \to 0}(2x + h) = 2x.$$

Portanto, $(x^2)' = 2x$.

Relação entre diferenciabilidade e continuidade

Teorema 1: Se uma função é diferenciável num ponto a, então ela é contínua nesse ponto.

Prova

Seja f(x) uma função diferenciável no ponto a. Isto significa que existe o limite

$$\lim_{h \to 0} \frac{f(a+h) - f(a)}{h} = f'(a)$$

Para provar que f é contínua no ponto a, basta mostrar que

$$\lim_{h \to 0} f(a+h) = f(a)$$

ou, o que é equivalente,

$$\lim_{h \to 0} [f(a+h) - f(a)] = 0.$$

Multiplicando e dividindo por h, temos que

$$\lim_{h \to 0} [f(a+h) - f(a)] = \lim_{h \to 0} h \cdot \frac{f(a+h) - f(a)}{h} =$$

$$= \lim_{h \to 0} h \cdot \lim_{h \to 0} \frac{f(a+h) - f(a)}{h} =$$

$$= 0 \cdot f'(a) = 0.$$

Logo, f é contínua em a.

Observação 1: Como corolário deste teorema, temos que, *se uma função não é contínua num ponto a, então ela não é diferenciável nesse ponto.* Por exemplo, a função, cujo gráfico é apresentado na Figura 4.5, não é diferenciável no ponto a, por não ser contínua nesse ponto.

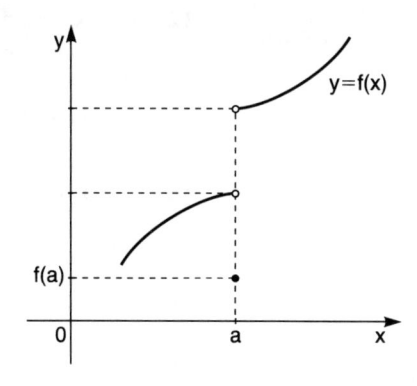

FIG. 4.5

Observação 2: A recíproca do teorema não é verdadeira. Em outras palavras, *a continuidade num ponto não implica a diferenciabilidade nesse ponto*. Por exemplo, a função y = f(x) = |x| é contínua no ponto x = 0, mas não é derivável nesse ponto.

Com efeito, a razão incremental é

$$\frac{f(0+h) - f(0)}{h} = \frac{|h| - 0}{h} = \frac{|h|}{h} =$$

1, se h > 0

−1, se h < 0

Como os limites laterais da razão incremental, quando h tende a 0, são distintos, não existe o limite da razão incremental, isto é, não existe a derivada da função f(x) = |x| no ponto 0.

Exercícios 4.1

1. Calcule a derivada da função potência $f(x) = x^3$.

2. Calcule a derivada da função $f(x) = x^3$ no ponto $a = \frac{1}{3}$, (a) utilizando a definição, (b) utilizando a fórmula do exercício anterior.

3. Calcule a derivada da função potência $f(x) = x^4$.

4. Calcule a derivada da função $f(x) = x^4$ no ponto $a = \frac{1}{2}$, (a) utilizando a definição, (b) utilizando a fórmula do exercício anterior.

5. Calcule o coeficiente angular da reta tangente ao gráfico da função $f(x) = \frac{x^2}{2}$ no ponto correspondente à abscissa a = 2.

6. Determine a equação da reta tangente ao gráfico da função $f(x) = x^4 - x$ no ponto correspondente à abscissa a = 2.

7. Determine as equações das retas tangentes ao gráfico de $f(x) = x^2 + 4$ que passam pela origem.

8. Se a equação horária de uma partícula é $s(t) = 16t^2 + t$, determine (a) a velocidade média no intervalo de tempo [2;2,1],

(b) a velocidade instantânea da partícula no instante t = 2.

9. Calcule os incrementos Δx, Δy e a razão incremental $\frac{\Delta y}{\Delta x}$ para a função linear $f(x) = 4x + 1$, quando passamos de a = 2 para b = 5.

10. Dada a função $f(x) = 3x + 7$, (a) calcule a razão incremental no intervalo $[1, 1 + \Delta x]$ e (b) calcule a derivada dessa função no ponto a = 1.

11. Calcule a taxa instantânea de variação da função $f(x) = x^2 - 3x + 2$ no ponto x = 2.

12. Seja $f(x) = 3x^2 + 4x$. Determine

(a) a taxa média de variação da função f no intervalo [1,2] e

(b) a taxa instantânea de variação no ponto 1.

13. A função definida por $f(x) = \frac{x}{|x|}$, se $x \neq 0$ e $f(0) = 0$ é diferenciável no ponto a = 0? Justifique a resposta.

14. Calcule a derivada da função $f(x) = (x + 1)^4$ no ponto a = −1.

15. Calcule a derivada da função $f(x) = \frac{1}{x}$ no ponto a = 2.

4.2 REGRAS DE DERIVAÇÃO

Nesta seção vamos deduzir uma série de regras que serão extremamente úteis para o cálculo das derivadas de funções.

• Derivada de uma função constante

Teorema 2: A derivada de uma função constante é igual a 0.
$$(k)' = 0$$

Prova

Seja $f(x) = k$ uma função constante.

$$f'(x) = \lim_{h \to 0} \frac{f(x+h) - f(x)}{h} = \lim_{h \to 0} \frac{k-k}{h} = \lim_{h \to 0} \frac{0}{h} = \lim_{h \to 0} 0 = 0$$

Portanto, a derivada de uma função constante é igual a 0.

Por exemplo, $(5)' = 0$; $(\sqrt{3})' = 0$; $(1)' = 0$; $(0)' = 0$.

• Derivada da soma

Teorema 3: A derivada da *soma* de duas funções diferenciáveis é a soma das derivadas das funções:
$$[u(x) + v(x)]' = u'(x) + v'(x).$$

Prova

A razão incremental da soma de funções é a soma das razões incrementais das funções:

$$\frac{(u(x+h) + v(x+h)) - (u(x) + v(x))}{h} =$$

$$= \frac{(u(x+h) - u(x))}{h} + \frac{(v(x+h) - v(x))}{h}$$

Portanto, o limite da razão incremental da soma das funções é a soma dos limites das razões incrementais das funções:

$$(u(x) + v(x))' = \lim_{h \to 0} \frac{(u(x+h) + v(x+h)) - (u(x) + v(x))}{h} =$$

$$= \lim_{h \to 0} \left[\frac{u(x+h) - u(x)}{h} + \frac{v(x+h) - v(x)}{h} \right] =$$

$$\lim_{h \to 0} \frac{(u(x+h) - u(x))}{h} + \lim_{h \to 0} \frac{(v(x+h) - v(x))}{h} =$$

$$u'(x) + v'(x).$$

Portanto, $[u(x) + v(x)]' = u'(x) + v'(x)$.

Por exemplo, $(x^2 + x + 4)' = (x^2)' + (x)' + (4)' = 2x + 1 + 0 = 2x + 1$.

Nota: O teorema também vale para a soma de mais de duas funções diferenciáveis. Podemos provar esta generalização pelo método da indução matemática.

• DERIVADA DA DIFERENÇA

Teorema 4: A derivada da *diferença* de duas funções diferenciáveis é a diferença das derivadas das funções:

$$[u(x) - v(x)]' = u'(x) - v'(x)$$

Prova

Análoga à do teorema acima.

Por exemplo, $(x^2 - 3x)' = (x^2)' - (3x)' = 2x - 3$.

• DERIVADA DE FUNÇÃO POTÊNCIA

Teorema 5: A derivada da função potência $f(x) = x^n$, onde o expoente n é um inteiro positivo, é igual a nx^{n-1}.

Prova

Aqui vamos precisar da expansão do binômio de Newton:

$$(x+h)^n = x^n + nx^{n-1}h + \frac{n(n-1)}{2} \cdot x^{n-2}h^2 + \ldots + nxh^{n-1} + h^n$$

A razão incremental da função $y = f(x) = x^n$ é:

$$\frac{[f(x+h)-f(x)]}{h} =$$

$$= \frac{\left(x^n + nx^{n-1}h + \frac{n(n-1)x^{n-2}h^2}{2} + \ldots + nxh^{n-1} + h^n\right) - x^n}{h} =$$

$$= \frac{nx^{n-1}h + \frac{n(n-1)}{2}x^{n-2}h^2 + \ldots + nxh^{n-1} + h^n}{h} =$$

$$= nx^{n-1} + \frac{n(n-1)}{2}x^{n-2}h + \ldots + nxh^{n-2} + h^{n-1}$$

Logo, f'(x) é igual a

$$\lim_{h\to 0}\frac{[f(x+h)-f(x)]}{h} =$$

$$= \lim_{h\to 0}\left(nx^{n-1} + \frac{n(n-1)}{2}x^{n-2}h + \ldots + nxh^{n-2} + h^{n-1}\right) =$$

$$\lim_{h\to 0}\left(nx^{n-1} + \lim_{h\to 0}\frac{n(n-1)x^{n-2}h}{2} + \ldots + \lim_{h\to 0} nxh^{n-2} + \lim_{h\to 0} h^{n-1}\right) =$$

$$= nx^{n-1} + 0 + \ldots + 0 = nx^{n-1}$$

Portanto,

$$(x^n)' = nx^{n-1}$$

Por exemplo, $(x^5)' = 5x^4$.

· DERIVADA DO PRODUTO

A derivada do produto *não* é o produto das derivadas. Considere, por exemplo, a função $f(x) = x^3$, cuja derivada é $f'(x) = 3x^2$. Escrevendo f(x) como produto $f(x) = g(x) \cdot h(x)$, onde $g(x) = x$ e $h(x) = x^2$, temos que $g'(x) = 1$ e $h'(x) = 2x$. O produto dessas derivadas é $g'(x) \cdot h'(x) = 1 \cdot 2x = 2x$, que é diferente de $f'(x) = 3x^2$.

> **Teorema 6:** A *derivada do produto* de duas funções diferenciáveis é dada pela seguinte fórmula:
> $$[u(x) \cdot v(x)]' = u'(x) \cdot v(x) + u(x) \cdot v'(x)$$
> ou, abreviadamente,
> $$(u.v)' = u' \cdot v + u \cdot v'$$

Prova

A razão incremental é:

$$\frac{u(x+h) \cdot v(x+h) - u(x) \cdot v(x)}{h}$$

Somando e subtraindo o termo $u(x) \cdot v(x+h)$, temos

$$\frac{u(x+h) \cdot v(x+h) - u(x) \cdot v(x)}{h} =$$

$$\frac{u(x+h) \cdot v(x+h) - u(x) \cdot v(x+h) + u(x) \cdot v(x+h) - u(x) \cdot v(x)}{h} =$$

$$\frac{u(x+h) - u(x)}{h} \cdot v(x+h) + \frac{u(x)[v(x+h) - v(x)]}{h} =$$

O limite da razão incremental é:

$$\lim_{h \to 0} \frac{u(x+h) \cdot v(x+h) - u(x) \cdot v(x)}{h}$$

$$\lim_{h \to 0} \frac{u(x+h) - u(x)}{h} \cdot \lim_{h \to 0} v(x+h) + u(x) \cdot \lim_{h \to 0} \frac{v(x+h) - v(x)}{h}$$

Como $v(x)$, por ser derivável, é uma função contínua, temos:

$$\lim_{h \to 0} v(x+h) = v(x),$$

temos que

$$[u(x) \cdot v(x)]' = u'(x) \cdot v(x) + u(x) \cdot v'(x)$$

Por exemplo, $[(x^2 + x - 1)(x^2 - x)]' = (2x + 1)(x^2 - x) + (x^2 + x - 1)(2x - 1)$

· DERIVADA DE CONSTANTE VEZES FUNÇÃO

Teorema 7: A derivada de constante vezes função é a constante vezes a derivada da função:

$$[kf(x)]' = kf'(x).$$

Prova

É uma conseqüência imediata do teorema anterior. Basta observar que constante vezes função nada mais é que o produto de uma função constante por uma outra função.

Exemplo 4.8:

Calcule a derivada da função polinomial $f(x) = 3x^5 - 2x^4 + x - 4$.

Resolução:

Utilizando as regras da derivada da soma e da diferença, temos que

$$f'(x) = (3x^5 - 2x^4 + x - 4)' = (3x^5)' - (2x^4)' + (x)' - (4)'$$

Utilizando agora as regras da derivada de constante, de função potência e de constante vezes função, temos que

$$f'(x) = 3 \cdot 5 \cdot x^4 - 2 \cdot 4x^3 + 1 - 0 = 15x^4 - 8x^3 + 1.$$

• DERIVADA DE $\dfrac{1}{v(x)}$

Teorema 8: Se $v(x)$ é uma função diferenciável, então a função $g(x) = \dfrac{1}{v(x)}$ é derivável nos pontos em que $v(x) \neq 0$ e a sua derivada é dada por

$$g'(x) = -\dfrac{v'(x)}{(v(x))^2}$$

Prova

A razão incremental é:

$$\frac{g(x+h) - g(x)}{h} = \left[\frac{1}{v(x+h)} - \frac{1}{v(x)}\right] \cdot \frac{1}{h} = \frac{v(x) - v(x+h)}{hv(x+h)\,v(x)} =$$

$$-\left[\frac{v(x+h) - v(x)}{h}\right] \cdot \frac{1}{v(x+h)\,v(x)}$$

A derivada de $g(x)$ é:

$$g'(x) = \lim_{h \to 0} \frac{g(x+h) - g(x)}{h} = \lim_{h \to 0} -\left[\frac{v(x+h) - v(x)}{h}\right] \cdot \frac{1}{v(x+h)\,v(x)} =$$

$$= -\lim_{h \to 0}\left[\frac{v(x+h) - v(x)}{h}\right] \cdot \lim_{h \to 0} \frac{1}{v(x+h)\,v(x)} = \frac{-v'(x)}{v(x)\,v(x)}\cdot 1 = \frac{-v'(x)}{(v(x))^2}$$

Utilizamos nas igualdades acima vários resultados anteriores: o limite do produto é o produto dos limites; o limite do quociente é o quociente dos limites; limite de constante é a própria constante e o fato de que a função v(x), por ser derivável, é contínua.

Por exemplo, a derivada da função $g(x) = \dfrac{1}{(x^2 + x)}$ é igual a

$$g'(x) = -\dfrac{(2x + 1)}{(x^2 + x)^2}$$

A partir desta regra, podemos provar o caso mais geral da derivada do quociente de funções.

· Derivada do quociente

Teorema 9: A *derivada do quociente* de duas funções diferenciáveis é dada pela seguinte fórmula:

$$\left[\dfrac{u(x)}{v(x)}\right]' = \dfrac{u'(x) \cdot v(x) - u(x) \cdot v'(x)}{[v(x)]^2}$$

ou, abreviadamente,

$$\left(\dfrac{u}{v}\right)' = \dfrac{u' \cdot v - u \cdot v'}{v^2}$$

Prova

Basta olhar o quociente $\dfrac{u(x)}{v(x)}$ como o produto de u(x) por $\dfrac{1}{v(x)}$ e aplicar a regra anterior:

$$\left[\dfrac{u(x)}{v(x)}\right]' = \left[u(x) \cdot \left(\dfrac{1}{v(x)}\right)\right]' = u'(x) \cdot \left(\dfrac{1}{v(x) + u(x)}\right) \cdot \left[\dfrac{-v'(x)}{v(x)^2}\right] =$$

$$= \dfrac{u'(x) \cdot v(x) - u(x) \cdot v'(x)}{v^2(x)}.$$

Por exemplo, a derivada da função $f(x) = \dfrac{x^2 - 2x}{3x^2 + 4x - 5}$ é

$$f'(x) = \dfrac{(2x - 2) \cdot (3x^2 + 4x - 5) - (x^2 - 2x)(6x + 4)}{(3x^2 + 4x - 5)^2}$$

Exemplo 4.9:

Calcule a derivada de (i) $\frac{1}{x}$, (ii) $\frac{1}{x^2}$.

Resolução:

(i) $\left(\frac{1}{x}\right)' = \frac{0 \cdot x - 1 \cdot 1}{x^2} = -\frac{1}{x^2}$

Portanto, $(x^{-1})' = (-1) \cdot x^{-2}$

(ii) $\left(\frac{1}{x^2}\right)' = \frac{0 \cdot x^2 - 1 \cdot 2x}{x^4} = -\frac{2x}{x^4} = -\frac{2}{x^3}$

Portanto, $(x^{-2})' = (-2)x^{-3}$

• DERIVADA DE POTÊNCIA COM EXPOENTE NEGATIVO

> **Teorema 10:** A derivada da função $f(x) = x^{-n}$, onde n é um inteiro positivo, é dada por
> $$(x^{-n})' = (-n)x^{-n-1}.$$

Prova

Basta usar a regra da derivada do quociente:

$$(x^{-n})' = \left(\frac{1}{x^n}\right)' = \frac{[0 \cdot x^n - 1 \cdot n \cdot x^{n-1}]}{x^{2n}} = -\frac{n}{x^{2n-n+1}} = -\frac{n}{x^{n+1}}$$

Portanto, $(x^{-n})' = (-n) \cdot x^{-n-1}$

Por exemplo, a derivada da função $f(x) = x^{-5}$ é

$$(x^{-5})' = (-5) \cdot x^{(-5-1)} = -5x^{-6} = \frac{-5}{x^6}.$$

Dessa forma, para todo $n \in \mathbb{Z}$, positivo ou negativo, vale a regra de derivação,

$$(x^n)' = n \cdot x^{n-1}$$

As duas regras seguintes garantem que esta fórmula vale também para todo expoente racional n.

• **Derivada de raiz n-ésima**

Teorema 11: A derivada da função raiz n-ésima $f(x) = \sqrt[n]{x} = x^{\frac{1}{n}}$, onde n é um inteiro positivo, é igual a

$$\frac{1}{n} x^{\left(\frac{1}{n} - 1\right)}.$$

Prova

Este teorema pode ser provado utilizando-se a regra da cadeia e a derivada da função implícita, que serão tratadas mais adiante.

Exemplo 4.10:

Calcule a derivada da função $f(x) = \sqrt{x}$ (a) pela definição, (b) usando a regra acima.

Resolução:

(a) A razão incremental é:

$$\frac{f(x+h) - f(x)}{h} = \frac{\sqrt{x+h} - \sqrt{x}}{h}$$

Multiplicando e dividindo por $\sqrt{x+h} + \sqrt{x}$, temos

$$\frac{f(x+h) - f(x)}{h} = \frac{(\sqrt{x+h} - \sqrt{x})(\sqrt{x+h} + \sqrt{x})}{h(\sqrt{x+h} + \sqrt{x})} =$$

$$\frac{(x+h) - x}{h(\sqrt{x+h} + \sqrt{x})} = \frac{1}{\sqrt{x+h} + \sqrt{x}}$$

Portanto,

$$f'(x) = \lim_{h \to 0} \frac{f(x+h) - f(x)}{h} = \lim_{h \to 0} \frac{1}{(\sqrt{x+h} - \sqrt{x})} = \frac{1}{2\sqrt{x}}$$

(b) Utilizando a regra acima, temos

$$(\sqrt{x})' = (x^{\frac{1}{2}})' = \frac{1}{2} x^{\left(\frac{1}{2} - 1\right)} = \frac{1}{2} x^{-\frac{1}{2}} = \frac{\frac{1}{2}}{x^{\frac{1}{2}}} = \frac{1}{2\sqrt{x}}$$

Capítulo 4 — Derivadas

• Derivada de potência com expoente racional

Teorema 12: A derivada da função $f(x) = x^{\frac{p}{q}}$, onde p e q são inteiros, com $q \neq 0$, é dada por

$$f'(x) = \frac{p}{q} \cdot x^{\left(\frac{p}{q} - 1\right)}.$$

Prova

Podemos provar este teorema por meio da regra da cadeia e a derivada da função implícita, que serão vistas mais adiante.

Exemplo 4.11:

Calcular a derivada da função $f(x) = \dfrac{1}{\sqrt[4]{x^7}}$.

Resolução:

$$f(x) = \frac{1}{x^{\frac{7}{4}}} = x^{-\frac{7}{4}}$$

Logo,

$$f'(x) = -\left(\frac{7}{4}\right) \cdot x^{\left(-\frac{7}{4} - 1\right)} = -\left(\frac{7}{4}\right) \cdot x^{-\frac{11}{4}} = \frac{-7}{\left(4\sqrt[4]{x^{11}}\right)}$$

Nota: Não é preciso rezar para memorizar todas essas regras! A memorização processar-se-á automaticamente, à medida que tais regras forem utilizadas nos exercícios de derivação.

• Derivadas de ordem superior

No estudo de máximos e mínimos, vamos precisar não apenas da derivada de uma função, mas de derivadas de ordem superior.

A derivada de uma função f é às vezes chamada de *primeira derivada* de f. A derivada f" da primeira derivada é a *segunda derivada* de f, a derivada f'" da segunda derivada é a terceira derivada de f, e assim por diante.

Exemplo 4.12:

Determine as derivadas sucessivas da função $f(x) = 3x^4 - \dfrac{x^2}{4}$

Resolução:

A primeira derivada de f é $f'(x) = 12x^3 - \dfrac{x}{2}$.

A segunda derivada da função f é $f''(x) = 36x^2 - \frac{1}{2}$.

A terceira derivada da função f é $f'''(x) = 72x$.

A quarta derivada da função f é $f^{iv}(x) = 72$.

Da quinta ordem em diante, inclusive, as derivadas são todas iguais à função nula.

Exercícios 4.2

1. Calcule a derivada da função polinomial $f(x) = 8x^6 + 5x^5 - x^4 + 2x^3 + x^2 - x - 1$.

   Calcule a derivada de cada uma das seguintes funções, usando as regras de derivação:

2. $f(x) = 2x + 3$
3. $g(x) = 3x^2 + x - 4$
4. $h(x) = (x^{17} + 3x^5) \cdot (2x^3 - x + 1)$
5. $p(x) = \dfrac{3x - 1}{2 - x}$
6. $q(x) = \dfrac{3x}{x^2 + 1}$
7. $r(x) = x + \dfrac{1}{x}$
8. $s(x) = \dfrac{2x - 1}{x(x + 1)}$
9. $f(x) = \dfrac{\sqrt{x}}{x + 1}$
10. $g(x) = \dfrac{1}{\sqrt{x - 1}}$
11. $h(x) = x - 3x^{\frac{1}{4}}$
12. $p(x) = (x + \sqrt{x}) \cdot (2x - x^{\frac{1}{2}} + 1)$
13. $f(x) = x^{-\frac{1}{2}} + 3x^{-\frac{1}{3}}$
14. $g(x) = x^{\frac{2}{5}} \cdot (x^{-\frac{3}{7}} + 4x)$

    Calcule a equação da reta tangente ao gráfico da função dada, no ponto correspondente à abscissa dada:

15. $f(x) = \dfrac{x^5 - 3}{x^3(x^2 + 4)}$, $a = 3$
16. $g(x) = \dfrac{x}{x^{\frac{1}{2}} + x^{-\frac{1}{3}} + 1}$, $a = 1$
17. Calcule as sucessivas derivadas da função $f(x) = x^5 - 2x^4 + x^3 - 40x + 18$.

4.3 REGRA DA CADEIA

Teorema 13 (Regra da cadeia): Se f e g são funções diferenciáveis, então a derivada da função composta f(g(x)) é dada pela fórmula

$$[f(g(x))]' = f'(g(x)) \cdot g'(x)$$

Prova

Esta prova encontra-se acima dos objetivos deste livro.

Exemplo 4.13:

Calcule a derivada da função $h(x) = (2x + 1)^{10}$.

Resolução:

A função $h(x)$ é a composta $f(g(x))$, onde $f(x) = x^{10}$ e $g(x) = 2x + 1$.
Pela regra da cadeia, temos
$$h'(x) = f'(g(x)) \cdot g'(x) = 10 \cdot (2x+1)^9 \cdot 2 = 20(2x+1)^9$$

Exemplo 4.14:

Calcule a derivada de $y = f(x) = \sqrt{x^2 + x}$.

Resolução:

$$f(x) = \sqrt{(x^2 + x)} = (x^2 + x)^{\frac{1}{2}}$$

Usando a regra da cadeia, temos

$$\frac{1}{2} \cdot (x^2 + x)^{\left(\frac{1}{2} - 1\right)} \cdot (2x + 1) = \frac{2x + 1}{2\sqrt{(x^2 + x)}}$$

Observação: A regra da cadeia estende-se para mais de duas funções. Por exemplo, a derivada da composta $f(g(h(x)))$ é dada por
$$[f(g[h(x)])]' = f'(g[h(x)]) \cdot g'(h(x)) \cdot h'(x)$$

Exemplo 4.15:

Calcule a derivada da função $\varphi(x) = \sqrt{2 + (3x^2 - 1)^{10}}$.

Resolução:

$\varphi(x)$ é a composta de três funções
$f(x) = \sqrt{x}$
$g(x) = 2 + x^{10}$
$h(x) = 3x^2 - 1$

Logo,

$$\varphi'(x) = \frac{1}{2\sqrt{2 + (3x^2 - 1)^{10}}} \cdot 10(3x^2 - 1)^9 \cdot 6x =$$

$$= \frac{30x(3x^2 - 1)^9}{\sqrt{2 + (3x^2 - 1)^{10}}}$$

Exemplo 4.16:

Derive a função $p(x) = \sqrt{3x + (3x^2 - 1)^{10}}$

Resolução:

Observe como a função p(x) é construída:

a raiz quadrada de...

a soma de 3x com a décima potência de...

3 vezes o quadrado de x menos 1.

Então a derivada de p(x) é dada pelo produto

$$p'(x) = \frac{1}{2\sqrt{3x + (3x^2 - 1)^{10}}} \cdot [(3x)' + [(3x^2 - 1)^{10}]'] =$$

$$\frac{1}{2\sqrt{3x + (3x^2 - 1)^{10}}} \cdot [3 + 10(3x^2 - 1)^9 \cdot 6x] =$$

$$\frac{3 + 60x(3x^2 - 1)^9}{2\sqrt{3x + (3x^2 - 1)^{10}}}$$

Derivada da função implícita

Muitas vezes uma função é dada implicitamente por uma equação envolvendo as variáveis dependente e independente, sem que a variável independente esteja isolada. É possível, no entanto, achar o valor de sua derivada num dado ponto, mesmo sem explicitar a sua expressão analítica!

Exemplo 4.17:

Considere a função dada implicitamente por $x^2 + y^2 = 1$ cujo gráfico passa pelo ponto $\left(-\frac{1}{2}, \frac{\sqrt{3}}{2}\right)$. Calcule a derivada dessa função no ponto $x = -\frac{1}{2}$.

Resolução:

Há dois modos de resolver este problema.

$1^{\underline{o}}$ *modo:* explicitando a sua expressão analítica.

Sabemos que a equação $x^2 + y^2 = 1$ é a equação da circunferência que tem centro na origem e raio igual a um.

Temos duas maneiras de isolar y:

$y = \sqrt{1 - x^2}$.

e

$y = -\sqrt{1 - x^2}$.

Como o gráfico da função tem que passar pelo ponto $\left(-\dfrac{1}{2}, \dfrac{\sqrt{3}}{2}\right)$ a expressão correspondente tem que ser

$y = \sqrt{1 - x^2}$.

A derivada dessa função é

$y' = \dfrac{1}{2\sqrt{1-x^2}} \cdot (-2x) = \dfrac{-x}{\sqrt{1-x^2}}$.

Calculando a derivada no ponto $x = -\dfrac{1}{2}$, temos que

$y'\left(-\dfrac{1}{2}\right) = \dfrac{-\left(-\dfrac{1}{2}\right)}{\sqrt{1-\left(-\dfrac{1}{2}\right)^2}} = \dfrac{\dfrac{1}{2}}{\dfrac{\sqrt{3}}{2}} = \dfrac{1}{\sqrt{3}}$.

$2^{\underline{o}}$ *modo:* derivando implicitamente, pela regra da cadeia.

Chame de $y = y(x)$ a função dada. Então,

$x^2 + y(x)^2 = 1$

Derivando ambos os membros da equação em relação a x, temos, pela regra da cadeia, que

$2x + 2 \cdot y(x) \cdot y'(x) = 0$

Logo,

$y'(x) = \dfrac{-x}{y(x)}$.

Para $x = -\dfrac{1}{2}$, $y(x) = \dfrac{\sqrt{3}}{2}$.

Logo,

$y'\left(-\dfrac{1}{2}\right) = \dfrac{-\left(-\dfrac{1}{2}\right)}{\dfrac{\sqrt{3}}{2}} = \dfrac{1}{\sqrt{3}}$.

Na maioria dos casos, este segundo método funciona melhor que o primeiro.

Exemplo 4.18:

Prove que a derivada da função potência com expoente racional $y = x^{\frac{p}{q}}$, onde p e q são inteiros, com $q > 0$, é dada por $y' = \dfrac{p}{q} \cdot x^{\left(\frac{p}{q} - 1\right)}$

Resolução:

Seja $y = x^{\frac{p}{q}}$

Elevando à potência q ambos os membros da equação, temos

$y^q = x^p$

Derivando implicitamente, em relação a x, temos

$q y^{(q-1)} \cdot y' = p \cdot x^{(p-1)}$

Logo, $y' = \dfrac{\dfrac{p}{q} x^{(p-1)}}{y^{(q-1)}}$. Substituindo por y expresso em função de x, temos:

$y' = \dfrac{\dfrac{p}{q} x^{(p-1)}}{x^{\left(\frac{p}{q}\right)(q-1)}} = \dfrac{p}{q} x^{(p-1)} \cdot x^{-\left(\frac{p}{q}\right)(q-1)} =$

$\left(\dfrac{p}{q}\right) x^{\left[p - 1 - p + \frac{p}{q}\right]} = \left(\dfrac{p}{q}\right) \cdot x^{\left(\frac{p}{q} - 1\right)}$

Derivada da função inversa

Seja $y = f(x)$ uma função diferenciável num intervalo aberto I. Se a função f é inversível nesse intervalo e g é a sua inversa, então

$$g(f(x)) = x \quad \text{para todo } x \in I.$$

Derivando ambos os membros da equação, temos pela regra da cadeia que

$$g'(f(x)) \cdot f'(x) = 1$$

E portanto

$$g'(f(x)) = \frac{1}{f'(x)}$$

Observe que g' é calculada no ponto f(x), enquanto f' é calculada no ponto x. Provamos então o seguinte teorema.

Teorema 14: Se uma função derivável f tem inversa g, então g é também derivável e vale a seguinte igualdade:

$$g'(f(x)) = \frac{1}{f'(x)}$$

Exemplo 4.19:

Considere a função $f(x) = 3x^2 + x - 1$ na vizinhança do ponto $x = 2$. Calcule a derivada da função inversa de f no ponto $b = f(2) = 13$.

Resolução:

Há dois modos de resolver este problema.

1º modo: explicitando a função inversa.

Podemos isolar x em função de y a partir da equação $y = 3x^2 + x - 1$

Resolvendo a equação quadrática em x:

$3x^2 + x - 1 - y = 0$

$\Delta = 1 - 4 \cdot 3 \cdot (-1-y) = 13 + 12y$

$x = \dfrac{-1 \pm \sqrt{13 + 12y}}{6}$

Fazendo $y = 13$, temos $x = \dfrac{-1 \pm 13}{6}$

Para dar $x = 2$, temos que utilizar o sinal +

Portanto $x = \dfrac{-1 + \sqrt{13 + 12y}}{6}$

Trocando x por y, temos a expressão analítica da função inversa

$$y = \frac{-1 + \sqrt{13 + 12x}}{6}$$

Derivando, temos

$$y' = \frac{1}{6} \cdot \frac{1}{2\sqrt{13 + 12x}} \cdot 12 = \frac{1}{\sqrt{13 + 12x}}.$$

Logo, calculando em x = 13, temos

$$y'(13) = \frac{1}{\sqrt{13 + 12 \cdot 13}} = \frac{1}{13}.$$

2º modo: utilizando a regra.

$$f(x) = 3x^2 + x - 1$$

Derivando, temos

$$f'(x) = 6x + 1$$

Se g indica a função inversa de f, então, pela regra da derivada da inversa, temos que

$$g'(f(a)) = \frac{1}{f'(a)}.$$

Logo, $g'(13) = \dfrac{1}{6 \cdot 2 + 1} = \dfrac{1}{13}$.

Este segundo método é, em geral, mais eficiente que o primeiro.

• NOTAÇÃO DE LEIBNIZ

Para o estudo da função inversa, é conveniente utilizar a notação de Leibniz. Se y = f(x) é uma função diferenciável num intervalo I, então denotamos a derivada da função f por

$$\frac{dy}{dx} = f'(x)$$

Se a função f é inversível nesse intervalo, utilizamos a notação $\dfrac{dx}{dy}$ para designar a derivada da função inversa. Assim, a equação do teorema acima pode ser escrita como

$$\frac{dx}{dy} = \frac{1}{\dfrac{dy}{dx}}$$

Podemos, portanto, manipular os símbolos dx e dy como se eles fossem números. Temos então que a derivada da função inversa calculada no ponto y é o inverso da derivada da função calculada no ponto x tal que y = f(x).

Exemplo 4.20:

Calcule a derivada da função inversa de $f(x) = x^3 + 4x^2 - x$ no ponto $4 = f(1)$.

Resolução:

Seja $y = x^3 + 4x^2 - x$.

Então, $\dfrac{dy}{dx} = 3x^2 + 8x - 1$.

Logo, $\dfrac{dx}{dy} = \dfrac{1}{\dfrac{dy}{dx}} = \dfrac{1}{3x^2 + 8x - 1}$

Como $4 = f(1)$,

$\dfrac{dx}{dy}(4) = \dfrac{1}{\dfrac{dx}{dy}(1)} = \dfrac{1}{3 \cdot 1^2 + 8 \cdot 1 - 1} = \dfrac{1}{10}.$

Exercícios 4.3

Se $f(x) = 3x^2 - x + 2$ e $g(x) = \sqrt{x-1}$, calcule

1. a derivada de f(g(x))
2. a derivada de g(f(x))
3. a derivada de f(f(x))
4. a derivada de g(g(x))

Derive

5. $f(x) = \dfrac{3x + 8}{(x^5 - 1)^7}$

6. $g(x) = \dfrac{1}{3\sqrt{(x^8 - 1)^7}}$

7. $h(x) = \dfrac{2 + \sqrt{x}}{\sqrt{x} - 3}$

8. $p(x) = (\sqrt{x} + \sqrt[3]{x})^9$

Calcule a derivada da função implícita dada pela equação no ponto dado

9. $\dfrac{x^2}{4} + \dfrac{y^2}{9} = 1$, ponto $x = \sqrt{3}$, $y = -\dfrac{3}{2}$

10. $\dfrac{x^2}{9} - \dfrac{y^2}{4} = 1$, ponto $x = 4$, $y = 2\dfrac{\sqrt{7}}{3}$

Calcule a derivada da função inversa de f no ponto dado

11. $f(x) = x^3 - x^2 + 4$; $b = f(1)$

12. $f(x) = \dfrac{x^2 - 3}{x + 1}$; $b = f(3)$

4.4 DERIVADAS DAS FUNÇÕES LOGARÍTMICAS E EXPONENCIAIS

Derivada da função logarítmica natural

Na prova do teorema abaixo utilizaremos o seguinte limite fundamental

$$\lim_{x \to +\infty} \left(1 + \frac{1}{x}\right)^x = e = 2{,}718\ldots$$

Teorema 15: A derivada da função logarítmica natural $y = \ln x$ é a função $\frac{1}{x}$.

Prova

$$(\ln x)' = \lim_{h \to 0} \frac{\ln(x+h) - \ln x}{h} = \lim_{h \to 0} \frac{1}{h} \cdot \ln\left(\frac{x+h}{x}\right) =$$

$$= \lim_{h \to 0} \ln\left[\frac{x+h}{x}\right]^{\frac{1}{h}}$$

Como a função $\ln x$ é contínua, o sinal de limite passa para dentro do argumento

$$(\ln x)' = \ln \left\{ \lim_{h \to 0} \left(\frac{1+h}{x}\right)^{\frac{1}{h}} \right\}$$

Transformemos o limite da expressão entre chaves.

Chamando $\frac{1}{k} = \frac{h}{x}$, então $\frac{1}{h} = \frac{k}{x}$. Quando $h \to 0$, temos que $k \to \infty$.

$$\lim_{h \to 0}\left(1 + \frac{h}{x}\right)^{\frac{1}{h}} = \lim_{k \to \infty}\left(1 + \frac{1}{k}\right)^{\frac{k}{x}} = \lim_{k \to \infty}\left[\left(1 + \frac{1}{k}\right)^k\right]^{\frac{1}{x}}$$

Como a função potência de expoente $\frac{1}{x}$ é contínua (observe que na expressão acima, k é que varia, enquanto $\frac{1}{x}$ está fixo), temos que

$$\lim_{h \to 0}\left(1 + \frac{h}{x}\right)^{\frac{1}{h}} = \left[\lim_{k \to \infty}\left(1 + \frac{1}{k}\right)^k\right]^{\frac{1}{x}}$$

O limite entre colchetes é igual a *e*. Portanto

$$\lim \left(1 + \frac{h}{x}\right)^{\frac{1}{h}} = e^{\frac{1}{x}}$$

Logo,

$$(\ln x)' = \ln e^{\frac{1}{x}} = \frac{1}{x}$$

Portanto,

$$(\ln x)' = \frac{1}{x} \quad \text{para todo } x > 0.$$

Exemplo 4.21:

Calcule a derivada da função $f(x) = \ln(3x^2 - x)$.

Resolução:

Pela regra da cadeia, temos

$$f'(x) = \frac{1}{(3x^2 - x)} \cdot (6x - 1) = \frac{6x - 1}{3x^2 - x}$$

Derivada da função logarítmica de base "*a*"

Teorema 16: A derivada da função $y = \log_a(x)$ é a função $y = \frac{1}{(x \cdot \ln a)}$.

Prova

Basta mudar de base e utilizar o teorema anterior.

Seja $y = \log_a(x)$. Isto implica que $a^y = x$.

Calculando o ln (logaritmo natural) de ambos os membros da equação, temos

$$\ln a^y = \ln x$$

$$y \ln a = \ln x$$

$$y = \frac{\ln x}{\ln a}$$

$$y = \log_a(x) = \frac{\ln x}{\ln a}$$

Portanto,

$$y' = [\log_a (x)]' = \frac{\frac{1}{x}}{\ln a} = \frac{1}{x \cdot \ln a}$$

Exemplo 4.22:

Calcule a derivada da função $f(x) = \log_{10}(x)$ no ponto $x = 2$.

Resolução:

$$[\log_{10}(x)]' = \frac{1}{x \cdot \ln 10}$$

Como $\frac{1}{\ln 10} \approx 0{,}43$, temos que

$$f'(2) = \frac{1}{2} \cdot \frac{1}{\ln 10} \approx \frac{0{,}43}{2} \approx 0{,}21.$$

Derivada da função exponencial de base "*e*"

O teorema abaixo mostra uma importante propriedade da função exponencial de base e.

> **Teorema 17:** A derivada da função exponencial e^x é a própria função:
>
> $$(e^x)' = e^x$$

Prova

Basta utilizar a regra da derivada da função inversa.

A função exponencial $g(x) = e^x$ é a inversa da função $f(x) = \ln x$.

Se $y = e^x$ então

$x = \ln y$.

Derivando em relação a y, temos

$$\frac{dx}{dy} = \frac{1}{y}$$

Mas $\dfrac{dy}{dx} = \dfrac{1}{\frac{dx}{dy}}$. Logo,

$\dfrac{dy}{dx} = \dfrac{1}{\frac{1}{y}} = y = e^x$.

Derivada da função exponencial de base "*a*"

Teorema 18: A derivada da função exponencial a^x é igual a $a^x \cdot \ln a$.

Prova

Seja $y = a^x$.

Tomando o ln de ambos os membros da igualdade, temos

$\ln y = \ln a^x = x \cdot \ln a$

Derivando ambos os membros em relação a x, temos

$\left(\dfrac{1}{y}\right) \cdot y' = \ln a$

Logo, $y' = y \cdot \ln a = a^x \ln a$

$$(a^x)' = a^x \cdot \ln a$$

Exemplo 4.23:

Calcule a derivada da função $y = 2^x$ no ponto $x = 3$.

Resolução:

Tomando o ln de ambos os membros, temos

$\ln y = \ln 2^x = x \ln 2$

Derivando ambos os membros em relação a x, temos

$\dfrac{1}{y} \cdot y' = \ln 2$

$y' = y \ln 2 = 2^x \ln 2$

Como $\ln 2 \approx 0{,}69$,

$(2^x)'(3) \approx 0{,}69 \cdot 2^3 \approx 5{,}57$.

Exercícios 4.4

Calcule a derivada da função

1. $y = \ln(3x + 1)$
2. $y = \dfrac{\ln(5x)}{4x - 3}$
3. $y = \left[\ln\left(\dfrac{x}{7}\right)\right]^3$
4. $f(x) = \sqrt{\ln(x - 3)}$
5. $f(x) = \dfrac{1}{\ln x}$
6. $g(x) = \log_{10}(3x + 2)$
7. $h(x) = \log_2(x^2 + x)$
8. $y = \log_{10}[\log_2(x)]$

Calcule o valor da derivada da função no ponto dado

9. $f(x) = \log_{10}(x^2 + 1)$, $\quad x = 0$
10. $g(x) = \ln(4x)$, $\quad x = e$
11. $h(x) = \dfrac{1}{\log_{10} x}$, $\quad x = 10$
12. $p(x) = 5\ln[e^{-3x}]$, $\quad x = 1$

Derive

13. $y = e^{3x}$
14. $f(x) = a \cdot e^{mx + n}$
15. $f(x) = e^{-2x + 1}$
16. $y = \dfrac{1}{e^{2x} - 1}$
17. $y = \dfrac{e^x + e^{-x}}{2}$
18. $y = \dfrac{e^x - e^{-x}}{2}$
19. $y = e^{-x^2}$
20. $y = -3e^{(x + \ln x)}$

Derive

21. $y = 2^{x + 1} \cdot \ln(x^7 - 5)$
22. $y = 3^{x^2}$
23. $y = \dfrac{1}{2^x + 3^x}$
24. $y = 2^x \cdot 5^{(x^2 - 1)}$
25. Calcule

$$\lim_{h \to 0}\left\{\dfrac{\ln(3 + h) - \ln 3}{h}\right\}$$

26. Determine a equação da reta tangente ao gráfico da função $f(x) = \ln x$ no ponto $(1, 0)$.

4.5 DERIVADAS DE FUNÇÕES TRIGONOMÉTRICAS

• FUNÇÕES SENO E COSSENO

$$(\operatorname{sen} x)' = \cos x$$

Prova

$$(\operatorname{sen} x)' = \lim \dfrac{\operatorname{sen}(x + h) - \operatorname{sen} x}{h}$$

Aplicando a fórmula da diferença de senos

$$\text{sen } p - \text{sen } q = 2 \text{ sen}\left[\frac{(p-q)}{2}\right] \cdot \cos\left[\frac{(p+q)}{2}\right]$$

para $p = x + h$ e $q = x$, temos

$$\frac{p-q}{2} = \frac{h}{2}$$

$$\frac{p+q}{2} = \frac{2x+h}{2} = x + \frac{h}{2}$$

Logo

$$\text{sen}(x+h) - \text{sen } x = 2 \cdot \text{sen}\left(\frac{h}{2}\right) \cdot \cos\left(x + \frac{h}{2}\right)$$

$$= \text{sen}\frac{(h/2)}{2} \cdot \cos\left(x + \frac{h}{2}\right)$$

Portanto,

$$(\text{sen } x)' = \lim_{h \to 0} \frac{\text{sen}(x+h) - \text{sen } x}{h} = \lim_{h \to 0} \frac{\text{sen}(h/2)}{(h/2)} \cdot \cos\left(x + \frac{h}{2}\right) =$$

$$\lim_{h \to 0} \frac{\text{sen}(h/2)}{(h/2)} \cdot \lim_{h \to 0} \cos\left(x + \frac{h}{2}\right) = 1 \cdot \cos x = \cos x$$

Agora, prove que:

$(\cos x)' = -\text{sen } x.$

$(\text{tg } x)' = \sec^2 x$

$(\sec x)' = \sec x \cdot \text{tg } x$

$(\text{cotg } x)' = -\text{cossec}^2 x$

$(\text{cossec } x)' = -\text{cossec } x \text{ cotg } x$

· Funções trigonométricas inversas

Vamos calcular inicialmente $(\text{arc sen } x)'$. Da Seção 4.3, temos que se g é função inversa de f, então $g(f(x)) = \frac{1}{f'(x)}$

Somando $y = f(x) = \text{sen } x \Rightarrow g = \text{arc sen } x \Rightarrow g'\frac{(f(x))}{y} = \frac{1}{f'(x)} = (\text{arc sen } y)' = 1.$

Como $x \in \left[\dfrac{-\pi}{2}, \dfrac{\pi}{2}\right] \Rightarrow \cos x = \sqrt{1 - \text{sen}^2 x} = \sqrt{1 - y^2} \Rightarrow$ Modificando o nome da variável, temos:

$$(\text{arc sen } x)' = \dfrac{1}{\sqrt{1 - x^2}}$$

$$(\text{arc sen } x)' = \dfrac{1}{\sqrt{1 - x^2}}, \text{ onde } x \in (-1,1).$$

Fazendo uso da identidade trigonométrica fundamental e das outras duas identidades da Seção 2.6, temos analogamente que:

$$(\text{arc cos } x)' = -\dfrac{1}{\sqrt{1 - x^2}}$$

$$(\text{arc tg } x)' = \dfrac{1}{1 + x^2}$$

$$(\text{arc cotg } x)' = -\dfrac{1}{1 + x^2}$$

$$(\text{arc sec } x)' = \dfrac{1}{x\sqrt{x^2 - 1}}$$

$$(\text{arc cossec } x)' = -\dfrac{1}{x\sqrt{x^2 - 1}}$$

Exercícios 4.5

Calcule a derivada das seguintes funções

1. $f(x) = \text{sen } x \cos x$

2. $f(x) = \dfrac{\cos x}{1 + \text{sen } x}$

3. $f(x) = x \cos x$

4. $f(x) = \text{cossec}^2 x \cdot \cos + \text{tg } x$

5. $f(x) = x \text{ arc tg } x$

6. $f(x) = \text{arc sen } x + \text{sen } x \text{ arc cos } x$

7. $f(x) = \text{tg } x \cdot \text{arc tg } x + \cos x$

8. $f(x) = \text{tg }(x - 3) + \sqrt{\sec(x - 1)}$

9. $f(x) = \ln \text{sen}^2 x$

10. $f(x) = e^{\text{tg } x}$

11. $f(x) = xe^{\text{sen } x} + \ln(1 + \text{tg}^2 x)$

12. Calcule

$$\lim_{h \to 0} \dfrac{\cos\left(\dfrac{\pi}{3} + h\right) - \cos\left(\dfrac{\pi}{3}\right)}{h}$$

4.6 ANÁLISE MARGINAL

Função custo, função receita, função lucro

Considere uma indústria que produz um certo produto num dado período. As funções *custo total* e *receita total* associadas a essa produção são representadas por

C(x) = custo total para produzir x unidades do produto

R(x) = receita total gerada pela venda de x unidades do produto

A função *lucro total* é definida como sendo a diferença entre a receita total e o custo total:

L(x) = R(x) − C(x) = lucro ao produzir e vender x unidades do produto

Ao dividirmos o custo total e a receita total pela quantidade x de unidades, fabricadas e vendidas, obtemos o *custo médio* e a *receita média*

$$CMe(x) = \frac{C(x)}{x}$$

e

$$RMe(x) = \frac{R(x)}{x}$$

As derivadas das funções custo total e receita total chamam-se respectivamente *custo marginal* e *receita marginal*

Custo marginal CMg = C'(x)

Receita marginal RMg = R'(x)

• INTERPRETAÇÃO DO CUSTO MARGINAL

Seja C(x) o custo em reais correspondente ao nível de produção x de um determinado produto.

Pela definição de derivada,

$$C'(x) = \lim_{\Delta x \to 0} \frac{C(x + \Delta x) - C(x)}{\Delta x}$$

Intuitivamente, este limite significa que, para Δx pequeno,

$$C'(x) \approx \frac{C(x + \Delta x) - C(x)}{\Delta x}$$

ou seja

$$C(x + \Delta x) - C(x) \approx C'(x) \cdot \Delta x$$

Quando x é bastante grande, $\Delta x = 1$ é considerado pequeno. Assim,
$$C(x + 1) - C(x) \approx C'(x) \cdot 1 = C'(x)$$
Esta é uma aproximação utilizada freqüentemente em economia.

Em outras palavras, o custo marginal $C'(x)$ ao nível de produção x é aproximadamente igual ao custo de produzir uma unidade a mais, ao nível de produção x, $C(x+1) - C(x)$.

Exemplo 4.24:

Considere a função custo $C(x) = \dfrac{x^3}{1.000} - 3x$.

(i) Calcule o custo de produzir uma unidade a mais, ao nível de produção x = 200.
(ii) Calcule o custo marginal ao nível de produção x = 200.

Resolução:

$$C(201) - C(200) = \frac{201^3}{1.000} - 3 \times 201 - \left(\frac{200^3}{1.000} - 3 \times 200\right) =$$

$$= \frac{8.120,601}{1.000} - \frac{8.000.000}{1.000} - 3 =$$

$$= 8.120,601 - 8.000 - 3 = 117,60$$

$$C'(x) = \frac{3x^2}{1.000} - 3$$

$$C'(200) = \frac{3 \times 40.000}{1.000} - 3 = 120 - 3 = 117,00$$

A diferença é portanto

$$C(201) - C(200) - C'(200) = 117,601 - 117 \approx 0,60$$

que é desprezível em relação aos 117,60, valor do custo adicional.

Elasticidade de uma função

Seja $y = f(x)$ uma função diferenciável. A *variação proporcional de y quando a variável x passa de x para $x + \Delta x$* é o quociente

$$\frac{\Delta y}{y} = \frac{f(x + \Delta x) - f(x)}{f(x)}$$

A *variação proporcional de* x *quando* x *passa de* x *para* x + Δx *é*

$$\frac{\Delta x}{x}$$

O quociente das variações proporcionais de y e de x é

$$\frac{\frac{\Delta y}{y}}{\frac{\Delta x}{x}} = \frac{x}{y} \cdot \frac{\Delta y}{\Delta x} = \frac{x}{f(x)} \cdot \frac{f(x + \Delta x) - f(x)}{\Delta x}$$

O limite desse quociente

$$E_x(f) = \frac{x}{y} \cdot \frac{dy}{dx} = \frac{x}{f(x)} \cdot f'(x)$$

chama-se *elasticidade da função f no ponto* x.

Um outro modo de descrever a elasticidade de uma função y = f(x) no ponto x é dizer que ela é a taxa instantânea de variação proporcional de y por unidade de variação proporcional de x:

$$E_x(f) = \frac{\frac{f'(x)}{f(x)}}{\frac{1}{x}}$$

A elasticidade de uma função é um número real puro. Ela não depende das unidades associadas a x ou a y tais como toneladas, dólares, reais etc.

• ELASTICIDADE DA DEMANDA

Se q = f(p) representa a quantidade demandada de uma dada mercadoria pelo mercado a um preço p, então a elasticidade da demanda é

$$\eta = E_p(f) = \frac{p}{q} \cdot \frac{dq}{dp} = \frac{\frac{p}{q}}{\frac{dp}{dq}}$$

[Leitura: η lê-se *éta*.]

Como a função de demanda q = f(p) é decrescente, a derivada f'(p) tem sempre sinal negativo. Portanto a elasticidade é sempre um número negativo.

Nota: Alguns autores costumam multiplicar o valor acima por −1 para torná-lo positivo. Assim, tais autores dizem que $-\frac{p}{q} \cdot f'(p)$ é a elasticidade de demanda no preço p. Nós não utilizaremos essa convenção.

Exemplo 4.25:

Determinar a elasticidade da demanda $E_p(f)$ quando a lei de demanda é $q = f(p) = \dfrac{40}{p+1}$ e $p = 3$.

Resolução:

$$E_p(f) = \frac{p}{q} \cdot \frac{dq}{dp}$$

$$p = 3$$

$$q = f(3) = \frac{40}{4} = 10$$

$$\frac{dq}{dp} = \frac{-40}{(p+1)^2}$$

$$\frac{dq}{dp}(3) = -\frac{40}{4^2} = -2,5$$

Portanto,

$$\eta = E_p(f) = \frac{-3}{10 \cdot 2,5} = -\frac{3}{4}$$

Exercícios 4.6

1. Se a função de custo total é $C(x) = \sqrt{x+8}$, determine

(i) o custo médio

(ii) o custo marginal

2. Se a lei de demanda é dada pela equação linear $2q + 5p = 8$, onde p é o preço e q é a quantidade demandada, determine

(i) a receita total $R(q) = q \cdot p(q)$

(ii) a receita marginal

Calcule a elasticidade das funções

3. $f(x) = xe^x$

4. $f(x) = x \cdot e^{-2x}$

5. $f(x) = x^3 \cdot e^{-2(x+6)}$

6. Calcule a elasticidade da função demanda $q = f(p) = \dfrac{40}{p+1}$ para o preço $p = 3$.

7. Calcule a elasticidade da função custo total da forma $C(x) = ax^2 + bx$.

8. Prove que, se f e g são funções diferenciáveis, então

(i) a elasticidade do produto fg é igual à soma das elasticidades de f e de g.

(ii) a elasticidade da soma f + g é dada pela expressão

$$E_x(f+g) = \frac{f \cdot E_x(f) + g \cdot E_x(g)}{f+g}$$

4.7 REGRA DE L'HÔPITAL

Indeterminação da forma $\frac{0}{0}$

Dizemos que uma função da forma $\frac{f(x)}{g(x)}$ apresenta uma *indeterminação da forma* $\frac{0}{0}$ no ponto *a* quando ambas as funções f e g tendem a 0 quando x tende a *a*.

A regra de l'Hôpital (ou l'Hospital) é um poderoso instrumento para levantar indeterminações desse tipo, transferindo o cálculo do limite do quociente das funções f e g para o cálculo do limite do quociente das derivadas de f e g.

> *Regra de l'Hôpital:* Sejam f e g funções diferenciáveis num intervalo aberto I em torno de um ponto *a*, exceto possivelmente no ponto *a*. Suponhamos que $g(x) \neq 0$ para $x \in I$, $x \neq a$.
>
> Se $\lim_{x \to a} f(x) = 0$, $\lim_{x \to a} g(x) = 0$ e $\lim_{x \to a} \frac{f'(x)}{g'(x)} = L$, então
>
> $\lim_{x \to a} \frac{f(x)}{g(x)} = L$.

Exemplo 4.26:

Calcule $\lim_{x \to 1} \frac{x^9 - 1}{x^8 - 1}$.

Resolução:

Como $\lim_{x \to 1} (x^9 - 1) = 0$ e $\lim_{x \to 1} (x^8 - 1) = 0$, temos uma indeterminação da forma $\frac{0}{0}$.

Aplicando a regra de l'Hôpital, temos

$$\lim_{x \to 1} \frac{x^9 - 1}{x^8 - 1} = \lim_{x \to 1} \frac{9x^8}{8x^7} = \lim_{x \to 1} \frac{9x}{8} = \frac{9}{8}.$$

A regra de l'Hôpital continua valendo quando x tende a $+\infty$ ou a $-\infty$.

> *Regra de l'Hôpital:* Sejam f e g funções diferenciáveis num intervalo infinito da forma $(a,+\infty)$ ou $(-\infty,b)$, onde $g(x) \neq 0$.
>
> (a) Se $\lim\limits_{x \to +\infty} f(x) = 0$, $\lim\limits_{x \to +\infty} g(x) = 0$ e $\lim\limits_{x \to +\infty} \dfrac{f'(x)}{g'(x)} = L$, então
>
> $\lim\limits_{x \to +\infty} \dfrac{f(x)}{g(x)} = L$.
>
> (b) Se $\lim\limits_{x \to -\infty} f(x) = 0$, $\lim\limits_{x \to -\infty} g(x) = 0$ e $\lim\limits_{x \to -\infty} \dfrac{f'(x)}{g'(x)} = L$, então
>
> $\lim\limits_{x \to -\infty} \dfrac{f(x)}{g(x)} = L$.

Exemplo 4.27:

Calcule $\lim\limits_{x \to +\infty} \dfrac{\ln\left(1 + \dfrac{1}{x}\right)}{\dfrac{1}{x}}$

Resolução:

Como $\lim\limits_{x \to +\infty} \ln\left(1 + \dfrac{1}{x}\right) = 0$ e $\lim\limits_{x \to +\infty} \dfrac{1}{x} = 0$, temos uma indeterminação do tipo $\dfrac{0}{0}$.

Aplicando a regra de l'Hôpital para este caso, temos

$$\lim_{x \to +\infty} \dfrac{\ln\left(1 + \dfrac{1}{x}\right)}{\dfrac{1}{x}} = \lim_{x \to +\infty} (-x^{-2}) \cdot \dfrac{\left(1 + \dfrac{1}{x}\right)^{-1}}{(-x^{-2})} = \lim_{x \to +\infty} \dfrac{1}{1 + \dfrac{1}{x}} = 1$$

Indeterminação da forma $\dfrac{\infty}{\infty}$

A regra de l'Hôpital também vale para este caso.

Exemplo 4.28:

Calcule $\lim\limits_{x \to +\infty} \dfrac{\ln x}{x}$.

Resolução:

A indeterminação é da forma $\dfrac{\infty}{\infty}$, pois $\lim\limits_{x\to+\infty} \ln x = +\infty$ e $\lim\limits_{x\to+\infty} x = +\infty$.

Aplicando a regra de l'Hôpital para este caso, temos

$$\lim_{x\to+\infty} \frac{\ln x}{x} = \lim_{x\to+\infty} \frac{\frac{1}{x}}{1} = \lim_{x\to+\infty} \frac{1}{x} = 0$$

Indeterminação do tipo 1^∞

Quando temos que calcular um limite da forma $\lim f(x)^{g(x)}$ quando x tende a *a*, ou a $+\infty$, ou a $-\infty$, e ocorre uma indeterminação da forma 1^∞, isto é, $\lim f(x) = 1$ e $\lim g(x) = \pm\infty$, devemos primeiro calcular o logaritmo natural de ambos os membros da igualdade $y = f(x)^{g(x)}$.

Assim,

$$\ln y = g(x) \cdot \ln f(x) = \frac{\ln f(x)}{\frac{1}{g(x)}}$$

Temos então que $\lim \ln f(x) = \ln[\lim f(x)] = \ln 1 = 0$ e $\lim \dfrac{1}{g(x)} = 0$ e, portanto, ocorre agora uma indeterminação da forma $\dfrac{0}{0}$.

Aplica-se então a regra de l'Hôpital, obtendo $\lim \ln y = L$.

Como $\ln(\lim y) = \lim(\ln y) = L$, temos que $\lim y = e^L$.

O exemplo seguinte esclarecerá este procedimento.

Exemplo 4.29:

Calcule $\lim\limits_{x\to+\infty} \left(1 + \dfrac{1}{4x}\right)^{3x}$

Resolução:

Temos que $\lim\limits_{x\to+\infty} f(x) = \lim\limits_{x\to+\infty}\left(1 + \dfrac{1}{4x}\right) = 1$ e $\lim\limits_{x\to+\infty} g(x) = \lim\limits_{x\to+\infty}(3x) = +\infty$.

Logo, a indeterminação é da forma 1^∞.

Se calcularmos o logaritmo natural da função $y = f(x)^{g(x)}$, temos que

$\ln y = g(x) \cdot \ln f(x) = \dfrac{\ln f(x)}{\dfrac{1}{g(x)}}$, cujo limite resulta na indeterminação do tipo $\dfrac{0}{0}$.

Logo, aplicando a regra de l'Hôpital, temos

$$\lim_{x \to +\infty} \ln y = \lim_{x \to +\infty} \ln \dfrac{1 + \dfrac{1}{4x}}{\dfrac{1}{3x}} = \lim_{x \to +\infty} \dfrac{1}{\left(1 + \dfrac{1}{4x}\right)} \cdot \dfrac{\dfrac{-1}{4x^2}}{\dfrac{-1}{3x^2}} = \dfrac{3}{4}$$

Como ln (logaritmo natural) é uma função contínua, $\ln \lim_{x \to +\infty} y = \lim_{x \to +\infty} \ln y = \dfrac{3}{4}$

Portanto, $\lim_{x \to +\infty} y = e^{\frac{3}{4}}$

Há um segundo modo de resolver este problema, utilizando um limite fundamental.

Seja $h = 4x$. Então $x = \dfrac{h}{4}$.

Substituindo, temos

$$\lim_{x \to +\infty} \left(1 + \dfrac{1}{4x}\right)^{3x} = \lim_{h \to +\infty} \left(1 + \dfrac{1}{h}\right)^{\frac{3h}{4}} = \lim_{h \to +\infty} \left[\left(1 + \dfrac{1}{h}\right)^h\right]^{\frac{3}{4}} =$$

$$= \left[\lim_{h \to +\infty} \left(1 + \dfrac{1}{h}\right)^h\right]^{\frac{3}{4}} = e^{\frac{3}{4}}.$$

Indeterminação do tipo $\infty \cdot 0$

Exemplo 4.30:

Calcule $\lim_{x \to +\infty} x^3 \cdot (1 - e^{-2x})$

Resolução:

Temos uma indeterminação do tipo $\infty \cdot 0$, pois

$\lim_{x \to +\infty} x^3 = +\infty$ e $\lim_{x \to +\infty} (1 - e^{-2x}) = 1.$

Transformamos esta indeterminação em uma indeterminação da forma $\frac{0}{0}$ ou $\frac{\infty}{\infty}$.

$$\lim_{x\to+\infty} x^3 \cdot (1 - e^{-2x}) = \lim_{x\to+\infty} \frac{(1-e^{-2x})}{\frac{1}{x^3}} = \lim_{x\to+\infty} \frac{2e^{-2x}}{-3x^{-2}} = -\frac{2}{3} \lim_{x\to+\infty} \frac{x^2}{e^{2x}}$$

Aplicando reiteradamente a regra de l' Hôpital, temos

$$\lim_{x\to+\infty} \frac{x^2}{e^{2x}} = \lim_{x\to+\infty} \frac{2x}{2e^{2x}} = \lim_{x\to+\infty} \frac{1}{2e^{2x}} = 0.$$

Logo, $\lim_{x\to+\infty} x^3 \cdot (1 - e^{-2x}) = 0$.

Indeterminação do tipo $\infty - \infty$

A idéia é transformar a indeterminação na forma $\frac{0}{0}$ ou $\frac{\infty}{\infty}$.

Exemplo 4.31:

Calcule $\lim_{x\to\infty}(x - \sqrt{x^2 - x})$

Resolução:

$$\lim_{x\to+\infty}(x - \sqrt{x^2 - x}) = \lim_{x\to+\infty} x\left(1 - \sqrt{1 - \frac{1}{x}}\right) = \lim_{x\to+\infty} \frac{1 - \sqrt{1 - \frac{1}{x}}}{\frac{1}{x}} = \frac{0}{0}$$

Por l' Hôpital,

$$= \lim_{x\to+\infty} \frac{-\frac{1}{2}(1 - \frac{1}{x})^{-1/2} + \frac{1}{x^2}}{\left(-\frac{1}{x^2}\right)} = \frac{1}{2}$$

Exercícios 4.7

Calcule

1. $\lim_{x\to+\infty} x^{\frac{1}{x}}$

2. $\lim_{x\to+\infty} x^2 \cdot e^{-3x}$

3. $\lim_{x\to+\infty} \frac{\ln x}{e^x}$

4. $\lim_{x\to 0} \frac{(1-e^x)}{x^2}$

5. $\lim_{x\to 1} x^{\frac{3}{(1-x)}}$

6. $\lim_{x\to+\infty} (x - \sqrt[3]{x^3 - x})$

5
ESTUDO COMPLETO DAS FUNÇÕES

Você verá neste capítulo:

Crescimento e decrescimento
Máximos e mínimos relativos
Concavidade
Assíntotas
Estudo completo de uma função
Problemas de otimização

5.1 CRESCIMENTO E DECRESCIMENTO

Crescimento e decrescimento num intervalo

Uma função f é *crescente num intervalo* I se, para quaisquer $x_1, x_2 \in I$,
$$x_1 < x_2 \Rightarrow f(x_1) < f(x_2).$$

Por exemplo, a função $f(x) = x^2$ é crescente no intervalo $[0, +\infty)$.

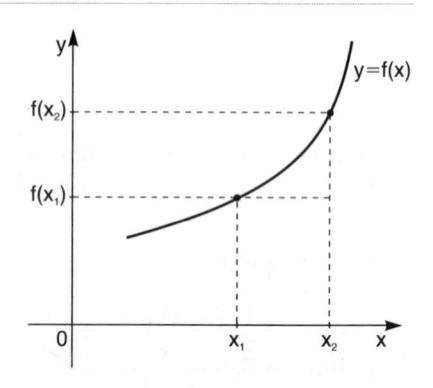

FIG. 5.1

Uma função f é *decrescente num intervalo* I se, para quaisquer $x_1, x_2 \in I$,
$$x_1 < x_2 \Rightarrow f(x_1) > f(x_2).$$

Por exemplo, a função $f(x) = x^2$ é decrescente no intervalo $(-\infty, 0]$.

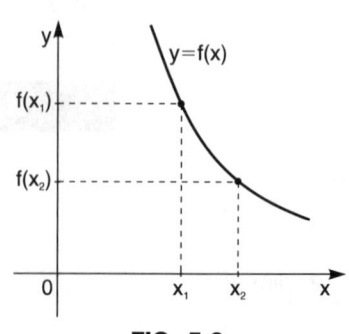

FIG. 5.2

Capítulo 5 — Estudo Completo das Funções

Crescimento e decrescimento num ponto

> Uma função f, definida em D, é *crescente no ponto* x_0 se existe um intervalo centrado em x_0 $(x_0 - r, x_0 + r)$ tal que
> (i) se $x_0 - r < x < x_0$ e $x \in D$, então $f(x) < f(x_0)$,
> (ii) se $x_0 < x < x_0 + r$ e $x \in D$, então $f(x_0) < f(x)$.

Por exemplo, a função $f(x) = x^2$ é crescente no ponto $x_0 = 1$.
Analogamente,

> Uma função f, definida em D, é *decrescente no ponto* x_0 se existe um intervalo centrado em x_0 $(x_0 - r, x_0 + r)$ tal que
> (i) se $x_0 - r < x < x_0$ e $x \in D$, então $f(x) > f(x_0)$,
> (ii) se $x_0 < x < x_0 + r$ e $x \in D$, então $f(x_0) > f(x)$.

Por exemplo, a função $f(x) = x^2$ é decrescente no ponto $x_0 = -1$.

> **Teorema 1:** Se f é contínua e crescente em todos os pontos de um intervalo I, então f é crescente nesse intervalo.

Observação: Não é verdade que se uma função f é crescente num ponto x_0, então ela é necessariamente crescente num intervalo em torno desse ponto. Veja na Figura 5.3 o exemplo de uma função que é crescente num ponto, no caso, a origem, mas não é crescente em nenhum intervalo em torno desse ponto.

$$f(x) = \begin{cases} x^{\frac{7}{5}} + x^{\frac{7}{5}} \cdot \operatorname{sen}\left(\dfrac{1}{x}\right), & \text{se } x \neq 0 \\ 0, & \text{se } x = 0 \end{cases}$$

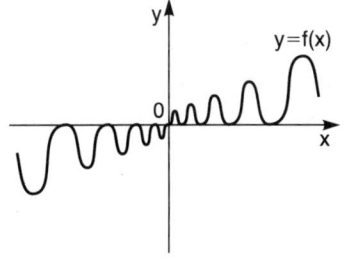

FIG. 5.3

Aproximação linear de uma função

Seja $f(x)$ uma função diferenciável no ponto x_0. Queremos achar uma função linear da forma $g(x) = a(x - x_0) + b$ que seja uma aproximação da função f no sentido de que $g(x_0) = f(x_0)$ e $g'(x_0) = f'(x_0)$.

Temos então que determinar os coeficientes a e b.

$b = g(x_0) = f(x_0)$.

A derivada de f é $g'(x) = a$. Logo,

$a = g'(x_0) = f'(x_0)$.

Portanto,

$$g(x) = f(x_0) + f'(x_0)(x - x_0)$$

A função g chama-se *aproximação linear* de f ou *polinômio de Taylor de primeira ordem da função f no ponto* x_0. O gráfico da função g é a reta tangente ao gráfico da função f no ponto $T = (x_0, f(x_0))$.

Exemplo 5.1:

Ache o polinômio de Taylor de primeira ordem da função $f(x) = 5xe^x + \dfrac{3}{x}$ no ponto $x_0 = 1$.

Resolução:

$f'(x) = 5 e^x + 5x e^x - \dfrac{3}{x^2}$

$f'(1) = 5 \cdot e^1 + 5 \cdot 1 \cdot e^1 - \dfrac{3}{1^2} = 10e - 3$

$f(1) = 5 \cdot 1 \cdot e^1 + \dfrac{3}{1^2} = 5e + 3$

Logo, $g(x) = 5e + 3 + (10e-3)(x - 1)$ é o polinômio de Taylor de f no ponto 1.

É plausível que o comportamento de crescimento ou decrescimento da função f seja análogo ao de sua aproximação linear g. Sabemos que g é crescente em x_0, se $f'(x_0) > 0$. Daí, é de se esperar que, neste caso, f seja também crescente em x_0.

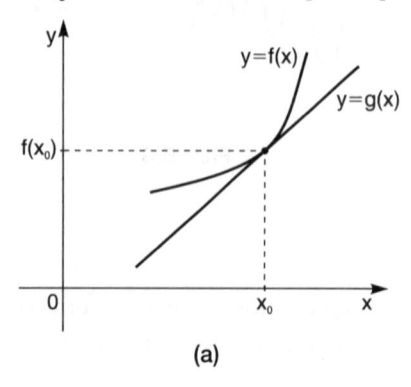

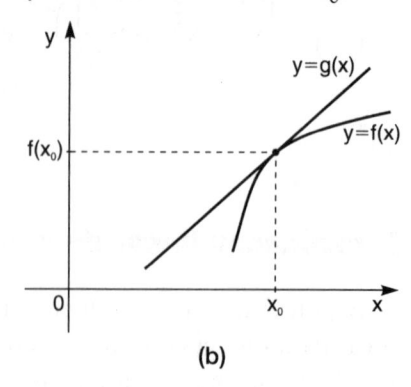

FIG. 5.4

Analogamente, se $f'(x_0) < 0$, então g é decrescente em x_0 e é de se esperar que, neste caso, f seja também decrescente em x_0.

(a) (b)

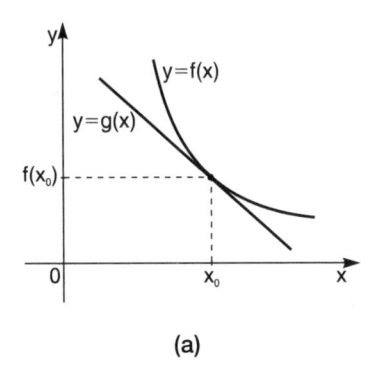

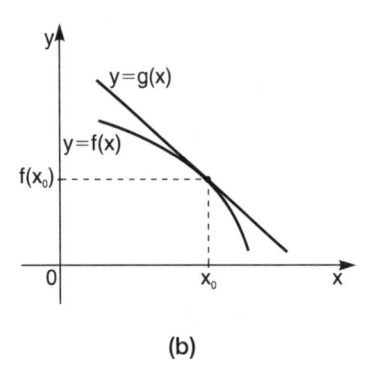

FIG. 5.5

O teorema seguinte confirma essa expectativa.

• CONDIÇÃO SUFICIENTE DE CRESCIMENTO OU DECRESCIMENTO

Teorema 2: Seja f uma função diferenciável num intervalo aberto I em torno do ponto x_0. Nestas condições,

(i) Se $f'(x_0) > 0$, então a função f é crescente no ponto x_0.

(ii) Se $f'(x_0) < 0$, então a função f é decrescente no ponto x_0.

• PONTO CRÍTICO

Um ponto x_0 é um *ponto crítico ou estacionário* da função f se $f'(x_0) = 0$.

Os pontos críticos são os pontos do gráfico da função em que a reta tangente é horizontal. Veja a Figura 5.6.

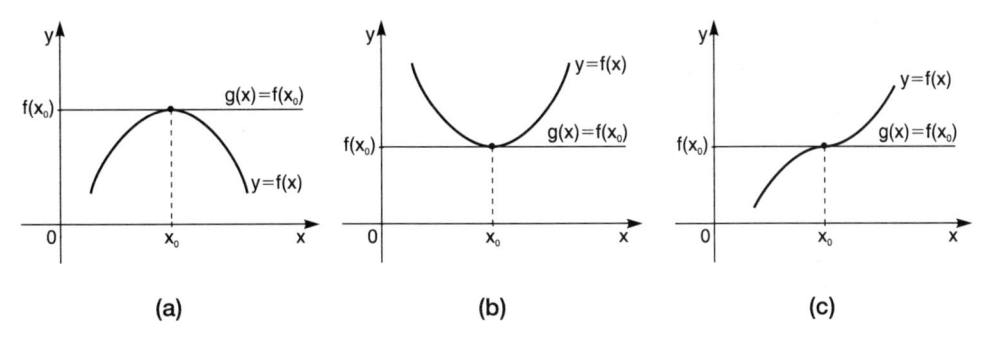

(a) (b) (c)

FIG. 5.6

Exemplo 5.2:

Determine os pontos críticos e os intervalos de crescimento e decrescimento da função $f(x) = x^2 + 4x + 1$.

Resolução:

Pontos críticos:

$f'(x) = 2x + 4 = 0$

Logo, $x = -2$ é ponto crítico.

Sinal da primeira derivada:

$2x + 4 < 0$, se $x < -2$.

$2x + 4 > 0$, se $x > -2$.

O diagrama abaixo resume a situação.

	-2	
Sinal de f'(x):	−	+
f(x):	Decr.	Cresc.

Portanto, a função f é decrescente no intervalo $(-\infty, -2)$ e crescente no intervalo $(-2, +\infty)$.

Notações:

Decr. = decrescente

Cresc. = crescente

Exemplo 5.3:

Determine os pontos críticos e os intervalos de crescimento e decrescimento da função $f(x) = x^3 + 2x^2 + x + 5$.

Resolução:

Pontos críticos:

$f'(x) = 3x^2 + 4x + 1 = 0$

O discriminante é

$\Delta = 16 - 4 \cdot 3 \cdot 1 = 4$

As raízes são

$x_1 = \dfrac{-4 + 2}{6} = \dfrac{-2}{6} = -\dfrac{1}{3}$

e

$x_2 = \dfrac{-4 - 2}{6} = \dfrac{-6}{6} = -1$

Capítulo 5 — Estudo Completo das Funções

Os pontos críticos da função são -1 e $-\frac{1}{3}$.

Logo, $f'(x) = 3\left(x + \frac{1}{3}\right)(x + 1)$

Sinal da primeira derivada:

$f'(x) < 0$, se $-1 < x < -\frac{1}{3}$

$f'(x) > 0$, se $x < -1$ ou $x > -\frac{1}{3}$

O diagrama abaixo resume a situação.

	-1		$-\frac{1}{3}$	
Sinal de $f'(x)$:	+	−		+
$f(x)$:	Cresc.	Decr.		Cresc.

· PONTO SINGULAR

> Um ponto x_0 é um *ponto singular* da função f se não existe $f'(x_0)$.

Por exemplo, o ponto $x_0 = 1$ é um ponto singular da função $f(x) = |x - 1|$.

Exercícios 5.1

Determine o domínio, os pontos de descontinuidade, os pontos críticos, os pontos singulares e os intervalos de crescimento e decrescimento da função

1. $f(x) = x^2 + x + 1$
2. $f(x) = -x^2 + x$
3. $f(x) = x^3 - 1$
4. $f(x) = \dfrac{1}{x - 1}$
5. $f(x) = \dfrac{3}{x^2 - 1}$
6. $f(x) = \dfrac{2x + 5}{x - 3}$
7. $f(x) = \dfrac{x^2 + 1}{x}$
8. $f(x) = \ln(3x - 1)$
9. $f(x) = \log_{10} x^2$
10. $f(x) = e^{-x + 1}$
11. $f(x) = \begin{cases} x^3, & \text{se } x < 1 \\ x^2, & \text{se } x \geqslant 1 \end{cases}$
12. $f(x) = \begin{cases} x^5, & \text{se } x < 1 \\ x^6, & \text{se } x \geqslant 1 \end{cases}$
13. $f(x) = \ln(\operatorname{sen} x)$
14. $f(x) = \operatorname{sen} x + \cos x$

5.2 MÁXIMOS E MÍNIMOS RELATIVOS

Pontos de máximo e de mínimo relativos

> Um ponto x_0 é um *ponto de máximo relativo ou local* de uma função f, definida em D, se existe uma vizinhança I de x_0 tal que
>
> $$f(x_0) \geq f(x), \text{ para todo } x \in I \cap D.$$
>
> Neste caso, o valor $f(x_0)$ diz-se um *valor máximo relativo ou local*.

Por exemplo, se $g(x) = 1 - x^2$, então $x_0 = 0$ é um ponto de máximo relativo da função g. O valor máximo relativo correspondente é $g(0) = 1$.

Analogamente,

> Um ponto x_0 é um *ponto de mínimo relativo ou local* de f, definida em D, se existe uma vizinhança I de x_0 tal que
>
> $$f(x_0) \leq f(x), \text{ para todo } x \in I \cap D.$$
>
> Neste caso, o valor $f(x_0)$ diz-se um *valor mínimo relativo ou local*.

Por exemplo, se $f(x) = x^2 + 3$, então, $x_0 = 0$ é um ponto de mínimo relativo da função f. O valor mínimo relativo correspondente é $f(0) = 3$.

Os candidatos a pontos de máximo ou de mínimo relativos são:

(a) os pontos críticos

(b) os pontos singulares

(c) os pontos de descontinuidade

(d) as extremidades do intervalo de definição

Podemos localizar os pontos de máximo e de mínimo relativos, analisando o comportamento de crescimento e decrescimento da função, como é mostrado no seguinte exemplo.

Exemplo 5.4:

Dada a função $f(x) = \frac{1}{3}x^3 - x^2 - 3x + 1$, determine os pontos críticos, os intervalos de crescimento e decrescimento, os pontos de máximo e de mínimo relativos e os valores máximos e mínimos relativos.

Resolução:

Pontos críticos:

A derivada de f é $f'(x) = x^2 - 2x - 3$.

As raízes da equação $x^2 - 2x - 3 = 0$ são -1 e 3.

Logo, -1 e 3 são os pontos críticos de f.

Podemos então fatorar a primeira derivada:

$f'(x) = (x+1)(x-3)$

O diagrama abaixo dá um quadro da situação.

		-1		3	
Sinal de f'(x)	+		−		+
f(x)	Cresc.		Decr.		Cresc.
		P.Máx.		P.Mín.	

Notações:

P. Máx. = ponto de máximo relativo

P. Mín. = ponto de mínimo relativo

Em suma, a função cresce no intervalo $(-\infty, -1)$ e decresce no intervalo $(-1,3)$. O ponto $x = -1$ é um ponto de máximo relativo; o valor máximo relativo correspondente é $f(-1) = \dfrac{8}{3}$.

A função é decrescente à esquerda do ponto $x = 3$ e crescente à sua direita. O ponto $x = 3$ é portanto um ponto de mínimo relativo; o valor mínimo correspondente é $f(3) = -8$.

Veja o esboço do gráfico da função na Figura 5.7.

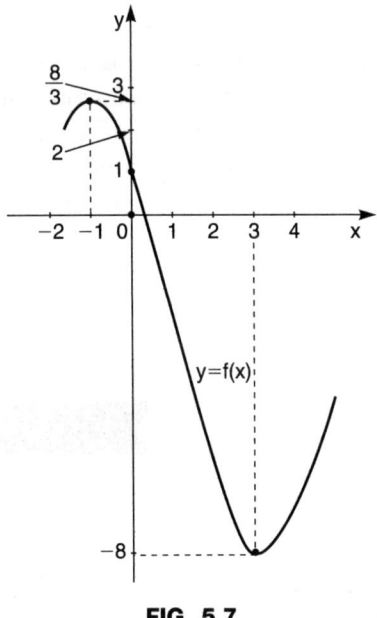

FIG. 5.7

Exemplo 5.5:

Dada a função $f(x) = x + |x - 2|$, com $x \in [-4,4]$, determine os pontos críticos, os pontos singulares, os intervalos de crescimento e decrescimento, os pontos de máximo e de mínimo relativos, os valores máximos e mínimos relativos, e esboce o gráfico da função.

Resolução:

Pontos críticos:

Vamos reescrever a expressão da função:

Se $x > 2$, $f(x) = x + (x - 2) = 2x - 2$.

Se $x < 2$, $f(x) = x + [-(x - 2)] = 2$.

Portanto, $f'(x) = 2$ se $x > 2$ e $f'(x) = 0$ se $x < 2$.

Todos os pontos $x < 2$ são pontos críticos da função.

Ponto singular: $x = 2$.

Intervalos de crescimento e decrescimento:

A função é constante no intervalo $(-4, 2]$ e crescente no intervalo $(2, 4]$.

Não há intervalo de decrescimento da função f em $[-4, 4]$.

Pontos de máximo e de mínimo relativos:

Todos os pontos do intervalo $[-4, 2]$ são pontos de mínimo relativo. O valor mínimo correspondente a cada um destes pontos é 2. A extremidade direita do intervalo de definição $x = 4$ é um ponto de máximo relativo. O valor máximo correspondente é $f(4) = 4 + |4 - 2| = 6$. Veja a Figura 5.8.

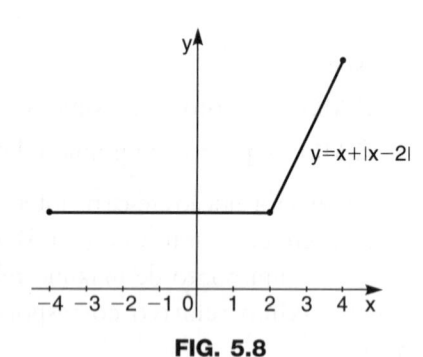

FIG. 5.8

EXERCÍCIOS 5.2

Determine o domínio, os pontos de descontinuidade, os pontos críticos, os pontos singulares, os intervalos de crescimento e decrescimento, os pontos de máximo e de mínimo relativos e seus valores correspondentes da função

1. $f(x) = 5x^3 + x$

2. $f(x) = \dfrac{x}{e^x}$

3. $f(x) = \dfrac{\ln x}{x}$

4. $f(x) = \dfrac{x - 3}{2x + 1}$

5. $f(x) = \dfrac{x^3}{3} - \dfrac{5x^2}{2} + 6x - 4$

6. $f(x) = |x^2 + x|$

7. $f(x) = \dfrac{1}{x^3}$

8. $f(x) = \dfrac{1}{x^2 + 1}$

5.3 CONCAVIDADE

Concavidade para cima e para baixo

Uma função diferenciável f é *côncava para cima* sobre um intervalo I se o seu gráfico está *acima* de suas retas tangentes no ponto $(x_0, f(x_0))$, com $x_0 \in I$.

Veja a Figura 5.9.

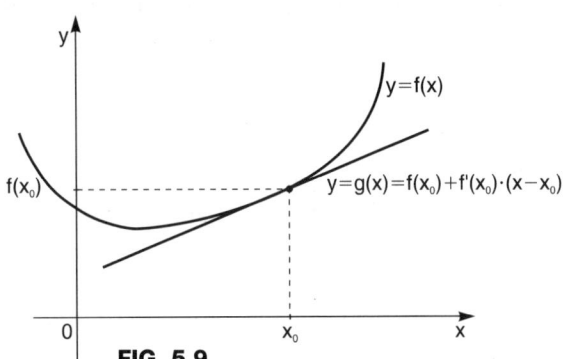

FIG. 5.9

Uma função diferenciável f é *côncava para baixo* no intervalo I se o seu gráfico está *abaixo* das retas tangentes no ponto $(x_0, f(x_0))$, com $x_0 \in I$.

Veja a Figura 5.10.

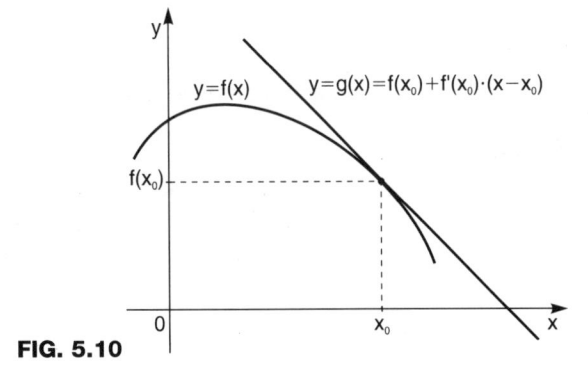

FIG. 5.10

Nota: Em Programação Matemática, a função *côncava para cima* chama-se função *convexa* e a função *côncava para baixo* chama-se função *côncava*.

Estudo da concavidade da função quadrática

Exemplo 5.6:

Estude a concavidade da função quadrática $f(x) = ax^2$.

Resolução:

Seja x_0 um ponto de $\mathbb{R}$.
A derivada de f é $f'(x) = 2ax$.
No ponto x_0, o valor da derivada é
$f'(x_0) = 2ax_0$.

A equação da reta tangente no ponto $T = (x_0, f(x_0))$ é
$$y = g(x) = f(x_0) + f'(x_0) \cdot (x - x_0)$$
$$y = g(x) = ax_0^2 + (2ax_0) \cdot (x - x_0)$$

A diferença entre $f(x)$ e $g(x)$ é
$$f(x) - g(x) = ax^2 - ax_0^2 - 2ax_0 \cdot (x-x_0) = a(x^2 - x_0^2) - 2ax_0 \cdot (x-x_0)$$
$$= a(x-x_0)(x+x_0) - 2ax_0 \cdot (x - x_0) = a(x-x_0)(x + x_0 - 2x_0)$$
$$= a(x-x_0)^2$$

Logo,
Se $a > 0$, $f(x) - g(x) > 0$ para $x \neq x_0$.
Se $a < 0$, $f(x) - g(x) < 0$ para $x \neq x_0$.

Portanto,

> Se $a > 0$, a função quadrática $f(x) = ax^2$ é côncava para cima em $\mathbb{R}$.
> Se $a < 0$, a função quadrática $f(x) = ax^2$ é côncava para baixo em $\mathbb{R}$.

Exemplo 5.7:
Estude a concavidade da função quadrática $y = f(x) = a(x-x_0)^2 + y_0$.

Resolução:

Sabemos que o gráfico da função f é uma parábola cujo vértice é $V = (x_0, y_0)$ e cujo eixo é a reta vertical que passa por esse ponto. A fim de analisar a sua concavidade, reduzimos este problema ao caso anterior (Exemplo 5.6) fazendo uma translação de eixos.

Observe que se fizermos
$$y - y_0 = Y$$
$$x - x_0 = X$$
a equação da parábola fica sendo
$$Y = aX^2$$

Esta é a equação da parábola no sistema de coordenadas XY, que se obtém transladando a origem para o ponto V, de modo que o novo eixo X seja paralelo ao eixo x e o novo eixo Y seja paralelo ao eixo y.

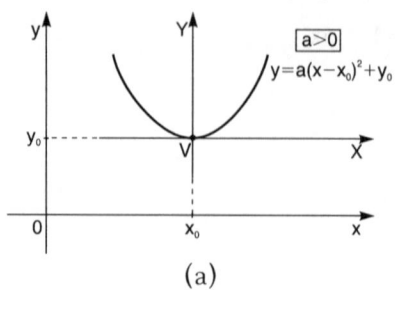

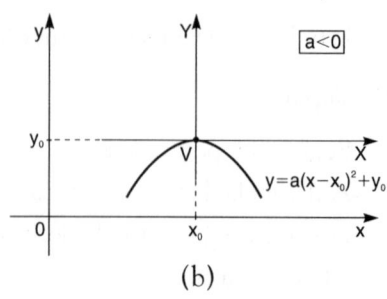

(a)　　　　　　FIG. 5.11　　　　　　(b)

Pelo que vimos no exemplo anterior, se a > 0, a função $Y = aX^2$ é côncava para cima em $\mathbb{R}$ e se a < 0, ela é côncava para baixo em $\mathbb{R}$. Assim,

> Se a > 0, a função $y = f(x) = a(x-x_0)^2 + y_0$ é côncava para cima em $\mathbb{R}$.
> Se a < 0, a função $y = f(x) = a(x-x_0)^2 + y_0$ é côncava para baixo em $\mathbb{R}$.

Exemplo 5.8:

Estude a concavidade da função quadrática $f(x) = ax^2 + bx + c$.

Resolução:

Vamos reduzir este problema ao caso anterior (Exemplo 5.7).

Podemos escrever

$$ax^2 + bx + c = a(x - x_0)^2 + y_0$$

onde $x_0 = \dfrac{-b}{2a}$ e $y_0 = \dfrac{-\Delta}{4a} = \dfrac{-(b^2 - 4ac)}{4a}$ são as coordenadas do vértice da parábola.

Logo, temos um critério bastante simples para a concavidade de uma função quadrática:

> Se a > 0, a função quadrática $f(x) = ax^2 + bx + c$ é côncava para cima em $\mathbb{R}$.
> Se a < 0, a função quadrática $f(x) = ax^2 + bx + c$ é côncava para baixo em $\mathbb{R}$.

Aproximação quadrática de uma função

Seja $f(x)$ uma função duas vezes derivável no ponto x_0. Queremos achar uma função quadrática da forma $g(x) = a(x - x_0)^2 + b(x - x_0) + c$ que seja uma aproximação da função f no sentido de que

$g(x_0) = f(x_0)$
$g'(x_0) = f'(x_0)$
$g''(x_0) = f''(x_0)$

Temos então de determinar a, b e c.

$c = g(x_0) = f(x_0)$

A primeira derivada de g é $g'(x) = 2a(x - x_0) + b$. Logo,

$b = g'(x_0) = 2a(x_0 - x_0) + b = f'(x_0)$.

A segunda derivada de g é $g''(x) = 2a$. Logo,

$2a = g''(x_0) = f''(x_0)$, ou seja,

$a = \dfrac{f''(x_0)}{2}$

Substituindo os valores de c, b e a, temos

$$g(x) = \frac{f''(x_0)}{2} \cdot (x - x_0)^2 + f'(x_0) \cdot (x - x_0) + f(x_0)$$

ou seja

$$g(x) = f(x_0) + f'(x_0) \cdot (x - x_0) + \left[\frac{f''(x_0)}{2}\right] \cdot (x - x_0)^2$$

A função g(x) chama-se *aproximação quadrática* de f em torno do ponto x_0 ou *polinômio de Taylor de segunda ordem da função f* no ponto x_0.

Exemplo 5.9:

Ache o polinômio de Taylor de segunda ordem da função $f(x) = e^{2x} - \frac{1}{2}(x^2 + 1)$ no ponto $x_0 = 0$.

Resolução:

$$f(x) = e^{2x} - \frac{1}{2}(x^2 + 1)$$
$$f'(x) = 2\,e^{2x} - x$$
$$f''(x) = 4\,e^{2x} - 1$$

$$f(0) = e^{2 \cdot 0} - \frac{1}{2}(0^2 + 1) = \frac{1}{2}$$
$$f'(0) = 2\,e^{2 \cdot 0} - 0 = 2$$
$$f''(0) = 4\,e^{2 \cdot 0} - 1 = 3$$

Logo,

$$g(x) = \frac{1}{2} + 2(x - 0) + \frac{3}{2}(x - 0)^2$$

Portanto,

$$g(x) = \frac{1}{2} + 2x + \frac{3x^2}{2}$$ é o polinômio de Taylor de 2ª ordem de f no ponto 0.

Se a função f for suficientemente "lisa" (digamos, com a segunda derivada contínua numa vizinhança de x_0), então é plausível que f tenha a mesma concavidade que a função quadrática aproximadora g, numa vizinhança de x_0.

Como a função quadrática g é côncava para cima se $f''(x_0) > 0$, espera-se que, neste caso, a função f seja também côncava para cima numa vizinhança do ponto x_0, se a função f é suficientemente "lisa".

Analogamente, se $f''(x_0) < 0$, a função quadrática g é côncava para baixo, e espera-se que, neste caso, a função f seja também côncava para baixo numa vizinhança de x_0, se a função f é suficientemente "lisa".

Isto realmente se confirma, conforme o seguinte teorema.

Teorema 3: Seja y = f(x) uma função com segunda derivada contínua numa vizinhança do ponto x_0. Nestas condições,

(i) Se $f''(x_0) > 0$, a função f é côncava para cima numa vizinhança de x_0.

(ii) Se $f''(x_0) < 0$, a função f é côncava para baixo numa vizinhança de x_0.

Ponto de inflexão

Um ponto x_0 é um *ponto de inflexão* de uma função f se esta muda de concavidade nesse ponto.

Os candidatos a pontos de inflexão são:

(a) os pontos em que a segunda derivada se anula,

(b) os pontos singulares,

(c) os pontos de descontinuidade.

Exemplo 5.10:

Determine os pontos de inflexão e estude a concavidade de cada uma das funções (a) $f(x) = x^2 - 1$, (b) $g(x) = x^3 + 3x$, (c) $h(x) = -x^4 + 2x + 5$.

Resolução:

(a) $f(x) = x^2 - 1$

Calculemos as derivadas primeira e segunda de f:

$f'(x) = 2x$

$f''(x) = 2$

Como $f''(x) = 2 > 0$, a função f é côncava para cima em $\mathbb{R}$. Portanto, f não tem ponto de inflexão.

(b) $g(x) = x^3 + 3x$

Calculemos as derivadas primeira e segunda da função g:

$g'(x) = 3x^2 + 3$

$g''(x) = 6x$

Se $x < 0$, então $g''(x) = 6x < 0$. Logo, g é côncava para baixo em $\mathbb{R}^-$.

Se $x > 0$, então $g''(x) = 6x > 0$. Logo, g é côncava para cima em $\mathbb{R}^+$.

Portanto, o ponto $x = 0$ é um ponto de inflexão da função g.

(c) $h(x) = -x^4 + 2x + 5$

Calculemos as derivadas primeira e segunda de h:

$h'(x) = -4x^3 + 2$

$h''(x) = -12x^2$

Se x < 0, então h"(x) = $-12x^2$ < 0. Logo, a função é côncava para baixo em $\mathbb{R}^-$.
Se x > 0, então h" (x) = $-12x^2$ < 0. Logo, a função é côncava para baixo em $\mathbb{R}^+$.
Portanto, x = 0 não é ponto de inflexão da função h.

Exemplo 5.11:

Dada a função f(x) = x^3 − x, determine os pontos críticos, os intervalos de crescimento e decrescimento, os pontos de máximo e de mínimo relativos e seus valores correspondentes, os pontos de inflexão, a concavidade e, por fim, faça um esboço do gráfico da função.

Resolução:

A função é f(x) = x^3 − x.

As derivadas primeira e segunda de f são:

f'(x) = $3x^2$ − 1

f"(x) = 6x

Pontos críticos:

f'(x) = $3x^2$ − 1 = 0

Logo, os pontos críticos de f são $x_1 = -\frac{\sqrt{3}}{3}$, $x_2 = \frac{\sqrt{3}}{3}$.

Intervalos de crescimento e pontos de máximo e de mínimo relativos:

Podemos fatorar a derivada: f'(x) = $3\left(x + \frac{\sqrt{3}}{3}\right)\left(x - \frac{\sqrt{3}}{3}\right)$.

	$-\frac{\sqrt{3}}{3}$		$\frac{\sqrt{3}}{3}$	
Sinal de f'(x):	+		−		+
f(x):	Cresc.		Decresc.		Cresc.
		P. Máx.		P. Mín.

Pontos de inflexão e concavidade:

f"(x) = 6x = 0 ⇔ x = 0

	0	
Sinal de f" (x):	−	+
Concavidade:	CPB	CPC
P. de inflexão:	PI	

Notações:

CPB = côncava para baixo
CPC = côncava para cima
PI = ponto de inflexão

Esboço do gráfico:

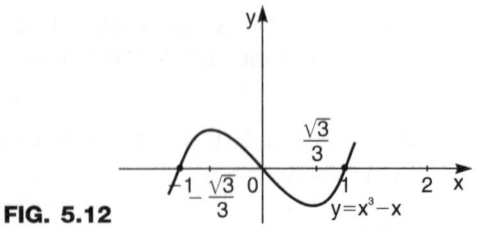

FIG. 5.12

Critério da segunda derivada para máximos e mínimos

Pontos críticos são fortes candidatos a pontos de máximo ou de mínimo. O teorema seguinte nos dá um critério para classificá-los.

Teorema 4: Seja f uma função contínua com segunda derivada contínua num intervalo I em torno de x_0.
(i) Se $f'(x_0) = 0$ e $f''(x_0) > 0$, então x_0 é um ponto de mínimo relativo de f.
(ii) Se $f'(x_0) = 0$ e $f''(x_0) < 0$, então x_0 é um ponto de máximo relativo de f.
(iii) Se $f'(x_0) = 0$ e $f''(x_0) = 0$, nada se pode afirmar.

Exemplo 5.12:
Determine os pontos de máximo e de mínimo relativos da função
$$f(x) = \frac{x^3}{3} - x^2 - x + \frac{7}{2}.$$

Resolução:
$f'(x) = x^2 - 2x - 1$
$f''(x) = 2x - 2 = 2(x - 1)$
Pontos críticos:
$x^2 - 2x - 1 = 0.$
Logo,
$$x = \frac{2 \pm 2\sqrt{2}}{2}$$
Os pontos críticos são $x_1 = 1 - \sqrt{2}$ e $x_2 = 1 + \sqrt{2}$.

Classificação dos pontos críticos:
Para $x_1 = 1 - \sqrt{2}$, $f''(1 - \sqrt{2}) = 2(1 - \sqrt{2} - 1) = -2\sqrt{2} < 0$, logo, $1 - \sqrt{2}$ é um ponto de máximo relativo.

Para $x_2 = 1 + \sqrt{2}$, $f''(1 + \sqrt{2}) = 2(1 + \sqrt{2} - 1) = 2\sqrt{2} > 0$, logo, $1 + \sqrt{2}$ é um ponto de mínimo relativo.

EXERCÍCIOS 5.3

Determine os pontos de inflexão da função
1. $f(x) = x^4 - 4x^3 + 5x^2 - x - 1$
2. $f(x) = e^{(x^2 - x)}$
3. $f(x) = \frac{x + 1}{x - 1}$
4. $f(x) = \text{arc sen } x$

5. $f(x) = \arctg x$

6. $f(x) = \arcsen x$

7. $f(x) = \sen x$

Verifique se o ponto $x = 1$ é (a) ponto crítico, (b) ponto singular, (c) ponto de inflexão da função

8. $f(x) = \begin{cases} x^3 + 1, & x \leq 1 \\ 3 - x^2, & x > 1 \end{cases}$

9. $f(x) = |x - 1|$

Estude a concavidade da função

10. $f(x) = x^2 + 5x + 1$

11. $f(x) = |x^2 - 5x + 6|$

Determine o domínio, os pontos de descontinuidade, os pontos críticos, os pontos singulares, os intervalos de crescimento e decrescimento, os pontos de máximo e de mínimo relativos, os pontos de inflexão, a concavidade e faça um esboço do gráfico da função.

12. $f(x) = x^3 + x$

13. $f(x) = \dfrac{(2x - 5)}{(x + 1)}$

14. $f(x) = \dfrac{(x^2 + x + 1)}{x}$

5.4 ASSÍNTOTAS

Assíntotas horizontais e verticais

Uma reta $y = k$ é uma *assíntota horizontal* do gráfico da função $y = f(x)$ definida em $\mathbb{R}$ ou num intervalo infinito, se
$$\lim_{x \to +\infty} f(x) = k \quad \text{ou} \quad \lim_{x \to -\infty} f(x) = k.$$

Exemplo 5.13:

Determine, se existirem, as assíntotas horizontais dos gráficos das funções

(a) $f(x) = \dfrac{x}{\ln(x + 1)}$,

(b) $g(x) = -1 + \dfrac{1}{x^2 + 1}$.

Resolução:

(a) $f(x) = \dfrac{x}{\ln(x + 1)}$

Temos uma indeterminação do tipo $\dfrac{\infty}{\infty}$. Aplicando a Regra de l'Hôpital, temos

$$\lim_{x \to +\infty} \dfrac{x}{\ln(x + 1)} = \lim_{x \to +\infty} \dfrac{1}{\dfrac{1}{x + 1}} = \lim_{x \to +\infty} (x + 1) = +\infty$$

Logo, o gráfico da função f não possui assíntota horizontal.

Capítulo 5 — Estudo Completo das Funções

(b) $g(x) = -1 + \dfrac{1}{x^2}$

$$\lim_{x \to +\infty} \left(-1 + \dfrac{1}{x^2}\right) = -1$$

$$\lim_{x \to -\infty} \left(-1 + \dfrac{1}{x^2}\right) = -1$$

Logo, $y = -1$ é uma assíntota horizontal do gráfico da função f.

Uma reta $x = k$ é uma *assíntota vertical* do gráfico de uma função $f(x)$, se ocorre uma das seguintes situações:

(a) $\lim\limits_{x \to k} f(x) = \pm\infty$,

(b) $\lim\limits_{x \to k^+} f(x) = \pm\infty$, ou

(c) $\lim\limits_{x \to k^-} f(x) = \pm\infty$.

Exemplo 5.14:

Determine, se existirem, as assíntotas verticais dos gráficos das funções

(a) $f(x) = \dfrac{1}{x}$,

(b) $g(x) = -1 + \dfrac{1}{x^2 + 1}$.

(a) $f(x) = \dfrac{1}{x}$

O ponto $x = 0$ é um ponto de descontinuidade da função f.

$$\lim_{x \to 0^+} \dfrac{1}{x} = +\infty$$

$$\lim_{x \to 0^-} \dfrac{1}{x} = -\infty$$

Logo, $x = 0$ é uma assíntota vertical do gráfico da função f.

(b) $g(x) = -1 + \dfrac{1}{x^2 + 1}$

Não há assíntotas verticais, pois a função f é contínua em $\mathbb{R}$.

Assíntotas oblíquas

Uma reta $y = ax + b$ é uma *assíntota oblíqua* do gráfico de $f(x)$ se
$$\lim_{x \to \pm\infty} \frac{f(x)}{x} = a \text{ e } \lim_{x \to \pm\infty} [f(x) - ax] = b.$$

Exemplo 5.15:
Determine as assíntotas do gráfico da função $f(x) = 2x + \frac{1}{x}$.

Resolução:

Assíntotas horizontais:

$$\lim_{x \to +\infty} \left(2x + \frac{1}{x}\right) = +\infty$$

$$\lim_{x \to -\infty} \left(2x + \frac{1}{x}\right) = -\infty$$

Portanto, não existem assíntotas horizontais do gráfico da função f.

Assíntotas verticais:

$x = 0$ é um ponto de descontinuidade.

$$\lim_{x \to 0^+} \left(2x + \frac{1}{x}\right) = +\infty$$

$$\lim_{x \to 0^-} \left(2x + \frac{1}{x}\right) = -\infty$$

Logo, a reta $x = 0$ é uma assíntota vertical do gráfico da função f.

Assíntotas oblíquas:

$$\lim_{x \to +\infty} \frac{f(x)}{x} = \lim_{x \to +\infty} \frac{2x + \frac{1}{x}}{x} = \lim_{x \to +\infty} \left(2 + \frac{1}{x^2}\right) = 2$$

$$\lim_{x \to +\infty} [f(x) - 2x] = \lim_{x \to +\infty} \left[\left(2x + \frac{1}{x}\right) - 2x\right] = \lim_{x \to +\infty} \frac{1}{x} = 0$$

Analogamente,

$$\lim_{x \to -\infty} \frac{f(x)}{x} = 2$$

$$\lim_{x \to -\infty} [f(x) - 2x] = 0$$

Logo, a reta $y = 2x$ é uma assíntota oblíqua do gráfico da função f.

Capítulo 5 — Estudo Completo das Funções

Exercícios 5.4

Determine, se existirem, as assíntotas verticais, horizontais e oblíquas do gráfico da função

1. $f(x) = \dfrac{x^2}{x^2 - 1}$

2. $f(x) = \dfrac{2x^2 + 3x + 1}{x}$

3. $f(x) = \dfrac{x^3 + x}{x^2 + 3}$

4. $f(x) = \ln(x + 1)$

5. $f(x) = \dfrac{x}{1 - e^x}$

6. $f(x) = x + e^{-x}\operatorname{sen} x$

5.5 ESTUDO COMPLETO DE UMA FUNÇÃO

Para fazer o estudo completo de uma dada função, sugerimos o seguinte roteiro.

1. Domínio
2. Pontos de descontinuidade
3. Pontos singulares
4. Pontos críticos
5. Intervalos de crescimento e decrescimento
6. Pontos de máximo e de mínimo relativos
7. Pontos de inflexão e concavidade
8. Assíntotas horizontais e verticais
9. Assíntotas oblíquas
10. Esboço do gráfico

Exemplo 5.16:

Faça o estudo completo da função $f(x) = \sqrt[3]{x}$.

Resolução:

Domínio = R.

Pontos de descontinuidade: não há.

Pontos singulares:

$$f(x) = \sqrt[3]{x} = x^{\frac{1}{3}}$$

$$f'(x) = \frac{1}{3}x^{-\frac{2}{3}} = \frac{1}{\sqrt[3]{x^2}}$$

O ponto $x = 0$ é singular, pois não existe a derivada de f nesse ponto.

Pontos críticos:

Como f'(x) não se anula, a função f não tem ponto crítico.

Crescimento e decrescimento:

Se $x \neq 0$, f'(x) > 0. Logo, a função f' é crescente à esquerda de 0 e à direita de 0. No ponto (0,0) a reta tangente ao gráfico da função f é vertical.

	0	
Sinal de f'(x):	+	+
f(x):	Cresc.	Cresc.

Pontos de máximo e de mínimo: não existem.

Pontos de inflexão e concavidade:

$$f''(x) = -\frac{2}{3} \cdot \frac{1}{3} x^{-\frac{5}{3}} = -\frac{2}{9\sqrt[3]{x^5}}$$

	0	
Sinal de f'' (x):	+	−
Concavidade:	CPC	CPB
P. de Inflexão:	PI	

O ponto x = 0 é um ponto de inflexão.

A função f é côncava para cima à esquerda de 0 e côncava para baixo à direita de 0.

Assíntotas verticais: não existem, pois a função é contínua em R.

Assíntotas horizontais:

$$\lim_{x \to +\infty} \sqrt[3]{x} = -\infty, \quad \lim_{x \to -\infty} \sqrt[3]{x} = -\infty$$

Logo, não existem assíntotas horizontais do gráfico da função f.

Assíntotas oblíquas:

$$\lim_{x \to +\infty} \frac{f(x)}{x} = \lim_{x \to +\infty} \frac{x^{\frac{1}{3}}}{x} = \lim_{x \to +\infty} x^{\frac{-2}{3}} = \lim_{x \to +\infty} \frac{1}{x^{\frac{2}{3}}} = 0$$

$$\lim_{x \to +\infty} [f(x) - 0 \cdot x] = \lim_{x \to +\infty} f(x) = \lim_{x \to +\infty} x^{\frac{1}{3}} = +\infty$$

Analogamente,

Capítulo 5 — Estudo Completo das Funções

$$\lim_{x \to -\infty} \frac{f(x)}{x} = \lim_{x \to -\infty} \frac{1}{x^{\frac{2}{3}}} = 0$$

$$\lim_{x \to -\infty} [f(x) - 0 \cdot x] = \lim_{x \to -\infty} f(x) = \lim_{x \to -\infty} x^{\frac{1}{3}} = -\infty$$

Logo, não existem assíntotas oblíquas do gráfico da função f.

Esboço do gráfico:

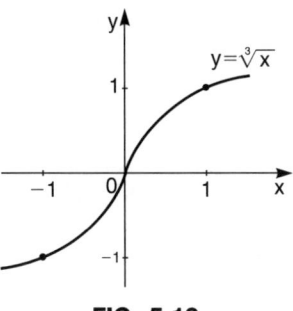

FIG. 5.13

Exemplo 5.17:

Faça o estudo completo da função $f(x) = \dfrac{3x + 1}{x - 1}$.

Resolução:

Primeiro vamos simplificar a expressão da função, fazendo a divisão de $3x + 1$ por $x - 1$:

```
  3x + 1  | x - 1
 -3x + 3  |  3
 -------
     4
```

Logo,

$$f(x) = \frac{3x + 1}{x - 1} = 3 + \frac{4}{x - 1}$$

As derivadas primeira e segunda são

$$f'(x) = \frac{-4}{(x - 1)^2}$$

$$f''(x) = \frac{8}{(x - 1)^3}$$

Domínio: $\mathbb{R} \setminus \{1\}$

Pontos de descontinuidade: $x = 1$.

Pontos singulares: $x = 1$.

Pontos críticos: não existem.

Crescimento e decrescimento:

$f'(x) = \dfrac{-4}{(x - 1)^2} < 0$ se $x \neq 1$. Logo, f é decrescente à esquerda de $x = 1$ e também decrescente à direita de $x = 1$.

Pontos de máximo e de mínimo relativos: não existem.

Pontos de inflexão: não existem.

Concavidade:

$f''(x) = \dfrac{8}{(x-1)^3} < 1$ se $x < 0$ e $f''(x) > 0$ se $x > 1$. Logo, f é côncava para baixo à esquerda de $x = 1$ e côncava para cima à direita de $x = 1$.

Assíntotas horizontais:

$$\lim_{x \to +\infty} f(x) = \lim_{x \to +\infty} \left[3 + \dfrac{4}{(x-1)}\right] = 3$$

$$\lim_{x \to -\infty} f(x) = \lim_{x \to -\infty} \left[3 + \dfrac{4}{(x-1)}\right] = 3$$

Logo, $y = 3$ é uma assíntota horizontal do gráfico da função f.

Assíntotas verticais:

$$\lim_{x \to 1^+} f(x) = \lim_{x \to 1^+} \left[3 + \dfrac{4}{(x-1)}\right] = +\infty$$

$$\lim_{x \to 1^-} f(x) = \lim_{x \to 1^-} \left[3 + \dfrac{4}{(x-1)}\right] = -\infty$$

Logo, $x = 1$ é uma assíntota vertical.

Assíntotas oblíquas: não existem.

Esboço do gráfico:

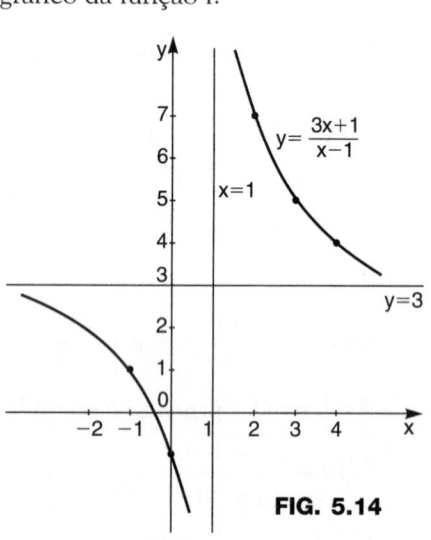

FIG. 5.14

Exemplo 5.18:

Faça o estudo completo da função $f(x) = \dfrac{\ln x}{x}$.

Resolução:

Domínio: $\{x \in \mathbb{R} : x > 0\}$.

Pontos de descontinuidade: não há ($x = 0$ está fora do domínio)

Pontos críticos:

A primeira derivada é $f'(x) = \dfrac{\dfrac{1}{x} \cdot x - \ln x \cdot 1}{x^2} = \dfrac{(1-\ln x)}{x^2}$

Capítulo 5 — Estudo Completo das Funções

O ponto x = e é o único ponto crítico da função.

Pontos singulares: não há (x = 0 está fora do domínio)

Intervalos de crescimento e decrescimento:

f'(x) < 0 se x < e e f'(x) > 0 se x > e. Logo, f é crescente no intervalo (0,e) e decrescente no ponto (e,+∞).

Pontos de máximo e de mínimo relativos:

O ponto x = e é um ponto de máximo relativo.

Pontos de inflexão:

A segunda derivada é: $f''(x) = \dfrac{-3 + 2\ln x}{x^3}$

Logo, $x = e^{\frac{3}{2}}$ é um ponto de inflexão.

Concavidade:

$f''(x) = \dfrac{-3 + 2\ln x}{x^3} < 0$ se $0 < x < e^{\frac{3}{2}}$ e $f''(x) = \dfrac{-3 + 2\ln x}{x^3} > 0$ se $x > e^{\frac{3}{2}}$.

Logo, f é côncava para baixo em $\left(0, e^{\frac{3}{2}}\right)$ e côncava para cima em $\left(e^{\frac{3}{2}}, +\infty\right)$.

Assíntotas horizontais:

$$\lim_{x \to +\infty} f(x) = \lim_{x \to +\infty} \dfrac{\ln x}{x}$$

Temos uma indeterminação do tipo $\dfrac{\infty}{\infty}$. Aplicando a regra de l'Hôpital,

$$\lim_{x \to +\infty} f(x) = \lim_{x \to +\infty} \dfrac{\frac{1}{x}}{1} = \lim_{x \to +\infty} \dfrac{1}{x} = 0$$

Logo, y = 0 é uma assíntota horizontal.

Assíntotas verticais:

$$\lim_{x \to 0^+} f(x) = \lim_{x \to 0^+} \dfrac{\ln x}{x} = -\infty$$

Assíntotas oblíquas: não há.

Esboço do gráfico:

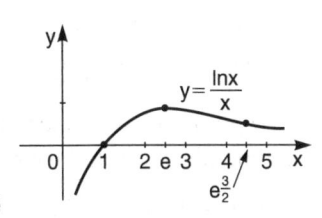

FIG. 5.15

Exercícios 5.5

Faça o estudo completo das seguintes funções

1. $f(x) = \dfrac{2x + 3}{4x + 5}$
2. $f(x) = x \cdot e^{-x}$
3. $f(x) = x \cdot e^{2x}$
4. $f(x) = x^2 \cdot e^{-5x}$
5. $f(x) = \dfrac{x^3 + 1}{x}$
6. $f(x) = \sqrt{x^2 - 1}$
7. $f(x) = \dfrac{x}{\ln x}$
8. $f(x) = \dfrac{2}{x^2 - 4}$
9. $f(x) = x + \ln x$
10. $f(x) = \sqrt[3]{(x + 1)} - \sqrt[3]{(x - 1)}$

5.6 PROBLEMAS DE OTIMIZAÇÃO

Máximos e mínimos absolutos

Seja f uma função definida num conjunto A. Dizemos que um ponto $x_0 \in A$ é um *ponto de máximo absoluto ou global de f* se

$$f(x_0) \geq f(x), \text{ para todo } x \in A.$$

Neste caso, o valor $f(x_0)$ chama-se *valor máximo absoluto ou global* da função f:

$$f(x_0) = \text{máx. } f(x)$$
$$x \in A$$

Analogamente, x_0 é um *ponto de mínimo absoluto ou global* da função f se

$$f(x_0) \leq f(x), \text{ para todo } x \in A.$$

Neste caso, o valor $f(x_0)$ chama-se *valor mínimo absoluto ou global* da função f:

$$f(x_0) = \text{mín. } f(x)$$
$$x \in A$$

Por exemplo, considere a função $f(x) = x^2 + 1$ definida no intervalo $A = [1,4]$. O ponto crítico $x = 0$ cai fora do intervalo [1,4]. Nesse intervalo, a função f é crescente. Logo, a extremidade esquerda do intervalo $x_1 = 1$ é um ponto de mínimo absoluto de f sobre A; o valor mínimo absoluto da função f é

$$f(1) = 1^2 + 1 = 2.$$

O ponto $x_2 = 4$, extremidade direita do intervalo de definição, é um ponto de máximo absoluto de f sobre A; o valor máximo absoluto da função f é

$$f(4) = 4^2 + 1 = 17.$$

Problemas de Otimização

Na maior parte dos problemas de aplicação, estamos interessados nos valores máximo e mínimo absolutos de uma dada função. No entanto, como não existe um método direto para determiná-los, temos de utilizar o cálculo diferencial para determinar primeiro os valores máximos e mínimos relativos.

Exemplo 5.19:

Dentre todos os retângulos que têm perímetro 10 m, determine o que tem área máxima.

Resolução:

Sejam x e y o comprimento e a largura de um retângulo genérico com perímetro igual a 10.

A área desse retângulo é $A = x \cdot y$, onde $2x + 2y = 10$, $x > 0$, $y > 0$.

Temos então que resolver o problema de maximizar uma função de duas variáveis $A = A(x,y) = x \cdot y$ sujeito às condições $x + y = 5$, $x > 0$, $y > 0$.

Substituindo $y = 5 - x$ na expressão da área, transformamos este problema em outro: maximizar uma função de uma variável

$A = f(x) = x(5 - x) = 5x - x^2$, sujeito à condição $0 < x < 5$.

O ponto crítico é a solução da equação $f'(x) = 5 - 2x = 0$, isto é, $x = \dfrac{5}{2}$.

Como $5 - 2x > 0$ para $x < \dfrac{5}{2}$ e $5 - 2x < 0$ para $x > \dfrac{5}{2}$, temos que f é crescente à esquerda de $\dfrac{5}{2}$ e decrescente à direita de $\dfrac{5}{2}$. Logo, o ponto $x = \dfrac{5}{2}$ é um ponto de máximo relativo. Logo, $x = \dfrac{5}{2}$ é um ponto de máximo absoluto da função f(x) no intervalo (0,5).

Para $x = \dfrac{5}{2}$, temos $y = 5 - \dfrac{5}{2} = \dfrac{5}{2}$.

Portanto, o retângulo, com perímetro igual a 10, que maximiza a área é o quadrado de lado $\dfrac{5}{2}$.

Exercícios 5.6

1. Uma firma monopolista produz, mensalmente, x computadores ao custo de CT $= x^2 + 10x + 120$. Sendo a demanda do mercado definida pela função $x = 10.000 - p$ (onde p é o preço em reais de um computador), calcule o preço e a quantidade de computadores que maximizem o lucro da firma.

2. Considere os mesmos dados do problema anterior, supondo, porém, que a demanda agora seja dada por $p = \left[\dfrac{(12.000 - x)}{20}\right]^2$.
Recalcule o preço e a quantidade produzida de modo a maximizar o lucro, comente e compare graficamente os resultados obtidos.

3. Ainda em relação aos dados do problema (1), suponha que o governo cobre um imposto T por computador vendido. Calcule qual é a receita líquida máxima e qual deve ser o preço do computador para alcançá-la (ambos em função de T).

4. Generalize o resultado obtido no problema anterior, para um custo $C = ax^2 + bx + c$ e uma função-demanda $p = m - nx$, verificando as variações no preço gerador de receita líquida máxima, bem como nesta última em função do imposto. Calcule o valor do imposto T que maximiza a receita líquida, em função dos parâmetros literais acima.

5. Determine o raio de base r e altura h de um cilindro reto com volume constante V, de modo que sua área seja mínima.

6. O custo operacional de um táxi (em reais por quilômetro) é dado por $C = 2 + \dfrac{v}{500}$, onde v é a velocidade em km/h. Calcule a velocidade que minimize o custo num percurso total de x quilômetros.

6
INTEGRAL

Você verá neste capítulo:

Integral de uma função
Métodos de integração
Funções trigonométricas: integrais e técnicas
Equações diferenciais

6.1 INTEGRAL DE UMA FUNÇÃO

Neste capítulo, vamos estudar a operação inversa da derivação. Nosso problema básico é o seguinte: dada uma função f(x), encontrar todas as funções F(x) cujas derivadas sejam iguais a f(x).

Primitiva de uma função

Dizemos que uma função F(x) é uma *primitiva* de f(x) num intervalo aberto I se a sua derivada é igual a f(x) em todos os pontos deste intervalo.

Por exemplo, seja $f(x) = x^2$. Podemos verificar, por simples inspeção, que a função $F(x) = \dfrac{x^3}{3}$ é uma primitiva de f(x) em $\mathbb{R}$. De fato, para todo $x \in \mathbb{R}$,

$$F'(x) = \left(\dfrac{x^3}{3}\right)' = \dfrac{1}{3} \cdot 3x^2 = x^2 = f(x).$$

A soma $G(x) = F(x) + C$ de uma primitiva de f(x) com uma constante C é também uma primitiva de f(x). De fato,

$$G'(x) = (F(x) + C)' = F'(x) + 0 = F'(x) = f(x).$$

Pode-se provar que todas as primitivas de uma dada função são obtidas dessa maneira, ou seja, se $F_1(x)$ e $F_2(x)$ são duas primitivas quaisquer de f(x), então elas necessariamente diferem por uma constante.

Dessa forma, se F(x) é uma primitiva de f(x), a expressão F(x) + C, onde C é uma constante arbitrária, nos dá todas as primitivas de f(x).

Integral indefinida de uma função

Integral indefinida de uma função f(x) em A é a família de todas as funções cujas derivadas em A coincidem com f(x). Cada uma dessas funções denomina-se uma primitiva de f(x).

Utilizamos a notação ∫ f(x) dx para designar a integral indefinida. Lê-se *integral indefinida* ou simplesmente *integral de f(x)*. O sinal ∫ denomina-se *sinal de integração* e a função f(x), que está sob o sinal de integração, *integrando*.

Considere ainda a função $f(x) = x^2$, cuja primitiva, como visto anteriormente, é:

$$F(x) = \frac{x^3}{3}$$

Somando-se uma constante qualquer C a essa função F(x), obtemos outra primitiva de f(x), pois [F(x) + C]' = F'(x) + [C]' = F'(x) + 0 = F'(x) = f(x). Fato notável é que todas as primitivas de f(x) são desta forma, ou seja $\frac{x^3}{3}$ + C, onde C é uma constante arbitrária, representa todas as primitivas de $f(x) = x^2$, o que significa que ∫ x^2 dx = $\frac{x^3}{3}$ + C.

> **Teorema:** Se F(x) é uma primitiva de f(x),
>
> ∫f(x) dx = F(x) + C
>
> onde C é uma constante arbitrária, denominada *constante de integração*.

Assim, para determinar a integral de uma função f(x), basta

(i) encontrar uma primitiva da função f(x) e

(ii) acrescentar-lhe uma constante arbitrária.

Obs.: Como conseqüência do fato supramencionado, temos que se f' = g' em]a, b[, então existe uma constante C tal que g = f + C.

Integrais de algumas funções particulares

Integral de uma função constante

Uma primitiva de uma função constante f(x) = k é a função linear F(x) = kx, pois F'(x) = [kx]' = k. Logo:

> Uma primitiva de f(x) = k é a função F(x) = kx.
> Portanto, ∫k dx = kx + C

• INTEGRAL DE UMA FUNÇÃO POTÊNCIA

Considere, por exemplo, a função potência $f(x) = x^4$. Uma primitiva de $f(x)$ é a função $F(x) = \dfrac{x^5}{5}$, pois sua derivada é $F'(x) = \left(\dfrac{x^5}{5}\right)' = \dfrac{1}{5} \cdot 5x^4 = x^4$.

Logo, $\int x^4 \, dx = \dfrac{x^5}{5} + C$

De modo geral, a fórmula da derivada de uma função potência:

$(x^{n+1})' = (n+1)x^n$, para $(n+1) \neq 0$, temos, para $(n+1) \neq 0$, $\dfrac{x^{n+1}}{n+1} = x^n$, portanto uma primitiva da função potência $f(x) = x^n$, com $n \neq -1$, é a função potência $F(x) = \dfrac{x^{n+1}}{n+1}$.

Segue-se então que,

Para todo número racional $n \neq -1$,
$$\int x^n \, dx = \dfrac{x^{n+1}}{n+1} + C$$

Exemplo 6.1:

Determine a integral de cada uma das funções:

a) $f(x) = x$

b) $g(x) = x^3$

c) $h(x) = \dfrac{1}{x^2}$

d) $p(x) = \sqrt{x}$

e) $q(x) = \dfrac{1}{\sqrt[3]{x}}$

Resolução:

Todas as funções dadas são funções potência com expoentes inteiros ou fracionários. Aplicando a regra da integral de função potência, temos que

a) $\int x \, dx = \int x^1 \, dx = \dfrac{x^{(1+1)}}{1+1} + C = \dfrac{x^2}{2} + C$

b) $\int x^3 \, dx = \dfrac{x^{(3+1)}}{3+1} + C = \dfrac{x^4}{4} + C$

c) $\int \frac{1}{x^2} dx = \int x^{-2} dx = \frac{x^{-2+1}}{(-2+1)} + C = \frac{x^{-1}}{-1} + C = -\frac{1}{x} + C$

d) $\int \sqrt{x} \, dx = \int x^{\frac{1}{2}} dx = \frac{x^{\frac{1}{2}+1}}{\frac{1}{2}+1} + C = \frac{x^{\frac{3}{2}}}{\frac{3}{2}} + C = \frac{2\sqrt{x^3}}{3} + C.$

e) $\int \frac{1}{\sqrt[3]{x}} dx = \int \frac{1}{x^{\frac{1}{3}}} dx = \int x^{-\frac{1}{3}} dx = \frac{x^{-\frac{1}{3}+1}}{\frac{-1}{3}+1} + C = \frac{x^{\frac{2}{3}}}{\frac{2}{3}} + C = 3\sqrt[3]{\frac{x^2}{2}} + C.$

O caso da função-potência $f(x) = x^{-1} = \frac{1}{x}$ é especial:

Uma primitiva da função $f(x) = \frac{1}{x}$ é a função $F(x) = \ln |x|$. Portanto,

$$\int \frac{1}{x} dx = \ln|x| + C$$

Prova

Há dois casos.

1º caso: $x > 0$.

Neste caso, temos que $|x| = x$. Logo, $F'(x) = [\ln |x|]' = [\ln x]' = \frac{1}{x}$.

Logo, $F(x) = \ln |x|$ é uma primitiva de $f(x) = \frac{1}{x}$ no intervalo $(0, +\infty)$.

2º caso: $x < 0$.

Neste caso, temos que $|x| = -x$. Logo, $F'(x) = [\ln |x|]' = \frac{1}{(-x)(-1)} = \frac{1}{x}$

Logo, $F(x) = \ln |x| = \ln(-x)$ é uma primitiva de $f(x) = \frac{1}{x}$ no intervalo $(-\infty, 0)$.

Juntando os dois casos, concluímos que $I(x) = \ln |x|$ é uma primitiva da função $f(x) = \frac{1}{x}$ em $\mathbb{R}^* = \mathbb{R}^*_+ \cup \mathbb{R}^*_-$.

• **INTEGRAL DA FUNÇÃO EXPONENCIAL**

$$\int e^x dx = e^x + C$$

Prova

Segue do fato de que a derivada da função exponencial $f(x) = e^x$ é a própria função.

• INTEGRAIS DE FUNÇÕES TRIGONOMÉTRICAS

Lembremo-nos das fórmulas de derivação de funções trigonométricas, estudadas no Capítulo 4:

$(\text{sen } x)' = \cos x$

$(\cos x)' = -\text{sen } x$, e portanto, $(-\cos x)' = \text{sen } x$

$(\text{tg } x)' = \sec^2 x$

$(\sec x)' = \sec x \cdot \text{tg } x$

$(\text{cotg } x)' = -\text{cossec}^2 x$

$(\text{cossec } x)' = -\text{cossec} \cdot \text{tg } x.$

Segue-se então que

$\int \cos x \, dx = \text{sen } x + C$

$\int \text{sen } x \, dx = -\cos x + C$

$\int \sec^2 x \, dx = \text{tg } x + C$

$\int \sec x \cdot \text{tg } x \, dx = \sec x + C$

$\int \text{cossec}^2 x = \text{cotg } x + C$

$\int \text{cossec } x \cdot \text{cotg } x = \text{cossec } x + C$

Com relação às funções inversas, temos

$(\text{arc sen } x)' = \dfrac{1}{\sqrt{(1-x)^2}}$

$(\text{arc tg } x)' = \dfrac{1}{1+x^2}$

$(\text{arc cos } x)' = -\dfrac{1}{\sqrt{1-x^2}}$

$(\text{arc cotg } x)' = -\dfrac{1}{1+x^2}$

obtemos as seguintes integrais:

$\int \dfrac{1}{\sqrt{1-x^2}} \, dx = \text{arc sen } x + C$

$\int \dfrac{1}{1+x^2} \, dx = \text{arc tg } x + C$

Propriedades da integral indefinida

• INTEGRAL DA SOMA

$\int [f(x) + g(x)] \, dx = \int f(x) \, dx + \int g(x) \, dx$

Prova

Sejam F(x) e G(x) primitivas de f(x) e g(x) respectivamente. Para provar a propriedade, basta mostrar que a derivada da soma das primitivas é a soma das funções:

[F(x) + G(x)]' = F'(x) + G'(x) = f(x) + g(x).

Por exemplo,

$$\int (x^2 + x + 4)\, dx = \int x^2\, dx + \int x\, dx + \int 4\, dx = \frac{x^3}{3} + \frac{x^2}{2} + 4x + C$$

- **INTEGRAL DA DIFERENÇA DE FUNÇÕES**

$$\int [f(x) - g(x)]\, dx = \int f(x)\, dx - \int g(x)\, dx$$

Prova

Se F(x) e G(x) são primitivas de f(x) e g(x), respectivamente, então

[F(x) −G(x)]' = F'(x) − G'(x) = f(x) − g(x).

Por exemplo,

$$\int (x^4 - x^2)\, dx = \int x^4\, dx - \int x^2\, dx = \frac{x^5}{5} - \frac{x^3}{3} + C$$

- **INTEGRAL DE CONSTANTE VEZES FUNÇÃO**

Se k é uma constante,
$$\int kf(x)\, dx = k \int f(x)\, dx$$

Prova

Se F(x) é uma primitiva de f(x) e k uma constante, então

[k . F(x)]'= k F(x)'= k . f(x).

Por exemplo,

$$\int 8 x^6\, dx = 8\int x^6\, dx = 8 \left[\frac{x^7}{7} + C_1 \right] = \frac{8}{7} x^7 + C,$$

onde $C = 8C_1$.

Exemplo 6.2:

Calcule a integral de cada uma das funções
a) $g(x) = 3x - 1$,
b) $h(x) = 3x^2 - 2x + 1$.

Resolução:

a) $\int (3x - 1) \, dx = \int 3x \, dx - \int 1 \, dx = 3 \int x \, dx - \int dx = 3 \left[\dfrac{x^2}{2} + C_1 \right] - [x + C_2] = \dfrac{3x^2}{2} - x + (3C_1 - C_2)$.

Chamando $C = 3C_1 - C_2$, obtemos

$\int (3x - 1) \, dx = \dfrac{3x^2}{2} - x + C$

b) $\int (3x^2 - 2x + 1) \, dx = 3 \int x^2 \, dx - 2 \int x \, dx + \int 1 \, dx = \dfrac{3x^3}{3} - \dfrac{2x^2}{2} + x + C = x^3 - x^2 + x + C$

Exemplo 6.3:

Calcule as integrais

a) $\int \left(e^x + \dfrac{5}{x} + \dfrac{x^3}{4} \right) dx,$

b) $\int \dfrac{\left(\dfrac{2x}{5} - 3 \right)}{x^2} \, dx.$

Resolução:

a) $\int \left(e^x + \dfrac{5}{x} + \dfrac{x^3}{4} \right) dx = \int e^x \, dx + 5 \int \dfrac{1}{x} \, dx + \dfrac{1}{4} \int x^3 \, dx =$

$e^x + 5 \ln |x| + \dfrac{x^4}{16} + C$

b) $\int \dfrac{\dfrac{2}{5}x - 3}{x^2} \, dx = \int \left(\dfrac{2}{5x} - \dfrac{3}{x^2} \right) dx + \dfrac{2}{5} \int x^{-1} \, dx - 3 \int x^{-2} \, dx =$

$\dfrac{2}{5} \ln |x| - \dfrac{3x^{-1}}{-1} + C = \dfrac{2}{5} \ln|x| + \dfrac{3}{x} + C$

Exemplo 6.4:

Determine a integral de cada uma das funções abaixo:

a) $f(x) = 5x^2 + 4,$

b) $g(x) = 7x^3 + \dfrac{1}{2x},$

c) $h(x) = 3x^4 + \dfrac{1}{x^2}$

Resolução:

Aplicando as regras de integração para funções-potência, bem como as propriedades para cálculo de primitivas, temos:

a) $\int(5x^2 + 4) \, dx = \int 5x^2 \, dx + \int 4 \, dx = 5\int x^2 \, dx + 4x + C = \dfrac{5x^3}{3} + 4x + C$

b) $\int\left(7x^3 + \dfrac{1}{2x}\right)dx = \int 7x^3 \, dx + \int \dfrac{1}{2x} \, dx = 7\int x3dx + \dfrac{1}{2}\int \dfrac{1}{x} \, dx =$

$= \dfrac{7x^4}{4} + \dfrac{1}{2}\ln|x| + C$

c) $\int\left(3x^4 + \dfrac{1}{x^2}\right)dx = \int 3x^4 dx +$

$+ \int \dfrac{1}{x^2} \, dx = 3\int x^4 dx - \dfrac{2}{x^3} + C = \dfrac{3x^5}{5} - \dfrac{2}{x^3} + C$

Exercícios 6.1

1. Determine uma primitiva de:
 a) $f(x) = 4$
 b) $f(x) = (3x - 1)(2x + 6)$
 c) $f(x) = \dfrac{1}{(x + 1)}$
 d) $f(x) = \sqrt{x + 1}$

2. Determine uma primitiva de:
 a) $f(x) = 8x^3 - \dfrac{5}{x^2}$
 b) $f(x) = (x + 1)^2$
 c) $f(x) = \dfrac{(x^2 - x^5)}{x}$
 d) $f(x) = e^x + \dfrac{1}{x}$
 e) $f(x) = 3\sqrt{x}$
 f) $f(x) = x^{\frac{-3}{2}} - x^{\frac{-7}{3}}$
 g) $\int(3x^6 + x^{-4} - 1)dx$
 h) $\int\left(\dfrac{1}{x^4} + \dfrac{2}{x^3} + \dfrac{3}{x^{\frac{2}{3}}}\right)dx$
 i) $\int(x + 2)^3 \, dx$
 j) $\int \dfrac{x^2 - 1}{x - 1} dx$
 l) $\int(x - 2)(x + 3)dx$
 m) $\int \dfrac{x^2 + 3}{x} dx$

3. As funções Custo Marginal, Custo Fixo e Receita Marginal para uma empresa que produz e vende uma quantidade x de impressoras são respectivamente CMg = 2x +18, CF = 10 e RMg = +100x (em reais). Determine o lucro da empresa pela produção e venda de três impressoras.

4. Define-se o custo marginal CMg de um determinado produto como a variação do custo total CT, dada uma variação na quantidade produzida, ou seja, $CMg = \dfrac{dCT}{dq}$. Seja $CMg = 4q^2 - 10q + 32$ a função custo marginal para certo produto. Determine a função custo total CT e o custo variável CV — parcela do custo que muda quando a produção varia (salários e matérias-primas) — para o produto referido, sabendo que o custo fixo CF — gastos com fatores fixos de produção — é 40.

5. Um automóvel desloca-se numa linha de montagem a uma velocidade v(t) = $6t^2$ + 32 m/s a partir de uma referência inicial (t = 0) de 100 km. Quanto percorreu após 3 horas?

6. Considere as funções

   $f(x) = \dfrac{1}{x} + 5$, se x < 0

   $g(x) = \dfrac{1}{x} - 10$, se x > 0

   Pode-se constatar que f'(x) = g'(x), para todo x em ℝ\{0}. No entanto, f(x) − g(x) não é constante. Este fato contradiz a observação apresentada no item 6.1? Comente.

7. Considere um equipamento cujo preço desvaloriza-se a uma taxa de 100x reais ao ano, permanecendo com um preço residual de R$ 1.000 após 5 anos de vida útil. Qual foi o preço inicial deste equipamento?

8. Considere a eficiência E de um trabalhador como a porcentagem de seu potencial empregada em um certo momento. Observou-se estatisticamente que em uma determinada empresa, a taxa segundo a qual a eficiência E de seus empregados está variando é, em média, de (24 − 8t) por cento a cada hora. Se a eficiência, em média, de um empregado desta mesma empresa após 6 horas de trabalho é de 64%, encontre qual é a eficiência após trabalhar:

   a) 2 horas
   b) 5 horas
   c) 7 horas.

9. Com um corpo de 1.000 operários produzindo 700 elevadores por mês, constata-se que uma empresa possui uma taxa de variação de produção da mercadoria referida em relação ao número de operários que obedece, com significativa precisão, a expressão $\sqrt[3]{\dfrac{4}{x}}$ · A partir de tal modelo, quantos operários estima-se que a empresa mencionada necessitaria admitir para aumentar sua produção em 126 elevadores? E para aumentar em 1.800 elevadores? Comente.

10. Se P, r e $\dfrac{dP}{dr}$ = 0,5 são respectivamente a poupança (em reais), a renda mensal (em reais) e a propensão marginal a poupar de uma pessoa, determine a função-poupança, sabendo que tal pessoa foi obrigada a fazer uma retirada de R$ 300,00 de sua poupança num mês em que sua renda foi de R$ 1.000,00.

6.2 MÉTODOS DE INTEGRAÇÃO

De maneira análoga ao estudo de derivadas exposto no Capítulo 4, após a definição do conceito de integral indefinida de função, vamos apresentar algumas técnicas de primitivação.

Uma vez compreendido o significado de integração indefinida de uma função, estudaremos técnicas para a determinação de somente uma primitiva de tal função, uma vez que as outras primitivas diferem apenas por uma constante, de acordo com o teorema apresentado na Seção 6.1. Portanto, as técnicas de integração têm por intuito fornecer uma primitiva de uma função dada f(x), ou seja, descobrir F(x) tal que F'(x) = f(x).

O processo de primitivação ou antiderivação é menos programável que o de derivação estudado no Capítulo 4, uma vez que, contrariamente a este, não se traduz num procedimento sistemático aplicável a qualquer função elementar que conduza seguramente a outra função também elementar.

Utilizando suas respectivas técnicas, e por mais trabalho que estas exijam, a derivação fornece sempre um resultado expresso sob a forma de uma função elementar, qualquer combinação de constantes e potências de x, funções exponenciais, logarítmicas, trigonométricas ou hiperbólicas utilizando multiplicação, adição, divisão ou composição de funções, a partir de outra função elementar, o que não ocorre necessariamente na dinâmica de integração.

Por exemplo, a função elementar e^{-x^2}, aparentemente simples, não possui uma antiderivada expressa em termos de funções elementares. Outras funções, tais como $\dfrac{e^{\pm x}}{x^n}$ ($n \in \mathbb{N}$), $\dfrac{1}{\ln x}$, $\dfrac{1}{\sqrt{(1 \pm x^2)(1 \pm k^2 x^2)}}$, $\sqrt{x^3 + 1}$, algumas de fundamental importância em áreas como probabilidades e teoria dos números, bem como algumas funções trigonométricas não possuem primitivas que possam ser expressas como soma de funções elementares.

Estes e outros aspectos fazem da integração não um processo sistemático, mas uma *arte* que exige mais do que o uso do pensamento lógico-dedutivo, tornando tal operação mais criativa e interessante que a derivação. A integração demanda fortemente o uso de pensamento indutivo e analógico, ampliando significativamente o espectro de inferências e a maturidade matemática do estudioso.

Tais comentários levam-nos a refletir sobre a existência de primitiva de uma função. Embora o resultado que se segue não afirme nada concernente à maneira de explicitar tal integral indefinida, apresenta uma condição suficiente para a existência de primitiva para uma função.

> **Teorema:** Se f é contínua em [a,b], então f possui primitiva nesse intervalo.

Tendo em vista que o operador integral é inverso à derivada, as técnicas de integração apresentam semelhança dual com as regras de derivação apresentadas no Capítulo 4. Por exemplo, esta seção apresentará técnicas tais como a integração por partes e por substituição associadas, respectivamente, às regras de derivada do produto e da cadeia. Sob tal ótica, as propriedades de integral da soma de funções e do produto de uma função por uma constante também podem ser pensadas, respectivamente, como semelhantes às regras de derivada da soma e do produto de uma função por uma constante.

De maneira análoga à derivação, a integração ou antiderivação faz uso do conhecimento de primitivas imediatas, bem como das técnicas apresentadas em seguida que, articulados criteriosamente, facilitam o processo de primitivação. Com o intuito de sistematizar as reflexões anteriores, organizam-se a seguir algumas das primitivas imediatas já mencionadas na Seção 6.1 ou decorrentes imediatas das derivadas de funções logarítmicas e exponenciais expostas na Seção 4.4.

1) $\int K\,dx = Kx + C$

2) $\int x^n\,dx = \dfrac{x^{(n+1)}}{(n+1)} + C\,(n \neq -1)$

3) $\int \dfrac{1}{x}\,dx = \ln|x| + C$

4) $\int e^x\,dx = e^x + C$

5) $\int a^x\,dx = \dfrac{a^x}{\ln^a} + C$

A Seção 6.3 apresenta um estudo sobre integral das funções trigonométricas, o que tornará possível ampliar o leque de funções primitivas imediatas.

Integração por partes

O nome "integração por partes" provém do fato de que, ao utilizar-se tal técnica, não se completa a primitivação. Integra-se apenas uma parte e transfere-se o problema original para outra integral, supostamente mais simples, quando do uso criterioso de tal técnica.

A Seção 4.2 demonstrou que se calcula a derivada do produto de duas funções f e g pela fórmula:

$$[f(x)g(x)]' = f(x)g'(x) + f'(x)g(x)$$

Dada a identidade das funções representadas nos membros da direita e da esquerda da equação acima, as suas primitivas devem diferir por uma constante, de acordo com o teorema apresentado na Seção 6.1. Logo:

$$\int [f(x)g(x)]'\,dx = \int f(x)g'(x)\,dx + \int f'(x)g(x)\,dx + C$$

que resulta na fórmula para integração por partes abaixo:

$$\int f(x)g'(x)\,dx = f(x)g(x) - \int f'(x)g(x)\,dx + C$$

Esta fórmula pode ser apresentada de maneira mais "elegante", por meio da notação de Leibniz. Seja $f(x) = u(x)$ e $g(x) = v(x)$.

Temos que:

$$\dfrac{du}{dx} = u'(x) \text{ e, portanto, } du = u'dx$$

$$\dfrac{dv}{dx} = v'(x) \text{ e, portanto, } dv = v'dx$$

Substituindo tais expressões nas integrais da fórmula acima, temos a expressão alternativa de fórmula de integração por partes:

$$\int u \, dv = uv - \int v \, du$$

O sucesso da técnica de integração por partes no cálculo de $\int h(x) \, dx$ consiste em expressar $h(x)$ como produto de duas funções de tal maneira que se conheça a primitiva de uma delas, bem como a primitiva do produto desta última pela derivada da outra.

Objetivamente, utiliza-se a integração por partes principalmente nos casos em que se deseja integrar expressões representáveis como produto de dois fatores $f(x)$ e $g'(x)$ de tal maneira que os cálculos de $g(x)$ a partir de $g'(x)$ bem como da primitiva de $f'(x)g(x)$ formem juntamente um problema mais simples que o cálculo da integral de $f(x)g'(x)$.

Exemplo 6.5:

Calcule $\int x \, e^x \, dx$

Resolução:

Considere $f(x) = x$ e $g'(x) = e^x \Rightarrow f'(x) = 1$ e $g(x) = e^x$
$\Rightarrow f(x) \, g(x) = xe^x$ e $f'(x) \, g(x) = e^x$. Aplicando a fórmula de integração por partes para as funções escolhidas acima, temos:

$\int x \, e^x \, dx = x \, e^x - \int e^x \, dx = x \, e^x - e^x + C$

Na notação mais simples, temos:

$u = x \Rightarrow du = dx$

$dv = e^x \, dx \Rightarrow \int x \, e^x \, dx = \int u \, dv = uv - \int v \, du = x \, e^x - \int e^x \, dx = x \, e^x - e^x + C$

A escolha inversa para $f(x)$ e $g'(x)$, ou seja, $f(x) = e^x$ e $g'(x) = x$, transferiria o problema para uma integral mais complexa, no caso, $\int f'(x) \, g(x) \, dx = \int \frac{x^2}{2} e^x \, dx$, o que nos chama a atenção para uma escolha criteriosa de $f(x)g'(x)$ dentre as suas distintas combinações.

Pode ainda ocorrer de se fazer necessário o uso recursivo da fórmula de integração por partes, exigindo mais de uma primitivação, como no exemplo seguinte:

Exemplo 6.6:

Calcule $\int x^2 \, e^x \, dx$

Resolução:

Considere $f(x) = x^2$ e $g'(x) = e^x \Rightarrow f'(x) = 2x$ e $g(x) = e^x$

$\Rightarrow f(x)g(x) = x^2 e^x$ e $f'(x)g(x) = 2xe^x$. Aplicando a fórmula de integração por partes para as funções escolhidas acima, temos:

$\Rightarrow \int x^2 e^x \, dx = x^2 e^x - 2\int x e^x \, dx$

Aplicando novamente a fórmula de integração por partes com $f(x) = x$ e $g'(x) = e^x$ para a integral restante na expressão acima, temos:

$\int x^2 e^x \, dx = x^2 e^x - 2\int x e^x \, dx = x^2 e^x - 2(x e^x - \int e^x \, dx) = x^2 e^x - 2(x e^x - e^x + C) = x^2 e^x - 2x e^x + 2e^x + C$

Os exemplos mencionados anteriormente chamam-nos a atenção para a importância da técnica de primitivação por partes para casos de integrandos expressos como potências de funções, nos quais não se encontram presentes a derivada da base. Nesses casos, um bom candidato a f(x) é a potência referida, uma vez que a diminuição de seu grau com o cálculo de sua derivada no processo de integração por partes pode favorecer fortemente a primitivação, ao simplificar o integrando remanescente.

Integração por substituição

Assim como a técnica de primitivação por partes possui correspondência com a regra de derivação do produto de funções, a integração por substituição pode ser interpretada como a "versão integral" da regra da cadeia exibida na Seção 4.3 do Capítulo 4. Segundo esta regra, a derivada da função composta $h(x) = F[g(x)]$ é dada por:

$h'(x) = F'[g(x)]g'(x)$

Se F é uma primitiva da função f, então $F'(u) = f(u)$ e portanto

$F'(g(x)) = f(g(x))$

Logo, aplicando a última fórmula na anterior, temos que $h'(x) = f(g(x))g'(x)$ e portanto:

$\int f(g(x))g'(x)dx = h(x) + C = F[g(x)] + C$

Tomando agora a substituição $u = g(x)$ e como F é primitiva de f, temos:

$\int f(g(x))g'(x)dx = F(u) + C = \int f(u)du$, ou seja,

$\int f(g(x))g'(x)dx = \int f(u)du$, onde $u = g(x)$ e portanto $du = g'(x)dx$

Esta é a fórmula direta da técnica de mudança ou substituição de variável, que nada mais é senão a regra da cadeia do cálculo diferencial expressa sob a forma integral. Cabe ressaltar que após o cálculo da primitiva de f(u), deve-se retornar à variável original x aplicando-se novamente a função transformadora.

O sucesso da utilização deste método consiste na adequação do integrando à forma $f(g(x))g'(x)$, ou, segundo a notação de Leibniz, $f(u)du/dx$, de tal maneira que a primitiva da função f seja conhecida. Tais considerações levam-nos a crer que a operação integral também pode ser realizada por meio de uma seqüência de tentativas e erros; necessária à convergência para a adequação mencionada.

Neste caso, uma vez encontrada uma função candidata a primitiva de outra, verifica-se sua validade derivando-a. Caso o resultado confira com a função original, o processo está terminado. Caso contrário, deve-se revisar o resultado com o intuito de modificar convenientemente a candidata de modo que sua derivada confira com a função original.

De acordo com a Seção 4.3, uma função resultante da regra da cadeia é passível de ser expressa como uma função mais "externa" f'(x) aplicada em outra função interna g(x) multiplicada pela derivada desta última. Uma vez reconhecida a função que se deseja integrar como uma expressão desta natureza, sua primitiva será f(g(x)) + C.

O método de substituição pode ainda ser visto como a formalização desta idéia, pois, fazendo uso de uma mudança de variável, utilizam-se inferências dedutivas bem como regras de integração para simplificar o integrando e, portanto, o cálculo da primitiva, que deve ser composta com a função representativa da mudança de variável ao final do processo.

Tais operações têm natureza recíproca àquela concernente à percepção das funções f'(x) e g(x) supracitadas, que exigem em geral sensibilidade mais apurada, uma vez que fazem uso mais significativo de inferências analógicas e indutivas, dissociadas de regras gerais.

Exemplo 6.7:

Calcule $\int t e^{t^2} dt$

Resolução:

Iniciemos por tentativa e erro. Para tal, deve-se adequar te^t a um produto de funções da forma $f(g(t))g'(t)$. Tentemos, por exemplo, $f(u) = e^u$ e $g(t) = t^2$. Nesse caso, o produto $f(g(t))g'(t)$ será $e^{t^2} 2t$, que difere do integrando do problema por um fator 2, o que sugere naturalmente a escolha $f(u) = \dfrac{e^u}{2}$, para o mesmo g(t). Nesse caso,

$$te^{t^2} = f(g(t))g'(t) \Rightarrow \int te^{t^2} dt = \int f(g(t))g'(t)dt = F(g(t)) + C = \dfrac{e^t}{2} + C$$

Utilizando a integração por substituição propriamente dita, tais operações correspondem à escolha $u = t^2$ e portanto $du = 2t\, dt$. Aplicando a fórmula de mudança de variável, temos:

$$\int te^{t^2} dt = \int e^u = \dfrac{du}{2} = \dfrac{e^u}{2} + C$$

Retornando à variável original t, temos:

$$\int t e^{t^2} \, dt = \frac{e^{t^2}}{2} + C$$

De maneira geral, a efetividade do método de mudança de variável encontra-se na escolha de uma substituição frutífera, associada à habilidade de perceber qual parte do integrando é derivada de outra parte.

Em muitos casos, dada a integral $\int f(x) \, dx$, pode ser mais interessante fazer a substituição $x = g(u)$, o que significa utilizar a fórmula para substituição de variáveis da direita para a esquerda. Nesse caso, a substituição resulta na igualdade abaixo:

$\int f(x)dx = \int f(g(u))g'(u)du$, onde $x = g(u)$ e portanto $dx = g'(u)du$

Conhecida como substituição inversa, tal técnica transfere o cálculo de $\int f(x)dx$ para $\int f(g(u))g'(u)du$, que deve ser mais simples quando da utilização criteriosa deste método. De maneira análoga à substituição direta, a técnica inversa exige o retorno à variável original após o cálculo da primitiva resultante da mudança de variável.

No entanto, a concretização desta última etapa para a substituição inversa necessita a garantia da existência de um valor u para cada valor de x, ou seja, a função $x = g(u)$, representativa da mudança de variável, deve possuir inversa $u = g^{-1}(x)$ no intervalo em questão.

Exemplo 6.8:

Calcule $\int x^2 \sqrt{x+5} \, dx$

Resolução:

Considere uma mudança tal que $u = x+5$, ou seja, $x = u - 5 = g(u)$, que é uma função inversível, satisfazendo, portanto, as condições necessárias para a aplicação da substituição inversa. Além disso, $dx = g'(u) \, du = 1du = du$.

Aplicando a técnica mencionada, temos:

$$\int x^2 \sqrt{x+5} \, dx = \int (u-5)^2 \sqrt{u} \, du = \int (u^2 - 10u + 25)\sqrt{u} \, du =$$

$$= \int \left(u^{\frac{5}{2}} - 10 u^{\frac{3}{2}} + 25 u^{\frac{1}{2}} \right) du = \frac{u^{\frac{7}{2}}}{\frac{7}{2}} - \frac{10 u^{\frac{5}{2}}}{\frac{5}{2}} + \frac{25 u^{\frac{3}{2}}}{\frac{3}{2}} + C =$$

$$= \frac{2}{7} u^{\frac{7}{2}} - 4 u^{\frac{5}{2}} + \frac{50 u^{\frac{3}{2}}}{3} + C.$$ Retornando à variável original x,

deve-se utilizar $g^{-1}(x) = x + 5 = u$, o que resulta em:

$$\int x^2 \sqrt{x+5} \, dx = \frac{2}{7}(x+5)^{\frac{7}{2}} - 4(x+5)^{\frac{5}{2}} + \frac{50}{3}(x+5)^{\frac{3}{2}} + C$$

Exemplo 6.9:

Calcule $\int x(x^2 - 4)^5 dx$.

Resolução:

Seja $u = x^2 - 4$.

Então, $\dfrac{du}{dx} = 2x$.

Logo, $xdx = \dfrac{du}{2}$.

Substituindo xdx por $\dfrac{du}{2}$ e $x^2 - 4$ por u, temos

$\int x(x^2 - 4)^5 dx = \int u^5 \dfrac{du}{2} = \dfrac{1}{2} \int u^5 du = \dfrac{1}{2}\left[\dfrac{u^6}{6} + C\right] =$

$= \dfrac{1}{12} \cdot (x^2 - 4)^6 + C$

Exemplo 6.10:

Calcule $\int \dfrac{5x}{1 + x^2} dx$.

Resolução:

Seja $u = 1 + x^2$

A derivada de u em relação a x é:

$\dfrac{du}{dx} = 2x$.

Portanto, $xdx = \dfrac{du}{2}$.

Substituindo na integral $1 + x^2$ por u e xdx por $\dfrac{du}{2}$, temos

$\int \dfrac{5x}{1 + x^2} dx = \int \dfrac{5}{u} \cdot \dfrac{du}{2} = \dfrac{5}{2} \int \dfrac{du}{u} = \dfrac{5}{2} \cdot \ln|u| + C =$

$\dfrac{5}{2} \cdot \ln|1 + x^2| + C = \dfrac{5}{2} \ln(1 + x^2) + C$

Integração por frações parciais

A técnica de integração por frações parciais destina-se ao cálculo de primitivas de funções racionais, ou seja, de funções expressas como quociente de polinômios. Esta técnica consiste essencialmente em exprimir a função racional $\dfrac{p(x)}{q(x)}$ que se deseja integrar, onde $p(x)$ e $q(x)$ são polinômios, como soma de funções racionais mais simples integráveis por meio de formas-padrões, discutidas em seguida.

Diante de uma função racional $\frac{p(x)}{q(x)}$, o primeiro passo consiste em verificar se esta é imprópria, ou seja, se o grau do polinômio do numerador p(x) é maior ou igual ao grau do polinômio do denominador q(x), ou se é uma função racional própria. Caso o integrando seja uma função imprópria, pode-se dividir p(x) por q(x) resultando em um polinômio adicionado de uma função racional própria.

Tendo em vista a facilidade de primitivação de um polinômio, o problema de integração de funções racionais não perde generalidade se restringirmo-nos ao estudo de funções próprias, uma vez que, em caso contrário, pode-se dividir o polinômio em questão transferindo o problema para uma função racional própria.

Exemplo 6.11:

Calcule $\int \frac{x^2 + 2x + 2}{x + 1} dx$

Resolução:

A função racional $\frac{x^2 + 2x + 2}{x + 1}$ é uma função imprópria. Portanto, inicialmente deve-se dividir $x^2 + 2x + 1$ por $x + 1$, ou seja,

$$\begin{array}{r|l} x^2 + 2x + 2 & x + 1 \\ \underline{-x^2 - x} & x + 1 \\ x + 2 & \\ \underline{-x - 1} & \\ +1 & \end{array}$$

Com isso, $\frac{x^2 + 2x + 2}{x + 1} = x + 1 + \frac{1}{x + 1} \Rightarrow \int \frac{x^2 + 2x + 2}{x + 1} dx =$

$= \int x \, dx + \int 1 dx + \int \frac{1}{x + 1} dx.$

Portanto o problema transferiu-se para o cálculo de $\int \frac{1}{x + 1} dx$, que é a integral de uma função racional própria. Pela substituição direta $u = x + 1$ com $dx = du$, tem-se $\int \frac{1}{u} du = \ln |u| + C = \ln |x + 1| + C.$

Logo, $\int \frac{x^2 + 2x + 2}{x + 1} dx = \int x \, dx + \int 1 dx + \int \frac{1}{x + 1} dx =$

$= \frac{x^2}{2} + x + \ln|x + 1| + C.$

O exemplo anterior recai em uma primitiva simples, mas, de maneira geral, a função racional imprópria $\dfrac{P(x)}{Q(x)}$ pode ser expressa como:

$$\dfrac{P(x)}{Q(x)} = R(x) + \dfrac{S(x)}{Q(x)}$$

onde $\dfrac{S(x)}{Q(x)}$ é uma função racional própria qualquer. Portanto, o estudo de integração por decomposição em frações parciais consiste em calcular a primitiva de $\dfrac{S(x)}{Q(x)}$, onde $S(x)$ e $Q(x)$ são polinômios de graus, respectivamente, m e n, com m < n.

Diante de uma função racional própria, a técnica em questão explica justamente como realizar a decomposição mencionada inicialmente. Tanto para frações numéricas como para funções racionais, já estamos habituados a transformar uma soma em apenas uma fração, ou seja, a reduzir uma soma ao denominador comum. A decomposição em frações parciais consiste precisamente no processo inverso. Essencialmente, a técnica de integração por frações parciais de uma função racional $\dfrac{S(x)}{Q(x)}$ consiste no seguinte procedimento.

Inicialmente, reescreve-se o polinômio $Q(x)$ de coeficientes reais como um produto de fatores lineares e quadráticos expressos respectivamente na forma $(ax+b)$ e (ax^2+bx+c). Ainda que se mostre muitas vezes de difícil execução — especialmente quando se trata de polinômios de grau maior ou igual a 3 —, tal decomposição, teoricamente, sempre é possível como conseqüência do *Teorema Fundamental da Álgebra*.

Uma vez decomposto o denominador, precisa-se estabelecer a forma das frações parciais. Não há perda de generalidade em considerar os fatores mencionados como $(x - a)$ e $(x^2 + bx + c)$, uma vez que os respectivos coeficientes em x e x^2 podem incorporar-se a um termo numérico que multiplica o numerador. Cada fator linear $(x - a)$ com multiplicidade n e cada fator quadrático $(x^2 + bx + c)$ com multiplicidade m corresponderão, respectivamente, na decomposição em questão, às seguintes somas:

$$\dfrac{A_1}{x - a} + \dfrac{A_2}{(x - a)^2} + \dfrac{A_3}{(x - a)^3} + \ldots + \dfrac{A_n}{(x - a)^n}$$

$$\dfrac{B_1 x + C_1}{x^2 + bx + c} + \dfrac{B_2 x + C_2}{(x^2 + bx + c)^2} + \ldots + \dfrac{B_m x + C_m}{(x^2 + bx + c)^m}$$

Uma vez determinados os coeficientes acima e fazendo uso da propriedade de soma de integrais, a primitivação de uma função racional própria reduz-se ao cálculo de integrais da forma $\dfrac{A_n}{(x - a)^n}$ e $\dfrac{B_m x + C_m}{(x^2 + bx + c)^m}$. Cabe ressaltar que se calculam esses coeficientes pelo confronto entre a função original e a decomposta, o que se realiza mais especificamente por meio da identificação dos coeficientes de mesmo grau de polinômios envolvidos nessa igualdade referida.

Exemplo 6.12:

Calcule $\int \dfrac{5x^4 - 8x^3 + 21x^2 - 35x + 12}{(x^2 + 4)(x^3 - 2x^2 + x)} dx$

Resolução:

Façamos a decomposição da função racional própria em funções racionais mais simples. Decompondo o denominador em fatores lineares e quadráticos, temos:

$$\dfrac{5x^4 - 8x^3 + 21x^2 - 35x + 12}{(x^2 + 4)(x^3 - 2x^2 + x)} = \dfrac{5x^4 - 8x^3 + 21x^2 - 35x + 12}{[(x^2 + 4)(x - 1)^2 \, x]} =$$

De acordo com as considerações apresentadas referentes à natureza dos termos da decomposição, temos:

$$= \dfrac{A + Bx}{(x^2 + 4)} + \dfrac{C}{x - 1} + \dfrac{D}{(x - 1)^2} + \dfrac{E}{x}$$

Para encontrar os coeficientes acima, devemos reduzir esta soma ao mesmo denominador e depois identificar o polinômio do numerador com $5x^4 - 8x^3 + 21x^2 - 35x + 12$. Porém, podemos catalisar este processo da seguinte maneira:

$$\dfrac{5x^4 - 8x^3 + 21x^2 - 35x + 12}{(x^2 + 4)(x - 1)^2 \, x} = \dfrac{A + Bx}{(x^2 + 4)} + \dfrac{C}{x - 1} + \dfrac{D}{(x - 1)^2} + \dfrac{E}{x}$$

Multiplicando ambos os membros por x e considerando que a identidade continua valendo para qualquer x, toma-se $x = 0$. Observa-se assim que as três primeiras frações da esquerda anulam-se, restando deste lado somente E. Portanto, temos:

$$\dfrac{5.0^4 - 8.0^3 + 21.0^2 - 35.0 + 12}{(0^2 + 4)(0 - 1)^2} = E = \dfrac{12}{4} = 3$$

Ao realizar um procedimento análogo, desta vez multiplicando ambos os membros por $(x-1)^2$ e aplicando em seguida $x = 1$, temos:

$$\dfrac{5.1^4 - 8.1^3 + 21.1^2 - 35.1 + 12}{(1^2 + 4).1} = 0 + 0 + D + 0 = D = \dfrac{-5}{5} = -1$$

Multiplicando agora ambos os membros por $(x^2 + 4)$ e aplicando em seguida $x = -2i$, temos:

$$\dfrac{5.(2i)^4 - 8.(2i)^3 + 21.(2i)^2 - 35.(2i) + 12}{(2i) - 1)^2 \, 2i} = A + B.2i + 0 + 0.$$

Fazendo os cálculos usando os complexos conjugados, temos:

$1 = A + 2Bi \Rightarrow A = 1$ e $B = 0$. Só resta agora calcular o coeficiente C.

Nesse caso, deve-se inicialmente multiplicar ambos os membros por $(x-1)^2$. Se aplicarmos agora x=1, encontraremos D e não C. Com o intuito de obter este último, procede-se da seguinte maneira. Dada a identidade das funções que se encontram em ambos os membros, tem-se portanto a identidade de suas derivadas.

Derivam-se assim ambos os lados para eliminar os termos em $x-1$ presentes juntamente com o coeficiente C, ao mesmo tempo em que se elimina a constante D do lado esquerdo e mantém-se um fator $(x-1)$ no primeiro e no quarto termos. Com este procedimento, e aplicando agora x=1 em ambos os membros, resta apenas o coeficiente C, como desejado. Ou seja,

$$\left|\frac{5x^4 - 8x^3 + 21x^2 - 35x + 12}{(x^2 + 4)x}\right|_{x=1} = C.$$ Aplicando a regra de derivação da

razão apresentada na seção 4.2, temos:

$$\left|\frac{((20x^3 - 24x^2 + 42x - 35)(x^2 + 4)x - (5x^4 - 8x^3 + 21x^2 - 35x + 12)(2x \cdot x + (x^2 + 4))}{[(x^2 + 4)x]^2}\right|_{x=}$$

$$= C = \frac{[(20 - 24 + 42 - 35)(1+4) - (5 - 8 + 21 - 35 + 12)(2 + 1 + 4)]}{(1+4)^2} =$$

$$= \frac{(15 + 35)}{25} = 2$$

Logo,

$$\frac{5x^4 - 8x^3 + 21x^2 - 35x + 12}{(x^2 + 4)(x - 1)^2 x} = \frac{1}{x^2 + 4} + \frac{2}{x - 1} - \frac{1}{(x - 1)^2} + \frac{3}{x}$$

Portanto,

$$\int \frac{5x^4 - 8x^3 + 21x^2 - 35x + 12}{(x^2 + 4)(x - 1)^2 x} dx =$$

$$= \int \frac{1}{x^2 + 4} dx + \int \frac{2}{x - 1} dx - \int \frac{1}{(x - 1)^2} dx + \int \frac{3}{x} dx$$

Com isso, o problema reduziu-se ao cálculo das 4 integrais do membro da direita da igualdade acima, realizados em seguida:

$$\int \frac{1}{x^2 + 4} dx$$

Fazendo a mudança de variável x = 2y, temos dx = 2dy. Portanto:

$$\int \frac{1}{x^2+4}dx = \int \frac{1}{4y^2+4}2dy = \frac{1}{2}\int \frac{1}{y^2+1}dy = \frac{1}{2}\text{arctg } y \text{ (demonstrada na Seção 2.6)}.$$

Retornando à variável x, temos: $\frac{1}{2}\text{arctg}\frac{x}{2} + C - \int \frac{2}{x-1}dx$

Fazendo a mudança de variável x − 1 = y, temos dx = dy. Portanto:

$$\int \frac{2}{x-1}dx = \int \frac{2}{y}dy = 2\ln|y| = 2\ln|x-1| + C$$

Analogamente, $\int \frac{1}{(x-1)^2} dx$ e $\int \frac{3}{x} dx$, resultam respectivamente em $-\frac{1}{x-1} + C$ e $3\ln|x| + C$. Finalmente,

$$\int \frac{5x^4 - 8x^3 + 21x^2 - 35x + 12}{(x^2+4)(x^3-2x^2+x)}dx =$$

$$= \frac{1}{2}\text{arctg}\frac{x}{2} + 2\ln|x-1| + \frac{1}{x-1} + 3\ln|x| + C$$

A técnica de integração por frações parciais permite transformar funções racionais próprias em soma de termos do tipo $\frac{A_n}{(x-a)^n}$ e $\frac{(B_m x + C_m)}{(x^2+bx+c)^m}$. Tais funções podem sempre ser transformadas através de técnicas de integração por substituição de variáveis e por partes de maneira recursiva em outras do tipo $\frac{K}{x^n}$ (n ⩾ 1), $\frac{K}{x^2+1}$, $\frac{Kx}{(x^2+1)^n}$ (n ⩾ 1), cujas primitivas são respectivamente do tipo $k\ln|x|$; $\frac{k}{x^n}$, (n ⩾ 1); k arctg x; $k\ln(x^2+1)$; $\frac{k}{(x^2+1)^n}$, (n ⩾ 1).

Tais considerações, juntamente com o fato de que funções racionais impróprias podem ser sempre expressas como soma de polinômios e de funções racionais próprias, permitem generalizar o resultado do exemplo anterior afirmando que qualquer função racional possui uma integral passível de ser expressa em termos de funções elementares que são combinações das funções supracitadas.

Na próxima seção, veremos mais algumas técnicas de integração de natureza trigonométrica. Para isso, faz-se necessária uma rápida revisão de tais funções, bem como o cálculo de algumas primitivas trigonométricas imediatas necessárias, juntamente com aquelas apresentadas no início do capítulo, para o cálculo mais geral de integrais.

Exercícios 6.2

Calcule as seguintes integrais:

1. $\int (x^3 + 5)^6 x^5 \, dx$

2. $\int \dfrac{5x}{\sqrt{2x^2 + 1}} \, dx$

3. $\int (x + 5) \ln x \, dx$

4. $\int \dfrac{\ln 4x}{\sqrt{x}} \, dx$

5. $\int \dfrac{x^2 + x}{x - 1} \, dx$

6. $\int \dfrac{e^x}{\sqrt{1 - e^{2x}}} \, dx$

7. $\int \dfrac{x^3}{3x + 2} \, dx$

8. $\int \dfrac{9x^2 - 24x + 6}{x^3 - 5x^2 + 6x} \, dx$

9. $\int \dfrac{\ln x}{x(1 + (\ln x)^2)} \, dx$

10. $\int x^2 \, e^{x^3} \, dx$

11. $\int \dfrac{x^3 + 4x^2 + 6x + 1}{x^3 + x^2 + x - 3} \, dx$

12. $\int \dfrac{\sqrt{x}}{1 + x^{\frac{1}{4}}} \, dx$

13. $\int x^3 \, e^{3x} \, dx$

6.3 FUNÇÕES TRIGONOMÉTRICAS: INTEGRAIS E TÉCNICAS

Primitivas trigonométricas imediatas

Com o intuito de ampliar o quadro de primitivas apresentado na Seção 6.2 e utilizando os resultados da Seção 4.5, temos:

$$\int \cos x \, dx = \operatorname{sen} x + C$$

$$\int \operatorname{sen} x \, dx = -\cos x + C$$

$$\int \operatorname{cossec}^2 x \, dx = \operatorname{cotg} x + C$$

$$\int \sec^2 x \, dx = \operatorname{tg} x + C$$

$$\int \sec x \cdot \operatorname{tg} x \, dx = \sec x + C$$

$$\int \operatorname{cossec} x \cdot \operatorname{cotg} x \, dx = -\operatorname{cossec} x + C$$

De posse dos resultados anteriores, vejamos alguns exemplos de cálculo de primitivas envolvendo funções trigonométricas:

Exemplo 6.13:

Calcule $\int \operatorname{tg} x \, dx$

Resolução:

Substituição $u = \cos x \Rightarrow du = -\operatorname{sen} x\, dx \Rightarrow \int \operatorname{tg} x\, dx =$

$= \int \dfrac{\operatorname{sen} x}{\cos x} dx = \int -\dfrac{du}{u} = -\ln|u| + C.$

Retornando à variável original, temos:

$\int \operatorname{tg} x\, dx = -\ln|\cos x| + C$

Como exercício, prove que:

$\int \operatorname{cotg} x\, dx = \ln|\operatorname{sen} x| + C$

Exemplo 6.14:

Calcule $\int \sec x\, dx$

Resolução:

Multiplicando e dividindo por $\sec x + \operatorname{tg} x$, temos:

$\int \sec x\, dx = \int \dfrac{\operatorname{sen} x\,(\sec x + \operatorname{tg} x)}{\sec x + \operatorname{tg} x} dx = \int \dfrac{\sec^2 x + \sec x\, \operatorname{tg} x}{\sec x + \operatorname{tg} x} dx$

Considerando a substituição $u = \sec x + \operatorname{tg} x$, temos:

$\dfrac{du}{dx} = \sec x\, \operatorname{tg} x + \sec^2 x \Rightarrow$

$du = (\sec x\, \operatorname{tg} x + \sec^2 x)\, dx$

$\int \sec x\, dx = \int \dfrac{du}{u} = \ln|\sec x + \operatorname{tg} x| + C$

Como exercício, calcule $\int \operatorname{cossec} x\, dx$

Pode-se complementar o quadro de primitivas imediatas com as seguintes funções trigonométricas inversas:

$$\int \dfrac{1}{\sqrt{1-x^2}}\, dx = \operatorname{arc\,sen} x + C$$

$$\int \dfrac{1}{1+x^2}\, dx = \operatorname{arc\,tg} x + C$$

$$\int \dfrac{1}{x\sqrt{x^2-1}}\, dx = \operatorname{arc\,sec} x + C$$

Agora, estamos em condições de calcular a primitiva de funções trigonométricas inversas.

Exemplo 6.15:

$\int \operatorname{arc\,sen} x\, dx$

Resolução:

Vamos utilizar a técnica de integração por partes apresentada na Seção 6.2 com

$f(x) = \text{arc sen } x$ e $g'(x) = 1 \Rightarrow f'(x) = \dfrac{1}{\sqrt{1-x^2}}$ e $g(x) = x \Rightarrow$

$\int \text{arc sen } x \, dx = x \, \text{arc sen } x - \int \dfrac{x}{\sqrt{1-x^2}} dx$

Considere a substituição $1 - x^2 = u \Rightarrow du = -2x \, dx$

$\int \dfrac{x}{\sqrt{1-x^2}} dx = -\dfrac{1}{2} \int \dfrac{du}{\sqrt{u}} = -\dfrac{1}{2} \dfrac{u^{\frac{1}{2}}}{\frac{1}{2}} = -\sqrt{u} = \sqrt{1-x^2}$. Aplicado em (1), temos:

$\int \text{arc sen } x \, dx = x \, \text{arc sen } x + \sqrt{1-x^2} + C$

Faça como exercício $\int \text{arc cos } x \, dx$

Algumas técnicas de primitivação trigonométrica

As considerações relativas às funções trigonométricas e às técnicas de primitivação abordadas na seção anterior, permitem realizar substituições trigonométricas de significativo valor no processo de primitivação, bem como ressaltar estratégias específicas do uso das técnicas mencionadas quando tratamos de integrais envolvendo funções desta natureza.

• **MUDANÇA DE VARIÁVEL EM** $\sqrt{a^2 - x^2}, \sqrt{x^2 + a^2}, \sqrt{x^2 - a^2}$

A integração de funções envolvendo radicais do tipo $\sqrt{a^2 - x^2}, \sqrt{x^2 + a^2}$ e $\sqrt{x^2 - a^2}$ pode simplificar-se fortemente por meio do uso das variáveis $x = a \text{ sen } u$ ou $x = a \cos u$, $x = a \text{ tg } u$ ou $x = a \text{ cotg } u$ e $x = a \sec u$ ou $x = a \text{ cossec } u$, uma vez que as substituições referidas transformam os radicandos em quadrados perfeitos. Tais considerações decorrem diretamente da identidade trigonométrica fundamental e das outras identidades apresentadas na Seção 2.6:

$$\text{sen}^2 u + \cos^2 u = 1$$
$$1 + \text{tg}^2 u = \sec^2 u$$
$$1 + \text{cotg}^2 u = \text{cossec}^2 u$$

Por exemplo, as substituições $x = a \text{ sen } u$, $x = a \text{ tg } u$ e $x = a \sec u$ transformam os radicais $\sqrt{(a^2 - x^2)}, \sqrt{(x^2 + a^2)}$ e $\sqrt{(x^2 - a^2)}$, respectivamente, em a cos u, a sec u e a tg u.

Exemplo 6.16:

Calcule $\int \dfrac{1}{\sqrt{a^2 + x^2}}\, dx$

Resolução:

Considere a substituição $x = a\,\text{tg}\, u$, com $-\dfrac{\pi}{2} < u < \dfrac{\pi}{2} \Rightarrow dx = a\sec^2 u\, du$. Aplicando à integral acima, temos:

$$\int \dfrac{1}{\sqrt{a^2 + x^2}}\, dx = \int \dfrac{1}{\sqrt{a^2 + (a\,\text{tg}\, u)^2}}\, a\sec^2 u\, du = \int \dfrac{\sec^2 u}{\sec u}\, du =$$

$\int \sec u\, du$.

Do Exemplo 6.14, $\int \sec u\, du = \ln|\sec u + \text{tg}\, u| + C$. Deve-se agora retornar à variável original x ou mais especificamente, explicitar sec u e tg u em função de x.

Considerando a identidade trigonométrica acima, bem como o intervalo em questão, $\sec u = \sqrt{1 + \text{tg}^2 u} = \sqrt{1 + \left(\dfrac{x}{a}\right)^2}$

Logo,

$$\int \dfrac{1}{\sqrt{a^2 + x^2}}\, dx = \ln\left|\sqrt{1 + \left(\dfrac{x}{a}\right)^2} + \dfrac{x}{a}\right| + C$$

Exemplo 6.17:

Calcule $\int x^2 \sqrt{a^2 - x^2}\, dx$

Resolução:

As considerações anteriores sugerem naturalmente uma mudança de variável $x = a\,\text{sen}\, u \Rightarrow dx = a\cos u\, du$.

Aplicando à integral acima, temos:

$$\int x^2 \sqrt{a^2 - x^2}\, dx = \int (a\,\text{sen}\, u)^2 \sqrt{(a^2 - (a\,\text{sen}\, u)^2)}\, a\cos u\, du$$
$$= \int a^4 \text{sen}^2 u \cos^2 u\, du = \int a^4 (\text{sen}\, u \cos u)^2\, du.$$

Da primeira equação referente ao arco duplo apresentada na Seção 2.6, a última integral resulta em:

$$a^4 \int \left[\dfrac{\text{sen}\, 2u}{2}\right]^2 du = \dfrac{a^4}{4} \int \text{sen}^2 2u\, du$$

A segunda equação da seção 2.6 referente ao arco duplo afirma que $\cos 2a = 2\cos^2 a - 1 = 1 - 2\sen^2 a$.

Utilizando esta última equação para $a = 2u$, temos: $\sen^2 2u = \dfrac{1 - \cos 4u}{2}$, que aplicada à $\dfrac{a^4}{4} \int \sen^2 2u\, du$, resulta:

$$\int x^2 \sqrt{a^2 - x^2}\, dx = \dfrac{a^4}{4} \int \dfrac{(1 - \cos 4u)}{2}\, du = \dfrac{a^4}{8}\left(u - \dfrac{\sen 4u}{4}\right) + C.$$

Retornando à variável original $\Rightarrow x = a \sen u$. Aplicando o arco duplo para as funções seno e cosseno, temos:

$\sen 4u = 2\sen 2u \cos 2u = 2(2\sen u \cos u)(1 - 2\sen^2 u) =$
$= 4\sen u \sqrt{1 - \sen^2 u}\,(1 - 2\sen^2 u)$

Expressando $\sen 4u$ em função de x, temos:

$$\sen 4u = 4\dfrac{x}{a}\left(1 - 2\left(\dfrac{x}{a}\right)^2\right)\sqrt{1 - \left(\dfrac{x}{a}\right)^2}$$

Logo:

$$\int x^2 \sqrt{a^2 - x^2}\, dx =$$
$$= \dfrac{a^4}{8}\left[\arc \sen \dfrac{x}{a} - \dfrac{x}{a}\left(1 - 2\left(\dfrac{x}{a}\right)^2\right)\sqrt{1 - \left(\dfrac{x}{a}\right)^2}\right] + C$$

Os exemplos anteriores revelam a necessidade não apenas do conhecimento de identidades trigonométricas apresentadas na Seção 2.6, mas ainda certa maturidade em seu uso, adquirida, por exemplo, com a prática de primitivação de expressões envolvendo funções trigonométricas ou de expressões que exigem substituição de variáveis dessa natureza.

· SUBSTITUIÇÃO PARA TANGENTE DO ARCO METADE

Para entender melhor a mudança de variável trigonométrica para a tangente do arco metade, bem como detectar as circunstâncias para as quais tal técnica é recomendável, vejamos algumas conseqüências da substituição referida.

As fórmulas do arco duplo das funções seno e cosseno apresentadas no início da Seção 2.6 aplicada para $a = \dfrac{x}{2}$ resultam em:

$\sen x = 2 \sen \dfrac{x}{2} \cos \dfrac{x}{2}$

$\cos x = \cos^2 \dfrac{x}{2} - \sen^2 \dfrac{x}{2}$

Considerando a mudança de variável $u = \text{tg}\,\frac{x}{2}$, as fórmulas acima podem ser expressas como função de u. Tendo em vista o valor unitário da identidade trigonométrica fundamental para qualquer θ, as igualdades acima não se alteram se divididas por $\text{sen}^2\,\frac{x}{2} + \cos^2\,\frac{x}{2}$, o que resulta em:

$$\text{sen}\,x = \frac{2\,\text{sen}\,\frac{x}{2}\,\cos\,\frac{x}{2}}{\text{sen}^2\,\frac{x}{2} + \cos^2\,\frac{x}{2}}$$

$$\cos x = \frac{\cos^2\,\frac{x}{2} - \text{sen}^2\,\frac{x}{2}}{\text{sen}^2\,\frac{x}{2} + \cos^2\,\frac{x}{2}}$$

Dividindo agora os numeradores e denominadores das frações acima por $\cos^2\,\frac{x}{2}$ e substituindo $\text{tg}\,\frac{x}{2}$ por u, temos:

$$\text{sen}\,x = \frac{2\,\text{tg}\,\frac{x}{2}}{\text{tg}^2\,\frac{x}{2} + 1} \quad \text{e}\quad \cos x = \frac{1 - \text{tg}^2\,\frac{x}{2}}{\text{tg}^2\,\frac{x}{2} + 1} \Rightarrow$$

$$\text{sen}\,x = \frac{2u}{u^2 + 1}$$

$$\cos x = \frac{1 - u^2}{u^2 + 1}$$

Essa substituição transforma as funções seno e cosseno em funções racionais. Além disso, a transformação $u = \text{tg}\,\frac{x}{2}$ – ou inversamente, $x = 2\,\text{arctg}\,u$ – resulta em $dx = \frac{2du}{(u^2 + 1)}$, o que ainda contribuirá na integração com um fator racional. Tais resultados fazem da substituição pela tangente do arco metade uma estratégia de primitivação útil para os casos em que o integrando consiste em uma função racional de sen x e cos x.

Essa mudança de variável aplicada a funções dessa natureza transforma a expressão da qual se deseja encontrar uma primitiva em uma função racional, integrável pelo método de frações parciais desenvolvido na Seção 6.2.

Exemplo 6.18:

Calcule $\int \frac{1}{1 + \text{sen}\,x}\,dx$

Resolução:

Trata-se de um integrando expresso como função racional de sen x e de cos x. Fazendo a mudança de variável $u = tg\left(\dfrac{x}{2}\right)$, temos:

$$sen\ x = \dfrac{2u}{u^2 + 1}$$

$$cos\ x = \dfrac{1 - u^2}{u^2 + 1}$$

$$dx = \dfrac{2du}{u^2 + 1}$$

Aplicando tais resultados à integral original, temos:

$$\int \dfrac{1}{1 + sen\ x}\ dx = \int \dfrac{1}{1 + \dfrac{2u}{u^2 + 1}} \dfrac{2du}{u^2 + 1} =$$

$$= 2\int \dfrac{1}{1 + u^2 + 2u}\ du = 2\int \dfrac{1}{(u + 1)^2}\ du = -\dfrac{2}{u + 1} + C =$$

$$= -\dfrac{2}{tg\dfrac{x}{2} + 1} + C$$

Exemplo 6.19:

Calcule $\int \dfrac{1}{sen\ x - cos\ x}\ dx$

Resolução:

O integrando em questão é uma função racional de sen x e de cos x. Façamos a mudança de variável $u = tg\dfrac{x}{2}$. Os resultados anteriores afirmam que:

$$sen\ x = \dfrac{2u}{u^2 + 1}$$

$$cos\ x = \dfrac{1 - u^2}{u^2 + 1}$$

$$dx = \dfrac{2}{u^2 + 1}$$

Aplicando tais resultados à integral em questão, temos:

$$\int \frac{1}{\sen x - \cos x} dx = \int \frac{1}{\frac{2u}{u^2+1} - \frac{1-u^2}{u^2+1}} \cdot \frac{2}{(u^2+1)} du =$$

$$= \int \frac{2}{u^2 + 2u - 1} du = 2\int \frac{1}{u^2 + 2u - 1} du$$

Temos uma função racional de u com a seguinte decomposição em frações simples:

$$\frac{1}{u^2 + 2u - 1} = \frac{1}{(u + 1 - \sqrt{2})(u + 1 + \sqrt{2})} =$$

$$\frac{A}{u + 1 - \sqrt{2}} + \frac{B}{u + 1 + \sqrt{2}} \Rightarrow A(u + 1 + \sqrt{2}) + B(u + 1 - \sqrt{2}) \equiv 1 \Rightarrow$$

$$(A + B)u + (A + B) + (A - B)\sqrt{2} \equiv 1 \Rightarrow A = -B = \frac{\sqrt{2}}{4} \Rightarrow$$

$$\frac{1}{u^2 + 2u - 1} = \frac{\sqrt{2}}{4}\left[\frac{1}{(u + 1 - \sqrt{2})} - \frac{1}{(u + 1 + \sqrt{2})}\right] \Rightarrow$$

$$\int \frac{1}{\sen x - \cos x} dx = 2\int \frac{1}{u^2 + 2u - 1} du =$$

$$= \frac{2\sqrt{2}}{4} \cdot \left[\int \frac{1}{u + 1 - \sqrt{2}} - \int \frac{1}{u + 1 + \sqrt{2}}\right] =$$

$$= \frac{\sqrt{2}}{2} \left[\ln|u + 1 - \sqrt{2}| - \ln|u + 1 + \sqrt{2}|\right] + C.$$

Retornando à variável original, temos:

$$\int \frac{1}{\sen x - \cos x} dx =$$

$$= \frac{\sqrt{2}}{2} \cdot \left[\ln\left|\tg\frac{x}{2} + 1 - \sqrt{2}\right| - \ln\left|\tg\frac{x}{2} + 1 + \sqrt{2}\right|\right] + C$$

Exemplo 6.20:

$\int \sec x \, dx$

Resolução:

Esta integral foi resolvida no início da seção multiplicando o numerador e o denominador por sec x + tg x. Como $\sec x = \frac{1}{\cos x}$, trata-se de uma função racional de sen x e cos x e portanto passível de ser integrada pela substituição pela tangente do arco metade $u = \text{tg}\frac{x}{2}$. Nesse caso, teremos:

$$\int \sec x \, dx = \int \frac{1}{\cos x} dx = \int \frac{[1+u^2]}{[-u^2+1]} \frac{2}{(u^2+1)} \cdot du = \int \frac{2}{(1-u^2)} du =$$

$$\int \frac{1}{(1-u)} du + \int \frac{1}{(1+u)} du = -\ln|1-u| + \ln|1+u| + C =$$

$$\ln \frac{|1+u|}{|1-u|} + C.$$

Retornando à variável original, temos:

$$\int \sec x \, dx = \ln \frac{\left|1 + \text{tg}\frac{x}{2}\right|}{\left|1 - \text{tg}\frac{x}{2}\right|} + C.$$

Tal expressão coincide com $\ln |\sec x + \text{tg } x|$ encontrado anteriormente, pois:

$$\frac{\left|1 + \text{tg}\frac{x}{2}\right|}{\left|1 - \text{tg}\frac{x}{2}\right|} = \frac{\left|1 + \text{tg}\frac{x}{2}\right|^2}{\left|1 - \text{tg}\frac{x}{2}\right|\left|1 + \text{tg}\frac{x}{2}\right|} =$$

$$= \frac{1 + \text{tg}^2 \frac{x}{2}}{1 - \text{tg}^2 \frac{x}{2}} + \frac{2\text{tg}\frac{x}{2}}{1 - \text{tg}^2 \frac{x}{2}}.$$

Aplicando as fórmulas do seno e do cosseno em função da tangente do arco metade:

$$\text{sen } x = \frac{2\,\text{tg}\,\frac{x}{2}}{\text{tg}^2 \frac{x}{2} + 1}; \cos x = \frac{1 - \text{tg}^2 \frac{x}{2}}{\text{tg}^2 \frac{x}{2} + 1}, \text{ temos:}$$

$$\frac{\left|1 + \text{tg}\,\frac{x}{2}\right|}{\left|1 - \text{tg}\,\frac{x}{2}\right|} = \frac{1}{\cos x} + \frac{\text{sen } x}{\cos x} = \sec x + \text{tg } x, \text{ ou seja,}$$

$$\int \sec x \, dx = \ln |\sec x + \text{tg } x| + C,$$

confirmando o resultado encontrado anteriormente.

O exemplo anterior chama-nos a atenção para a escolha da técnica de integração mais adequada em cada caso. A prática de primitivação possibilita aprimorar tal escolha propiciando o armazenamento de referências que, utilizadas criteriosamente em integrações seguintes, favorecem a otimização dos cálculos correspondentes.

Exercícios 6.3

Calcule as seguintes integrais

1. $\int \dfrac{\sqrt{16-x^2}}{x^2}\, dx$

2. $\int \dfrac{\operatorname{sen} x}{\cos^2 x}\, dx$

3. $\int \cos^3 x\, dx$

4. $\int \dfrac{\cos(\ln x)}{x}\, dx$

5. $\int \operatorname{sen} x \cos x\, dx$

6. $\int e^x \cos x\, dx$

7. $\int \dfrac{1}{\sqrt{1+5x^2}}\, dx$

8. $\int \dfrac{\cos x}{1+\operatorname{sen} x}\, dx$

9. $\int \operatorname{sen}^3 x \cos^3 x\, dx$

10. $\int \dfrac{1}{(x^2-9)^{\frac{3}{2}}}\, dx$

11. $\int \dfrac{\sec^2 x}{\sqrt{1+\operatorname{tg} x}}\, dx$

12. $\int x \cos x\, dx$

13. $\int \dfrac{1}{x\sqrt{(x^2+25)}}\, dx$

14. $\int \operatorname{tg}^5 x \sec^3 x\, dx$

15. $\int \operatorname{arc\,tg} x\, dx$

16. $\int \dfrac{2\operatorname{tg} x}{2+3\cos x}\, dx$

17. $\int x^3 \operatorname{sen} x\, dx$

18. $\int \sec^2 x\, dx$

19. $\int \operatorname{cotg} x$

20. $\int \operatorname{tg} 2x\, dx$

21. $\int \operatorname{cossec}^2 x\, dx$

22. $\int \dfrac{1}{\operatorname{sen} x \cos x}\, dx$

6.4 EQUAÇÕES DIFERENCIAIS

Muitos problemas e situações de ciências exatas, humanas e biológicas traduzem-se matematicamente na descoberta de uma função a partir de informações expressas como equações envolvendo pelo menos uma das derivadas de tal função, ou seja, equações diferenciais.

Em economia, as equações diferenciais possuem significativa participação em modelos dinâmicos que procuram sistematizar matematicamente leis envolvendo o comportamento no decorrer do tempo de variáveis como renda nacional, produção, oferta, demanda, utilidade, custo, receita, lucro, poupança, população, estoque de capital, preço etc.

Enquadram-se nessas circunstâncias problemas como o cálculo após um certo tempo da quantidade de material radioativo de uma substância que se desintegra a uma taxa proporcional à quantidade mencionada, bem como a determinação da posição de uma partícula em movimento a partir de equações envolvendo sua posição, velocidade e aceleração.

Matematicamente, os problemas referidos poderiam resultar respectivamente em equações do tipo:

$\dfrac{dN}{dt} = -KN$, onde $\mathbb{N}$ é a quantidade de material radioativo e t é o tempo.

$ma = -Kv$, onde a é a aceleração e v a velocidade da partícula, ou

$\dfrac{mdv}{dt} = -kv \left(\text{pois } a = \dfrac{dv}{dt} \right)$, ou ainda

$\dfrac{md^2x}{dt^2} = \dfrac{-kdx}{dt}$, onde x é a posição $\left(\text{pois } v = \dfrac{dx}{dt} \right)$.

Possuindo $N(t)$, $v(t)$ e $x(t)$ por funções a serem determinadas, as expressões acima são exemplos de equações diferenciais e de uma forma mais ampla, representam um ramo desafiador, de vasta aplicação e de extrema importância em matemática.

Consideremos, por exemplo, o modelo de crescimento econômico de Ersey David Domar. Neste modelo, o matemático e economista norte-americano releva o equilíbrio do pleno emprego e considera, entre outros aspectos, a hipótese keynesiana de que o investimento deve ser igual à poupança que, por sua vez, é uma proporção fixa da renda, cuja taxa de variação é proporcional ao investimento.

Vejamos a dinâmica matemática do modelo de Domar no Exemplo 6.21:

Exemplo 6.21:

Tomando S, I, y respectivamente como poupança, investimento e renda expressos como função do tempo, as considerações de Domar traduzem-se matematicamente no seguinte sistema de equações diferenciais:

$S(t) = I(t)$
$S(t) = \alpha \cdot y(t)$
$I(t) = \beta \cdot \dfrac{dy}{dt}$
$y(0) = y_0$

onde α e β são constantes estritamente positivas. Encontre a renda, o investimento e a poupança como funções do tempo.

Resolução:

Das três primeiras equações, obtemos a seguinte equação diferencial:

$\dfrac{dy}{dt} - \dfrac{\alpha}{\beta} y = 0$. Multiplicando ambos os membros por $e^{-\frac{\alpha}{\beta}t}$, obtemos:

$$e^{-\frac{\alpha}{\beta}t} \cdot \dfrac{dy}{dt} - \dfrac{\alpha}{\beta} \cdot e^{-\frac{\alpha}{\beta}t} y = 0, \text{ ou seja,}$$

$$d\dfrac{y e^{-\frac{\alpha}{\beta}t}}{dt} = 0 \Rightarrow y e^{-\frac{\alpha}{\beta}t} = C \Rightarrow y = C e^{\frac{\alpha}{\beta}t}.$$

Impondo a condição inicial $y = y_0$, obtemos $y = y_0 \cdot e^{\frac{\alpha}{\beta}t}$. Da primeira e segunda equações, decorre $I = S = y_0\, \alpha\, e^{\frac{\alpha}{\beta}t}$.

Como $\alpha, \beta > 0$, o modelo de Domar resulta em renda, investimento e poupança como funções crescentes do tempo. A princípio, tal resultado está de acordo com as hipóteses do modelo, uma vez que, sendo a renda proporcional à poupança e esta equivalente ao investimento, que, por sua vez, é proporcional à taxa de variação da renda no decorrer do tempo, este modelo fornece uma variação da renda diretamente proporcional à renda.

Este fato associado a um valor inicial de renda y_0 positivo garante um crescimento na renda e, portanto, um crescimento em sua taxa de variação, que por sua vez aumenta ainda mais a renda e assim sucessivamente. Cabe ainda ressaltar que o investimento e a poupança são endossados por um fator α associado à proporção da renda que é investida ou poupada.

Este exemplo revela a importância de equações diferenciais nos modelos econômicos. Neste caso, uma vez estabelecido um modelo regido por determinadas equações diferenciais, resolve-se o problema matematicamente verificando-se, ao final, se o resultado é consistente com seu significado na área para o qual o modelo foi construído.

Tal exemplo chama-nos a atenção ainda para a proximidade semântica entre cálculo de integrais e resolução de equações diferenciais, que podem ser pensadas como uma generalização do primeiro, razão pela qual a solução de uma equação diferencial é chamada *integral* da mesma. Uma vez estabelecido um modelo, os problemas resumem-se, sob uma ótica matemática, a encontrar a solução da equação diferencial envolvida.

Assim como existem técnicas de integração, algumas das quais mencionadas nos itens anteriores, há também métodos de resolução de equações diferenciais discutidos no decorrer deste item e sustentados por idéias muito próximas àquelas subjacentes aos métodos de primitivação.

O exemplo anterior nos revela ainda que a resolução de uma equação diferencial requer muitas vezes procedimentos não muito intuitivos a princípio — no caso, multiplicar por $e^{-\left(\frac{\alpha}{\beta}\right)t}$ — mas que se tornam mais evidentes na medida em que o estudante conhece mais métodos de resolução bem como resolve diferentes casos.

Tais aspectos propiciam ao aluno uma sensibilidade não apenas para resolução da equação diferencial, mas para o método mais apropriado em cada caso. Assim como na procura de primitivas expressas como funções elementares, o estudo de equações diferenciais também apresenta casos mais complexos como $\ln(y+1).\operatorname{sen}(1+(y')^3) + e^{2y} = \cos(1+x^2)$ que podem dificultar ou mesmo impossibilitar a resolução da equação diferencial em termos de y como uma função elementar de x, recorrendo-se assim a soluções numéricas ou gráficas por meio de computadores.

Esta seção tem como objetivo apresentar alguns tipos particulares de equações diferenciais relativamente freqüentes que apresentam resoluções essencialmente sistemáticas. As equações diferenciais classificam-se segundo o *tipo*, *ordem* e *grau*. No que diz respeito ao *tipo*, elas podem ser ordinárias — EDO — ou parciais — EDP — dependendo, respectivamente, de envolver derivadas de função de uma, ou várias, variáveis independentes. Dentre as considerações concernentes a funções de mais de uma variável apresentadas no Capítulo 8, encontra-se o conceito de derivada parcial de uma função em relação à uma de suas variáveis independentes, denotado, por exemplo, por $\dfrac{\partial y}{\partial x}$, para o caso da função y e da variável independente x.

A *ordem* e o *grau* de uma equação diferencial referem-se, respectivamente, ao grau da derivada de maior ordem e à potência da derivada de maior ordem presente na equação.

Exemplo 6.22:

Classifique as equações diferenciais seguintes de acordo com as categorias supramencionadas:

a) $\left(\dfrac{dy}{dx}\right)^3 = y - 5$

b) $10\left(\dfrac{d^4y}{dx^4}\right)^2 + x\left(\dfrac{d^2y}{dx^2}\right)^3 - xy^2\left(\dfrac{dy}{dx}\right) = 0$

c) $\dfrac{\partial^3 u}{\partial x^3} - xu\dfrac{\partial u}{\partial y} - 5y^3 = 0$

Resolução:

a) Equação diferencial ordinária de primeira ordem e do terceiro grau.

b) Equação diferencial ordinária de quarta ordem e do segundo grau.

c) Equação diferencial parcial de terceira ordem e do primeiro grau.

Assim como há casos de integração cujas soluções são imediatas, há algumas equações diferenciais tais como $\dfrac{d^n y}{dx^n} = f(x)$ para as quais se obtêm as soluções por meio de n integrações diretas. Analogamente ao processo de primitivação, as técnicas de resolução de equações diferenciais tornam-se necessárias na medida em que não se consegue a solução diretamente.

Além disso, a solução geral de uma equação diferencial de n-ésima ordem é uma função expressa na forma explícita ou implícita possuindo n constantes de integração arbitrárias, o que decorre imediatamente para o caso da equação acima, mas que vale de modo geral. Assim como no processo de primitivação, as soluções particulares são obtidas quando se atribuem valores específicos para tais constantes ou ainda através de condições iniciais — por exemplo $y(0) = a$ — ou de contorno $-y(b) = a$. Tais considerações explicitam mais elementos comuns entre os problemas de calcular integrais e os de resolver equações diferenciais, que podem ser pensados como extensões dos primeiros.

Tendo em vista as ferramentas que possuímos até o momento, bem como as necessidades do aluno de economia, administração ou ciências contábeis nos anos iniciais, concentraremos o estudo desta seção em algumas equações diferenciais *ordinárias* freqüentes de *primeira ordem* e do *primeiro grau*, que possibilitam a ampliação de tal estudo, quando de posse de alguns conhecimentos de cálculo diferencial e integral para funções de mais de uma variável.

Equações diferenciais ordinárias separáveis de 1ª ordem

Uma equação diferencial ordinária de 1ª ordem com variáveis separáveis possui a seguinte forma geral:

$$\frac{dy}{dx} = f(x)g(y)$$

onde $f(x)$ e $g(y)$ são funções definidas respectivamente em intervalos abertos A e B. Pode-se supor, sem perda de generalidade, que $f(x)$ e $g(y)$ não são identicamente nulas nos intervalos referidos, uma vez que estes casos levariam à solução trivial $y(x)$ constante.

Para resolver uma equação desta natureza, deve-se reorganizá-la de modo a manter, em cada membro da igualdade associada, funções e operadores de apenas uma variável. Matematicamente, este processo resulta em:

$$\frac{dy}{g(y)} = f(x)dx, \; g(y) \neq 0, \text{ nos valores de y definidos pela equação.}$$

A partir daqui, tal técnica fornece-nos soluções implicitamente restritas à condição $g(y) \neq 0$ para qualquer $y \in B$, sendo, portanto, necessário o estudo em separado da solução da equação diferencial para os casos em que função $g(y)$ se anule no intervalo correspondente.

Analisando primeiramente este último caso, suponhamos que a equação g(y) = 0 admita m como raiz e considere y(x) = m. Nessas condições a equação original resulta em:

$$\frac{dy}{dx} = 0 \Rightarrow y(x) = C$$

Pelas condições anteriores, C deve ser igual a m e y(x) = m deve ser solução da equação diferencial original. Tomando agora reciprocamente y(x) constante solução da equação diferencial original, temos:

$$f(x)g(y(x)) = 0, \forall\ x \in A$$

Como f(x) e g(y) não são funções identicamente nulas nos intervalos em questão e como y(x) é constante por hipótese, tal constante deve ser necessariamente uma raiz da equação g(y) = 0.

As considerações anteriores levam-nos a seguinte conclusão:

---

y(x) = m é solução da equação diferencial $\frac{dy}{dx} = f(x)g(y)$

se e somente se m é raiz da equação g(y) = 0

Isto nos dá condições para encontrar todas as soluções constantes da equação diferencial separável de 1ª ordem $\frac{dy}{dx} = f(x)g(y)$. Para encontrar todas as soluções, damos continuidade ao raciocínio anterior. Uma vez separadas as variáveis em membros distintos, temos:

$$\frac{dy}{g(y)} = f(x)\,dx \Rightarrow \int \frac{dy}{g(y)} = \int f(x)\,dx \Rightarrow G(y) = F(x) + C$$

onde G(y) e F(x) são respectivamente funções primitivas de $\frac{1}{g(y)}$ e f(x). Tal equação fornece uma relação entre x e y satisfazendo a condição da equação diferencial original, que juntamente com as possíveis soluções constantes y(x) fornecem a família de todas as funções y(x) soluções de $\frac{dy}{dx} = f(x)g(y)$.

A fim de observar a presença de equações diferenciais desta natureza em economia, consideremos o exemplo seguinte.

Exemplo 6.23:

Considerando a demanda e oferta de uma mercadoria como dependentes exclusivamente de seu preço e desprezando outros fatores, G. C. Evans concebe um *modelo de ajuste de preços* em que a demanda diminui e a oferta cresce linearmente com o preço da mercadoria. Partindo do pressuposto de que um excesso de demanda d − s positivo (negativo) provoca uma elevação (queda) no preço, Evans estabelece que a taxa de variação do preço da mercadoria em questão em relação ao tempo é proporcional ao excesso de demanda. Como deve variar o preço no decorrer do tempo?

Resolução:

Tais considerações traduzem-se matematicamente nas seguintes equações diferenciais:

$d(t) = a - b\,p(t)$

$s(t) = c + d\,p(t)$

$\dfrac{dp}{dt} = k(d - s)$

$p(0) = p_0$

onde p(t), d(t) e s(t) são respectivamente o preço, a demanda e a oferta da mercadoria referida em função do tempo, e a, b, c, d são constantes com b, d e K estritamente positivas. Seja p_0 o preço inicial da mercadoria. De maneira geral, uma condição para o instante t = 0 de uma equação diferencial que possui o tempo como variável independente chama-se condição inicial e, nestas condições, o problema denomina-se problema de valor inicial.

Primeiro, vejamos qual o preço $p_e(t)$ da mercadoria correspondente ao equilíbrio, traduzido algebricamente por p(t) = q(t) e geometricamente pela interseção dos gráficos da demanda e da oferta como funções do preço, ou seja,

$a - b\,p_e(t) = c + d\,p_e(t) \Rightarrow p_e(t) = \dfrac{a-c}{b+d}$, que não varia em função do tempo, para este modelo.

Aplicando agora as duas primeiras equações do modelo em questão na terceira, temos:

$\dfrac{dp}{dt} = k(a - c - (b+d)p(t)) = k\,(b+d)\left(\dfrac{a-c}{b+d}\right) - p(t) = -M\,(p(t) - p_e),$

onde M = k(b+d) > 0.

A expressão acima configura uma equação diferencial ordinária de 1ª ordem com variáveis separáveis $\dfrac{dp}{dt} = f(t)g(p)$, como, por exemplo, f(t) = − M e $g(p) = p - p_e$.

Utilizando os resultados anteriores, vejamos inicialmente as soluções constantes. Tais soluções são necessariamente dadas por g(p) = 0, ou seja, $p = p_e$, facilmente verificável quando aplicada às equações originais e que representa uma situação estática em que o preço apresenta-se desde o início constante e igual ao seu valor de equilíbrio.

Vejamos agora as soluções variáveis p(t), obtidas separando as variáveis em questão — no caso, p e t — em membros distintos da equação. Tal procedimento resulta matematicamente em:

$\dfrac{dp}{p - p_e} = -M\,dt \Rightarrow \int \dfrac{dp}{p - p_e} = -\int M\,dt \Rightarrow \ln|p - p_e| = -Mt + C \Rightarrow$

$|p - p_e| = e^{-Mt+C} = C e^{-Mt} \Rightarrow$ Para descobrir o valor de C, deve-se impor a condição inicial $p(0) = p_0 \Rightarrow C = |p_0 - p_e|$. A solução geral é, portanto:

$$p = p_e + |p_0 - p_e| e^{-Mt}, \text{ se } p > p_e$$
$$p = p_e - |p_0 - p_e| e^{-Mt}, \text{ se } p < p_e$$

onde $p_e(t) = \dfrac{a-c}{b+d}$ e $M = k(b+d) > 0$.

Considerando que $\lim_{t \to \infty} e^{-Mt} = 0$ e que e^{-Mt} é uma função estritamente decrescente, pode-se concluir que a primeira e segunda equações são funções respectivamente decrescente e crescente do tempo cujos limites quando t tende a infinito são p_e.

Portanto, o sinal de $p_e - p_0$ determina de modo mais geral o sinal de $p - p_0$ no decorrer do tempo, o que significa que na primeira e segunda equações, a expressão $|p_0 - p_e|$ torna-se respectivamente $p_0 - p_e$ e $-(p_0 - p_e)$. Com isso, pode-se reduzir a solução não constante da equação diferencial a simplesmente:

$$p = p_e + (p_0 - p_e) e^{-Mt}, t > 0$$

Analisando tal solução, vemos que quando $t \to \infty$, o preço tende a p_e superior ou inferiormente dependendo de p_0 ser maior ou menor que p_e e que, se o preço inicial for $p_0 = p_e$, a equação acima reduz-se a $p(t) = p_e$, que é a solução constante já encontrada.

Esta solução está de acordo com uma análise qualitativa do modelo de Evans, pois sendo a taxa de variação do preço com o tempo proporcional ao excesso da demanda $d - s$ e sendo d e s funções respectivamente decrescentes e crescentes do preço da mercadoria, temos que $d - s > 0$ se e somente se $p < p_e$ e portanto a taxa de variação do preço com o tempo é positiva – ou seja o preço é função crescente do tempo – se e somente se $p < p_e$, o que garante que o preço deve sempre aproximar-se de seu valor de equilíbrio como de fato a solução matemática atesta.

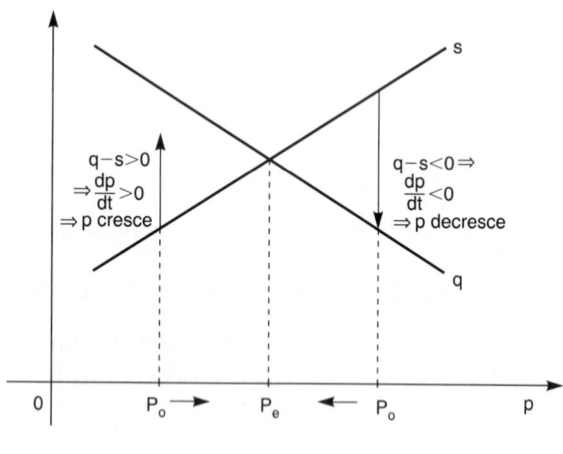

FIG. 6.1

Veja esse raciocínio graficamente na Figura 6.1:

A equação diferencial $\dfrac{dy}{dt} = \left(\dfrac{\alpha}{\beta}\right) y = 0$ resultante do modelo de Domar também poderia ser resolvida pela técnica concernente às equações separáveis. Nesse caso, a equação é escrita como $\dfrac{dy}{dt} = \left(\dfrac{\alpha}{\beta}\right) y$ com $f(t) = \left(\dfrac{\alpha}{\beta}\right)$ e $g(y) = y$. Portanto a solução constante é a solução trivial y = 0 correspondente a uma renda inicial nula e a solução variável decorre de $\dfrac{dy}{y} = \left(\dfrac{\alpha}{\beta}\right) dt$, ou seja, $\ln |y| = \left(\dfrac{\alpha}{\beta}\right) t + C \Rightarrow |y| = K\, e^{\left(\frac{\alpha}{\beta}\right)t}$, que impondo a condição inicial $y(0) = y_0$ resulta em $|y| = y_0\, e^{\left(\frac{\alpha}{\beta}\right)t} = y$, pois $y_0\, e^{\left(\frac{\alpha}{\beta}\right)t} > 0$, $\forall\ t$ conferindo o resultado já encontrado.

A maneira como foi resolvido no início da seção contém uma estratégia importante na resolução de equações diferenciais: a multiplicação da equação por um *fator integrante*, ou seja, por um fator que torna a integração da equação passível de ser realizada diretamente ao sintetizar um de seus membros na derivada de uma função deixando simultaneamente o outro membro expresso como uma função apenas da variável independente. É uma técnica extremamente útil em diferentes situações envolvendo equações diferenciais.

• EQUAÇÕES DIFERENCIAIS ORDINÁRIAS LINEARES DE 1ª ORDEM

Uma equação diferencial ordinária de 1ª ordem linear em y é uma equação da forma:

y' + p(x) y = q(x)

Esta equação é chamada linear, pois o membro esquerdo da equação acima é uma função linear de y e y', não apresentando, por exemplo, termos do tipo $y\,y'$, y^2, y'^2, $\dfrac{1}{y}$ etc. Quando a função q(x) é identicamente nula, a equação diferencial acima é chamada homogênea, que nada mais é do que uma equação separável com f(x) = − p(x) e g(y) = y, possível de ser resolvida pelo método anterior.

Caso q(x) ≠ 0, a estratégia de solução consiste essencialmente em multiplicar ambos os membros por um fator integrante f(x) que transforme o lado esquerdo na derivada de apenas uma função permitindo sua integração direta. Considerando que y'+ p(x) y está próximo ao que seria a derivada de um produto de y por alguma função g(x), seria interessante que f(x) [y'+ p(x) y] pudesse ser (yg(x))', ou seja, que f(x) y'+ f(x)p(x)y fosse igual a g(x) y'+ g'(x) y.

Tal igualdade pode ser satisfeita para f(x) = g(x) e f(x)p(x) = g'(x), ou seja, para $f(x)p(x) = f'(x) \Rightarrow \dfrac{df}{dx} = f(x)p(x) \Rightarrow \dfrac{df}{f} = p(x)dx \Rightarrow \ln |f| = \int p(x)dx + C \Rightarrow |f| = Ce^{\int p(x)dx}$, ou seja, $f = \pm Ce^{\int p(x)dx}$. Como precisamos de apenas uma função f(x) que transforme o primeiro membro em uma derivada – ou seja, que satisfaça as condições acima – podemos tomar $f(x) = e^{\int p(x)dx}$.

Portanto, multiplicando ambos os membros da equação diferencial linear por $f(x) = e^{\int p(x)dx}$, temos:

$$e^{\int p(x)dx} y' + e^{\int p(x)dx} p(x) y = q(x) e^{\int p(x)dx}, \text{ ou seja}$$

$$\frac{d(y \, e^{\int p(x)dx})}{dx} = q(x) \, e^{\int p(x)dx} \Rightarrow y \, e^{\int p(x)dx} = \int [\, q(x) \, e^{\int p(x)dx}]dx, \text{ ou seja,}$$

$$y = e^{-\int p(x)dx} \{ \int [\, q(x) \, e^{\int p(x)dx}]dx + C\},$$ que é a solução geral de uma equação diferencial linear de 1ª ordem não homogênea.

Cabe ressaltar que no Exemplo 6.21, o modelo de Domar recai na equação diferencial $\frac{dy}{dt} - \left(\frac{\alpha}{\beta}\right)y = 0$, que é linear com $p(x) = -\left(\frac{\alpha}{\beta}\right)$ e $q(x) = 0$ (homogênea).

As considerações anteriores para estes valores de $p(x)$ e $q(x)$ resultam em $f(x) = e^{-\left(\frac{\alpha}{\beta}\right)t}$ para fator integrante e $y(x) = C \, e^{-\left(\frac{\alpha}{\beta}\right)t}$ para solução da equação, que são respectivamente o fator pelo qual a equação diferencial foi multiplicada no Exemplo 6.21 e a sua solução antes de impor a condição inicial, confirmando os resultados anteriores de uma forma mais sistematizada.

Consideremos agora um exemplo que estuda matematicamente a dinâmica de crescimento econômico em um país em desenvolvimento a partir de um modelo expresso por um sistema de equações diferenciais, cuja solução recai em uma equação diferencial linear de 1ª ordem não homogênea.

Exemplo 6.24:

Considere um modelo de crescimento econômico para países em desenvolvimento envolvendo a produção total por ano $P(t)$, o estoque de capital $C(t)$, o fluxo de auxílio externo por ano $E(t)$ e a população total $N(t)$ expressos como funções do tempo. Assumamos algumas hipóteses concernentes à dinâmica com que tais variáveis econômicas interagem.

Primeiramente, considere que a produção total por ano é diretamente proporcional ao estoque de capital segundo um fator de proporcionalidade σ chamado *produtividade média de capital*. Assuma ainda que a taxa de crescimento de capital por ano é igual ao auxílio externo mais a poupança interna, consideradas proporcionais à produção total por ano segundo um fator de proporcionalidade α chamado *taxa de poupança*. Finalmente, assuma que as taxas de crescimento populacional e do auxílio externo são proporcionais respectivamente à população — segundo um fator de proporcionalidade ρ — e ao auxílio externo — segundo um fator de proporcionalidade μ.

Utilizando a nomenclatura dada anteriormente, tais considerações traduzem-se nas seguintes equações:

$P(t) = \sigma C(t)$

$C'(t) = \alpha P(t) + E(t)$

$N'(t) = \rho N(t)$

$E'(t) = \mu E(t)$

$N(0) = N_0$

$E(0) = E_0$

$C(0) = C_0$

onde N_0, E_0 e C_0 são respectivamente a população inicial, o auxílio externo inicial e o estoque de capital inicial.

Encontre a produção *per capita* p(t) no decorrer do tempo definida como $\dfrac{P(t)}{N(t)}$.

Resolução:

As terceira e quarta expressões acima são equações diferenciais ordinárias de 1ª ordem separáveis idênticas do ponto de vista matemático, bastando trocar N por E. Para resolvê-las, temos:

$\dfrac{dN}{N} = \rho \, dt \Rightarrow \ln N = \rho t + C.$

Aplicando a condição inicial $N(0) = N_0$, temos:

$N(t) = N_0 \, e^{\rho t}$

e analogamente

$E(t) = E_0 \, e^{\mu t}$

Aplicando esta última equação na segunda expressão apresentada no enunciado, bem como a primeira expressão do enunciado na segunda, temos:

$C'(t) = \alpha\sigma C(t) + E_0 \, e^{\mu t}$

equivalente a

$C'(t) - \alpha\sigma C(t) = E_0 \, e^{\mu t}$

Tal expressão configura uma equação diferencial ordinária linear de 1ª ordem com $p(x) = -\alpha\sigma$ e $q(x) = E_0 \, e^{\mu t}$

Dos resultados acima, a solução de uma equação desta natureza é dada por $y = e^{-\int p(x)dx} \{\int q(x) \, e^{\int p(x)dx} \, dx + C\}$ com $y = C(t)$ e $x = t$. Aplicando esta às expressões para p(x) e q(x), temos:

$C(t) = e^{-\int(-\alpha\sigma)dt} \{\int [E_0 \, e^{\mu t} \, e^{\int(-\alpha\sigma)dt}]dt + C\}$, ou seja,

$$C(t) = C\,e^{\alpha\sigma t} + e^{\alpha\sigma t} E_0 \int e^{(\mu - \alpha\sigma)t}\,dt = C\,e^{\alpha\sigma t} + e^{\alpha\sigma t} \frac{E_0 e^{(\mu - \alpha\sigma)t}}{\mu - \alpha\sigma} \Rightarrow$$

$$C(t) = C\,e^{\alpha\sigma t} + \frac{E_0\,e^{\mu t}}{\mu - \alpha\sigma}$$

Impondo a condição inicial $C(0) = C_0$ à equação acima, temos:

$$C(0) = C_0 = C + \frac{E_0}{\mu - \alpha\sigma} \Rightarrow C = C_0 - \frac{E_0}{\mu - \alpha\sigma}.$$ Aplicando o valor de C na equação acima, temos:

$$C(t) = \left[C_0 - \frac{E_0}{\mu - \alpha\sigma} \right] e^{\alpha\sigma t} + \frac{E_0 e^{\mu t}}{\mu - \alpha\sigma}$$

Para encontrarmos a produção *per capita*, precisamos calcular

$$p(t) = \frac{P(t)}{N(t)} = \sigma \frac{C(t)}{N(t)} = \frac{\sigma\left(\frac{C_0 - E_0}{\mu - \alpha\sigma} e^{\alpha\sigma t} + \frac{E_0\,e^{\mu t}}{\mu - \alpha\sigma} \right)}{N_0\,e^{\rho t}}$$

$$p(t) = \frac{\sigma C_0}{N_0} e^{(\alpha\sigma - \rho)t} + \frac{\sigma \cdot E_0}{N_0(\mu - \alpha\sigma)} \frac{(-e^{\alpha\sigma t} + e^{\mu t})}{e^{\rho t}} \Rightarrow$$

$$p(t) = \frac{\sigma C_0}{N_0} e^{(\alpha\sigma - \rho)t} - \frac{\sigma \cdot E_0}{N_0(\mu - \alpha\sigma)} e^{(\alpha\sigma - \rho)t}[1 - e^{(\mu - \alpha\sigma)t}]$$

A expressão acima fornece a produção *per capita* em função do tempo.

Para avaliar a qualidade do modelo de crescimento econômico apresentado, alguns comentários fazem-se relevantes. Primeiramente, consideremos o auxílio externo E_0 nulo. Analisando a equação acima, pode-se observar que, nesse caso, a produção *per capita* torna-se $p(t) = \left[\frac{(\sigma\,C_0)}{N_0} \right] e^{(\alpha\sigma - \rho)t}$ e portanto $p(t)$ será crescente se e somente se $(\alpha\sigma - \rho)$ for estritamente positiva, ou seja, $\sigma > \frac{\rho}{\alpha}$.

Tal desigualdade confirma que o aumento da percentagem do estoque de capital σ para a produção e da percentagem desta última para as economias internas α, bem como a diminuição da taxa de aumento populacional ρ contribuem para o crescimento econômico como uma primeira análise qualitativa.

Na verdade, se apenas uma destas mudanças ocorrer, já crescerá a produtividade *per capita*. Por outro lado, a simples variação de alguns destes parâmetros em sentido oposto aos mencionados – por exemplo, aumento da taxa de crescimento populacional – deverá ser compensada com uma variação de pelo menos um dos outros dois fatores no sentido apresentado para garantir o crescimento econômico – por exemplo, aumento da percentagem da produção para as economias internas α de modo a valer a desigualdade.

Por exemplo, supondo uma produtividade média de capital σ de 0,3 e um crescimento populacional com uma taxa constante de 6% ao ano ($\rho = 0,06$), o crescimento econômico com um auxílio externo nulo estará garantido por 0,3 a $- 0,06 > 0 \Rightarrow \alpha > 0,2$, ou seja, por uma taxa de poupança — porcentagem da produção para poupança interna — maior do que 20%. Se o crescimento populacional baixar para 3%, o crescimento econômico será garantido por uma taxa de poupança maior do que 10%, ou se a produtividade média de capital baixar para 0,2, a taxa de poupança interna deve ser maior do que 30% para garantir o crescimento da produção *per capita*.

Considerando este modelo e supondo auxílio externo E_0 nulo, deve-se estar atento para a dinâmica com que estes três fatores atuam para garantir o crescimento econômico. Suponhamos agora que o auxílio externo é positivo, ou seja, $E_0 > 0$. Nesse caso, a produção *per capita* será:

$$p(t) = \frac{\sigma C_0}{N_0} e^{(\alpha\sigma-\rho)t} - \frac{\sigma \cdot E_0}{N_0(\mu - \alpha\sigma)} e^{(\alpha\sigma-\rho)t} [1 - e^{(\mu-\alpha\sigma)t}]$$

que pode ser reescrita como:

$$p(t) = \frac{\sigma C_0}{N_0} e^{(\alpha\sigma-\rho)t} + \frac{\sigma E_0}{N_0(\alpha\sigma - \mu)} e^{(\alpha\sigma-\rho)t} [1 - e^{-(\alpha\sigma-\mu)t}]$$

Se $\sigma > \dfrac{\rho}{\alpha}$, o primeiro termo da expressão acima será crescente e o crescimento ou decrescimento do segundo termo reduzir-se-á à análise do comportamento de

$$\frac{1}{\alpha\sigma - \mu} \cdot [1 - e^{-(\alpha\sigma - \mu)t}], \quad \alpha\sigma - \mu \neq 0.$$

Chamando $u = (\alpha\sigma - \mu)$, este termo transforma-se em $\dfrac{1 - e^{-ut}}{u}$, cuja derivada em relação ao tempo é $\dfrac{-(-u)e^{-ut}}{u} = e^{-ut} > 0$, para qualquer sinal de u, o que é bastante razoável, pois o valor de μ não deve mesmo definir o crescimento de produção *per capita*, já que ele somente determina o quão rápido o auxílio externo E(t) ocorre, mas não se cresce ou decresce.

Portanto, a segunda parcela da expressão acima também define uma função crescente contribuindo com o crescimento ainda maior da produção *per capita*, o que se mostra coerente com o esperado qualitativamente, pois o auxílio externo é uma função crescente partindo de um valor inicial $E_0 > 0$, o que só tem a contribuir ainda mais com o aumento da taxa de variação da produção total.

Complementemos a análise do modelo apresentado tecendo alguns comentários mais concernentes ao crescimento da produção *per capita* para caso em $\sigma < \frac{\rho}{\alpha}$. Após as reflexões anteriores, poderíamos levantar a seguinte pergunta: será que a produção *per capita* pode ainda crescer caso $\sigma < \frac{\rho}{\alpha}$ havendo auxílio externo? Caso afirmativo, qual deve ser a condição para que isto ocorra?

Para compreender melhor tal dinâmica, vamos reorganizar a fórmula encontrada para a produção *per capita*, apresentada abaixo:

$$p(t) = \frac{\sigma C_0}{N_0} e^{(\alpha\sigma-\rho)t} + \frac{\sigma \cdot E_0}{N_0(\alpha\sigma - \mu)} e^{(\alpha\sigma-\rho)t} [1 - e^{-(\alpha\sigma-\mu)t}]$$

Vamos agora agrupar o primeiro subtermo do segundo termo da expressão acima ao primeiro termo resultando na fórmula seguinte:

$$p(t) = \left\{\frac{\sigma C_0}{N_0} + \frac{\sigma \cdot E_0}{N_0(\alpha\sigma - \mu)}\right\} e^{-(\rho-\alpha\sigma)t} + \left\{\frac{\sigma \cdot E_0}{N_0(\alpha\sigma - \mu)}\right\} e^{(\mu-\rho)t}$$

Como $\rho > \alpha\sigma$, o primeiro membro da expressão acima é uma função decrescente, portanto o segundo deve ser necessariamente crescente para que a produção *per capita* seja crescente, o que significa matematicamente que μ deve ser maior que ρ. Esta condição é suficiente, pois para um tempo suficientemente grande, o primeiro termo tende a zero, assumindo portanto a função produção *per capita* o comportamento do segundo termo que, sujeito a tal condição, é uma função crescente.

Do ponto de vista econômico, a condição $\mu > \rho$ significa que a taxa de crescimento do auxílio exterior deve ser maior do que a taxa de crescimento populacional. Logo, à luz do modelo apresentado, um auxílio externo que cresça mais rapidamente que a população garante um crescimento econômico independentemente da dinâmica com que outros fatores como α – percentagem da produção utilizada para economias internas ou σ – percentagem do estoque de capital para a produção – atuam no quadro econômico em questão.

O exemplo anterior corrobora a importância de equações diferenciais no estudo de dinâmicas econômicas, particularmente na análise de modelos construídos a partir de pressupostos que se manifestam matematicamente como equações relacionando taxas de variação de diferentes variáveis econômicas.

Em ambos os tipos de equações diferenciais estudados – EDO de 1ª ordem separáveis e lineares – a técnica de resolução consistiu em tentar reorganizar as equações de modo a poder aplicar a integração direta. Tal estratégia aplica-se a outros tipos de equações diferenciais – parciais, de ordem maior que 1, não lineares – acrescidas naturalmente de mais técnicas.

Assim como no processo de integração, as equações diferenciais apresentam diversos métodos configurando um quadro de possibilidades que, utilizadas com critério e sensibilidade — adquiridos à medida em que resolvemos mais equações diferenciais —, permitem desvendar as funções integrais que ocultam tais dinâmicas. Nesta seção, limitamo-nos aos tipos de equações de maior utilidade nas ciências econômicas e cujas estratégias de resolução fornecem subsídios ao estudo de equações diferenciais de outras naturezas para aqueles que desejarem aprofundar-se mais no assunto.

Exercícios 6.4

Resolva as seguintes equações diferenciais:

1. $\dfrac{dy}{dx} = \dfrac{x}{y}$

2. $\dfrac{dy}{dx} = ke^{-mx} - ny$

3. $\dfrac{dy}{dx} + y + x = 0$

4. $\dfrac{dy}{dx} = \dfrac{y+1}{x^2 - 1}$

5. $\dfrac{dy}{dt} = \dfrac{ty}{1+t^2}$

6. $\dfrac{dy}{dx} = -2y + \cos 2x$

7. Considere um modelo de ajuste de preços em que $d(p) = 2 - p$ e $s(p) = 3p - 2$ fornecem respectivamente as quantidades demandadas $d(p)$ e ofertadas $s(p)$ como funções do preço de uma determinada mercadoria. Considere ainda que a taxa de variação do preço com o tempo dp/dt equivale à quinta potência do excesso de demanda $d(p) - s(p)$.

Nessas condições, encontre o preço $p(t)$ em função do tempo, verificando o limite do preço quando o tempo tende a infinito. Interprete graficamente este resultado.

8. Considere um modelo de crescimento econômico no qual o nível de produção nacional $P(t)$, a quantidade de capital $K(t)$, o trabalho disponível $T(t)$, a renda $R(t)$ e o consumo $C(t)$ relacionam-se de acordo com as equações abaixo:

$C(t) = b\, R(t)$, onde b é uma constante positiva

$P(t) = K(t)^{\frac{1}{2}} \cdot L(t)$

$T(t) = mt + n$

Supondo as condições de equilíbrio nas quais a produção $P(t)$ estabiliza-se completamente com a renda $R(t)$, que, por sua vez, divide-se entre o consumo $C(t)$ e o investimento $I(t)$ e sabendo que o investimento é a taxa de variação em relação ao tempo da quantidade de capital, encontre a quantidade de capital ao longo do tempo.

Se o trabalho disponível não fosse uma função linear, mas quadrática do tempo, segundo a fórmula $T(t) = mt^2 + nt + p$, encontre para as novas condições a quantidade de capital ao longo do tempo, comparando e avaliando o resultado obtido.

9. No livro *A Study in the Theory of Economic Evolution*, o economista norueguês Trygve Haavelmo estudou um modelo envolvendo a produção total $P(t)$ e o tamanho de uma determinada população $N(t)$, sistematizado matematicamente pelas equações seguintes:

$\left(\dfrac{1}{N}\right)\dfrac{dN}{dt} = m - n\left[\dfrac{N}{P}\right]$

$P = A\, N^r$

onde m, n são positivos e $0 < r < 1$.

Considerando que a produção *per capita* é dada por $p(t) = \dfrac{P(t)}{N(t)}$, a partir das equações anteriores, encontre uma equação diferencial para p(t) resolvendo-a e obtendo em seguida p(t), N(t) e P(t). Qual é a tendência de tais variáveis quando o tempo cresce para infinito?

Sugestão: Aplique a segunda equação na primeira obtendo-se uma equação diferencial em N(t). Aplique ainda a segunda equação na definição de produção *per capita*, derivando o resultado desta última e comparando-o com a nova equação diferencial referida. A partir de tais operações, transforme esta equação em uma outra equação diferencial em p(t) resolvendo-a.

10. Resolva as seguintes equações diferenciais bastante estudadas em economia:

   a) $\dfrac{dy}{dt} = \dfrac{(a-by)(y-c)}{y}$, onde a, b e $c > 0$ e $bc \neq a$.

   b) $\dfrac{dx}{dt} + (a + bc^t)x = 0$, onde a, b e c são constantes positivas e $c \neq 1$.

   c) $\dfrac{dP}{dt} = C\,P^m\,e^{nt}$, onde $m \neq 1$, $n \neq 0$ e C constante.

11. Considere um modelo de crescimento econômico descrito pela equação diferencial abaixo:

$$\dfrac{dK}{dt} = Ae^m K^n - rK,$$ onde A, m, n, r são constantes positivas e K é o estoque de capital. Encontre K(t) ao longo do tempo.

Sugestão: Para resolver a equação acima, faça primeiramente uma substituição $J = K^{1-n}$, transformando-a em uma equação diferencial linear em J.

12. Considere um modelo macroeconômico relacionando o consumo C(t), o investimento I(t) e a renda nacional R(t) ao longo do tempo segundo as equações diferenciais apresentadas abaixo:

$R(t) = C(t) + I(t)$

$C(t) = aR(t) + b$

$I(t) = k\,\dfrac{dC}{dt}$

$R(0) = R_0 > \dfrac{b}{1-a}$

onde b e k são constantes positivas e $0 < a < 1$.

A partir dos pressupostos anteriores, encontre a renda R(t), o consumo C(t) e o investimento I(t) ao longo do tempo, bem como o valor de $\dfrac{R(t)}{I(t)}$ quando o tempo tende a infinito. Comente.

Sugestão: A partir das três equações apresentadas, encontre uma equação diferencial em R(t), resolvendo-a. Obtenha os valores de C(t) e I(t) a partir desta solução.

7
INTEGRAL DEFINIDA

Você verá neste capítulo:

Área sob o gráfico de uma função
Integral definida
Integral imprópria
Aplicações à economia

Assim como há situações nas quais se faz necessário lidar com tangentes, tais como o cálculo de taxas apresentado no Capítulo 4, outras requerem o cálculo de áreas. Se a idéia de *tangente* traduz-se matematicamente no conceito de *derivada*, o cálculo de *áreas* traduz-se no conceito de *integral definida*.

Aparentemente, os problemas envolvendo áreas e tangentes não possuem nenhuma relação. Entretanto, a busca de uma área abaixo de uma função, ou o cálculo de sua *integral definida*, possui um vínculo estreito com o desvendar de sua *antiderivada* ou *primitiva*, razão pela qual tal operação também recebe a nomenclatura de *integral indefinida*.

7.1 ÁREA SOB O GRÁFICO DE UMA FUNÇÃO

Esta seção pretende estabelecer um procedimento geral que possibilite o cálculo de áreas de figuras limitadas por curvas e que recaia nos processos usuais concernentes às figuras mais simples.

Vamos considerar inicialmente a área delimitada pelo gráfico da função f(x), pelo eixo x e pelas retas $x = a$ e $x = b$ na Figura 7.1.

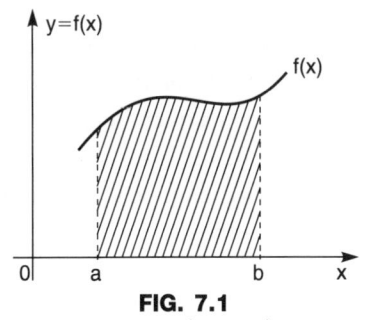

FIG. 7.1

Uma preocupação já presente entre os gregos antigos consiste na busca de procedimentos para encontrar áreas de figuras com diferentes formas. Por meio de transformações geométricas, relacionando figuras com áreas equivalentes, os gregos dedicaram-se, principalmente, ao cálculo de áreas de figuras limitadas por segmentos de reta ou arcos de círculo, pela redução a figuras conhecidas.

A Figura 7.2, mostra um recurso para reduzir um polígono a outro de área equivalente e com um lado a menos. Como o triângulo ACD possui a mesma área do triângulo ABD, o hexágono e o heptágono apresentados são equivalentes. A repetição desse procedimento possibilita a redução de qualquer polígono a um triângulo de mesma área, facilmente calculada por algoritmos conhecidos.

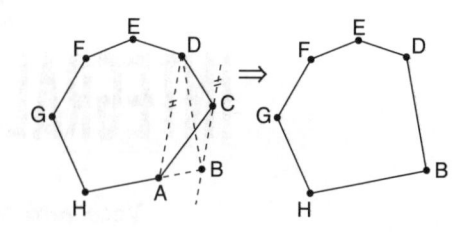

FIG. 7.2

Quando tratamos do cálculo de áreas de figuras limitadas por curvas, é inevitável recorrer a procedimentos que se utilizem, direta ou indiretamente, do conceito de limite. Os gregos resolveram o problema de calcular a área do círculo pela aproximação sucessiva (método de exaustão) de polígonos inscritos com número cada vez maior de lados, de acordo com a seqüência de figuras apresentada abaixo Figura 7.3. Calculando a área de um polígono através de sua decomposição em triângulos isósceles com vértices no centro do círculo e bases coincidentes com seus lados, a figura convergiria para o círculo circunscrito a todos os elementos da seqüência em questão.

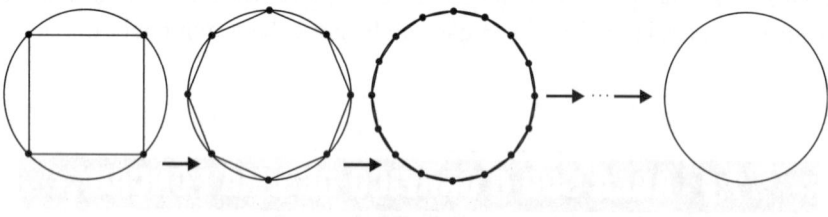

FIG. 7.3

Veremos agora algumas definições necessárias à sistematização do processo anterior e à introdução do conceito de integral definida de uma função no intervalo [a,b]. Consideremos inicialmente y = f(x) uma função não-negativa e contínua, em todos os pontos de um intervalo fechado e finito [a,b]. Queremos definir a área da região R sob o gráfico da função f, delimitada pelas retas x = a, x = b e pelo eixo dos x. Para isso, vamos repartir o intervalo [a,b] em n subintervalos:

$$a = x_0 \leq x_1 \leq x_2 \leq x_3 \leq \ldots\ldots \leq x_n = b$$

Denominada uma *partição* P de [a,b], tal n-upla divide o intervalo [a,b] em n subintervalos. Chamamos $\Delta x_i = |x_i - x_{i-1}|$ o comprimento do i-ésimo intervalo [x_{i-1}, x_i], i = 1,2, ... n de P e $\|P\|$ = máx Δx_i, i = 1,2, ... n a *norma* de tal partição. A idéia de definir a área sob o gráfico de uma função consiste essencialmente em estabelecer uma primeira aproximação através de uma seqüência de retângulos ajustados à área em questão, fazendo-se necessário para isso uma seqüência $c_1, c_2, c_3, ..., c_n$ tal que c_i é escolhido arbitrariamente no intervalo $[x_{i-1}, x_i]$, $i = 1, 2, ... n$, como mostra a Figura 7.4.

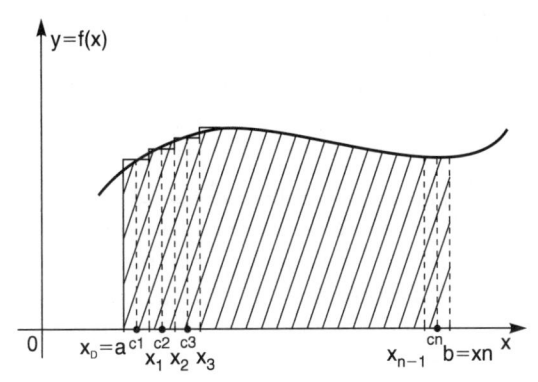

FIG. 7.4

Uma vez computada a soma das áreas de tais retângulos, cria-se um refinamento por meio do aumento sucessivo do número de partições a partir da existente para aferir o cálculo da área estabelecendo uma seqüência de configuração de retângulos cujo limite, caso venha a convergir, fornecerá o valor da área abaixo da função dada.

A soma das áreas dos retângulos de base Δx_i e altura $f(c_i)$ concernentes à partição $P = [x_0, x_1, x_2, x_3, ..., x_n]$ apresentada pela Figura 7.4, é dada por:

$$\sum_{i=1}^{n} f(c_i) \Delta x_i = f(c_1)\Delta x_1 + f(c_2)\Delta x_2 + f(c_3)\Delta x_3 + ... + f(c_n)\Delta x_n$$

Representando uma aproximação da área da região R dada pela soma das áreas dos retângulos de base Δx_i e altura $f(c_i)$, tal expressão chama-se *Soma de Riemann* da função f em [a,b] relativa à partição P e aos c_i, $i = 1, 2, 3, ..., n$. Ao refinarmos tal partição em [a,b], de modo que o número de subintervalos tenda a infinito e, simultaneamente, a norma de P — o máximo dos comprimentos dos subintervalos — tenda a zero, a soma acima poderá tender para um número finito. Neste caso, este limite será denominado *área* A da região R, ou seja,

$$A = \lim_{\|P\| \to 0} \sum_{i=1}^{n} f(c_i) \Delta x_i$$

Este limite pode ser definido, por analogia e extensão ao conceito de limite de uma função apresentado na Seção 3.2, da seguinte forma:

$$\lim_{\|P\| \to 0} \sum_{i=1}^{n} f(c_i) \Delta x_i = L$$

se e somente se dado $\varepsilon > 0$, existe $\delta > 0$ independentemente da escolha dos c_i, $i = 1, 2, 3, ..., n$, tal que $|\Sigma f(c_i)\Delta x_i - L| < \varepsilon$, $\forall$ partição P tal que $\|P\| < \delta$.

Pode-se demonstrar que caso o limite acima exista, a escolha da partição e os sucessivos refinamentos não interferem em seu valor, correspondente à área abaixo do gráfico da função f confinada com as retas $x = a$, $x = b$ e o eixo x. É possível provar ainda que a continuidade e limitabilidade de f em [a, b] são respectivamente condições suficiente e necessária para que exista o limite acima, e, portanto, para que seja possível referir-se à área abaixo do gráfico da função f confinada com as retas $x = a$ e $x = b$.

Dada uma determinada partição P no intervalo [a, b], poderíamos ainda pensar em duas somas particulares de Riemann, que ocorrem quando a escolha dos c_i em cada intervalo $[x_{i-1}, x_i]$, $i = 1, 2, 3, ...n$ é tal que $f(c_i)$ seja máximo — *Soma Superior* — ou mínimo — *Soma Inferior*. As substituições sucessivas de partições mais refinadas fazem com que as somas superior e inferior aproximem-se, tendendo para a área da região abaixo do gráfico da função f e confinada com o eixo x e as retas $x = a$ e $x = b$.

Vejamos agora um exemplo de uma função limitada para a qual o limite acima não existe, ou seja, para a qual não faz sentido referir-se ao termo área sob o gráfico.

Exemplo 7.1:

Na Figura 7.5, considere a função de Dirichlet f(x) definida em [0,1] como:

$$f(x) = \begin{cases} x = 1, \text{ se x é racional} \\ \\ x = 0, \text{ se x é irracional} \end{cases}$$

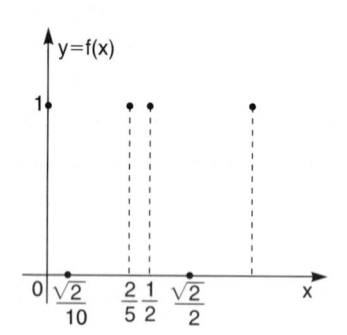

FIG. 7.5

Prove que não faz sentido considerar uma área abaixo do gráfico de f(x) no intervalo [0,1].

Resolução:

Para qualquer subintervalo $\Delta x_i = [x_{i-1}, x_i]$ de qualquer partição do intervalo [0,1], pode-se escolher sempre c_i em Δx_i racional ou irracional pois o conjunto dos números racionais $\mathbb{Q}$ e dos irracionais $\mathbb{I}$ são densos no conjunto dos números reais $\mathbb{R}$. Tais considerações garantem somas de Riemann nas quais $f(c_i)$ valem sempre, respectivamente, 1 e 0, em qualquer subintervalo de qualquer partição.

Obtendo somas de Riemann no intervalo [0,1] valendo sempre, respectivamente, 1 e 0, para refinamentos tão pequenos quanto se queira, prova-se a inexistência do limite definido anteriormente e, portanto, a impossibilidade de definição de uma área abaixo do gráfico da função de Dirichlet no intervalo [0,1].

Vejamos agora um exemplo de região cuja área pode ser calculada utilizando somas de Riemann.

Exemplo 7.2:

Utilizando as técnicas anteriores para cálculo de áreas encontre a área abaixo do gráfico da função $y = e^x$ e limitada pelos eixos x e y e a reta $x = a > 0$.

Resolução:

A área em questão pode ser visualizada por meio do seguinte gráfico:

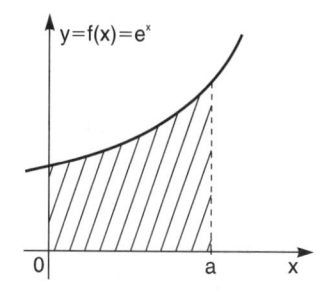

FIG. 7.6

Como a função $f(x) = e^x$ é contínua no intervalo $[0,a]$, o limite das somas de Riemann relativo a esta função existe, neste intervalo, e a escolha das partições e dos c_i definidos anteriormente é arbitrária desde que, no limite referido, $\|P\| \to 0$. Considerando tais resultados, assuma uma seqüência de partições $P_n = [x_0, x_1, x_3, \ldots, x_n]$ sobre o intervalo $[0,a]$ com todos os subintervalos de mesmo comprimento $\Delta x_i = \dfrac{a}{n}$, ou seja, $[x_{i-1}, x_i] = \left[(i-1)\dfrac{a}{n}, \dfrac{ia}{n}\right]$, tomando ainda $c_i = \dfrac{ia}{n}$, $i = 1, 2, 3, \ldots, n$. Para estes valores, encontramos a seguinte soma de Riemann:

$$\sum_{i=1}^{n} f(c_i)\Delta x_i = \sum_{i=1}^{n} e^{c_i} \Delta x_i = \sum_{i=1}^{n} e^{\frac{ia}{n}} \frac{a}{n} = \left(\frac{a}{n}\right) \sum_{i=1}^{n} e^{\frac{ia}{n}}$$

O somatório que aparece no último membro do lado direito da expressão acima é a soma de uma progressão geométrica cujos primeiro termo e razão são iguais a $e^{\frac{a}{n}}$. Utilizando a fórmula da soma dos n primeiros termos de uma progressão geométrica de primeiro termo a_1 e razão q dada por $\dfrac{a_1(q^n - 1)}{q - 1}$, temos:

$$\sum_{i=1}^{n} e^{\frac{ia}{n}} = \frac{e^{\frac{a}{n}}(e^a - 1)}{e^{\frac{a}{n}} - 1}$$

Portanto, o valor da área em questão será:

$$A = \lim_{n \to \infty} \frac{a}{n} \cdot \frac{e^{\frac{a}{n}}(e^a - 1)}{e^{\frac{a}{n}} - 1} = a(e^a - 1) \cdot \lim_{n \to \infty} \frac{e^{\frac{a}{n}}\left(\frac{1}{n}\right)}{e^{\frac{a}{n}} - 1}$$

O último limite produz uma indeterminação do tipo $\dfrac{0}{0}$ quando $n \to \infty$, gerada, na verdade, pelo termo $\dfrac{\frac{1}{n}}{e^{\frac{a}{n}} - 1}$, uma vez que $e^{\frac{a}{n}}$ tende a 1 quando $n \to \infty$. Vamos calcular, então, o limite do primeiro termo utilizando a regra de l'Hôpital apresentada na Seção 4.7:

$$\lim_{n \to \infty} \frac{\frac{1}{n}}{e^{\frac{a}{n}} - 1} = \lim_{n \to \infty} \frac{\frac{-1}{n^2}}{e^{\frac{a}{n}} \cdot \left(-\frac{a}{n^2}\right)} = \frac{1}{a}$$

Além disso,

$$\lim_{n \to \infty} e^{\frac{a}{n}} = 1$$

Os dois resultados anteriores juntamente com a propriedade 5 da Seção 3.3 de que o limite do produto é o produto dos limites resultam em:

$$\lim_{n \to \infty} \frac{e^{\frac{a}{n}} \cdot \frac{1}{n}}{e^{\frac{a}{n}} - 1} = \lim_{n \to \infty} \frac{\frac{1}{n}}{e^{\frac{a}{n}} - 1} \cdot \lim_{n \to \infty} e^{\frac{a}{n}} = \frac{1}{a} \cdot 1 = \frac{1}{a}$$

Aplicando este último resultado no cálculo da área A exposto acima, temos:

$$A = a(e^a - 1) \cdot \lim_{n \to \infty} \frac{\left[e^{\frac{a}{n}}\left(\frac{1}{n}\right)\right]}{\left(e^{\frac{a}{n}} - 1\right)} = a(e^a - 1) \cdot \frac{1}{a} = e^a - 1$$

As somas de Riemann podem tornar-se extremamente complicadas dependendo da partição considerada. Uma vez constatada a existência do limite e, portanto, a independência do resultado da seqüência de partições considerada, devem-se fazer escolhas que simplifiquem ao máximo os cálculos dos problemas.

Exercícios 7.1

1. Encontre a área da região sob o gráfico da função f(x) = x confinada com as retas x = 0 e x = 1.

2. Calcule a área da região delimitada pelo gráfico da função y = 2^x, pelo eixo x e pelas retas x = −1 e x = +1.

3. Encontre a área abaixo do gráfico da reta y = x entre x = 4 e 8 através de somas de Riemann, confirmando o resultado por meio de cálculos elementares de geometria euclidiana.

4. Encontre a área da região acima do gráfico de y = x^2 − 2x e abaixo de y = 0, utilizando as técnicas anteriores.

7.2 INTEGRAL DEFINIDA

Pode-se generalizar o procedimento utilizado para encontrar áreas, tomando-se os devidos cuidados, com o conceito de integral definida de uma função f em um intervalo A. Para o cálculo de áreas, limitamo-nos a funções não-negativas, porém, agora, definiremos somas de Riemann para funções quaisquer.

Considere uma função f definida em um intervalo [a, b], bem como uma partição $P = [x_0, x_1, x_2, x_3, \ldots, x_n]$, uma n-upla c_i, $i = 1, 2, \ldots$ n com c_i escolhido arbitrariamente em $[x_{i-1}, x_i]$, para todo i e seja $\|P\| = $ máx $|x_i - x_{i-1}|$. Retomando o limite apresentado no item 7.1, temos:

$$\lim_{\|P\| \to 0} \Sigma f(c_i) \Delta x_i$$

Se tal limite existir, diz-se que a função é *integrável segundo Riemann* no intervalo [a, b] e o valor L deste limite denomina-se *integral definida* de f em [a,b], denotada por $\int_a^b f(x)\, dx$. O intervalo [a, b] é denominado *intervalo de integração*, a função f, *integrando*, e a e b, *limites de integração*. Dotada agora de um significado mais amplo, a definição de integral definida desvincula-se da noção intuitiva de área.

É difícil verificar a existência do limite associado à integral definida, por isso, apresentamos agora uma condição suficiente para que uma função seja integrável segundo Riemann em um intervalo [a,b].

> **Teorema:** Seja f uma função contínua em [a,b], então f é integrável segundo Riemann em [a,b].

A essência do teorema acima, cuja demonstração encontra-se além dos objetivos deste livro, consiste no fato de que, nas condições do enunciado, dado qualquer $\varepsilon > 0$, é possível encontrar uma partição P de [a,b] para a qual a diferença entre a Soma Superior e Inferior relativa a tal partição é menor que ε.

Quando a função f(x) assume valores não-negativos no intervalo [a,b], integral definida (caso exista) da função f, no intervalo referido, coincide com a área delimitada pelo seu gráfico, pelo eixo x e pelas retas x = a e x = b.

É interessante ampliar o conceito de integral definida de modo a incluir os casos em que a = b e a > b. Para o caso em que a = b, temos que $\Delta x_i = 0$, $\forall\ x_i$, i =1, 2, ...n e, portanto, as somas de Riemann serão sempre nulas, o que significa que a integral definida associada será nula. Se a > b, $\Delta x_i < 0$, $\forall\ x_i$, i =1, 2, ...n e portanto $\int_c^d f(x)\, dx$ será negativa se f(x) > 0 em [c,d] $\subset$ [a,b] e positiva se f(x) < 0 em [c,d] $\subset$ [a,b].

Nos capítulos anteriores, após a definição dos conceitos de limite, derivada e primitiva, apresentamos propriedades e técnicas visando agilizar o cálculo com tais operadores, uma vez que a manipulação apenas com suas definições era, na maioria dos casos, inviável. Analogamente, para acelerar a resolução de problemas envolvendo integrais definidas, apresentamos em seguida algumas propriedades e técnicas. Sejam f e g funções integráveis segundo Riemann em [a,b], K uma constante e c $\in$ [a,b]. Então:

---

1) k f(x) é integrável em [a,b] e $\int_a^b kf(x)dx = k \int_a^b f(x)dx$

2) $\int_a^a f(x)dx = 0$

3) $\int_a^b f(x)dx = -\int_b^a f(x)dx$

4) f(x) + g(x) é integrável e $\int_a^b [f(x) + g(x)] dx = \int_a^b f(x)dx + \int_a^b g(x)dx$

5) $\int_a^b f(x)dx = \int_a^c f(x)dx + \int_c^b f(x)dx$

6) Se f(x) $\leq$ g(x) e a $\leq$ b, então: $\int_a^b f(x)dx \leq \int_b^a g(x)dx$

Aqui, algumas observações são importantes.

Propriedades 1 e 4: indicam que a integral depende *linearmente* do integrando.

Propriedade 2: afirma que a integral sobre um intervalo de comprimento nulo é nula.

Propriedade 3: significa que a troca dos limites de integração inverte o sinal da integral.

Propriedade 5: mostra que a integral depende aditivamente do intervalo de integração.

Propriedade 6: permite que se afirme que, se uma função g(x) é não-negativa, sua integral também o será.

A demonstração das propriedades anteriores decorre diretamente da definição de integral definida. Vejamos somente a demonstração da propriedade 4, deixando as demais como exercício.

Se f e g são funções integráveis em [a,b], então f(x) + g(x) é integrável e $\int_a^b [f(x) + g(x)] dx = \int_a^b f(x)dx + \int_a^b g(x)dx$

Prova

Como f e g são integráveis em [a,b], então:

Dado $\varepsilon_1 > 0$, existe $\delta_1 > 0$ tal que

$|\sum_{i=1}^{n} f(c_i) \Delta x_i - \int_a^b f(x)dx| < \varepsilon_1$

para qualquer partição $P = [x_0, x_1, x_2, x_3, \ldots, x_n]$ de [a,b] com c_i's em $[x_{i-1}, x_i]$ tal que $\|P\| < \delta_1$.

Dado $\varepsilon_2 > 0$, existe $\delta_2 > 0$ tal que

$$\left| \sum_{i=1}^{n} g(c_i) \Delta x_i - \int_a^b g(x)dx \right| < \varepsilon_2$$

para qualquer partição $P = [x_0, x_1, x_2, x_3, \ldots, x_n]$ de [a,b] com c_i's em $[x_{i-1}, x_i]$ tal que $\|P\| < \delta_2$.

Considere $\varepsilon_1 = \varepsilon_2 = \dfrac{\varepsilon}{2} > 0$. Assim, dado $\varepsilon > 0$, seja $\delta = \min\{\delta_1, \delta_2\}$. Dos resultados acima e pela desigualdade triangular, temos:

$$\left| \sum_{i=1}^{n} [f(c_i) + g(c_i)] \Delta x_i - [\int_a^b f(x)dx + \int_a^b g(x)dx] \right| < \left| \sum_{i=1}^{n} f(c_i) \Delta x_i - \int_a^b f(x)dx \right| +$$

$$\left| \sum_{i=1}^{n} g(c_i) \Delta x_i - \int_a^b g(x)dx \right| < \varepsilon_1 + \varepsilon_2 < \dfrac{\varepsilon}{2} + \dfrac{\varepsilon}{2} = \varepsilon$$

Adicionalmente, duas observações são relevantes na simplificação dos cálculos envolvendo integrais definidas. Se f(x) é uma *função par* em B = [−b,b], ou seja, f(x) = f(−x) para todo x em A e g(x) é uma *função ímpar* em C = [−c,c], ou seja, g(x) = −g(x) para todo x em B, temos:

a) $\int_{-a}^{a} f(x)dx = 2 \int_0^a f(x)dx$, $a < b$

b) $\int_a^a g(x)dx = 0$, $a < c$

As propriedades acima confirmam a simetria geométrica de tais funções, pois, sendo f par e g ímpar, com gráficos simétricos em relação ao eixo dos y e em relação à origem, apresentam respectivamente áreas iguais e áreas com sinais contrários em intervalos simétricos, como mostra a Figura 7.7.

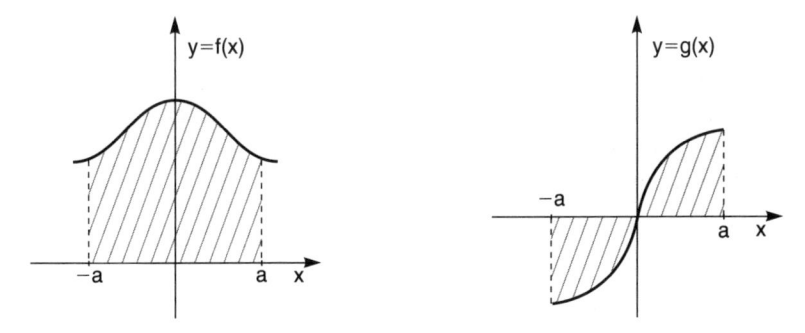

FIG. 7.7

A idéia de área com sinal contrário (presente, por exemplo, na propriedade 3) é utilizada para identificar regiões associadas a integrais definidas negativas, ou por serem limitadas por funções negativas ou por serem computadas da direita para a esquerda em seus limites de integração. Se ocorrem ambas as afirmações anteriores, a integral definida volta a ser positiva.

Assim, quando a função f for negativa entre x = a e x = b, com b > a, sua integral definida também possuirá sinal negativo, fornecendo portanto o valor da área limitada pelo gráfico de tal função e as retas y = 0, x = a e x = b com sinal trocado. Logo, a propriedade 5 garantirá que a integral definida de uma função com valores positivos e negativos em um intervalo [a,b] pode ser decomposta em uma soma de integrais sobre subintervalos de [a,b] nos quais f assume exclusivamente valores positivos ou negativos, como podemos observar na Figura 7.8:

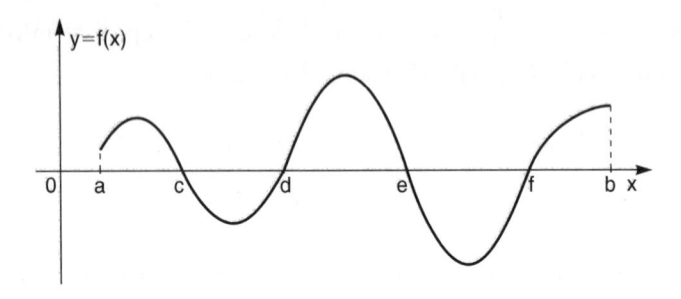

FIG. 7.8

Nesse caso:

$\int_a^b f(x)\,dx = \int_a^c f(x)\,dx + \int_c^d f(x)\,dx + \int_d^e f(x)\,dx + \int_e^f f(x)\,dx + \int_f^b f(x)\,dx$

Área $= \int_a^c f(x)\,dx - \int_c^d f(x)\,dx + \int_d^e f(x)\,dx - \int_e^f f(x)\,dx + \int_f^b f(x)\,dx$

É muito difícil calcular-se a área sob o gráfico de qualquer função mais complicada que uma função constante, utilizando-se somente da definição de integral definida e das propriedades acima. É necessário apresentar um dos teoremas mais importantes do cálculo integral e diferencial: o *Teorema Fundamental do Cálculo*.

A partir do século XVII, pensadores como Fermat e Pascal retomaram os trabalhos de Arquimedes relativos a métodos de exaustão para cálculo de áreas, fornecendo subsídios para Newton e Leibniz concluírem que uma área passível de ser calculada por exaustão poderia ser computada mais facilmente utilizando primitivas, o que constitui a essência do *Teorema Fundamental do Cálculo*.

Para compreender melhor tal teorema, é necessário introduzir o Teorema do Valor Médio:

> **Teorema do Valor Médio:** Seja f uma função contínua em [a,b]. Então existe c ∈ [a,b] tal que $\int_a^b f(x)\,dx = f(c) \cdot (b - a)$.

Valor médio f de uma função f integrável em [a,b] pode ser definido como sendo o valor f(c) anterior, ou seja:

Capítulo 7 — Integral Definida

> **Valor médio de uma função:** Seja f uma função integrável segundo Riemann em [a,b], então o *valor médio* de f em [a,b] é dado por:
>
> $$f = \left[\frac{1}{(b-a)}\right] \int_a^b f(x)\, dx$$

Exemplo 7.3:

Encontre o valor médio da função $f(x) = x^2$ no intervalo $[0,1]$.

Resolução:

Da definição anterior, temos:

$$f = \left[\frac{1}{(b-a)}\right] \int_a^b f(x)\, dx = \frac{1}{(1-0)} \int_0^1 x^2 dx = 1 = \frac{1}{3}$$

Podemos agora enunciar e compreender o *Teorema Fundamental do Cálculo*, que transforma a dificuldade de computar áreas ou integrais definidas como limite de somas de Riemann na possibilidade mais simples de realizar tais operações por antiderivação.

> **Teorema Fundamental do Cálculo:** Se $F(x)$ é uma primitiva de f no intervalo [a,b], então:
>
> $$\int_a^b f(x)\, dx = F(x)\Big|_a^b = F(b) - F(a)$$

O Teorema Fundamental do Cálculo pode ser interpretado como o limite de uma somatória representativa da integral definida de uma função, assim como o *processo inverso da derivação*, ampliando as possibilidades de definição dos conceitos aí envolvidos. Tendo em vista a proximidade entre integrais definidas e áreas, tal teorema significa ainda um método sistemático e simples para se calcular áreas.

Exemplo 7.4:

Calcule a área da região sob o gráfico da função $y = f(x) = x - x^2$ e limitada pelas retas $x = 0$, $x = 1$ e pelo eixo dos x.

Resolução:

A função em questão é uma expressão quadrática com coeficiente em x^2, x e independente, respectivamente, iguais a -1, 1 e 0. Logo, a área em questão encontra-se abaixo da parábola entre $x = 0$ e $x = 1$, de acordo com a parte hachurada da Figura 7.9:

Uma vez que $f(x) \geq 0$ no intervalo $[0,1]$, a área A da região sob seu gráfico no intervalo $[0,1]$ é dada por $\int_0^1 [x - x^2] dx$. A função $f(x) = x - x^2$ é contínua nos reais e, portanto, possui primitiva de acordo com o teorema apresentado na Seção 6.2 dada, neste caso, por $F(x) = \dfrac{x^2}{2} - \dfrac{x^3}{3}$.

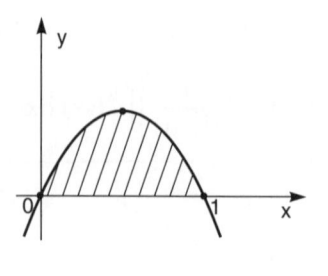

FIG. 7.9

As considerações anteriores juntamente com o Teorema Fundamental do Cálculo resultam em:

$$A = \int_0^1 [x - x^2] dx = \left[\dfrac{x^2}{2} - \dfrac{x^3}{3}\right]_0^1 = \dfrac{1}{2} - \dfrac{1}{3} = \dfrac{1}{6}$$

De posse do *Teorema Fundamental do Cálculo*, vale a pena retomar o Exemplo 7.2 e abordá-lo de maneira diferente.

Exemplo 7.5:

Encontre a área abaixo do gráfico da função $y = e^x$ e limitada pelos eixos x e y e a reta $x = a > 0$.

Resolução:

Tendo em vista que $f(x)$ é positiva em $[0,a]$, sua integral definida nesse intervalo fornece diretamente a área A da região desejada. Tais considerações, a continuidade de f em $[0,a]$ e o Teorema Fundamental do Cálculo resultam em:

$A = \int_0^a e^x \, dx = e^x \big|_0^a = e^a - 1$

Além de confirmar o resultado encontrado no Exemplo 7.2, a técnica utilizada aqui simplifica os cálculos. A dificuldade central do cálculo de integrais definidas e, portanto, do cálculo de áreas reduz essencialmente à busca de primitivas.

Vejamos um exemplo de aplicação em economia.

Exemplo 7.6:

Considerando a formação de capital $K(t)$ como um processo contínuo no tempo de adição a um determinado estoque inicial determinado pelo fluxo de um certo investimento $I(t)$ que se traduz matematicamente como $I(t) = \dfrac{dK(t)}{dt}$. A partir de tais considerações, admita que o fluxo de um determinado investimento possa ser modelado pela equação $I(t) = 400t^{\frac{1}{3}}$ (reais por mês).

Considerando um estoque de capital inicial de R$ 1.000,00, encontre o valor do capital total como função do tempo. Ache o investimento líquido e capital totais durante 8 meses.

Resolução:

$I(t) = \frac{dK(t)}{dt} \Rightarrow \int_a^b I(t)dt = \int_a^b \frac{dK}{dt} dt.$

Pelo Teorema Fundamental do Cálculo, temos:

$\int_a^b \frac{dK}{dt} dt = K(b) - K(a)$

Portanto,

$\int_a^b I(t)dt = K(b) - K(a).$

Como desejamos saber o estoque de capital em um determinado momento, tomamos como limites de integração 0 a t. Portanto, o capital total obtido no período referido a partir do investimento e capital inicial considerados será dado por:

$\int_0^t I(t)dt = K(t) - K(0) \Rightarrow$

$\int_0^t 400t^{\frac{1}{3}} dt = K(t) - K(0) \Rightarrow$ pelo Teorema Fundamental do Cálculo,

$\left. \frac{400 \, t^{\frac{4}{3}}}{\frac{4}{3}} \right|_0^t = K(t) - R\$ \, 1.000,00 \Rightarrow$

$K(t) = 1.000,00 + 300t^{\left(\frac{4}{3}\right)}$, que é o capital total em função do tempo.

Após 8 meses, teremos o seguinte capital total:

$K(8) = 1.000,00 + 300 \cdot 8^{\left(\frac{4}{3}\right)} = 1.000 + 300 \cdot 16 = 1.000 + 4.800 \Rightarrow$

O capital total será R$ 5.800,00 e o investimento líquido total, R$ 4.800,00.

No exemplo anterior pode ser utilizado o método de substituição no cálculo de integrais definidas sem necessariamente retornar às variáveis originais, como veremos a seguir. Trata-se de mais uma alternativa nos cálculos de integrais definidas.

> **Substituição de variáveis em Integrais Definidas:** Sejam f(u): $[c,d] \subset A \to \mathbb{R}$ e g(x): $[a, b] \to A$ funções tais que f(u) é contínua em A e g'(x) contínua em [a,b] tal que g(a) = c e g(b) = d. Então:
>
> $$\int_a^b f(g(x))g'(x)dx = \int_c^d f(u)du$$

Para efeitos de cálculos, o teorema anterior pode ser pensado de maneira mais prática da seguinte forma. Diante de uma integral definida $\int_c^d f(u) \, du$, fazemos u = g(x) $\Rightarrow \frac{du}{dx} = g'(x) \Rightarrow du = g'(x)dx$, u = c $\Rightarrow$ x = a, u = d $\Rightarrow$ x = b. A substituição dos termos anteriores na integral definida mencionada resulta em $\int_a^b f(g(x))g'(x)dx = \int_c^d f(u)du$.

Exemplo 7.7:

Calcule o valor da integral $\int_0^4 \left[\frac{\ln(x+5)}{(x+5)} \right] dx$

Resolução:

Considere a mudança de variável u = x + 5 = g(x), derivável $\Rightarrow$ g(0) = 5 e g(4) = 9. O integrando acima é da forma f(g(x))g'(x) onde g(x) = x + 5 e f(u) = ln u, portanto contínua na imagem de g(x) em questão. Logo, estamos nas condições do teorema anterior.

$$\int_0^4 \left[\frac{\ln(x+5)}{(x+5)} \right] dx = \int_5^9 \ln(u) \, du$$

Precisamos agora encontrar uma primitiva de ln u. Por integração por partes com h(u) = ln u e m'(u) = 1, temos:

$\int \ln(u) \, du = u.\ln u - \int 1 \, du = u \ln u - u$. Retornando à integral acima, teremos:

$$\int_0^4 \left[\frac{\ln(x+5)}{(x+5)} \right] dx = \int_5^9 \ln(u) \, du = (u \ln u - u)\big|_5^9 = [9 \ln 9 - 9] - [5 \ln 5 - 5]$$

Poderíamos ainda ter realizado o cálculo da primitiva de ln u e depois retornar à variável x sem precisar mudar os limites de integração:

$$\int \left[\frac{\ln(x+5)}{(x+5)} \right] dx = \int \ln(u) \, du = u \ln u - u = (x+5)\ln(x+5) - (x+5)\big|_0^4 =$$
$[9 \ln 9 - 9] - [5 \ln 5 - 5]$

É preciso ter cuidado ao utilizar-se o teorema da substituição de variáveis em integrais definidas. É muito importante, sobretudo, observar a continuidade de $\int$ nos pontos da imagem de g(x) sobre [a,b].

Exercícios 7.2

Calcule as seguintes integrais definidas:

1. $\int_0^{\frac{\pi}{3}} [3 + \cos 3x]\,dx$

2. $\int_0^6 \dfrac{x^3}{\sqrt{x^2+1}}\,dx$

3. $\int_0^1 3^x\, e^x\, dx$

4. $\int_0^{\frac{\pi}{2}} \operatorname{sen}^4 x\, dx$

5. $\int_2^6 x \ln x\, dx$

6. Desenhe a região sob o gráfico de $f(x) = x^3$ limitada pelo eixo x e as retas $x = 4$ e $x = 6$, calculando em seguida a sua área.

7. Esboce a região compreendida entre o gráfico da função $f(x) = x^3 - x$ e o eixo x, e calcule, em seguida, a sua área.

8. Encontre a área da região limitada pelos gráficos de $f(x) = e^x$ e $f(x) = x + 2$.

9. Encontre a área da região limitada pelos gráficos de $y = \operatorname{sen} x$ e $y = \cos x$ entre duas interseções consecutivas de tais curvas.

10. Encontre a área da região limitada pela curva $f(x) = x^3$ e a reta tangente a esta curva no ponto $(1,1)$.

11. Considere $I(t) = 300\sqrt{t}$ (reais por mês) o fluxo de um determinado investimento sobre um capital inicial $K(0) = R\$ 500,00$. Supondo o processo de investimento contínuo, encontre o valor do capital total acumulado como função do tempo. Determine ainda a formação de capital total até o primeiro mês; entre o terceiro e o quinto mês; assim como entre o sexto e o oitavo meses.

12. Suponhamos que determinados dados estatísticos forneçam um modelo para o crescimento populacional de uma certa cidade segundo uma taxa de aumento da população no tempo $\dfrac{dP(t)}{dt}$ regido pela expressão $1.000\, t^{-\frac{1}{3}}$ (pessoas por mês) a partir de uma referência temporal ($t = 0$), na qual a população era de 200.000 pessoas. Encontre:

a) Uma expressão que forneça a população da cidade referida como função do tempo.

b) O aumento populacional um semestre após o início da pesquisa.

c) O aumento populacional no terceiro semestre a partir do início da pesquisa.

13. Considere um modelo para a quantidade de $p(t)$ de petróleo em um poço satisfazendo uma taxa de extração de barris que decresce exponencialmente com o tempo segundo a equação $M\, e^{-at}$. Supondo ainda que o estoque inicial de petróleo seja dado por $p(0) = p_0$, encontre uma expressão para a quantidade de petróleo no poço $p(t)$ no decorrer do tempo, assim como condições para as quais o poço nunca se esgota.

7.3 INTEGRAL IMPRÓPRIA

Tendo em vista as aplicações à Estatística e Probabilidade, convém ampliar o conceito de integral definida para funções definidas em intervalos infinitos, assim como para funções descontínuas do tipo infinito no interior de um intervalo.

Para isso, consideremos basicamente duas categorias de integrais impróprias:

$\boxed{1^{\underline{o}}\ caso:}$ integrais envolvendo intervalos de integração infinitos.

Enquadram-se neste caso integrais nas quais pelo menos um dos limites de integração é infinito, ou seja, integrais do tipo $\int_a^{+\infty} f(x)\,dx$, $\int_{-\infty}^{a} f(x)\,dx$ ou $\int_{-\infty}^{+\infty} f(x)\,dx$.

Pensando na área sob o gráfico de uma função — integral definida quando a função é positiva, mais comum em integrais impróprias — e considerando móvel o limite superior da integral definida de acordo com a Figura 7.10, a maneira natural de definir $\int_a^{+\infty} f(x)\,dx$ a partir das ferramentas que já possuímos é:

$$\int_a^{+\infty} f(x)\,dx = \lim_{p \to +\infty} \int_a^p f(x)\,dx$$

Calculamos a integral definida até um ponto p, calculando em seguida o limite do resultado para p tendendo a infinito. O operador "integral definida" para o caso impróprio anterior é, portanto, expresso como combinação de dois outros operadores já conhecidos.

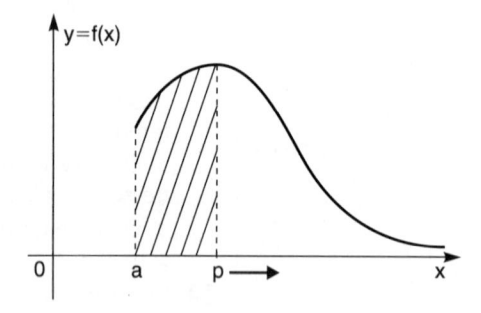

FIG. 7.10

Caso o limite definido anteriormente exista, dizemos que a integral imprópria referida converge. Caso contrário, ela diverge.

Exemplo 7.8:

Calcule $\int_0^{+\infty} e^{-x}\,dx$

Resolução:

$$\int_0^{+\infty} e^{-x}\,dx = \lim_{p \to +\infty} \int_0^p e^{-x}\,dx = \lim_{p \to +\infty} (-e^{-x})\Big|_0^p = \lim_{p \to +\infty} (-e^{-p} + 1) = 1$$

Portanto, a integral em questão converge para 1.

Analogamente, definem-se os outros tipos de integral com limites de integração infinitos como:

$$\int_{-\infty}^{a} f(x)\,dx = \lim_{p \to -\infty} \int_p^a f(x)\,dx$$

$$\int_{-\infty}^{+\infty} f(x)\,dx = \int_{-\infty}^{c} f(x)\,dx + \int_{c}^{+\infty} f(x)\,dx = \lim_{p \to -\infty} \int_p^c f(x)\,dx + \lim_{p \to +\infty} \int_c^p f(x)\,dx$$

Da mesma forma que no primeiro caso, a primeira integral imprópria acima converge se e somente se o limite da direita correspondente existir enquanto a segunda converge se e somente se os dois limites do membro da esquerda convergirem. Caso contrário, em qualquer dos casos, a integral divergirá. A definição anterior não depende da escolha do c.

Exemplo 7.9:

Calcule $\int_{-\infty}^{0} \operatorname{sen} x \, dx$

Resolução:

Pela definição anterior, temos:

$\int_{-\infty}^{0} \operatorname{sen} x \, dx = \lim_{p \to -\infty} \int_{p}^{0} \operatorname{sen} x \, dx = \lim_{p \to -\infty} -\cos x \Big|_{p}^{0} = \lim_{p \to -\infty} [\cos p - 1]$, que não existe pois o cos p oscila entre -1 e 1, tornando portanto a expressão acima uma função oscilante entre -2 e 0. Logo, a integral $\int_{-\infty}^{0} \operatorname{sen} x \, dx$ não converge.

Exemplo 7.10:

Calcule $\int_{-\infty}^{+\infty} \dfrac{1}{(x^2 + 9)} \, dx$

Resolução:

Pela definição apresentada para este tipo de integral, temos:

$\int_{-\infty}^{+\infty} \dfrac{1}{x^2 + 9} dx = \int_{-\infty}^{0} \dfrac{1}{x^2 + 9} dx + \int_{0}^{+\infty} \dfrac{1}{x^2 + 9} dx =$

$= \lim_{p \to -\infty} \int_{p}^{0} \dfrac{1}{x^2 + 9} dx + \lim_{p \to +\infty} \int_{0}^{p} \dfrac{1}{x^2 + 9} dx =$

$= \lim_{p \to -\infty} \left[\dfrac{1}{3} \operatorname{arctag} \dfrac{x}{3} \right]_{p}^{0} + \lim_{p \to +\infty} \left[\dfrac{1}{3} \operatorname{arctag} \dfrac{x}{3} \right]_{0}^{p}$, pois

$\dfrac{1}{3} \operatorname{arctag} \dfrac{x}{3}$ é primitiva de $\dfrac{1}{x^2 + 9}$.

$\Rightarrow = \lim_{p \to -\infty} \left[-\dfrac{1}{3} \operatorname{arctag} \dfrac{p}{3} \right] + \lim_{p \to +\infty} \left[\dfrac{1}{3} \operatorname{arctag} \dfrac{p}{3} \right] = \dfrac{\pi}{6} + \dfrac{\pi}{6} = \dfrac{\pi}{3}$

Portanto, a integral desejada converge para $\dfrac{\pi}{3}$.

$\boxed{2^{\underline{o}}\ caso:}$ integrais envolvendo funções descontínuas do tipo infinito.

Enquadram-se neste caso integrais do tipo $\int_a^b f(x)\ dx$, com $f(x)$ contínua em $(a,b]$ ou $[a,b)$ e possivelmente ilimitada numa vizinhança respectivamente de a ou de b. Analogamente aos casos anteriores, as definições para a extensão da integral serão:

$$\int_a^b f(x)\ dx = \lim_{p \to a^+} \int_p^b f(x)\ dx$$

$$\int_a^b f(x)\ dx = \lim_{p \to b^-} \int_a^p f(x)\ dx$$

De modo semelhante ao primeiro caso, se o limite definido anteriormente for um número finito, dizemos que a integral imprópria referida converge. Caso contrário, ela diverge.

Exemplo 7.11:

Calcule $\int_0^2 \frac{1}{\sqrt{x}}\ dx$

Resolução:

Para verificar a existência desta integral, devemos avaliar o limite abaixo:

$$\lim_{p \to 0^+} \int_p^2 \frac{1}{\sqrt{x}}\ dx = \lim_{p \to 0^+} \sqrt{x}\Big|_p^2 = \lim_{p \to 0^+} \left(\sqrt{2} - \sqrt{p}\right) = \sqrt{2}$$

Logo, a integral em questão converge e vale $\sqrt{2}$.

Exemplo 7.12:

Calcule $\int_0^3 \frac{1}{x^2}\ dx$

Resolução:

De maneira análoga ao exemplo anterior, vamos avaliar o seguinte limite:

$$\lim_{p \to 0^+} \int_p^3 \frac{1}{x^2}\ dx = \lim_{p \to 0^+} \left(-\frac{1}{x}\right)\Big|_p^3 = \lim_{p \to 0^+} \left(-\frac{1}{3} + \frac{1}{p}\right) = +\infty$$

Logo, a integral em questão diverge e, dado que a função é positiva, a área abaixo do gráfico de $\frac{1}{x^2}$ de $x = 0$ até $x = 3$ não é finita.

Consideremos mais um exemplo de uma integral imprópria devido às duas razões apresentadas nos casos 1 e 2, simultaneamente.

Exemplo 7.13:

Calcule $\int_0^\infty \frac{1}{x}dx$

Resolução:

Neste caso, a integral é imprópria, pois o integrando é ilimitado em 0, assim como o limite de integração superior é infinito. A fim de reduzir o problema anterior a casos conhecidos, é interessante separar a integral acima na soma de duas outras integrais. Com isso, a convergência da integral definida em questão se definirá pela convergência daquelas nas quais a primeira foi decomposta, de acordo com a expressão apresentada a seguir:

$$\int_0^\infty \frac{1}{x}dx = \int_0^1 \frac{1}{x}dx + \int_1^\infty \frac{1}{x}dx$$

A natureza da convergência desta integral independe da escolha do ponto de separação da integral, no caso $x = 1$. A igualdade acima reduz o problema à soma de uma integral das categorias 1 ou 2 apresentadas anteriormente. Portanto, é preciso avaliar as duas integrais dadas no membro da direita da expressão acima.

$$\int_0^1 \frac{1}{x}dx = \lim_{p \to 0^+} \int_p^1 \frac{1}{x}dx = \lim_{p \to 0^+} \ln x \Big|_p^1 = \lim_{p \to 0^+} (-\ln p) = +\infty$$

$$\int_1^\infty \frac{1}{x}dx = \lim_{p \to \infty^+} \int_1^p \frac{1}{x}dx = \lim_{p \to \infty^+} \ln x \Big|_1^p = \lim_{p \to \infty^+} \ln p = +\infty$$

Logo, a integral em questão diverge. A primeira integral convergiria se e somente se ambas as integrais da decomposição convergissem, bastando portanto a divergência de apenas uma das partes referidas para garantir a divergência da integral como um todo.

Para finalizar, consideremos o caso em que a descontinuidade da função encontra-se no interior do intervalo.

Exemplo 7.14:

Calcule $\int_{-1}^{+8} \frac{1}{x^{\frac{1}{3}}}dx$

Resolução:

Neste caso, a descontinuidade do integrando encontra-se em $x = 0$ e, portanto, no interior do intervalo de integração. Logo, convém decompor a função da seguinte maneira:

$$\int_{-1}^{+8} \left(\frac{1}{x^{\frac{1}{3}}}\right)dx = \int_{-1}^{0} \left(\frac{1}{x^{\frac{1}{3}}}\right)dx + \int_{0}^{+8} \left(\frac{1}{x^{\frac{1}{3}}}\right)dx$$

Avaliando as integrais do membro da direita da expressão, temos:

$$\int_{-1}^{0}\left(\frac{1}{x^{\frac{1}{3}}}\right)dx = \lim_{p \to 0^-}\int_{-1}^{p}\left(\frac{1}{x^{\frac{1}{3}}}\right)dx = \lim_{p \to 0^-}\left.\frac{x^{\frac{2}{3}}}{\frac{2}{3}}\right|_{-1}^{p} =$$

$$= \lim_{p \to 0^-}\frac{3}{2}\left[p^{\frac{2}{3}} - 1\right] = -\frac{3}{2}$$

$$\int_{0}^{+8}\left(\frac{1}{x^{\frac{1}{3}}}\right)dx = \lim_{p \to 0^+}\int_{p}^{+8}\left(\frac{1}{x^{\frac{1}{3}}}\right)dx = \lim_{p \to 0^+}\left.\frac{x^{\frac{2}{3}}}{\frac{2}{3}}\right|_{p}^{+8} = \lim_{p \to 0^+}\frac{3}{2}\left[8^{\frac{2}{3}} - p\right] = 6$$

Portanto, o valor da integral em questão é $6 - \frac{3}{2} = \frac{9}{2}$.

Exercícios 7.3

Calcule as seguintes integrais impróprias:

1. $\int_{-4}^{4}\frac{1}{x^5}dx$

2. $\int_{-\infty}^{0}\frac{x}{e^x}dx$

3. $\int_{0}^{1}\frac{\ln x}{x}dx$

4. $\int_{-\infty}^{\infty}\frac{1}{1 + 9x^2}dx$

5. $\int_{4}^{\infty}\frac{1}{x^2 - 1}dx$

6. $\int_{-\infty}^{0}\frac{e^x}{1 + e^x}dx$

7. $\int_{1}^{\infty}\frac{1}{x}dx$

8. $\int_{0}^{1}\frac{1}{(1 - x)^{\frac{1}{3}}}dx$

9. $\int_{0}^{1}\frac{1}{\sqrt{x(1 - x)}}dx$

10. $\int_{e}^{\infty}\frac{1}{x \cdot \ln x}dx$

11. $\int_{-\infty}^{\infty}e^{-|x|}dx$

12. $\int_{0}^{\infty}e^{-ax}\cos bx\, dx$

13. Encontre a área da região delimitada por $y = \frac{1}{x^2 + 1}$ e o eixo das abscissas.

14. Encontre a área da região delimitada por $y = 0$, pela reta $x = 1$ e sob o gráfico da função $y = \frac{4}{2x + 1} - \frac{2}{x + 2}$.

Capítulo 7 — Integral Definida

7.4 APLICAÇÕES À ECONOMIA

Além de servir como poderosa ferramenta no cálculo de áreas, as integrais definidas próprias ou impróprias possuem aplicações nos mais diversos campos do conhecimento. Em economia, a integral definida é importante em conceitos como excedentes do consumidor e do produtor, valor presente de um fluxo ou em estatística econômica. Nesta seção, apresentaremos algumas destas aplicações de integrais definidas próprias e impróprias.

Excedente do consumidor e excedente do produtor

Pode-se traduzir o comportamento *do consumidor e do produtor* de um bem por meio das funções *demanda* e *oferta*, que fornecem as quantidades *demandada d* e *ofertada s* a partir de seu preço *p*, caracterizadas, respectivamente, por funções *decrescente* e *crescente* de acordo com a Figura 7.11.

Em equilíbrio, no ponto (p_e, q_e), há consumidores que compram a mercadoria em questão por um preço menor do que estariam dispostos a pagar — por exemplo p_1 — ao mesmo tempo em que há produtores que estariam dispostos a vender a mercadoria referida por um preço mais baixo — por exemplo p_2.

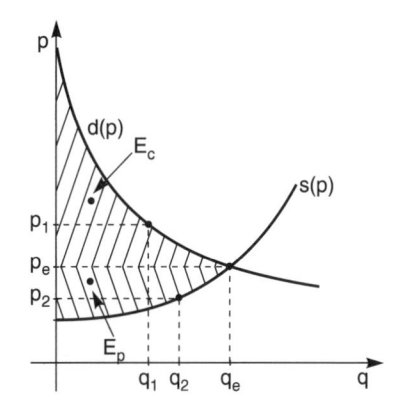

FIG. 7.11

O *excedente do consumidor* é a quantidade total "economizada" pelos consumidores ao comprar o bem pelo preço de equilíbrio, em comparação com aquele que estariam dispostos a pagar. Analogamente, pode-se definir o *excedente do produtor* como os rendimentos extras adquiridos pelos produtores ao vender um bem pelo preço de equilíbrio em comparação com aquele que estariam dispostos a aceitar.

Com o intuito de traduzir matematicamente tais considerações, pensemos inicialmente no valor máximo que os consumidores estariam dispostos a pagar, calculando seus gastos totais nessas condições. De acordo com a Figura 7.12, a quantidade de consumidores dispostos a pagar no máximo entre p_i e p_{i+1} é $q_{i+1} - q_i = \Delta q_i$. Considerando que os consumidores desta faixa pagam pelo produto aproximadamente um valor de p_{ci} entre p_i e p_{i+1}, seus gastos totais serão de $p_{ci} \Delta q_i$.

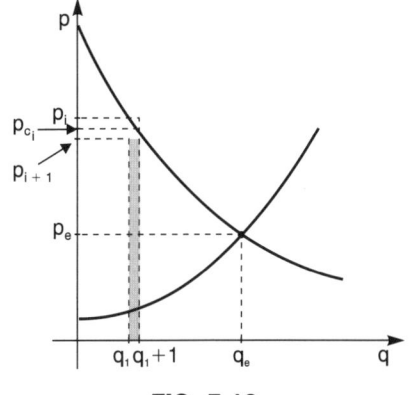

FIG. 7.12

Raciocinando de maneira análoga para as demais faixas entre 0 e q_e, todos os consumidores pagariam aproximadamente um valor de $\Sigma\, p_{ci}\, \Delta q_i$, cuja precisão torna-se tanto maior quanto maior o número de subdivisões — ou seja, quando máx. $\Delta q_i \to 0$. Tratando-se do próprio conceito de integral definida, esse limite fornecerá o gasto total dos consumidores supondo o pagamento máximo de suas respectivas disponibilidades, ou seja, $\int_0^{q_e} d(q)\, dq$.

Considerando que o *excedente do consumidor* E_c representa a economia total dos consumidores ao comprarem a mercadoria pelo preço de equilíbrio, cujo montante é $p_e\, q_e$, em comparação com aquele que estariam dispostos a pagar, ou seja, $\int_0^{q_e} d(q)\, dq$, seu valor é dado por:

$$E_c = \int_0^{q_e} d(q)\, dq - p_e q_e$$

Do ponto de vista geométrico, o resultado acima representa a área sob o gráfico da função demanda e acima da reta $p = p_e$. Veja a região hachurada na Figura 7.13.

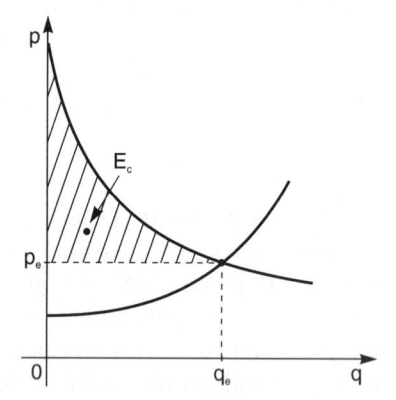

FIG. 7.13

Analogamente, o valor total recebido pelos produtores caso o produto fosse vendido pelo preço mínimo seria de $\int_0^{q_e} s(q)\, dq$. Tendo em vista que o *excedente do produtor* E_p representa o total de rendimentos extras recebidos pelos produtores ao vender o produto pelo preço de equilíbrio — $p_e q_e$ — comparado com o valor mínimo que estariam dispostos a aceitar, seu valor é dado por:

$$E_p = p_e\, q_e - \int_0^{q_e} s(q)\, dq$$

A expressão acima representa a área da região abaixo da reta $p = p_e$ e acima do gráfico da função oferta, como mostra a Figura 7.14 ao lado.

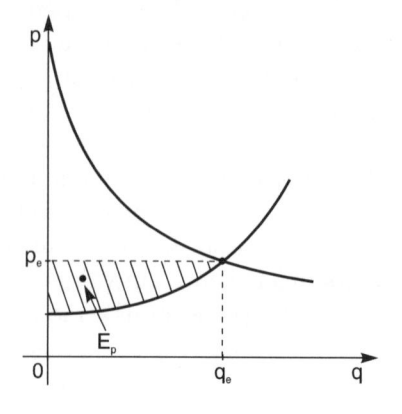

FIG. 7.14

Exemplo 7.15:

Uma determinada fábrica de automóveis vendeu 500 unidades de um certo modelo quando seu preço era de R$ 30.000,00 e estima-se que a quantidade de carros vendidos duplicará se o preço baixar para R$ 25.000,00, considerada como situação de equilíbrio. Assumindo que a lei de demanda apresenta comportamento linear, encontre o *excedente do consumidor* correspondente.

Resolução:

Tendo em vista a linearidade da lei de demanda, deve-se encontrar a função p(d) = ad + b, a partir das condições fornecidas pelo enunciado aplicadas a esta equação em seguida:

30.000 = p(500) = a · 500 + b

25.000 = p(1.000) = a · 1.000 + b

$\Rightarrow$ a = −10 e b = 35.000. Logo, d(q) = 10 q + 35.000. Considerando que a situação de equilíbrio ocorre em q = 1.000 e a partir da definição de *excedente do consumidor* E_c, obtemos:

$E_c = \int_0^{1.000} (10q + 35.000) \, dq - 1.000 \cdot 25.000 =$

$= \left(10\frac{q^2}{2} + 35.000q \right) \Big|_0^{1000} - 25.000.000 =$

$= (5.000.000 + 35.000.000) - 25.000.000 = 15.000.000 =$

$= 15$ bilhões de reais

Exemplo 7.16:

Assumindo que o mercado para um determinado bem apresenta como *funções de demanda e de oferta* respectivamente d(q) = 18.000 − q^2 (em reais) e s(q) = 60 q + 2.000 (em reais), encontre o preço de venda do produto em questão, assim como o *excedente do consumidor* e *excedente do produtor* associados.

Resolução:

Em condições de equilíbrio, temos d(q) = s(q), ou seja:

18.000 − q^2 = 60q + 2.000 $\Rightarrow q^2$ + 60q − 16.000 = 0 $\Rightarrow$ q = −160 ou q = 100

Portanto, a quantidade e preço em condições de equilíbrio serão dados respectivamente por q_e = 100 e o preço p_e R$ 8.000. Logo, os *excedentes do consumidor e do produtor* serão:

$E_c = \int_0^{100} (18.000 - q^2) \, dq - 8.000 \cdot 100 = \left(18.000q - \frac{q^3}{3} \right) \Big|_0^{100} - 800.000 =$

$$= \left(1.800.000 - \frac{1.000.000}{3}\right) - 800.000 = \frac{4.400.000}{3} - 800.000 = 666{,}67 \text{ mil}$$

reais

$$E_p = p_e \, q_e - \int_0^{q_e} s(q)\, dq = 8.000 \cdot 100 - \int_0^{100} (60q + 2.000)\, dq = 800.000 -$$

$$(30q^2 + 2.000q)\big|_0^{100} = 800.000 - (300.000 - 200.000) = 700 \text{ mil reais}$$

Valor presente de um fluxo de pagamentos

A idéia essencial de *valor presente* consiste em "trazer" para o momento presente os valores de um fluxo de pagamentos ao longo do tempo. O *valor presente* de um fluxo de renda pode ser calculado com o auxílio do cálculo.

O valor presente de um fluxo depende da taxa de juros considerada no período em questão. Dada uma taxa de juros, o valor presente, por exemplo, de R$ 100,00 recebidos após um ano será certamente menor do que aquele concernente à mesma quantia recebida após seis meses. O valor presente varia, portanto, inversamente com a taxa de juros, ou seja, torna-se tanto maior quanto menor a taxa de juros.

Com o intuito de modelarmos a idéia de capitalização contínua, consideremos, a princípio, a taxa de juros (i) sobre um montante inicial capitalizado a cada período p, dividindo-o em seguida em n subintervalos e aplicando finalmente o limite à expressão obtida quando n tende a infinito para deixar a natureza do problema contínua. Assim, após m períodos p, haverá passado nm subperíodos sujeitos a juros de $\frac{i}{n} \cdot 100\%$ capitalizados a cada período p/n, de acordo com a Figura 7.15:

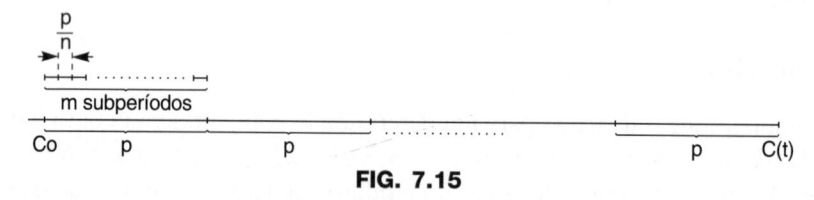

FIG. 7.15

De acordo com o item 3.6 relativo ao estudo de juros compostos de $\frac{i}{n} 100\%$, o montante C(t) sobre um capital inicial C_0 obtido após mn períodos será dado por:

$$C(t) = C_0 \left(1 + \frac{i}{n}\right)^{mn}$$

O valor de m refere-se ao número de períodos p considerados, enquanto i corresponde à taxa de juros a cada um de tais períodos. Por exemplo, se p for 1 ano, i · 100% será a porcentagem de juros ao ano. Portanto, de modo geral, p e conseqüentemente m assumem unidade de tempo. A partir de tais considerações, $t = m$, se a unidade de tempo é p, e $t = nm$, se a unidade de tempo é $\frac{p}{n}$.

O valor da expressão acima aproxima-se tanto mais daquele produzido por uma capitalização contínua quanto maior o número de subdivisões sobre o período p considerado inicialmente. Assumindo p como unidade de tempo (portanto, t = m), o valor do capital C(t) após um tempo t sujeito a uma taxa de capitalização contínua de i será dado por:

$$C(t) = \lim_{n \to \infty} C_0 \left(1 + \frac{i}{n}\right)^{tn}$$

Do item 3.5 concernente ao estudo de funções exponenciais e logarítmicas, temos que:

$$e = \lim_{n \to \infty} \left(1 + \frac{1}{n}\right)^n$$

Aplicando o resultado acima, bem como as propriedades 6 e 8 do item 3.3 ao penúltimo limite, após a implementação da mudança de variável n = i.m, temos:

$$C(t) = \lim_{n \to \infty} C_0\left(1+\frac{i}{n}\right)^{tn} = \lim_{m \to \infty} C_0\left(1+\frac{1}{m}\right)^{mit} = C_0 \left[\lim_{m \to \infty}\left(1+\frac{1}{m}\right)^m\right]^{it} = C_0\, e^{it}$$

Portanto, o valor de um capital C(t) a partir de um montante inicial C_0 aplicado a uma taxa i a cada período p (por exemplo 1 ano) após t períodos (por exemplo, anos) será dado por:

$$C(t) = C_0\, e^{it}$$

Reciprocamente, o *valor presente* V_p de um pagamento, renda ou investimento futuro C(t) referente a t períodos e sujeito à taxa de juros i. por unidade de período p (por exemplo, 1 ano), será dado por:

$$C_0 = C(t) e^{-it}$$

Tendo em vista que a taxa de juros i propicia um desconto no pagamento futuro, ela pode ainda ser interpretada como uma *taxa de desconto*. De posse das considerações anteriores, pode-se pensar, de maneira mais ampla, no valor presente de um fluxo contínuo de investimento, pagamento ou renda c(t) reais por unidade de tempo sujeito, ao longo de um período T, a uma taxa de juros i. Nessas condições, o investimento, pagamento ou renda realizado no período de tempo compreendido entre t e t + Δt será de aproximadamente $\Delta C(t) = c(t)\, \Delta t$. Portanto, a parcela do valor presente ΔV_c do fluxo concernente ao montante relativo ao tempo t no futuro será dada aproximadamente por:

$$\Delta V_c = c(t)\, e^{-it}\, \Delta t$$

O valor presente total V_p de um fluxo de pagamentos, renda ou investimentos será dado aproximadamente pela soma de todas as contribuições ao longo do intervalo [0,T] e tal aproximação torna-se tanto melhor quanto menor os intervalos Δt considerados.

Logo,
$$V_p = \lim_{n \to \infty} \Sigma \Delta V_c = \lim_{n \to \infty} \Sigma c(t) e^{-it} \Delta t = \int_0^T c(t) e^{-it} dt, \text{ ou seja}$$

> O *valor presente* sobre um intervalo [0,T] de um fluxo de pagamento, renda ou investimento contínuo c(t) reais por período aplicado a uma taxa contínua de juros *i* por período será dado por:
> $$V_p = \int_0^T c(t) e^{-it} dt$$

Exemplo 7.17:

Encontre o valor presente ao longo de um período de 10 anos de um fluxo contínuo linear de pagamentos com parcela inicial de R$ 1.000,00 ao ano e aumento de R$ 100,00 por ano com taxa de desconto de 5% ao ano.

Resolução:

Tendo em vista a natureza linear do fluxo de pagamentos c(t) tal que c(0) = R$ 1.000,00 e $\frac{dc}{dt} = 100$, temos:

$$c(t) = 1.000 + 100t$$

Aplicando a fórmula do valor presente para i = 0,05, T = 10 anos e c(t) exposto acima e utilizando a técnica de integração por partes estudada no Capítulo 6, temos:

$$V_p = \int_0^T c(t) e^{-it} dt = \int_0^{10} (1.000 + 100t) e^{-0,05t} dt = \left. \frac{1.000 \cdot e^{-0,05t}}{-0,05} \right|_0^{10} +$$

$$100 \left(\left. \frac{t e^{-0,05t}}{-0,05} \right|_0^{10} - \left. \frac{e^{-0,05t}}{(-0,05)^2} \right|_0^{10} \right) = (20.000 - 20.000 e^{-0,5}) + 100[-10.20(e^{-0,5}) -$$

$$400(e^{-0,5} - 1)] \cong R\$ \ 11.478 \text{ reais}$$

Poderíamos estender a definição para um período qualquer de tempo, não iniciando necessariamente no instante presente, ou seja, em um intervalo de tempo genérico [S,T].

O cálculo consiste basicamente em "trazer" o capital para o presente, "levando-o" em seguida a qualquer instante de tempo.

O cálculo do valor presente de um fluxo de investimento, renda ou pagamento concernente a um intervalo genérico [S,T] é estruturalmente análogo àquele relativo ao intervalo [0,T] resultando na mesma fórmula de valor presente apresentada anteriormente, porém aplicada a limites de integração S e T, ou seja, $\int_S^T c(t) e^{-it} dt$. A partir dos resultados anteriores, obtém-se o valor futuro de tal quantia após um tempo R multiplicando-a por e^{iR}. Portanto,

> O *valor futuro* V_f correspondente a um instante R de um fluxo contínuo de pagamento, renda ou investimento c(t) reais por período ao longo de um intervalo [S,T] e aplicado a uma taxa contínua de juros de *i* por período será dado por:
>
> $$V_f = e^{iR} \int_S^T c(t) \, e^{-it} \, dt = \int_S^T c(t) \, e^{-i(t-R)} \, dt$$

A expressão acima recai na fórmula de valor presente apresentada anteriormente quando R = 0, ou seja, quando o instante em questão é o momento presente; e quando S = 0, ou seja, quando o momento a partir do qual o fluxo ocorre é o instante presente. Tais reflexões confirmam a natureza mais geral da definição acima, que inclui o conceito de valor presente.

Exemplo 7.18:

Encontre qual é o valor futuro, daqui a 10 anos, de um fluxo de renda constante de R$ 5.000,00 por ano ao longo de 15 anos a começar a contagem em um ano, assumindo uma taxa de juros de 6% anual composta continuamente.

Resolução:

Aplicando a fórmula de valor futuro apresentada acima para i = 0,06, R = 10 e [S,T] = [1,16], temos:

$$V_f = \int_1^{16} 5.000 \, e^{-0,06(t-10)} \, dt = 5.000 \cdot \left. \frac{e^{-0,06(t-10)}}{(-0,06)} \right|_1^{16} =$$

$$= 83.333,33 \, (1.716 - 0,698) = 84.833,33 = R\$ \, 84.833,33$$

• PERPETUIDADES

Com o intuito de ampliar o conceito apresentado no subitem anterior, considere um fluxo que ocorre indefinidamente como, por exemplo, as receitas oriundas da posse de um ativo como a terra ou os juros provenientes de um título de renda perpétuo. Fazendo uso do conceito de integral imprópria, a extensão natural para a idéia de *valor presente* V_{pp} e *valor futuro* V_{fp} de um *fluxo perpétuo* ocorre da seguinte maneira:

> O *valor presente* de um fluxo perpétuo de c(t) reais aplicado a uma taxa de juros contínua *i* por período será dado por:
>
> $$V_{pp} = \int_0^\infty c(t) \, e^{-it} \, dt$$

Exemplo 7.19:

Calcule o valor presente de um fluxo perpétuo de R$ 2.000,00 por ano aplicado a uma taxa de desconto de 5% ao ano.

Resolução:

Aplicando a fórmula anterior para c(t) = R$ 2.000,00 e i = 0,05, temos:

$$V_{pp} = \int_0^\infty c(t)\,e^{-it}\,dt = \int_0^\infty 2.000\,e^{-0,05t}\,dt = \lim_{p\to\infty} \left(\frac{2.000\cdot e^{-0,05t}}{(-0,05)}\right)\Bigg|_0^p =$$

$$= \lim_{p\to\infty} 40.000(1 - e^{-0,05p}) = 40.000 \text{ reais}$$

> O *valor futuro* V_{fp} correspondente a um instante R de um fluxo perpétuo de c(t) reais a iniciar-se no instante S e aplicado a uma taxa de juros contínua i por período será dado por:
>
> $$V_{fp} = e^{iR}\int_S^\infty c(t)\,e^{-it}\,dt = \int_S^\infty c(t)\,e^{-i(t-R)}\,dt$$

Exemplo 7.20:

Refaça o problema anterior para um valor futuro referente a dois anos (R = 2), o mesmo fluxo contínuo — ou seja, R$ 2.000,00 — e a mesma taxa de desconto: i = 5%.

Resolução:

Aplicando a fórmula anterior para os dados do enunciado, temos:

$$V_{fp} = e^{iR}\int_S^\infty c(t)\,e^{-it}\,dt = \int_S^\infty c(t)e^{-i(t-R)}\,dt =$$

$$= \int_0^\infty 2.000\,e^{-0,05(t-2)}\,dt = \lim_{p\to\infty} \frac{2.000\,e^{-0,05(t-2)}}{(-0,05)}\Bigg|_0^p$$

$$= \lim_{p\to\infty} 40.000(e^{0,1} - e^{-0,05(p-2)}) = R\$\ 44.206{,}84$$

Análise marginal

Freqüentemente, é necessário analisar uma variável econômica através do comportamento de sua derivada, procedimento denominado *análise marginal*. A Seção 4.5 discutiu questões desta natureza para variáveis econômicas como custo e receita gerando respectivamente custo e receita marginais. Reciprocamente, em outros problemas, o que se procura é a recuperação de uma função total a partir de sua derivada, ou seja, de sua função marginal.

Enquanto no primeiro caso utiliza-se o cálculo diferencial, no segundo recorre-se ao cálculo integral.

Embora a Seção 4.5 tenha enfatizado particularmente custos e receitas marginais, cabe ressaltar que se pode definir variáveis marginais — e, reciprocamente, resgatar as variáveis totais correspondentes — para qualquer variável econômica.

Por exemplo, variáveis marginais como *imposto marginal, produtividade marginal, propensão marginal a consumir* associam-se respectivamente a $\frac{dI}{dx}$, $\frac{dP}{dx}$, $\frac{dC}{dx}$, onde I representa o *imposto total* produzido pela venda de x mercadorias, P a *produtividade* em função do número de trabalhadores ou máquinas x e C o *consumo total* como função da renda nacional total x. Pode-se ainda pensar em demanda marginal, eficiência marginal de investimentos etc. Apresentaremos neste item alguns casos envolvendo variáveis econômicas marginais e totais e como proceder para resolver problemas deste tipo.

Exemplo 7.21:

Supondo que a produtividade marginal PMg de uma fábrica em relação à produção diária de automóveis P seja dada por $\frac{dP}{dx} = 2 - 0{,}1x$, onde x representa o número de vendedores. Supondo que a empresa possui 15 vendedores, quantos vendedores são necessários contratar para atingir uma produção de 20 carros por dia?

Resolução:

Se $\frac{dP}{dx} = 2 - 0{,}1x \Rightarrow dP = (2 - 0{,}1x)dx \Rightarrow$ Integrando ambos os membros da equação anterior e considerando que a produtividade é nula sem empregados vendedores, temos:

$$\int_0^P dP = \int_0^x (2 - 0{,}1x)dx \Rightarrow P - 0 = 2x - \frac{0{,}1x^2}{2} \Rightarrow$$

$\Rightarrow P = 2x - 0{,}05x^2$. Se $P = 20 \Rightarrow 20 = 2x - 0{,}05x^2 \Rightarrow$

$x^2 - 40x + 400 = 0 \Rightarrow x = 20$. Como x representa o número de empregados, a empresa necessita contratar mais 5 vendedores.

Sabemos que o lucro é igual à receita menos os custos. Logo, seu valor será máximo quando a derivada desta diferença anular-se, ou seja, quando a receita marginal R_m igualar-se ao custo marginal C_m.

Supondo que o lucro máximo ocorra quando a quantidade for $q_{máx.}$ e tendo em vista que o lucro é nulo se a quantidade é nula, temos:

$$\frac{dL}{dx} = R_m - C_m \Rightarrow dL = (R_m - C_m)\,dx \Rightarrow \int_0^{L_{máx.}} dL = \int_0^{q_{máx.}} (R_m - C_m)\,dx \Rightarrow$$

$$L_{máx.} = \int_0^{q_{máx.}} (R_m - C_m)\,dx$$

que representa a área abaixo sob o gráfico referente à receita marginal e acima do gráfico do custo marginal.

Exemplo 7.22:

Suponha que uma empresa deseje aumentar o número de seus vendedores. Assumindo que pesquisas estatísticas em tal empresa revelam que o custo marginal C_m (em mil reais) para empregar vendedores adicionais expressa-se como função do número de vendedores adicionais x segundo a expressão $C_m = \sqrt{(9.6x)}$ e a receita marginal R_m (em mil reais) propiciada por tais vendedores por $R_m = 2 + \sqrt{4(x + 10)}$, calcule o número de vendedores adicionais necessários a maximizar o lucro proveniente de tal contratação, bem como o valor do lucro máximo correspondente.

Resolução:

A situação ótima mencionada ocorre quando $R_m = C_m$, ou seja,

$$\sqrt{\frac{48x}{5}} = 2 + \sqrt{4(x+10)} \Rightarrow \frac{48x}{5} = 4 + 4(x+10) + 4\sqrt{4(x+10)} \Rightarrow$$

$$\Rightarrow \frac{14x}{5} - 22 = 2\sqrt{4(x+10)} \Rightarrow 14x - 110 = 10\sqrt{4(x+10)} \Rightarrow$$

$$\Rightarrow 7x - 55 = 5\sqrt{4(x+10)} \Rightarrow 49x^2 + 3.025 - 770x = 100x + 1.000 \Rightarrow$$

$$\Rightarrow 49x^2 - 870x + 2.025 = 0 \Rightarrow x = 15 \text{ ou } x = 2{,}76.$$

Retornando à equação original, verifica-se que 2,76 não é raiz enquanto 15 sim. Logo, o número de vendedores adicionais que maximiza o lucro associado é x = 15. De acordo com a expressão apresentada anteriormente, tal lucro será dado por:

$$L_{máx.} = \int_0^{qmáx.} (R_m - C_m)\, dx = \int_0^{15} [2 + \sqrt{4(x+10)} - \sqrt{9{,}6x}\,]\, dx = 2x +$$

$$\left. \frac{[4(x+10)]^{\frac{3}{2}}}{4\frac{3}{2}} - \frac{(9{,}6x)^{\frac{3}{2}}}{9{,}6\frac{3}{2}} \right|_0^{15} = 30 + \frac{1.000}{6} - \frac{5}{6} = 195{,}83$$

A empresa deve contratar 15 vendedores adicionais e terá um lucro máximo de 195,83 mil reais.

Probabilidades

• FUNÇÃO NORMAL DE GAUSS

Em Estatística Econômica, o cálculo de probabilidades através do cálculo de uma área sob o gráfico de uma função é muito útil. Tal procedimento faz uso muito freqüente de uma função significativa no cálculo de probabilidades, cujo gráfico é chamado *Curva Normal de Gauss* e que rege o comportamento de diferentes variáveis

Capítulo 7 — Integral Definida

aleatórias. A função densidade de probabilidade geral associada é expressa por

$$p(x) = \left\{\frac{1}{[\sigma\sqrt{(2\pi)}]}\right\} e^{-\left(\frac{1}{2}\right)\left[\frac{(x-\mu)}{\sigma}\right]^2}$$ para x em $(-\infty, +\infty)$, onde μ e σ chamam-se respectivamente valor médio e desvio padrão. O gráfico de tal função para $\mu = 0$ e $\sigma = 1$ — ou seja, gráfico de $$p(x) = \left\{\frac{1}{[\sqrt{(2\pi)}]}\right\} e^{-\left(\frac{1}{2}\right)x^{\wedge}2}$$ — encontra-se na Figura 7.16 apresentada a seguir:

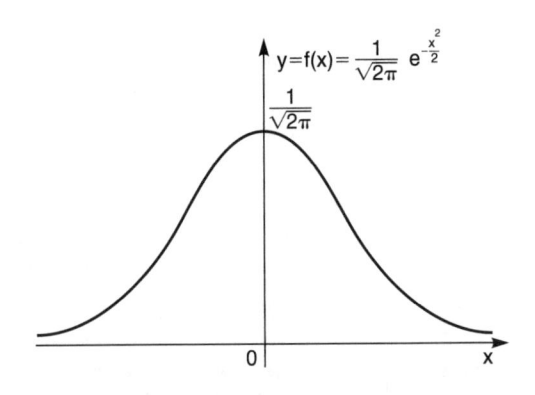

FIG. 7.16

Os resultados de todo experimento envolvendo probabilidade que seguem a distribuição acima denominam-se *normalmente distribuídos*, ou ainda, ocorrem segundo uma *distribuição normal*.

Para tal distribuição, a probabilidade de obter-se o resultado do experimento em questão entre a e b será dada por:

$$\int_a^b \frac{1}{\sigma\sqrt{2\pi}} e^{-\frac{1}{2}\left(\frac{x-\mu}{\sigma}\right)^2} dx$$

Cabe ressaltar a semelhança entre o integrando acima e a função $f(x) = e^{-x^{\wedge}2}$, que, como comentamos na Seção 6.2, não possui primitiva expressa por combinação de funções elementares. Apesar da impossibilidade de calcular a integral acima através do Teorema Fundamental do Cálculo, é possível mostrar que $\int_{-\infty}^{+\infty} e^{-\left(\frac{1}{2}\right)x^2} dx$ converge para $\sqrt{2\pi}$ fazendo uso de técnicas envolvendo cálculo de várias variáveis.

O cálculo da integral definida de tal função assume valor bastante relevante em contextos de probabilidade obedecendo distribuições normais, fazendo-se uso neste caso da tabela apresentada a seguir:

Tabela 7.1: Valores de $\int_0^b \frac{1}{\sigma\sqrt{2\pi}} e^{-\frac{1}{2}\left[\frac{x-\mu}{\sigma}\right]^2} dx$, $\mu = 0$, $\sigma = 1$

	0,00	0,01	0,02	0,03	0,04	0,05	0,06	0,07	0,08	0,09
0,0	0,0000	0,0040	0,0080	0,0120	0,0160	0,0199	0,0239	0,0279	0,0319	0,0359
0,1	0,0398	0,0438	0,0478	0,0517	0,0557	0,0596	0,0636	0,0675	0,0714	0,0753
0,2	0,0793	0,0832	0,0871	0,0919	0,0948	0,0987	0,1026	0,1064	0,1103	0,1141
0,3	0,1179	0,1217	0,1255	0,1293	0,1331	0,1368	0,1406	0,1443	0,1480	0,1517
0,4	0,1554	0,1591	0,1628	0,1664	0,1700	0,1736	0,1772	0,1808	0,1844	0,1879
0,5	0,1915	0,1950	0,1985	0,2019	0,2054	0,2088	0,2123	0,2157	0,2190	0,2224
0,6	0,2257	0,2291	0,2324	0,2357	0,2389	0,2422	0,2454	0,2486	0,2517	0,2549
0,7	0,2580	0,2611	0,2642	0,2673	0,2704	0,2734	0,2764	0,2794	0,2823	0,2852
0,8	0,2881	0,2910	0,2939	0,2967	0,2995	0,3023	0,3051	0,3078	0,3106	0,3133
0,9	0,3159	0,3186	0,3212	0,3238	0,3264	0,3289	0,3315	0,3340	0,3365	0,3389
1,0	0,3413	0,3438	0,3461	0,3485	0,3508	0,3531	0,3554	0,3577	0,3599	0,3621
1,1	0,3643	0,3665	0,3686	0,3708	0,3729	0,3749	0,3770	0,3790	0,3810	0,3830
1,2	0,3849	0,3869	0,3888	0,3908	0,3925	0,3944	0,3962	0,3980	0,3997	0,4015
1,3	0,4032	0,4049	0,4066	0,4082	0,4099	0,4115	0,4131	0,4147	0,4162	0,4177
1,4	0,4192	0,4207	0,4222	0,4236	0,4251	0,4265	0,4279	0,4292	0,4306	0,4319
1,5	0,4332	0,4345	0,4357	0,4370	0,4382	0,4394	0,4406	0,4418	0,4429	0,4441
1,6	0,4452	0,4463	0,4474	0,4484	0,4495	0,4505	0,4515	0,4525	0,4535	0,4545
1,7	0,4554	0,4564	0,4573	0,4582	0,4591	0,4599	0,4608	0,4616	0,4625	0,4633
1,8	0,4641	0,4649	0,4656	0,4664	0,4671	0,4678	0,4686	0,4693	0,4699	0,4706
1,9	0,4713	0,4719	0,4726	0,4732	0,4738	0,4744	0,4750	0,4756	0,4761	0,4767
2,0	0,4772	0,4778	0,4783	0,4788	0,4793	0,4798	0,4803	0,4808	0,4812	0,4817
2,1	0,4821	0,4826	0,4830	0,4834	0,4838	0,4842	0,4846	0,4850	0,4854	0,4857
2,2	0,4861	0,4864	0,4868	0,4871	0,4875	0,4878	0,4881	0,4884	0,4887	0,4890
2,3	0,4893	0,4896	0,4898	0,4901	0,4904	0,4906	0,4909	0,4911	0,4913	0,4916
2,4	0,4918	0,4920	0,4922	0,4925	0,4927	0,4929	0,4931	0,4932	0,4934	0,4936
2,5	0,4938	0,4940	0,4941	0,4943	0,4945	0,4946	0,4948	0,4949	0,4951	0,4952
2,6	0,4953	0,4955	0,4956	0,4957	0,4959	0,4960	0,4961	0,4962	0,4963	0,4964
2,7	0,4965	0,4966	0,4967	0,4968	0,4969	0,4970	0,4971	0,4972	0,4973	0,4974
2,8	0,4974	0,4975	0,4976	0,4977	0,4977	0,4978	0,4979	0,4979	0,4980	0,4981
2,9	0,4981	0,4982	0,4982	0,4983	0,4984	0,4984	0,4985	0,4985	0,4986	0,4986
3,0	0,4987	0,4987	0,4987	0,4988	0,4988	0,4989	0,4989	0,4989	0,4990	0,4990

Para nos familiarizar com uma tabela dessa natureza, consideremos o exemplo a seguir:

Exemplo 7.23:

Suponhamos que os resultados provenientes de determinados testes de QI obedeçam a distribuição normal com valor médio em 100 e desvio padrão de 10. Qual é a probabilidade de uma pessoa selecionada ao acaso possuir um QI maior que 110?

Resolução:

Neste caso, $\mu = 100$ e $\sigma = 10$. Portanto, a probabilidade em questão será dada por:

$$\int_{110}^{\infty} \frac{1}{10\sqrt{2\pi}} e^{-\frac{1}{2}\left[\frac{x-100}{10}\right]^2} dx =$$

$$= \frac{1}{10\sqrt{2\pi}} \int_{110}^{\infty} e^{-\frac{1}{2}\left[\frac{x-100}{10}\right]^2} dx =$$

$$= \frac{1}{10\sqrt{2\pi}} \lim_{p \to \infty} \int_{110}^{p} e^{-\frac{1}{2}\left[\frac{x-100}{10}\right]^2} dx$$

Para calcular a integral acima utilizando-se da tabela dada anteriormente, substitui-se a variável $u = \dfrac{x - 100}{10}$ na integral definida acima. Obtemos, assim:

$$\dfrac{1}{10\sqrt{2\pi}} \lim_{p \to \infty} \int_{110}^{p} e^{-\frac{1}{2}\left[\frac{x-100}{10}\right]^2} dx =$$

$$= \dfrac{1}{10\sqrt{2\pi}} \lim_{p \to \infty} \int_{1}^{(p-100)/10} e^{-\frac{u^2}{2}} du =$$

$$= \dfrac{1}{10\sqrt{2\pi}} \int_{1}^{\infty} e^{-\frac{u^2}{2}} du =$$

$$= \dfrac{1}{10\sqrt{2\pi}} \left[\int_{0}^{\infty} e^{-\frac{u^2}{2}} dx - \int_{0}^{1} e^{-\frac{u^2}{2}} dx \right] =$$

$$= \dfrac{1}{10} \cdot \dfrac{1}{\sqrt{2\pi}} \left[\int_{0}^{\infty} e^{-\frac{u^2}{2}} dx - \int_{0}^{1} e^{-\frac{u^2}{2}} dx \right]$$

Da tabela acima,

$$\dfrac{1}{10} \dfrac{1}{\sqrt{2\pi}} \cdot \int_{0}^{1} e^{-\frac{u^2}{2}} dx = 0{,}3413$$

Tendo em vista que $\dfrac{1}{\sqrt{2\pi}} e^{-\frac{u^2}{2}}$ é a densidade de probabilidade, $\dfrac{1}{\sigma\sqrt{2\pi}} \int_{-\infty}^{+\infty} e^{-\frac{u^2}{2}}$ dx = 1 e portanto $\dfrac{1}{\sigma\sqrt{2\pi}} \int_{0}^{+\infty} e^{-\frac{u^2}{2}} dx = \dfrac{1}{2}$, pois o integrando é uma função par.

De acordo com a tabela 7.1, a probabilidade em questão será:

$$\left\{ \dfrac{1}{2} - 0{,}3413 \right\} = 0{,}1587, \text{ ou seja, } 15{,}87\% \text{ de probabilidade.}$$

Utilizando integrais impróprias, o cálculo de probabilidades em experimentos obedecendo distribuições normais faz uso de integrais definidas, como veremos a seguir, resolvendo o exemplo anterior de uma maneira diferente.

Exemplo 7.24:

Suponhamos que os resultados provenientes de determinados testes de QI obedeçam a distribuição normal com valor médio em 100 e desvio padrão de 10. Qual é a probabilidade de uma pessoa selecionada ao acaso possuir um QI entre 110 e 120?

Resolução:

Nesse caso, $\mu = 100$ e $\sigma = 10$. Portanto, a probabilidade desejada será dada por:

$$\int_{110}^{120} \left\{\frac{1}{[10\sqrt{2\pi}]}\right\} e^{-\left(\frac{1}{2}\right)\left[\frac{x-100}{10}\right]^{\wedge 2}} dx = \left\{\frac{1}{[10\sqrt{2\pi}]}\right\} \int_{110}^{120} e^{-\left(\frac{1}{2}\right)\left[\frac{x-100}{10}\right]^{\wedge 2}} dx$$

Para calcular a integral acima utilizando-se da tabela 7.1, é conveniente substituir a variável $u = \dfrac{x-100}{10}$ na integral definida acima de acordo com o teorema correspondente apresentado na Seção 7.2. Com isso, obtemos:

$$\left\{\frac{1}{[10\sqrt{2\pi}]}\right\} \int_{110}^{120} e^{-\left(\frac{1}{2}\right)\left[\frac{x-100}{10}\right]^{\wedge 2}} dx = \left\{\frac{1}{[10\sqrt{2\pi}]}\right\} \lim_{p \to \infty} \int_{1}^{2} e^{-\left(\frac{1}{2}\right)[u]^{\wedge 2}} dx =$$

$$\left\{\frac{1}{[10\sqrt{2\pi}]}\right\} \int_{1}^{2} e^{-\left(\frac{1}{2}\right)[u]^{\wedge 2}} dx = \left\{\frac{1}{[10\sqrt{2\pi}]}\right\} \left[\int_{0}^{2} e^{-\left(\frac{1}{2}\right)[u]^{\wedge 2}} dx - \int_{0}^{1} e^{-\left(\frac{1}{2}\right)[u]^{\wedge 2}} dx\right] =$$

$$\left(\frac{1}{10}\right) \cdot \left\{\frac{1}{[\sqrt{2\pi}]}\right\} \left[\int_{0}^{2} e^{-\left(\frac{1}{2}\right)[u]^{\wedge 2}} dx - \int_{0}^{1} e^{-\left(\frac{1}{2}\right)[u]^{\wedge 2}} dx\right]$$

Da tabela 7.1, temos:

$$\left\{\frac{1}{[\sqrt{2\pi}]}\right\} \cdot \int_{0}^{1} e^{-\left(\frac{1}{2}\right)[u]^{\wedge 2}} dx = 0.3413$$

$$\left\{\frac{1}{[\sqrt{2\pi}]}\right\} \cdot \int_{0}^{2} e^{-\left(\frac{1}{2}\right)[u]^{\wedge 2}} dx = 0.4772$$

Aplicando este resultado na expressão anterior, a probabilidade desejada será:

$$\left(\frac{1}{10}\right)\{0.4772 - 0.3413\} = 0.01359, \text{ ou seja, } 1.36\% \text{ de probabilidade.}$$

Comparando com o exemplo anterior, vemos que o resultado não é muito diferente tendo em vista que existem poucos indivíduos com teste de QI acima de 120. Agora, vamos introduzir o conceito de desvio padrão associado a uma certa densidade de probabilidade.

• Desvio padrão e variança

Dada uma distribuição contínua de probabilidade, o conceito de desvio padrão fornece informação a respeito da "faixa" dentro da qual se concentra grande parte da probabilidade de realização de um experimento. Com o intuito de criar um conceito que forneça tal informação, suponhamos uma distribuição de probabilidade p(r) de realização de um evento representado por r e calculemos inicialmente onde concentra a probabilidade.

Considerando [a,b] o universo associado à função densidade de probabilidade referida e portanto que $\int_a^b p(r)\,dr = 1$, a *probabilidade média* μ ou *expectativa* de um experimento sujeito à distribuição p(r) será dada por:

$$\mu = \int_a^b r\, p(r)\, dr$$

Uma vez que desejamos definir um conceito que forneça ainda informação proporcional à largura da faixa em torno do valor médio μ da distribuição de probabilidade, é interessante, para cada resultado r, atribuir peso à sua distância do valor médio bem como à probabilidade de ele ocorrer. A probabilidade de o resultado de um experimento sujeito a tal distribuição encontrar-se entre r e r + Δr será dada aproximadamente por:

$$P(r) = p(r)\, \Delta r$$

Portanto, o produto do valor acima pela distância entre o resultado r e o valor médio tem efeito sobre a probabilidade de ocorrer r e sobre o quão longe ela encontra-se da média. Para não haver problemas com o sinal da diferença (r − μ), elevamolo ao quadrado, resultando em:

$$(r - \mu)^2\, p(r)\, \Delta r$$

Pensando agora na contribuição do termo acima, concernente a todos resultados possíveis r e fazendo Δr tender a zero para precisar o valor computado, chega-se em:

$$\sigma^2 = \int_a^b (r - \mu)^2\, p(r)\, dr$$

chamada *variança* de um experimento sujeito a uma densidade de probabilidade p(r), que significa a média do quadrado da distância do resultado r da sua média ou o desvio quadrático médio do resultado r em relação à sua média. Tais considerações levam à definição de *desvio padrão* como:

$$\sigma = \left[\int_a^b (r - \mu)^2\, p(r)\, dr\right]^{\frac{1}{2}}$$

que representa a raiz quadrada do desvio quadrático médio do resultado r em relação à sua média. Portanto, o *desvio padrão* e a *variança* fornecem informações referentes à faixa de concentração da distribuição de probabilidade.

Para simplificação dos cálculos, temos:

$$\sigma^2 = \int_a^b (r-\mu)^2\, p(r)\, dr = \int_a^b r^2 p(r)\, dr + \mu^2 \int_a^b p(r)\, dr - 2\mu \int_a^b r\, p(r)\, dr =$$

Aplicando as definições anteriores:

$$\sigma^2 = \int_a^b r^2 p(r)\, dr - \mu^2$$

Exemplo 7.25:

Encontre a média μ e o desvio padrão σ de um experimento, cuja densidade de probabilidade distribui-se uniformemente no intervalo [a,b].

Resolução:

Como a densidade de probabilidade é uniforme, $p(r) = \dfrac{1}{(a-b)}$. Aplicando as definições anteriores, temos:

$$\mu = \int_a^b r\, p(r)\, dr = \int_a^b r \frac{1}{(a-b)}\, dr = \left[\frac{1}{(a-b)}\right]\left[\frac{r^2}{2}\right]_a^b = \frac{\left[b^2 - a^2\right]}{2(a-b)} = \frac{(a+b)}{2}$$

$$\int_a^b r^2 p(r)\, d = \int_a^b r^2 \left(\frac{1}{(b-a)}\right) dr = \left(\frac{1}{3}\right) r^3 \left(\frac{1}{(b-a)}\right)\Big|_a^b = \frac{(b^3 - a^3)}{3(b-a)} = \frac{(b^2 + ab + a^2)}{3}$$

$$\Rightarrow \sigma^2 = \int_a^b r^2 p(r)\, dr - \mu^2 = \frac{(b^2 + ab + a^2)}{3} - \left[\frac{(a+b)}{2}\right]^2 = \frac{(b-a)^2}{12}$$

Exercícios 7.4

1. Suponha que pesquisas estatísticas revelem que a vida útil de uma determinada peça de automóvel obedeça a uma distribuição normal com valor médio $\mu = 300$ dias e desvio padrão de 40 dias. Utilizando a tabela para distribuições normais apresentada anteriormente, calcule as probabilidades de uma peça qualquer durar mais de 200 dias e mais de 400 dias.

2. Considere que a vida útil de uma lâmpada obedeça uma distribuição normal de vida média de 800 horas e desvio padrão de 90 horas. Utilizando a tabela para distribuições normais apresentada anteriormente, qual a probabilidade de a lâmpada durar mais de 1.100 horas? E de durar menos de 600 horas? E mais de 600 horas?

3. Considerando a função associada à lei de demanda de uma determinada mercadoria dada por $p(q) = -q^2 - 2q + 24$ e supondo que o equilíbrio do mercado correspondente ocorre quando o preço do produto é 9, calcule o excedente do consumidor nessas condições, esboce o gráfico da função demanda, bem como a região cuja área fornece o conceito em questão.

4. Supondo que as funções demanda $p(q)$ e oferta $s(q)$ para um certo produto expressam-se respectivamente por $p(q) = -2q + 7$ e $s(q) = \dfrac{q^2}{2} + 1$, encontre o ponto de equilíbrio para o mercado em questão. Esboce os gráficos das funções mencionadas, calculando em seguida o excedente do consumidor e do produtor nas condições de equilíbrio.

5. Na década de 70, pesquisas estatísticas forneciam para a lei de demanda do mercado mundial de petróleo a função $p(d) = 84 - \left(\dfrac{40}{9}\right)d$, onde d representa a quantidade, em bilhões, de barris e p o preço do barril em dólares. Antes do corte de fornecimento de petróleo pela OPEP, em 1974, a quantidade de barris por ano nas condições de equilíbrio era de 18 bilhões.

O corte referido estabeleceu um novo ponto de equilíbrio no mercado mundial do petróleo baixando a quantidade de barris para 16.2 bilhões. Calcule o excedente do consumidor antes e após o corte de fornecimento da OPEP, bem como a diferença. Esboce em um gráfico ambas as circunstâncias e comente as razões da diferença.

6. Se a produtividade marginal de automóveis (número de automóveis por dia) em relação ao número de empregados é dada por $\dfrac{dP}{dx} = 8 - 0{,}06x$, quantos empregados são necessários para produzir 148 carros por dia?

7. Se a receita e o custo marginal expressam-se como função da quantidade x respectivamente por $R_m = 44 - 9x$ e $C_m = 20 - 7x + 2x^2$, encontre a quantidade produzida que maximiza o lucro assim como o lucro total correspondente sob condições de competição perfeita.

8. Considere um fluxo contínuo de pagamentos começando no presente momento segundo uma taxa constante de R$ 10.000,00 por ano e que continuará para sempre. Calcule o seu valor presente supondo uma taxa de desconto de 6% ao ano composta continuamente.

9. Suponha que pesquisas estatísticas revelem que a função $p(t) = 0{,}005\, e^{-0{,}005t}$ expressa ao longo do tempo t, em dias, a densidade de probabilidade concernente à duração de uma determinada peça tomada ao acaso em uma certa fábrica. Calcule a probabilidade média ou expectativa de duração de uma peça. Qual a probabilidade da duração de uma peça tomada ao acaso encontrar-se entre 30 e 60 dias, ser maior do que 30 dias e menor do que 30 dias?

10. Suponha que pesquisas estatísticas realizadas em uma fábrica de fios elétricos tenham revelado que o número de metros de fios produzidos diariamente comporta-se segundo uma distribuição normal com média 6.000 m e desvio padrão 240 m. Qual a proporção estatística de tempo – em dias – em que a fábrica referida apresenta produção superior a 6.500 m de fio elétrico?

11. Considerando uma variável randômica distribuída exponencialmente no intervalo de [0,∞) segundo a função densidade de probabilidade $p(x) = Ke^{-Kx}$, encontre sua probabilidade média μ, seu desvio padrão σ assim como a probabilidade do resultado do experimento associado encontrar-se entre $\mu - \sigma$ e $\mu + \sigma$.

8
FUNÇÕES DE VÁRIAS VARIÁVEIS: LIMITE E CONTINUIDADE

Você verá neste capítulo:

Espaços R^2 e R^3
Funções de duas e três variáveis
Limite e continuidade
R^n e funções de n variáveis: limite e continuidade

8.1 ESPAÇOS R^2 E R^3

O plano R^2

No Capítulo 2, com a introdução das idéias de números reais e intervalos, pudemos compreender o conceito de função de uma variável real. Definiremos agora *pares ordenados*, bem como *bolas*, a serviço de funções de várias variáveis.

Designamos pelo símbolo R^2 o conjunto dos pares ordenados (x,y) de números reais. Como as funções reais de duas variáveis reais são funções definidas em subconjuntos de R^2, é importante, antes de entrar no estudo propriamente dito dessas funções, familiarizarmo-nos com a interpretação geométrica dos pares ordenados de números reais.

Já sabemos da Geometria Analítica que, fixando-se um sistema de coordenadas cartesianas num plano, por meio de dois eixos perpendiculares entre si, estabelecemos uma correspondência um-a-um entre os pontos do plano e os pares ordenados de números reais. Isto quer dizer que, quando fixamos um sistema de coordenadas cartesianas num plano, associa-se a cada ponto P do plano um único elemento (x,y) de R^2 e, vice-versa, a cada elemento de R^2 associa-se um único ponto do plano, chamamos de *pontos* os elementos do conjunto R^2, e nos referimos a este conjunto como plano R^2. A seguir, vamos apresentar alguns conceitos relativos ao plano R^2.

• DISTÂNCIA ENTRE DOIS PONTOS

Se $A = (x_1,y_1)$ e $B = (x_2,y_2)$ são dois pontos de R^2, a distância entre A e B é dada por:

$$d = \text{dist}(A,B) = \sqrt{(x_2 - x_1)^2 + (y_2 - y_1)^2}$$

Geometricamente, esta expressão representa medida da hipotenusa do triângulo retângulo com catetos $|x_2 - x_1|$ e $|y_2 - y_1|$, de acordo com a Figura 8.1:

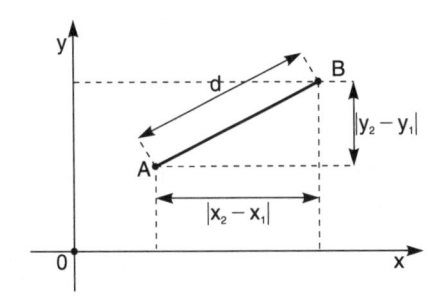

FIG. 8.1

Exemplo 8.1:

Calcule a distância entre os pontos $A = (3,-1)$ e $B = (1,4)$.

Resolução: Pela definição,

$$d = \text{dist}(A,B) = \sqrt{(1 - 3)^2 + (4 - (-1))^2} = \sqrt{4 + 25} = \sqrt{29}$$

• CURVAS E REGIÕES DE R^2

Representam-se as *curvas planas* de duas maneiras:

(i) pela equação cartesiana, isto é, uma equação da forma $F(x,y) = 0$;

(ii) por equações paramétricas, da forma $x = x(t)$, $y = y(t)$, onde o parâmetro t, em geral, percorre um intervalo de R.

Retas: A curva plana mais simples é a reta, sendo sua equação geral da forma $Ax + By + C = 0$, onde A e B não são simultaneamente nulos. Na forma paramétrica, a reta expressa-se por:

$x = x(t) = a_1 + u_1 t$

$y = y(t) = a_2 + b_2 t$, onde $t \in R$.

Circunferências: A circunferência de centro $C = (x_0,y_0)$ e raio $r > 0$ é o conjunto dos pontos $P = (x,y)$ do plano tais que a distância $(P,C) = r$. Logo, sua equação é

$$\sqrt{(x - x_0)^2 + (y - y_0)^2} = r.$$

Elevando ao quadrado ambos os membros da equação, obtemos:

$$(x - x_0)^2 + (y - y_0)^2 = r^2$$

A Figura 8.2 representa a circunferência de centro C = (2,1) e raio $r = \dfrac{3}{2}$.

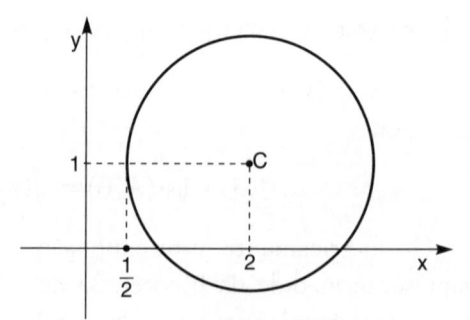

FIG. 8.2

Elipse: A elipse é uma curva definida como o lugar geométrico dos pontos cuja soma das distâncias a dois pontos fixos é constante. Se os seus eixos são paralelos aos eixos x e y, sua equação é da forma $\dfrac{(x - x_0)^2}{a^2} + \dfrac{(y - y_0)^2}{b^2} = 1$, onde (x_0, y_0) é o seu centro e *a* e *b* são respectivamente os semi-eixos paralelos aos eixos x e y. Veja a figura:

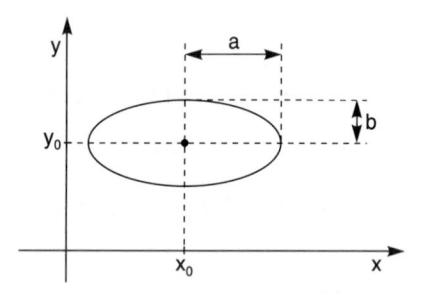

Hipérbole: A hipérbole é uma curva definida como o lugar geométrico dos pontos cuja diferença das distâncias a dois pontos fixos é constante. Se os seus eixos são paralelos aos eixos x e y, sua equação é da forma:

a) $\dfrac{(x - x_0)^2}{a^2} - \dfrac{(y - y_0)^2}{b^2} = 1$

b) $\dfrac{(y - y_0)^2}{a^2} - \dfrac{(x - x_0)^2}{b^2} = 1$

Veja a figura:

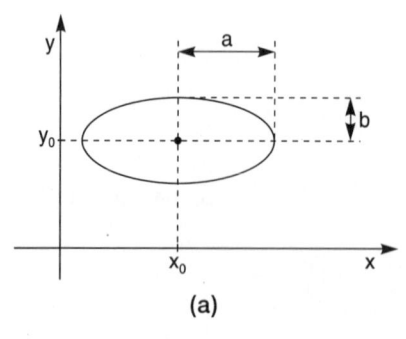

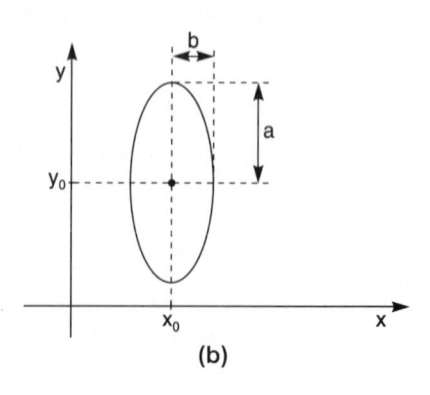

(a)

(b)

Capítulo 8 — Funções de Várias Variáveis: Limite e Continuidade

Exemplo 8.2:

Identifique e represente graficamente a curva cuja equação é

$$\frac{x^2}{4} + \frac{y^2}{9} = 1.$$

Resolução:

A equação anterior representa uma elipse centrada na origem com semi-eixos 2 e 3 e simétrica em relação aos eixos coordenados, de acordo com a Figura 8.3.

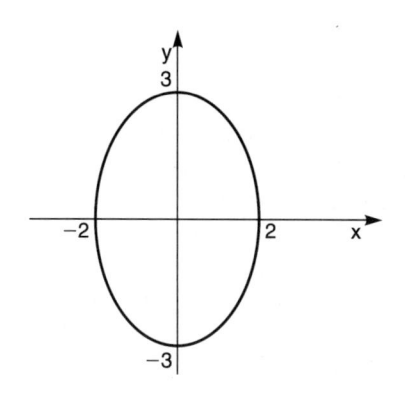

FIG. 8.3

Nota: Esta curva pode ainda ser representada por meio das seguintes equações paramétricas:

$$x = 2\cos t, \quad y = 3 \operatorname{sen} t, \text{ onde } t \in [0, 2\pi].$$

As *regiões* do plano expressam-se por inequações em x e y tais como $F(x,y) > 0$, $F(x,y) < 0$, $F(x,y) \geq 0$ ou $F(x,y) \leq 0$.

Semiplanos: As inequações lineares das formas

$Ax + By + C > 0$,

$Ax + By + C < 0$,

$Ax + By + C \geq 0$,

$Ax + By + C \leq 0$,

onde A, B e C são números reais, com A e B não simultaneamente nulos, definem *semiplanos*. A desigualdade estrita não é satisfeita pela igualdade, enquanto a não-estrita é. Se a desigualdade é estrita ($>$ ou $<$), dizemos que o semiplano é *aberto*, se não é estrita ($\geq$ ou $\leq$), denomina-se *fechado*. A reta $Ax + By + C = 0$ chama-se *fronteira* do semiplano fechado ou aberto.

Exemplo 8.3:

Represente geometricamente o conjunto dos pares ordenados (x,y) de números reais tais que $3x - 2y - 2 > 0$.

Resolução:

Primeiro, construímos a reta fronteira $3x - 2y - 2 = 0$. A seguir, testamos se um ponto qualquer do plano satisfaz a desigualdade. Neste caso, testemos o ponto (0,0): $3.0 - 2.0 - 2 = -2 < 0$; logo, a origem não pertence ao semiplano dado. Pode-se provar que, se as coordenadas de um dado ponto P_0 não satisfazem a inequação, então todos os pontos do semiplano que contêm este ponto não a satisfazem. Portanto, o semiplano definido pela inequação dada é o semiplano aberto cuja fronteira é a reta $3x - 2y - 2 = 0$ e que não contém a origem, de acordo com a Figura 8.4:

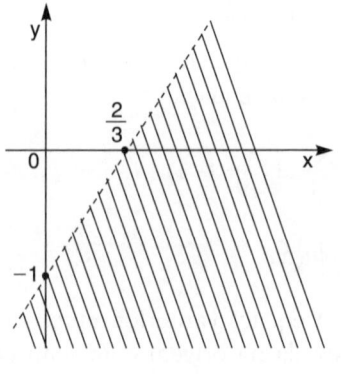

FIG. 8.4

Exemplo 8.4:

Descreva e represente geometricamente as regiões do plano definidas por

(a) $2x + 3y < 6$;

(b) $2x + 3y \geq 6$.

Resolução:

(a) Trata-se de uma desigualdade estrita, portanto, a região é um semiplano aberto cuja fronteira é a reta $2x + 3y = 6$. Para desenhar esta reta, basta determinar dois de seus pontos, como por exemplo, os pontos em que a reta intercepta os eixos. Para $x = 0$, temos $y = 2$, ou seja, o ponto $A = (0,2)$ pertence à reta. Para $y = 0$, temos $x = 3$, ou seja, o ponto $B = (3,0)$ pertence à reta.

A inequação $2x + 3y < 6$ representa um dos semiplanos em que essa reta divide o plano. Para determinar qual dos dois, basta testar um ponto qualquer fora da reta. Por exemplo, para $x = 0$ e $y = 0$, temos que $2.0 + 3.0 = 0 < 6$, logo a origem pertence a este semiplano. A solução da inequação é, portanto, o semiplano que contém a origem.

(b) A inequação $2x + 3y \geq 6$ descreve os pontos do complementar do conjunto do item (a). Logo, o conjunto-solução é a reunião dos pontos da reta $2x + 3y = 6$ e dos pontos do semiplano que não contém a origem. Portanto, trata-se de um semiplano fechado.

As representações de cada item encontram-se na Figura 8.5:

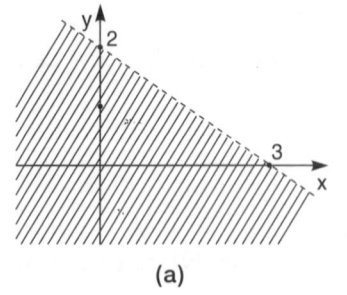

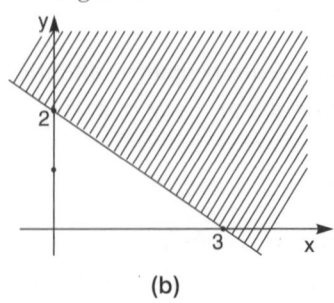

(a)   **FIG. 8.5**   (b)

Capítulo 8 — Funções de Várias Variáveis: Limite e Continuidade

Bolas: Denomina-se *bola fechada* ou *círculo fechado* de centro $C = (x_0, y_0)$ e raio $r > 0$ o conjunto dos pontos $P = (x, y)$ do plano cuja distância ao centro é menor ou igual a r. Ela é então definida pela inequação

$$(x - x_0)^2 + (y - y_0)^2 \leq r^2$$

A *bola aberta* de mesmo centro e mesmo raio é o conjunto dos pontos $P = (x, y)$ cujas distâncias ao centro $C = (x_0, y_0)$ são estritamente menores que o raio. Ela é definida, portanto, pela inequação

$$(x - x_0)^2 + (y - y_0)^2 < r^2$$

A bola aberta chama-se ainda *interior* da bola fechada. O conjunto dos pontos cujas distâncias ao centro são estritamente maiores que o raio chama-se *exterior* da bola fechada. A circunferência chama-se *fronteira* da bola fechada ou aberta.

Observemos que a bola fechada contém a fronteira, enquanto a bola aberta não a contém. Geometricamente, temos.

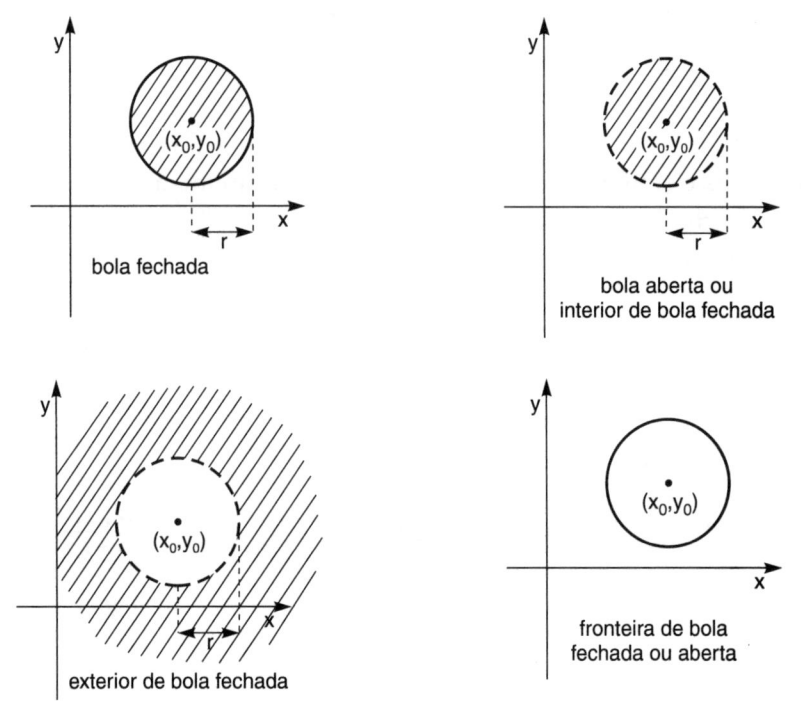

FIG. 8.6

Exemplo 8.5:

Reconheça e represente geometricamente as curvas ou regiões do plano definidas por
(a) $x^2 + y^2 = 4$;
(b) $x^2 + y^2 < 4$;
(c) $x^2 + y^2 \leq 4$;

(d) $x^2 + y^2 > 4$;

(e) $x^2 + y^2 \geq 4$.

Resolução:

(a) A equação $x^2 + y^2 = 4$ é a equação da circunferência com centro na origem $O = (0,0)$ e raio $r = \sqrt{4} = 2$.

(b) Como $x^2 + y^2 \geq 0$, segue-se que

$$x^2 + y^2 < 4 \Leftrightarrow \sqrt{x^2 + y^2} < \sqrt{4} = 2.$$

Logo, o ponto (x,y) satisfaz a inequação $x^2 + y^2 < 4$ se e somente se a sua distância à origem é menor que 2, ou seja, (x,y) pertence ao interior da bola de centro na origem e raio 2.

(c) Por meio destes resultados, concluímos que o conjunto-solução da inequação $x^2 + y^2 \leq 4$ é a bola fechada de centro na origem e raio 2.

(d) A inequação $x^2 + y^2 > 4$ representa o complementar da bola fechada do item anterior. Em outras palavras, é o exterior da bola fechada de centro na origem e raio 2.

(e) A inequação $x^2 + y^2 \geq 4$ representa o complementar do interior da bola do item (a). Esse conjunto contém portanto a sua fronteira, que é a circunferência $x^2 + y^2 = 4$.

A Figura 8.7 representa as curvas e regiões referentes aos itens anteriores.

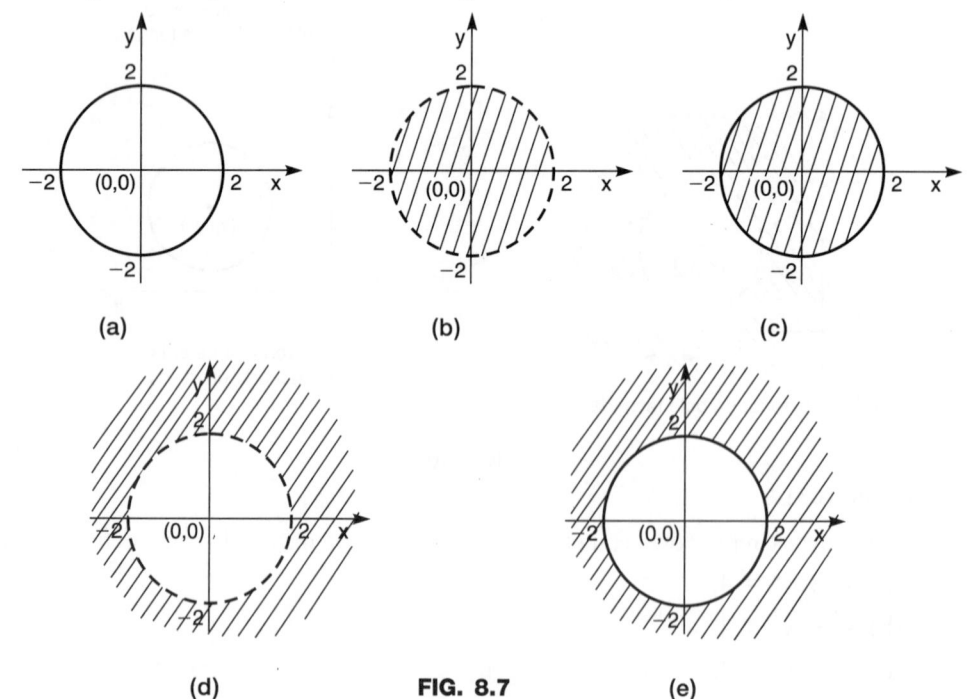

FIG. 8.7

Capítulo 8 — Funções de Várias Variáveis: Limite e Continuidade

Exemplo 8.6:

Represente geometricamente a região dada pela inequação

$$\frac{x^2}{4} + \frac{y^2}{9} < 1.$$

Resolução:

Esta inequação representa os pontos interiores da elipse de centro na origem, cujos semi-eixos são 2 e 3, simétrica em relação aos eixos coordenados, de acordo com a Figura 8.8:

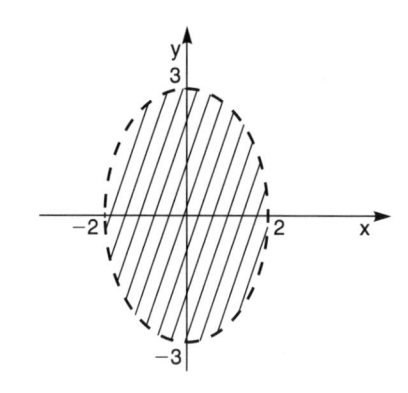

FIG. 8.8

Exemplo 8.7:

Reconheça e represente no mesmo gráfico a família de curvas $y = x^2 + x + c$, para $c = -2, -1, 0, 1, 2$.

Resolução:

A expressão $y = x^2 + x + c$ é equivalente a

$$y = x^2 + 2\frac{1}{2}x + \left(\frac{1}{2}\right)^2 - \left(\frac{1}{2}\right)^2 + c = \left(x + \frac{1}{2}\right)^2 + c - \frac{1}{4}$$

Essas curvas são gráficos de funções quadráticas e, portanto, parábolas cujos eixos de simetria coincidem com a mesma reta vertical $x = -\frac{1}{2}$. Veja a Figura 8.9.

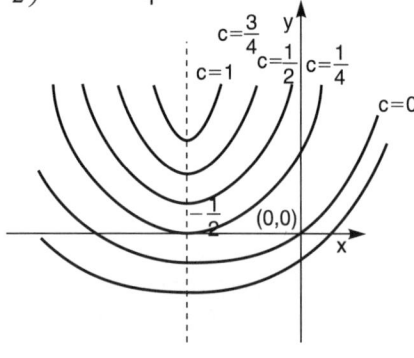

FIG. 8.9

Exemplo 8.8:

Reconheça e represente geometricamente a região definida por

(a) $y < x^2$;
(b) $y \geq x^3 - 8$.

Resolução:

(a) A equação $y = x^2$ é uma função quadrática e, portanto, representa uma parábola. O plano é dividido em duas regiões e uma delas é dada pela inequação $y < x^2$. Trata-se da região dos pontos que estão abaixo da parábola $y = x^2$.

(b) A inequação $y \geq x^3 - 8$ representa os pontos (x,y) que estão acima do gráfico da função $y = x^3 - 8$ e os que estão acima dela.

Veja na Figura 8.10 as ilustrações de cada item.

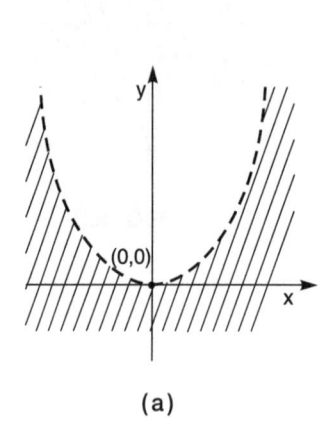

FIG. 8.10

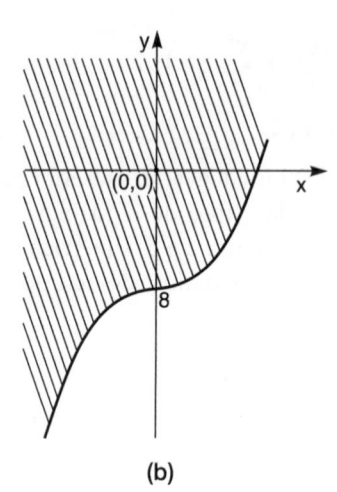

(a)   (b)

Exemplo 8.9:

Reconheça e represente geometricamente a curva

(a) $\left(\dfrac{1}{4}\right)x^2 - \left(\dfrac{1}{9}\right)y^2 = 1$,

(b) $-\left(\dfrac{1}{9}\right)x^2 + \left(\dfrac{1}{4}\right)y^2 = 1$,

(c) $xy = 2$,

(d) $xy = 0$.

Resolução:

(a) Esta equação representa uma hipérbole. Quando $y = 0$, temos $x^2 = 4$ e portanto $x = \pm 2$. Assim, os pontos $(-2,0)$ e $(2,0)$ são os vértices da hipérbole. As assíntotas da hipérbole determinam seu comportamento quando x tende a infinito. Portanto, elas são as retas dadas pela equação:

$$\dfrac{1}{4}x^2 - \dfrac{1}{9}y^2 = 0$$

Logo, $y^2 = \dfrac{9x^2}{4}$, ou seja, $y = \pm\dfrac{3}{2}x$. Assim as retas $y = -\dfrac{3}{2}x$ e $y = \dfrac{3}{2}x$ são as assíntotas. A representação da expressão anterior é dada pela Figura 8.11.

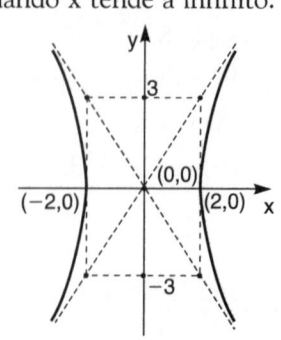

FIG. 8.11

Capítulo 8 — Funções de Várias Variáveis: Limite e Continuidade

(b) Esta é a equação de uma hipérbole. Fazendo $x = 0$, obtemos $y^2 = 4$ e portanto $y = \pm 2$. Logo $(0,-2)$ e $(0,2)$ são os vértices da hipérbole.

Analogamente, as assíntotas são as retas obtidas pela equação

$$-\frac{1}{9}x^2 + \frac{1}{4}y^2 = 0$$

$y^2 = \frac{9}{4}x^2$. Logo, $y = \pm\frac{2}{3}x$. Assim, as assíntotas são as retas $y = -\frac{2}{3}x$ e $y = \frac{2}{3}x$. A Figura 8.12 representa a hipérbole.

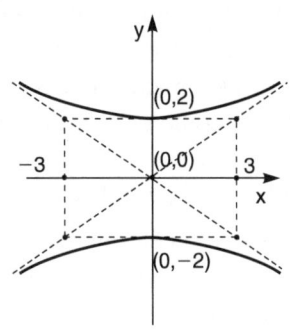

FIG. 8.12

(c) Esta é a equação de uma hipérbole cujos eixos transverso e não-transverso são as retas $y = x$ e $y = -x$ respectivamente. As assíntotas são os eixos x e y. Os vértices são obtidos fazendo a interseção da reta $y = x$ com a curva $xy = 2$. Resolvendo a equação $x^2 = 2$, obtemos $x = \pm\sqrt{2}$. Logo, $\left(-\sqrt{2},-\sqrt{2}\right)$ e $\left(\sqrt{2},\sqrt{2}\right)$ são os vértices da hipérbole. Veja a Figura 8.13.

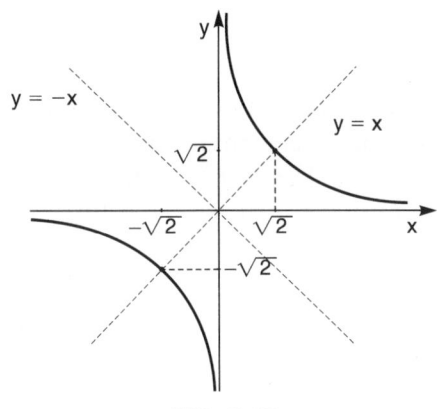

FIG. 8.13

(d) Para que $xy = 0$, deve ocorrer obrigatoriamente $x = 0$ ou $y = 0$, portanto esta equação define o par de retas $y = 0$ e $x = 0$, ou seja, os eixos x e y. Veja a Figura 8.14.

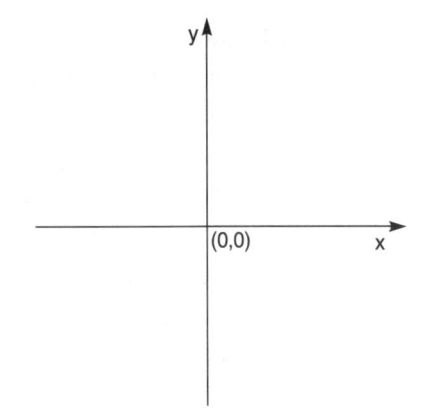

FIG. 8.14

O espaço R³

De maneira semelhante ao estudo de R^2, vamos estudar, a partir de agora, os aspectos de R^3 necessários à compreensão de funções definidas em subconjuntos de tal espaço. Designamos por R^3 o conjunto das ternas ordenadas (x,y,z) de números reais. Assim como a cada ponto do plano fazemos corresponder um par ordenado (x,y) de números reais, queremos fazer corresponder a cada ponto do espaço uma terna ordenada (x,y,z) de números reais.

Para isso, estabelecemos um sistema de coordenadas cartesianas no espaço. Fixamos três eixos, perpendiculares dois a dois, passando por um ponto comum, a origem do sistema, como três retas que se interceptam, por exemplo, no canto de uma sala de aula. Os eixos são chamados de *eixo x* ou *eixo das abscissas*, *eixo y* ou *eixo das ordenadas* e *eixo z* ou *eixo das cotas* e são enumerados de modo que correspondam ao dedo médio, indicador e polegar da mão esquerda, respectivamente.

Se P é um ponto do espaço, traçamos por ele planos α, β e γ perpendiculares aos eixos x, y e z, interceptando-os nos pontos A, B e C, respectivamente. Se x, y e z designam as coordenadas de A, B e C nos eixos a que pertencem, então, dizemos que a terna ordenada (x,y,z) de números reais corresponde ao ponto P. Reciprocamente, podemos fazer corresponder a cada terna ordenada de números reais um único ponto do espaço. Devido à identificação entre pontos do espaço e os elementos de R^3, estes serão chamados de *pontos* de R^3, que por sua vez será denominado *espaço* R^3.

A seguir, apresentamos alguns conceitos concernentes ao espaço R^3.

Coordenadas: Se a terna (x,y,z) corresponde ao ponto P, dizemos que x, y e z são as *coordenadas* de P: x é a *abscissa* ou *primeira coordenada* de P, y é a *ordenada* ou *segunda coordenada* de P e z é a *cota* ou *terceira coordenada* de P. O ponto O = (0,0,0) é a *origem* das coordenadas.

Planos coordenados: O plano que contém os eixos x e y chama-se *plano xy*; analogamente, *plano yz* é o plano que contém os eixos y e z; e *plano xz* é o plano que contém os eixos x e z. Esses três planos chamam-se *planos coordenados*.

Octantes: Os planos coordenados dividem o espaço em oito regiões denominadas *octantes*. Há divergências quanto à maneira de enumerar os octantes; no entanto, todos concordam que devemos chamar de *primeiro octante* a região em que os pontos têm todas as coordenadas positivas.

Distância entre dois pontos: Deduz-se, aplicando sucessivamente o Teorema de Pitágoras, que a distância entre dois pontos $A = (a_1, a_2, a_3)$ e $B = (b_1, b_2, b_3)$ de R^3 é dada pela fórmula

$$d = \text{dist}(A,B) = \sqrt{(b_1 - a_1)^2 + (b_2 - a_2)^2 + (b_3 - a_3)^2}$$

Pode-se interpretar a expressão acima, por exemplo, como a medida da hipotenusa de triângulo retângulo no qual um cateto é $|b_3 - a_3|$ e o outro é a hipotenusa de um outro triângulo retângulo com catetos $|b_2 - a_2|$ e $|b_1 - a_1|$, de acordo com a Figura 8.15.

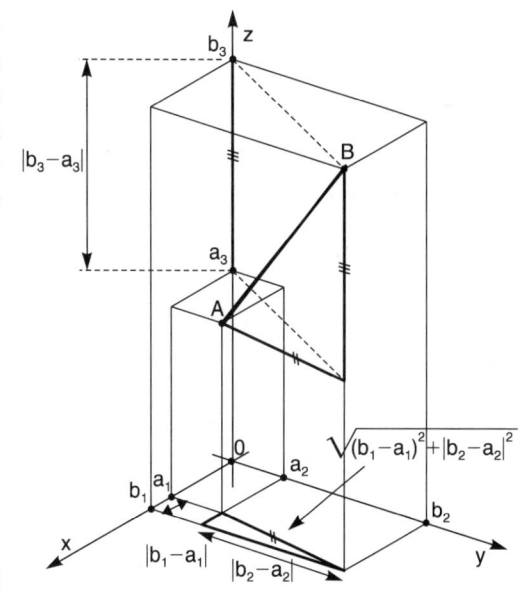

FIG. 8.15

Esfera: A superfície esférica de centro $C = (x_0, y_0, z_0)$ e raio $r > 0$ é o conjunto dos pontos $P = (x,y,z)$ do espaço cujas distâncias a C são iguais a r. Logo, a sua equação é

$$\sqrt{(x - x_0)^2 + (y - y_0)^2 + (z - z_0)^2} = r.$$

Elevando ao quadrado ambos os membros da expressão, obtemos a equação da superfície esférica

$$(x - x_0)^2 + (y - y_0)^2 + (z - z_0)^2 = r^2$$

A Figura 8.16 representa uma esfera de centro $C = (2,3,1)$ e raio $r = 3$.

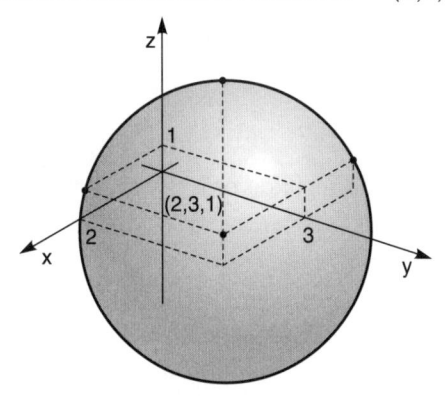

FIG. 8.16

· Superfícies e regiões de R^3

Em geral, as superfícies de R^3 são dadas por sua equação cartesiana da forma $F(x,y,z) = 0$, como veremos em alguns exemplos a seguir.

Planos: A superfície mais simples do espaço é o plano. Pode-se provar que uma equação linear da forma

ax + by + cz + d = 0,

onde a, b, c e d são números reais tais que a, b e c não se anulam simultaneamente, é a equação de um plano.

Exemplo 8.10:

Represente geometricamente o plano cuja equação é 2x + 3y + z = 6.

Resolução:

Para desenhar o plano, convém determinar as interseções do plano com os planos coordenados.

Fazendo z = 0 na equação 2x + 3y + z = 6, obtemos 2x + 3y = 6, que é a equação da reta, interseção do plano com o plano xy.

Analogamente, fazendo x = 0 na equação 2x + 3y + z = 6, obtemos 3y + z = 6, que é a equação da reta, interseção do plano com o plano yz.

Fazendo y = 0 na equação 2x + 3y + z = 6, obtemos 2x + z = 6, que é a equação da reta, interseção do plano com o plano xz.

Se o observador estiver no primeiro octante, ele poderá ver o plano como na Figura 8.17:

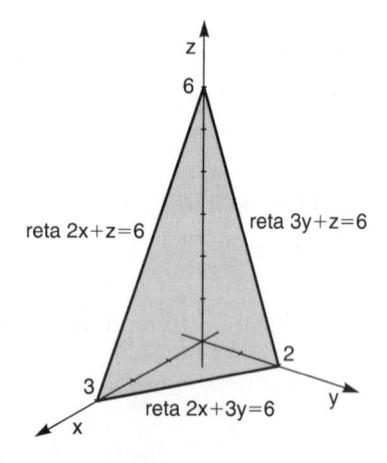

FIG. 8.17

Quádricas: A equação geral de segunda ordem envolvendo três variáveis pode ser escrita da seguinte maneira:

$$ax^2 + by^2 + cz^2 + dxy + eyz + fxz + gy + hy + iz = j$$

Tendo em vista que esta equação estabelece uma relação entre três variáveis com vários parâmetros (a, b, c, ...), ela pode definir diferentes superfícies dependendo da relação entre os seus coeficientes. Por exemplo, se os seis primeiros coeficientes anulam-se, a equação resultante define um plano. Ou ainda, a expressão pode ser fatorável em duas de primeira ordem, definindo portanto dois planos ou mesmo um, se tais fatores forem iguais. A classificação mais minuciosa de todas estas superfícies foge aos objetivos deste livro. Entretanto, cabe apresentar algumas equações de grande importância bem como as superfícies que elas definem.

Capítulo 8 — Funções de Várias Variáveis: Limite e Continuidade

Quando a fatoração mencionada não for possível e a equação for de segunda ordem, esta definirá uma superfície não plana chamada *superfície quádrica*. Os outros casos serão denominados *casos degenerados* definindo portanto *superfícies degeneradas*. Cabe ressaltar que a partir das definições e resultados anteriores, as superfícies esféricas são casos particulares de quádricas.

Exemplo 8.11:

Represente geometricamente a superfície cuja equação é:

$x^2 + y^2 + z^2 - 2x - 4y - 4 = 0$.

Resolução:

Completando os termos da expressão acima de modo a formar quadrados perfeitos, temos:

$x^2 - 2x + 1 - 1 + y^2 - 4y + 4 - 4 + z^2 - 4 = 0$
$(x - 1)^2 + (y - 2)^2 + (z - 0)^2 = 9$

Da definição geral da esfera, trata-se da equação da superfície esférica de centro $(1,2,0)$ e raio 3, de acordo com a Figura 8.18.

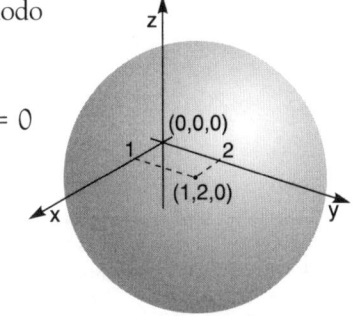

FIG. 8.18

Com o intuito de estabelecer algumas referências de superfícies, as figuras seguintes apresentam seis categorias importantes de quádricas — tais como elipsóides, parabolóides e hiperbolóides com suas respectivas equações — bem como alguns comentários concernentes a suas interseções com planos notáveis.

corte pelo plano z=k
$$\frac{x^2}{a^2\left(1-\left(\frac{k}{c}\right)^2\right)} + \frac{y^2}{b^2\left(1-\left(\frac{k}{c}\right)^2\right)} = 1$$

Elipsóide $\frac{x^2}{a^2} + \frac{y^2}{b^2} + \frac{z^2}{c^2} = 1$

corte pelo plano y=k
$$\frac{x^2}{a^2\left(1-\left(\frac{k}{b}\right)^2\right)} + \frac{z^2}{b^2\left(1-\left(\frac{k}{b}\right)^2\right)} = 1$$

Elipsóide $\frac{x^2}{a^2} + \frac{y^2}{b^2} + \frac{z^2}{c^2} = 1$

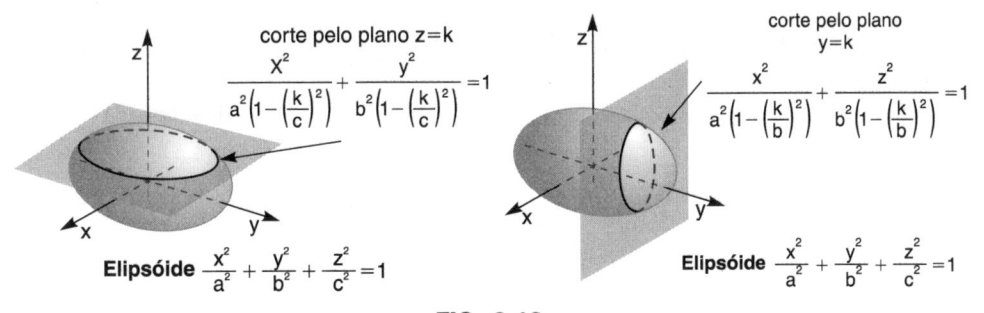

FIG. 8.19

Para obtermos as equações das interseções entre a elipsóide e um plano, basta aplicar a equação do plano na elipsóide. No caso anterior, as seções planas $z = k$, $-c < k < c$; $y = k$, $-b < k < b$ e $x = k$, $-a < k < a$ resultam respectivamente nas elipses

$$\frac{x^2}{a^2\left(1-\left(\frac{k}{c}\right)^2\right)} + \frac{y^2}{b^2\left(1-\left(\frac{k}{c}\right)^2\right)} = 1 \quad \frac{x^2}{a^2\left(1-\left(\frac{k}{b}\right)^2\right)} + \frac{z^2}{c^2\left(1-\left(\frac{k}{b}\right)^2\right)} = 1 \text{ e}$$

$$\frac{y^2}{b^2\left(1-\left(\frac{k}{a}\right)^2\right)} + \frac{z^2}{c^2\left(1-\left(\frac{k}{a}\right)^2\right)} = 1$$

Veja alguns cortes sobre as figuras anteriores

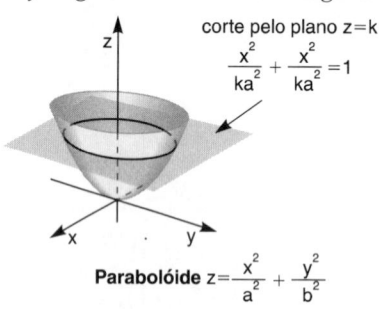

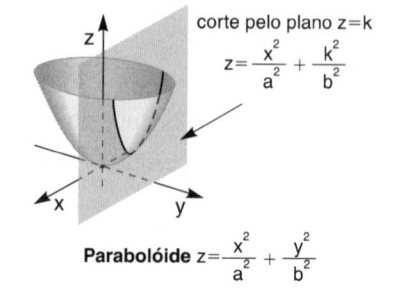

FIG. 8.20

De maneira análoga, as seções planas $z = k > 0$ para a Figura 8.20 geram elipses da forma $\frac{x^2}{ka^2} + \frac{y^2}{kb^2} = 1$, enquanto os cortes produzidos por planos $y = k$ e $x = k$ geram parábolas expressas respectivamente por $z = \frac{x^2}{a^2} + \frac{k^2}{b^2}$ e $z = \frac{k^2}{a^2} + \frac{y^2}{b^2}$. Veja alguns cortes sobre as figuras anteriores.

FIG. 8.21

Analogamente, as seções $z = k$, $k > c$ ou $k < -c$, para a Figura 8.21 geram elipses da forma $\frac{x^2}{a^2\left(\left(\frac{k}{c}\right)^2-1\right)} + \frac{y^2}{b^2\left(\left(\frac{k}{c}\right)^2-1\right)} = 1$ enquanto os cortes determinados por planos $y = k$ e $x = k$ geram hipérboles expressas respectivamente por

Capítulo 8 — Funções de Várias Variáveis: Limite e Continuidade

$$\frac{-x^2}{a^2\left(\left(\frac{k}{b}\right)^2+1\right)} + \frac{z^2}{c^2\left(\left(\frac{k}{b}\right)^2+1\right)} = 1 \quad \text{e} \quad \frac{-y^2}{b^2\left(1+\left(\frac{k}{a}\right)^2\right)} + \frac{z^2}{c^2\left(1+\left(\frac{k}{a}\right)^2\right)} = 1.$$

Veja alguns cortes sobre as figuras anteriores.

Cabe ainda complementar as considerações anteriores representando geometricamente o cone $\frac{x^2}{a^2} + \frac{y^2}{b^2} - \frac{z^2}{c^2} = 0$, o hiperbolóide de uma folha $\frac{x^2}{a^2} + \frac{y^2}{b^2} - \frac{z^2}{c^2} = 1$, o cilindro $x^2 + y^2 = a^2$, o cilindro parabólico $z = x^2$ e o parabolóide hiperbólico $z = \frac{x^2}{a^2} - \frac{y^2}{b^2}$, bem como algumas seções notáveis de tais superfícies.

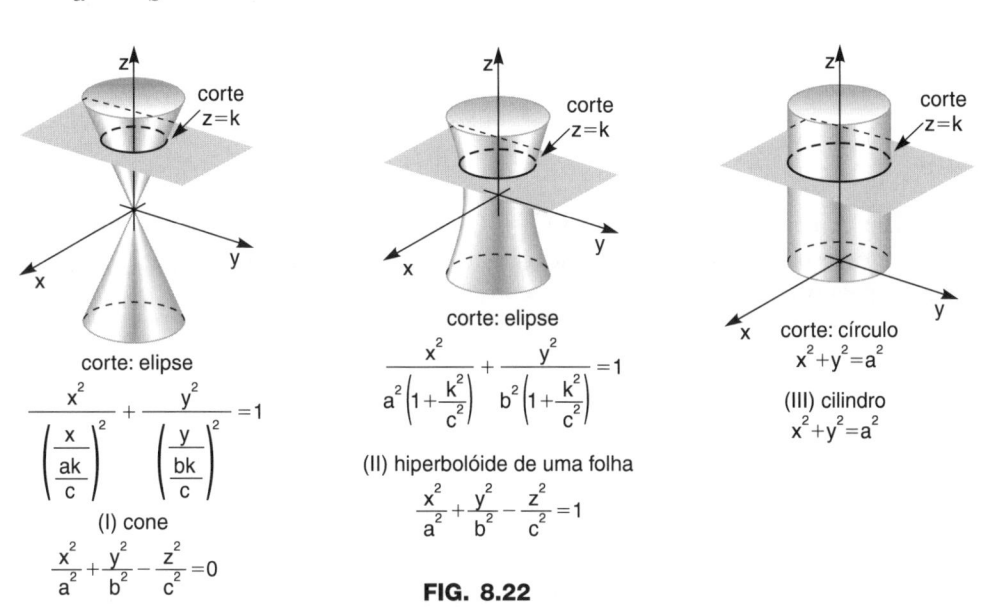

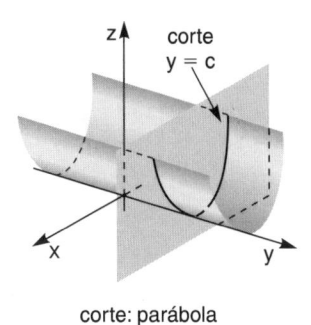

(I) cone
corte: elipse
$$\frac{x^2}{\left(\frac{x}{ak}\right)^2} + \frac{y^2}{\left(\frac{y}{bk}\right)^2} = 1$$
$$\frac{x^2}{a^2} + \frac{y^2}{b^2} - \frac{z^2}{c^2} = 0$$

(II) hiperbolóide de uma folha
corte: elipse
$$\frac{x^2}{a^2\left(1+\frac{k^2}{c^2}\right)} + \frac{y^2}{b^2\left(1+\frac{k^2}{c^2}\right)} = 1$$
$$\frac{x^2}{a^2} + \frac{y^2}{b^2} - \frac{z^2}{c^2} = 1$$

(III) cilindro
corte: círculo
$x^2 + y^2 = a^2$
$x^2 + y^2 = a^2$

FIG. 8.22

(IV) cilindro parabólico
corte: parábola
corte: reta
corte: reta

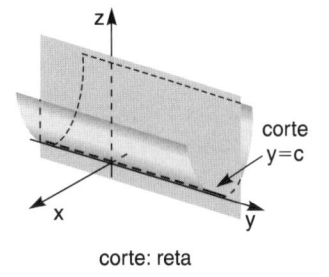

FIG. 8.23

FIG. 8.24

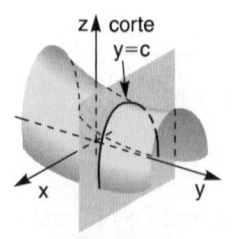

corte: parábola

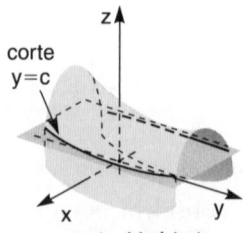

corte: hipérbole
(V) parabolóide hiperbólico

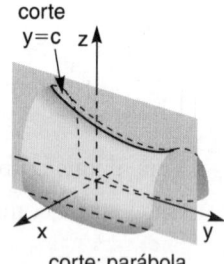

corte: parábola

Assim como as curvas, as superfícies podem ainda se expressar por meio de equações paramétricas, porém exigem procedimentos além dos objetivos deste curso. Os subconjuntos de R^3 são em geral dados por inequações das formas

$F(x,y,z) > 0$,
$F(x,y,z) < 0$,
$F(x,y,z) \geq 0$,
$F(x,y,z) \leq 0$.

Bolas: A *bola fechada* de centro $C = (x_0, y_0, z_0)$ e raio $r > 0$ é o conjunto dos pontos P do espaço cujas distâncias ao centro são menores ou iguais ao raio. Logo, é definida pela inequação

$$(x - x_0)^2 + (y - y_0)^2 + (z - z_0)^2 \leq r^2$$

O interior da bola fechada chama-se *bola aberta*, expressa por:

$$(x - x_0)^2 + (y - y_0)^2 + (z - z_0)^2 < r^2$$

A *fronteira* da bola fechada ou aberta é a superfície esférica

$$(x - x_0)^2 + (y - y_0)^2 + (z - z_0)^2 = r^2$$

Graficamente, é difícil representar as diferenças entre tais bolas. Pode-se imaginar, por analogia, que a bola fechada seja uma "laranja com casca", a bola aberta, uma "laranja sem casca" e a fronteira da bola fechada, a "casca da laranja, sem seu interior".

Exemplo 8.12:

Represente geometricamente a região
$x^2 + y^2 + (z - 1)^2 < 9$.

Resolução:

A partir da equação geral da esfera, vemos que a inequação dada define uma bola aberta de centro $(0,0,1)$ e raio 3.

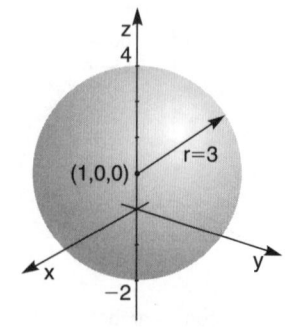

FIG. 8.25

Exemplo 8.13:

Represente geometricamente a região expressa por $z > x^2 + y^2 + 5$.

Resolução:

Comparando com as equações gerais das quádricas, temos que a equação $z = x^2 + y^2 + 5$ representa um parabolóide deslocado positivamente de 5 unidades, segundo a direção z. Tal superfície divide o espaço em duas regiões e tendo em vista que o ponto (0,0,0) não satisfaz a inequação, a região desejada está acima do parabolóide, de acordo com a Figura 8.26.

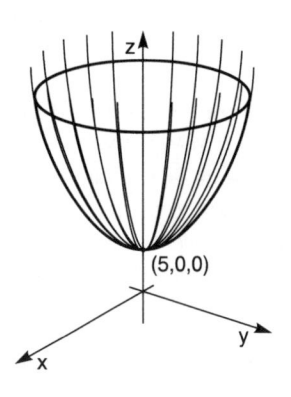

FIG. 8.26

Exemplo 8.14:

Represente geometricamente a região expressa por

$$-5\sqrt{1 + \frac{x^2}{4} + \frac{y^2}{9}} < z < 5\sqrt{1 + \frac{x^2}{4} + \frac{y^2}{9}}.$$

Resolução:

As equações $z = -5\sqrt{1 + \frac{x^2}{4} + \frac{y^2}{9}}$ e $z = 5\sqrt{1 + \frac{x^2}{4} + \frac{y^2}{9}}$ representam respectivamente os ramos superior e inferior de um hiperbolóide com vértices em $(-5,0,0)$ e $(5,0,0)$ e eixo coincidente com o eixo z. Posto que tal superfície divide o espaço em três regiões — abaixo do ramo inferior, entre os dois ramos, e acima do ramo superior — e que (0,0,0) satisfaz a inequação acima, a região desejada refere-se ao espaço existente entre os dois ramos do hiperbolóide, de acordo com a Figura 8.27.

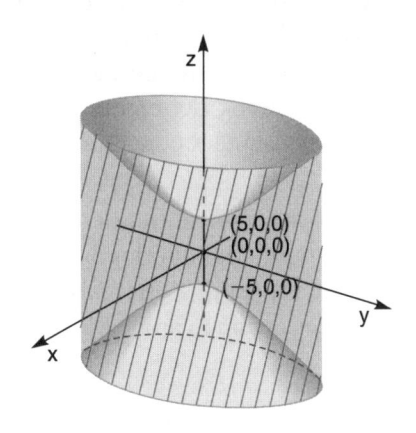

FIG. 8.27

Exercícios 8.1

1. Esboce a região do plano definida por $x + y > 1$ e $y + x^2 - 4x - 3 < 0$

2. Represente graficamente a região descrita por $y - x^3 + 1 > 0$ e $y - x < 0$

3. Represente a curva descrita pelas equações paramétricas $x(t) = 2\cos t$ e $y(t) = 3\sen t$, t em R.

4. Esboce a curva descrita pelas equações paramétricas $x(t) = \sec t$ e $y(t) = \tag t$, $t \neq \frac{\pi}{2} + k\pi$, com k inteiro.

5. Represente geometricamente a região do plano R^2 descrita por $x^2 - y^2 < 1$. Qual a região do espaço R^3 descrita pela mesma inequação?

6. Esboce a região do espaço R^3 descrita pelas inequações $\frac{x^2}{4} + \frac{y^2}{9} + \frac{z^2}{25} < 1$ e $z > x^2 + y^2$

7. Represente a região definida por $x^2 + y^2 + z^2 < 9$, $z > x^2 + y^2 + 2$ e $x > 1$

8. Esboce a região de R^3 descrita por

$$-7\sqrt{1 + \left(\frac{x^2}{9}\right) + \left(\frac{y^2}{16}\right)} < z$$

$$< 7\sqrt{1 + \left(\frac{x^2}{9}\right) + \left(\frac{y^2}{16}\right)} \text{ e } x^2 + y^2 < 4.$$

9. Represente a região descrita pelas desigualdades $z > x + y$ e $z < 5 - \frac{x^2}{9} - \frac{y^2}{4}$

8.2 FUNÇÕES DE DUAS E TRÊS VARIÁVEIS

Até agora, estudamos funções reais de uma variável da forma y = f(x), onde a variável y depende de apenas uma variável independente x. Entretanto, muitas situações envolvem grandezas dependentes de mais de uma variável, não sendo possível estabelecer um modelo representado por funções envolvendo apenas uma variável independente.

Há muitas variáveis econômicas dependentes de duas ou mais variáveis. De modo geral, as funções do tipo $f(x,y) = Ax^a y^b$, com A, a e b constantes e definidas para x e y positivos chamam-se *funções de Cobb-Douglas*[1] estudadas com mais cuidado no Capítulo 9. Daqui em diante, estaremos interessados em estudar funções de duas ou mais variáveis. A maioria dos conceitos, definições, propriedades e teoremas decorrem como generalizações simples daqueles concernentes a funções de uma variável independente.

Por motivos didáticos, vamos nos concentrar no estudo de funções de duas variáveis, estendendo os conceitos e resultados obtidos para o caso mais geral, abordado a seguir. As definições estabelecidas para duas ou mais variáveis estendem-se a partir daquelas concernentes às funções de uma variável.

---

[1]. Em referência aos pesquisadores norte-americanos C.W.Cobb e P.H. Douglas que as utilizaram na estimativa de funções de produção em 1927.

Capítulo 8 — Funções de Várias Variáveis: Limite e Continuidade

Funções de duas variáveis

Pode-se estabelecer a definição de função de duas variáveis independentes da seguinte maneira:

> Uma *função real de duas variáveis reais* $z = f(x,y)$, definida num conjunto A de R^2, é uma correspondência que a cada par ordenado (x,y) de A associa um único número real z, representado por $z = f(x,y)$. O conjunto A chama-se *domínio* da função enquanto o conjunto de números reais $f(x,y)$ obtidos a partir de pontos (x,y) pertencentes ao domínio A chama-se *imagem* da função f.

Quando uma função real de duas variáveis reais é dada por uma expressão analítica da forma $z = f(x,y)$, convencionamos que o domínio desta função é o maior subconjunto de R^2 para o qual tal expressão tem sentido.

Exemplo 8.15:

Encontre e represente geometricamente o domínio das seguintes funções de duas variáveis.

(i) $z = f(x,y) = \sqrt{2x + 3y}$;

(ii) $z = g(x,y) = \dfrac{2}{\sqrt{x^2 + y - 1}}$;

(iii) $z = h(x,y) = \dfrac{3}{x} + \dfrac{4}{x + 2y}$.

Resolução:

(i) A função $f(x,y) = \sqrt{2x + 3y}$ está definida para os pontos (x,y) tais que $2x + 3y \geq 0$. Portanto, o domínio da função f é o semiplano determinado pela reta $2x + 3y = 0$ que contém, por exemplo, o ponto $(1,1)$, pois $2 \cdot 1 + 3 \cdot 1 > 0$. Veja a Figura 8.28.

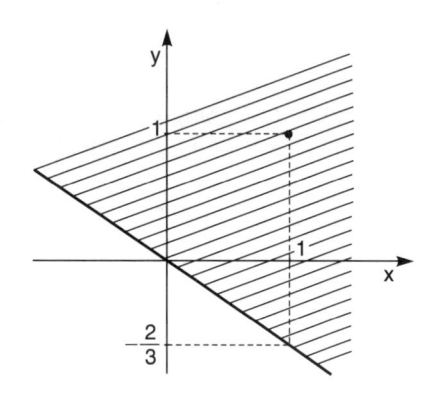

FIG. 8.28

(ii) A função $z = g(x,y) = \dfrac{2}{\sqrt{x^2 + y - 1}}$ está definida para os pontos (x,y) tais que $x^2 + y - 1 > 0$, ou seja, $y > -x^2 + 1$. O domínio da função g é portanto o conjunto dos pontos que estão estritamente acima da parábola $y = -x^2 + 1$, como mostra a Figura 8.29.

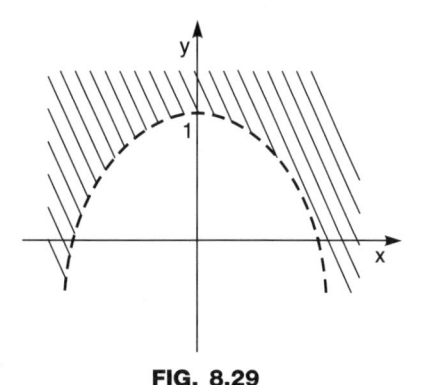

FIG. 8.29

(iii) A função $z = h(x,y) = \dfrac{3}{x} + \dfrac{4}{x+2y}$ está definida para os pontos (x,y) tais que $x \neq 0$ e $x + 2y \neq 0$. Portanto, o domínio da função h é o plano, excluindo-se as retas $x = 0$ e $y = -\dfrac{x}{2}$, de acordo com a Figura 8.30.

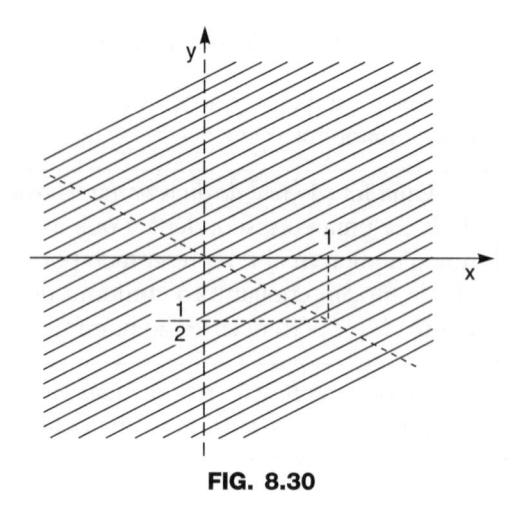

FIG. 8.30

• Gráfico de função de duas variáveis

Assim como o gráfico de uma função $y = f(x)$ de uma variável independente x consiste nos pontos do plano R^2 da forma $(x, f(x))$ tais que x pertence ao domínio de f, o gráfico de uma função real $z = f(x,y)$ de duas variáveis independentes reais x e y, definida num subconjunto A de R^2, é o conjunto dos pontos (x,y,z) do espaço R^3 tais que $z = f(x,y)$, ou seja, $(x,y,f(x,y))$, e $(x,y) \in A$, representando portanto uma superfície de R^3, de acordo com a Figura 8.31.

gráfico de $z=f(x,y)$

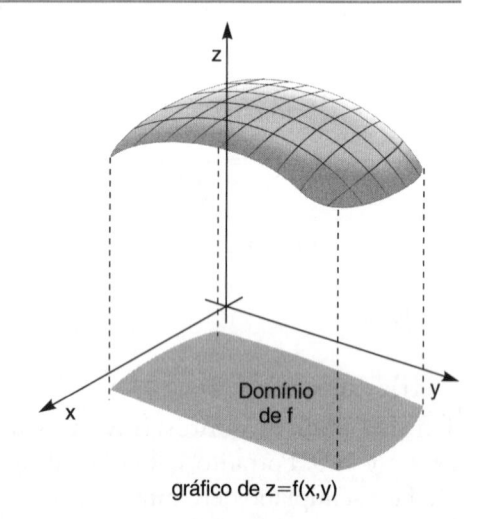

FIG. 8.31

As leis de demanda para determinados produtos podem ser modeladas como funções do preço do produto em questão bem como do preço de um produto complementar ou substituto. Estabelecendo funções de duas variáveis, as leis de demanda referidas são chamadas ainda de *superfícies de demanda* e expressam-se como $q_1(p_1, p_2)$ e $q_2(p_1,p_2)$, onde p_1 e p_2 são, respectivamente, os preços dos produtos cujas demandas são q_1 e q_2.

O comportamento da demanda em relação ao preço de um produto similar dependerá da natureza de tal produto. Supondo o preço de um produto constante, se a sua demanda decrescer em relação ao preço do outro produto, diz-se que os produtos em questão são *complementares*. Considerando ainda o preço de um produto constante, se a sua demanda crescer em relação ao preço do outro produto, tais produtos são chamados *substitutos*.

Exemplo 8.16:

Verifique que as superfícies de demanda $q_1(p_1,p_2) = a\,\dfrac{p_2}{p_1}$ e $q_2(p_1,p_2) = a\,\dfrac{e^{p_1}}{p_2}$ — onde p_1, q_1 e p_2, q_2 representam respectivamente os preços e demandas dos bens A e B — são exemplos de leis de demanda concernentes a bens substitutos, enquanto as superfícies de demanda $q_1(p_1,p_2) = \dfrac{a}{p_2\,p_1}$ e $q_2(p_1,p_2) = a\,\dfrac{e^{-p_1}}{p_2}$ sob as mesmas condições para p_1, q_1 e p_2, q_2 são exemplos de leis de demanda referentes a bens complementares.

Resolução:

A primeira parte da demonstração referente à prova de que os bens são substitutos decorre do fato de que para p_1 constante, $q_1(p_1,p_2) = a\,\dfrac{p_2}{p_1}$ é função crescente de p_2 e $q_2(p_1,p_2) = a\,\dfrac{e^{p_1}}{p_2}$ é função decrescente de p_2, enquanto para p_2 constante, $q_1(p_1,p_2) = a\,\dfrac{p_2}{p_1}$ é função decrescente de p_1 e $q_2(p_1,p_2) = a\,\dfrac{e^{p_1}}{p_2}$ é função crescente de p_1.

A segunda parte referente à prova de que os bens são complementares decorre do fato de que para p_1 constante, $q_1(p_1,p_2) = \dfrac{a}{p_2\,p_1}$ é função decrescente de p_2 e $q_2(p_1,p_2) = a\,\dfrac{e^{-p_1}}{p_2}$ é função decrescente de p_2, enquanto para p_2 constante, $q_1(p_1,p_2) = \dfrac{a}{p_2\,p_1}$ é função decrescente de p_1 e $q_2(p_1,p_2) = a\,\dfrac{e^{-p_1}}{p_2}$ é função decrescente de p_1.

Evidentemente, à luz de critérios semelhantes àqueles utilizados para funções de uma e duas variáveis, é impossível representar o gráfico de funções com mais de duas variáveis independentes.

Exemplo 8.17:

Reconheça e represente geometricamente o gráfico da função $z = f(x,y) = x^2 + y^2$.

Resolução:

Observe que se fizermos $z = c$, com $c > 0$, obteremos a equação $x^2 + y^2 = c$. Isto significa que a projeção no plano xy da curva-interseção do plano horizontal $z = c$

com o gráfico da função possui tal equação. Ou seja, essa projeção é a circunferência de centro na origem e raio $\sqrt{c}$.

Se cortarmos o gráfico da função com o plano xz, obteremos nesse plano a parábola $z = x^2$. Analogamente, se cortarmos o gráfico da função com o plano yz, obteremos a parábola $z = y^2$.

Como o corte $z = c$ é um círculo, o gráfico desta função é um parabolóide de revolução obtido pela rotação da parábola $z = x^2$ em torno do eixo z.

Traçando-se planos paralelos ao plano xy, isto é, fazendo $z = c$, obtemos circunferências como interseções com a superfície. Se projetarmos essas circunferências no plano xy, obteremos uma família de circunferências concêntricas, todas com o centro na origem, de acordo com as Figuras 8.32 e 8.33 que mostram as projeções bem como o gráfico de f.

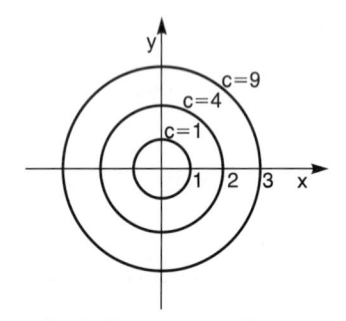

Projeção das interseções
da parábola $z=x^2+y^2$ com o plano $z=c$
FIG. 8.32

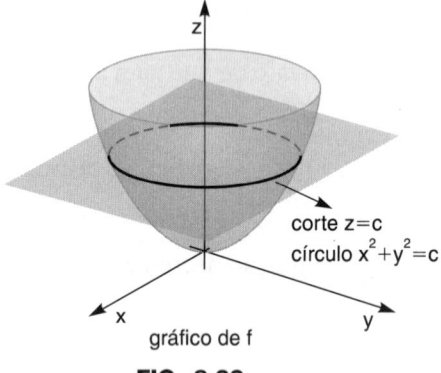

corte $z=c$
círculo $x^2+y^2=c$
gráfico de f
FIG. 8.33

Tendo em vista que as seções $z = c$ produzem sempre círculos, o gráfico de $z = x^2 + y^2$ corresponde a uma *superfície de rotação* em torno do eixo z. De modo geral, uma função $z = f(x,y) = g\left(\sqrt{x^2 + y^2}\right) = h(x^2 + y^2)$ possui sempre como gráfico uma superfície de rotação em torno do eixo z, mais precisamente da função $z = g(r)$, onde $r = \left(\sqrt{x^2 + y^2}\right)$ é uma variável independente associada a um eixo variável no plano xy e origem comum. Veja a Figura 8.34. No exemplo anterior, o parabolóide em questão possui como gráfico a rotação em torno do eixo z da parábola $z = r^2$.

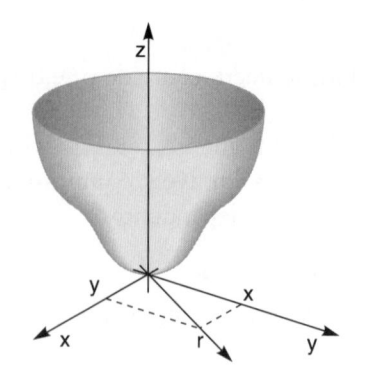

FIG. 8.34

Com relação aos gráficos de funções de duas variáveis, ressalte-se a importância de estabelecer cortes planares paralelos ao plano xy, ou seja $z = c$, como uma estratégia importante para a obtenção de um primeiro esboço do gráfico em questão. Tais interseções representam precisamente o conceito de curvas de nível.

• Curvas de nível

A construção concreta, por exemplo, em maquetes de gráficos de funções de duas variáveis é muitas vezes impraticável. Felizmente, existem hoje em dia programas de computador tais como MAPLE, MATHEMATICA ou DERIVE, que permitem visualizar tais gráficos.

Outra maneira de descrever o comportamento das funções de duas variáveis é lançando mão de mapas de curvas de nível. A idéia básica é semelhante ao mapeamento do relevo de um terreno com morros, montanhas e vales, em que se ligam pontos de mesma altitude.

As reflexões anteriores traduzem-se matematicamente nos seguintes procedimentos. Dando-se um valor particular para z, digamos $z = c$, obtém-se uma equação em duas variáveis $f(x,y) = c$. Esta equação define uma curva no plano xy, que se chama uma *curva de nível* da função $f(x,y)$ referente ao valor c. Tal curva nada mais é do que a projeção ortogonal sobre o plano xy da curva-interseção do plano $z = c$ com o gráfico da função $z = f(x,y)$. Fornecendo uma idéia significativa da forma do gráfico de uma função $z = f(x,y)$, uma coleção de curvas de nível para diferentes valores de c é chamada *mapa de curvas de nível* ou *mapas de contorno*. Os valores de c percorrem naturalmente a imagem da função $f(x,y)$ e, quando esta representa alguma variável econômica ou física, por exemplo, devem ser tais que assumam valores coerentes com o significado de tal variável.

As curvas de nível apresentam significativa utilidade em teoria econômica, por exemplo, na avaliação da função produção $q(L, K)$ — onde L é trabalho e K, capital — por meio de mapas de contorno que fornecem as curvas $q(L, K) = q_0$ — chamadas *curvas de produto constante ou isoquantas* — associadas a todas as combinações de L e K que resultam em q_0 unidades de produção. As curvas de nível referentes a uma função $z = f(x,y)$ assumem nomes distintos de acordo com o significado da variável z. Por exemplo, quando a função $f(x,y)$ representa a *utilidade*, a *receita* ou o *custo*, suas respectivas curvas de nível chamam-se comumente de *curvas de indiferença, iso-receita e isocusto*.

Para traduzir um gráfico de $z = f(x,y)$ em curvas de nível, basta esboçar as curvas interseção de $f(x,y)$ com $z = c$, para diferentes valores de c. O processo recíproco resulta da elevação — mantendo seu plano paralelo ao plano xy — de cada curva de nível até a cota $z = c$. Duas curvas de nível distintas nunca se interceptam, pois, se isto acontecesse, a função em questão assumiria dois valores distintos no ponto de interseção, o que é naturalmente impossível.

Exemplo 8.18:

Desenhe curvas de nível da função $z = xy$ para $z = -2, -1, 0, 1, 2$.

Resolução:

Fazendo $z = c$, obtemos a equação $xy = c$, que é a equação de uma hipérbole no plano xy, de acordo com a Figura 8.35. Se $c > 0$, os ramos da hipérbole estão nos quadrantes primeiro e terceiro; se $c < 0$, os ramos da hipérbole estão nos quadrantes segundo e quarto. Se $c = 0$, obtemos os dois eixos, que são as assíntotas comuns a todas essas hipérboles.

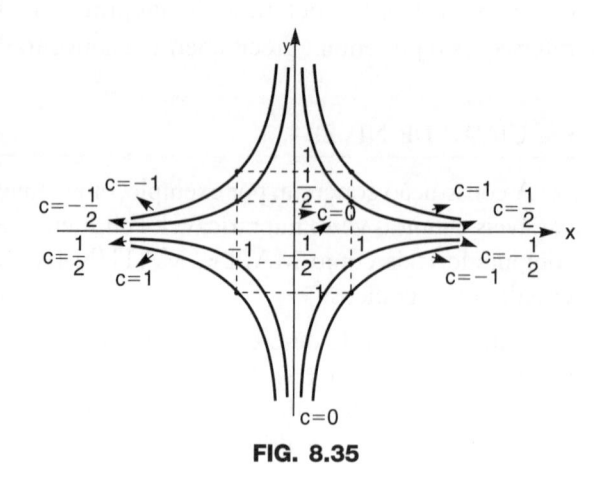

FIG. 8.35

As curvas de nível de uma função servem ainda para avaliar configurações ótimas. Por exemplo, pode-se desejar encontrar o custo mínimo para uma empresa cuja produção é limitada, de acordo com o Exemplo 8.19.

Exemplo 8.19:

Considere uma empresa cujas funções produção p e custos c, referentes a uma determinada mercadoria, podem ser modeladas por $p(x,y) = 2xy$ e $c(x,y) = 2x + 2y$, onde x e y representam respectivamente as quantidades de dois insumos A e B envolvidos. Supondo que tal produção seja limitada a 1.250 unidades, determine as quantidades de insumos x e y que minimizam custo e o valor do custo mínimo.

Resolução:

As curvas de nível da função custo ou isocusto referentes ao valor c são dadas por $2x + 2y = c$, que são retas passando pelos pontos $\left(\frac{c}{2}, 0\right)$ e $\left(0, \frac{c}{2}\right)$. A curva de nível da função produção relativa ao valor 1.250 é $xy = 625$, que representa uma hipérbole com assíntotas nos eixos x e y. Esboçando tais curvas no plano R^2, obtém-se a Figura 8.36:

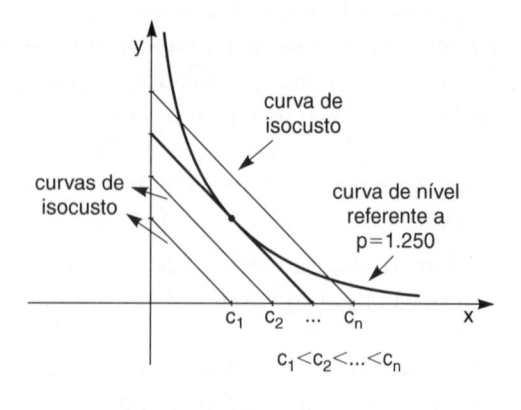

FIG. 8.36

Capítulo 8 — Funções de Várias Variáveis: Limite e Continuidade

A partir dos gráficos anteriores, pode-se observar que as curvas de isocusto são paralelas e aumentam o valor de c à medida que caminhamos para a esquerda. A condição de produção fixa igual a 1.250 imposta no enunciado do problema traduz-se geometricamente em procurarmos o custo mínimo sob a restrição de estarmos sobre a hipérbole da figura anterior. Portanto, o custo mínimo ocorrerá para a curva isocusto tangente à curva de nível de produção referente ao valor 1.250.

Matematicamente, tal situação ótima ocorre quando a reta tangente à hipérbole $xy = 625$ possui coeficiente angular -1, que é o coeficiente angular das curvas isocustos, ou seja, quando a derivada da função $y = \dfrac{625}{x}$ for -1. Logo,

$\dfrac{dy}{dx} = -\dfrac{625}{x^2} = -1 \Rightarrow x = 25$ (pois x representa uma quantidade, não fazendo, portanto, sentido seu valor negativo).

Logo $y = 25$ e o custo para esta configuração de insumos será de $c = 2 \cdot 25 + 2 \cdot 25 = 100$.

O custo mínimo é 100 e as quantidades de insumos A e B necessárias são 25 e 25.

Aprofundemos a análise de curvas de nível aplicadas à economia, especificamente, as *isoquantas* e as *curvas de indiferença*. São, respectivamente, as curvas de nível das funções produção $p(x,y)$ e utilidade $u(q_1,q_2)$, onde x e y representam insumos necessários a um produto final, enquanto q_1 e q_2, as quantidades de dois artigos A e B que são comprados pelo consumidor.

Portanto, as isoquantas e as curvas de indiferença referentes à produção p_0 e à utilidade u_0 expressam-se respectivamente por $p(x,y) = p_0$ e $u(q_1,q_2) = u_0$. Tais curvas assumem diferentes formas, porém fora de determinadas áreas — por exemplo, em que o aumento de um insumo diminui a produção ou em que o aumento de consumo de um artigo diminui a utilidade do consumidor —, tais curvas possuem natureza decrescente. Neste caso, supondo tais variáveis modeladas como funções de duas variáveis, para se manter a produção ou a utilidade, diminuindo-se respectivamente a quantidade empregada de um insumo e o consumo de um artigo, deve-se aumentar respectivamente a quantidade do outro insumo e o consumo do outro artigo.

Tais considerações nos levam a definir o conceito de *taxa de substituição técnica*; $-\dfrac{dy}{dx}$; com a qual o insumo y deve substituir x para manter o nível de produção constante, assim como o conceito de *taxa de substituição de artigo*; $-\dfrac{dq_2}{dq_1}$; com a qual um consumidor poderá substituir o artigo A pelo B ou vice-versa.

Exemplo 8.20:

Considere $p(x,y) = \dfrac{15}{2}x^{\frac{1}{3}}y^{\frac{1}{3}}$ e $c(x,y) = x^2 + y^2 + 20$ as funções produção e custo para um determinado produto. Esboce as curvas isocustos e a isoquanta concernente ao valor p = 30, calculando a taxa de substituição técnica para x = 2 e y = 16. Assinale no gráfico o ponto em que o custo é mínimo e indique seu valor.

Resolução:

As curvas isocustos são representadas por c(x,y) = c, ou seja, $x^2 + y^2 + 20 = c$ $\Rightarrow x^2 + y^2 = c - 20$, que representam círculos centrados na origem e raio $\sqrt{c - 10}$. A curva isoquanta concernente ao valor p = 30 será $\frac{15}{2}x^{\frac{1}{3}}y^{\frac{1}{3}} = 30$ $\Rightarrow xy = 64$, que representa uma hipérbole. Representando tais curvas no plano xy, obtemos a Figura 8.37:

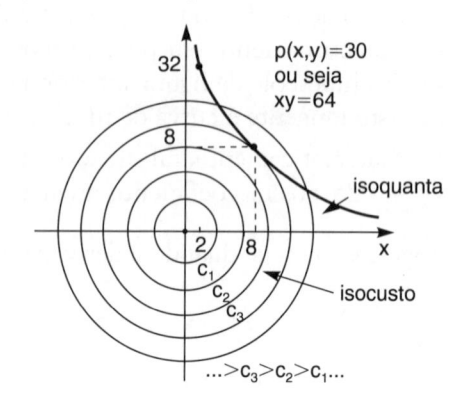

FIG. 8.37

A partir da definição de taxa de substituição técnica $-\frac{dy}{dx}\bigg|_{x=2} = -\left(-\frac{64}{x^2}\right) =$

$= 16 \frac{\text{unidades de y}}{\text{unidades de x}}$, coerente portanto com o gráfico acima. Observando-o, pode-se concluir que o custo cresce para curvas isocustos referentes a raios de círculos maiores. Tendo em vista que a produção encontra-se fixada em 30, o custo será mínimo, para a curva isocustos que tangenciar a curva isoquanta.

Considerando a simetria da hipérbole e do círculo, tal configuração ocorrerá quando $x = y \Rightarrow x^2 = 64 \Rightarrow x = y = 8$. O custo mínimo será 64 + 64 + 20 = 148.

Exemplo 8.21:

Considere u(x, y) = 4xy a função utilidade de um consumidor que deseja comprar quantidades x e y respectivamente dos produtos A e B. Esboce os gráficos das curvas de indiferença para u = 20 e u = 40, calculando a taxa de substituição de um artigo por outro para x = 1, y = 5 e x = 2, y = 5. Supondo que os preços dos artigos em questão são iguais a 4 e que a verba disponível do consumidor é 32, determine o ponto em que a utilidade é máxima, bem como o valor da utilidade nesse ponto.

Resolução:

As curvas de indiferença são xy = 5 e xy = 10, representadas na Figura 8.38. Portanto, as taxas de substituição de um artigo por outro serão $-\frac{dy}{dx} = -\left(-\frac{5}{x^2}\right)\bigg|_{x=1}$

e $-\frac{dy}{dx} = -\left(-\frac{10}{x}\right)\bigg|_{x=2}$, resultando em 5 e 2,5, coerentes com a figura.

Tendo em vista a restrição orçamentária apresentada pelo problema, devemos encontrar a utilidade máxima sujeita à restrição $4x + 4y = 32$, ou seja, $x + y = 8$. Considerando que as curvas de indiferença correspondentes a níveis de utilidade crescentes encontram-se mais afastadas da origem, a situação ótima ocorre quando $x + y = 8$ tangencia uma curva de indiferença, de acordo com a Figura 8.38.

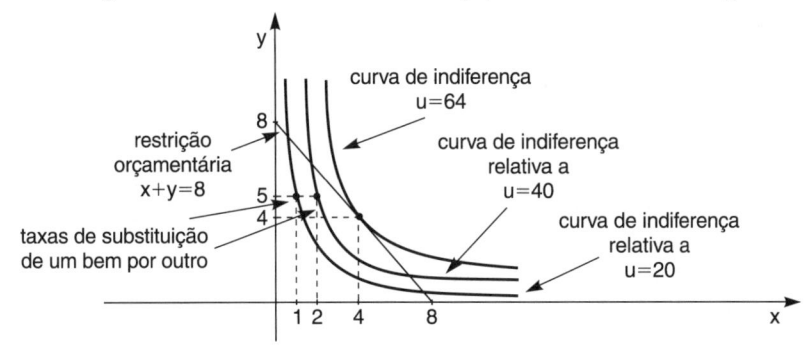

FIG. 8.38

Tendo em vista as simetrias da hipérbole $xy = \dfrac{u}{4}$, relativa a uma curva de indiferença associada a u e da reta $x + y = 8$, o ponto desejado ocorre quando $x = y = 4$, ou seja, para as quantidades 4 de cada artigo $\Rightarrow u = 64$.

Funções de três variáveis

As maiores dificuldades na extensão de conceitos e propriedades de funções de uma variável real para aquelas de várias variáveis independentes ocorrem especialmente quando da passagem para duas variáveis. Assim, a partir da definição de funções de duas variáveis, torna-se natural definir funções de três variáveis como:

> Uma *função real de três variáveis reais* $w = f(x,y,z)$, definida num conjunto A de R^3, é uma correspondência que a cada terna ordenada (x,y,z) de A associa um único número real w, representado por $w = f(x,y,z)$. O conjunto A chama-se o *domínio* da função enquanto o conjunto de números reais $f(x,y,z)$ obtidos a partir de pontos (x,y,z) pertencentes ao domínio A chama-se *imagem* da função f.

De maneira análoga às funções de duas variáveis, quando uma função real de três variáveis reais é dada por uma expressão analítica da forma $w = f(x,y,z)$, convencionamos que o domínio dessa função é o maior subconjunto do espaço R^3 para o qual tal expressão tem sentido.

Exemplo 8.22:

Encontre e represente geometricamente o domínio das seguintes funções de três variáveis.

(i) $f(x,y,z) = \sqrt{[9 - (x^2 + y^2 + z^2)]}$

(ii) $f(x,y,z) = \dfrac{3}{xyz}$

(iii) $f(x,y,z) = \ln(x + y + z)$

Resolução:

(i) Para que a expressão esteja bem definida, deve-se ter $9 - (x^2 + y^2 + z^2) \geq 0$, ou seja, $x^2 + y^2 + z^2 \leq 9$. Portanto, (x,y,z) devem encontrar-se na bola fechada de centro na origem e raio 3, de acordo com a Figura 8.39.

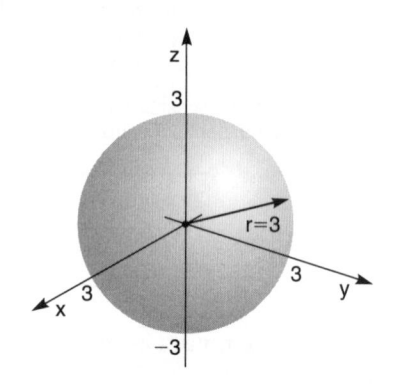

FIG. 8.39

(ii) O denominador da função referida não poderá se anular, ou seja, $xyz \neq 0 \Leftrightarrow x \neq 0$ e $y \neq 0$ e $z \neq 0$, portanto (x,y,z) não podem encontrar-se nos planos coordenados.

(iii) Para que a função logaritmo esteja bem definida, é preciso que seu argumento seja estritamente positivo, ou seja, $x + y + z > 0$, portanto (x,y,z) devem encontrar-se acima deste plano, de acordo com a Figura 8.40.

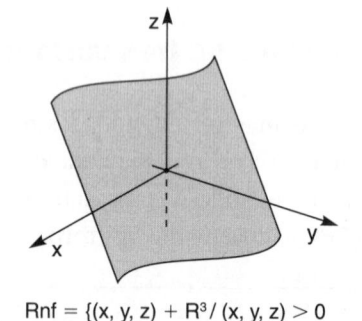

$Rnf = \{(x, y, z) + R^3 / (x, y, z) > 0$

FIG. 8.40

Apesar da impossibilidade de representar graficamente funções de três variáveis de modo a ilustrar simultaneamente o ponto (x,y,z) e o valor w, pois precisaríamos de quatro dimensões, pode-se pensar em outra representação análoga às de curvas de nível: as *superfícies de nível*.

• SUPERFÍCIES DE NÍVEL

De maneira semelhante às funções de duas variáveis, representam-se juntamente, agora por meio de uma superfície, os pontos x,y,z, que produzem um mesmo valor c

Capítulo 8 — Funções de Várias Variáveis: Limite e Continuidade

para a função w = f(x,y,z). Como a expressão obtida a partir de tais condições estabelece uma relação entre três variáveis, sua representação é em geral uma superfície no espaço R^3. Portanto, os pontos do espaço R^3 tais que f(x,y,z) = c definem a *superfície de nível* da função f(x,y,z) referente ao valor c.

O esboço das superfícies de nível apresenta significativa dificuldade. Apesar disso, fornece ao menos uma primeira idéia do comportamento da função em questão ao longo de seu domínio. Define *mapas de superfícies de nível* como uma coleção de *superfícies de nível* referentes aos distintos valores de c.

As superfícies de nível assumem distintos nomes de acordo com o significado das funções em relação às quais se referem. Se f(x,y,z) mede a temperatura ou o potencial em um determinado ponto do espaço, suas superfícies de nível chamam-se respectivamente *isotermas* e *equipotenciais*.

Se as variáveis econômicas *utilidade, receita* ou *custo*, mencionadas anteriormente, dependerem de três variáveis, suas respectivas superfícies de nível serão chamadas de *superfícies de indiferença, iso-receita e isocusto*.

Exemplo 8.23:

Desenhe as superfícies de nível da função w = f(x,y,z) = $\sqrt{x^2 + y^2 + z^2}$, para w = 0, 1, 5 e 7.

Resolução:

A partir da definição anterior, temos, como superfícies de nível de f referentes ao valor c, aquelas definidas pela equação $\sqrt{x^2 + y^2 + z^2}$ = c, ou seja, $x^2 + y^2 + z^2 = c^2$. Logo, são esferas centradas na origem com raio c. Neste caso, as esferas desejadas têm raios respectivamente iguais a 0 (nesse caso, é um ponto — esfera degenerada), 1, 5 e 7, de acordo com a Figura 8.41.

Superfícies de nível de f(x) = $\sqrt{x^2+y^2+z^2}$
$\Rightarrow x^2 + y^2 + z^2 = c^2$

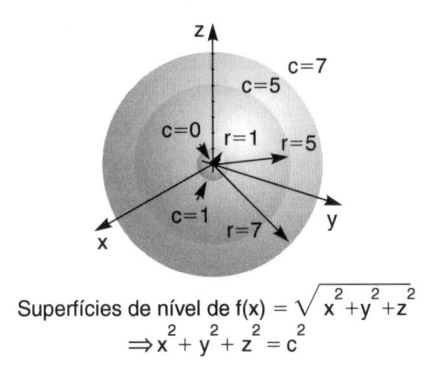

FIG. 8.41

Exercícios 8.2

Descreva verbalmente e represente geometricamente os domínios das seguintes funções, bem como apresente um esboço de seus respectivos mapas de contorno (para o caso de função de duas variáveis) e mapas de superfícies de nível (para o caso de funções de três variáveis). A partir de tais mapas, apresente ainda, para as funções de duas variáveis, um esboço de seus gráficos no espaço R^3.

1. $f(x,y) = \dfrac{x^2 + y}{x - y}$

2. $f(x,y) = \text{cossec}(x + y)$

3. $f(x,y) = \sqrt{4x^2 + 25y^2 - 100}$

4. $f(x,y) = \dfrac{1}{9x^2 - y^2}$

5. $f(x,y,z) = \ln[16 - (x^2 + y^2 + z^2)]$

Descreva verbalmente e represente o domínio para as seguintes funções:

6. $f(x,y,z) = \ln x + \ln y + \ln(3 - x - y - z)$

7. $f(x,y) = \left[\dfrac{1}{\sqrt{25 - x^2 - y^2}}\right] + \ln(x + y) + \ln x$

8. Determine a função receita de uma fábrica que vende dois produtos representados por quantidades q_1 e q_2 e cujas leis de demanda expressam-se respectivamente por $p_1(q_1,q_2) = -q_1 - q_2 + 30$ e $p_2(q_1,q_2) = -q_1 - 2q_2 + 40$.

9. Considere que as estatísticas realizadas em uma certa empresa apontam como função produção z (em milhares de unidades) relativa a uma determinada mercadoria e custo c associado (em mil reais) respectivamente $z = 12x^{\frac{1}{2}}y^{\frac{1}{2}}$ e $c = 3x + 3y + 20$, onde x e y representam as quantidades de dois insumos. Esboce a curva isocusto concernente ao valor de 56 mil reais, bem como o mapa de contorno referente à função produção. Se o fabricante limita seu custo a 56 mil reais, determine, fazendo uso dos gráficos, as quantidades dos insumos que resultam em máxima produção, assim como o valor de tal produção. Para esta configuração, encontre a taxa de substituição técnica.

10. Considerando que as superfícies de demanda de café e de chá (em toneladas por semana) podem ser modeladas respectivamente por $d_{ca}(p_1,p_2) = 10\dfrac{p_1}{p_2}$ e $d_{ch}(p_1,p_2) = 90\dfrac{p_2}{p_1}$, onde p_1 e p_2 representam os preços do café e do chá em reais por kilo, encontre a relação entre os preços dos produtos mencionados que iguale suas demandas, esboçando-a. Verifique a variação nas leis de demanda de cada um dos produtos quando, a partir dos preços $p_1 = 3$ reais e $p_2 = 1$ real quando:

a) subimos o preço do café de 1 real mantendo o do chá constante;

b) subimos o preço do chá de 1 real mantendo o do café constante.

Interprete os resultados. A partir das definições apresentadas anteriormente, os produtos em questão — chá e café — são substitutos ou complementares?

11. Considere uma função de produção expressa por $P(K,L) = A K^a L^b$, onde K e L representam respectivamente o capital e o trabalho e A, a e b são constantes. Demonstre que, se o capital e o trabalho aumentam segundo uma determinada proporção, a quantidade produzida aumentará em maior ou menor proporção de acordo respectivamente com (a + b) ser maior ou menor que 1. Interprete geometricamente a propriedade mencionada considerando o gráfico da função produção, um ponto $(K_0, L_0, P(K_0,L_0))$ pertencente a tal superfície e um plano perpendicular ao plano xy contendo esse

ponto e a origem dos eixos coordenados. Considerando ainda tal configuração, qual é a propriedade importante que tal função satisfaz quando a + b = 1? Qual seu significado geométrico?

12. Suponha que a função que fornece a utilidade de um consumidor concernente a produtos A e B possa ser modelada por $U = 2x^2 y$, onde x e y representam respectivamente as quantidades de produtos A e B. Verifique que o consumo de 1 unidade de A e 16 de B; 2 unidades de A e 4 de B; 4 unidades de A e uma de B produzem a mesma satisfação para o consumidor em questão, pertencendo portanto, a uma mesma curva de nível de utilidade, ou curva de indiferença. Esboce o gráfico dessa curva.

    Se o preço dos produtos são respectivamente, 2 e 4 reais, calcule o gasto do consumidor em questão em cada um destes pontos, determinando entre eles, onde o gasto é mínimo, o que representa a melhor opção para o consumidor mencionado, já que para os casos abordados, a utilidade é a mesma. Esboçando agora o mapa de contorno da função custo do consumidor e fazendo uso da curva indiferença já esboçada, verifique se há alguma configuração para os produtos A e B que apresente um custo ainda menor, para a mesma satisfação do consumidor em questão. Encontre a taxa de substituição para a configuração ótima.

13. A partir de tabelas estatísticas, determinou-se que a função utilidade do consumidor é dada por $U = q_1 q_2^2$, onde q_1 e q_2 representam respectivamente as quantidades de produtos A e B. Considerando que o consumidor compre 4 unidades de A e 5 de B e deseje manter o mesmo nível de utilidade, calcule a taxa de substituição de artigo para tal configuração. Qual quantidade de B o consumidor deve comprar se a sua compra de A aumentar de 6 unidades? Qual quantidade de A ele deve comprar se a sua compra de B diminuir de 4 unidades?

14. Para cada uma das superfícies de demanda apresentadas em seguida, represente em termos do *gráfico tridimensional* bem como dos *mapas de contorno* — por exemplo, para curvas de nível de demanda ou de isodemanda referentes a quantidades 1, 2, 4 e 6 — as funções demanda q(x,y) para as quantidades de um produto de preço x expressa em termos de seu preço e do preço y de um produto que é complementar.

    a) $q(x,y) = 8 - x - 2y$
    b) $q(x,y) = 16 + x^2 - y$
    c) $q(x,y) = 25 - x^2 - 5y$

15. Suponha que a demanda d (em número de carros) referente a um determinado automóvel possa ser modelada pela função $d(p, i, r) = 260\, p^{-1,2}\, r^{2,2}\, i^{-0,2}$, onde p, r e i representem respectivamente o preço do carro em reais, a renda familiar em reais e a taxa de juros. Calcule a demanda correspondente a taxa de juros de 4%, renda familiar de R$ 1.000,00 e preço de R$ 10.000,00. Para tal configuração, estime ainda a sensibilidade da demanda a cada uma das variáveis das quais ela depende, calculando sua taxa de variação em relação a cada um dos parâmetros se os outros dois mantiverem-se constantes. A qual variável — preço, renda e taxa de juros — a demanda do automóvel em questão é mais sensível?

8.3 LIMITE E CONTINUIDADE

Podemos agora estender os conceitos de limite e continuidade referentes a funções de uma variável real para funções com mais de uma variável independente. Para isso, façamos inicialmente a extensão referida para R^2. Depois, estenderemos os conceitos para R^3 e generalizaremos posteriormente para R^n.

Limite de funções de duas variáveis

O conceito de limite para duas variáveis independentes é semelhante àquele estabelecido para funções de uma variável real. Entretanto, alguns cuidados devem ser tomados no processo de generalização de resultados e procedimentos. Por exemplo, enquanto no caso de funções de uma variável, aproxima-se do ponto em questão somente pela direita ou pela esquerda, existem diversas maneiras para aproximar-se de um ponto de R^2. Vejamos então como definir o conceito de limite para funções de duas variáveis.

Seja f(x,y) uma função definida em todos os pontos de uma vizinhança de (x_0,y_0), exceto possivelmente nesse ponto. Queremos dar um significado preciso para a sentença '*f(x,y) tende para um número real L quando (x,y) tende a (x_0,y_0)*'. A idéia é que a distância entre f(x,y) e L fique "arbitrariamente" pequena, quando tomamos pontos (x,y) "suficientemente" próximos de (x_0,y_0).

Mais precisamente, diremos que f(x,y) tende para L quando (x,y) tende a (x_0,y_0), se, ao fixarmos um intervalo centrado em L, de raio ε (epsilon) arbitrário (ou seja, "arbitrariamente pequeno"):]L − ε,L + ε[, existirá uma vizinhança V do ponto (x_0,y_0) de raio δ ("suficientemente pequeno") tal que todo ponto (x,y) que pertence a essa vizinhança, exceto possivelmente o ponto (x_0,y_0), será levado pela função f para dentro do intervalo]L − ε,L + ε[.

Utilizando o conceito de bola apresentado no item 8.1 para expressar matematicamente a idéia de vizinhança e procurando estender com as devidas adequações a definição de limite para funções de uma variável real, as considerações anteriores traduzem-se mais formalmente da seguinte maneira.

> Diz-se que o limite de f(x,y) quando (x,y) tende a (x_0,y_0) é L, se e somente se para todo $\varepsilon > 0$, existe um δ definido a partir de ε, tal que:
>
> $$\text{Se } 0 < \sqrt{(x-x_0)^2 + (y-y_0)^2} < \delta \Rightarrow |f(x,y) - L| < \varepsilon$$

Neste caso, dizemos também que L é o limite de f(x,y) quando (x,y) tende a (x_0,y_0) e designamos este fato por:

$$L = \lim_{(x,y) \to (x_0,y_0)} f(x,y)$$

Alternativamente podemos expressar esse limite por:

$$\lim_{(h,k) \to (0,0)} f(x_0 + h, y_0 + k) = L$$

Exemplo 8.24:

Verifique que a função $f(x,y) = \dfrac{x^2 y}{x^2 + y^2}$ possui limite na origem calculando o seu valor.

Resolução:

Precisamos inicialmente de um candidato ao limite. Se o limite existe, ele possui o mesmo valor independentemente do caminho de aproximação ao ponto (0,0). Tomando o eixo x por caminho, a função assume aí valor 0.

Portanto, se o limite existir, seu valor será 0 $\Rightarrow$ precisamos encontrar $\delta > 0$ dado $\varepsilon > 0$ tal que $\left| \dfrac{x^2 y}{x^2 + y^2} \right| < \varepsilon$. Tendo em vista que

$$\left| \dfrac{x^2 y}{x^2 + y^2} \right| < |y| < \sqrt{x^2 + y^2}$$

basta tomar uma vizinhança da origem tal que $\sqrt{x^2 + y^2} < \varepsilon$, ou seja, por exemplo, $\delta = \varepsilon$. Nessas condições e a partir da desigualdade anterior, dado $\varepsilon > 0$, tomemos $\delta = \varepsilon$ de modo que:

Se $0 < \sqrt{x^2 + y^2} < \delta \Rightarrow |f(x,y) - 0| = \left| \dfrac{x^2 y}{x^2 + y^2} \right| < |y| < \sqrt{x^2 + y^2} < \varepsilon \Rightarrow$

$$\lim_{(x,y) \to (0,0)} \dfrac{x^2 y}{x^2 + y^2} = 0$$

Assim como a existência do limite para funções de uma variável implicava na independência da maneira como se aproximava do ponto, a existência do limite anterior para funções de duas variáveis independerá do modo de aproximação de (x_0, y_0). Tais considerações traduzem-se no seguinte teorema.

Considere que $\lim\limits_{(x,y) \to (x_0, y_0)} f(x, y) = L$ e seja $r(t)$ uma curva em $\mathbb{R}^2$, tal que a imagem $r(t)$ encontra-se no domínio de f(x,y), $r(t_0) = (x_0, y_0)$ e para $t \neq t_0$, $r(t) \neq (x_0, y_0)$. Então,

$$\lim_{t \to t_0} f(r(t)) = L$$

A importância do teorema anterior encontra-se na prova de que uma função não possui limite, pois a obtenção de valores distintos de limite para pelo menos dois caminhos diferentes garantirá a inexistência do limite.

Exemplo 8.25:

Verifique que não existe o limite da função $f(x,y) = \dfrac{3xy}{x^2 + y^2}$ na origem.

Resolução:

Considerando a aproximação da origem pelo eixo x, ou seja, pela curva parametrizada por $(t,0)$, t em $]-\varepsilon,+\varepsilon[$ resulta em limite 0, enquanto que a aproximação da origem pela reta $y = x$, parametrizável por (t,t), t em $]-\varepsilon,+\varepsilon[$ resulta em limite $\dfrac{3}{2}$. Portanto não existe o limite.

O cálculo efetivo de limites para funções de duas variáveis utiliza regras e propriedades estendidas de funções de uma variável real.

• PROPRIEDADES DE LIMITES DE FUNÇÕES DE DUAS VARIÁVEIS

Unicidade

O limite de $f(x,y)$ quando (x,y) tende a (x_0,y_0), se existe, é único.

Limite da soma

O limite da soma de duas funções é a soma dos limites das funções.

$$\lim_{(x,y)\to(x_0,y_0)} [f(x,y) + g(x,y)] = \lim_{(x,y)\to(x_0,y_0)} f(x,y) + \lim_{(x,y)\to(x_0,y_0)} g(x,y)$$

Analogamente,

Limite da diferença

O limite da diferença de duas funções é a diferença dos limites das funções.

$$\lim_{(x,y)\to(x_0,y_0)} [f(x,y) - g(x,y)] = \lim_{(x,y)\to(x_0,y_0)} f(x,y) - \lim_{(x,y)\to(x_0,y_0)} g(x,y)$$

Limite do produto

Limite do produto é o produto dos limites das funções.

$$\lim_{(x,y)\to(x_0,y_0)} [f(x,y) \cdot g(x,y)] = \lim_{(x,y)\to(x_0,y_0)} f(x,y) \cdot \lim_{(x,y)\to(x_0,y_0)} g(x,y)$$

Como caso particular, temos

Capítulo 8 — Funções de Várias Variáveis: Limite e Continuidade

Limite de constante vezes função

O limite de constante vezes função é a constante vezes o limite da função.

$$\lim_{(x,y)\to(x_0,y_0)} k\, f(x,y) = k \lim_{(x,y)\to(x_0,y_0)} f(x,y)$$

Limite do quociente

O limite do quociente de duas funções é o quociente dos limites, desde que o limite do denominador seja diferente de zero.

$$\lim_{(x,y)\to(x_0,y_0)} \frac{f(x,y)}{g(x,y)} = \frac{\lim_{(x,y)\to(x_0,y_0)} f(x,y)}{\lim_{(x,y)\to(x_0,y_0)} g(x,y)}$$

Exemplo 8.26:

Calcule o limite de f(x,y) quando (x,y) tende a (x_0,y_0):

(i) $f(x,y) = x^3 + y^2 x - 4$; $(x_0,y_0) = (3,-5)$

(ii) $f(x,y) = \dfrac{e^y}{x^2 + y^2}$; $(x_0,y_0) = (1,0)$

Resolução:

Vamos dar mais detalhes do que o usualmente necessário, apenas para ilustrar o uso dessas propriedades.

(i)

$$\lim_{(x,y)\to(3,-5)} (x^3 + y^2 x - 4) = \lim_{(x,y)\to(3,-5)} x^3 + \lim_{(x,y)\to(3,-5)} y^2 \cdot \lim_{(x,y)\to(3,-5)} x - \lim_{(x,y)\to(3,-5)} 4 =$$

$$= 3^3 + (-5)^2 \cdot 3 - 4 = -70$$

(ii)

$$\lim_{(x,y)\to(1,0)} \frac{e^y}{x^2 + y^2} = \frac{\lim_{(x,y)\to(1,0)} e^y}{\lim_{(x,y)\to(1,0)} (x^2 + y^2)} = \frac{e^0}{(1^2 + 0^2)} = 1$$

O quadro seguinte complementa as propriedades de limite apresentadas:

Se $\lim_{(x,y) \to (x_0,y_0)} f(x,y) = 0$ e $g(x,y)$ é limitada em uma vizinhança do ponto (x_0,y_0), então

$$\lim_{(x,y) \to (x_0,y_0)} f(x,y) \, g(x,y) = 0$$

Exemplo 8.27:

Calcule o limite da função $x \operatorname{sen} \dfrac{1}{x^2 + y^2}$ quando (x,y) tende à origem.

Resolução:

Posto que $\lim_{(x,y) \to (0,0)} x = 0$ e que $\operatorname{sen}\left[\dfrac{1}{(x^2 + y^2)}\right]$ é limitada,

encontramo-nos nas condições do resultado anterior. Logo

$$\lim_{(x,y) \to (0,0)} x \operatorname{sen} \dfrac{1}{x^2 + y^2} = 0$$

Continuidade para funções de duas variáveis

A extensão natural do conceito de continuidade para funções de duas variáveis ocorre do seguinte modo:

Uma função $z = f(x,y)$, definida num conjunto D de R^2 é *contínua num ponto* $(x_0,y_0) \in D$, se

(i) Existe $\lim f(x,y)$

(ii) $\lim_{(x,y) \to (x_0,y_0)} f(x,y) = f(x_0,y_0)$

Exemplo 8.28:

Verifique se a função

$$f(x,y) = \begin{cases} \dfrac{xy^2}{(x^2 + y^2)}, & \text{para } (x,y) \neq (0,0) \\ 0, & \text{para } (x,y) = (0,0) \end{cases}$$

é contínua em $(0,0)$.

Resolução:

A partir da definição anterior, vamos avaliar inicialmente o limite

$$\lim_{(x,y)\to(0,0)} \frac{x^2 y}{x^2 + y^2}$$

Do Exemplo 8.24, o valor do limite acima é 0. Portanto

$$\lim_{(x,y)\to(0,0)} \frac{x^2 y}{x^2 + y^2} = 0 = f(0,0).$$ Logo a função em questão é contínua em (0,0).

A existência do limite da função apresentada no Exemplo 8.24, ainda que ela não fosse definida em (0,0), permite a extensão daquela função — agora incluindo o ponto (0,0) em seu domínio — de modo a apresentar continuidade na origem.

De maneira análoga às funções de uma variável real, uma função f(x,y) é contínua em $D \subset R^2$ se for contínua em todos os pontos de D. As funções contínuas de duas variáveis continuam possuindo as boas propriedades das funções contínuas de uma variável real, ou seja,

A soma, a diferença, o produto e o quociente (com denominador diferente de zero) de funções contínuas num ponto (x_0, y_0) são contínuas nesse ponto.

Uma vez que as demonstrações dessas propriedades são semelhantes àquelas apresentadas no Capítulo 3, apenas enunciaremos as respectivas extensões deixando para o leitor suas provas como exercícios.

Teorema: Se f é contínua e se existe $\lim_{(x,y)\to(x_0,y_0)} g(x,y)$, então

$$\lim_{(x,y)\to(x_0,y_0)} f(g(x,y)) = f\left[\lim_{(x,y)\to(x_0,y_0)} g(x,y)\right]$$

Exemplo 8.29:

Prove que $\lim_{(x,y)\to(x_0,y_0)} [g(x,y)]^n = [\lim_{(x,y)\to(x_0,y_0)} g(x,y)]^n$

Resolução:

Tendo em vista que x^n é uma função contínua, o teorema anterior aplicado a $f(x) = x^n$ resulta em:

$$\lim_{(x,y)\to(x_0,y_0)} [g(x,y)]^n = \lim_{(x,y)\to(x_0,y_0)} f[g(x,y)] = f\left[\lim_{(x,y)\to(x_0,y_0)} g(x,y)\right] = \left[\lim_{(x,y)\to(x_0,y_0)} g(x,y)\right]^n$$

Como corolário desse teorema, obtemos o importante resultado

> **Teorema:** Se g é contínua em (x_0,y_0) e f, função real de uma variável real, é contínua em $g(x_0,y_0)$, então f∘g é contínua em (x_0,y_0).

Exemplo 8.30:

Calcule o limite da função $f(x,y)=(x + y + 1)^3 - (x + y + 1)^2 + 3(x + y + 1) - 5$ quando (x,y) tende a $(1,-1)$.

Resolução:

A função $f(x,y)$ é composta de funções contínuas e, portanto, é contínua. Assim, para computar o limite desejado, basta calcular o valor da função $f(x,y)$ em $(-1,1)$ $\Rightarrow$ $f(-1,1) = (1 - 1 + 1)^3 - (1 - 1 + 1)^2 + 3(1 - 1 + 1) - 5 = -2$

Logo, $\lim_{(x,y)\to(-1,1)} f(x,y) = -2$

Limite e continuidade para funções de três variáveis

Como os resultados apresentados estendem-se naturalmente quando tratamos de funções de três variáveis reais, apresentaremos apenas os resultados e definições mais importantes, agora, para o estudo de funções de três variáveis.

> Diz-se que o limite de $f(x,y,z)$ quando (x,y,z) tende a (x_0,y_0,z_0) é L, se e somente se para todo $\varepsilon > 0$, existe um δ definido a partir de ε, tal que:
>
> Se $0 < \sqrt{(x - x_0)^2 + (y - y_0)^2 + (z - z_0)^2} < \delta \Rightarrow |f(x,y,z) - L| < \varepsilon$

Neste caso, dizemos também que L é o limite de $f(x,y,z)$ quando (x,y,z) tende a (x_0,y_0,z_0) e designamos este fato por

$$L = \lim_{(x,y,z)\to(x_0,y_0,z_0)} f(x,y,z)$$

Alternativamente podemos expressar esse limite por

$$\lim_{(h,k,l)\to(0,0,0)} f(x_0 + h, y_0 + k, z_0 + l) = L$$

Capítulo 8 — Funções de Várias Variáveis: Limite e Continuidade

> Considere que $\lim_{(x,y,z)\to(x_0,y_0,z_0)} f(x,y,z) = L$ e seja r(t) uma curva em R^3, tal que a imagem r(t) encontra-se no domínio de f(x,y,z), $\lim_{t\to t_0} r(t) = (x_0, y_0, z_0)$ e para $t \neq t_0$, $r(t) \neq (x_0, y_0, z_0)$. Então,
>
> $$\lim_{t\to t_0} f(r(t)) = L$$

• PROPRIEDADES DE LIMITES DE FUNÇÕES DE TRÊS VARIÁVEIS

Unicidade

O limite de f(x,y,z) quando (x,y,z) tende a (x_0, y_0, z_0), se existe, é único.

Limite da soma

O limite da soma de duas funções é a soma dos limites das funções.

$$\lim_{(x,y,z)\to(x_0,y_0,z_0)} [f(x,y,z) + g(x,y,z)] = \lim_{(x,y,z)\to(x_0,y_0,z_0)} f(x,y,z) + \lim_{(x,y,z)\to(x_0,y_0,z_0)} g(x,y,z)$$

Analogamente,

Limite da diferença

O limite da diferença de duas funções é a diferença dos limites das funções.

$$\lim_{(x,y,z)\to(x_0,y_0,z_0)} [f(x,y,z) - g(x,y,z)] = \lim_{(x,y,z)\to(x_0,y_0,z_0)} f(x,y,z) - \lim_{(x,y,z)\to(x_0,y_0,z_0)} g(x,y,z)$$

Limite do produto

O limite do produto é o produto dos limites das funções.

$$\lim_{(x,y,z)\to(x_0,y_0,z_0)} [f(x,y,z) \cdot g(x,y,z)] = \lim_{(x,y,z)\to(x_0,y_0,z_0)} f(x,y,z) \cdot \lim_{(x,y,z)\to(x_0,y_0,z_0)} g(x,y,z)$$

Como caso particular, temos

Limite de constante vezes função

O limite de constante vezes função é a constante vezes o limite da função.

$$\lim_{(x,y,z)\to(x_0,y_0,z_0)} k\, f(x,y,z) = k \lim_{(x,y,z)\to(x_0,y_0,z_0)} f(x)(x,y,z)$$

Limite do quociente

O limite do quociente de duas funções é o quociente dos limites, desde que o limite do denominador seja diferente de zero.

$$\lim_{(x,y,z)\to(x_0,y_0,z_0)} \frac{f(x,y,z)}{g(x,y,z)} = \frac{\lim_{(x,y,z)\to(x_0,y_0,z_0)} f(x,y,z)}{\lim_{(x,y,z)\to(x_0,y_0,z_0)} g(x,y,z)}$$

Se $\lim_{(x,y,z)\to(x_0,y_0,z_0)} f(x,y,z) = 0$ e $g(x,y,z)$ é limitada em uma vizinhança do ponto (x_0,y_0,z_0), então

$$\lim_{(x,y,z)\to(x_0,y_0,z_0)} f(x,y,z) \cdot g(x,y,z) = 0$$

Uma função $z = f(x,y,z)$, definida num conjunto D de R^3 é *contínua num ponto* $(x_0,y_0,z_0) \in D$, se

(i) Existe $\lim f(x,y,z)$

(ii) $\lim_{(x,y,z)\to(x_0,y_0,z_0)} f(x,y,z) = f(x_0,y_0,z_0)$

A soma, a diferença, o produto e o quociente (com denominador diferente de zero) de funções contínuas num ponto (x_0,y_0,z_0) são contínuas nesse ponto.

Teorema: Se f é contínua e se existe $\lim_{(x,y,z)\to(x_0,y_0,z_0)} g(x,y,z)$, então

$$\lim_{(x,y,z)\to(x_0,y_0,z_0)} f(g(x,y,z)) = f\left[\lim_{(x,y,z)\to(x_0,y_0,z_0)} g(x,y,z)\right]$$

Exercícios 8.3

Verifique se os limites seguintes existem e calcule-os. Verifique ainda se é possível transformar as funções cujos limites são procurados em funções contínuas em (0,0)

1. $\lim_{(x,y,z)\to(0,0,0)} (x + y + z)\,\text{sen}\left[\dfrac{1}{x^2 + y^2 + z^2}\right]$

2. $\lim_{(x,y)\to(0,0)} \dfrac{x+y}{x-y}$

3. $\lim_{(x,y)\to(0,0)} \dfrac{\text{sen}(x-y)}{\cos(x+y)}$

4. $\lim_{(x,y)\to(0,0)} \dfrac{x^2 y^2}{x^2 + y^4}$

Capítulo 8 — Funções de Várias Variáveis: Limite e Continuidade

5. $\lim_{(x,y)\to(0,0)} \dfrac{x^2 y}{x^4 + y^2}$

6. A função f(x,y,z) definida a seguir

$$f(x,y,z) \begin{cases} \dfrac{\operatorname{sen}(x^2 + y^2 + z^2)}{x^2 + y^2 + z^2}, & \text{se } (x,y,z) \neq (0,0,0) \\ 1, & \text{se } (x,y,z) = (0,0,0) \end{cases}$$

é contínua em (0,0,0)?

7. Como pode a função $f(x,y) = \dfrac{x^3 - y^3}{x - y}$ ser definida ao longo da reta $x = y$ de modo a estendê-la a uma função contínua em todos os pontos do plano xy.

8. Considere a função f definida por:

$$f(x,y) \begin{cases} \dfrac{xy}{x^2 + y^2}, & \text{se } (x,y) \neq (0,0) \\ 0, & \text{se } (x,y) = (0,0) \end{cases}$$

Mostre que as funções de uma variável f(x,0) e f(0,y) são contínuas. Encontre a forma geral de uma curva de nível f(x,y) = c, esboçando o mapa de contornos de f. A função f(x,y) é contínua em (0,0)?

9. Verifique se é possível definir a função

$$f(x,y) = \dfrac{x^2 + y^2 - x^3 y^3}{x^2 + y^2}$$

em (0,0) de modo a estendê-la a uma função contínua em todos os pontos do plano xy. Em caso afirmativo, quanto deve valer f(0,0) nesse caso?

10. Verifique a continuidade da função

$$f(x,y) \begin{cases} 1 - x, & \text{se } y \geq 0 \\ -2, & \text{se } y < 0 \end{cases}$$

ao longo da reta $y = 0$.

8.4 R^n E FUNÇÕES DE N VARIÁVEIS: LIMITE E CONTINUIDADE

A partir do início deste capítulo, tratamos de funções de mais de uma variável da forma z = f(x,y), onde a variável dependente z é função de duas variáveis independentes x e y, ou da forma w = f(x,y,z), onde w é uma função de três variáveis independentes x, y e z. Não se pretende agora apenas estender para uma dimensão a mais, mas generalizar as definições e conceitos abordados nos itens anteriores, tendo portanto por objeto de trabalho o estudo de funções da forma $y = f(x_1, x_2, ..., x_n)$, onde $x_1, x_2, x_3, ..., x_n$ são n variáveis independentes.

Vejamos algumas idéias básicas referentes a R^n, que fornecerão suporte para discussões sobre conceitos mais amplos envolvendo funções de n variáveis.

Espaço R^n

Para introduzir o conceito de R^n de maneira mais natural, façamos inicialmente uma curta revisão dos espaços estudados até agora. $R^1 = R$ é o conjunto dos números reais. Dizemos assim que R^1 é um espaço de dimensão 1. Os números reais podem ser representados por meio de pontos de uma reta, quando nela fixamos um sistema de coordenadas cartesianas. Se, ao ponto P corresponde o número real x, dizemos que x é a *abscissa* de P, de acordo com a Figura 8.42.

FIG. 8.42

Da mesma forma, sendo R^2 um conjunto dos pares ordenados de números reais, dizemos que R^2 é um espaço de dimensão 2. Tendo em vista a extensão do espaço, é necessário definir novas relações entre seus componentes, como, por exemplo, a igualdade ou a soma entre dois pares ordenados. Nesse caso, dados dois pares ordenados (x_1,y_1) e (x_2,y_2), vamos dizer que eles são iguais se e somente se $x_1 = x_2$ e $y_1 = y_2$ e vamos definir sua soma como um operador que produz o par $(x_1+ x_2, y_1 + y_2)$. Os elementos de R^2 podem ser representados por pontos do plano, dotado de um sistema de coordenadas cartesianas. Se, ao ponto P do plano corresponde o par ordenado (x,y), dizemos que x é a *abscissa* ou *primeira coordenada* e y é a *ordenada* ou *segunda coordenada* de P, de acordo com a Figura 8.43.

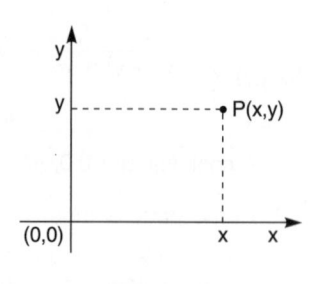

FIG. 8.43

R^3 é o conjunto das ternas ordenadas de números reais e dizemos que é um espaço de dimensão 3. Os elementos de R^3 podem ser representados por meio de pontos do espaço, de posse de um sistema de coordenadas cartesianas. Se ao ponto P corresponde a terna (x,y,z), dizemos que x é a *abscissa* ou a *primeira coordenada*, y é a *ordenada* ou *segunda coordenada* e z é a *cota* ou *terceira coordenada* de P, de acordo com a Figura 8.44.

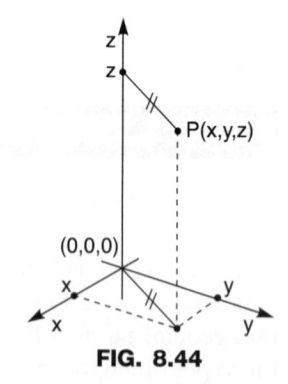

FIG. 8.44

Em algumas aplicações práticas, no entanto, é necessário trabalhar com funções de mais de três variáveis; não sendo possível restringirmo-nos aos espaços R^1, R^2 e R^3. Estenderemos assim os espaços anteriores, considerando os espaços $R^4, R^5, ..., R^n$, cujos elementos são respectivamente quádruplas, quíntuplas, ..., n-uplas [lê-se *ênuplas*] de números reais.

Apesar da inexistência de espaços geométricos em que possamos visualizar esses elementos, é possível introduzir no conjunto R^n uma estrutura algébrico-geométrica que nos permitirá trabalhar com uma certa intuição nesses espaços de dimensão maior que três. Numa n-upla $u = (u_1, u_2, ..., u_n)$, os números reais $u_1, u_2, ..., u_n$ chamam-se *coordenadas* de u: u_1 é a primeira, u_2 é a segunda, ..., u_n é a n-ésima coordenada. Os elementos de R^n serão chamados de *pontos* ou *vetores*.

Igualdade de n-uplas Duas n-uplas $u = (u_1, u_2, u_3, ..., u_n)$ e $v = (v_1, v_2, v_3, ..., v_n)$ são iguais se e somente se as suas coordenadas respectivas são iguais, ou seja,

$$u = v \Leftrightarrow u_j = v_j \text{ para } j = 1, ..., n.$$

Capítulo 8 — Funções de Várias Variáveis: Limite e Continuidade

Operações em R^n

Se $u = (u_1, u_2, ..., u_n)$ e $v = (v_1, v_2, ..., v_n)$ são vetores de R^n, a *soma* $u + v$ é o vetor que se obtém somando coordenada por coordenada, ou seja,

$$u + v = (u_1 + v_1, u_2 + v_2, ..., u_n + v_n)$$

Exemplo 8.31:

Determine a soma de $u = (3,2)$ e $v = (1,3)$ e represente-a no plano cartesiano.

Resolução:

$u + v = (3,2) + (1,3) = (3 + 1, 2 + 3) = (4,5)$

Os pontos $(0,0)$, $(3,2)$, $(4,5)$ e $(1,3)$ formam um paralelogramo.

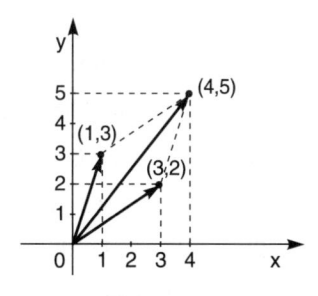

FIG. 8.45

O exemplo anterior chama a atenção para um significado geométrico importante em relação à soma de dois vetores no plano: a representação do vetor resultante da soma de dois vetores no plano é a diagonal do paralelogramo formado por tais vetores com base na origem.

Multiplicação por número real: O *produto de um número real* λ *por um vetor* $u = (u_1, u_2, ..., u_n)$ é o vetor que se obtém multiplicando cada coordenada por λ, ou seja,

$$\lambda u = (\lambda u_1, \lambda u_2, ..., \lambda u_n)$$

Exemplo 8.32:

Determine o produto de $\lambda = 2$ pelo vetor $v = (2, 3, 1)$ e visualize essa operação com uma representação no plano xy e no espaço xyz.

Resolução:

$2(2,3,1) = (2 \cdot 2, 2 \cdot 3, 2 \cdot 1) = (4,6,2)$

Os pontos $(0,0,0)$, $(2,3,1)$ e $(4,6,2)$ são colineares.

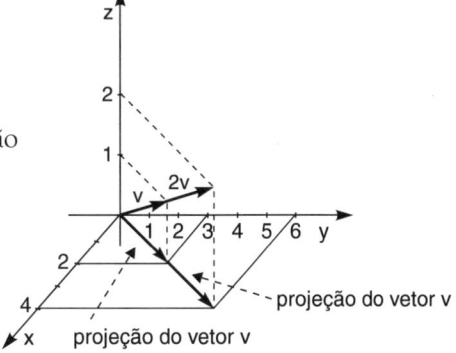

FIG. 8.46

O exemplo anterior chama a atenção para um significado geométrico importante do produto de um vetor v por um número real λ: a extremidade do vetor resultante do produto de um vetor por um número, a extremidade do vetor original e a origem são colineares.

• Propriedades das operações

Se u, v, w são elementos de R^n, e λ, µ são números reais, então, as seguintes propriedades são válidas.

- associativa da adição: u + (v + w) = (u + v) + w
- comutativa da adição: u + v = v + u
- elemento neutro: u + 0 = u, onde 0 = (0, 0, ..., 0)
- elemento oposto: u + (−u) = 0
- (λ + µ) v = λv + µv
- λ(u + v) = λu + λv
- (λµ)v = λ(µv)
- 1.v = v

Observação 1: O elemento neutro da adição chama-se *vetor nulo*.

Observação 2: Se u = $(u_1, u_2, ..., u_n)$, o seu oposto é −u = $(-u_1, -u_2, ..., -u_n)$.

Como as operações de adição de vetores e multiplicação de número real por vetor satisfazem essas oito propriedades, diremos que R^n é um *espaço vetorial*. Os números reais, em contraste com os vetores, serão chamados de *escalares*.

Distância entre dois pontos Sabemos da Geometria Analítica e dos resultados obtidos no item 8.1 que a distância entre dois pontos A = (a_1, a_2) e B = (b_1, b_2) de R^2 é dada pela seguinte fórmula:

$$d = \sqrt{(b_1 - a_1)^2 + (b_2 - a_2)^2}$$

Analogamente, pode-se mostrar que a distância entre dois pontos A = (a_1, a_2, a_3) e B = (b_1, b_2, b_3) do espaço R^3 é dada pela seguinte fórmula.

$$d = \sqrt{(b_1 - a_1)^2 + (b_2 - a_2)^2 + (b_3 - a_3)^2}$$

Assim, a generalização natural para a distância entre os pontos A = $(a_1, a_2, ..., a_n)$ e B = $(b_1, b_2, ..., b_n)$ de R^n é dada pela seguinte fórmula.

$$d = \sqrt{(b_1 - a_1)^2 + (b_2 - a_2)^2 + ... + (b_n - a_n)^2}$$

Subconjuntos de R^n

De posse do conceito de distância em R^n, podemos definir bola aberta e fechada.

Bola aberta: uma *bola aberta de centro* $C = (c_1, c_2, ..., c_n)$ *e raio* $r > 0$ é o conjunto de todos os pontos $P = (x_1, x_2, ..., x_n)$ cuja distância ao ponto C é menor que r. A *fronteira* ou *casca* da bola é o conjunto dos pontos que distam r do centro.

Bola fechada: uma *bola fechada de centro C e raio r* é a reunião da bola aberta com a sua fronteira. Tal definição não pode ser representada geometricamente para dimensões maiores que 3.

Exemplo 8.33:

Represente graficamente a bola fechada de centro (1,3) e raio r = 2 e determine a inequação que a define.

Resolução:

A partir da definição anterior, o conjunto desejado é definido pela inequação $(x - 1)^2 + (y - 3)^2 \leq 4$ e representado de acordo com a Figura 8.47.

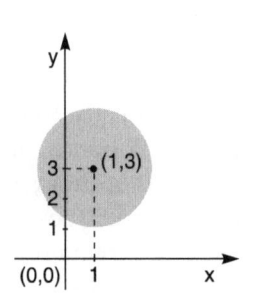

FIG. 8.47

Ponto interior a um conjunto: Dizemos que um ponto P é *interior* a um conjunto A de R^n se existe uma bola aberta de centro P e raio r suficientemente pequeno, de modo que a bola esteja inteiramente contida em A. A Figura 8.48 ilustra um caso para dimensão 2.

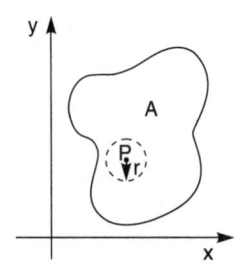

FIG. 8.48

Os pontos interiores da bola fechada são exatamente os pontos da bola aberta de mesmo centro e mesmo raio. Podemos, então, generalizar a idéia de bola aberta e fechada, definindo agora conjuntos abertos e fechados.

Conjunto aberto, conjunto fechado: um conjunto A é *aberto* se todos os seus pontos são interiores, enquanto um conjunto F é fechado se o seu complementar é aberto. Por exemplo, uma bola aberta é um conjunto aberto e uma bola fechada é um conjunto fechado.

Exemplo 8.34:

Classifique em aberto, fechado, ou nem aberto nem fechado:
(i) conjunto dos (x,y) tais que $2x + 3y < 6$.
(ii) conjunto dos (x,y) tais que $x^2 + y^2 + z^2 \leq 4$.

Resolução:

(i) A equação $2x + 3y = 6$ define uma reta e portanto a inequação apresentada refere-se a um semiplano aberto. O conjunto portanto é aberto, pois, com qualquer ponto (x_0,y_0) pertencente a ele, podemos construir uma bola aberta centrada em (x_0,y_0) com raio sendo, por exemplo, metade da distância entre este ponto e a reta referida, de acordo com a Figura 8.49.

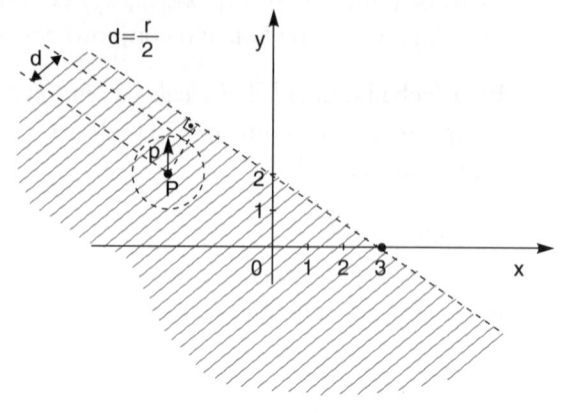

FIG. 8.49

(ii) A equação $x^2 + y^2 + z^2 = 4$ define uma esfera de raio 2 e centrada na origem (0,0,0). Portanto a inequação apresentada refere-se a uma bola fechada que possui tal esfera como fronteira. Essa bola é um conjunto fechado, pois seu complemento corresponderá aos pontos exteriores a ela, definidos pela equação $x^2 + y^2 + z^2 > 4$, que é um conjunto aberto. Para todo ponto (x_0,y_0,z_0) deste último conjunto, existe um raio r definido por exemplo como sendo a metade da distância entre o ponto mencionado e o ponto de interseção do segmento que une a origem a (x_0,y_0,z_0) com a esfera $x^2 + y^2 + z^2 = 4$, tal que a bola centrada em (x_0,y_0,z_0) e raio r encontra-se inteiramente contida no complemento do conjunto definido por $x^2 + y^2 + z^2 \leq 4$.

Limite e continuidade para funções de n variáveis

Podemos agora generalizar para espaços de dimensão n as definições e resultados concernentes aos conceitos de funções, limite e continuidade, abordados nos itens 8.2 e 8.3.

> Uma *função real de n variáveis reais* $f(x_1, x_2, ..., x_n)$, definida num conjunto A de R^n, é uma correspondência que a cada n-upla ordenada $(x_1, x_2, ..., x_n)$, de A associa um único número real w, representado então por $w = f(x_1, x_2, ..., x_n)$. O conjunto A chama-se *domínio* da função enquanto o conjunto de números reais $f(x_1, x_2, ..., x_n)$ obtidos a partir de pontos $(x_1, x_2, ..., x_n)$ pertencentes ao domínio A chama-se *imagem* da função f.

Como já havíamos informado, não é possível representar o gráfico de funções de mais de duas variáveis, assim como as generalizações das superfícies de nível para dimensões maiores que 3. Com relação aos conceitos de limite e continuidade, temos:

Capítulo 8 — Funções de Várias Variáveis: Limite e Continuidade

---

Diz-se que o limite de $f(x_1, x_2, ..., x_n)$ quando $(x_1, x_2, ..., x_n)$ tende a $(x_{01}, x_{02}, ..., x_{0n})$ é L, se e somente se para todo $\varepsilon > 0$, existe um δ definido a partir de ε, tal que:

Se $0 < \sqrt{(x_1 - x_{01})^2 + (x_2 - x_{02})^2 + ... + (x_n - x_{0n})^2} < \delta \Rightarrow |f(x_1, x_2, ..., x_n) - L| < \varepsilon$

Notação: $L = \lim_{(x_1, x_2, ..., x_n) \to (x_{01}, x_{02}, ..., x_{0n})} f(x_1, x_2, ..., x_n)$

ou

$\lim_{(h_1, h_2, h_3, ..., h_n) \to (0, 0, ..., 0)} f(x_1 + h_1, x_2 + h_2, x_3 + h_3, ..., x_n + h_n) = L$

Considere que $\lim_{(x_1, x_2, ..., x_n) \to (x_{01}, x_{02}, ..., x_{0n})} f(x_1, x_2, ..., x_n) = L$ e seja r(t) uma curva em R^n, tal que a imagem r(t) encontra-se no domínio de f $(x_1, x_2, ..., x_n), r(t_0) = (x_{01}, x_{02}, ..., x_{0n})$ e para $t \neq t_0$, $r(t) \neq (x_{01}, x_{02}, ..., x_{0n})$. Então,

$$\lim_{t \to t_0} f(r(t)) = L$$

• PROPRIEDADES DE LIMITES DE FUNÇÕES DE N VARIÁVEIS

Unicidade

O limite de $f(x_1, x_2, x_3, ..., x_n)$ quando $(x_1, x_2, x_3, ..., x_n)$ tende a $(x_{01}, x_{02}, x_{03}, ..., x_{0n})$, se existe, é único.

Limite da soma

O limite da soma de duas funções é a soma dos limites das funções.

$\lim_{(x_1, x_2, ..., x_n) \to (x_{01}, x_{02}, ..., x_{0n})} [f(x_1, x_2, ..., x_n) + g(x_1, x_2, ..., x_n)] =$
$\lim_{(x_1, x_2, ..., x_n) \to (x_{01}, x_{02}, ..., x_{0n})} f(x_1, x_2, x_3, ..., x_n) + \lim_{(x_1, x_2, ..., x_n) \to (x_{01}, x_{02}, ..., x_{0n})} g(x_1, x_2, x_3, ..., x_n)$

Analogamente,

Limite da diferença

O limite da diferença de duas funções é a diferença dos limites das funções.

$\lim_{(x_1, x_2, ..., x_n) \to (x_{01}, x_{02}, ..., x_{0n})} [f(x_1, x_2, ..., x_n) - g(x_1, x_2, ..., x_n)] =$
$\lim_{(x_1, x_2, ..., x_n) \to (x_{01}, x_{02}, ..., x_{0n})} f(x_1, x_2, ..., x_n) - \lim_{(x_1, x_2, ..., x_n) \to (x_{01}, x_{02}, ..., x_{0n})} g(x_1, x_2, x_3, ..., x_n)$

Limite do produto

Limite do produto é o produto dos limites das funções.

$$\lim_{(x_1, x_2, \ldots, x_n) \to (x_{01}, x_{02}, \ldots, x_{0n})} [f(x_1, x_2, \ldots, x_n) \cdot g(x_1, x_2, \ldots, x_n)] =$$

$$\lim_{(x_1, x_2, \ldots, x_n) \to (x_{01}, x_{02}, \ldots, x_{0n})} f(x_1, x_2, \ldots, x_n) \cdot \lim_{(x_1, x_2, \ldots, x_n) \to (x_{01}, x_{02}, \ldots, x_{0n})} g(x_1, x_2, \ldots, x_n)$$

Como caso particular, temos

Limite de constante vezes função

O limite de constante vezes função é a constante vezes o limite da função.

$$\lim_{(x_1, x_2, \ldots, x_n) \to (x_{01}, x_{02}, \ldots, x_{0n})} k f(x_1, x_2, \ldots, x_n) = k \lim_{(x_1, x_2, \ldots, x_n) \to (x_{01}, x_{02}, \ldots, x_{0n})} f(x_1, x_2, \ldots, x_n)$$

Limite do quociente

O limite do quociente de duas funções é o quociente dos limites, desde que o limite do denominador seja diferente de zero.

$$\frac{\lim_{(x_1, x_2, \ldots, x_n) \to (x_{01}, x_{02}, \ldots, x_{0n})} f(x_1, x_2, \ldots, x_n)}{g(x_1, x_2, \ldots, x_n)} = \frac{\lim_{(x_1, x_2, \ldots, x_n) \to (x_{01}, x_{02}, \ldots, x_{0n})} f(x_1, x_2, \ldots, x_n)}{\lim_{(x_1, x_2, \ldots, x_n) \to (x_{01}, x_{02}, \ldots, x_{0n})} g(x_1, x_2, \ldots, x_n)}$$

Se $\lim_{(x_1, x_2, \ldots, x_n) \to (x_{01}, x_{02}, \ldots, x_{0n})} f(x_1, x_2, \ldots, x_n) = 0$ e $g(x_1, x_2, \ldots, x_n)$ é limitada em uma vizinhança do ponto $(x_{01}, x_{02}, \ldots, x_{0n})$, então

$$\lim_{(x_1, x_2, \ldots, x_n) \to (x_{01}, x_{02}, \ldots, x_{0n})} f(x_1, x_2, \ldots, x_n) \cdot g(x_1, x_2, \ldots, x_n) = 0$$

• CONTINUIDADE

Uma função $z = f(x_1, x_2, \ldots, x_n)$, definida num conjunto D de R^n é *contínua num ponto* $(x_{01}, x_{02}, \ldots, x_{0n}) \in D$, se

(i) Existe $\lim f(x_1, x_2, \ldots, x_n)$
(ii) $\lim_{(x_1, x_2, \ldots, x_n) \to (x_{01}, x_{02}, \ldots, x_{0n})} f(x_1, x_2, \ldots, x_n) = f(x_{01}, x_{02}, \ldots, x_{0n})$

A soma, a diferença, o produto e o quociente (com denominador diferente de zero) de funções contínuas num ponto $(x_{01}, x_{02}, \ldots, x_{0n})$ são contínuas nesse ponto.

Capítulo 8 — Funções de Várias Variáveis: Limite e Continuidade

> **Teorema:** Se f é contínua e se existe $\lim_{(x_1, x_2, ..., x_n) \to (x_{01}, x_{02}, ..., x_{0n})} g(x_1, x_2, ..., x_n)$, então,
>
> $$\lim_{(x_1, x_2, ..., x_n) \to (x_{01}, x_{02}, ..., x_{0n})} f(g(x_1, x_2, ..., x_n)) = f[\lim_{(x_1, x_2, ..., x_n) \to (x_{01}, x_{02}, ..., x_{0n})} g(x_1, x_2, ..., x_n)]$$

Exercícios 8.4

Verifique se os limites seguintes existem, calculando-os neste caso. Verifique ainda se é possível transformar as funções das quais deseja-se saber o limite em funções contínuas em (0,0)

1. $\lim_{(x,y,z,w,u) \to (0,0,0,0,0)} \dfrac{x + y + z + w + u}{x - 2y + 5z + 3u}$

2. $\lim_{(x,y,z,w) \to (0,0,0,0)} \dfrac{x^2y^2 + y + z^2 - w^3}{x^2 + y^4 + z - w}$

3. $\lim_{(x,y,z,w,u,v) \to (0,0,0,0,0,0)} \dfrac{\operatorname{sen}(x - y + z + 2u + 10w)}{\cos(x + y - 2u + 3w - 2z)}$

4. A função f(x,y,z,w,u) definida a seguir

$$f(x,y,z,w,u) = \begin{cases} \dfrac{e^{(x^2 + y^2 + z^2 + w^2 + u^2)} - 1}{x^2 + y^2 + z^2 + w^2 + u^2}, & \text{se } (x,y,z,w,u) \neq (0,0,0,0,0) \\ 1, & \text{se } (x,y,z,w,u) = (0,0,0,0,0) \end{cases}$$

é contínua em (0,0,0,0,0)?

5. Como pode a função $f(x,y,z,w) = \dfrac{x^2 + xy + xz + xw - 2x - y - z - w + 1}{x + y + z + w - 1}$ ser definida nos pontos de R^4 tais que $x + y + z + w = 1$ de modo a estendê-la a uma função contínua em todos os pontos do espaço R^4. (Obs.: o polinômio do numerador da função racional dada divide seu denominador.)

6. Considere uma empresa que utilize cinco insumos x, y, z, w e u comprados pelos preços de 10, 8, 4, 6, 8 reais respectivamente. Estatísticas informam que a produção de tal empresa referente à quantidade de produto final p vendido pelo valor de 10 reais expressa-se por meio da função $f(x,y,z,w,u) = p = 3x + 10y + 4z + 3u - \dfrac{2x^2 + 5y^2 + 3z^2 + u^2}{10}$, determine as funções — das variáveis x, y, z, w — custo, receita e lucro totais da empresa referida sabendo-se que o custo fixo é de 20 reais.

7. Considere uma função de produção de uma determinada mercadoria expressa por $P(m, n, i, h) = A\, m^a n^b i^c h^d$, onde m representa a quantidade de uma certa máquina útil em tal produção, n, o número de empregados, i, o investimento, e h, o número de horas de trabalho. Demonstre que, se cada uma de tais variáveis independentes aumenta segundo uma determinada proporção, a quantidade produzida aumentará em maior ou menor proporção de acordo com a soma(a + b + c + d) ser respectivamente maior ou menor que 1.

   Considerando ainda tal configuração, qual é a propriedade e significado econômico importante que tal função satisfaz quando a + b + c + d for precisamente 1?

8. Suponha que a demanda d (em milhões de litros por ano) de gasolina em um determinado país e em uma certa época possa ser modelada, a partir de dados estatísticos, pela função $d(p_v, p_t, n, k_{pg}, r) = 97900\, p_g^{-300}\, p_t^{7}\, n^{0.7}\, k_{pg}^{-55}\, r^{1.3}$, onde p_g representa o preço de litro de gasolina, p_t o preço de transporte público, no número total de veículos registrados, k_{pg} quilômetros por litro consumido por um veículo em média e r, a renda disponível média por família. Qual o significado do sinal dos parâmetros na função demanda apresentada? Para este caso, eles são coerentes? Justifique.

   Calcule a demanda correspondente ao preço a varejo de R$ 0,70, preço de transporte público de R$ 1,00, um número total de 1 milhão de veículos, consumo médio por um veículo de 10 km/litro e renda disponível por família em média de R$ 1.000,00.

   Estime ainda a sensibilidade da demanda a cada uma das variáveis das quais ela depende, calculando sua taxa de variação em relação a cada um dos parâmetros se os outros quatro mantiverem-se constantes. A qual variável — preço da gasolina, preço de transporte, o número total de veículos registrados, quilômetros por litro consumido ou renda — a demanda de gasolina é mais sensível?

9. Suponha que a demanda d (em quantidade) referente a uma determinada mercadoria possa ser modelada pela função $d(p_1, i, r, p_2) = 300\, p_1^{-1,3}\, r^{2,5}\, i^{-0,4}\, p_2^{1,3}$, onde p_1, r, i e p_2 representam respectivamente o preço da mercadoria em reais, r a renda por família em reais, a taxa de juros e o preço de um produto relacionado.

   Calcule a demanda correspondente à taxa de juros de 5%, renda por família de R$ 2.000,00, preço da mercadoria R$ 500,00 e preço da mercadoria relacionada de R$ 600,00. O que ocorre com a demanda do produto em questão se o preço do produto relacionado cai para R$ 400,00? Tal produto é complementar ou substituto?

   Para tal configuração, estime ainda a sensibilidade da demanda a cada uma das variáveis das quais ela depende, calculando sua taxa de variação em relação a cada um dos parâmetros se os outros três mantiverem-se constantes. A qual variável – preço do produto, renda, taxa de juros, preço do produto relacionado – a demanda da mercadoria em questão é mais sensível?

10. Considere que as estatísticas realizadas em uma certa empresa apontam como funções produção p (em milhares de unidades) relativas a uma determinada mercadoria e custo c associado (em mil reais) respectivamente $p = 9 x^{\frac{1}{3}} y^{\frac{1}{3}} z^{\frac{1}{3}}$ e $c = 3x + 3y + 3z + 30$, onde x, y, z representam as quantidades de três insumos. Esboce a superfície isocusto concernente ao valor de 66 mil reais, bem como o mapa com diferentes superfícies de nível da função produção. Tendo em vista que o fabricante limita seu custo a 66 mil reais, estime, fazendo uso dos gráficos encontrados, as quantidades dos insumos que resultam em máxima produção, assim como o valor de tal produção.

9
DIFERENCIAÇÃO EM FUNÇÕES DE VÁRIAS VARIÁVEIS

Você verá neste capítulo:

Derivadas parciais
Diferenciação
Funções homogêneas: a função de produção de Cobb-Douglas
Gradiente e Derivadas Direcionais
Aplicações

Nestes dois últimos capítulos, serão introduzidos conceitos e técnicas de cálculo, diferenciação e análise do comportamento de funções envolvendo várias variáveis. Assim como no Capítulo 8, concentram-se as atenções em funções de duas variáveis, uma vez que grande parte das definições e resultados estendem-se naturalmente a partir delas.

Além disso, o tratamento de cálculo multivariacional (funções com mais de uma variável) por meio do estudo de funções de duas variáveis permite que nos baseemos em interpretações, analogias e intuições geométricas necessárias à compreensão do significado de conceitos envolvendo cenários mais abstratos.

9.1 DERIVADAS PARCIAIS

Assim como medíamos a taxa instantânea de mudança de uma função de uma variável real por meio do operador derivada, no caso de funções de várias variáveis, estamos interessados em examinar quão rapidamente tais funções modificam-se com respeito às mudanças nos valores de suas variáveis independentes. Por exemplo, se f(x,y) representa a produção de uma firma que utiliza quantidades x e y de insumos, qual seria o crescimento quantitativo e qualitativo da produção à medida que x e y variassem?

Para responder a questão, é necessário definir um novo operador matemático que quantifique tal idéia, traduzindo-se, a princípio, em diferentes tipos de taxas de variação. Uma determinada taxa reflete a variação da função em relação a uma das variáveis quando a outra mantém-se constante e, de modo geral, para funções de duas ou mais variáveis independentes, quando as outras variáveis independentes mantêm-se constantes. Essa idéia resulta precisamente na definição de derivada parcial, tema desta seção.

Discutiremos inicialmente o caso de funções de duas variáveis independentes, uma vez que, por permitirem visualização gráfica, traduzem de maneira simples o conceito de derivadas parciais. Posteriormente, generalizaremos os resultados analíticos para o caso mais abstrato, e não-representável graficamente, de n variáveis independentes.

Seja $z = f(x,y)$ uma função de duas variáveis reais. A *derivada parcial de $f(x,y)$ em relação a x* no ponto (x_0,y_0), designada por $\frac{\partial f}{\partial x}(x_0,y_0)$ (lê-se del f, del x), é a derivada dessa função em relação a x aplicada no ponto em questão, mantendo-se y constante. Por exemplo, se $f(x,y) = yx^3 + xy^2$, então $\frac{\partial f}{\partial x}(x_0,y_0) = 3y_0x_0^2 + y_0^2$. Mais precisamente, vamos manter y constante e considerar um acréscimo h à variável x. Então $f(x_0+h,y_0) - f(x_0,y_0)$ é a variação da função f quando se passa do ponto (x_0,y_0) ao ponto (x_0+h,y_0). A taxa de variação média é então

$$\frac{f(x_0+h,y_0) - f(x_0,y_0)}{h}$$

A taxa instantânea de variação é o limite dessa taxa média quando h tende a 0:

$$\lim_{h \to 0} \frac{f(x_0+h,y_0) - f(x_0,y_0)}{h}$$

A taxa instantânea de variação mencionada denomina-se *derivada parcial de f em relação a x* no ponto (x_0,y_0) e é designada por $\frac{\partial f}{\partial x}$:

$$\boxed{\frac{\partial f}{\partial x}(x_0,y_0) = \lim_{h \to 0} \frac{f(x_0+h,y_0) - f(x_0,y_0)}{h}}$$

Analogamente, a *derivada parcial de $f(x,y)$ em relação a y* no ponto (x_0,y_0), designada por $\frac{\partial f}{\partial y}(x_0,y_0)$, é a derivada dessa função em relação a y, mantendo-se x constante. Por exemplo, para a mesma função acima $f(x,y) = yx^3 + xy^2$, temos que $\frac{\partial f}{\partial y} = x^3 + 2xy$. Mantendo x constante e efetuando um acréscimo k à variável y, temos a taxa média de variação

$$\frac{f(x_0,y_0+k) - f(x_0,y_0)}{k}$$

Capítulo 9 — Diferenciação em Funções de Várias Variáveis

O limite da taxa média acima quando k tende a 0 é, por definição, a derivada parcial de f em relação a y no ponto (x_0, y_0), ou seja,

$$\frac{\partial f}{\partial y}(x_0, y_0) = \lim_{k \to 0} \frac{f(x_0, y_0 + k) - f(x_0, y_0)}{k}$$

Pode-se ainda definir a derivada parcial de f(x,y) em relação a x e a y no ponto (x_0, y_0) como respectivamente:

$$\frac{\partial f}{\partial x}(x_0, y_0) = \lim_{x \to x_0} \frac{f(x, y_0) - f(x_0, y_0)}{x - x_0}$$

$$\frac{\partial f}{\partial y}(x_0, y_0) = \lim_{y \to y_0} \frac{[f(x_0, y) - f(x_0, y_0)]}{y - y_0}$$

A razão para distinguir a notação de derivadas parciais $\frac{\partial f}{\partial x}$ da usada em derivadas $\frac{df}{dx}$ deve-se ao fato de que, naquela, a variável y encontra-se constante, enquanto nesta, a variável y pode ser, a princípio, uma função de x. Além disso, a derivada parcial de uma função $z = f(x,y)$ em relação à variável x no ponto (x,y) representa-se por z_x, $\left(\frac{\partial z}{\partial x}\right)$, f_x ou $f_x(x,y)$.

Vale ainda comentar uma aproximação para derivadas parciais, cujo significado possui grande relevância em contextos econômicos por exemplo referentes a funções marginais, como veremos na seção 9.5 deste capítulo. Tomando h = 1 na definição apresentada anteriormente, temos que:

$$\frac{\partial f}{\partial x}(x_0, y_0) = f(x_0 + h, y_0) - f(x_0, y_0)$$

$$\frac{\partial f}{\partial y}(x_0, y_0) = f(x_0, y_0 + h) - f(x_0, y_0)$$

Logo,

As derivadas parciais $\frac{\partial f}{\partial x}(x_0, y_0)$ e $\frac{\partial f}{\partial y}(x_0, y_0)$ fornecem aproximadamente a mudança em $f(x_0, y_0)$ resultante respectivamente do aumento de x e y de uma unidade enquanto a outra variável mantém-se constante.

Podem-se estender muitos dos conceitos, propriedades e teoremas da derivação de funções de uma variável real (Capítulo 4) para derivadas parciais de funções de várias variáveis. Por exemplo, a linearidade do operador derivada ainda vale para derivadas parciais. Vejamos algumas destas propriedades:

— em um determinado ponto, a derivada parcial de uma função constante é nula;

— a derivada parcial da soma e da diferença são, respectivamente, a soma e a diferença das derivadas parciais;

— a derivada parcial do produto é a derivada parcial da primeira função vezes a segunda, mais a primeira função multiplicada pela derivada parcial da segunda função;

— a derivada parcial de uma constante multiplicada por uma função é a constante vezes a derivada desta última função;

— a derivada parcial da razão entre duas funções é a derivada parcial do numerador multiplicado pelo denominador, menos o numerador vezes a derivada do denominador, sendo toda esta expressão dividida pelo denominador ao quadrado.

Exemplo 9.1:

Calcule as derivadas parciais da função $f(x,y) = x^{\frac{1}{3}} y^{\frac{2}{3}}$ em um ponto genérico (x_0, y_0).

Resolução:

Considerando-se y constante, e derivando $f(x,y)$ em relação a x, temos

$$\frac{\partial f}{\partial x}(x_0, y_0) = \frac{1}{3} x^{-\frac{2}{3}} y^{\frac{2}{3}} \bigg|_{(x,y)=(x_0,y_0)} = \frac{1}{3} x_0^{-\frac{2}{3}} y_0^{\frac{2}{3}}$$

Analogamente, considerando-se x constante, e derivando $f(x,y)$ em relação a y, temos

$$\frac{\partial f}{\partial y}(x_0, y_0) = x^{\frac{1}{3}} \frac{2}{3} y^{-\frac{1}{3}} \bigg|_{(x,y)=(x_0,y_0)} = \frac{2}{3} x^{\frac{1}{3}} y^{-\frac{1}{3}} \bigg|_{(x,y)=(x_0,y_0)} =$$

$$= \frac{2}{3} x_0^{\frac{1}{3}} y_0^{-\frac{1}{3}}$$

Quando a função em questão não se manifesta analiticamente por meio de uma única expressão, é necessário utilizar a definição no cálculo de suas derivadas parciais.

Capítulo 9 — Diferenciação em Funções de Várias Variáveis

Exemplo 9.2:

Verifique que a função expressa por

$$f(x,y) \begin{cases} \dfrac{2xy}{x^2 + 2y^2} & \text{, se } (x,y) \neq (0,0) \\ \\ 0 & \text{, se } (x,y) = (0,0) \end{cases}$$

possui derivadas parciais na origem. Calcule-as.

Resolução:

Aplicando as definições, temos:

$$\frac{\partial f}{\partial x}(0,0) = \lim_{x \to 0} \frac{f(x,0) - f(0,0)}{x - 0} = \lim_{x \to 0} \frac{0}{x} = 0$$

$$\frac{\partial f}{\partial y}(0,0) = \lim_{y \to 0} \frac{f(0,y) - f(0,0)}{(y - 0)} = \lim_{y \to 0} \frac{0}{y} = 0$$

Portanto, as derivadas parciais existem, na origem, e valem 0.

Calcula-se ainda a derivada parcial de uma função f(x,y) em relação a x no ponto (x_0, y_0), considerando-se a função de uma variável $g(x) = f(x, y_0)$, e calculando-se em seguida sua derivada no ponto x_0.

Exemplo 9.3:

Calcule as derivadas parciais da função $f(x,y) = x^4 + \dfrac{xy^3}{3}$ no ponto (1,2).

Resolução:

1º método: para encontrar a derivada parcial de f(x,y) em relação a x no ponto (1,2), primeiro fazemos y = 2, derivamos a função de uma variável x assim obtida e calculamos seu valor para x = 1.

$$g(x) = f(x,2) = x^4 + \frac{8x}{3}$$

$$g'(x) = 4x^3 + \frac{8}{3}$$

$$g'(1) = 4 + \frac{8}{3} = \frac{20}{3}$$

Logo,

$$\frac{\partial f}{\partial x}(1,2) = \frac{20}{3}$$

Analogamente, para encontrar a derivada parcial de f(x,y) em relação a y no ponto (1,2), substituímos x = 1, derivamos a função de uma variável y assim obtida e calculamos seu valor para y = 2.

$$h(y) = f(1,y) = 1 + \frac{y^3}{3}$$

$$h'(y) = y^2$$

$$h'(2) = 4$$

Logo,

$$\frac{\partial f}{\partial y}(1,2) = 4$$

$2^º$ *método*: encontramos as derivadas parciais da função $f(x,y) = x^4 + \frac{xy^3}{3}$ num ponto genérico e depois especificamos os valores particulares em questão.

Assim,

$$\frac{\partial f}{\partial x} = 4x^3 + \frac{y^3}{3}$$

Portanto,

$$\frac{\partial f}{\partial x}(1,2) = 4 + \frac{8}{3}$$

Analogamente,

$$\frac{\partial f}{\partial y} = \frac{3xy^2}{3} = xy^2$$

Portanto,

$$\frac{\partial f}{\partial y}(1,2) = 2^2 = 4.$$

Interpretação geométrica:

A interpretação geométrica da derivada parcial de funções de duas variáveis não difere em essência daquela referente a funções de uma variável (Capítulo 4), já que a primeira faz uso da última, em sua definição. Para visualizar o significado do conceito de derivada parcial, considere a Figura 9.1:

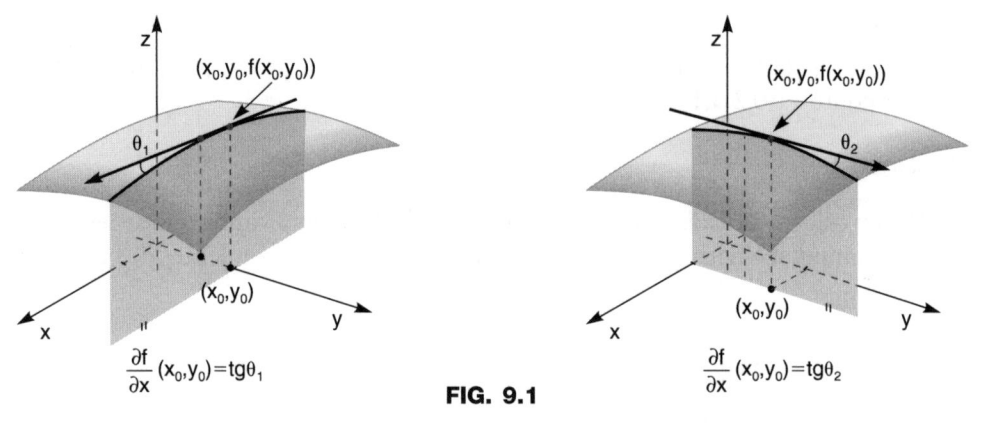

Capítulo 9 — Diferenciação em Funções de Várias Variáveis

FIG. 9.1

A figura acima representa as derivadas parciais no ponto (x_0,y_0) de $f(x,y)$ em relação respectivamente a x e y, traduzindo em linguagem geométrica o procedimento utilizado para determinar derivadas parciais. Calcula-se a derivada parcial, em relação a x (ou y), da função $f(x,y)$ considerando y (ou x) constante e considerando-a, portanto, como função somente de x (ou de y). Manter x (ou y) constante significa interceptar a superfície definida pelo gráfico de f com o plano $x = x_0$ (ou $y = y_0$).

Sob uma ótica geométrica, tal procedimento expressa-se como a obtenção da curva interseção da superfície definida pelo gráfico de $f(x,y)$ com o plano y (ou x), já que tal variável mantém-se constante, seguida do cálculo da derivada da função de uma variável, com significado conhecido, portanto, e cujo gráfico possui a configuração da curva interseção referida.

A extensão da definição de derivadas parciais para funções com n variáveis independentes $f(x_1, x_2, x_3, ..., x_n)$ ocorre naturalmente. A derivada parcial de f em relação a x_k, $k = 1, 2, ..., n$ resulta da derivada de f em relação à variável x_i considerando constantes todas as outras variáveis independentes. Determina-se $\dfrac{\partial f}{\partial x_k}$ de maneira equivalente ao cálculo da derivada da função f de uma variável real x_k. Em termos de limite, temos:

$$\frac{\partial f}{\partial x_k}(x_{01}, x_{02}, ..., x_{0n}) =$$

$$= \lim_{h \to 0} \frac{f(x_{01}, x_{02}, ..., x_{0k}+h, ..., x_{0n}) - f(x_{01}, x_{02}, ..., x_{0n})}{h}$$

ou

$$\frac{\partial f}{\partial x_k}(x_{01}, x_{02}, ..., x_{0n}) =$$

$$= \lim_{x_k \to x_{0k}} \frac{f(x_{01}, x_{02}, ..., x_k, ..., x_{0n}) - f(x_{01}, x_{02}, ..., x_{0n})}{(x_k - x_{0k})}$$

Exemplo 9.4:

Calcule as derivadas parciais de primeira ordem da função $f(x,y,z,w,u) = x^2y + zuw$ no ponto $(1,0,2,3,1)$.

Resolução:

Para o cálculo de cada derivada parcial em relação a uma variável independente, deve-se computar a derivada de f com as outras variáveis independentes de f constantes. Logo,

$\dfrac{\partial f}{\partial x}(1,0,2,3,1) = 2xy|_{(x,y,z,w,u) = (1,0,2,3,1)} = 0$

$\dfrac{\partial f}{\partial y}(1,0,2,3,1) = x^2|_{(x,y,z,w,u) = (1,0,2,3,1)} = 1$

$\dfrac{\partial f}{\partial z}(1,0,2,3,1) = uw|_{(x,y,z,w,u) = (1,0,2,3,1)} = 1 \cdot 3 = 3$

$\dfrac{\partial f}{\partial w}(1,0,2,3,1) = zu|_{(x,y,z,w,u) = (1,0,2,3,1)} = 2 \cdot 1 = 2$

$\dfrac{\partial f}{\partial u}(1,0,2,3,1) = zw|_{(x,y,z,w,u) = (1,0,2,3,1)} = 2 \cdot 3 = 6$

Função derivada parcial

As derivadas parciais são medidas de taxas de mudança, que dependem das próprias variáveis independentes da função primitiva. Portanto, assim como em funções de uma variável real, pode-se definir a função derivada parcial em todos os pontos (x,y) do conjunto $D \subset R^2$, onde ela existe.

Portanto, a *função derivada parcial de f em relação a x de primeira ordem* ou simplesmente *função derivada parcial de f em relação a x* $\dfrac{\partial f}{\partial x}(x,y)$ associa a cada ponto $(x,y) \in D$, o ponto:

$$\dfrac{\partial f}{\partial x}(x,y) = \lim_{h \to 0} \dfrac{f(x+h,y) - f(x,y)}{h}$$

De maneira análoga, define-se *a função derivada parcial de f em relação a y* como uma função que associa a cada ponto (x,y), o ponto:

$$\dfrac{\partial f}{\partial y}(x,y) = \lim_{h \to 0} \dfrac{f(x,y+h) - f(x,y)}{h}$$

Calcula-se a função derivada parcial de f em relação a x (ou a y) da mesma forma com que se encontrava a função derivada para funções de uma variável independente permanecendo y (ou x) constante.

Exemplo 9.5:

Encontre as funções derivadas parciais de primeira ordem da função $f(x,y) = x^2y$.

Resolução:

$$\frac{\partial f}{\partial x}(x,y) = 2xy$$

$$\frac{\partial f}{\partial y}(x,y) = x^2$$

Podemos estender o conceito de derivada parcial para ordens superiores, para funções de n variáveis independentes.

· DERIVADAS PARCIAIS DE ORDENS SUPERIORES

As derivadas parciais de ordens superiores são importantes em diversos contextos, como por exemplo, na avaliação de um candidato a máximo ou mínimo de uma função de mais de uma variável em um determinado domínio, ou em problemas práticos, envolvendo maximização de produção ou minimização de custos.

Calculam-se as derivadas parciais de ordem superior computando as derivadas parciais das funções derivadas parciais de uma ordem a menos, que por sua vez, foram calculadas por meio das funções derivadas parciais de uma ordem a menos, e assim sucessivamente.

Se $z = f(x,y)$, podem-se computar quatro derivadas parciais de segunda ordem com suas respectivas notações de acordo com as expressões seguintes:

$$\frac{\partial^2 z}{\partial x^2} = \frac{\partial}{\partial x}\frac{\partial z}{\partial x} = z_{xx}(x,y) = f_{xx}(x,y)$$

$$\frac{\partial^2 z}{\partial y^2} = \frac{\partial}{\partial y}\frac{\partial z}{\partial y} = z_{yy}(x,y) = f_{yy}(x,y)$$

$$\frac{\partial^2 z}{\partial x \partial y} = \frac{\partial}{\partial x}\frac{\partial z}{\partial y} = z_{yx}(x,y) = f_{yx}(x,y)$$

$$\frac{\partial^2 z}{\partial y \partial x} = \frac{\partial}{\partial y}\frac{\partial z}{\partial x} = z_{xy}(x,y) = f_{xy}(x,y)$$

As duas primeiras derivadas parciais apresentadas acima são *puras* enquanto as duas últimas, *mistas*. Tendo em vista que, no cálculo das derivadas parciais puras de segunda ordem, mantém-se a outra variável constante, seu significado permanece semelhante àquele concernente à segunda derivação de funções de uma variável. $f_{xx}(x,y)$ (ou $f_{yy}(x,y)$). Nesse caso, fornece a taxa instantânea de mudança de $f(x,y)$ estando y (ou x) constante, ou seja, ao longo da direção x (ou y) no ponto (x,y).

De maneira análoga, $f_{xy}(x,y)$ e $f_{yx}(x,y)$ fornecerão respectivamente a taxa de mudança de $f(x,y)$ na direção y da taxa de mudança de $f(x, y)$ na direção x no ponto (x,y) e a taxa de mudança de $f(x,y)$ na direção x da taxa de mudança de $f(x,y)$ na direção y no mesmo ponto. Posteriormente, veremos que, sob determinadas condições, tais taxas derivadas são equivalentes.

De modo geral, a ordem dos índices em f indica a ordem com que se realizou a derivação parcial. Por exemplo, se u = f(x,y,z,w), $f_{wxyywxz}(x,y,z,w)$, então:

$$f_{wxyywxz}(x,y,z,w) = \frac{\partial}{\partial z}\frac{\partial}{\partial x}\frac{\partial}{\partial w}\frac{\partial}{\partial y}\frac{\partial}{\partial y}\frac{\partial}{\partial x}\frac{\partial}{\partial w}(x,y,z,w) = \frac{\partial^7 u}{\partial z \partial x \partial w \partial y^2 \partial x \partial w}$$

Exemplo 9.6:

Calcule as derivadas parciais de segunda ordem da função $f(x,y) = 2x^3 e^{5y}$.

Resolução:

A partir das definições acima, temos:

$$\frac{\partial f}{\partial x}(x,y) = 6x^2 e^{5y}$$

$$\frac{\partial f}{\partial y}(x,y) = 10x^3 e^{5y}$$

Portanto,

$$\frac{\partial^2 f}{\partial x^2}(x,y) = 12x e^{5y}$$

$$\frac{\partial^2 f}{\partial y^2}(x,y) = 50x^3 e^{5y}$$

$$\frac{\partial^2 f}{\partial x \partial y}(x,y) = \frac{\partial}{\partial x}(10x^3 e^{5y}) = 30x^2 e^{5y}$$

$$\frac{\partial^2 f}{\partial y \partial x}(x,y) = \frac{\partial}{\partial y}(6x^2 e^{5y}) = 30x^2 e^{5y}$$

No exemplo anterior, as derivadas mistas de segunda ordem são iguais. De maneira geral, a igualdade de derivadas parciais mistas ocorre sob determinadas condições de acordo com o teorema apresentado em seguida.

> **Teorema 1:** Seja $f(x_1, x_2, x_3, ..., x_n)$ uma função de n variáveis independentes $x_1, x_2, x_3, ..., x_n$; considere duas derivadas parciais de f de ordem m envolvendo as mesmas diferenciações em diferentes ordens. Se tais derivadas parciais são contínuas no ponto $(x_1, x_2, x_3, ..., x_n)$ e se $f(x_1, x_2, x_3, ..., x_n)$ e todas as suas derivadas parciais de ordens menores que m são contínuas em uma vizinhança do ponto em questão, então as duas derivadas parciais mistas consideradas são iguais no ponto $(x_1, x_2, x_3, ..., x_n)$.

• REGRA DA CADEIA

A regra da cadeia para funções de várias variáveis tem o intuito de calcular derivadas parciais de funções compostas de várias variáveis. O caso mais simples da regra da cadeia pode ser ilustrado da seguinte maneira.

Suponhamos que a função $P = p(x,y)$ com derivadas parciais contínuas represente a quantidade produzida de um determinado bem a partir de matérias-primas x e y, que, por sua vez, variam com o tempo, ou seja, $x = x(t)$ e $y = y(t)$, ambas deriváveis. A quantidade produzida expressa-se como função do tempo, de acordo com a seguinte expressão:

$$P = p(x(t), y(t)) = P(t)$$

A regra da cadeia para composições desta natureza é dada por:

> Se $P(t) = p(x(t),y(t))$, então $P'(t) = \left(\dfrac{\partial p}{\partial x}\right)\dfrac{dx}{dt} + \left(\dfrac{\partial p}{\partial x}\right)\dfrac{dy}{dt}$

Quando tratamos de funções com mais de uma variável, podem-se estabelecer distintas composições, no que se refere ao número de variáveis independentes da função total. No caso de uma função de duas variáveis x e y, que dependem, cada uma delas, de duas outras variáveis u e v isto se traduz no cálculo de derivadas parciais da função $f(x(u,v),y(u,v))$.

Suponha que f, x e y possuam derivadas parciais contínuas. De acordo com a regra da cadeia, mantendo-se v (ou u) constante, no cálculo das derivadas parciais em relação a u (ou v), a regra da cadeia resulta em:

Se $P(u,v) = f(x(u,v), y(u,v))$, então

$$\frac{\partial P(u,v)}{\partial u} = \frac{\partial f}{\partial x} \frac{\partial x}{\partial u} + \frac{\partial f}{\partial y} \frac{\partial y}{\partial u}$$

$$\frac{\partial P(u,v)}{\partial v} = \frac{\partial f}{\partial x} \frac{\partial x}{\partial v} + \frac{\partial f}{\partial y} \frac{\partial y}{\partial v}$$

Existe ainda uma versão mais ampla da regra da cadeia, muito utilizada. Supondo uma função $f(x_1, x_2, x_3, ..., x_n)$ em que $x_i = x_i(t_1, t_2, t_3, ..., t_m)$, $i = 1, 2, ..., n$, a generalização natural das fórmulas anteriores será dada por:

Fórmula Geral para a Regra da Cadeia

$$\frac{\partial f}{\partial t_k} = \frac{\partial f}{\partial x_1} \frac{\partial x_1}{\partial t_k} + \frac{\partial f}{\partial x_2} \frac{\partial x_2}{\partial t_k} + ... + \frac{\partial f}{\partial x_n} \frac{\partial x_n}{\partial t_k}, \quad k = 1, 2, ..., m.$$

Exemplo 9.7:

Considere uma firma cuja receita expressa-se através da função $R(x,y) = xy^2$, onde x e y representam as quantidades de dois bens produzidos. Suponha que estas quantidades dependam do capital k e do trabalho l, de acordo com as funções $x = 4k + 3l$ e $y = 3k + l$. Calcule as derivadas parciais da receita em relação ao capital e ao trabalho, como funções de tais variáveis.

Resolução:

Para aplicarmos a regra da cadeia exibida anteriormente, precisamos inicialmente computar $\frac{\partial R}{\partial x}, \frac{\partial R}{\partial y}, \frac{\partial x}{\partial k}, \frac{\partial x}{\partial l}, \frac{\partial y}{\partial k}$ e $\frac{\partial y}{\partial l}$, ou seja:

$\frac{\partial R}{\partial x} = y^2 = (3k + 1)^2$

$\frac{\partial R}{\partial y} = 2xy = 2(4k + 3l)(3k+l)$

$\frac{\partial x}{\partial k} = 4$

$\frac{\partial x}{\partial l} = 3$

$\frac{\partial y}{\partial k} = 3$

$\frac{\partial y}{\partial l} = 1$

Aplicando a regra da cadeia, temos:

$$\frac{\partial R}{\partial k} = \frac{\partial R}{\partial x}\frac{\partial x}{\partial k} + \frac{\partial R}{\partial y}\frac{\partial y}{\partial k} = (3k+1)^2 \cdot 4 + 2(4k+3l)(3k+1) \cdot 3$$

$$\frac{\partial R}{\partial l} = \frac{\partial R}{\partial x}\frac{\partial x}{\partial l} + \frac{\partial R}{\partial y}\frac{\partial y}{\partial l} = (3k+1)^2 \cdot 3 + 2(4k+3l)(3k+1) \cdot 1$$

Naturalmente, o problema anterior poderia ser resolvido sem a regra da cadeia, substituindo as fórmulas de x e y em função de k e l na expressão para R(x,y), obtendo assim a receita como função do capital e do trabalho. A decisão de utilizar, ou não, a regra da cadeia dependerá de cada caso.

Uma importante conseqüência teórica da regra da cadeia associa-se à derivação de funções expressas implicitamente envolvendo outras funções de mais de duas variáveis, como veremos em seguida.

• Derivadas parciais da função implícita

Freqüentemente, uma função de várias variáveis apresenta-se na forma implícita por meio de uma equação envolvendo variáveis dependentes e independentes, sem que estas possam ser isoladas.

A partir de tais considerações, surgem naturalmente duas perguntas: quando posso garantir que a equação referida define por exemplo a função $f(x_1, x_2, ..., x_n)$? Como computar suas derivadas parciais a partir das equações? A regra da cadeia participará significativamente na resposta a esta última pergunta, pois, tendo em vista os objetivos deste livro, partiremos do pressuposto da existência da função referida.

Considere que a equação $f(x,y) = c$ define y como função de x. Nesse caso, pode-se reescrever a equação acima como $f(x,y(x)) = c$. Derivando-se ambos os membros da expressão anterior em relação a x aplicando-se a regra da cadeia, obtemos:

$$\frac{\partial f}{\partial x} \cdot 1 + \frac{\partial f}{\partial y}\frac{dy}{dx} = 0$$

ou seja,

$$\boxed{\frac{dy}{dx} = -\frac{\dfrac{\partial f}{\partial x}}{\dfrac{\partial f}{\partial y}}}$$

Analogamente, se a equação implícita define x como função de y, obtemos:

$$\frac{dx}{dy} = -\frac{\frac{\partial f}{\partial y}}{\frac{\partial f}{\partial x}}$$

De maneira geral, poderíamos pensar em computar as derivadas parciais da função $z = f(x_1, x_2, ..., x_n)$ definida implicitamente pela equação $F(x_1, x_2, ..., x_n, z) = 0$.

Para calcular, por exemplo, $\frac{\partial z}{\partial x_i}$, deve-se derivar parcialmente em relação a x_i ambos os membros da equação acima. Aplicando-se em seguida a fórmula geral para a regra da cadeia, temos:

$$\frac{\partial F}{\partial x_1}\frac{\partial x_1}{\partial x_i} + \frac{\partial F}{\partial x_2}\frac{\partial x_2}{\partial x_i} + ... + \frac{\partial F}{\partial x_i}\frac{\partial x_i}{\partial x_i} + \frac{\partial F}{\partial x_n}\frac{\partial x_n}{\partial x_i} + \frac{\partial F}{\partial z} \cdot \frac{\partial z}{\partial x_i} = 0,$$

$i = 1, 2, ..., n$.

Tendo em vista que $\frac{\partial x_k}{\partial x_i} = 0$, se $k \neq i$ e $\frac{\partial x_k}{\partial x_i} = 1$, se $k = i$, a equação acima resulta em:

$$\frac{\partial F}{\partial x_i} \cdot 1 + \frac{\partial F}{\partial z} \cdot \frac{\partial z}{\partial x_i} = 0, \; i = 1, 2, ..., n$$

ou seja,

$$\frac{\partial z}{\partial x_i} = -\frac{\frac{\partial F}{\partial x_i}}{\frac{\partial F}{\partial z}}, \; i = 1, 2, ..., n \text{ e } \frac{\partial F}{\partial z} \neq 0$$

Exemplo 9.8:

Seja $q(k,l) = 8k^{\frac{1}{2}}l^{\frac{1}{4}}$ uma função que representa a produção de uma determinada firma como função do capital k e trabalho l. Calcule a taxa de substituição técnica — $\frac{dl}{dk}$ com a qual o trabalho l deve substituir o capital k para manter o nível de produção constante.

Resolução:

Nesse caso, deve-se considerar uma isoquanta ou curva de produção constan.. $q(k,l) = c$ de acordo com a definição apresentada na Seção 8.2. Aplicando a regra da cadeia para o cálculo de $\dfrac{dl}{dk}$, temos:

$$-\frac{dl}{dk} = -\left[-\frac{\dfrac{\partial q}{\partial k}}{\dfrac{\partial q}{\partial l}}\right] = \frac{8\dfrac{1}{2}k^{-\frac{1}{2}}l^{\frac{1}{4}}}{8k^{\frac{1}{2}}\dfrac{1}{4}l^{-\frac{3}{4}}} = \frac{2l}{k}$$

Exercícios 9.1

1. Para as funções abaixo, calcule as funções derivadas parciais de primeira ordem, bem como o valor das derivadas parciais nos pontos indicados.
  a) $f(x,y) = xy + e^{(x+y)}$, ponto (1,1)
  b) $f(x,y,z) = xy + xz + yz + \cos(xyz)$, ponto (1,1,2)
  c) $f(x,y,z,w,u) = xyzwu + xye^{(z+w+u)} + \ln(x+y+z+w+u)$, ponto (1,1,1,2,1)
  d) $f(x,y,z) = x \ln yz + y \ln xz + z \ln xy$, ponto (1,3,2)
  e) $f(x,y,z,w) = xyzw - x^2y^2 + 3z^3w$, ponto (1,0,1,0)

2. Para cada uma das funções $z(x,y)$ dadas implicitamente pelas equações abaixo, calcule $\dfrac{\partial z}{\partial x}$ e $\dfrac{\partial z}{\partial y}$.
  a) $x \ln yz - y \ln xz = 0$
  b) $e^{xyz} = e^x + e^y + e^z$
  c) $e^x + e^y + e^z = e^{(x+y+z)}$
  d) $e^{(x+y+z)} + xyz = 1$
  e) $x^3 + y^3 + z^3 = x + y + z$

3. Suponha que para todo t, $f(t^2, 2t) = t^3 - 3t$. Mostre que $\dfrac{\partial f}{\partial x}(1,2) = -\dfrac{\partial f}{\partial y}(1,2)$.

4. Seja $F(t) = f(e^{t^2}, \operatorname{sen} t)$, sendo $f(x,y)$ uma função dada de duas variáveis reais a va- lores reais, com derivadas parciais contínuas em R^2. Expresse $F'(t)$ em termos das derivadas parciais de f, calculando em seguida $F'(0)$ supondo que $\dfrac{\partial f}{\partial y}(1,0) = 5$.

5. Encontre $\dfrac{\partial f}{\partial x}(x^2y, x+2y)$ e $\dfrac{\partial f}{\partial y}(x^2y, x+2y)$ em termos das derivadas parciais de f, partindo do pressuposto que tais derivadas parciais são contínuas.

6. Encontre $\dfrac{\partial^2 f}{(\partial x \partial y)}(x^2-y^2, xy)$ em função das derivadas parciais da função f, assumindo a continuidade de tais derivadas parciais.

7. Considere $R(q_1, q_2) = 12q_1 + 28q_2$ a função receita de uma firma que comercializa dois produtos de quantidades q_1 e q_2, expressas como funções da renda média dos consumidores (y) desses produtos segundo as fórmulas $q_1 = 0,3y + 6$ e $q_2 = 0,4y + 5$. Determine $\dfrac{\partial R}{\partial q_1}$, $\dfrac{\partial R}{\partial q_2}$, $\dfrac{\partial q_1}{\partial y}$ e $\dfrac{\partial q_2}{\partial y}$, bem como $\dfrac{dR}{dy}$ utilizando a regra da cadeia e diretamente por substituição. Interprete os resultados.

8. Supondo que a demanda por moeda M(y,r) de um determinado país em um certo período tenha sido estimada estatisticamente de acordo com a fórmula $M(y,r) = 0{,}14y + 76{,}03(r - 2)^{-0{,}84}$, $r > 2$, onde y e r representam respectivamente a renda nacional anual e a taxa de juros em percentagem por ano. Calcule as demandas por moeda marginais da renda $\dfrac{\partial M}{\partial y}$ e da taxa de juros $\dfrac{\partial M}{\partial r}$ discutindo em seguida seus sinais.

9. Considere a produção q(k,l) definida implicitamente pela equação $q^3 k^2 + l^3 + qkl = 0$, onde k e l representam respectivamente o capital e o trabalho. Calcule a produção marginal de capital $\dfrac{\partial q}{\partial k}$ e de trabalho $\dfrac{\partial q}{\partial l}$.

10. Suponha que b(x,p) expresse o bem-estar total de uma sociedade, onde x representa uma variável associada à quantidade total de bens produzidos e consumidos e p reflete uma medida do nível de poluição. Suponha que o bem-estar aumente com o aumento da quantidade de bens produzidos e consumidos e diminua com o aumento do nível de poluição — ou seja, $\dfrac{\partial b}{\partial x}(x,p) > 0$ e $\dfrac{\partial b}{\partial p}(x,p) < 0$. Considere ainda que o nível de poluição p apresenta-se como uma função crescente da quantidade de bens produzidos e consumidos — ou seja, $p = p(x)$ tal que $p'(x) > 0$. Assumindo tais pressupostos, a função representativa do bem-estar total b(x,p) pode ser pensada como função $B(x) = b(x,p(x))$, expressa somente em termos dos bens produzidos e consumidos x. Nessas condições, encontre uma condição necessária para que o bem-estar total de tal sociedade B(x) assuma um máximo em $x_{máx.} > 0$, fornecendo ainda uma interpretação econômica para tal condição.

11. Considere $d_1(p_1,p_2)$ e $d_2(p_1,p_2)$ as funções demanda por bens substitutos, como chá e café, com preços p_1 e p_2. Quais devem ser os sinais das derivadas parciais de d_1 e d_2 com relação a p_1 e p_2?

12. Considere as seguintes funções utilidade:
    a) função de Cobb-Douglas:
    $U(x,y) = A\, x^a\, y^b$
    b) função de Stone-Geary:
    $U(x,y) = a \ln(x - x_0) + b \ln(y - y_0)$
    c) $U(x,y) = A(ax^b + (1 - a)y^b)^{\frac{1}{b}}$
    d) $U(x,y) = ax + by$

    Calcule a taxa de substituição entre x e y para cada uma das funções acima.

13. Algumas pesquisas estatísticas revelam que o número de viajantes V entre duas cidades A e B pode ser modelado por $V = k\,\dfrac{p_1 p_2}{d^n}$, onde k e n são números positivos e p_1, p_2 e d representam respectivamente as populações da cidade A, da cidade B e a distância entre tais cidades. Calcule $\dfrac{\partial V}{\partial p_1}$, $\dfrac{\partial V}{\partial p_2}$ e $\dfrac{\partial V}{\partial d}$, discutindo seus respectivos significados.

14. Considere d(r, p) a função demanda por um produto agrícola, em que p representa seu preço e r a despesa dos produtores com propaganda. Suponha ainda que a função oferta para o mesmo produto seja dada por s(w, p), onde p e w representam respectivamente seu preço e um índice associado ao clima e $\dfrac{\partial s}{\partial w}(w, p) > 0$. Tendo em vista que se obtém o equilíbrio quando $d(r, p) = s(w, p)$ e assumindo que tal equação define o preço implicitamente como função de r e de w, calcule $\dfrac{\partial p}{\partial w}$ e comente a respeito de seu sinal.

9.2 DIFERENCIAÇÃO

Nesta seção, vamos tecer alguns comentários sobre o significado da derivada parcial como extensão do operador derivada de uma função de uma variável real.

Inicialmente, a existência das derivadas parciais de uma função f(x,y) em um ponto (x_0, y_0) não implica necessariamente continuidade desta função em (x_0, y_0). No Exemplo 9.2, apresentou-se uma função admitindo derivadas parciais na origem, que não é contínua neste ponto de acordo com o Exemplo seguinte.

Exemplo 9.9:

Verifique que a função expressa por

$$f(x,y) \begin{cases} \dfrac{2xy}{x^2 + 2y^2}, & \text{se } (x,y) \neq (0,0) \\ 0, & \text{se } (x,y) = (0,0) \end{cases}$$

não é contínua neste ponto.

Resolução:

O limite da função acima pelos caminhos (0,t) e (t,t), passando pela origem, assume os seguintes valores:

$$\lim_{t \to 0} \frac{0}{0 + 2t^2} = 0$$

e

$$\lim_{t \to 0} \frac{2t^2}{t^2 + 2t^2} = \frac{2}{3}$$

Posto que os limites são diferentes, o limite não existe e a função não é contínua na origem.

Plano tangente a uma superfície

Assim como a existência da derivada para funções f(x) de uma variável em um ponto x_0 associava-se geometricamente à existência de reta tangente — não vertical — à curva definida pelo gráfico de f no ponto $(x_0, f(x_0))$, poder-se-ia atribuir a existência do operador que generalizaria a derivada — no caso a diferenciação — à existência de plano tangente — não vertical — à superfície definida pelo gráfico da função f(x,y) no ponto $(x_0, y_0, f(x_0, y_0))$.

Temos de encontrar a equação do plano tangente ao gráfico da função z = f(x,y) no ponto $(x_0, y_0, f(x_0, y_0))$, supondo que exista. A equação geral de um plano passando por $(x_0, y_0, f(x_0, y_0))$ é dada por $a(x - x_0) + b(y - y_0) + c(z - z_0) = 0$. Se $c = 0$, o plano seria paralelo ao eixo z. Portanto, se $c \neq 0$, a equação do plano será dada por

$$z - z_0 = m(x - x_0) + n(y - y_0)$$

As retas tangentes à superfície definida pelo gráfico de f apresentadas na figura 9.1 expressam-se, respectivamente, pelas equações:

$$z - z_0 = \frac{\partial f}{\partial x}(x_0,y_0)(x - x_0) \text{ e } y = y_0$$

e

$$z - z_0 = \frac{\partial f}{\partial y}(x_0,y_0)(y - y_0) \text{ e } x = x_0$$

Como as retas definidas acima pertencem ao plano, suas equações devem satisfazer a equação do plano, resultando em $m = \frac{\partial f}{\partial x}(x_0,y_0)$ e $n = \frac{\partial f}{\partial y}(x_0,y_0)$. Portanto:

A equação do plano tangente ao gráfico da função $z = f(x,y)$ no ponto $(x_0, y_0, f(x_0,y_0))$ é dada por:

$$z - z_0 = \frac{\partial f}{\partial x}(x_0,y_0)(x - x_0) + \frac{\partial f}{\partial y}(x_0,y_0)(y - y_0)$$

Exemplo 9.10:

Encontre a equação do plano tangente à superfície definida pelo gráfico da função $f(x,y) = x^2 + y^2$ no ponto $(1,1,2)$, e esboce-o.

Resolução:

De acordo com a definição acima, precisamos calcular inicialmente $\frac{\partial f}{\partial x}$ e $\frac{\partial f}{\partial y}$ no ponto $(1,1)$.

$\frac{\partial f}{\partial x}(1,1) = 2x \big|_{(x,y) = (1,1)} = 2.$

$\frac{\partial f}{\partial y}(1,1) = 2y \big|_{(x,y)=(1,1)} = 2.$

Aplicando a equação do plano, temos:

$$z - z_0 = \frac{\partial f}{\partial x}(x_0,y_0)(x - x_0) + \frac{\partial f}{\partial y}(x_0,y_0)(y - y_0)$$

ou seja,

$$z - 2 = 2(x - 1) + 2(y - 1) \Rightarrow 2x + 2y - z - 2 = 0$$

A equação $z = x^2 + y^2$ define um parabolóide, de acordo com o item 8.1 e é a equação do plano tangente ao parabolóide $z = x^2 + y^2$ no ponto $(1,1,2)$, conforme a Figura 9.2.

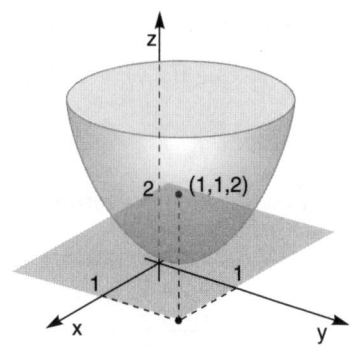

FIG. 9.2

A existência da derivada de uma função de uma variável real $f(x)$ em um ponto x_0 implica que $\lim_{h \to 0} \dfrac{f(h + x_0) - f(x_0)}{h}$ existe e vale $f'(a)$, ou seja, que

$$\lim_{h \to 0} \dfrac{f(x_0 + h) - f(x_0) - f'(x_0)h}{h} = 0.$$

Como a equação da reta tangente ao gráfico de $f(x)$ no ponto $(x_0, f(x_0))$ é dada por $f(x) = f(x_0) + f'(x_0)(x - x_0)$, a existência da derivada de $f(x)$ no ponto x_0 significa que o erro da aproximação linear em relação à função no ponto $x_0 + h$ é pequeno quando comparado à distância h entre x_0 e $x_0 + h$, como se pode observar na Figura 9.3.

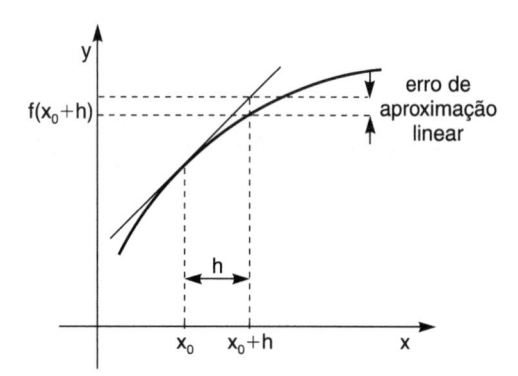

FIG. 9.3

De maneira análoga, pode-se definir a diferenciabilidade de uma função em um ponto (x_0, y_0) quando o erro da linearização no ponto $f(x_0 + h, y_0 + k)$ for pequeno em comparação com a distância entre $(x_0 + h, y_0 + k)$ e (x_0, y_0). Considerando a definição de plano tangente:

A função $f(x,y)$ é *diferenciável* no ponto (x_0, y_0) se e somente se

$$\lim_{(h,k) \to (0,0)} \dfrac{f(x_0 + h, y_0 + k) - f(x_0, y_0) - \dfrac{\partial f}{\partial x}(x_0, y_0)h - \dfrac{\partial f}{\partial y}(x_0, y_0)k}{\sqrt{h^2 + k^2}} = 0$$

Analogamente ao conceito de derivada para funções de uma variável, uma função denomina-se *diferenciável* em $A \subset R^2$ ou *diferenciável* quando é, respectivamente, diferenciável em A ou em todos os pontos de seu domínio.

Exemplo 9.11:

Prove que $f(x,y) = xy^2$ é uma função diferenciável.

Resolução:

Precisa-se então verificar se o limite anterior se anula, ou seja,

$$\lim_{(h,k)\to(0,0)} \frac{f(x_0+h, y_0+k) - f(x_0,y_0) - \frac{\partial f}{\partial x}(x_0,y_0)h - \frac{\partial f}{\partial y}(x_0,y_0)k}{\sqrt{h^2+k^2}} = 0$$

$$\frac{\partial f}{\partial x} = y^2$$

e

$$\frac{\partial f}{\partial y} = 2xy$$

Então,

$$f(x_0+h, y_0+k) - f(x_0,y_0) - \frac{\partial f}{\partial x}(x_0,y_0)h - \frac{\partial f}{\partial y}(x_0,y_0)k =$$

$$= (x_0+h)(y_0+k)^2 - x_0 y_0^2 - y_0^2 h - 2x_0 y_0 k = 2y_0 hk + k^2 x_0 + hk^2. \text{ Logo,}$$

$$\frac{f(x_0+h, y_0+k) - f(x_0,y_0) - \frac{\partial f}{\partial x}(x_0,y_0)h - \frac{\partial f}{\partial y}(x_0,y_0)k}{\sqrt{h^2+k^2}} =$$

$$= \frac{2y_0 hk + k^2 x_0 + hk^2}{\sqrt{h^2+k^2}} = (2y_0 h + x_0 k + hk)\frac{k}{\sqrt{h^2+k^2}}$$

Logo, o limite referido pode ser reescrito como:

$$\lim_{(h,k)\to(0,0)} (2y_0 h + x_0 k + hk)\frac{k}{\sqrt{h^2+k^2}}$$

Pelo fato de o primeiro termo do limite tender a 0 e o segundo ser menor do que 1, portanto limitado, o limite acima é nulo (Seção 8.3). Como não houve nenhuma restrição ao ponto (x_0,y_0) considerado, a função $f(x,y) = xy^2$ é diferenciável em todos os pontos de seu domínio, ou seja, em R^2.

• APROXIMAÇÃO LINEAR

Pode-se associar a diferenciabilidade de uma função f(x,y) no ponto (x_0,y_0) à existência de plano tangente não vertical ao gráfico dessa função no ponto (x_0,y_0) e este, por sua vez, define a aproximação linear de tal função numa vizinhança do ponto em questão.

Esta linearização tem significativa utilidade quando da estimativa de uma função, em um ponto próximo a outro, conhecendo-se o valor assumido por esta função, de acordo com o exemplo seguinte.

Exemplo 9.12:

Apresente uma linearização da função $f(x,y) = \dfrac{x^2}{4} + \dfrac{y^2}{16}$ em torno do ponto (2,4,2), apresentando uma estimativa de seu valor em (2.01,4.01).

Resolução:

Necessitamos inicialmente do plano tangente ao gráfico do parabolóide dado.

$$\frac{\partial f}{\partial x}(2,4) = \frac{x}{2}\bigg|_{(x,y)=(2,4)} = 1$$

$$\frac{\partial f}{\partial y}(2,4) = \frac{y}{8}\bigg|_{(x,y)=(2,4)} = \frac{1}{2}$$

Logo, o plano tangente no ponto (2,4,2) possui a seguinte equação:

$$z - z_0 = \frac{\partial f}{\partial x}(x_0,y_0)(x - x_0) + \frac{\partial f}{\partial y}(x_0,y_0)(y - y_0)$$

$z - 2 = (x - 2) + \dfrac{1}{2}(y - 4)$. Logo, a linearização ou aproximação linear L(x,y) de f(x,y) no ponto (2,3) é dada por:

$$L(x,y) = z = 2 + (x - 2) + \frac{1}{2}(y - 4).$$

Portanto, no ponto (2.01,4.01), a função linearização vale:

$$L(2.01,3.01) = 2 + (0.01) + \frac{1}{2}(0.01) = 2,015$$

Comparando com o valor da função f(x,y) neste ponto, temos

$$f(2.01, 4.01) = \left[\frac{x^2}{4} + \frac{y^2}{16}\right]_{(x,y) = (2,01, 4,01)} = 2,01503$$

Generalizando, temos a seguinte definição para a linearização ou aproximação linear de uma função f em um ponto dado.

A *linearização* ou *aproximação linear* $L(x,y)$ de uma função $f(x,y)$ no ponto (x_0, y_0) é dada por:

$$f(x,y) \approx L(x,y) = f(x_0, y_0) + \frac{\partial f}{\partial x}(x_0, y_0)(x - x_0) + \frac{\partial f}{\partial y}(x_0, y_0)(y - y_0)$$

A figura seguinte mostra a aproximação linear de $f(x,y)$ no ponto (x_0, y_0).

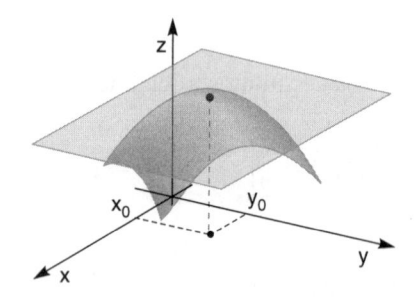

Cabe ressaltar algumas propriedades da diferenciabilidade.

A soma, a subtração, o produto e o quociente — desde que o denominador não se anule — de funções diferenciáveis são diferenciáveis.

Diferenciabilidade e continuidade

Existe uma relação entre diferenciabilidade e continuidade, expressa pelo seguinte teorema:

Teorema 2: Se f é uma função diferenciável em (x_0, y_0) então f é contínua em (x_0, y_0).

Teorema 3: Se f é uma função diferenciável em (x_0, y_0) então f admite derivadas parciais neste ponto.

Logo, a existência de derivadas parciais não garante a diferenciabilidade. De fato, no Exemplo 9.3 apresentou-se uma função com derivadas parciais em (0,0) que não é contínua, portanto, não-diferenciável.

Exemplo 9.13:

Verifique se a função abaixo é diferenciável na origem.

$$f(x,y) = \begin{cases} \dfrac{x^3}{x^2+y^2}, \text{ se } (x,y) \neq (0,0) \\ 0, \text{ se } (x,y) = (0,0) \end{cases}$$

Resolução:

$$\frac{\partial f}{\partial x}(0,0) = \lim_{x \to 0} \frac{f(x,0) - f(0,0)}{x} = \frac{x}{x} = 1$$

$$\frac{\partial f}{\partial y}(0,0) = \lim_{y \to 0} \frac{f(0,y) - f(0,0)}{y} = 0$$

Portanto, f admite derivadas parciais na origem, mas ainda é preciso verificar se o limite que define a diferenciabilidade se anula, ou seja,

$$\lim_{(h,k) \to (0,0)} \frac{f(x_0+h, y_0+k) - f(x_0,y_0) - \dfrac{\partial f}{\partial x}(x_0,y_0)h - \dfrac{\partial f}{\partial y}(x_0,y_0)k}{\sqrt{h^2+k^2}} = 0$$

Para $(x_0, y_0) = (0,0)$, temos:

$$\lim_{(h,k) \to (0,0)} \frac{f(h,k) - f(0,0) - \dfrac{\partial f}{\partial x}(0,0)h - \dfrac{\partial f}{\partial y}(0,0)k}{\sqrt{h^2+k^2}} =$$

$$= \lim_{(h,k) \to (0,0)} \frac{\dfrac{h^3}{h^2+k^2} - h}{\sqrt{h^2+k^2}} =$$

$$= \lim_{(h,k) \to (0,0)} \frac{\{-hk^2\}}{\left[(h^2+k^2)\sqrt{h^2+k^2}\right]} =$$

Tomando o caminho (t,t), o limite acima resulta em:

$\lim\limits_{t \to 0} -\dfrac{t}{2|t|\sqrt{2}}$, que não existe $\Rightarrow$ a função não é diferenciável.

Os resultados anteriores revelam que a existência de derivadas parciais não garante a diferenciabilidade, entretanto se acrescermos outra condição, tal implicação torna-se possível de acordo com o teorema seguinte.

> **Teorema 4:** Se f(x,y) possui derivadas parciais contínuas em A, então f é diferenciável em A.
>
> A recíproca não é necessariamente verdadeira.

Cabe ressaltar que as funções que possuem derivadas parciais contínuas são chamadas de classe C^1.

Exemplo 9.14:

Mostre que a função $f(x,y) = \cos(x^2 + y^2)$ é diferenciável em R^2.

Resolução:

As funções derivadas parciais de f de primeira ordem são:

$$\left[\frac{\partial f}{\partial x}\right] = -2x \cdot \text{sen}(x^2 + y^2)$$

$$\left[\frac{\partial f}{\partial y}\right] = -2y \cdot \text{sen}(x^2 + y^2)$$

que são funções contínuas em R^2.

Para efeitos de aplicações práticas, quase todas as funções consideradas possuirão derivadas parciais contínuas nos seus domínios. Generalizando, as funções que possuem derivadas parciais contínuas até ordem k são funções de classe C^k.

Exercícios 9.2

Utilize linearizações adequadas para estimar o valor das seguintes funções nos pontos referidos.

1. $f(x,y) = \dfrac{24}{x^2 + xy + y^2}$ em (2.1,1.8)

2. $f(x,y) = xe^{y + x^2}$ em (2.05,−3.92)

3. $f(x,y) = x^2 y^3$ em (3.1,0.9)

4. Através de uma aproximação linear, estime qual percentagem o valor da função $f(x,y,z) = w = \dfrac{x^2 y^3}{z^4}$ aumentará ou diminuirá se o valor de x subir de 1%, y baixar de 2% e z subir de 3%.

Encontre a equação dos planos tangentes aos gráficos das seguintes funções nos pontos indicados.

5. $f(x,y) = x^2 + y^2$ em (0,0,f(0,0))

6. $f(x,y) = xy$ em $\left(\dfrac{1}{2}, \dfrac{1}{2}, f\left(\dfrac{1}{2}, \dfrac{1}{2}\right)\right)$

7. $f(x,y) = xe^{x^2 - y^2}$ em (2,2,f(2,2))

8. Encontre a equação do plano tangente ao gráfico da função $f(x,y) = xy$ passando pelos pontos (1,1,2) e (−1,1,1).

Verifique se as seguintes funções são diferenciáveis em seus domínios, justificando.

9. $f(x,y) = \begin{cases} \dfrac{xy}{x^2+y^2}, & \text{se } (x,y) \neq (0,0) \\ 0, & \text{se } (x,y) = (0,0) \end{cases}$

11. $f(x,y) = \begin{cases} \dfrac{x^4+y^4}{x^2+y^2}, & \text{se } (x,y) \neq (0,0) \\ 0, & \text{se } (x,y) = (0,0) \end{cases}$

10. $f(x,y) = \begin{cases} \dfrac{xy^3}{x^2+y^2}, & (x,y) \neq (0,0) \\ 0, & \text{se } (x,y) = (0,0) \end{cases}$

9.3 FUNÇÕES HOMOGÊNEAS: A FUNÇÃO DE PRODUÇÃO DE COBB-DOUGLAS

Nesta seção, vamos abordar uma categoria específica de funções de n variáveis de grande importância no estudo de economia.

Funções Homogêneas

Uma função f(x,y) é *homogênea de grau k* se, para todo (x,y) e todo t > 0,
$$f(tx,ty) = t^k f(x,y)$$

Exemplo 9.15:

Verifique se a função é homogênea e, em caso afirmativo, dê o grau de homogeneidade.
(i) f(x,y) = 2x − 3y
(ii) g(x,y) = 2x − 3y + 4
(iii) h(x,y) = $3x^2 + 5y^2$
(iv) p(x,y) = $x^2 \cdot y^3$

Resolução:

(i) f(tx,ty) = 2(tx) − 3(ty) = t(2x − 3y) = tf(x,y).
Logo, a função f é homogênea de grau 1.
(ii) g(tx,ty) = 2(tx) − 3(ty) + 4 = t(2x − 3y) + 4 = tg(x,y) + 4
Portanto, g não é homogênea.
(iii) h(tx,ty) = $3(tx)^2 + 5(ty)^2 = t^2(3x^2 + 5y^2) = t^2 h(x,y)$
Logo, h é homogênea de grau 2.
(iv) p(tx,ty) = $(tx)^2 \cdot (ty)^3 = t^2 \cdot t^3 x^2 y^3 = t^5 p(x,y)$
Logo, p é homogênea de grau 5.

A partir do exemplo anterior, pode-se afirmar que um polinômio representa uma função homogênea se a soma dos expoentes de cada termo for sempre igual. Esta soma representa o grau de homogeneidade.

Considere agora que uma determinada produção possa ser modelada por uma função p(l,k) homogênea de grau k. Para tais condições, vejamos o que ocorre com a produção se a força de trabalho l e o capital k forem multiplicados por M. Tendo em vista que p(l,k) é homogênea de grau k, $p(Ml,Mk) = M^k p(l,k)$. Portanto, a modificação na produção fica determinada matematicamente pelo fator M^k.

Logo, se k > 1, k = 1 ou k < 1, obteremos respectivamente aumento de produção maior, igual e menor em proporção àquele aplicado a cada insumo. De acordo com a definição de retornos de escala apresentada, tais valores de k caracterizam respectivamente *retornos crescentes, constantes* e *decrescentes de escala*.

Exemplo 9.16:

Verifique a natureza dos retornos de escala para cada uma das funções produção caracterizadas abaixo.

i) $p(l,k) = l^{0.25}k^{0.75}$

ii) $p(l,k) = l^{0.25}k^{0.25}$

iii) $p(l,k) = l^{1.25}k^{0.25}$

Resolução:

(i) $p(Ml,Mk) = (Ml)^{0.25}(Mk)^{0.75} = M^{0.25+0.75} l^{0.25}k^{0.75} = Ml^{0.25}k^{0.75}$ ⇒ p é homogênea de grau 1, portanto apresenta retornos constantes de escala.

(ii) $p(Ml,Mk) = (Ml)^{0.25}(Mk)^{0.25} = M^{0.25+0.25} l^{0.25}k^{0.25} = M^{0.5}l^{0.25}k^{0.25}$ ⇒ p é homogênea de grau 0.5, portanto apresenta retornos decrescentes de escala.

(iii) $p(Ml,Mk) = (Ml)^{1.25}(Mk)^{0.25} = M^{1.25+0.25} l^{1.25}k^{0.25} = M^{1.5}l^{1.25}k^{0.25}$ ⇒ p é homogênea de grau 1.5, portanto apresenta retornos crescentes de escala.

Uma função homogênea do primeiro grau é linear se apresenta retornos constantes de escala, ou seja, quando o produto aumenta na mesma proporção dos aumentos dos fatores de produção.

Os conceitos de função homogênea, assim como de retornos de escala, estendem-se naturalmente para funções de produção com n variáveis independentes, de acordo com as definições seguintes.

Uma função $f(x_1, x_2, ..., x_n)$ é *homogênea de grau k* se, para todo $(x_1, x_2, ..., x_n)$ e todo t > 0,

$$f(tx_1, tx_2, ..., tx_n) = t^k f(x_1, x_2, ..., x_n)$$

Capítulo 9 — Diferenciação em Funções de Várias Variáveis

> Se $f(x_1, x_2, ..., x_n)$ da definição anterior caracteriza uma função produção homogênea de grau k, com relação aos retornos de escala, temos:
>
> — *retornos crescentes, se* $k > 1$
> — *retornos constantes, se* $k = 1$
> — *retornos decrescentes, se* $k < 1$

Exemplo 9.17:

Verifique a natureza dos retornos de escala para cada uma das funções produção p(l,k,t) caracterizadas abaixo, nas quais l, k e t representam, respectivamente, o trabalho, o capital e a terra.

i) $p(l,k,t) = l^{0.25} k^{0.75} t^{0.5}$
ii) $p(l,k,t) = l^{0.25} k^{0.25} t^{0.5}$
iii) $p(l,k,t) = l^{0.1} k^{0.2} t^{0.2}$

Resolução:

(i) $p(Ml, Mk, Mt) = (Ml)^{0.25}(Mk)^{0.75}(Mt)^{0.5} = M^{0.25 + 0.75 + 0.5} l^{0.25} k^{0.75} t^{0.5} =$
$= M^{1.5} l^{0.25} k^{0.75} t^{0.5} \Rightarrow$ p é homogênea de grau 1.5, portanto apresenta retornos crescentes de escala.

(ii) $p(Ml, Mk, Mt) = (Ml)^{0.25}(Mk)^{0.25}(Mt)^{0.5} = M^{0.25 + 0.25 + 0.5} l^{0.25} k^{0.25} t^{0.5} =$
$= M\, l^{0.25} k^{0.25} \Rightarrow$ p é homogênea de grau 1, portanto apresenta retornos constantes de escala.

(iii) $p(Ml, Mk, Mt) = (Ml)^{0.1}(Mk)^{0.2}(Mt)^{0.2} = M^{0.1 + 0.2 + 0.2} l^{0.1} k^{0.2} t^{0.2} =$
$= M^{0.5} l^{0.1} k^{0.2} t^{0.2} \Rightarrow$ p é homogênea de grau 0.5, portanto apresenta retornos decrescentes de escala.

As funções homogêneas ainda se manifestam em funções de demanda, dependentes de preços de produtos e da renda. Considere um mercado com n mercadorias com preços $p_1, p_2, ..., p_n$ e suponha ainda que r represente a renda média. A demanda para um dos produtos referidos é dada por $d(p_1, p_2, ..., p_n, r)$. Logo, a restrição orçamentária de um consumidor será dada por $p_1 q_1 + p_2 q_2 + ... + p_n q_n \leq r$.

Se os preços de todas as mercadorias e a renda aumentarem em uma proporção k, a nova restrição orçamentária será $kp_1 q_1 + kp_2 q_2 + ... + kp_n q_n \leq kr$, ou seja, $p_1 q_1 + p_2 q_2 + ... + p_n q_n \leq r$. Portanto, tal mudança não altera a restrição orçamentária, o que leva naturalmente a assumir que a demanda do consumidor permanece a mesma, ou seja, $d(kp_1, kp_2, ..., kp_n, kr) = d(p_1, p_2, ..., p_n, r)$.

Em termos matemáticos, isto significa que a demanda, neste caso, é representada por uma função homogênea de grau 0.

Exemplo 9.18:

Mostre que a função $d(p_1,p_2,p_3,r) = \dfrac{r \cdot p_1^a}{p_1^{a+1} + p_2^{a+1} + p_3^{a+1}}$ é homogênea de grau 0.

Resolução:

$$d(kp_1,kp_2,kp_3,kr) = \frac{kr \cdot (kp_1)^a}{(kp_1)^{a+1} + (kp_2)^{a+1} + (kp_3)^{a+1}} =$$

$$= \frac{k^{a+1}[rp_1^a]}{k^{a+1}(p_1^{a+1} + p_2^{a+1} + p_3^{a+1})} = \frac{r \cdot p_1^a}{p_1^{a+1} + p_2^{a+1} + p_3^{a+1}} = d(p_1,p_2,p_3,r)$$

Há alguns aspectos geométricos das funções homogêneas de duas variáveis a serem comentados. Se considerarmos uma função $f(x,y)$ homogênea de grau k, e um ponto (x_0,y_0) do plano xy que não seja a origem, qualquer ponto P da reta definida por tal ponto e a origem será da forma (tx_0,ty_0) conforme a Figura 9.4.

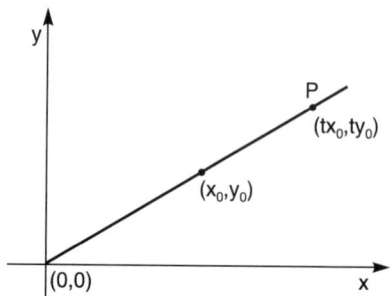

FIG. 9.4

Como f é homogênea de grau k, $f(tx_0,ty_0) = t^k f(x_0,y_0)$. Estabelecendo um corte na superfície definida pelo gráfico de f por meio de um plano perpendicular ao plano xy e contendo a reta mencionada, obtém-se a curva definida por t^k de acordo com a Figura 9.5.

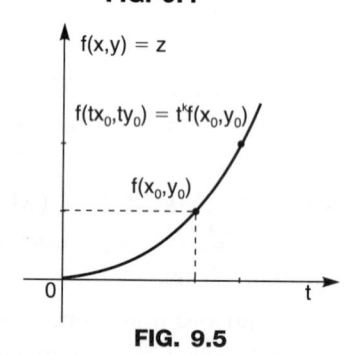

FIG. 9.5

Assim, se a função homogênea em questão é linear (ou seja, possui grau 1), estes cortes corresponderão a retas, e a superfície determinada pelo gráfico de f será composta por diversas retas passando pela origem. O conhecimento de apenas uma curva de nível correspondente a um valor c de f determina todas as outras curvas de nível e, portanto, o mapa de contorno da função.

Para justificar tal afirmação suponha que se conheça a curva de nível relativa ao valor c de uma função homogênea f de grau k, como a Figura 9.6.

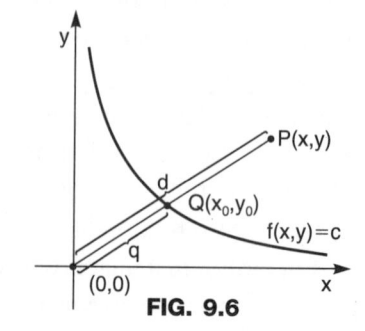

FIG. 9.6

Capítulo 9 — Diferenciação em Funções de Várias Variáveis

Para encontrar o valor assumido pela função em um ponto P = (x,y) do plano, basta ligá-lo à origem e verificar a relação da distância d entre ele e a origem com a distância q entre o ponto de interseção Q = (x_0,y_0) do segmento construído com a curva de nível dada e a origem, de acordo com a Figura 9.4. Se tal relação for t, (x,y) = (tx_0,ty_0), a função assumirá em (x,y) o valor $t^k c$, pois é homogênea de grau k. Reciprocamente, para encontrar a curva de nível correspondente ao valor $t^k c$, basta estender os segmentos que unem cada ponto da curva de nível associada ao valor c, de maneira a multiplicar seus comprimentos por t.

Assim, o mapa de contorno de uma função homogênea de grau k, assim como a forma completa da função, são determinados pelo conhecimento de apenas uma de suas curvas de nível.

Exemplo 9.19:

Construa um esboço das curvas de nível referentes aos valores $\frac{1}{3}$ e 12 de uma função produção homogênea de grau 2, conhecendo a curva de nível concernente ao valor 3 desenhada na Figura 9.7.

Resolução:

Sendo f homogênea de grau 2, temos que $f(tx,ty) = t^2 f(x,y)$.

Se $f(tx,ty) = \frac{1}{3}$, com (x,y) sobre a curva de nível dada (ou seja, f(x,y) = 3), $t = \frac{1}{3}$.

Logo, para encontrar os pontos da curva de nível associada ao valor $\frac{1}{3}$, deve-se dividir por 3 as coordenadas de todos os pontos da curva de nível f(x,y) = 3.

Analogamente, se f(tx,ty) = 12, com (x,y) sobre a curva de nível dada (ou seja, f(x,y) = 3), t = 2. Logo, para encontrar os pontos da curva de nível associada ao valor $\frac{1}{3}$, deve-se multiplicar por 2 as coordenadas de todos os pontos da curva de nível f(x,y) = 3.

A Figura 9.7 traduz geometricamente os procedimentos adotados.

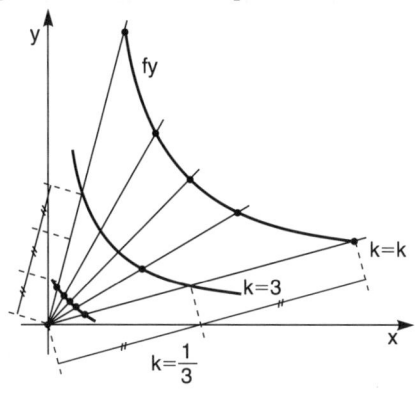

FIG. 9.7

• Função de produção de Cobb-Douglas

Freqüentemente, as funções de produção obedecem a determinados comportamentos que podem ser modelados por funções da forma $z = f(x,y) = Cx^a y^b$, onde C, a e b são constantes. Tal função é homogênea de grau a+b.

De fato,

$f(tx,ty) = C(tx)^a (ty)^b = C t^a t^b x^a y^b = C t^{(a+b)} x^a y^b = t^{(a+b)} C x^a y^b =$
$= t^{(a+b)} f(x,y)$

Quando z representa a produção de uma empresa, x representa as unidades de trabalho, e y, as unidades de capital, temos uma *função de produção de Cobb-Douglas*.

Se $a + b = 1 \Rightarrow$ a função de Cobb-Douglas pode ser expressa por:

$z = f(x,y) = Cx^\alpha y^{1-\alpha}$, onde C e α são constantes, com $0 < \alpha < 1$. Nesse caso, a função homogênea possui grau 1, ou seja, é linear.

Exemplo 9.20:

Considere a função de produção de Cobb-Douglas dada por $p(k,l) = 6k^{\frac{1}{4}}l^{\frac{3}{4}}$. Calcule o grau de homogeneidade de tal função.

Resolução:

A partir da definição anterior, o grau da função $p(k,l)$ é $\frac{1}{4} + \frac{3}{4} = 1$. Portanto, $p(k,l)$ representa uma função de Cobb-Douglas linear.

Teorema de Euler

Além das propriedades particulares concernentes às funções homogêneas, cabe ressaltar um teorema de grande interesse, apresentado em seguida:

Teorema de Euler:

$f(x,y)$ é uma função homogênea de grau k $\Leftrightarrow x\dfrac{\partial f}{\partial x} + y\dfrac{\partial f}{\partial y} = kf(x,y)$

Generalização:

Considere $f(x_1, x_2, ..., x_n)$ uma função com derivadas parciais contínuas em um domínio aberto $D \subset R^n$. Então,

f é homogênea de grau k $\Leftrightarrow \displaystyle\sum_{i=1}^{n} x_i \dfrac{\partial f}{\partial x_i}(x_1, x_2, ..., x_n) = kf(x_1, x_2, ..., x_n)$

Capítulo 9 — Diferenciação em Funções de Várias Variáveis

Prova:

Suponhamos que f seja homogênea de grau k. Então,

$$f(tx_1, tx_2, ..., tx_n) = t^k f(x_1, x_2, ..., x_n)$$

Derivando ambos os membros em relação a t e aplicando a regra da cadeia, temos:

$$\sum_{i=1}^{n} x_i \frac{\partial f}{\partial x_i}(x_1, x_2, ..., x_n) = kt^{k-1} f(x_1, x_2, ..., x_n)$$

Tomando k = 1, temos:

$$\sum_{i=1}^{n} x_i \frac{\partial f}{\partial x_i}(x_1, x_2, ..., x_n) = kf(x_1, x_2, ..., x_n)$$

Precisamos agora demonstrar a volta do teorema, ou seja, partindo da igualdade acima, mostrar que f é homogênea de grau k. Para isso, considere a função:

$$g(t) = t^{-k} f(tx_1, tx_2, ..., tx_n) - f(x_1, x_2, ..., x_n). \text{ Então,}$$

$$g'(t) = t^{-k} \sum_{i=1}^{n} x_i \frac{\partial f}{\partial x_i}(tx_1, tx_2, ..., tx_n) - kt^{-k-1} f(tx_1, tx_2, ..., tx_n)$$

Utilizando a hipótese anterior para a n-upla $(tx_1, tx_2, ..., tx_n)$, temos:

$$\sum_{i=1}^{n} tx_i \frac{\partial f}{\partial x_i}(tx_1, tx_2, ..., tx_n) = kf(tx_1, tx_2, ..., tx_n).$$ Aplicando este resultado na

fórmula para g'(t) acima, resulta que:

$g'(t) = 0 \Rightarrow g(t) = K$, constante. Como $g(1) = 0 \Rightarrow g(t) = 0$ e portanto

$$t^{-k} f(tx_1, tx_2, ..., tx_n) - f(x_1, x_2, ..., x_n) = 0 \Rightarrow$$

$f(tx_1, tx_2, ..., tx_n) = t^k f(x_1, x_2, ..., x_n)$, ou seja, f é homogênea de grau k.

Exemplo 9.21:

Verifique o Teorema de Euler para a função de produção de Cobb-Douglas $p(l,k) = 2k^{0.75} l^{0.25}$.

Resolução:

$$\frac{\partial p}{\partial l} = 2 \cdot 0.25 \cdot k^{0.75} \, l^{-0.75}$$

$$\frac{\partial p}{\partial k} = 2 \cdot 0.75 \cdot k^{-0.25} \, l^{0.25}$$

$$\Rightarrow l\frac{\partial p}{\partial l} + k\frac{\partial p}{\partial k} = l \cdot 2 \cdot 0.25 \cdot k^{0.75} \, l^{-0.75} + k \cdot 2 \cdot 0.75 \cdot k^{-0.25} \, l^{0.25} = 2k^{0.75} \, l^{0.25} = p$$

Logo, o teorema de Euler confirma que a função p(l,k) é homogênea de grau 1.

O Teorema de Euler torna-se importante em economia quando tratamos de funções de produção homogêneas de grau 1. Nesse caso, teremos:

$$l\frac{\partial p}{\partial l}(k,l) + k\frac{\partial p}{\partial k}(k,l) = p(k,l)$$

Este resultado é mais conhecido como *Teorema do Esgotamento da Produção*. Tal equação significa que o produto p(k,l) reparte-se entre o desempenho do fator de produção força de trabalho $l\frac{\partial p}{\partial l}(k,l)$, o volume salarial e o desempenho do fator de produção capital $k\frac{\partial p}{\partial k}(k,l)$, a remuneração do capital. Esses fatores medem as contribuições de força de trabalho para a produtividade.

Exercícios 9.3

1. Dentre as funções apresentadas a seguir, verifique aquelas que são homogêneas calculando, nesses casos, seus graus.

a) $f(x,y) = \sqrt{x^2 + xy}$

b) $f(x,y) = \sqrt{x + y^2}$

c) $f(x,y) = x(x^2 + xy)^{\frac{1}{5}} + y^{\frac{3}{5}} \cdot x^{\frac{4}{5}}$

2. Mostre que a função $f(x,y) = x^3 + xy$ não é homogênea de grau nenhum.

3. Considere $f(x,y) = \frac{x^2 + y^2}{x}$ como uma função produção em que x e y representem as quantidades de dois insumos. Verifique que f é homogênea, determine seu grau e verifique a relação de Euler para esta função, ou seja, $x\frac{\partial f}{\partial x} + y\frac{\partial f}{\partial y} = nf(x,y)$.

4. Considere a função de produção de Cobb-Douglas $P(k,l) = 2l^{1.25} \, k^{0.25}$, onde l representa a força de trabalho e k, o capital. Qual o efeito sobre a produção se duplicarmos tanto a força de trabalho como o capital?

5. Suponha que uma função de produção de uma firma seja dada por $q(k,l) = Ak^a l^{(1-a)}$, onde A > 0 e 0 < a < 1. Demonstre que o produto marginal de trabalho $\frac{\partial q}{\partial l}(k,l)$ é uma função decrescente de l para k fixado e que assume valores positivos.

6. Uma produção agrícola é expressa pela função de Cobb-Douglas $p(k,l,t) = Ak^a \, l^b \, t^c$, onde A, a, b, c são constantes positivas, e k, l, t representam, respectivamente, o capital, o trabalho e a área utilizada para agricultura. Calcule as produtividades marginais de capital $\frac{\partial p}{\partial k}$, de trabalho $\frac{\partial p}{\partial l}$ e de terra $\frac{\partial p}{\partial t}$, discutindo seus sinais. Calcule as derivadas parciais de segunda ordem. Mostre ainda que $k\frac{\partial p}{\partial k} + l\frac{\partial p}{\partial l} + t\frac{\partial p}{\partial t} = (a + b + c)p$.

7. Mostre que a função $f(x,y) = (x^2 + y^2)^{\frac{3}{2}} x^{\frac{1}{2}} y^{\frac{1}{2}}$ é homogênea de grau 4 e verifique a relação de Euler para esta função, ou seja, $x\dfrac{\partial f}{\partial x} + y\dfrac{\partial f}{\partial y} = 4f$.

8. Associe as funções de produção de Cobb-Douglas $P(k,l)$ expressas a seguir como função do capital e do trabalho com as afirmações.
   a) $P(k,l) = k^{0.25} l^{0.25}$ I) Duplica o trabalho e o capital e a produção multiplica por 8.
   b) $P(k,l) = k^{1.5} l^{1.5}$ II) Quadruplica o trabalho e o capital e duplica a produção.
   c) $P(k,l) = k\,l$ III) Duplica o trabalho e o capital e quadruplica a produção.

9. Considere a produção expressa como a função de Cobb-Douglas modificada $p(k,l) = Ak^a l^b e^{ck/l}$, onde A, a, b, c são constantes positivas e k e l representam, respectivamente, o capital e o trabalho. Calcule as produções marginais de capital $\dfrac{\partial p}{\partial k}$ e de trabalho $\dfrac{\partial p}{\partial l}$, discutindo seus sinais.

10. Associe agora as funções do exercício 8 com os mapas de curva de nível da Figura 9.8:

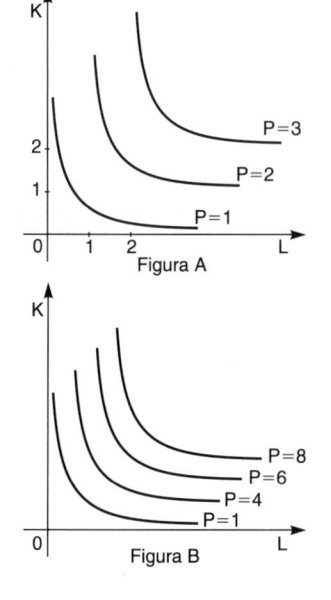

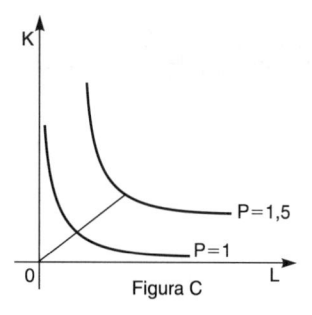

FIG. 9.8

11. Mostre que a função de produção de Cobb-Douglas $p(k,l) = Ak^a l^b$ é homogênea de grau $(a + b)$ em relação à força de trabalho e o capital, assim como as produtividades marginais de trabalho $\dfrac{\partial p}{\partial l}$ e de capital $\dfrac{\partial p}{\partial k}$ são homogêneas de grau $(a + b - 1)$ em relação ao trabalho e capital.

12. Considere as funções de demanda a seguir. Determine, quando possível, sob que condições tais funções são homogêneas de grau 0 em relação aos preços p_i e a renda r.
    a) $d(p_1, p_2, r) = a + bp_1 + cp_2 + dr$
    b) $d(p_1, p_2, r) = e^{(a + bp_1 + cp_2 + dr)}$
    c) $d(p_1, p_2, r) = A p_1^a p_2^b r^c$
    d) $d(p, r) = \dfrac{ar}{bp}$
    e) $d(p_1, p_2, r) = \dfrac{r}{p}\left[a + b \cdot \ln\dfrac{p_1}{p_2} + dc\dfrac{p_1}{p_2}^c\right]$

13. Generalize o resultado obtido no exercício 11, provando que as funções derivadas parciais de primeira ordem de uma função homogênea de grau k são funções homogêneas de grau $k - 1$.

14. Verifique que a função $f(x,y) = \dfrac{xy^2}{x^2 + y^2}$ satisfaz a equação $x\dfrac{\partial f}{\partial x} + y\dfrac{\partial f}{\partial y} = f(x,y)$. O que se pode concluir a respeito da natureza de f?

9.4 GRADIENTE E DERIVADAS DIRECIONAIS

As derivadas parciais de uma função f de várias variáveis fornecem-nos as taxas de variação de f nas direções paralelas aos eixos coordenados. Esta seção tem por objetivo estender o conceito de derivadas parciais, avaliando a taxa de variação de uma função de várias variáveis em um ponto P dado, e em relação a uma direção arbitrária definida pelo vetor u. Matematicamente, esta taxa traduz-se no conceito de *derivada direcional de f no ponto P e em relação à direção definida por u*.

Enquanto o cálculo em funções de uma variável avaliava a variação da função em relação a uma única direção, pode-se agora estender tal estudo para infinitas direções. Portanto, o problema resume-se a estudar a que taxa uma função modifica-se quando se move a partir de um ponto P de seu domínio em uma determinada direção.

Na análise de tal problema, deparamo-nos com o conceito de *gradiente de uma função em um ponto dado*, que fornece a direção em que há maior taxa de variação da função a partir do ponto considerado.

Primeiramente, vamos definir o conceito de vetor no plano. Se A e B são dois pontos do plano, o *vetor*, ou mais precisamente *vetor ligado*, AB é sinônimo de segmento orientado AB, ou seja, é o segmento de reta ao qual se atribui uma orientação, o que é feito especificando-se, dentre os dois pontos A e B, qual é a origem e qual a extremidade.

Quando indicamos AB, fixamos A como *origem* e B como *extremidade*. O vetor AB é representado por uma flecha cuja ponta está em B, de acordo com a Figura 9.9.

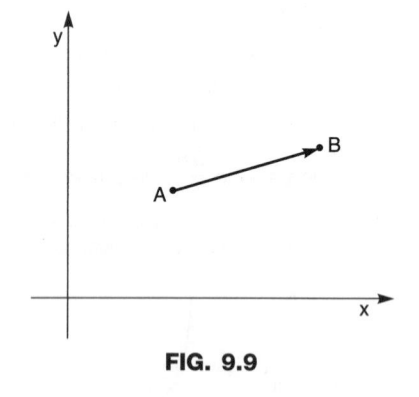

FIG. 9.9

O *comprimento* de um vetor AB, designado por |AB|, é o comprimento do segmento de reta AB. Por exemplo, se A = (1,3) e B = (4,2), então o comprimento do vetor AB é igual à distância entre A e B, dada por

$$|AB| = \sqrt{(1-4)^2 + (3-2)^2} = \sqrt{10}$$

Equipolência: Dois vetores AB e CD são *equipolentes* se eles são paralelos, de mesmo sentido e de mesmo comprimento. Em termos de coordenadas, os vetores AB e CD, onde A = (x_1, y_1), B = (x_2, y_2), C = (x_3, y_3) e D = (x_4, y_4), são equipolentes se e somente se $x_2 - x_1 = x_4 - x_3$ e $y_2 - y_1 = y_4 - y_3$.

Exemplo 9.22:

Determine as coordenadas de D tal que CD é equipolente a AB, onde A = (−2,4), B = (3,5) e C = (0,1).

Resolução:

Seja D = (x,y).

Para que CD seja equipolente a AB, devemos ter

x − 0 = 3 −(−2) e

y − 1 = 5 − 4

Logo, x = 5 e y = 2.

Portanto, D = (5,2). A Figura 9.10 mostra os vetores mencionados.

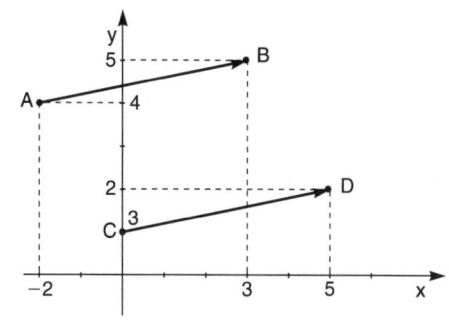

FIG. 9.10

Todo vetor AB é *equipolente* a um vetor cuja origem coincida com a origem das coordenadas. De fato, se A = (x_1,y_1) e B = (x_2,y_2), o vetor AB é equipolente ao vetor OD, onde D = $(x_2 - x_1, y_2 - y_1)$. Outro conceito importante é o de vetor livre. Considere o conjunto de todos os vetores ligados equipolentes a OA, onde A = (x_1,y_1); tal conjunto será chamado de *vetor livre* determinado por OA. Representamos o vetor livre por v = $[x_1,y_1]$ e dizemos que x_1 é a *primeira coordenada* de v e y_1, a *segunda coordenada* de v.

Os membros da classe v são seus *representantes*. Assim, os representantes de um mesmo vetor livre v têm a mesma direção, o mesmo sentido e o mesmo comprimento. A Figura 9.11 mostra como podemos pensar no vetor livre como um campo de vetores ligados.

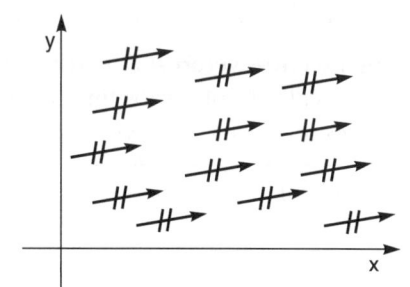

FIG. 9.11

Produto escalar: Considere os vetores u = $[x_1,y_1]$ e v = $[x_2,y_2]$. O *produto escalar* de u e v, designado por u . v é o número real $x_1 . x_2 + y_1 . y_2$. Assim,

$$u . v = [x_1,y_1] . [x_2,y_2] = x_1 x_2 + y_1 y_2$$

Além da definição algébrica anterior, pode-se provar que o produto escalar pode ser definido geometricamente por:

$$u . v = |u| . |v| \cos \theta$$

Exemplo 9.23:

Calcule o produto escalar entre os vetores u = (1,0) e v = (2,2), segundo as definições geométrica e algébrica, constatando que são iguais.

Resolução:

De acordo com as definições acima,

$u \cdot v = [x_1, y_1] \cdot [x_2, y_2] = x_1 x_2 + y_1 y_2 = 1.2 + 0.2 = 2$

Para utilizar a definição geométrica, é preciso conhecer os módulos dos vetores, bem como o ângulo entre eles. De acordo com a Figura 9.12, o ângulo entre os vetores vale 45°.

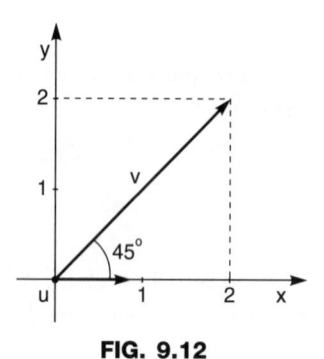

FIG. 9.12

$|u| = \sqrt{x_1^2 + y_1^2} = 1$

$|v| = \sqrt{x_2^2 + y_2^2} = 2\sqrt{2}$

Logo, $u \cdot v = |u| \cdot |v| \cos \theta = 1 \cdot 2\sqrt{2} \cos 45° = 2\sqrt{2} \cdot \frac{\sqrt{2}}{2} = 2$, confirmando o cálculo algébrico.

O exemplo acima revela que a equivalência entre as definições propicia uma maneira de calcular o ângulo entre os vetores.

Ângulo entre vetores: A partir da definição geométrica anterior, nota-se que o produto escalar fornece-nos uma maneira de encontrar o *ângulo entre os vetores* u e v através do cálculo do cosseno do ângulo θ entre eles, da seguinte maneira:

> O ângulo θ entre dois vetores $u = (x_1, y_1)$ e $v = (x_2, y_2)$ é tal que
>
> $$\cos \theta = \frac{u \cdot v}{|u| \cdot |v|}, \text{ onde } |u| = \sqrt{x_1^2 + y_1^2}, \text{ e } |v| = \sqrt{x_2^2 + y_2^2}$$
>
> ou seja,
>
> $$\cos \theta = \frac{x_1 x_2 + y_1 y_2}{\sqrt{x_1^2 + y_1^2} \cdot \sqrt{x_2^2 + y_2^2}}$$

Exemplo 9.24:

Encontre o ângulo entre os vetores $u = (1, \sqrt{3})$ e $v = (\sqrt{3}, 1)$.

Resolução:

Pela definição anterior

$$\cos \theta = \frac{x_1 x_2 + y_1 y_2}{\sqrt{x_1^2 + y_1^2} \cdot \sqrt{x_2^2 + y_2^2}} = \frac{1 \cdot \sqrt{3} + \sqrt{3} \cdot 1}{\sqrt{1 + 3}\sqrt{3 + 1}} = \frac{\sqrt{3}}{2}. \text{ Portanto,}$$

$\theta = \arccos \frac{\sqrt{3}}{2} = 30°$

A partir da definição de produto escalar, deduzem-se as seguintes propriedades:

> Dados os vetores u, v e w e o escalar λ, tem-se:
>
> — $u \cdot v = v \cdot u$
> — $v \cdot (\lambda u) = \lambda(v \cdot u) = (\lambda v) \cdot u$
> — $(u + v) \cdot w = u \cdot w + v \cdot w$

Ortogonalidade de vetores: Dois vetores u e v são *ortogonais* se o ângulo θ entre eles é 90°. Assim, $u = [x_1, y_1]$ e $v = [x_2, y_2]$ são ortogonais, e designamos por $u \perp v$, se e somente se o seu produto escalar é igual a zero. Em símbolos,

> $[x_1, y_1] \perp [x_2, y_2] \Leftrightarrow x_1 x_2 + y_1 y_2 = 0$

Exemplo 9.25:

Prove que os vetores $u = (2,3)$ e $v = (-3,2)$ são perpendiculares, verificando geometricamente.

Resolução:

De fato, $u \cdot v = (2,3) \cdot (-3,2) = -6 + 6 = 0$.
Geometricamente, temos:

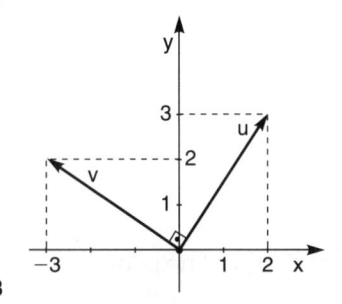

FIG. 9.13

A definição de produto escalar estende-se naturalmente para R^n, ou seja, se $u = (u_1, u_2, ..., u_n)$ e $v = (v_1, v_2, ..., v_n)$, então:

> $u \cdot v = (u_1, u_2, ..., u_n) \cdot (v_1, v_2, ..., v_n) = u_1 \cdot v_1 + u_2 \cdot v_2 + ... + u_n \cdot v_n$

A definição de ortogonalidade e as propriedades mencionadas são válidas também para R^n.

Gradiente de uma função

Podemos agora introduzir o conceito de gradiente de uma função.

> O *gradiente de uma função* f(x,y) *num ponto* (x_0,y_0), designado por $\nabla f(x_0,y_0)$ ou grad $f(x_0,y_0)$, é o vetor livre cujas coordenadas são $\frac{\partial f}{\partial x}(x_0,y_0)$ e $\frac{\partial f}{\partial y}(x_0,y_0)$, ou seja,
>
> $$\nabla f(x_0,y_0) = \left[\frac{\partial f}{\partial x}(x_0,y_0), \frac{\partial f}{\partial y}(x_0,y_0)\right]$$

Exemplo 9.26:

Calcule o gradiente da função $f(x,y) = 3x^2y - x^{\frac{2}{3}} \cdot y^2$ no ponto (1,3).

Resolução:

A derivada parcial da função f(x,y) em relação a x é

$$\frac{\partial f}{\partial x} = 6xy - \frac{2}{3}x^{-\frac{1}{3}}y^2$$

No ponto (1,3),

$$\frac{\partial f}{\partial x}(1,3) = 6 \cdot 1 \cdot 3 - \left(\frac{2}{3}\right) \cdot 1 \cdot 3^2 = 18 - 6 = 12$$

A derivada parcial da função f(x,y) em relação a y é

$$\frac{\partial f}{\partial y} = 3x^2 - 2x^{\frac{2}{3}} \cdot y$$

No ponto (1,3),

$$\frac{\partial f}{\partial y}(1,3) = 3 - 2 \cdot 3 = -3.$$

Portanto, o gradiente da função f(x,y) no ponto (1,3) é o vetor $\nabla f(1,3) = [12,-3]$. Considerando-o como vetor livre, convenciona-se representá-lo com origem no ponto em relação ao qual se calcula o gradiente, de acordo com a Figura 9.14.

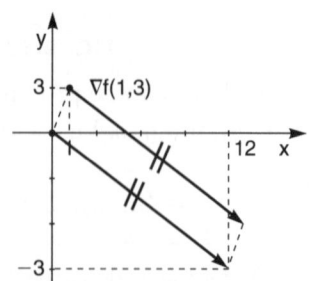

FIG. 9.14

As considerações anteriores levam-nos a pensar em um campo de vetores gradiente de uma função dada, representados geometricamente por um conjunto de vetores que fornecem em cada ponto do plano o vetor gradiente da função mencionada com origem no ponto referido.

Capítulo 9 — Diferenciação em Funções de Várias Variáveis

Exemplo 9.27:

Esboce o campo de vetores gradiente da função $f(x,y) = xy$.

Resolução:

Para isso, precisamos calcular o $\nabla f(x,y)$ para um ponto genérico (x,y) e em um número significativo de pontos, suficientes para determinar o comportamento geral de tal vetor. Logo,

$$\frac{\partial f}{\partial x} = y$$

$$\frac{\partial f}{\partial y} = x$$

Portanto, $\nabla f(x,y) = (y,x)$. Tomando alguns pontos, temos:

$\nabla f(0,0) = (0,0)$

$\nabla f(1,0) = (0,1)$

$\nabla f(0,1) = (1,0)$

$\nabla f(-1,0) = (0,-1)$

$\nabla f(0,-1) = (-1,0)$

$\nabla f(1,1) = (1,1)$

$\nabla f(-1,-1) = (-1,-1)$

$\nabla f(1,-1) = (-1,1)$

$\nabla f(-1,1) = (1,-1)$

A partir de tais resultados, e incluindo o gradiente em outros pontos, temos:

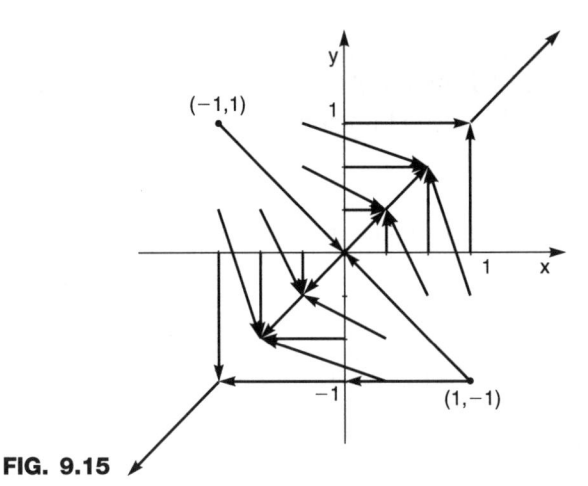

FIG. 9.15

Relação entre gradiente e curvas de nível

Vetor ortogonal a uma curva: Dizemos que um vetor u é *ortogonal* a uma curva plana, dada pelas equações paramétricas $x = x(t)$ e $y = y(t)$, se ele é ortogonal ao vetor $[x'(t), y'(t)]$, que é o vetor tangente à curva.

> **Teorema 5:** O gradiente de uma função $f(x,y)$ no ponto (x_0, y_0) é ortogonal à curva de nível da função que passa por esse ponto.

Prova:

A curva de nível da função $f(x,y)$ que passa pelo ponto (x_0, y_0) é dada pela equação

$$f(x,y) = f(x_0, y_0).$$

Os pontos (x,y) que satisfazem essa equação podem, por pertencerem a uma curva plana, ser parametrizados por uma variável $t : x = x(t)$ e $y = y(t)$. Assim, sendo $C = f(x_0, y_0)$, temos que

$$f(x(t), y(t)) = C.$$

Derivando ambos os membros da igualdade em relação a t, obtemos, pela regra da cadeia, $\dfrac{\partial f}{\partial x}(x(t), y(t)) \cdot x'(t) + \dfrac{\partial f}{\partial y}(x(t), y(t)) \cdot y'(t) = 0$

O primeiro membro desta igualdade pode ser considerado o produto escalar dos vetores $\nabla f(x(t), y(t))$ e $[x'(t), y'(t)]$. Mas $[x'(t), y'(t)]$ é o vetor tangente à curva de nível no ponto $(x(t), y(t))$. Logo, o gradiente da função f no ponto (x,y) é ortogonal ao vetor tangente à curva de nível no ponto (x,y), ou seja, é ortogonal à curva de nível da função no ponto (x,y).

Exemplo 9.28:

Desenhe a curva de nível da função $f(x,y) = xy$ para os valores de nível $c = 0, 1, 2, 3$. Desenhe o gradiente da função f no ponto $(1,2)$, aplicado nesse ponto.

Resolução:

Calculando as coordenadas do gradiente:

$\dfrac{\partial f}{\partial x} = y$ e $\dfrac{\partial f}{\partial y} = x$

$\dfrac{\partial f}{\partial x}(1,2) = 2$ $\dfrac{\partial f}{\partial y}(1,2) = 1$

Logo, $\nabla f(1,2) = [2,1]$

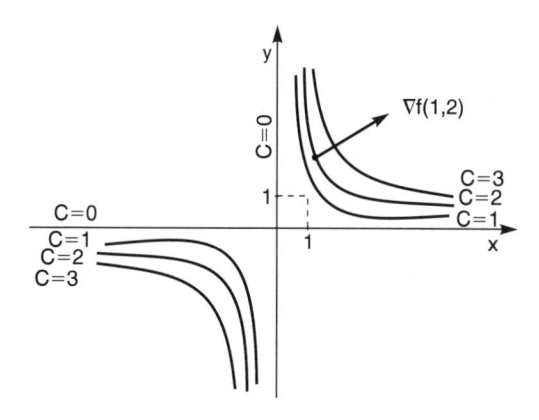

Capítulo 9 — Diferenciação em Funções de Várias Variáveis

FIG. 9.16

A definição de gradiente estende-se naturalmente para R^n, de acordo com a fórmula abaixo:

O *gradiente de uma função* $f(x_1, x_2, ..., x_n)$ *num ponto* $(x_{10}, x_{20}, ..., x_{n0})$, designado por $\nabla f(x_{10}, x_{20}, ..., x_{n0})$ ou grad $f(x_{10}, x_{20}, ..., x_{n0})$, é o vetor livre cujas coordenadas são $\dfrac{\partial f}{\partial x_1}(x_{10}, x_{20}, ..., x_{n0})$, $\dfrac{\partial f}{\partial x_2}(x_{10}, x_{20}, ..., x_{n0})$, $\dfrac{\partial f}{\partial x_3}(x_{10}, x_{20}, ..., x_{n0})$, ..., $\dfrac{\partial f}{\partial x_n}(x_{10}, x_{20}, ..., x_{n0})$, ou seja,

$$\nabla f(x_{10}, x_{20}, ..., x_{n0}) =$$
$$= \left[\dfrac{\partial f}{\partial x_1}(x_{10}, x_{20}, ..., x_{n0}), \; \dfrac{\partial f}{\partial x_2}(x_{10}, x_{20}, ..., x_{n0}), \; ..., \; \dfrac{\partial f}{\partial x_n}(x_{10}, x_{20}, ..., x_{n0}) \right]$$

A respeito da relação entre o vetor gradiente de funções de três variáveis e superfícies de nível em R^3, temos:

Teorema 6: O gradiente de uma função $f(x,y,z)$ no ponto (x_0,y_0,z_0) é ortogonal a qualquer curva contida na superfície de nível da função que passa por esse ponto. Nesse caso, dizemos que o gradiente de $f(x,y,z)$ é ortogonal ou normal à superfície de nível de tal função que passa por este ponto.

Derivada Direcional

Generalizando o processo geométrico estabelecido quando da definição de derivadas parciais e considerando $P = (x_0, y_0)$ e $u = (h, k)$, o cálculo da derivada de uma função de uma variável pode ser representado da seguinte maneira:

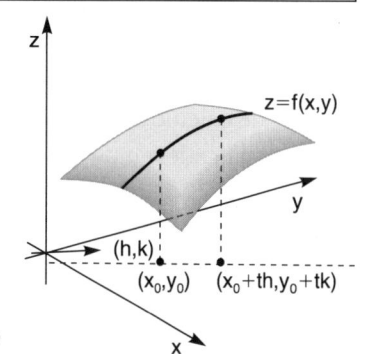

FIG. 9.17

Tendo em vista que a equação da reta que passa em (x_0,y_0) e $(x_0 + h, y_0 + k)$ pode ser representada parametricamente por $(x(t),y(t)) = (x_0 + th, y_0 + tk)$, a função f na direção u expressa-se pela função de uma variável $F(t) = f(x_0 + th, y_0 + tk)$, chamada *função direcional*. Resta-nos agora estabelecer um processo analítico para calcular a derivada direcional em um caso específico. A partir das considerações anteriores e supondo u = (h,k) um vetor unitário, ou seja, tal que $\sqrt{h^2 + k^2} = 1$, pode-se definir derivada direcional de f(x,y) no ponto (x_0,y_0) em relação a u como a derivada da função F(t) no ponto t = 0, ou seja,

---

Dadas as condições anteriores, a *derivada direcional de f(x,y) em (x_0,y_0) na direção definida pelo vetor unitário u = (h,k)* denotada por $D_u f(x_0,y_0)$ é a taxa de mudança de f(x,y) em relação a uma medida ao longo da reta passando por (x_0,y_0) na direção de u, ou seja,

$$D_u f(x_0, y_0) = \lim_{t \to 0} \frac{[f(x_0 + th, y_0 + tk) - f(x_0, y_0)]}{t}$$

ou, ainda, tendo em vista a definição já conhecida de derivada de uma variável, temos:

$$D_u f(x_0, y_0) = \frac{dF}{dt}(0)$$

onde F(t) é a função direcional de f(x,y) relativa ao ponto (x_0,y_0) e direção u = (h,k), ou seja, $F(t) = f(x_0 + th, y_0 + tk)$.

A escolha de um vetor unitário na direção em relação à qual se deseja calcular a derivada direcional decorre do fato de que, desta maneira, a derivada direcional fornece aproximadamente a mudança da função f a partir de (x_0,y_0), quando se varia *uma* unidade na direção u. Portanto, caso queira-se computar este operador em relação a uma direção não unitária v, basta tomar $u = \frac{v}{|v|}$ na definição acima.

Cabe ainda ressaltar que as derivadas direcionais nas direções correspondentes aos eixos coordenados (1,0) e (0,1) resultam justamente nas derivadas parciais, confirmando analiticamente a generalização de tal conceito. Vejamos agora um método simples de cálculo da derivada direcional utilizando o conceito de gradiente. A partir da regra da cadeia e da definição anterior, a derivada direcional de f(x,y) no ponto (x_0,y_0) e direção u = (h,k), $D_u f(x_0,y_0)$ pode ser calculada da seguinte maneira:

$$\frac{\partial f}{\partial u}(x_0, y_0) = D_u f(x_0, y_0) = F'(0)$$

Capítulo 9 — Diferenciação em Funções de Várias Variáveis

onde $F(t) = f(x(t), y(t))$ com $x(t) = x_0 + th$ e $y(t) = y_0 + tk$. Pela regra da cadeia, segue que

$$F'(t) = \frac{\partial f}{\partial x}h + \frac{\partial f}{\partial y}k = \nabla f(x,y) \cdot (h,k)$$

Portanto,

> A derivada direcional da função $f(x,y)$ na direção de u no ponto (x_0, y_0) é dada por
> $$D_u(x_0, y_0) = \frac{\partial f}{\partial u}(x_0, y_0) = \nabla f(x_0, y_0) \cdot u$$

Esse número mede a taxa de variação da função no ponto (x_0, y_0) na direção u.

Exemplo 9.29:

Calcule a derivada direcional da função $f(x,y) = 3x^2 - xy^3 + 4$ no ponto $(2,1)$ na direção do vetor $\left[\frac{\sqrt{2}}{2}, -\frac{\sqrt{2}}{2}\right]$.

Resolução:

As derivadas parciais são

$$\frac{\partial f}{\partial x} = 6x - y^3$$

$$\frac{\partial f}{\partial x}(2,1) = 6 \cdot 2 - 1^3 = 11$$

$$\frac{\partial f}{\partial y} = -3xy^2$$

$$\frac{\partial f}{\partial y}(2,1) = -3 \cdot 2 \cdot 1^2 = -6$$

Logo, o gradiente é o vetor

$\nabla f(1,2) = [11, -6]$

Como $v = \left[\frac{\sqrt{2}}{2}, -\frac{\sqrt{2}}{2}\right]$,

$$\frac{\partial f}{\partial v}(2,1) = \nabla f(1,2) \cdot v = [11,-6] \cdot \left[\frac{\sqrt{2}}{2}, -\frac{\sqrt{2}}{2}\right] = 11\frac{\sqrt{2}}{2} + 6\frac{\sqrt{2}}{2} = 17\frac{\sqrt{2}}{2}$$

No caso particular em que v = [1,0], que é o vetor que dá a direção e o sentido do eixo x, temos que

$$\frac{\partial f}{\partial v}(x_0,y_0) = \nabla f(x_0,y_0) \cdot v = \frac{\partial f}{\partial x}(x_0,y_0) \cdot 1 + \frac{\partial f}{\partial y}(x_0,y_0) \cdot 0 = \frac{\partial f}{\partial x}(x_0,y_0)$$

Novamente, confirma-se que a derivada parcial da função f em relação a x é a particular derivada direcional dessa função na direção e sentido do vetor [1,0]. Analogamente, a derivada parcial da função f em relação a y é a particular derivada direcional dessa função na direção e sentido do vetor [0,1].

Propriedades e Interpretações de Gradiente e Derivadas Direcionais

A partir do resultado anterior e da definição geométrica de produto escalar, pode-se expressar a derivada direcional de uma função f(x,y) em um ponto (x_0,y_0) na direção do vetor unitário u como:

$$D_u(x_0,y_0) = \frac{\partial f}{\partial u}(x_0,y_0) = \nabla f(x_0,y_0) \cdot u =$$
$$= |\nabla f(x_0,y_0)| \cdot |u| \cos \theta = |\nabla f(x_0,y_0)| \cdot \cos \theta$$

onde θ é o ângulo entre os vetores $\nabla f(x_0,y_0)$ e u. Deste resultado, pode-se afirmar que *a derivada direcional $D_u(x_0,y_0)$ numa dada direção u é o comprimento da projeção do vetor $\nabla f(x_0,y_0)$ na direção de u*, de acordo com a Figura 9.18.

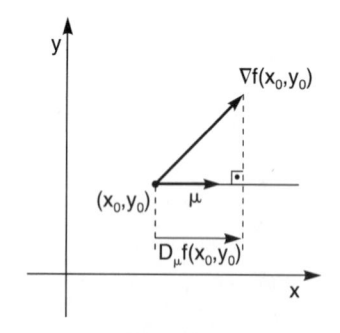

FIG. 9.18

Segue imediatamente das considerações anteriores que a derivada direcional de f(x,y) em um ponto (x_0,y_0) assume seu valor máximo quando cos θ = 1, ou seja, θ = 0. Tal situação ocorre quando a direção u em relação à qual se deseja calcular a derivada direcional coincide com a direção do vetor $\nabla f(x_0,y_0)$ e, nesse caso, $D_u(x_0,y_0) = |\nabla f(x_0,y_0)|$.

Tendo em vista o significado de derivada direcional apresentado anteriormente, conclui-se o seguinte:

> *O vetor gradiente de uma função f(x,y) em um ponto (x_0,y_0) aponta para a direção na qual a função cresce mais rapidamente, e seu comprimento $|\nabla f(x_0,y_0)|$ fornece precisamente a taxa máxima de variação de tal função no ponto (x_0,y_0), ou seja, a máxima derivada direcional no ponto em questão.*

Capítulo 9 — Diferenciação em Funções de Várias Variáveis

Do ponto de vista geométrico, o resultado anterior implica que:

> *O vetor gradiente de uma função $f(x,y)$ em um ponto (x_0,y_0) aponta para a projeção no plano xy da direção em R^3 na qual a superfície definida pelo gráfico de tal função é mais íngreme a partir do ponto $(x_0,y_0, f(x_0,y_0))$ e seu comprimento $|\nabla f(x_0,y_0)|$ fornece precisamente a tangente do ângulo que o vetor associado à primeira direção faz com a projeção mencionada.*

A Figura 9.19 representa geometricamente as considerações acima:

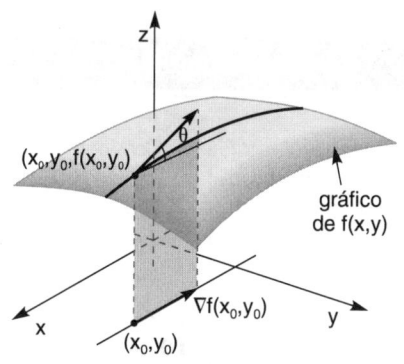

θ = inclinação máxima da superfície a partir de $(x_0,y_0,f(x_0,y_0))$

FIG. 9.19

Assim como a existência de derivadas parciais em um determinado ponto não implicava continuidade da função em tal ponto, é possível haver derivadas direcionais de uma função $f(x,y)$ em um ponto (x_0,y_0) em qualquer direção sem que haja continuidade de f em tal ponto.

As extensões dos conceitos e resultados anteriores para funções de n variáveis ocorrem naturalmente da seguinte maneira.

> A *derivada direcional* de $f(x_1, x_2, ..., x_n)$ em $(x_{01}, x_{02}, ..., x_{0n})$ na direção definida pelo vetor unitário $u = (h_1, h_2, ..., h_n)$ denotada por $D_u f(x_{01}, x_{02}, ..., x_{0n})$ é a taxa de mudança de $f(x_1, x_2, ..., x_n)$ em relação a uma medida ao longo da reta passando por $(x_{01}, x_{02}, ..., x_{0n})$ na direção de u, ou seja,
>
> $$D_u f(x_{01}, x_{02}, ..., x_{0n}) =$$
> $$= \lim_{t \to 0} \frac{[f(x_{01} + th_1, x_{02} + th_2, ..., x_{0n} + th_n) - f(x_{01}, x_{02}, ..., x_{0n})]}{t}$$
>
> ou, ainda, tendo em vista a definição já conhecida de derivada de uma variável, temos:
>
> $$D_u f(x_{01}, x_{02}, ..., x_{0n}) = \frac{df}{dt} F(0)$$
>
> onde $F(t)$ é a função direcional de $f(x_1, x_2, ..., x_n)$ relativa ao ponto $(x_{01}, x_{02}, ..., x_{0n})$ e direção $u = (h_1, h_2, ..., h_n)$, ou seja, $F(t) = f(x_{01} + th_1, x_{02} + th_2, ..., x_{0n} + th_n)$.

Matemática Aplicada

Através de procedimentos análogos àqueles tomados no caso de duas variáveis, obtemos:

> A derivada direcional da função $f(x_1, x_2, ..., x_n)$ na direção de u no ponto $(x_{01}, x_{02}, ..., x_{0n})$ é dada por
>
> $$\frac{\partial f}{\partial v}(x_{01}, x_{02}, ..., x_{0n}) = \nabla f(x_{01}, x_{02}, ..., x_{0n}) \cdot u$$

Exercícios 9.4

Para as seguintes funções, encontre o vetor gradiente no ponto P mencionado, bem como as derivadas direcionais nestes pontos em relação à direção u, dada para cada caso.

1. $f(x,y) = x^2 - y^2$, $P = (2,-1)$ e

$u = \left(\frac{1}{\sqrt{2}}, \frac{1}{\sqrt{2}}\right)$

2. $f(x,y) = \ln(x^2 + y^2)$, $P = (2,-2)$ e

$u = \left(\frac{\sqrt{3}}{2}, \frac{1}{2}\right)$

3. $f(x,y,z) = x^2z + y^2z + z^2x$, $P = (1,-1,1)$ e

$u = \left(\frac{1}{\sqrt{3}}, \frac{1}{\sqrt{3}}, \frac{1}{\sqrt{3}}\right)$

4. $f(x,y,z) = \cos(xy) + \text{sen}(yz)$, $P = (2,0,3)$

e $u = \left(-\frac{1}{3}, \frac{2}{3}, \frac{2}{3}\right)$

5. $f(x,y,z) = \ln(x^2 + y^2 + z^2)$, $P = (1,3,2)$ e

$u = \left(\frac{1}{\sqrt{3}}, -\frac{1}{\sqrt{3}}, -\frac{1}{\sqrt{3}}\right)$

6. $f(x,y) = y^2 \text{tag}^2 x$, $P = \left(\frac{\pi}{3}, 2\right)$ e

$u = \left(-\frac{\sqrt{3}}{2}, \frac{1}{2}\right)$

7. Considerando $f(x,y) = e^{2y} \text{arctg}\left(\frac{y}{3x}\right)$, encontre um vetor que defina a direção a partir do ponto (1,3) para a qual os valores de f mantêm-se constantes.

8. Dada a função $f(x,y) = xy$, em quais direções a partir do ponto (2,0) a função possui taxa de mudança -1, -2 e -3?

9. Considere a função $f(x,y)$ e os vetores unitários

$u = \left(\frac{1}{\sqrt{2}}, \frac{1}{\sqrt{2}}\right)$ e $v = \left(\frac{3}{5}, -\frac{4}{5}\right)$. Sabendo

que $D_u f(x_0, y_0) = 3\sqrt{2}$ e $D_v f(x_0, y_0) = 5$, encontre $\nabla f(x_0, y_0)$.

10. A Figura 9.20 representa as curvas de nível da função $f(x,y)$ concernentes aos valores indicados. Avalie o sinal — positivo, negativo ou nulo — de cada uma das seguintes quantidades, justificando sua resposta.

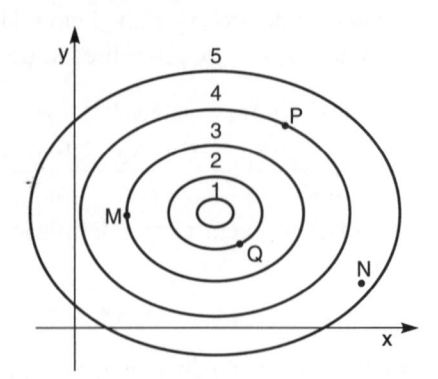

a) $D_{(0,1)}f$ em M
b) $D_{(1,0)}f$ em M
c) $D_{(0,1)}f$ em Q
d) $D_{(1,0)}f$ em P
e) $D_{(0,1)}f$ em N
f) $D_{(1,0)}f$ em N

FIG. 9.20

11. Considere f(x,y) definida por

$$f(x,y) = \begin{cases} \dfrac{2x^2y}{x^4+y^2}, & \text{se } (x,y) \neq (0,0) \\ 0, & \text{se } (x,y) = (0,0) \end{cases}$$

Mostre que $D_u f(0,0)$ existe para qualquer vetor unitário u = (h,k) no plano, calculando-as em função de h e k para os casos em que k = 0 e k ≠ 0. Verifique se f(x,y) não é contínua em (0,0), confirmando que a existência das derivadas direcionais em um ponto dado para todas as direções não garante a continuidade nesse ponto.

12. Considere as curvas de nível esboçadas na Figura 9.21 concernentes a uma função produção p(k,l), onde k e l representam respectivamente capital e trabalho. Se os números que acompanham essas curvas correspondem aos valores assumidos por p(k,l) ao longo de tais curvas, esboce os vetores gradiente em cada um dos pontos marcados — M, P, Q, R —, explicando o porquê da direção e tamanhos escolhidos.

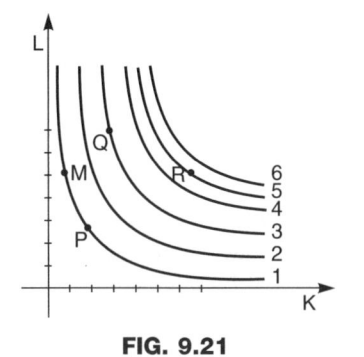

FIG. 9.21

13. Considere a produtividade q(k,l) de uma empresa definida implicitamente pela equação $q^2k^2 - 20.l^3 + 10qkl = 0$, onde k e l representam respectivamente capital investido e força de trabalho, convertidos em valor monetário (em mil reais). Supondo que tal empresa encontra-se atualmente com k = 100 mil reais e l = 10 mil reais e que se pretenda aumentar a produção, calcule em que proporção deve-se aumentar k e l inicialmente de modo que a produção cresça da forma mais rápida possível.

14. Considerando que duas curvas interceptam-se ortogonalmente se os vetores tangentes a tais curvas no ponto de interseção são ortogonais, encontre a equação da curva no plano xy que passa pelo ponto (2,−1) e intercepta todas as curvas de nível da função $f(x,y) = x^2y^3$ ortogonalmente.

15. Considere a produção de uma empresa expressa através da função de Cobb-Douglas modificada $p(k,l) = Ak^a l^b e^{\frac{ck}{l}}$, onde A, a, b, c são constantes positivas e k e l representam respectivamente o capital e o trabalho, convertidos para valor monetário. Supondo que tal produção opere no momento segundo um capital investido k_0 e força de trabalho l_0 e que a empresa pretenda aumentar os custos de produção, determine segundo qual relação o capital e o trabalho devem ser aumentados inicialmente de modo a que a produção cresça o mais rápido possível.

9.5 APLICAÇÕES

Muitas aplicações de derivadas parciais apresentam naturezas semelhantes àquelas referentes a funções de uma variável real apresentadas no final do Capítulo 4. Apresentaremos de que forma a Matemática pode nos auxiliar a compreender alguns conceitos como *funções marginais e totais*, *elasticidades parciais*, *taxas marginais de substituição* e *caminho de expansão*.

Funções marginais

A Seção 4.6 apresentou os conceitos de custo e receita marginais para funções de uma variável real. Para tais funções, o custo marginal C'(x) representava aproximadamente o custo para produzir uma unidade a mais, a partir do nível de produção referente à quantidade x.

De maneira análoga, pode-se estender o conceito de funções marginais para funções de várias variáveis. Por exemplo, uma função $\frac{\partial C}{\partial x}(x,y)$ significa o custo aproximado para produzir uma unidade a mais da mercadoria x a partir do nível de produção referente às quantidades x e y.

Para uma função de várias variáveis, há tantas funções marginais quantas forem as variáveis das quais a função em questão depende. Por exemplo, se R(x,y,z) descreve a receita de uma firma que vende três mercadorias em quantidades x, y e z, as funções de *receita marginal* serão dadas respectivamente por $\frac{\partial R}{\partial x}(x,y,z)$, $\frac{\partial R}{\partial y}(x,y,z)$ e $\frac{\partial R}{\partial z}(x,y,z)$ e indicam a variação aproximada na receita quando x, y e z variam respectivamente de uma unidade.

Definem-se *produtividades marginais de capital* $\frac{\partial P}{\partial k}$, *de trabalho* $\frac{\partial P}{\partial l}$ *e de terra* $\frac{\partial P}{\partial t}$, para uma função produtividade P(k,l,t), onde k, l e t representam respectivamente o capital investido, a força de trabalho e a terra.

Exemplo 9.30:

Considere a produtividade agrícola representada pela função de Cobb-Douglas $P(k,l,t) = A\,k^a l^b t^c$, onde A, k, l, t são constantes positivas. Calcule as produtividades marginais de capital, de trabalho e de terra.

Resolução:

Trata-se precisamente das derivadas parciais $\frac{\partial P}{\partial k}$, $\frac{\partial P}{\partial l}$ e $\frac{\partial P}{\partial t}$. Assim, temos:

$$\frac{\partial P}{\partial k} = A\,a\,k^{a-1} l^b t^c$$

$$\frac{\partial P}{\partial l} = A\,b\,k^a l^{b-1} t^c$$

$$\frac{\partial P}{\partial t} = A\,c\,k^a l^b t^{c-1}$$

Capítulo 9 — Diferenciação em Funções de Várias Variáveis

As funções marginais ainda encontram grande aplicação no âmbito das funções utilidade. Por exemplo, se considerarmos $U(x_1, x_2, ..., x_n)$ uma medida da satisfação ou utilidade de um indivíduo decorrente do consumo das quantidades $x_1, x_2, ..., x_n$ dos produtos $A_1, A_2, ..., A_n$, define-se $\frac{\partial U}{\partial x_i}(x_1, x_2, ..., x_n)$ como sendo a *utilidade marginal* da mercadoria A_i, que fornece aproximadamente o acréscimo de satisfação ao consumidor quando aumenta o consumo do bem A_i de uma unidade.

Exemplo 9.31:

Considere a função utilidade de Stone-Geary apresentada na Seção 9.1 em sua forma generalizada $U(x_1, x_2, ..., x_n) = a_1 \ln(x_1 - x_{01}) + a_2 \ln(x_2 - x_{02}) + ... + a_n \ln(x_n - x_{0n})$, onde $x_1, x_2, ..., x_n$ representam respectivamente as quantidades consumidas de bens $A_1, A_2, ... A_n$ e $a_i > 0$, para $i = 1, 2, 3 ..., n$. Calcule as utilidades marginais das mercadorias A_i avaliando seus sinais.

Resolução:

O problema resume-se essencialmente ao cálculo de $\frac{\partial U}{\partial x_i}$. Logo, $\frac{\partial U}{\partial x_i} = \frac{a_i}{x_i - x_{0i}}$. Como $a_i > 0$ e $x_i - x_{0i} > 0$ para que a função U esteja bem definida, as utilidades marginais são sempre positivas, significando que a satisfação do consumidor torna-se maior ao aumentar o consumo de qualquer de seus bens.

Elasticidade Parcial

O presente item procura generalizar, para funções de várias variáveis, o conceito de elasticidade para funções de uma variável apresentado na Seção 4.6, o que nos leva ao conceito de *elasticidade parcial*. Tendo em vista a dependência de diferentes variáveis, faz sentido pensar, por exemplo, na elasticidade-demanda de certo produto com respeito à renda ou ao preço.

De maneira mais ampla, e generalizando o conceito de elasticidade, temos:

> Dada uma função de várias variáveis $f(x_1, x_2, ..., x_n)$, define-se a *elasticidade parcial de f com respeito à variável x_i* no ponto $(x_1, x_2, ..., x_n)$ como:
>
> $$E_{xi} f(x_1, x_2, ..., x_n) = \frac{x_i}{f(x_1, x_2, ..., x_n)} \frac{\partial f}{\partial x_i}(x_1, x_2, ..., x_n)$$

A elasticidade parcial de uma função f no ponto $(x_1, x_2, ..., x_n)$ com respeito à variável x_i representa a taxa instantânea de variação proporcional de f por unidade de variação proporcional de x_i a partir do ponto $(x_1, x_2, ..., x_n)$. Assim como em funções de uma variável real, a elasticidade parcial de uma função de várias variáveis é um número puro, não dependendo das unidades de f ou de x_i.

Pode-se interpretar o conceito anterior como:

> A elasticidade parcial $E_{x_i} f(x_1, x_2, ..., x_n)$ é aproximadamente igual à modificação percentual de f decorrente do aumento de 1% na variável x_i a partir do ponto $(x_1, x_2, ..., x_n)$, mantendo as demais variáveis x_k constantes, com $k \neq i$.

Exemplo 9.32:

Considerando $q_1(p_1,p_2) = -4p_1 + 8p_2 + 20$ uma função que fornece a demanda de um certo produto A em termos de seu preço p_1 e do preço de p_2 de outro bem B substituto de A, determine as elasticidades parciais de demanda do produto A $q_1(p_1,p_2)$ com respeito ao seu preço p_1 e ao preço p_2 de B, supondo que atualmente os preços de A e de B sejam respectivamente 8 e 4. Comente.

Resolução:

A partir das definições anteriores, quer-se calcular $q_1(p_1,p_2)$, $\dfrac{\partial q_1}{\partial p_1}(p_1,p_2)$ e $\dfrac{\partial q_1}{\partial p_2}(p_1,p_2)$ para $p_1 = 8$ e $p_2 = 4$.

$$q_1(p_1,p_2) = -4 \cdot 8 + 8 \cdot 4 + 20 = 20$$

$$\frac{\partial q_1}{\partial p_1}(p_1,p_2) = -4$$

$$\frac{\partial q_1}{\partial p_2}(p_1,p_2) = 8$$

$$E_{p_1}q_1(p_1,p_2) = \frac{p_1}{q_1(p_1,p_2)} \frac{\partial q_1}{\partial p_1}(p_1,p_2) = \frac{8}{20}(-4) = -\frac{8}{5} = -1,6$$

$$E_{p_2}q_1(p_1,p_2) = \frac{p_2}{q_1(p_1,p_2)} \frac{\partial q_1}{\partial p_2}(p_1,p_2) = \frac{4}{20} 8 = \frac{8}{5} = 1,6$$

A demanda por A diminui aproximadamente 1,6% quando seu preço aumenta em 1%, mas aumenta aproximadamente 1,6% quando o preço do produto B aumenta em 1%. Em termos qualitativos, tais resultados mostram-se pertinentes com o fato de B ser substituto de A.

Há ainda alguns casos particulares de elasticidades parciais. Por exemplo, a elasticidade parcial $E_{p_1}q_1(p_1,p_2)$ da função demanda de um produto $q_1(p_1,p_2)$ — dependente de seu preço p_1, e do preço p_2, de outra mercadoria relacionada (complementar, substituta) — com respeito ao seu preço denomina-se *elasticidade direta de demanda*, enquanto a elasticidade parcial $E_{p_2}q_1(p_1, p_2)$ com respeito ao preço do outro produto denomina-se *elasticidade cruzada de demanda*. Indicam, respectivamente, a variação percentual aproximada da demanda de um produto quando seu preço aumenta de 1% e quando o preço da mercadoria relacionada aumenta de 1%. De modo geral, o sinal da elasticidade cruzada de uma função caracteriza a natureza da mercadoria relacionada.

Se o sinal for positivo, os bens são substitutos, pois o aumento de preço de um implicará aumento da demanda do outro. Se o sinal da elasticidade cruzada for negativo, os bens são complementares, uma vez que o aumento de preço de um implicará diminuição da demanda do outro.

Exemplo 9.33:

Considere a demanda de manteiga dada por $q_1(p_1,p_2) = 200 - 60p_1 + 30p_2$, onde p_1 e p_2 representam respectivamente os preços da manteiga e da margarina. Determine as elasticidades direta e cruzada de demanda da manteiga supondo que atualmente o preço da manteiga e da margarina são respectivamente p_1 = R\$ 3,00 e p_2 = R\$ 2,00. Os produtos mencionados são substitutos ou complementares?

Resolução:

Calculemos $q_1(p_1,p_2)$, $\dfrac{\partial q_1}{\partial p_1}(p_1,p_2)$ e $\dfrac{\partial q_1}{\partial p_2}(p_1,p_2)$ para p_1 = 3 e p_2 = 2.

$q_1(p_1,p_2) = 200 - 60 \cdot 3 + 30 \cdot 2 = 80$

$\left(\dfrac{\partial q_1}{\partial p_1}\right)(p_1,p_2) = -60$

$\left(\dfrac{\partial q_1}{\partial p_2}\right)(p_1,p_2) = 30$

$Ep_1 q_1(p_1,p_2) = \dfrac{p_1}{q_1(p_1,p_2)} \dfrac{\partial q_1}{\partial p_1}(p_1,p_2) = \dfrac{3}{80}(-60) = -\dfrac{9}{4} = -2,25$

$Ep_2 q_1(p_1,p_2) = \dfrac{p_2}{q_1(p_1,p_2)} \dfrac{\partial q_1}{\partial p_2}(p_1,p_2) = \dfrac{2}{80} \cdot 30 = \dfrac{3}{4} = 0,75$

Tendo em vista que a elasticidade cruzada é positiva, os produtos mencionados — manteiga e margarina — são substitutos.

As definições anteriores estendem-se ainda para funções representativas da oferta de uma determinada mercadoria $s_1(p_1,p_2)$ que dependa, respectivamente, dos preços p_1 e p_2 de uma determinada mercadoria e de outra relacionada. Neste caso, os conceitos acima denominam-se *elasticidades direta e cruzada de oferta*. Fornecendo de maneira análoga informações concernentes à natureza do bem relacionado, *a elasticidade cruzada de oferta será positiva ou negativa quando os bens forem, respectivamente, complementares ou substitutos.*

Taxa Marginal de Substituição

A Seção 8.2 introduziu os conceitos de *taxa de substituição técnica* $-\frac{dy}{dx}$ segundo a qual o insumo y deve substituir x para manter o nível de produção p(x,y) constante, assim como o conceito de *taxa de substituição de artigo* $-\frac{dq_2}{dq_1}$, segundo a qual um consumidor poderá substituir o artigo A — de quantidade q_1 — pelo B — de quantidade q_2 — ou vice-versa, mantendo sua satisfação $u(q_1,q_2)$ constante.

Para generalizar tais conceitos, imaginemos uma função qualquer f(x,y), operando em um ponto (x_0,y_0), na qual se queira conhecer a *taxa marginal de substituição entre y e x* $TMgS(x_0,y_0) = -\frac{dy}{dx}(x_0,y_0)$, com que y deve substituir x ou vice-versa, de modo a manter f(x,y) constante, ou seja, com $f(x,y) = f(x_0,y_0) = c$. Utilizando a derivação implícita apresentada na Seção 9.1 para f(x,y) = c, temos:

$$\frac{\partial f}{\partial x}(x_0,y_0) + \frac{\partial f}{\partial y}(x_0,y_0) \cdot \frac{dy}{dx}(x_0,y_0) = 0 \Rightarrow \frac{dy}{dx}(x_0,y_0) = -\frac{\frac{\partial f}{\partial x}}{\frac{\partial f}{\partial y}}(x_0,y_0)$$

Portanto,

Define-se a *taxa marginal de substituição entre y e x* como:

$$TMgS(x_0,y_0) = -\frac{dy}{dx}(x_0,y_0) = \frac{\frac{\partial f}{\partial x}}{\frac{\partial f}{\partial y}}(x_0,y_0)$$

Assim como outros conceitos definidos como taxas, pode-se interpretar a taxa de substituição marginal como aproximadamente a quantidade adicional de y para cada unidade de x retirada, de modo a que permaneçam na mesma curva de nível.

Exemplo 9.34:

Considere a função utilidade de um consumidor $u(x,y) = (x + 2)(y + 4)$ concernente aos produtos A e B, cujas quantidades são respectivamente x e y. Determine a taxa marginal de substituição entre y e x nos pontos (1,4) e (2,2).

Resolução:

Para fins de utilizar a definição acima, precisamos inicialmente calcular $\frac{\partial f}{\partial x}$ e $\frac{\partial f}{\partial y}$ nos pontos referidos. Portanto,

$$\frac{\partial f}{\partial x} = y + 4 \Rightarrow \frac{\partial f}{\partial x}(1,4) = 8 \text{ e } \frac{\partial f}{\partial x}(2,2) = 6$$

$$\frac{\partial f}{\partial y} = x + 2 \Rightarrow \frac{\partial f}{\partial y}(1,4) = 3 \text{ e } \frac{\partial f}{\partial y}(2,2) = 4$$

$$TMgS(x_0, y_0) = -\frac{dy}{dx}(x_0, y_0) = \frac{\frac{\partial f}{\partial x}}{\frac{\partial f}{\partial y}}(x_0, y_0) \Rightarrow$$

$$\Rightarrow TMgS(1,4) = -\frac{dy}{dx}(1,4) = \frac{\frac{\partial f}{\partial x}}{\frac{\partial f}{\partial y}}(1,4) = \frac{8}{3}$$

$$TMgS(2,2) = -\frac{dy}{dx}(2,2) = \frac{\frac{\partial f}{\partial x}}{\frac{\partial f}{\partial y}}(2,2) = \frac{6}{4} = \frac{3}{2}$$

Comparando as duas configurações — (1,4) e (2,2) — no exemplo anterior, observa-se que ambas encontram-se sobre a mesma curva de indiferença correspondente a u(x,y) = 24. A primeira configuração — (1,4) — possui taxa marginal de substituição entre y e x maior do que a segunda — (2,2) — significando que uma mesma diminuição na quantidade consumida de x implica, no primeiro caso, maior quantidade de y consumida para compensar a perda de satisfação referida.

Assim como no tratamento de elasticidade parcial, pode-se pensar na *função taxa de substituição marginal entre y e x* que fornece para cada ponto genérico (x,y) sua taxa de substituição marginal correspondente.

Caminho de expansão

Considere as curvas de nível (isoquantas) de uma função produção p(x,y) expressa em termos de dois insumos representados pelas quantidades x e y. Embora tais curvas apresentem formas diferentes dependendo da função em questão, em geral, são decrescentes e convexas em relação à origem nas regiões pertinentes do ponto de vista econômico, de acordo com a Figura 9.22:

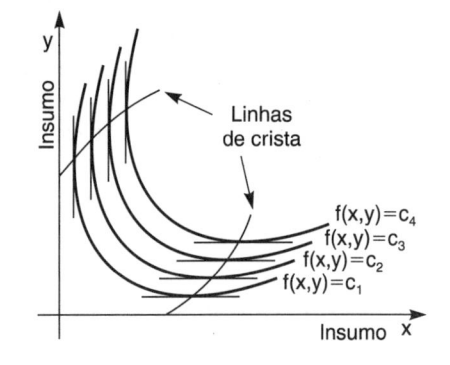

FIG. 9.22

Entretanto, o aumento da quantidade de um insumo, o número de empregados em um espaço de trabalho restrito, por exemplo, resulta em diminuição da produção. Estas situações traduzem-se geometricamente nas regiões do gráfico em que a declividade da curva é positiva. Naturalmente, não há interesse por parte de uma firma, por exemplo, em operar em tais regiões, uma vez que pode obter a mesma produtividade com outra combinação de insumos, porém a um custo menor.

Somente os arcos de curva entre as retas tangentes verticais e horizontais interessam do ponto de vista econômico. As curvas definidas pelos pontos de tangência de tais retas verticais e horizontais com as isoquantas denominam-se *linhas de crista* conforme indicado na Figura 9.22.

Definida a região operável do ponto de vista de produção, a questão torna-se agora escolher o ponto ótimo de operação, ou seja, o ponto em que a produtividade é máxima, a partir da restrição orçamentária do produtor (linhas de isocusto), definida matematicamente pelo custo de produção $C(x,y) = c_0$.

O ponto ótimo P_0 é definido pela isoquanta tangente à restrição orçamentária dada, de acordo com a Figura 9.23.

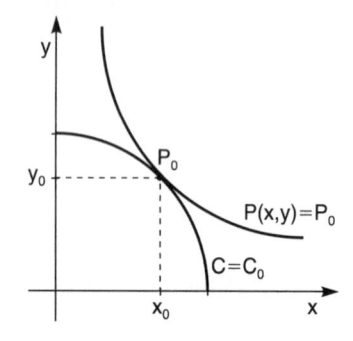

FIG. 9.23

Considerando que as isoquantas referem-se a produções mais elevadas à medida que se afastam da origem, as curvas isocustos concernentes às restrições orçamentárias crescentes da firma devem tangenciar as isoquantas, com o intuito de operar continuamente segundo a configuração ótima, de acordo com a Figura 9.24. A curva definida pelos pontos de tangência denomina-se *caminho de expansão* ou *linha de escala* da firma.

Como esta curva fornece a combinação de fatores x e y necessários à obtenção da produção máxima (ou custo mínimo), a firma deverá produzir sempre utilizando combinações de insumos que estejam no caminho de expansão:

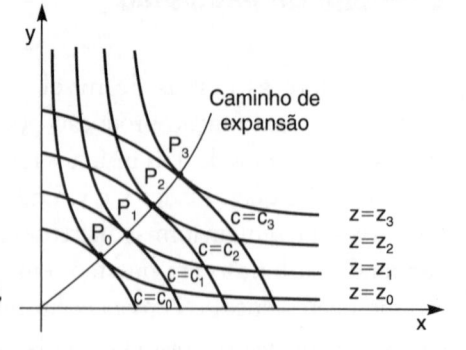

FIG. 9.24

Cada um de seus pontos (x,y) é tal que a inclinação da curva de nível $p(x,y) = p_0$ é igual à inclinação da curva de nível de $c(x,y) = c_0$. Matematicamente, em cada ponto (x,y) do caminho de expansão, a derivada $\dfrac{df}{dx}$ da função $y = f(x)$ definida implicitamente por $p(x,y) = p_0$ deve ser igual a derivada $\frac{dg}{dx}$ da função $y = g(x)$ definida implicitamente por $c(x,y) = c_0$.

Portanto, pela regra da cadeia, temos:

$$-\frac{\frac{\partial p}{\partial x}}{\frac{\partial p}{\partial y}} = \frac{df}{dx} = \frac{dg}{dx} = -\frac{\frac{\partial c}{\partial x}}{\frac{\partial c}{\partial y}}$$

Logo,

O *caminho de expansão* ou *linha de escala* de uma firma é definido pela equação:

$$-\frac{\frac{\partial p}{\partial x}}{\frac{\partial p}{\partial y}} = -\frac{\frac{\partial c}{\partial x}}{\frac{\partial c}{\partial y}}$$

Exemplo 9.35:

Sejam $p(x,y) = 20xy$ e $c(x,y) = 2x^2 + 2y^2 + 8$ respectivamente as funções produção e custo para uma determinada mercadoria. Determine o caminho de expansão, esboçando seu gráfico sobre as isoquantas e curvas de isocustos.

Resolução:

$$\frac{\partial c}{\partial x} = 4x$$

$$\frac{\partial c}{\partial y} = 4y$$

$$\frac{\partial p}{\partial x} = 20y$$

$$\frac{\partial p}{\partial y} = 20x$$

O caminho de expansão será dado por:

$$-\frac{\frac{\partial p}{\partial x}}{\frac{\partial p}{\partial y}} = -\frac{\frac{\partial c}{\partial x}}{\frac{\partial c}{\partial y}}$$

$\frac{20y}{20x} = \frac{4x}{4y} \Rightarrow \frac{y}{x} = \frac{x}{y} \Rightarrow y^2 = x^2 \Rightarrow y = \pm x \Rightarrow y = x$, pois x e y devem ser positivos.

Logo, o caminho de expansão é a reta $y = x$, as isoquantas são definidas por $p(x,y) = p_0$, ou seja, pelas hipérboles $xy = \dfrac{p_0}{20}$ e as curvas de isocustos por $c(x,y) = c_0$, ou seja, pelos círculos $x^2 + y^2 = \dfrac{c_0 - 8}{2}$, de acordo com a Figura 9.25.

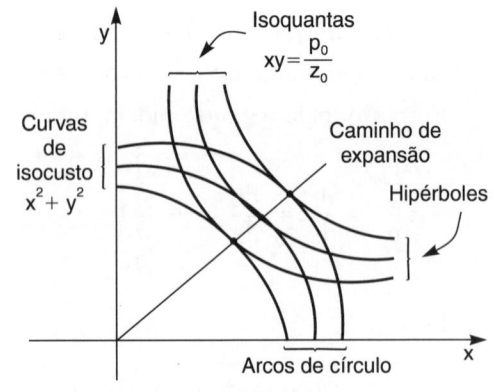

FIG. 9.25

Exercícios 9.5

1. Considere as funções-demanda para duas mercadorias A e B, dadas por $p_1 = 20 - 2q_1 - 4q_2$ e $p_2 = 24 - 6q_1 - q_2$, onde p_1, p_2, q_1 e q_2 representam respectivamente os preços e quantidades de A e B. Se o custo associado expressa-se como $c(q_1,q_2) = 3q_1^2 + 2q_2^2$, determine as funções receita e lucro marginais.

2. Considerando $c(x,y) = x^2 + y^2 + 10$ a função custo de uma determinada firma que produz as quantidades x e y, dos bens A e B, esboce as curvas de isocusto referentes a $c(x,y) = 19$, 35 e 74 e determine os custos marginais em relação a x e y.

3. Encontre as funções-demanda marginais, bem como as elasticidades diretas e cruzadas para as funções-demanda $q_1(p_1,p_2)$ e $q_2(p_1,p_2)$ apresentadas em seguida, onde q_1, q_2, p_1 e p_2 representam, respectivamente, as quantidades e preços dos bens A e B. Avalie ainda a natureza da relação entre os bens, ou seja, se A e B são substitutos ou complementares, sabendo que a, b, c, d > 0.

   a) $q_1(p_1,p_2) = a\, e^{(p_2 - p_1)}$ e $q_2(p_1,p_2) = b\, e^{(p_1 - p_2)}$
   b) $q_1(p_1,p_2) = a\, e^{-(p_2 \cdot p_1)}$ e $q_2(p_1,p_2) = b\, e^{(p_1 - p_2)}$
   c) $q_1(p_1,p_2) = \dfrac{a}{p_1^2 p_2}$ e $q_2(p_1,p_2) = \dfrac{a}{p_1 p_2}$

   d) $q_1(p_1,p_2) = m - bq_1 + cq_2$ e $q_2(p_1,p_2) = n + dq_1 - aq_2$

4. Considere a função produção de uma empresa expressa por $p(x,y) = 2x^2 + 8xy + 4y^2$, onde x e y representam quantidades de insumos A e B. Determine as produtividades marginais para $x = 6$ e $y = 5$. Utilizando a aproximação linear apresentada na Seção 9.2, estime o aumento na produção, se, para o nível de produção correspondente a tais quantidades,

   a) a quantidade do insumo A aumentar 0,4.
   b) a quantidade do insumo B aumentar 0,6.
   c) a quantidade do insumo A aumentar 0,4 e a de B aumentar 0,6.

5. Calcule as utilidades marginais e avalie seus sinais para $U(x_1, x_2, ..., x_n) = 200 - e^{-x_1} - e^{-x_2} - ... - e^{-x_n}$ representante da utilidade ou satisfação referente ao consumo de quantidades x_1, x_2, ..., x_n de bens A_1, A_2, ..., A_n.

6. Utilizando a regra da cadeia, encontre as elasticidades parciais de f com respeito a t para os seguintes casos.

   a) $f(x,y,z) = x^{20} y^{40} z^{30}$, para $x = t + 2$, $y = (t + 2)^2$ e $z = (t + 2)^3$
   b) $f(x,y) = x^3 e^x y^4 e^y$, para $x = (t + 1)$ e $y = (t + 1)^3$
   c) $f(x,y,z) = x^2 + y^2 + z^2$, para $x = 2 \ln t$, $y = e^{-t} t^3$ e $z = t^2$

Capítulo 9 — Diferenciação em Funções de Várias Variáveis

7. Sejam $p(x,y) = 3xy$ e $c(x,y) = x^2 + 2y$ as funções de produção e custo de uma empresa associadas às quantidades x e y dos insumos A e B. Encontre a expressão analítica do caminho de expansão para tal empresa, esboçando-o juntamente com as isoquantas e curvas de isocustos.

8. Considere as leis de demanda para dois bens A e B, dadas por $q_1(p_1,p_2) = p_1^{-a} e^{(b \cdot p_2 + c)}$ e $q_2(p_1,p_2) = p_2^{-c} e^{dp_1 + e}$. Demonstre que as elasticidades diretas de demanda são independentes do preço, enquanto os sinais das elasticidades cruzadas de demanda são determinados pelos sinais de b e d.

9. Encontre a taxa marginal de substituição entre y e x para a função $f(x,y) = x^n + y^n$, onde n é constante não nula e diferente de 1.

10. Considerando que as equações seguintes definem $w = f(x,y)$ e $z = g(x,y)$ como funções diferenciáveis de x e y, encontre as elasticidades de f e g referentes a x e a y.
$w = e^{ax + by + cz}$
$x^a y^b z^c w^d = 1$
onde a, b, c, d são constantes positivas.

11. Considere a função de demanda de um produto A dada por $q_1(p_1,p_2) = -4p_1 + 8p_2 + 20$, onde p_1 e p_2 representam respectivamente os preços de tal produto e outra mercadoria B substituta de A. Determine as elasticidades direta e cruzada de demanda de A.

12. Considere $f(x,y) = 3xy$ a função produção de uma determinada empresa, onde x e y representam as quantidades de dois insumos A e B utilizados em tal produção e cujos preços são respectivamente $p_A = 6$ e $p_B = 3$. Determine analítica e geometricamente o caminho de expansão, as isoquantas e as curvas de isocustos de tal empresa. Determine ainda a produção máxima quando o custo é fixado em 54.

13. Dadas as funções utilidades expressas por
$u_1(x,y) = ax + by + c\sqrt{xy}$ e
$u_2(x,y) = \ln[ax + by + c\sqrt{xy}]$, verifique que a razão entre as utilidades marginais são iguais em ambos os casos, calculando-a.

14. Considere a função utilidade $u(x,y) = 2xy - x$ para um consumidor de produtos A e B com quantidades x e y. Determine a taxa marginal de substituição entre y e x no ponto (2,3). Estime a quantidade de y que pode ser substituída por 0,01 unidades de x de modo a manter o mesmo nível de satisfação do consumidor referido.

15. Encontre as elasticidades parciais de f com respeito às suas variáveis independentes, destacando as funções com elasticidades constantes:
a) $f(x,y) = x^2 y$
b) $f(x,y,z) = x + y + z$
c) $f(x_1, x_2, \ldots, x_n) = x_1^{p} x_2^{p} \ldots x_n^{p} e^{(a_1 x_1 + a_2 x_2 + \ldots + a_n x_n)}$
d) $f(x,y,z,w) = x^2 y^3 z^5 w^6$

16. Considere $p(x,y) = x^{1/2} y^{1/2}$ a função produção de uma empresa que utiliza quantidades x e y de dois insumos A e B. Determine a taxa marginal de substituição entre y e x, quando $x = 4$ e $y = 9$, bem como o caminho de expansão de tal empresa, sabendo que os preços dos insumos são $p_A = 12$ e $p_B = 6$ e o custo fixo é 50. Esboce as curvas de nível da função produção, da função custo, bem como o caminho de expansão de tal empresa.

17. Se a função de Cobb-Douglas $p(x,y) = Ak^a l^b$, com $a + b < 1$, representa determinada produção, onde k e l correspondem respectivamente ao capital e força de trabalho, demonstrar que o produto total é maior que a vezes o produto marginal de capital, mais b vezes o produto marginal de trabalho.

18. Considere $M = m(h,y,t)$ a quantidade de madeira cortada após t anos por h homens em uma floresta de y hectares. Quais os significados de $\dfrac{\partial m}{\partial h}$, $\dfrac{\partial m}{\partial y}$ e $\dfrac{\partial m}{\partial t}$? Se $m(h,y,t) = A h^a y^{1-a} t^b$, onde a e b são frações próprias positivas? Mostre que há retornos constantes de escala, referentes à terra e ao trabalho para um certo tempo t, e que para um dado emprego de terra e trabalho, a produtividade cresce segundo uma taxa decrescente, à medida que o tempo passa.

10
OTIMIZAÇÃO EM FUNÇÕES DE VÁRIAS VARIÁVEIS

Você verá neste capítulo:

Introdução à Programação Linear
Máximos e mínimos não condicionados
Otimização condicionada a igualdades: Multiplicadores de Lagrange
Otimização condicionada a desigualdades: Condições de Kuhn-Tucker

Neste capítulo, estudaremos problemas de otimização em funções de várias variáveis. Matematicamente, trata-se da otimização de uma *função objetivo* $f(x_1, x_2, x_3, ..., x_n)$ de n variáveis reais a valores reais, sujeitas ou não a restrições do tipo $g_i(x_1, x_2, x_3, ..., x_n) = c_i$ ou $g_i(x_1, x_2, x_3, ..., x_n) \leq c_i$, $i = 1, 2, ... m$, ou seja, dentro de um certo conjunto de R^n.

Como nos capítulos anteriores, concentraremos as atenções, em princípio, no estudo de funções de duas variáveis para, posteriormente, estender as definições e resultados para um número genérico de variáveis.

10.1 INTRODUÇÃO À PROGRAMAÇÃO LINEAR

Consideremos, inicialmente, problemas cujo objetivo seja encontrar valores máximos ou mínimos assumidos por funções lineares. Como os gráficos dessas funções são planos, só haverá máximo e/ou mínimo quando estiverem sujeitas a restrições. As funções de restrição, por sua vez, podem ser expressas por desigualdades, envolvendo funções lineares ou não-lineares.

Nesta seção, abordaremos apenas problemas de maximização e minimização de funções lineares sujeitos a restrições expressas por desigualdades lineares. Para isso, utilizaremos uma técnica matemática denominada *Programação Linear*. Embora possa haver problemas complexos de Programação Linear, envolvendo inúmeras variáveis, nosso estudo vai tratar da resolução de problemas de duas variáveis, pois permitem uma visualização geométrica. Para casos mais complexos, recomenda-se a utilização de métodos concernentes ao estudo de pesquisa operacional, como o SIMPLEX, por exemplo.

Capítulo 10 — Otimização em Funções de Várias Variáveis

Matematicamente, dada uma $z = f(x,y) = ax + by$, cujas variáveis independentes são positivas e devem satisfazer as desigualdades lineares $m_1 x + n_1 y \leq p_1$ e $m_2 x + n_2 y \leq p_2$, desejamos encontrar a cota $z_{máx}$ ou $z_{mín}$ com maior ou menor valor respectivamente, dentro do conjunto de possibilidades para x e y, definido pelas restrições apresentadas. O problema anterior poderia ser representado geometricamente pela Figura 10.1.

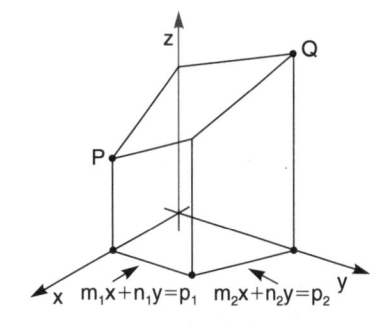

FIG. 10.1

Os pontos Q e P possuem respectivamente a maior e menor cota. Para encontrá-los, pode-se fazer uso da função linear $z = f(x,y)$ no que concerne às suas curvas de nível, que são retas paralelas de acordo com a Figura 10.2.

FIG. 10.2

As cotas da função linear mencionada crescem ou decrescem monotonamente em uma certa direção — no caso anterior, determinada pelo vetor u —, logo, os valores máximo e mínimo assumidos por $z = f(x,y)$ certamente ocorrem na fronteira da região definida pelas desigualdades.

Antes de continuar, é preciso apresentar um teorema importante no âmbito de conjuntos fechados e limitados, que fornece condições suficientes para a existência de máximo e mínimo globais.

> **Teorema:** Seja $f(x_1, x_2, ..., x_n)$ uma função contínua de n variáveis definida sobre um domínio fechado e limitado em R^n. Então, a imagem é um conjunto limitado e existem pontos de seu domínio em que $f(x_1, x_2, ..., x_n)$ assume máximo e mínimo absolutos.

A demonstração deste teorema encontra-se além dos objetivos deste livro.

Retomando as considerações anteriores, já restringimos significativamente os candidatos a máximo e mínimo de f. Considerando ainda que o gráfico de f é um plano e que a região definida pelas restrições é um polígono fechado e limitado — condições necessárias e suficientes para garantir a existência de máximo e mínimo, de acordo com o teorema anterior —, os pontos notáveis certamente ocorrerão nos vértices do polígono citado, bastando verificar os valores assumidos por f em tais pontos.

Caso a função assuma valores iguais em vértices consecutivos, ela os assumirá em todos os pontos do lado que une tais vértices, uma vez que a função f restrita a tal segmento é uma reta que assume valores iguais em pontos distintos, sendo, portanto, constante. O raciocínio apresentado anteriormente estende-se naturalmente para funções lineares de duas variáveis sujeitas a n restrições lineares, ou seja,

> Um problema geral de maximização ou minimização de uma função linear de duas variáveis, sujeito a k restrições lineares, expressa-se matematicamente como:
> Maximizar ou minimizar a função:
> $$z = f(x,y) = ax + by, \text{ com } x \text{ e } y \geq 0$$
> sujeita às seguintes restrições:
> $$m_1x + n_1y \leq p_1$$
> $$m_2x + n_2y \leq p_2$$
> $$m_3x + n_3y \leq p_3$$
> $$\vdots$$
> $$m_kx + n_ky \leq p_k$$

A Figura 10.1 pode ser generalizada da seguinte maneira:

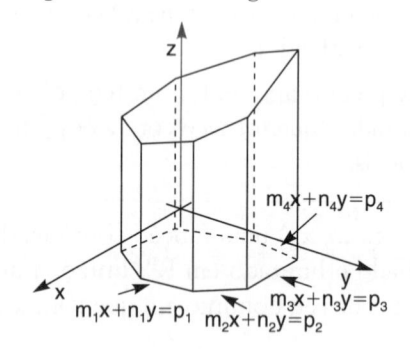

FIG. 10.3

Exemplo 10.1:

Encontre o ponto (x,y) que maximize a função $f(x,y) = 3x + 6y$ sujeita às seguintes restrições:

$2x + 3y \leq 3$

$x + 4y \leq 2$

$x \geq 0 \text{ e } y \geq 0$

Verifique ainda qual o valor da função f no ponto encontrado.

Capítulo 10 — Otimização em Funções de Várias Variáveis

Resolução:

Esboçando a região definida pelas restrições mencionadas (área hachurada), bem como as curvas de nível (retas) de f(x,y), temos:

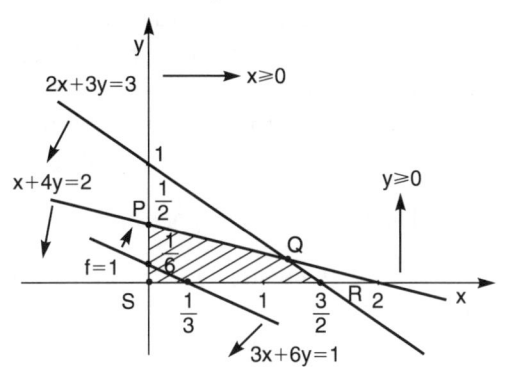

FIG. 10.4

Como a região definida pelas restrições, ou seja, dos possíveis valores de escolha de (x,y), é fechada e limitada, a função f contínua admitirá máximo. Da figura anterior, vê-se, por uma primeira análise geométrica, que provavelmente o ponto Q fornecerá o máximo de f. Para comprovarmos este fato, deve-se verificar o valor de f em P, Q, R e S. As coordenadas de P, Q, R e S são dadas por:

$P = \left(0, \dfrac{1}{2}\right)$

Q é a interseção de $2x + 3y = 3$ com $x + 4y = 2$, ou seja, $Q = \left(\dfrac{6}{5}, \dfrac{1}{5}\right)$

$R = \left(\dfrac{3}{2}, 0\right)$

$S = (0,0)$

Logo,

$f(P) = 3.0 + 6 \cdot \dfrac{1}{2} = 3$

$f(Q) = 3 \cdot \dfrac{6}{5} + 6 \cdot \dfrac{1}{5} = \dfrac{24}{5} = 4,8$

$f(R) = 3 \cdot \dfrac{3}{2} + 6.0 = \dfrac{9}{2} = 4,5$

$f(S) = 3.0 + 6.0 = 0$

Portanto, o máximo de f(x,y) ocorrerá de fato em $Q = \left(\dfrac{6}{5}, \dfrac{1}{5}\right)$ e o valor assumido por f em tal ponto será $\dfrac{24}{5}$.

Exemplo 10.2:

Suponha que um indivíduo deva seguir uma dieta, em seu café da manhã, baseada no consumo de cereais e leite. Uma porção de cada um destes alimentos fornece uma porcentagem da *quantidade diária recomendada (QDR)* de diferentes nutrientes — cálcio, ferro, vitaminas A e D —, de acordo com a Tabela 10.1. Considerando que os preços de porção do cereal e de leite são respectivamente R$ 0,20 e R$ 0,10, encontre a combinação de tais alimentos, que proporciona simultaneamente um custo mínimo e satisfação de, pelo menos, 100% da QDR para cada nutriente.

Tabela 10.1: QDR por porção

	Cereais(%)	Leite(%)
Cálcio	16	30
Ferro	46	0
Vitamina A	28	8
Vitamina D	24	24

Resolução:

O custo C(S,L) correspondente a S porções de cereais e L porções de leite expressa-se por:

C(S,L) = 0,20S + 0,10L

As S porções de cereais e as L porções de leite propiciam as seguintes percentagens de cada um dos nutrientes anteriores do total necessário à QDR:

Cálcio:	16S + 30L
Ferro:	46S + 0L
Vitamina A:	28S + 8L
Vitamina D:	24S + 24L

Tendo em vista ainda que cada uma dessas percentagens deve ser pelo menos 100% da QDR concernente a cada nutriente, o problema de dieta apresentado traduz-se matematicamente para o seguinte sistema:

Minimizar C(S,L) = 0,20S + 0,10L, com S,L ⩾ 0

$$16S + 30L \geq 100\%$$
$$46S + 0L \geq 100\%$$
$$28S + 8L \geq 100\%$$
$$24S + 24L \geq 100\%$$

Capítulo 10 — Otimização em Funções de Várias Variáveis

O esquema anterior possui a forma geral de problemas de programação linear apresentado anteriormente. As curvas de nível da função custo ou isocustos (no caso, retas) e das restrições nutricionais, bem como a região concernente às combinações possíveis de cereais e leite, podem ser representadas de acordo com a Figura 10.5:

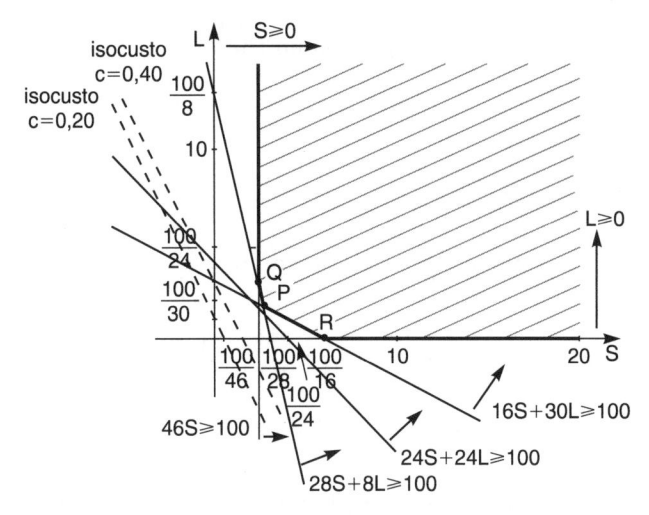

FIG. 10.5

Embora a região definida pelas restrições não seja fechada e limitada, a análise geométrica da Figura 10.5 nos garante a existência de um mínimo custo dentre as escolhas possíveis, que será, por um raciocínio análogo àquele utilizado para domínios poligonais, um dos pontos P, Q ou R. Para confirmar qual destes fornece de fato o valor mínimo, é preciso primeiro encontrar suas coordenadas, definidas respectivamente pelas interseções das igualdades nas restrições 1 e 3, 2 e 3,1 e L $\geq$ 0, ou seja,

— Igualdade das restrições 1 e 3 resulta em: $16S + 30L = 100$ e $28S + 8L = 100$
$\Rightarrow$

$8S + 15L = 50$

$7S + 2L = 25$

ou seja,

$(15 \cdot 7 - 2 \cdot 8)L = (50 \cdot 7 - 25 \cdot 8) \Rightarrow L = \dfrac{150}{89} \approx 1,69$

$S = \dfrac{275}{89} \approx 3,09$

$\Rightarrow P = \left(\dfrac{275}{89}, \dfrac{150}{89}\right) \Rightarrow C(P) = 0,20 \cdot \dfrac{275}{89} + 0,10 \cdot \dfrac{150}{89} = \dfrac{70}{89} = R\$\ 0,79$

— Igualdade das restrições 2 e 3 resulta em:

$46S = 100$

$7S + 2L = 25$

ou seja, $S = \dfrac{50}{23} \approx 2{,}17$ e $L = \dfrac{225}{46} \approx 4{,}89$

$\Rightarrow Q = \left(\dfrac{50}{23}, \dfrac{225}{46}\right) \Rightarrow C(Q) = 0{,}20 \cdot \dfrac{50}{23} + 0{,}10 \cdot \dfrac{225}{46} = \dfrac{85}{92} = $ R$ 0,92

— Igualdade das restrições 1 e $L \geq 0$ resultam em:

$8S + 15L = 50$

$L = 0$

$\Rightarrow S = \dfrac{25}{4} \cdot 6{,}25$ e $L = 0$

$\Rightarrow R = \left(\dfrac{25}{4}, 0\right) \Rightarrow C(R) = 0{,}20 \dfrac{25}{4} + 0{,}10 \cdot 0 = \dfrac{5}{4} = $ R$ 1,25.

Logo, o custo mínimo ocorrerá em $P = \left(\dfrac{275}{89}, \dfrac{150}{89}\right) \approx (3{,}09; 1{,}69)$, ou seja, para 3,09 porções de cereais e 1,69 porções de leite. O valor gasto com tal quantidade será de R$ 0,79.

Vale notar que, a partir da simples observação geométrica da figura anterior, já se poderia supor que o ponto P fosse o de custo mínimo (como, de fato, era). Contudo, como nem sempre o gráfico estará devidamente bem traçado, é mais prudente confirmar o resultado algebricamente.

O estudo de programação linear para funções e restrições envolvendo até três variáveis pode ser tratado geometricamente. Neste caso, o conjunto de pontos (x,y,z) determinados pelas n restrições definirá, no espaço, a interseção de n *semi-espaços*, que podem, ou não, definir um poliedro. Em caso afirmativo, a função linear admitirá máximo e mínimo, já que o conjunto de possibilidades de x, y e z será fechado e limitado.

Os candidatos para tais pontos notáveis são os vértices do poliedro. Caso o conjunto de possibilidades de (x,y,z) definido pelas restrições não definir um poliedro, será necessário realizar uma análise geométrica mais minuciosa, como no exemplo 10.2, em que o conjunto de possibilidades não era limitada, mas ainda assim era possível garantir a existência de um ponto de mínimo pela observação geométrica.

Exemplo 10.3:

Suponha que uma determinada panificadora queira produzir três tipos de pão A, B e C, e que possua 180kg de farinha, 25kg de açúcar e 30kg de manteiga. Uma dúzia de A requer 6kg de farinha, $\dfrac{5}{12}$kg de açúcar e 0,8kg de manteiga; para uma dúzia de B, são necessários 3kg de farinha, 0,5kg de açúcar e 0,8kg de manteiga e, para uma dúzia de C, utilizam-se 3kg de farinha, 0,8kg de açúcar e 0,8kg de manteiga. Se o lucro proveniente de uma dúzia de A, B e C é, respectivamente, R$ 3,00; R$ 2,00 e R$ 2,50, calcule quantas dúzias de cada tipo de pão a panificadora deve produzir de modo a maximizar seu lucro.

Resolução:

O lucro da panificadora decorrente da comercialização de x dúzias de A, y dúzias de B e z dúzias de C é dado por:

L(x,y,z) = 3x + 2y + 2,5z

As quantidades de farinha, açúcar e manteiga utilizadas na produção de x dúzias de A, y dúzias de B e z dúzias de C são dadas respectivamente por 6x + 3y + 3z; $\frac{5}{12}$x + 0,5y + 0,8z e 0,8x + 0,8y + 0,8z. Tendo em vista as limitações nas quantidades dos ingredientes mencionados, temos:

6x + 3y + 3z ≤ 180

$\frac{5}{12}$x + 0,5y + 0,8z ≤ 25

0,8x + 0,8y + 0,8z ≤ 30

x, y, z ≥ 0

O conjunto definido pelas restrições anteriores bem como as superfícies de nível da função lucro L(x,y,z) — isolucro — podem ser representadas pela Figura 10.6:

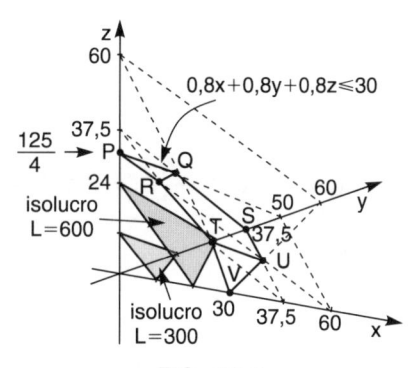

FIG. 10.6

Os candidatos a maximização da função lucro são os pontos P, Q, R, S, T, U e V, pois na origem O, o lucro é zero. Suas coordenadas são:

P = $\left(0, 0, \frac{125}{4}\right)$

Q encontra-se no plano yz, sendo a interseção das retas 0,8y + 0,8z = 30 com 0,5y + 0,8z = 25, ou seja, Q = $\left(0, \frac{50}{3}, \frac{125}{6}\right)$

R encontra-se no plano xz, sendo a interseção das retas 0,8x + 0,8z = 30 com $\frac{5}{12}$x + 0,8z = 25, ou seja, R = $\left(\frac{300}{23}, 0, \frac{1125}{46}\right)$

S = $\left(\frac{0,75}{2}, 0\right)$

T encontra-se no plano xz, sendo a interseção da reta $0,8x + 0,8z = 30$ com o $6x + 3z = 180$, ou seja, $T = \left(\dfrac{45}{2}, 0, 15\right)$

U encontra-se no plano xy, sendo a interseção da reta $0,8x + 0,8y = 30$ com $6x + 3y = 180$, ou seja, $U = \left(\dfrac{45}{12}, 15, 0\right)$

$V = (30, 0, 0)$.

Calculando a função lucro $L(x,y,z) = 3x + 2y + 2,5z$ nos pontos anteriores, temos:

$L(P) = 3.0 + 2.0 + 2,5.\dfrac{125}{4} = \dfrac{312,5}{4} = R\$\ 78,13$

$L(Q) = 3.0 + \dfrac{2.50}{3} + 2,5.\dfrac{125}{6} = \dfrac{512,5}{6} = R\$\ 85,42$

$L(R) = 3.\dfrac{300}{23} + 2.0 + 2,5.\dfrac{1125}{46} = \dfrac{4612,5}{46} = R\$\ 100,27$

$L(S) = 3.0 + \dfrac{2.75}{2} + 2,5.0 = R\$\ 75,00$

$L(T) = 3.\dfrac{45}{2} + 2.0 + 2,5.15 = R\$\ 105,00$

$L(U) = 3.\dfrac{45}{12} + 2.15 + 2,5.0 = \dfrac{82,5}{2} = R\$\ 41,25$

$L(V) = 3.30 + 2.0 + 2,5.0 = R\$\ 90,00$

Logo, o ponto de máximo ocorre em $T = \left(\dfrac{45}{2}, 0, 15\right)$, ou seja, a produção que possibilita o lucro máximo (R\$ 105,00) compõe-se de 22,5 dúzias de pão do tipo A e de 15 dúzias do tipo B.

Como vimos, o aumento do número de variáveis independentes e de restrições torna a resolução do problema de programação linear significativamente mais trabalhosa. Se no exemplo anterior aumentássemos o número de tipos de pães — variáveis independentes — e/ou dos ingredientes — restrições —, a visualização geométrica das diversas interseções envolvidas se tornaria bastante difícil ou mesmo impossível.

O método gráfico de resolução de problemas de programação linear é eficiente para os casos de duas variáveis. É possível ainda resolver, geometricamente, qualquer problema de programação linear em que o número de variáveis envolvidas ou de restrições não seja superior a 3, porém, por meio de técnicas que se encontram além dos objetivos deste livro.

Exercícios 10.1

1. Encontre os valores de x e y que maximizem a função f(x,y) = 5x + y sujeita às seguintes restrições
   $x - y \leq 3$
   $5x + 2y \leq 20$
   $x \geq 0$ e $y \geq 0$
   Determine ainda o valor máximo de f.

2. Descubra os valores de x e y que maximizem a função 5x + 3y sujeita às seguintes restrições:
   $2x + y \geq 10$
   $x + y \geq 8$
   $x + 2y \geq 10$
   $x \geq 0$ e $y \geq 0$
   Ache ainda o valor de f(x,y) no ponto encontrado.

3. Determine os valores máximo e mínimo da função dada por f(x,y) = x + 2y sujeita às seguintes restrições:
   $x + y \leq 10$
   $x \leq 9$
   $y \leq 6$
   $x \geq 0$ e $y \geq 0$

4. Encontre os valores máximo e mínimo de f(x,y) = 20x + 5y sujeita às seguintes restrições:
   $-3x + 2y \leq 10$
   $2x + 5y \leq 44$
   $x + 2y \geq 4$
   $-x + y \geq -5$
   $x \geq 0$ e $y \geq 0$

5. Uma indústria têxtil produz tecidos de duas categorias utilizando percentagens diferentes de linho, algodão e polyester, de acordo com a tabela 10.2.

Tabela 10.2

	Tecido I	Tecido II
Linho (%)	20	10
Algodão (%)	50	40
Polyester(%)	30	50

Considerando que a indústria possui um estoque de linho, algodão e polyester de, respectivamente, 2ton, 6ton e 6ton, quantos quilos de cada tipo de tecido a indústria têxtil deverá produzir de modo a maximizar sua receita sabendo que os tecidos I e II são vendidos respectivamente por R$ 3,00 e R$ 2,00 por quilo.

6. Uma determinada empresa produz duas mercadorias A e B a partir de três tipos de insumos M, N e S. Sabe-se que a produção de uma unidade de A requer 1 unidade de M, 4 unidades de N e 10 unidades de S, enquanto que a produção de uma unidade de B necessita de 1 unidade de M, 1 unidade de N e 40 unidades de S. Os lucros obtidos por unidade comercializada de A e de B são, respectivamente, R$ 150,00 e R$ 120,00. Considerando que as quantidades de insumos M, N e S disponíveis sejam, respectivamente, 120, 240 e 4.000 unidades e que se deva produzir pelo menos 8 unidades de A e 15 unidades de B, encontre as quantidades de A e de B que devem ser fabricadas de modo a maximizar o lucro do empresário.

7. Suponha que uma determinada dieta envolva somente o consumo de arroz e peixe e que a *quantidade diária recomendada (QDR)* exija pelo menos 1.000 calorias, 1,25g de sódio, 25g de proteína e 50g de carboidratos. Considerando as quantidades de nutrientes contidas em uma porção de arroz e peixe, apresentadas na tabela 10.3, encontre a combinação destes alimentos que proporcione simultaneamente um custo mínimo e satisfação da QDR concernente a cada nutriente, sabendo que as porções de arroz e peixe custam respectivamente R$ 0,70 e R$ 3,00, bem como o valor do custo mínimo.

Tabela 10.3

	Arroz (g/porção)	Peixe (g/porção)
Calorias	120	70
Sódio	0	0,25
Proteína	3	15
Carboidrato	26	0

8. Uma determinada fábrica produz aparelhos de som portáteis de 10W e 50W, que propiciam um lucro de, respectivamente, R$ 70,00 e R$ 100,00 por unidade vendida. O processo de fabricação desses aparelhos inclui três estágios, que requerem um certo tempo para cada tipo de som. As horas disponíveis em termos de força de trabalho são limitadas, também, de acordo com a tabela 10.4:

Tabela 10.4

	10W (h/peça)	50W (h/peça)	Tempo disponível(h)
Estágio I	3	5	3900
Estágio II	1	3	2100
Estágio III	2	2	2200

Esquematize o problema de programação linear, encontrando as quantidades de aparelhos de som de 10W e 50W que esta fábrica deveria produzir para maximizar seu lucro, e de quanto seria este lucro.

9. Uma fábrica produz um computador B com os recursos básicos e um modelo sofisticado S. Há 5 trabalhadores disponíveis para realizar a montagem dos computadores e 2 trabalhadores para aplicar testes de qualidade nos equipamentos antes da venda. Considerando uma jornada semanal de 40 horas por empregado, bem como as informações sobre o tempo necessário à montagem e aos testes para cada tipo de computador, encontre o número de computadores de cada tipo que a fábrica deve produzir a fim de maximizar seu lucro, sabendo-se que os modelos B e S propiciam lucros de, respectivamente, R$ 100,00 e R$ 250,00 por unidade vendida. Encontre ainda o lucro máximo para a combinação ótima.

Tabela 10.5

	Computador básico (h/peça)	Computador sofisticado (h/peça)
Montagem	1	3
Testes	0.5	1

Supondo que o lucro por unidade do computador S seja dado por um parâmetro L_s, encontre os valores de L_s para os quais o lucro máximo ocorreria através da produção, exclusivamente, de computadores do tipo S.

O que ocorreria no caso de produção exclusiva de computadores do tipo B. Comente.

10. Considere uma firma de rádios, toca-fitas e toca-discos que tem fábricas em Diadema, Ribeirão Preto e Campinas. As quantidades despendidas na produção de cada mercadoria, em cada uma das três fábricas, são as seguintes:

Tabela 10.6

	Rádio (peças/h)	Toca-fitas (peças/h)	Toca-discos (peças/h)
Diadema	10	20	20
Ribeirão	20	10	20
Campinas	20	20	10

Os custos de operação, por hora, das fábricas de Diadema, Ribeirão e Campinas são respectivamente R$ 10.000,00; R$ 8.000,00 e R$ 11.000,00.

Se a firma mencionada recebe um pedido de 300 unidades de rádios, 500 unidades de toca-fitas e 600 unidades de toca-discos, encontre o número de horas de que as três fábricas devem dispor para cumprir o pedido ao menor custo possível. Determine ainda o custo correspondente.

11. Uma costureira possui 115m de um certo tecido para cumprir encomendas de até 20 casacos, 30 vestidos e 40 blusas. Os lucros da costureira por casaco, vestido e blusa vendidos são, respectivamente, R$ 40,00; R$ 28,00 e R$ 24,00.

Para produzir cada casaco utilizam-se 3m de tecido; para cada vestido, 1,5m; e para cada blusa 1m. Encontre a quantidade de peças de cada tipo a serem produzidas, de modo a maximizar o lucro.

12. O proprietário de uma extensão de 10 hectares de terra deseja distribuí-la em partes para a construção de módulos de 6 galpões por hectare, 8 casas por hectare ou 12 apartamentos por hectare. As leis municipais exigem que o dono do terreno construa pelo menos tantos apartamentos quantos forem o número de casas ou galpões. Quantos tipos de cada imóvel referido o dono do terreno deveria construir, de modo a maximizar o lucro proveniente de tal investimento, sabendo que os aluguéis dos galpões, das casas e dos apartamentos são respectivamente R$ 2.000,00; R$ 1.000,00 e R$ 800,00.

10.2 MÁXIMOS E MÍNIMOS NÃO-CONDICIONADOS

Nesta seção, estudaremos o comportamento funções não-lineares. Dada a vastidão do assunto, concentraremos as atenções, por enquanto, no estudo de máximos e mínimos sem restrições, deixando os casos condicionados para as seções seguintes deste capítulo.

Vamos tratar de maximização e minimização em funções de duas variáveis, uma vez que a maioria das definições e resultados estende-se naturalmente para um número genérico de escolhas.

Antes de sistematizar os procedimentos e critérios de maximização e de minimização, vamos definir matematicamente que tipos de máximo e mínimo serão abordados.

Extremos de funções de duas variáveis

Para funções de várias variáveis, os valores extremos são de dois tipos: *absolutos* (ou *globais*) e *relativos* (ou *locais*). Na maior parte desta seção, o segundo tipo será estudado. Assim, quando não houver menção em contrário, estaremos tratando de mínimos *relativos*.

Seja f uma função definida num subconjunto A de R^2 com valores reais.

> Um ponto (x_0, y_0) de A é um *ponto de máximo absoluto* (*global*) de f se, para todo (x,y) de A, tem-se
> $$f(x_0, y_0) \geq f(x,y)$$
> Neste caso, o valor $f(x_0, y_0)$ chama-se *valor máximo absoluto* (*global*) de f.

Por exemplo, se $f(x,y) = 4 - (x^2 + 3y^2)$, o ponto $(0,0)$, onde a função assume valor 4, é um ponto de máximo absoluto de f, de acordo com a sua representação gráfica apresentada na Figura 10.7.

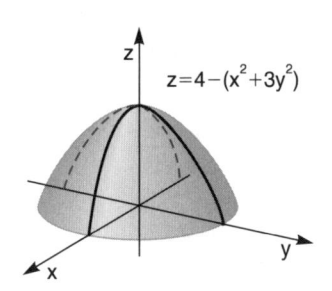

FIG. 10.7

Analogamente,

Um ponto (x_0,y_0) é um *ponto de mínimo absoluto* (*global*) da função f se, para todo ponto (x,y) de A, tem-se

$$f(x_0,y_0) \leq f(x,y).$$

Neste caso, o valor $f(x_0,y_0)$ chama-se *valor mínimo absoluto* (*global*) de f.

Por exemplo, se $f(x,y) = x^2 + y^2$, o ponto (0,0), onde a função assume valor 0, é um ponto de mínimo absoluto, de acordo com a representação geométrica do gráfico de f apresentada na Figura 10.8.

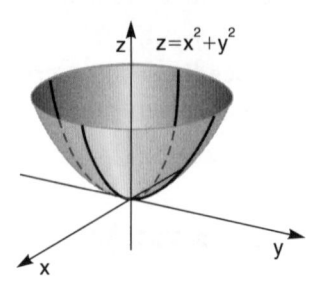

FIG. 10.8

Um ponto (x_0,y_0) é um *ponto de máximo relativo* (*local*) da função f de domínio A, se existe uma vizinhança V desse ponto, tal que, para todo (x,y) pertencente a $V \cap A$, tem-se

$$f(x_0,y_0) \geq f(x,y)$$

Como, para ser máximo local, basta a $f(x_0,y_0)$ ser maior que qualquer valor assumido por f em uma vizinhança de (x_0,y_0), um ponto de máximo absoluto de f é necessariamente um ponto de máximo relativo, enquanto a recíproca não é válida.

Um ponto (x_0,y_0) é um *ponto de mínimo relativo* (*local*) de f de domínio A, se existe uma vizinhança V desse ponto, tal que se (x,y) pertence a $V \cap A$, então

$$f(x_0,y_0) \leq f(x,y)$$

De maneira análoga, um ponto de mínimo absoluto é necessariamente um ponto de mínimo relativo, mas a recíproca não é verdadeira.

Os valores de máximo e mínimo relativos de funções de duas variáveis podem ser considerados, respectivamente, como picos e vales de funções, de acordo com a Figura 10.9.

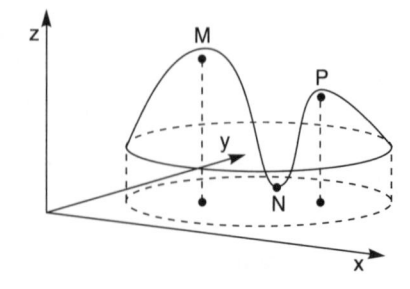

FIG. 10.9

No caso anterior o ponto N representa um mínimo local (vale), que é global, enquanto P representa um máximo local (pico), que não é global. O ponto M é um máximo local, que também é global.

As definições anteriores estendem-se naturalmente para funções de várias variáveis da seguinte maneira.

> Um ponto $(x_{01}, x_{02}, ..., x_{0n})$ de A é um *ponto de máximo absoluto (global)* de f se, para todo $(x_1, x_2, ..., x_n)$ de A, tem-se
>
> $$f(x_{01}, x_{02}, ..., x_{0n}) \geq f(x_1, x_2, ..., x_n)$$
>
> Neste caso, o valor $f(x_{01}, x_{02}, ..., x_{0n})$ chama-se *valor máximo absoluto (global)* de $f(x_1, x_2, ..., x_n)$.

> Um ponto $(x_{01}, x_{02}, ..., x_{0n})$ de A é um *ponto de mínimo absoluto (global)* de f se, para todo $(x_1, x_2, ..., x_n)$ de A, tem-se
>
> $$f(x_{01}, x_{02}, ..., x_{0n}) \leq f(x_1, x_2, ..., x_n)$$
>
> Neste caso, o valor $f(x_{01}, x_{02}, ..., x_{0n})$ chama-se *valor mínimo absoluto (global)* de $f(x_1, x_2, ..., x_n)$.

> Um ponto $(x_{01}, x_{02}, ..., x_{0n})$ é um *ponto de máximo relativo (local)* da função $f(x_1, x_2, ..., x_n)$ com domínio A, se existe uma vizinhança V desse ponto, tal que, para todo $(x_1, x_2, ... x_n)$ pertencente a $V \cap A$, tem-se
>
> $$f(x_{01}, x_{02}, ..., x_{0n}) \geq f(x_1, x_2, ..., x_n)$$

> Um ponto $(x_{01}, x_{02}, ..., x_{0n})$ é um *ponto de mínimo relativo (local)* de f de domínio A se existe uma vizinhança V desse ponto, tal que, se $(x_1, x_2, ..., x_n)$ pertence a $V \cap A$, então
>
> $$f(x_{01}, x_{02}, ..., x_{0n}) \leq f(x_1, x_2, ..., x_n)$$

Condição necessária de máximo e de mínimo

Desejamos selecionar agora, dentre os pontos extremos de um conjunto de escolhas, possíveis candidatos a máximos e mínimos locais. Para isso, vamos obter uma condição necessária para que um ponto (x_0, y_0) seja máximo ou mínimo relativo, lembrando primeiro como era o caso para funções de uma variável real. Seja f uma função de $A \subset R$

em ℝ. Se a função atinge o valor máximo (ou mínimo) relativo no ponto x_0 interior ao domínio A, e é diferenciável nesse ponto, então a reta tangente ao seu gráfico no ponto $(x_0, f(x_0))$ é necessariamente paralela ao eixo x, de acordo com a Figura 10.10:

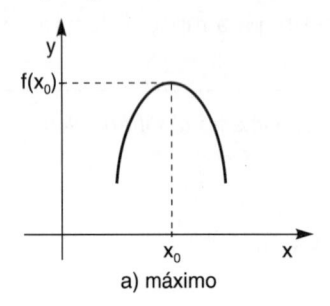

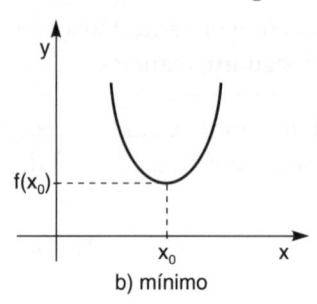

FIG. 10.10

Em outras palavras: uma condição necessária para que um ponto x_0 interior ao domínio A, no qual f é diferenciável, seja um ponto de máximo (ou de mínimo) relativo da função f, é que ele seja um ponto crítico, ou seja, que a derivada de f nesse ponto seja igual a zero: $f'(x_0) = 0$.

Para o caso de funções de duas variáveis, considere uma função $f(x,y)$ definida sobre um conjunto $A \subset \mathbb{R}^2$ em R, diferenciável num ponto (x_0, y_0) interior ao domínio A. Se (x_0, y_0) é um ponto de máximo (ou de mínimo) relativo de f, então o plano tangente ao gráfico da função f, no ponto $(x_0, y_0, f(x_0, y_0))$, é paralelo ao plano xy, de acordo com a Figura 10.11:

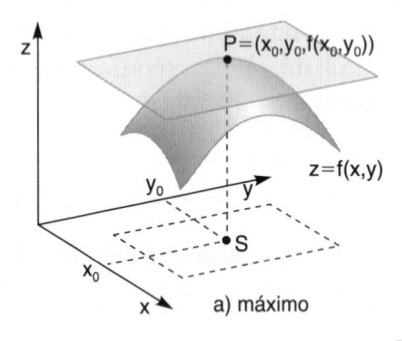

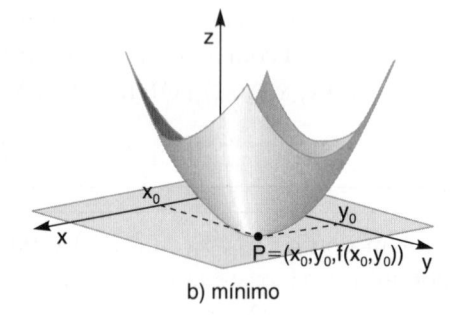

FIG. 10.11

Como o plano tangente é paralelo ao plano xy, então $\dfrac{\partial f}{\partial x}(x_0, y_0) = 0$ e $\dfrac{\partial f}{\partial y}(x_0, y_0) = 0$. Confirmam-se tais resultados geometricamente ao pensar-se que, se (x_0, y_0) é um ponto de máximo ou mínimo de $f(x,y)$, então também o será quando restrito a qualquer subconjunto da vizinhança, dentro da qual ele assume tal característica e que o contenha.

Particularmente, (x_0, y_0) é extremo local de $f(x,y)$, quando restrito à condição $y = y_0$ ou $x = x_0$, ou seja, (x_0, y_0) é particularmente extremo local das funções cujos gráficos são, respectivamente, as curvas de interseções do plano $y = y_0$ ou $x = x_0$ com a superfície definida pelo gráfico de f. A Figura 10.12 representa um ponto de máximo e outro de mínimo local.

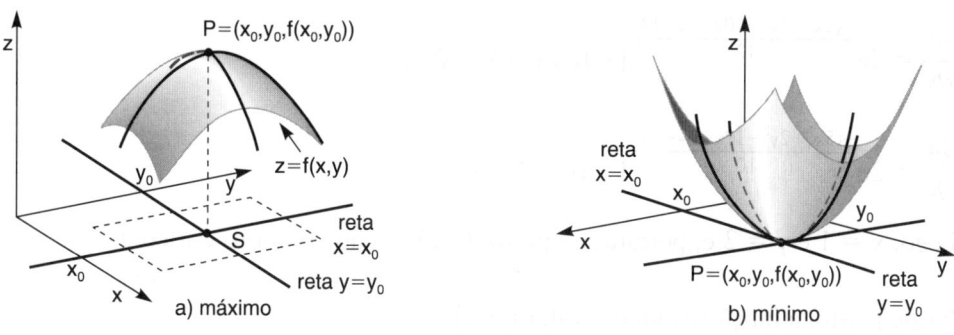

FIG. 10.12

Portanto, obtemos o seguinte resultado:

> **Teorema da condição necessária:** Seja f uma função de $A \subset R^2$ em R, diferenciável num ponto (x_0, y_0) interior ao domínio A. Se (x_0, y_0) é um ponto de máximo relativo ou de mínimo relativo de f, então, necessariamente, as duas derivadas parciais da função f nesse ponto são iguais a zero:
>
> $$\frac{\partial f}{\partial x}(x_0, y_0) = 0 \quad \text{e} \quad \frac{\partial f}{\partial y}(x_0, y_0) = 0$$
>
> ou
>
> $$\nabla f(x_0, y_0) = (0,0)$$

Sabe-se que o vetor gradiente de função f aponta para a direção em que a função cresce mais rapidamente. Se o gradiente não fosse nulo em (x_0, y_0), sua direção, e a direção contrária, apontariam, respectivamente, para o crescimento e decrescimento de f, sendo possível aumentar ou diminuir o valor de $f(x_0, y_0)$ em qualquer vizinhança de (x_0, y_0), o que implicaria que tal ponto não seria extremo local, contrariando a hipótese. Logo, $\nabla f(x_0, y_0) = 0$.

Ponto crítico ou estacionário: Dizemos que um ponto (x_0, y_0) é um *ponto crítico* ou *estacionário* da função f se as duas derivadas parciais nele se anulam, ou seja, se $\nabla f(x_0, y_0) = 0$. Conforme o teorema anterior, se quisermos encontrar pontos interiores ao domínio de uma função, que assumam máximo ou mínimo locais, devemos primeiro determinar seus pontos críticos. Isso significa que tais pontos são, entre os pontos interiores, os únicos candidatos a extremos locais da função em questão.

Exemplo 10.4:

Determine os pontos críticos da função $f(x,y) = 3 + 2e^{-\dfrac{(5x^2+2y^2-10x-8y+13)}{10}}$.

Resolução:

Temos que resolver o seguinte sistema de equações:

$$\frac{\partial f}{\partial x} = 2e^{\frac{-(5x^2+2y^2-10x-8y+13)}{10}}(-10x+10) = 0 \quad e$$

$$\frac{\partial f}{\partial y} = 2e^{\frac{-(5x^2+2y^2-10x-8y+13)}{10}}(-4y+8) = 0$$

Logo, x = 1 e y = 2 e, portanto, o ponto (1,2) é o único ponto crítico da função f. Nesse ponto, a função assume o valor $f(1,2) = 3 + 2e^{\frac{-(5.1^2+2.2^2-10.1-8.2+13)}{10}} = 3 + 2.e^0 = 5$. A Figura 10.13 apresenta uma visualização do gráfico da função f.

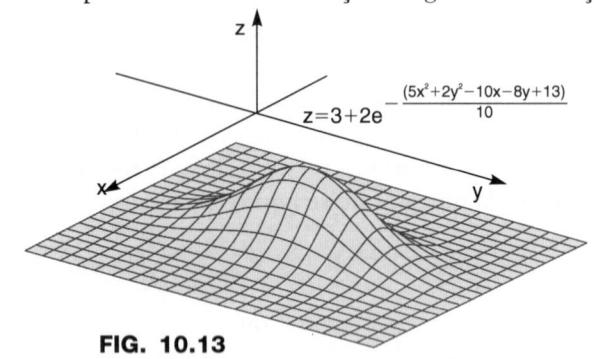

FIG. 10.13

No caso anterior, o ponto crítico mencionado refere-se a um ponto de máximo da função avaliada.

Exemplo 10.5:

Determine os pontos críticos de $f(x,y) = 1 + \dfrac{12 - 12y}{x^2 + y^2 - 4x - 2y + 7}$

Resolução:

$$\frac{\partial f}{\partial x} = \frac{(12 - 12y)(2x - 4)}{(x^2 + y^2 - 4x - 2y + 7)^2} = 0 \Rightarrow y = 1 \text{ ou } x = 2$$

$$\frac{\partial f}{\partial y} = \frac{-12.(x^2 + y^2 - 4x - 2y + 7) - (12 - 12y)(2y - 2)}{(x^2 + y^2 - 4x - 2y + 7)^2} = 0 \Rightarrow$$

$$\frac{-12x^2 - 12y^2 + 48x + 24y - 84 - 24y + 24 + 24y^2 - 24y}{(x^2 + y^2 - 4x - 2y + 7)^2} = 0 \Rightarrow$$

$$\frac{-12x^2 + 12y^2 + 48x - 24y - 60}{(x^2 + y^2 - 4x - 2y + 7)^2} = 0 \Rightarrow$$

Se $y = 1 \Rightarrow -12x^2 + 12 + 48x - 24 - 60 = 0 \Rightarrow -12x^2 + 48x - 72 = 0 \Rightarrow x^2 - 4x + 6 = 0 \Rightarrow$ não há solução.

Se $x = 2 \Rightarrow -12.2^2 + 12y^2 + 48.2 - 24y - 60 = 0 \Rightarrow 12y^2 - 24y - 12 = 0 \Rightarrow y^2 - 2y - 1 = 0 \Rightarrow y = \dfrac{2 \pm \sqrt{(4+4)}}{2} = 1 \pm \sqrt{2} \Rightarrow$

As soluções das equações anteriores são $x = 2$ e $y_1 = 1 + \sqrt{2}$ e $y_2 = 1 - \sqrt{2}$.

Logo, $(2, 1 + \sqrt{2})$ e $(2, 1 - \sqrt{2})$ são os pontos críticos da função f. Nesses pontos, a função assume valores respectivamente iguais a:

$$f(2, 1 + \sqrt{2}) = 1 + \dfrac{12 - 12(1 + \sqrt{2})}{(2^2 + (1 + \sqrt{2})^2 - 4.2 - 2(1 + \sqrt{2}) + 7)} = 1 - 3\sqrt{2}$$

$$f(2, 1 - \sqrt{2}) = 1 + \dfrac{12 - 12(1 - \sqrt{2})}{(2^2 + (1 - \sqrt{2})^2 - 4.2 - 2(1 + \sqrt{2}) + 7)} = 1 + 3\sqrt{2}$$

No exemplo anterior, os pontos críticos encontrados referem-se, respectivamente, a pontos de mínimo e máximo de f(x,y). Vale lembrar que nem todo ponto crítico é necessariamente um máximo ou mínimo, como veremos no Exemplo 10.6.

Exemplo 10.6:

Determine os pontos críticos da função $f(x,y) = 3 + x^2 - y^2 - 2(x-y)$.

Resolução:

$\dfrac{\partial f}{\partial x} = 2x - 2 = 0 \Rightarrow x = 1$

$\dfrac{\partial f}{\partial y} = 2y - 2 = 0 \Rightarrow y = 1$

Logo $(1,1)$ é o único ponto crítico da função f. Nesse ponto, a função f assume valor $f(1,1) = 3 + 1^2 - 1^2 - 2(1-1) = 3$. O gráfico de f pode ser representado pela Figura 10.14.

Observe que o ponto crítico encontrado não representa nem máximo, nem mínimo de f(x,y), denominando-se *ponto de sela* (em referência à sela do cavalo). Isto já ocorria em funções de uma variável com os pontos de inflexão.

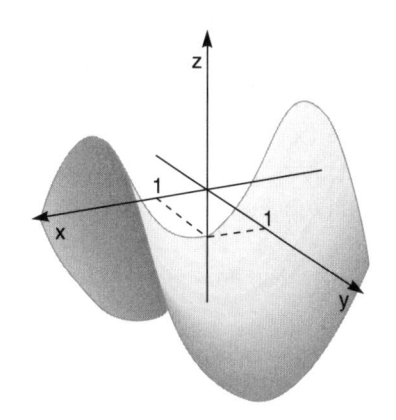

FIG. 10.14

Cabe ressaltar que o teorema apresentado não se aplica a pontos da fronteira do domínio de f. Podendo representar extremos locais sem o anulamento necessário do gradiente da função, tais pontos devem ser analisados separadamente.

Exemplo 10.7:

Mostre que $(0,0)$ é ponto de mínimo de $f(x,y) = x^3 y^2 + 5x + 3y$ com domínio $A = \{(x,y) \in R^2 \mid x \geq 0 \text{ e } y \geq 0\}$.

Resolução:

Tendo em vista o domínio de f, $f(x,y)$ é naturalmente não negativa. Portanto, $f(0,0) = 0$ é mínimo global — e naturalmente, também local — de f em A.

O gradiente da função f é dado por:

$$\frac{\partial f}{\partial x} = 3x^2 y^2 + 5 \Rightarrow \frac{\partial f}{\partial x}(0,0) = 5$$

$$\frac{\partial f}{\partial y} = 2x^3 y + 3 \Rightarrow \frac{\partial f}{\partial y}(0,0) = 3$$

Logo, $\nabla f(0,0) = (5,3) \neq (0,0)$, o que não contradiz o teorema apresentado nesta seção, pois $(0,0)$ não é um ponto interior de A.

Embora as condições estabelecidas até o momento não caracterizem ainda os máximos e mínimos, elas já restringem significativamente os candidatos. Precisa-se agora de algo que garanta a natureza dos pontos críticos encontrados. A classificação da natureza dos pontos críticos, em funções de duas variáveis, exigirá a análise das derivadas parciais de segunda ordem.

O teorema da condição necessária estende-se naturalmente da seguinte maneira:

Teorema geral da condição necessária: Seja $f(x_1, x_2, ..., x_n)$ uma função de $A \subset R^n$ em R, diferenciável num ponto $(x_{01}, x_{02}, ..., x_{0n})$ interior ao domínio A. Se $(x_{01}, x_{02}, ..., x_{0n})$ é um ponto de máximo relativo ou de mínimo relativo de $f(x_1, x_2, ..., x_n)$, então, necessariamente, as derivadas parciais de primeira ordem da função f nesse ponto são iguais a zero:

$$\frac{\partial f}{\partial x_1}(x_{01}, x_{02}, ..., x_{0n}) = \frac{\partial f}{\partial x_2}(x_{01}, x_{02}, ..., x_{0n}) = ... = \frac{\partial f}{\partial x_n}(x_{01}, x_{02}, ..., x_{0n}) = 0$$

ou

$$\nabla f(x_{01}, x_{02}, ..., x_{0n}) = (0, 0, ..., 0)$$

Condição suficiente de máximo e de mínimo

Uma vez restrito o conjunto de possibilidades para máximos e mínimos interiores através das condições necessárias apresentadas anteriormente, deve-se agora especificar a natureza dos pontos críticos encontrados. Para encontrar as condições suficientes para que tais pontos sejam máximos ou mínimos locais, desenvolveremos um teste, semelhante àquele utilizado para funções de uma variável, que possui como base as derivadas parciais de segunda ordem. Antes, porém, vamos definir alguns conceitos importantes.

• HESSIANO

Seja f uma função definida em $A \subset R^2$ a valores em R. A matriz hessiana de f é a matriz funcional

$$H = H(x,y) = \begin{vmatrix} \dfrac{\partial^2 f}{\partial x^2} & \dfrac{\partial^2 f}{\partial x \partial y} \\ \dfrac{\partial^2 f}{\partial y \partial x} & \dfrac{\partial^2 f}{\partial y^2} \end{vmatrix}$$

O determinante da matriz acima chama-se *hessiano* da função f(x,y) no ponto (x,y).

$$\det H(x,y) = \det \begin{vmatrix} \dfrac{\partial^2 f}{\partial x^2} & \dfrac{\partial^2 f}{\partial x \partial y} \\ \dfrac{\partial^2 f}{\partial y \partial x} & \dfrac{\partial^2 f}{\partial y^2} \end{vmatrix}$$

$$= \dfrac{\partial^2 f}{\partial x^2} \cdot \dfrac{\partial^2 f}{\partial y^2} - \dfrac{\partial^2 f}{\partial y \partial x} \cdot \dfrac{\partial^2 f}{\partial x \partial y}$$

Como trabalhamos com funções suficientemente "lisas", podemos assumir a igualdade das derivadas mistas, de acordo com o teorema apresentado na Seção 9.1, ou seja,

$$\dfrac{\partial^2 f}{\partial x \partial y} = \dfrac{\partial^2 f}{\partial y \partial x}$$

Logo, a matriz hessiana torna-se uma matriz simétrica e o determinante hessiano reduz-se a:

$$\det H(x,y) = \dfrac{\partial^2 f}{\partial x^2} \cdot \dfrac{\partial^2 f}{\partial y^2} - \left(\dfrac{\partial^2 f}{\partial x \partial y} \right)^2$$

Exemplo 10.8:

Calcule o hessiano da função $f(x,y) = 2x^2 - 3x^5 y + 4y^2 - x + 4y$.

Resolução:

Cálculo das derivadas parciais de primeira ordem:

$$\frac{\partial f}{\partial x} = 4x - 3x^4y - 1$$

$$\frac{\partial f}{\partial y} = -3x^5 + 8y + 4$$

Cálculo das derivadas parciais de segunda ordem:

$$\frac{\partial^2 f}{\partial x^2} = 4 - 12x^3y$$

$$\frac{\partial^2 f}{\partial y \partial x} = -3x^4$$

$$\frac{\partial^2 f}{\partial y^2} = 8$$

$$\frac{\partial^2 f}{\partial x \partial y} = -3x^4$$

O hessiano, portanto, é o determinante:

$$\det H = \begin{vmatrix} (4 - 12x^3y) & -3x^4 \\ (-3x^4) & 8 \end{vmatrix}$$

$$\det H = (4 - 12x^3y)8 - (-3x^4)(-3x^4) = 32 - 96x^3y - 9x^8$$

• FORMA QUADRÁTICA ASSOCIADA A UMA MATRIZ

Se A é uma matriz de números reais simétrica da forma 2 × 2, podemos definir, a partir dela, uma função de duas variáveis Q(x,y), chamada *forma quadrática associada*, da seguinte maneira

$$Q(x,y) = [x \; y] \begin{vmatrix} a & b \\ b & c \end{vmatrix} \cdot \begin{vmatrix} x \\ y \end{vmatrix}$$

A forma quadrática associada a uma função f(x,y) refere-se àquela obtida a partir de sua matriz hessiana e fornecerá informações a respeito da natureza dos pontos críticos de seu domínio. Para isso, necessita-se dos conceitos de *definição positiva* e *negativa* bem como *indefinição* de uma matriz funcional. Dizemos que a matriz A é *definida positiva* se a forma quadrática associada Q(x,y) for definida positiva, ou seja, se Q(x,y) > 0 para todo (x,y) ≠ (0,0). Será uma matriz *definida negativa* se a forma quadrática associada Q(x,y) for definida negativa, isto é, se Q(x,y) < 0 para todo (x,y) ≠ (0,0). Dizemos que a matriz A é *indefinida* se a forma quadrática associada Q(x,y) for indefinida, isto é, se existirem pontos (x_1,y_1) em que $Q(x_1,y_1) > 0$ e pontos (x_2,y_2) em que $Q(x_2,y_2) < 0$. A partir de tais considerações, pode-se provar o seguinte teorema.

Uma matriz simétrica 2 × 2

$$A = \begin{vmatrix} a & b \\ b & c \end{vmatrix}$$

(i) é definida positiva se $\det(A) = ac - b^2 > 0$ e $a > 0$;

(ii) é definida negativa se $\det(A) = ac - b^2 > 0$ e $a < 0$;

(iii) é indefinida se $\det(A) < 0$.

Prova-se, em cursos mais avançados de Cálculo, que a seguinte condição é suficiente para que determinados pontos sejam máximos ou mínimos relativos:

Teorema: Seja f uma função definida num conjunto $D \subset R^2$ a valores reais. Se (x_0,y_0) é um ponto crítico interior da função f, então

(i) se $H(x_0,y_0)$ é uma matriz definida positiva, o ponto (x_0,y_0) é um ponto de mínimo da função f;

(ii) se $H(x_0,y_0)$ é uma matriz definida negativa, o ponto (x_0,y_0) é um ponto de máximo da função f;

(iii) se $H(x_0,y_0)$ é uma matriz indefinida, então o ponto (x_0,y_0) não é nem ponto de máximo nem ponto de mínimo da função f;

(iv) se $\det H(x_0,y_0) = 0$, nada se pode afirmar.

Traduzindo para desigualdades, temos o seguinte teorema:

Teorema da condição suficiente: Seja f uma função definida num conjunto $D \subset R^2$ a valores reais. Seja (x_0,y_0) um ponto crítico interior da função f.

(i) Se $\det H(x_0,y_0) > 0$ e $\dfrac{\partial^2 f}{\partial x^2} > 0$, o ponto (x_0,y_0) é um ponto de mínimo da função f;

(ii) Se $\det H(x_0,y_0) > 0$ e $\dfrac{\partial^2 f}{\partial x^2} < 0$, o ponto (x_0,y_0) é um ponto de máximo da função f;

(iii) Se $\det H(x_0,y_0) < 0$, o ponto (x_0,y_0) não é nem ponto de máximo nem ponto de mínimo da função f. Neste caso, dizemos que o ponto é um *ponto de sela*;

(iv) Se $\det H(x_0,y_0) = 0$, nada se pode afirmar.

As condições (i),(ii) e (iii) denominam-se condições de segunda ordem.

Exemplo 10.9:

Determine os pontos de máximo e mínimo relativos da função $f(x,y) = x^3 - y^2 - 12x + 6y + 7$.

Resolução:

Derivadas parciais:

$$\frac{\partial f}{\partial x} = 3x^2 - 12$$

$$\frac{\partial f}{\partial y} = -2y + 6$$

Pontos críticos:

$3x^2 - 12 = 0$

$-2y + 6 = 0$

Da 1ª equação, temos $x = \pm 2$. Da 2ª equação, temos que $y = 3$. Logo, os pontos críticos são $(2,3)$ e $(-2,3)$.

Derivadas parciais de segunda ordem:

$$\frac{\partial^2 f}{\partial x^2} = 6x$$

$$\frac{\partial^2 f}{\partial y \partial x} = 0$$

$$\frac{\partial^2 f}{\partial y^2} = -2$$

$$\frac{\partial^2 f}{\partial x \partial y} = 0$$

Determinante hessiano:

$$\det H = \begin{vmatrix} 6x & 0 \\ 0 & -2 \end{vmatrix}$$

$= -12x$

Classificação dos pontos críticos:

Ponto $(2,3)$:

$\det H(2,3) = -12 \cdot 2 = -24 < 0$, logo, $(2,3)$ não é nem ponto de máximo, nem de mínimo. É, portanto, um ponto de sela. A função assume nesse ponto o valor $f(2,3) = 2^3 - 3^2 - 12.2 + 6.3 + 7 = -1$.

Ponto $(-2,3)$:

$\det H(-2,3) = -12.(-2) = 24 > 0$. Como $\dfrac{\partial^2 f}{\partial x^2} = 6(-2) = -12 < 0$, o ponto $(-2,3)$ é um ponto de máximo relativo. A função assume nesse ponto o valor $f(-2,3) = (-2)^3 - 3^2 - 12.(-2) + 6.3 + 7 = +32$.

Cabe ressaltar que embora as condições (i), (ii) e (iii) do teorema anterior sejam suficientes para um ponto crítico representar, respectivamente, um mínimo, um máximo e um ponto de sela, elas não são necessárias, tendo em vista o item (iv), que ocorre no exemplo seguinte para as três categorias de pontos críticos.

Exemplo 10.10:

Mostre que as funções $f(x,y) = x^4 + y^4$, $g(x,y) = -x^4 - y^4$ e $h(x,y) = x^3 + y^3$ possuem hessianos nulos no ponto crítico $(0,0)$, que representam, para cada caso, respectivamente, um ponto de mínimo, de máximo e de sela, reconhecidos através do estudo direto.

Resolução:

Para encontrar os pontos críticos de f, g e h, deve-se impor:

$\nabla f(x,y) = (0, 0) \Rightarrow (4x^3, 4y^3) = (0,0) \Rightarrow x=y=0$

$\nabla g(x,y) = (0,0) \Rightarrow (-4x^3, -4y^3) = (0,0) \Rightarrow x=y=0$

$\nabla h(x,y) = (0,0) \Rightarrow (3x^2, 3y^2) = (0,0) \Rightarrow x=y=0$

Logo, a origem é o único ponto crítico das funções dadas, que é certamente um ponto interior, pois o domínio de tais funções é R^2. Calculemos agora o hessiano de f, g e h. Para isso, temos que encontrar as derivadas parciais de segunda ordem para cada uma das funções.

$\dfrac{\partial^2 f}{\partial x^2} = 12x^2$	$\dfrac{\partial^2 g}{\partial x^2} = -12x^2$	$\dfrac{\partial^2 h}{\partial x^2} = 6x$
$\dfrac{\partial^2 f}{\partial y \partial x} = 0$	$\dfrac{\partial^2 g}{\partial y \partial x} = 0$	$\dfrac{\partial^2 h}{\partial y \partial x} = 0$
$\dfrac{\partial^2 f}{\partial y^2} = 12y^2$	$\dfrac{\partial^2 g}{\partial y^2} = -12y^2$	$\dfrac{\partial^2 h}{\partial y^2} = 6y$
$\dfrac{\partial^2 f}{\partial x \partial y} = 0$	$\dfrac{\partial^2 g}{\partial x \partial y} = 0$	$\dfrac{\partial^2 h}{\partial x \partial y} = 0$

Todas as derivadas parciais de segunda ordem para as funções acima são nulas na origem, logo, det H(0,0) = 0 para f, g e h. Pelo teorema anterior, nada se pode afirmar sobre a natureza do ponto crítico (0,0).

Pela análise direta, temos:

— $f(x,y) = x^4 + y^4$

Como cada termo da expressão acima é positivo, $f(x,y) \geq 0$ e como $f(0,0) = 0$, a origem é um ponto de mínimo de f.

— $g(x,y) = -x^4 - y^4$

Como cada termo da expressão acima é negativo, $g(x,y) \leq 0$ e como $g(0,0) = 0$, a origem é um ponto de máximo de g.

— $h(x,y) = x^3 + y^3$

Caminhando pela reta (0,y) e (x,0), obtemos respectivamente as curvas definidas por $z = y^3$ e $z = x^3$, que assumem valores estritamente positivos e negativos — ou seja, maiores e menores do que f(0,0) — em qualquer vizinhança da origem. Portanto a origem é um ponto de sela de h.

Pode-se estender o teorema anterior para o caso de n variáveis e matrizes de ordem n. Para isso, estendemos os conceitos de matriz hessiana, forma quadrática associada, definição positiva e negativa e indefinição para funções.

Seja $f(x_1, x_2, ..., x_n)$ uma função definida em $A \subset R^n$ a valores em R. A matriz hessiana de $f(x_1, x_2, ..., x_n)$ é a matriz funcional

$$H = H(x_1, x_2, ..., x_n) = \begin{vmatrix} \dfrac{\partial^2 f}{\partial x_1^2} & \dfrac{\partial^2 f}{\partial x_1 \partial x_2} & \cdots & \dfrac{\partial^2 f}{\partial x_1 \partial x_n} \\ \dfrac{\partial^2 f}{\partial x_2 \partial x_1} & \dfrac{\partial^2 f}{\partial x_2^2} & \cdots & \dfrac{\partial^2 f}{\partial x_2 \partial x_n} \\ \cdots & \cdots & \cdots & \cdots \\ \dfrac{\partial^2 f}{\partial x_n \partial x_1} & \dfrac{\partial^2 f}{\partial x_n \partial x_2} & \cdots & \dfrac{\partial^2 f}{\partial x_n^2} \end{vmatrix}$$

O determinante da matriz acima det $H(x_1, x_2, ..., x_n)$ chama-se o *hessiano* da função $f(x_1, x_2, ..., x_n)$ no ponto $(x_1, x_2, ..., x_n)$.

Em relação à definição geral de forma quadrática, temos:

Se A é uma matriz de números reais simétrica n x n, define-se uma função de n variáveis $Q(x_1, x_2, ..., x_n)$, chamada *forma quadrática associada*, da seguinte maneira:

$$Q(x_1, x_2, ..., x_n) = [x_1 \; x_2 \; ..., \; x_n] \cdot A \cdot \begin{vmatrix} x_1 \\ x_2 \\ .. \\ x_n \end{vmatrix}$$

No que diz respeito às definições positiva e negativa, bem como indefinição, temos:

> Uma matriz A de ordem n denomina-se *positiva definida* e *negativa definida* se sua forma quadrática associada $Q(x_1, x_2, ..., x_n)$ assumir respectivamente somente valores estritamente positivos e estritamente negativos para todo vetor $u = (x_1, x_2, ..., x_n)$ não nulo. Caso contrário, A é dita *indefinida*.

De posse das definições gerais anteriores, pode-se generalizar o teorema da condição suficiente da seguinte maneira:

> **Teorema geral da condição suficiente:** Seja $f(x_1, x_2, ..., x_n)$ uma função definida num conjunto $D \subset R^n$ a valores reais. Se $(x_{01}, x_{02}, ..., x_{0n})$ é um ponto crítico interior da função f, então
>
> (i) se $H(x_{01}, x_{02}, ..., x_{0n})$ é uma matriz definida positiva, o ponto $(x_{01}, x_{02}, ..., x_{0n})$ é um ponto de mínimo da função f;
>
> (ii) se $H(x_{01}, x_{02}, ..., x_{0n})$ é uma matriz definida negativa, o ponto $(x_{01}, x_{02}, ..., x_{0n})$ é um ponto de máximo da função f;
>
> (iii) se $H(x_{01}, x_{02}, ..., x_{0n})$ é uma matriz indefinida, então o ponto $(x_{01}, x_{02}, ..., x_{0n})$ não é nem ponto de máximo nem ponto de mínimo da função f;
>
> (iv) se $\det H(x_{01}, x_{02}, ..., x_{0n}) = 0$, nada se pode afirmar.

Existe uma técnica para determinar a natureza das formas quadráticas com qualquer número de variáveis, ou seja, se é definida positiva, definida negativa ou indefinida.

> Uma matriz quadrada A de ordem n da seguinte forma:
>
> $$\begin{vmatrix} a_{11} & a_{12} & a_{13} & \cdots & a_{1n} \\ a_{21} & a_{22} & a_{23} & \cdots & a_{2n} \\ a_{31} & a_{32} & a_{33} & \cdots & a_{3n} \\ \cdots & \cdots & \cdots & \cdots & \cdots \\ a_{n1} & a_{n2} & a_{n3} & \cdots & a_{nn} \end{vmatrix}$$ é positiva definida, se
>
> $a_{11} > 0$, $\det \begin{vmatrix} a_{11} & a_{12} \\ a_{21} & a_{22} \end{vmatrix} > 0$, $\det \begin{vmatrix} a_{11} & a_{12} & a_{13} \\ a_{21} & a_{22} & a_{23} \\ a_{31} & a_{32} & a_{33} \end{vmatrix} > 0 ....$, $\det \begin{vmatrix} a_{11} & a_{12} & \cdots & a_{1n} \\ \cdots & \cdots & \cdots & \cdots \\ a_{n1} & a_{n2} & \cdots & a_{nn} \end{vmatrix} > 0$
>
> Tendo em vista que a matriz A é negativa definida se $-A$ for positiva definida, temos que A será negativa definida:
>
> $a_{11} < 0$, $\det \begin{vmatrix} a_{11} & a_{12} \\ a_{21} & a_{22} \end{vmatrix} > 0$, $\det \begin{vmatrix} a_{11} & a_{12} & a_{13} \\ a_{21} & a_{22} & a_{23} \\ a_{31} & a_{32} & a_{33} \end{vmatrix} < 0 ....$, $\det \begin{vmatrix} a_{11} & a_{12} & \cdots & a_{1n} \\ \cdots & \cdots & \cdots & \cdots \\ a_{n1} & a_{n2} & \cdots & a_{nn} \end{vmatrix} > 0$
>
> ou < 0
> se a ordem da matriz A for respectivamente par ou ímpar.
>
> Caso contrário, a matriz A será indefinida.

Exemplo 10.11:

Encontre os pontos críticos de $f(x,y,z) = xy + x^2z - x^2 - y - z^2$ e classifique-os.

Resolução:

Antes de encontrar os pontos críticos de f, precisamos inicialmente impor:

$\nabla f(x,y,z) = (0,0,0) \Rightarrow$

$\dfrac{\partial f}{\partial x} = y + 2xz - 2x = 0$

$\dfrac{\partial f}{\partial y} = x - 1 = 0 \Rightarrow x = 1$

$\dfrac{\partial f}{\partial z} = x^2 - 2z = 0 \Rightarrow 1 = 2z \Rightarrow z = \dfrac{1}{2}$

$\Rightarrow y = 2x - 2xz = 2 - 2 \cdot \dfrac{1}{2} = 1$

O único ponto crítico de $f(x,y,z)$ é $\left(1,1,\dfrac{1}{2}\right)$, que certamente é interior, pois o domínio de f é R^3. Para utilizarmos o teorema geral da condição suficiente, avaliamos a natureza da matriz hessiana associada a f, através das derivadas parciais de segunda ordem.

$\dfrac{\partial^2 f}{\partial x^2} = 2z - 2 \qquad \dfrac{\partial^2 f}{\partial y^2} = 0 \qquad \dfrac{\partial^2 f}{\partial z^2} = -2$

$\dfrac{\partial^2 f}{\partial y \partial x} = 1 \qquad \dfrac{\partial^2 f}{\partial x \partial y} = 1 \qquad \dfrac{\partial^2 f}{\partial x \partial z} = 2z$

$\dfrac{\partial^2 f}{\partial z \partial x} = 2x \qquad \dfrac{\partial^2 f}{\partial z \partial y} = 0 \qquad \dfrac{\partial^2 f}{\partial y \partial z} = 0$

Portanto, a matriz hessiana no ponto $\left(1,1,\dfrac{1}{2}\right)$ será:

$H\left(1,1,\dfrac{1}{2}\right) = \begin{vmatrix} -1 & 1 & 2 \\ 1 & 0 & 0 \\ 2 & 0 & -2 \end{vmatrix}$

Utilizando o procedimento sistemático apresentado anteriormente para o reconhecimento da natureza de uma matriz, temos:

$-1 < 0$

$$\det \begin{vmatrix} -1 & 1 \\ 1 & 0 \end{vmatrix} = -1 < 0$$

$$\det \begin{vmatrix} -1 & 1 & 2 \\ 1 & 0 & 0 \\ 2 & 0 & -2 \end{vmatrix} = 2 > 0$$

O determinante $H\left(1,1,\frac{1}{2}\right) \neq 0$. Para que fosse positiva definida, os valores deveriam ser positivos e para que fosse negativa, o primeiro valor deveria ser negativo e os outros sinais, alternados. Portanto, os dois primeiros resultados já são suficientes para afirmar que a matriz $H\left(1,1,\frac{1}{2}\right)$ é indefinida e que, portanto, $\left(1,1,\frac{1}{2}\right)$ é um ponto de sela.

Vamos tratar agora da busca de *extremos globais*. Supondo que a função tratada assuma máximo ou mínimo finito e, tendo em vista que todos os pontos do conjunto de escolhas em problemas de otimização não condicionada são pontos interiores, já que as variáveis independentes modificam-se livremente, os únicos candidatos a máximo ou mínimo global da função tratada são respectivamente seus máximos e mínimos locais. Para encontrá-los, basta verificar dentre os correspondentes locais, aquele em que a função assume respectivamente maior e menor valor, bem como seu comportamento quando suas variáveis independentes tendem a infinito.

Exemplo 10.12:

Encontre, caso haja, os valores máximos e mínimos globais de $f(x,y) = x^2 - 2x + y^2 - 4y + 5$, bem como os pontos onde f assume tais valores.

Resolução:

Trata-se de um problema de otimização global não condicionada, pois o domínio de f é R^2. Logo, precisamos encontrar os pontos críticos de f.

$\frac{\partial f}{\partial x} = 2x - 2 = 0 \Rightarrow x = 1$

$\frac{\partial f}{\partial y} = 2y - 4 = 0 \Rightarrow y = 2$

$\frac{\partial^2 f}{\partial x^2} = 2$

$\frac{\partial^2 f}{\partial y \partial x} = 0$

$$\frac{\partial^2 f}{\partial y^2} = 2$$

$$\frac{\partial^2 f}{\partial x \partial y} = 0$$

Logo, a matriz hessiana de f no ponto (1,2) será:

$$H(1,2) = \begin{vmatrix} 2 & 0 \\ 0 & 2 \end{vmatrix}$$

$\Rightarrow \det H(1,2) = 4 > 0$ e, portanto, (1,2) é um ponto de mínimo local de f. Como a função cresce indefinidamente quando x ou y tendem a infinito, e (1,2) é o único ponto crítico em um domínio não restrito, (1,2) é mínimo global da função f; não há máximo global, já que a função tende a infinito quando x ou y tendem a infinito. A função f(x,y) assume valor $1^2 - 2.1 + 2^2 - 4.2 + 5 = 0$ em (1,2), ou seja, o valor mínimo global de f(x,y) ocorre em (1,2) e vale 0. A Figura 10.15 apresenta um esboço do gráfico de f.

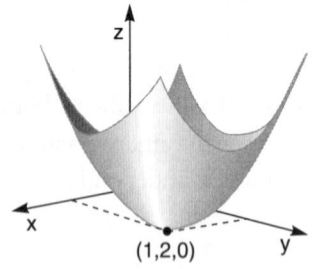

FIG. 10.15

Exemplo 10.13:

Encontre, caso haja, os valores de máximo e mínimo globais de $f(x,y,z) = xyz \cdot e^{-(x^2 + y^2 + z^2)}$, bem como os pontos onde f assume tais valores.

Resolução:

Trata-se de um problema de otimização global não condicionada, pois o domínio de f(x,y,z) é R^3. Logo, precisamos encontrar os pontos críticos de f.

$$\frac{\partial f}{\partial x} = yz \cdot e^{-(x^2 + y^2 + z^2)} - 2x^2 yz \cdot e^{-(x^2 + y^2 + z^2)}.$$

$$\frac{\partial f}{\partial y} = xz \cdot e^{-(x^2 + y^2 + z^2)} - 2xy^2 z \cdot e^{-(x^2 + y^2 + z^2)}.$$

$$\frac{\partial f}{\partial z} = xy \cdot e^{-(x^2 + y^2 + z^2)} - 2xyz^2 \cdot e^{-(x^2 + y^2 + z^2)}.$$

Logo, $\tilde{N}f(x,y,z) = (0,0,0) \Rightarrow$

$yz.e^{-(x^2+y^2+z^2)} - 2x^2yz.e^{-(x^2+y^2+z^2)} = 0 \Rightarrow yz - 2x^2yz = 0 \Rightarrow y = 0$ ou $z = 0$ ou $x = \pm\dfrac{\sqrt{2}}{2}$

$xz.e^{-(x^2+y^2+z^2)} - 2xy^2z.e^{-(x^2+y^2+z^2)} = 0 \Rightarrow xz - 2xy^2z = 0 \Rightarrow x = 0$ ou $z = 0$ ou $y = \pm\dfrac{\sqrt{2}}{2}$

$xy.e^{-(x^2+y^2+z^2)} - 2xyz^2.e^{-(x^2+y^2+z^2)} = 0 \Rightarrow xy - 2xyz^2 = 0 \Rightarrow x = 0$ ou $y = 0$ ou $z = \pm\dfrac{\sqrt{2}}{2}$

Os pontos críticos de f são da forma:

$(0,0,m); (0,m,0); (m,0,0); \left(\pm\dfrac{\sqrt{2}}{2},0,0\right); \left(0,\pm\dfrac{\sqrt{2}}{2},0\right); \left(0,0,\pm\dfrac{\sqrt{2}}{2}\right);$

$\left(\pm\dfrac{\sqrt{2}}{2},\pm\dfrac{\sqrt{2}}{2},\pm\dfrac{\sqrt{2}}{2}\right)$

Como a função f tende a 0 quando x ou y ou z tendem a $\pm\infty$ (verifique!) e que $f(x,y,z)$ é contínua em $\mathbb{R}^3$, tal função certamente assumirá máximo e mínimo em seu domínio. Considerando ainda que o domínio referido só possui pontos interiores, tais extremos serão certamente pontos críticos.

Para encontrá-los, basta verificar o valor da função em questão nos pontos críticos apresentados.

$f(0,0,m) = f(0,m,0) = f(m,0,0) = f\left(\pm\dfrac{\sqrt{2}}{2},0,0\right) = f\left(0,\pm\dfrac{\sqrt{2}}{2},0\right) = f\left(0,0,\pm\dfrac{\sqrt{2}}{2}\right) = 0$

$f\left(\dfrac{\sqrt{2}}{2},\dfrac{\sqrt{2}}{2},\dfrac{\sqrt{2}}{2}\right) = f\left(\dfrac{\sqrt{2}}{2},-\dfrac{\sqrt{2}}{2},-\dfrac{\sqrt{2}}{2}\right) = f\left(-\dfrac{\sqrt{2}}{2},-\dfrac{\sqrt{2}}{2},\dfrac{\sqrt{2}}{2}\right) =$

$= f\left(-\dfrac{\sqrt{2}}{2},\dfrac{\sqrt{2}}{2},-\dfrac{\sqrt{2}}{2}\right) = \dfrac{\sqrt{2}}{4}e^{-\frac{3}{2}}$

$f\left(-\dfrac{\sqrt{2}}{2},-\dfrac{\sqrt{2}}{2},-\dfrac{\sqrt{2}}{2}\right) = f\left(-\dfrac{\sqrt{2}}{2},\dfrac{\sqrt{2}}{2},\dfrac{\sqrt{2}}{2}\right) = f\left(\dfrac{\sqrt{2}}{2},-\dfrac{\sqrt{2}}{2},\dfrac{\sqrt{2}}{2}\right) =$

$= f\left(\dfrac{\sqrt{2}}{2},\dfrac{\sqrt{2}}{2},-\dfrac{\sqrt{2}}{2}\right) = -\dfrac{\sqrt{2}}{4}e^{-\frac{3}{2}}$

Os valores de máximo e mínimo globais de f(x,y,z) são respectivamente $\frac{\sqrt{2}}{4}e^{-\frac{3}{2}} - \frac{\sqrt{2}}{4}e^{-\frac{3}{2}}$.

O exemplo anterior não utilizou o critério do hessiano para descobrir a natureza dos pontos críticos, pois f era contínua e tendia a 0 quando $x^2 + y^2 + z^2$ tendia a infinito, o que garantiu a existência de máximos e mínimos globais finitos, bastando somente verificar o valor assumido pela função dentre os possíveis candidatos e compará-los. Em outros casos, o critério do hessiano revela-se uma ferramenta indispensável

Adequação de função linear a dados: Método dos Mínimos Quadrados

Uma das inúmeras aplicações de otimização encontra-se na análise estatística de dados experimentais, quando se deseja ajustar uma curva a um conjunto de dados, expressos matematicamente como pontos. Trata-se de uma busca da "melhor" reta representante de tal conjunto de pontos. Este procedimento é muito útil quando se conclui que o comportamento da relação entre as variáveis representadas no plano é linear ou aproximadamente linear.

Matematicamente, os dados traduzem-se em pontos $(x_1,y_1); (x_2,y_2); ...; (x_n,y_n)$ e a resposta y ao sistema linear dependente da entrada x converte-se na função $y = ax + b$, de acordo com a Figura 10.16.

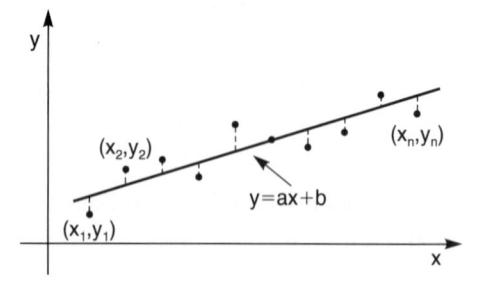

FIG. 10.16

O método dos mínimos quadrados estabelece, como melhor aproximação, uma reta tal que a soma dos quadrados das diferenças entre as ordenadas dos pontos dados e aqueles da reta, com mesmas abscissas, seja mínima. A função que se deseja minimizar é:

$$S = \sum_{k=1}^{n}(y_k - ax_k - b)^2$$

A rigor, trata-se de um problema de otimização de uma função de duas variáveis a e b que variam livremente. A condição necessária é que seu gradiente seja nulo no ponto desejado. Logo,

$$\frac{\partial S}{\partial a} = -2\sum_{k=1}^{n}(y_k - ax_k - b)x_k = 0$$

$$\frac{\partial S}{\partial b} = -2\sum_{k=1}^{n}(y_k - ax_k - b)^2 = 0$$

ou seja,

$$a\sum_{k=1}^{n}x_k^2 + b\sum_{k=1}^{n}x_k = \sum_{k=1}^{n}x_k y_k$$

$$a\sum_{k=1}^{n}x_k + bn = \sum_{k=1}^{n}y_k$$

O sistema acima resulta em:

$$a = \frac{n\sum_{k=1}^{n}x_k y_k - \sum_{k=1}^{n}x_k \cdot \sum_{k=1}^{n}y_k}{n\left[\sum_{k=1}^{n}x_k^2\right] - \left[\sum_{k=1}^{n}x_k\right]^2}$$

$$b = \frac{\sum_{k=1}^{n}x_k^2 \sum_{k=1}^{n}y_k - \sum_{k=1}^{n}x_k \cdot \sum_{k=1}^{n}x_k y_k}{n\left[\sum_{k=1}^{n}x_k^2\right] - \left[\sum_{k=1}^{n}x_k\right]^2}$$

Uma vez que a e b variam livremente e que há certamente um ponto de mínimo, este deve ser um ponto crítico. Como existe somente um ponto crítico, ele é certamente o mínimo global de S. O processo mencionado também é conhecido como *regressão linear*.

Exemplo 10.14:

Os preços de certo automóvel nos últimos anos foram os seguintes:

Tabela 10.7

Ano	Preço (em reais)
1993	45.000,00
1994	49.000,00
1995	60.000,00
1996	94.000,00
1997	102.000,00
1998	120.000,00

Faça a regressão linear para estes dados e estime qual deve ser o valor deste carro em 2005.

Resolução:

O problema resume-se a encontrar os valores de a e b na função linear que melhor aproxime tais dados segundo o critério dos mínimos quadrados. As abscissas são os anos e as ordenadas, os preços do automóvel (em milhares de reais) correspondentes. Temos os pares ordenados:

(1993; 45) ; (1994; 49) ; (1995; 60) ; (1996; 94); (1997; 102) e (1998; 120)

Para isso, precisamos dos valores de:

$$\sum_{k=1}^{6} x_k y_k = 938169$$

$$\sum_{k=1}^{6} x_k = 11973$$

$$\sum_{k=1}^{n} y_k = 470$$

$$\sum_{k=1}^{n} x_k^2 = 23892139$$

$$\left[\sum_{k=1}^{n} x_k\right]^2 = 143352729$$

Aplicando na fórmula acima, temos:

$$a = \frac{6.938169 - 11973.470}{6.23892139 - 143352729} = \frac{1704}{105}$$

$$b = \frac{23892139.470 - 11973.938169}{6.23892139 - 143352729} = -\frac{3392107}{105}$$

Logo, a função linear da regressão linear é $y = \dfrac{1704x - 3392107}{105}$, onde x representa o ano e y o preço do carro em mil reais. Apresentamos na Figura 10.17 o gráfico da regressão linear.

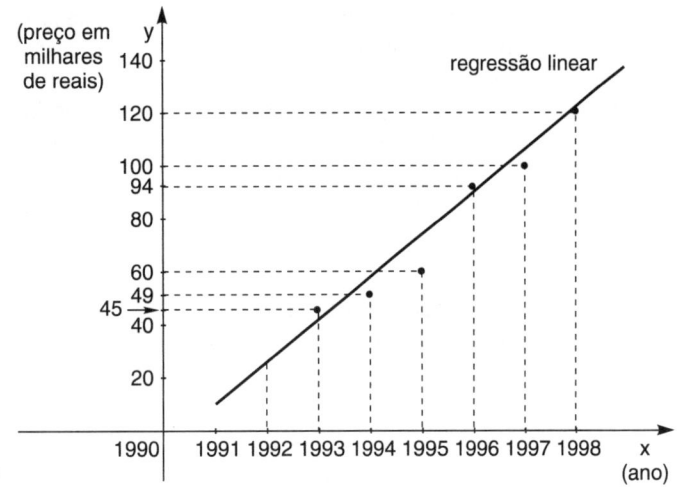

FIG. 10.17

Supondo que o comportamento do aumento deste bem seja aproximadamente linear, uma estimativa para o preço do carro em 2005 seria:

$$\frac{(1704.2005 - 3392107)}{105} = R\$ \ 232{,}50 \text{ mil.}$$

A técnica dos mínimos quadrados estende-se de maneira natural para um número maior de variáveis, aproximando, por exemplo, pontos em R^3 por planos etc. No caso geral, obtemos uma função soma de n variáveis que se modificam livremente, à qual devemos impor a condição necessária do anulamento do gradiente no ponto de mínimo. Em geral, os problemas de regressão linear geram certa dificuldade à medida que o número de amostras ou de variáveis em questão aumenta.

Exercícios 10.2

Nas funções a seguir, determine os pontos críticos e os pontos de máximo e de mínimo, utilizando o critério do hessiano (quando possível).

1. $f(x,y) = x^3 + y^3 - 3xy$
2. $f(x,y) = \ln(1 + x^2y^2)$
3. $f(x,y) = x^2y^3(6 - x - y)$
4. $f(x,y,z) = xyz - x^2 - y^2 - z^2$
5. $f(x,y,z) = e^{-(x^2+y^2+z^2 -2x -4y -6z +14)}$
6. $f(x,y) = x^4 + y^4 - 4xy$
7. $f(x,y,z) = xy + x^2z - x^2 - y - z^2$
8. $f(x,y) = \frac{1}{3}x^3 - 3x^2 + 5x + y^3 - 3y + 8$
9. $f(x,y) = x^3 + y^3 - 3xy$
10. $f(x,y,z,w) = xyzw \ e^{-(x^2 + y^2 + z^2 + w^2)}$
11. $f(x,y) = x^2 + 6xy + y^3$
12. $f(x,y) = \dfrac{(xy)}{(2 + x^4 + y^4)}$
13. Encontre, caso existam, os valores máximo e mínimo globais da função $f(x,y) = xy \ e^{-(x^2 + y^2)}$, bem como os pontos de R^2 onde tal função os assume.
14. Mostre que a função $f(x,y,z) = 4xyz - x^4 - y^4 - z^4$ possui um máximo local em $(1,1,1)$.
15. Um vendedor de produtos alimentícios estabelece um modelo que relaciona o

lucro L obtido com as quantidades T e R gastas respectivamente com propagandas em televisão e revistas regido pela fórmula $L = TR(12 - 4T - 3R)$, onde L, T e R se expressam em centenas de milhares de reais. Quanto deveria ser gasto com cada tipo de propaganda de modo a maximizar o lucro?

16. Encontre a equação do plano que passa no ponto (2,2,1) que corta o menor volume do primeiro octante de R^3 ({(x,y,z) ε R^3 t.q x,y,z $\geq$ 0}).

17. Se as funções demanda para lapiseiras e cadernos em um determinado mercado são dadas respectivamente por $p_A = 5 - 0{,}01x^2$ e $p_B = 4 - 0{,}01y^2$ (em reais), onde x e y representam respectivamente as quantidades de lapiseiras e cadernos, determine o lucro máximo obtido se a função custo correspondente é dada por $c(x,y) = 0{,}01x^2 + 0{,}02y^2 + 2$ (em reais).

18. Uma determinada análise sociológica indica que a taxa de criminalidade depende das verbas b e p, destinadas a programas de assistência social e investimentos penitenciários, segundo a expressão $C = 1000b^3 + 2000p^3 - 60b + 60p - 600pb$, onde C representa um parâmetro proporcional indicador da taxa de criminalidade e b e p se expressam em bilhões de reais. Quanto deveria ser investido em cada programa de modo a minimizar a taxa de criminalidade?

19. Uma firma monopolista produz barras de chocolate branco e amargo, aos custos médios de R$ 12,40 e R$ 15,00 o quilo. Seus preços p_b e p_a variam de acordo com o mercado segundo as expressões $q_b = \frac{(p_a - p_b)}{4}$ e $q_a = 1{,}6 + 0{,}25p_b - 0{,}5p_a$, onde q_b e q_a representam respectivamente as quantidades de barras de chocolate branco e amargo demandadas por semana, em toneladas. Calcule os preços por quilo p_b e p_a que devem ser fixados de modo maximizar o lucro.

20. Certa firma produz ventiladores em duas fábricas, uma em Sorocaba, outra em Guarulhos. Pesquisas estatísticas modelam as funções custo como $C_s = 85 + 7{,}5q_s^2$ e $C_g = 52 + 10q_g^2$ (em reais), onde q_s e q_g representam, respectivamente, as quantidades de ventiladores produzidos pelas duas fábricas. Se a quantidade total de ventiladores demandada $q_s + q_g$ relaciona-se com seu preço p mediante a expressão $p = 600 - 2q$ (em reais), quanto cada fábrica deveria produzir de modo a maximizar o lucro total da firma?

21. Supondo a função utilidade "cultural" de um consumidor dada por $u(x,y) = 4xy + 3x - x^3 - y^2$, onde x e y representam respectivamente as quantidades de livros e discos demandadas, encontre as quantidades x e y desses produtos que proporcionam a utilidade "cultural" máxima, bem como o valor dessa utilidade.

22. Qual deveria ser a relação entre os preços de entradas para adultos p_a e crianças p_c em um cinema supondo que as respectivas funções demandas se expressem por $q_a = k_a\, p_a^{-2}$ e $q_c = k_v\, p_c^{-4}$, onde q_a, p_a, q_c e p_c representam, respectivamente, as quantidades e preços de entradas vendidas para adultos e crianças e que o cinema referido possui custos operacionais proporcionais ao número total de entradas vendidas, ou seja, k_a e k_c são constantes.

23. Uma empresa monopolista fabrica óleo de milho e de soja com custos médios constantes, respectivamente, de R$ 0,50 e R$ 0,25, por lata. Supondo que a demanda do mercado seja expressa por $q_m = \frac{10}{p_m p_s}$ e $q_s = \frac{20}{p_m p_s} q_s$, onde q_m, p_m, q_s e p_s representam respectivamente as quantidades (em mil unidades) e preços (em reais por lata) de milho e soja demandados por semana, encontre os preços fixados pela empresa.

24. Utilizando um procedimento análogo àquele desenvolvido no método dos mínimos quadrados para aproximação linear, encontre a parábola $y = p + qx^2$ que melhor modela os pontos (1, 0.12); (2, 1.60); (3, 4.20); (5, 11.65); (6, 16.53) e (7, 23.10). Qual valor pode ser estimado para $x = 4$. Assim como no caso linear apresentado no texto desta seção, estabeleça um procedimento geral para a obtenção da regressão quadrática, ou seja, dos coeficientes da parábola $y = ax^2 + bx + c$, que melhor se adaptam a um conjunto de pontos $(x_1, y_1); (x_2, y_2); ...(x_n, y_n)$.

25. Encontre os valores de a e b para os quais a função $f(x) = a^2$ melhor se aproxima da função $g(x) = x^3$ no intervalo [0,1], utilizando como critério da minimização da integral $I = \int_0^1 (f(x) - g(x))^2 dx$. Qual o significado de tal critério e por que ele é pertinente?

26. Os dados fornecidos na Tabela 10.8 expressam aproximadamente os preços médios de cadernos (em reais) de um determinado estabelecimento, no decorrer dos anos.

Tabela 10.8

Ano	Preço	Ano	Preço
1920	0,10	1975	0,65
1932	0,15	1978	0,75
1958	0,20	1981	1,00
1963	0,25	1985	1,10
1968	0,30	1988	1,25
1971	0,40	1991	1,45
1974	0,50	1995	1,60

Encontre a regressão linear associada aos pontos acima e estime o preço médio do caderno no ano 2030. Baseado na configuração de pontos, avalie se tal estimativa é confiável. Estabeleça uma aproximação quadrática, de acordo com o exercício 24. Assinale novamente os dados apresentados, (marcando o ano contra o logaritmo natural do preço) e verifique se a aproximação linear é pertinente. Após tais reflexões, o que pode ser afirmado a respeito do comportamento do preço em função do tempo? De posse da última configuração, encontre a melhor reta que se ajuste a tais pontos, estimando novamente o preço do caderno em 2030.

10.3 OTIMIZAÇÃO CONDICIONADA A IGUALDADES: MULTIPLICADORES DE LAGRANGE

Na Seção 10.1, estudamos problemas de otimização envolvendo funções e restrições lineares. Na Seção 10.2, abordamos problemas de otimização de funções não-lineares, cujas variáveis independentes podiam modificar-se livremente, ou seja, sob domínios de escolhas irrestritos.

Entretanto, freqüentemente, nos deparamos com problemas de determinação de máximos e mínimos de funções em que as variáveis devem respeitar certas restrições.

Nesta seção, trataremos de restrições determinadas por igualdades, ampliando o arsenal de técnicas para que possamos resolver problemas de otimização envolvendo funções quaisquer — lineares ou não — sujeitas a restrições quaisquer.

Temos de lidar com problemas de otimização condicionada na maioria das aplicações. Para isso, precisamos obter os pontos de máximo ou de mínimo de uma função f(x,y) de modo que os pontos (x,y) satisfaçam, por exemplo, uma condição do tipo g(x,y) = 0. Geometricamente, temos:

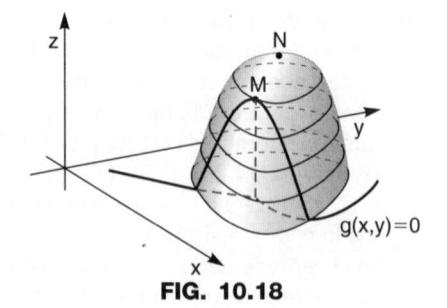

FIG. 10.18

A função f(x,y) restrita à condição g(x,y) = 0 resulta na curva do gráfico de f(x,y), cujo máximo ocorre no ponto M, enquanto o máximo de f(x,y), sem restrições, ocorre no ponto N. Em geral, a natureza dos pontos críticos da função não restrita não condiciona a natureza dos pontos críticos da função restrita. Pode haver funções que não assumem máximos, quando não restritas, mas que passam a assumir, quando restritas.

Método da substituição

Se a restrição g(x,y) = 0 permite escrever de modo unívoco y em função de x, digamos y = y(x), então podemos substituir esse valor na expressão de f(x,y) obtendo uma função de uma única variável h(x) = f(x,y(x)). Dessa forma, transformamos o problema de otimização condicionada de uma função de duas variáveis num problema de otimização livre de uma função de uma única variável.

Exemplo 10.15:

Determine os pontos de máximo e de mínimo da função $f(x,y) = -2x^2 + y^2$, sujeita à condição $x + y = 3$.

Resolução:

A condição $x + y = 3$ permite isolar y em função de x: $y = 3 - x$.

Substituindo y na expressão da função f(x,y), obtemos

$h(x) = f(x, 3-x) = -2x^2 + (3-x)^2 = -x^2 - 6x + 9$

Temos então de otimizar a função $h(x) = -x^2 - 6x + 9$.

Condição necessária: $h'(x) = 0$

Logo, $-2x - 6 = 0$, e, portanto, $x = -3$.

Teste da segunda derivada: $h''(x) = -2 < 0$.

Portanto, $x = -3$ é ponto de máximo da função h(x).

O y correspondente é $y = 3 - x = 3 - (-3) = 6$. Logo, o ponto $(-3, 6)$ é um ponto de máximo condicionado da função f.

Como já havíamos comentado, a natureza dos pontos críticos da função não restrita não determina a natureza dos extremos na função restrita. Trata-se de um paraboloide hiperbólico que possui apenas um ponto de sela como ponto crítico, que assume um máximo quando restrito à condição apresentada pelo problema.

A técnica de substituição pode ser utilizada em diferentes aplicações. Maximizar uma função utilidade $u(x_1, x_2, ..., x_n)$ sujeita à restrição orçamentária $p_1x_1 + p_2x_2 + ... + p_nx_n = m$, por exemplo, transforma-se em um problema de otimização não condicionada da função $u(x_1, x_2, ..., x_{n-1}, m - p_1x_1 - p_2x_2 - ... - p_{n-1}x_{n-1})$, que contém, implicitamente, a restrição mencionada, pois x_n encontra-se expresso como função de $x_1, x_2, ..., x_{n-1}$.

A substituição pode ainda ser realizada por meio das expressões paramétricas das variáveis independentes que definem a restrição.

Exemplo 10.16:

Encontre os valores máximo e mínimo de $f(x,y) = 2xy$, restrita a condição $x^2 + y^2 = 4$.

Resolução:

Tendo em vista que a função $f(x,y)$ é contínua no conjunto mencionado, ela assume máximo e mínimo globais de acordo com o teorema apresentado na seção 10.1. Parametrizando a restrição, temos:

$x = 2 \cos t$

$y = 2 \, \text{sen } t, \, -\pi \leq t \leq \pi$.

Substituindo a equação parametrizada na expressão de $f(x,y)$, temos:

$f(2\cos t, 2\text{sen } t) = 8 \cos t \, \text{sen } t$, que é uma função de uma variável, que denotaremos por $h(t)$, definida em $[-\pi, \pi]$.

Para encontrarmos o máximo e mínimo, basta verificar os valores de $h(t)$ nos extremos e nos pontos críticos do interior.

$h'(t) = 0 \Rightarrow -8 \, \text{sen}^2 t + 8 \cos^2 t = 0 \Rightarrow \text{tg}^2 t = 1 \Rightarrow t = \pm\dfrac{\pi}{4}$ ou $t = \pm\dfrac{3\pi}{4}$

Não é preciso verificar o que ocorre nos pontos $t = 0$ e $t = \pi$, uma vez que a função $h(t)$ é derivável e periódica, com período π. Os valores de t mencionados correspondem aos pontos $(\sqrt{2}, \sqrt{2})$, $(-\sqrt{2}, -\sqrt{2})$, $(\sqrt{2}, -\sqrt{2})$ e $(-\sqrt{2}, \sqrt{2})$. É necessário agora determinar os valores de f em tais pontos, ou seja,

$$f(\sqrt{2},\ \sqrt{2}) = f(-\sqrt{2},\ -\sqrt{2}) = 4$$
$$f(\sqrt{2},\ -\sqrt{2}) = f(-\sqrt{2},\ \sqrt{2}) = -4$$

Portanto, f assume máximo global, 4, em $(\sqrt{2},\ \sqrt{2})$ e $(-\sqrt{2},\ -\sqrt{2})$ e mínimo global, -4, em $(\sqrt{2},\ -\sqrt{2})$ e $(-\sqrt{2},\ \sqrt{2})$.

A situação inicial reduziu-se a um problema de otimização não condicionada, tratado na seção anterior. Contudo, quando as restrições apresentam características mais complicadas ou são determinadas por diversas igualdades, o procedimento de substituição torna-se trabalhoso ou mesmo impossível, sendo necessário desenvolver outros métodos, como os que veremos a seguir.

Método das curvas de nível

O problema apresentado inicialmente de otimização da função f(x,y), sujeita à condição g(x,y) = 0, representado na Figura 10.18 pode ser tratado por intermédio das curvas de nível de f. A Figura 10.19 representa as curvas de nível da função f, juntamente com a restrição g(x,y) = 0.

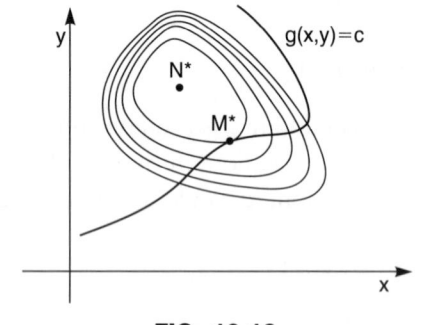

FIG. 10.19

De acordo com a Figura 10.18, o problema era encontrar o ponto M, cujas coordenadas x e y são precisamente as do ponto M*. Observando a Figura 10.19, pode-se perceber que os valores assumidos por f(x,y) são maiores nas curvas de nível "mais interiores". Sob tal ótica, o problema agora será encontrar a curva de nível "mais interior" que possua pontos que satisfaçam a restrição g(x,y) = 0, ou seja, a curva de nível que tangencie a curva definida pela restrição.

Do ponto de vista matemático, a dificuldade consiste essencialmente no descobrimento de tal ponto em termos analíticos. Para facilitar a compreensão destas reflexões, vejamos o Exemplo 10.16.

Exemplo 10.17:

Determine os pontos de máximo e de mínimo da função
$f(x,y) = x - y$, sujeito à condição $x^2 + y^2 = 1$.

Resolução:

Podemos resolver este problema por meio das curvas de nível. As curvas de nível da função f formam uma família de retas: $x - y = c$.

As retas dessa família que são tangentes à circunferência $x^2 + y^2 = 1$ fornecerão os pontos de máximo e de mínimo condicionado. Logo, temos que impor que o sistema de equações tenha uma só solução:

$x - y = c$
$x^2 + y^2 = 1$

Substituindo $y = x - c$ na segunda equação, obtemos
$x^2 + (x-c)^2 = 1$, e portanto
$2x^2 - 2cx + c^2 - 1 = 0$
$\Delta = (-2c)^2 - 4 \cdot 2 \cdot (c^2 - 1) = 4c^2 - 8c^2 + 8 = -4c^2 + 8$

Fazendo $\Delta = 0$, temos que $c^2 = 2$, portanto, $c = \pm\sqrt{2}$.

Tomando o valor $c = \sqrt{2}$, que é o maior dos dois, obtemos:

$x = \dfrac{-(-2c)}{2.2} = \dfrac{c}{2} = \dfrac{\sqrt{2}}{2}$. E, portanto, $y = x - c = -\dfrac{c}{2} = -\dfrac{\sqrt{2}}{2}$. Isto significa que

$\left(\dfrac{\sqrt{2}}{2}, -\dfrac{\sqrt{2}}{2}\right)$ é o ponto de máximo condicionado.

Fazendo $c = -\sqrt{2}$, temos que

$x = \dfrac{c}{2} = -\dfrac{\sqrt{2}}{2}$. Portanto, $y = x - c = -\dfrac{c}{2}$

$= \dfrac{\sqrt{2}}{2}$. Isto significa que $\left(-\dfrac{\sqrt{2}}{2}, \dfrac{\sqrt{2}}{2}\right)$ é o ponto de mínimo condicionado.

A Figura 10.20 apresenta um esboço da dinâmica geométrica associada a tal situação.

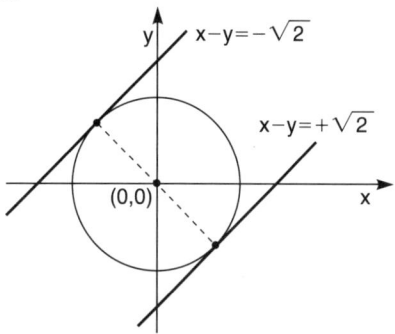

FIG. 10.20

Observe que, no exemplo anterior, utilizamos uma estratégia específica de resolução assumindo que, para que a solução fosse única, a função de segundo grau associada deveria possuir discriminante nulo. Naturalmente, um caso mais geral não envolve função de segundo grau. Além disso, nem sempre as curvas de nível da função ou o gráfico definido pela restrição são facilmente visualizáveis.

Tendo em vista tais dificuldades, pode-se resolver o problema anterior fazendo uso de derivadas parciais, ao observar-se que o ponto de máximo (ou de mínimo) se encontra em uma curva de nível tangente àquela definida pela restrição do problema, ou seja, no ponto referido, as inclinações de ambas as curvas são iguais.

Do ponto de vista matemático, para $f(x,y) = c$ e $g(x,y) = 0$, temos:

$$\frac{\frac{\partial f}{\partial x}}{\frac{\partial f}{\partial y}} = \frac{\frac{\partial g}{\partial x}}{\frac{\partial g}{\partial y}}$$

$$g(x,y) = 0$$

Exemplo 10.18:

Considere a produção e o custo de uma empresa expressos respectivamente pelas funções de Cobb-Douglas $p(x,y) = 3x^{\frac{1}{3}}y^{\frac{1}{3}}$ e $c(x,y) = x^2 + 2y + 8$, onde x e y representam as quantidades dos insumos utilizados. Encontre o custo mínimo para um produção de 12 unidades, bem como a combinação de insumos que propicia tal custo.

Resolução:

Utilizando o método das curvas de nível e as derivadas parciais, devemos satisfazer simultaneamente as condições apresentadas anteriormente. As derivadas parciais de $p(x,y)$ e de $c(x,y)$ são:

$$\frac{\partial p}{\partial x} = x^{-\frac{2}{3}}y^{\frac{1}{3}}$$

$$\frac{\partial p}{\partial y} = x^{\frac{1}{3}}y^{-\frac{2}{3}}$$

$$\frac{\partial c}{\partial x} = 2x$$

$$\frac{\partial c}{\partial y} = 2$$

Portanto,

$$\frac{x^{-\frac{2}{3}}y^{\frac{1}{3}}}{x^{\frac{1}{3}}y^{-\frac{2}{3}}} = \frac{2x}{2} \Rightarrow \frac{y}{x} = x \Rightarrow y = x^2$$

juntamente com $3x^{\frac{1}{3}}y^{\frac{1}{3}} = 12$, ou seja, $xy = 64 \Rightarrow$

A combinação de insumos que propicia o custo mínimo é:
$x = 4$ e $y = 16$, sendo o custo correspondente $c(4,16) = 4^2 + 2.16 + 8 = 56$

Capítulo 10 — Otimização em Funções de Várias Variáveis

O uso de derivadas parciais e de curvas de níveis contribui significativamente para facilitar a otimização, mas exige-se certo conhecimento do comportamento geométrico da função tratada. No caso anterior, o conhecimento das configurações das curvas de nível das funções em questão garantiu que o ponto encontrado era de mínimo.

No entanto, para casos mais complexos, de funções definidas em espaços de dimensões superiores, outras estratégias devem ser empregadas, como, por exemplo, a que será apresentada a seguir: o método dos multiplicadores de Lagrange.

Método dos multiplicadores de Lagrange

Quando o método da substituição falha, podemos lançar mão de outra técnica bastante eficaz para resolver os problemas de otimização condicionada: a dos multiplicadores de Lagrange.

Considere o problema de maximizar ou minimizar uma função de duas variáveis $f(x,y)$ sujeita à condição $g(x,y) = c$. O procedimento é o seguinte: se o vetor grad f tiver um ângulo diferente de zero ou 180 graus com o vetor grad g em um ponto (x_0, y_0), então é possível caminhar sobre a curva $g(x,y) = c$ e fazer f crescer ou decrescer nos sentidos das projeções de grad f e − grad f, na direção do vetor tangente à curva no ponto mencionado, de acordo com a Figura 10.21.

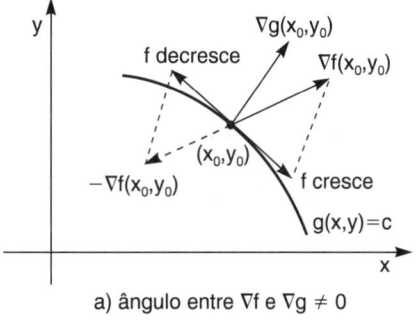

a) ângulo entre ∇f e $\nabla g \neq 0$

FIG. 10.21

Sendo esse ângulo igual a zero ou a 180 graus, se andarmos no sentido de qualquer projeção de grad f ou − grad f, sairemos da curva $g(x,y) = c$, de acordo com a Figura 10.22.

Portanto, se o ponto (x_0, y_0) sobre a curva $g(x,y) = c$ é de máximo ou de mínimo condicionado, então grad f (x_0, y_0) tem que ser paralelo ao grad $g(x_0, y_0)$. Procuramos um número real λ (lambda) tal que grad f $(x_0, y_0) = \lambda$ grad g (x_0, y_0), o que se traduz geometricamente na busca da curva de nível de f tangente a curva $g(x,y) = c$, de acordo com a Figura 10.23 que expressa o caso de maximização em termos de curvas de nível e em R^3.

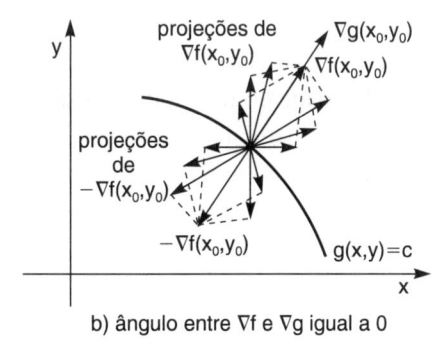

b) ângulo entre ∇f e ∇g igual a 0

FIG. 10.22

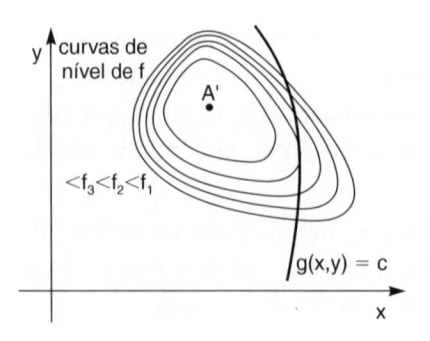

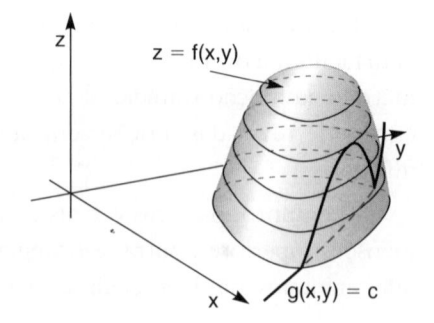

FIG. 10.23

Vejamos as definições formais:

> $F(x,y,\lambda) = f(x,y) - \lambda[g(x,y) - c]$ denomina-se *função de Lagrange*.
> O parâmetro λ chama-se *multiplicador de Lagrange*.

Igualando as três derivadas parciais de $F(x, y, \lambda)$, temos

$$\frac{\partial F}{\partial x} = \frac{\partial f}{\partial x} - \lambda \frac{\partial g}{\partial x} = 0$$

$$\frac{\partial F}{\partial y} = \frac{\partial f}{\partial y} - \lambda \frac{\partial g}{\partial y} = 0$$

$$\frac{\partial F}{\partial \lambda} = g(x,y) - c = 0$$

O ponto (x,y) satisfaz $g(x,y) = c$ e grad $f(x,y) = \lambda$ grad $g(x,y)$, precisamente as condições apresentadas no método de otimização condicionada utilizando curvas de nível e derivadas parciais. Segue-se portanto que o par (x,y) que satisfaz as três equações acima é um candidato a ser ponto de máximo ou de mínimo condicionado.

> **Teorema do multiplicador de Lagrange:** Suponha que $f(x,y)$ e $g(x,y)$ possuam derivadas parciais contínuas em um certo domínio A do plano xy. Considere ainda (x_0,y_0) um ponto interior de A que seja um extremo local de $f(x,y)$, sujeita à restrição $g(x,y) = c$. Se grad $g(x_0,y_0) \neq 0$, então existe um número real λ_0 tal que a função de Lagrange $F(x,y,\lambda) = f(x,y) - \lambda(g(x,y) - c)$ possua um ponto crítico em (x_0, y_0, λ_0).

O método anterior fornece os pares (x,y) candidatos à otimização de $f(x,y)$ condicionada à restrição $g(x,y) = c$.

Exemplo 10.19:

Determinar as dimensões de um retângulo com área máxima cujo perímetro é igual a 10.

Resolução:

Sejam x > 0 e y > 0 o comprimento e a largura do retângulo, respectivamente. A área do retângulo é então f(x,y) = xy.

Trata-se de um problema de máximo condicionado:

Maximizar f(x,y) = xy sujeito à condição 2x + 2y = 10. Ou ainda,

Maximizar f(x,y) = xy sujeito à condição g(x,y) = x + y − 5 = 0.

Utilizemos o método dos multiplicadores de Lagrange para determinar os candidatos a pontos de máximo condicionado.

Considere a função F(x,y,λ) = f(x,y) − λg(x,y) = xy − λ(x + y − 5)

Pontos críticos da função F:

$$\frac{\partial F}{\partial x} = y - \lambda = 0$$

$$\frac{\partial F}{\partial y} = x - \lambda = 0$$

$$\frac{\partial F}{\partial \lambda} = x + y - 5 = 0$$

Das duas primeiras equações, obtemos x = y. Substituindo na terceira equação, obtemos

$2x - 5 = 0$, isto é, $x = \frac{5}{2}$.

Logo, $\left(\frac{5}{2}, \frac{5}{2}\right)$ é o único candidato a solução do problema de maximização condicionada.

Para concluir a resolução, consideremos o método das curvas de nível.

Na Figura 10.24, encontra-se desenhada a curva dada pela condição x + y − 5 = 0, que é uma reta, e as curvas de nível da função, xy = = c, para c = 6, $\frac{25}{4}$, 7. Observamos que quando c cresce o vértice da curva de nível vai se afastando da origem. Logo, o ponto de tangência entre a curva de nível xy = $\frac{25}{4}$ e a reta é a solução do problema de máximo condicionado.

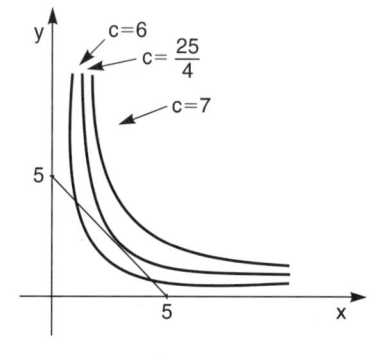

FIG. 10.24

Conclusão: $\left(\frac{5}{2}, \frac{5}{2}\right)$ é a solução do problema. Em outras palavras, o retângulo de área máxima para um dado perímetro é um quadrado.

Exemplo 10.20:

Determine os pontos de máximo e de mínimo da função $f(x,y) = xy$ sujeita à condição $x^2 + y^2 = 1$.

Resolução:

Reescrevamos a equação da condição na forma $g(x,y) = x^2 + y^2 - 1 = 0$. A função de Lagrange é equivalente à equação dada da condição.

Seja $F(x,y,\lambda) = xy - \lambda(x^2 + y^2 - 1)$

Determinemos os pontos críticos dessa função F:

$$\frac{\partial F}{\partial x} = y - 2\lambda x = 0$$

$$\frac{\partial F}{\partial y} = x - 2\lambda y = 0$$

$$\frac{\partial F}{\partial y} = -(x^2 + y^2 - 1) = 0$$

Da 1ª equação $2\lambda = \frac{y}{x}$

Da 2ª equação $2\lambda = \frac{x}{y}$

Logo, $2\lambda = \frac{1}{2\lambda} \Rightarrow \lambda^2 = \frac{1}{4}$ e, portanto, $\lambda = \pm \frac{1}{2}$

Fazendo $\lambda = \frac{1}{2}$, obtém-se:

$y = 2\lambda x = x$

Substituindo na 3ª equação, obtemos:

$2x^2 = 1$, portanto, $x = \pm \sqrt{\frac{2}{2}}$

Como $y = x$, os pontos $\left(\frac{\sqrt{2}}{2}, \frac{\sqrt{2}}{2}\right)$ e $\left(-\frac{\sqrt{2}}{2}, -\frac{\sqrt{2}}{2}\right)$ são soluções.

Fazendo $\lambda = -\frac{1}{2}$, temos:

$y = 2\left(-\frac{1}{2}\right)x = -x$

Substituindo na 3ª equação, obtemos $x = \pm \frac{\sqrt{2}}{2}$

Como y = −x, obtém-se:

$\left(\frac{\sqrt{2}}{2}, \frac{-\sqrt{2}}{2}\right)$, $\left(\frac{-\sqrt{2}}{2}, \frac{\sqrt{2}}{2}\right)$, que são soluções.

Temos então 4 candidatos a pontos de máximo e de mínimo condicionados. Teste dos candidatos:

$f\left(\frac{\sqrt{2}}{2}, \frac{\sqrt{2}}{2}\right) = \frac{1}{2}$

$f\left(\frac{-\sqrt{2}}{2}, \frac{-\sqrt{2}}{2}\right) = \frac{1}{2}$

$f\left(\frac{\sqrt{2}}{2}, \frac{-\sqrt{2}}{2}\right) = \frac{-1}{2}$

$f\left(\frac{-\sqrt{2}}{2}, \frac{\sqrt{2}}{2}\right) = \frac{-1}{2}$

Se recorrermos às curvas de nível da função f, observaremos que os pontos $\left(\frac{\sqrt{2}}{2}, \frac{\sqrt{2}}{2}\right)$ e $\left(\frac{-\sqrt{2}}{2}, \frac{-\sqrt{2}}{2}\right)$ são pontos de máximo condicionado, enquanto que os outros dois pontos são de mínimo condicionado, de acordo com a Figura 10.25.

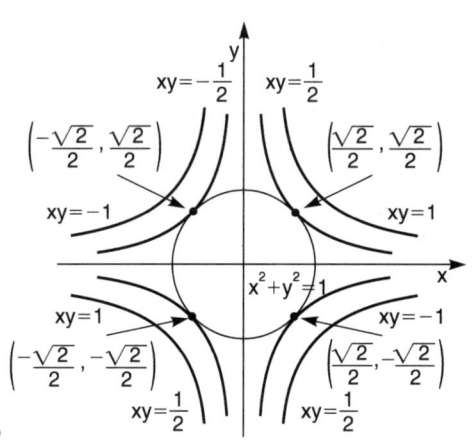

FIG. 10.25

No processo de otimização de funções de uma variável, tínhamos de verificar, além dos pontos críticos, os de fronteira, bem como os singulares de f. Quando se trata de otimização de funções de duas variáveis sujeita a restrições, é preciso verificar ainda os pontos em que o grad g = 0, aqueles em que o grad g ou o grad f não existam, bem como os pontos da fronteira do conjunto definido pela restrição.

Exemplo 10.21:

Encontre os extremos de f(x,y) = y sujeita à condição definida por g(x,y) = $y^3 - x^2$ = 0.

Resolução:

Para este problema, temos a seguinte função de Lagrange:

$F(x,y,\lambda) = y + \lambda(y^3 - x^2)$

Impondo as condições do Teorema dos Multiplicadores de Lagrange, temos:

$$\frac{\partial F}{\partial x} = -2x\lambda = 0$$

$$\frac{\partial F}{\partial y} = 1 + 3\lambda y^2 = 0$$

$$\frac{\partial F}{\partial \lambda} = y^3 - x^2 = 0$$

O sistema anterior não possui solução. Para nos certificarmos dos extremos de f, sujeita à restrição dada, deve-se ainda verificar os pontos onde o grad g ou grad f não existam, onde o grad g = 0 e a fronteira de g(x,y) = 0. Como grad g e grad f sempre existem e a restrição não possui fronteira, basta verificar o que ocorre com f(x,y) nos pontos onde grad g = 0.

grad g = $(-2x, 3y)$ = $(0,0) \Rightarrow x = y = 0$.

Como $y^3 = x^2$, $y \geq 0$ e portanto $f(x,y) = y \geq 0$. Como $f(0,0) = 0 \Rightarrow$ a origem é mínimo global de $f(x,y) = y$ restrita à condição $g(x,y) = y^3 - x^2 = 0$

• INTERPRETAÇÃO ECONÔMICA DO MULTIPLICADOR DE LAGRANGE

Retomemos o problema original de maximizar a função f(x,y) sujeita à restrição g(x,y) = c e consideremos o par ordenado (x_0,y_0) que resolve a equação para cada valor de c. Tal ponto depende de c, assim como o valor f_0 que a função nele assume. Portanto, $f_0(c) = f(x_0(c),y_0(c))$ pode ser considerada uma função de c, representando o valor ótimo da função sujeita às restrições dadas. O multiplicador de Lagrange λ também depende de c, ou seja, $\lambda = \lambda(c)$.

Derivando $f_0(c)$, temos:

$$f_0'(c) = \frac{\partial f}{\partial x}(x_0(c),y_0(c)) \cdot x_0'(c) + \frac{\partial f}{\partial y}(x_0(c),y_0(c)) \cdot y_0'(c)$$

Como o ponto $(x_0(c),y_0(c))$ satisfaz as condições de Lagrange, temos:

$$\frac{\partial f}{\partial x}(x_0(c), y_0(c)) = \lambda(c) \cdot \frac{\partial g}{\partial x}(x_0(c), y_0(c))$$

$$\frac{\partial f}{\partial y}(x_0(c), y_0(c)) = \lambda(c) \cdot \frac{\partial g}{\partial y}(x_0(c), y_0(c))$$

Logo,

$$f_0'(c) = \lambda(c) \cdot \left[\frac{\partial g}{\partial x}(x_0(c),y_0(c)) \cdot x_0'(c) + \frac{\partial g}{\partial y}(x_0(c),y_0(c)) \cdot y_0'(c) \right]$$

$\Rightarrow$ Mas $g(x_0(c), y_0(c)) = c \ [g(x_0(c), y_0(c))]' = 1 \Rightarrow$

$\left[\dfrac{\partial g}{\partial x}(x_0(c), y_0(c)) \cdot x'_0(c) + \dfrac{\partial g}{\partial y}(x_0(c), y_0(c)) \cdot y'_0(c) \right] = 1$. Logo,

$$\boxed{f'_0(c) = \lambda(c)}$$

A função f(x,y) pode representar utilidade, produção ou lucro e c significar o estoque disponível de algum recurso. Em um caso assim, a equação acima informaria que $\lambda(c)$ fornece aproximadamente a variação de utilidade (ou produção, ou lucro etc.) resultante do aumento de uma unidade do recurso e o multiplicador de Lagrange λ denominar-se-ia *preço sombra*.

No caso de escolha de combinação de bens $x_1, x_2, ..., x_n$ de modo a maximizar a utilidade $u(x_1, x_2, ..., x_n)$ sujeita à restrição orçamentária definida, do ponto de vista matemático, parametricamente pela renda r, o Multiplicador de Lagrange λ será dado por $\dfrac{\partial u^*}{\partial r}$, sendo geralmente denominado de *utilidade marginal da renda*.

Exemplo 10.22:

Considere a produção de uma empresa expressa pela função $f(x,y) = 4xy$, onde x e y representam dois insumos. Se o custo de aquisição dos insumos é dado por $c(x,y) = x + y$, encontre a combinação de insumos que maximize a produção em questão como função da verba disponível, bem como o valor máximo da produção correspondente. Estime a variação na produção quando o custo variar de uma unidade a partir de 50.

Resolução:

Estabelecendo as condições de Lagrange, temos:

$F(x,y,\lambda) = 4xy - \lambda(x + y - c)$

$\dfrac{\partial F}{\partial x} = 4y - \lambda = 0$

$\dfrac{\partial F}{\partial y} = 4x - \lambda = 0$

$\dfrac{\partial F}{\partial \lambda} = -(x + y - c) = 0$

$\Rightarrow \lambda(c) = 2c$, $x_0(c) = \dfrac{c}{2}$ e $y_0(c) = \dfrac{c}{2}$. Portanto, o valor da função nesse ponto será $f_0(c) = c^2$. Isto confirma o resultado anterior, pois $f'_0(c) = 2c = \lambda(c)$.

Utilizando o resultado anterior, a variação da produção quando a verba disponível aumenta de uma unidade é aproximadamente igual a $\lambda(50) = 2.50 = 100$. O valor real será dado por $f_0(51) - f_0(50) = 51^2 - 50^2 = 2601 - 2500 = 101$, o que mostra que $\lambda(50)$ representa uma boa aproximação.

Levando em considerações suas hipóteses, o Teorema do Multiplicador de Lagrange, apresentado anteriormente, fornece condições necessárias para um ponto ser extremo de uma função sujeita à restrições. Dependendo do conhecimento que se tenha *a priori* da função, pode-se afirmar de que tipo de ponto estamos tratando.

As condições suficientes, no entanto, são as seguintes:

Teorema: Suponha que as funções $f(x,y)$ e $g(x,y)$ sejam diferenciáveis em um conjunto A de R^2. Então, uma condição suficiente para que (x_0,y_0) e A sejam extremos locais de $f(x,y)$ sujeita à restrição $g(x,y) = c$ é que satisfaça as condições do Teorema dos Multiplicadores de Lagrange apresentado anteriormente e que o determinante da matriz

$$\begin{vmatrix} 0 & \frac{\partial g}{\partial x}(x_0,y_0) & \frac{\partial g}{\partial y}(x_0,y_0) \\ \frac{\partial g}{\partial x}(x_0,y_0) & \frac{\partial^2 f}{\partial x^2}(x_0,y_0) - \lambda \frac{\partial^2 g}{\partial x^2}(x_0,y_0) & \frac{\partial^2 f}{\partial x \partial y}(x_0,y_0) - \lambda \frac{\partial^2 g}{\partial x \partial y}(x_0,y_0) \\ \frac{\partial g}{\partial y}(x_0,y_0) & \frac{\partial^2 f}{\partial y \partial x}(x_0,y_0) - \lambda \frac{\partial^2 g}{\partial y \partial x}(x_0,y_0) & \frac{\partial^2 f}{\partial y^2}(x_0,y_0) - \lambda \frac{\partial^2 g}{\partial y^2}(x_0,y_0) \end{vmatrix}$$

seja positivo no caso de maximização e negativo no caso de minimização.

Exemplo 10.23:

Considere o custo de uma firma expressa pela função $c(x,y) = x^2 + y^2$, onde x e y representam dois insumos. Se a função de produção é $p(x,y) = x + 2y$, encontre os valores dos insumos que possibilitam uma produção de m a um custo mínimo.

Resolução:

Trata-se de um problema de maximização condicionada. A função de Lagrange associada é:

$F(x,y,\lambda) = (x^2 + y^2) - \lambda(x + 2y - m)$

$\frac{\partial F}{\partial x} = 2x - \lambda = 0$

$\frac{\partial F}{\partial y} = 2x - \lambda = 0$

$\frac{\partial F}{\partial \lambda} = -(x + 2y - m) = 0$

$\Rightarrow y = 2x \Rightarrow$

$x = \dfrac{m}{5}$

$y = \dfrac{2}{5}m$

$l = \dfrac{2m}{5}$

As derivadas de primeira e de segunda ordem de $f(x,y) = x^2 + y^2$ e $g(x,y) = x + 2y$ são:

$\dfrac{\partial f}{\partial x} = 2x$

$\dfrac{\partial f}{\partial y} = 2y$

$\dfrac{\partial g}{\partial x} = 1$

$\dfrac{\partial g}{\partial y} = 2$

$\dfrac{\partial^2 f}{\partial x^2} = \dfrac{\partial^2 f}{\partial y^2} = 2$

$\dfrac{\partial^2 f}{\partial x \partial y} = \dfrac{\partial^2 f}{\partial y \partial x} = 0$

$\dfrac{\partial^2 g}{\partial x^2} = 0$

$\dfrac{\partial^2 g}{\partial y^2} = 0$

$\dfrac{\partial^2 g}{\partial x \partial y} = \dfrac{\partial^2 g}{\partial y \partial x} = 0$

Logo a matriz fica:

$\begin{vmatrix} 0 & 1 & 2 \\ 1 & 2 & 0 \\ 2 & 0 & 2 \end{vmatrix}$

O determinante é -10. Daí, o ponto encontrado ser, de fato, mínimo.

Como o grad f e grad g existem em todos os pontos, grad $g \neq (0,0)$ e o conjunto de restrições não possui fronteira, o ponto encontrado é o único mínimo local de $c(x,y)$, portanto, é seu mínimo global.

Ou seja, a combinação de insumos que propicia um custo mínimo é:

$x = \dfrac{m}{5}$

$y = \dfrac{2}{5}m$

e o valor do custo correspondente é: $c = \left(\dfrac{m}{5}\right)^2 + \left(\dfrac{2m}{5}\right)^2 = \dfrac{m^2}{5}$

A descoberta da natureza do ponto crítico encontrado no exemplo anterior poderia ser realizada graficamente, tendo em vista que se trata da otimização de um parabolóide sujeito à restrição de uma reta.

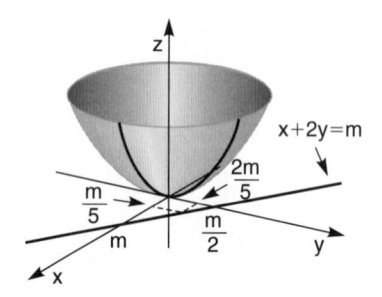

FIG. 10.26

Vejamos um exemplo em que a visualização é mais difícil.

Exemplo 10.24:

Encontre os máximos e mínimos locais da função $f(x,y) = x^2 - 3y^2$ sujeita à condição $x^2 - xy - y^2 - 5 = 0$, avaliando se os pontos extremos encontrados são globais ou não.

Resolução:

A função de Lagrange associada é:

$F(x,y,\lambda) = (x^2 - 3y^2) - \lambda(x^2 - xy - y^2 - 5)$

$\dfrac{\partial F}{\partial x} = 2x - \lambda(2x - y) = 0$

$\dfrac{\partial F}{\partial y} = -6y - \lambda(-x - 2y) = 0$

$\dfrac{\partial F}{\partial \lambda} = -(x^2 - xy - y^2 - 5) = 0$

Somando a primeira equação à segunda, temos:

$2x - 6y - \lambda(x - 3y) = 0 \Rightarrow 2(x - 3y) = \lambda(x - 3y) \Rightarrow x = 3y$ ou $\lambda = 2 \Rightarrow$

Capítulo 10 — Otimização em Funções de Várias Variáveis

Se $(x - 3y) \neq 0 \Rightarrow \lambda = 2 \Rightarrow$ a primeira equação fornece $2x - 4x + 2y = 0 \Rightarrow x = y$, que aplicado na última, resulta em $-y^2 - 5 = 0 \Rightarrow$ não há solução.

Se $x = 3y \Rightarrow$ a terceira equação fornece: $5y^2 - 5 = 0 \Rightarrow y = \pm 1$. Portanto, somente os pontos $(3,1)$ e $(-3,-1)$ satisfazem as condições de Lagrange de primeira ordem. Para $(3,1)$ a primeira equação fornece $6 - \lambda 5 = 0 \Rightarrow \lambda = \dfrac{6}{5}$. Para $(-3,-1)$, a primeira equação fornece $-6 + 5\lambda = 0 \Rightarrow \lambda = \dfrac{6}{5}$. Logo, os pontos que satisfazem as condições de primeira ordem são $\left(3,1,\dfrac{6}{5}\right)$ e $\left(-3,-1,\dfrac{6}{5}\right)$.

Para determinar a natureza desses pontos, devemos investigar suas condições de segunda ordem. As derivadas de primeira e segunda ordem de $f(x,y) = x^2 - 3y^2$ e $g(x,y) = x^2 - xy - y^2 - 5 = 0$ são:

$$\dfrac{\partial f}{\partial x} = 2x$$

$$\dfrac{\partial f}{\partial y} = -6y$$

$$\dfrac{\partial g}{\partial x} = 2x - y$$

$$\dfrac{\partial g}{\partial y} = -x - 2y$$

$$\dfrac{\partial^2 f}{\partial x^2} = 2$$

$$\dfrac{\partial^2 f}{\partial y^2} = -6$$

$$\dfrac{\partial^2 f}{\partial x \partial y} = \dfrac{\partial^2 f}{\partial y \partial x} = 0$$

$$\dfrac{\partial^2 g}{\partial x^2} = 2$$

$$\dfrac{\partial^2 g}{\partial y^2} = -1$$

$$\dfrac{\partial^2 g}{\partial x \partial y} = \dfrac{\partial^2 g}{\partial y \partial x} = -1$$

Aplicando a definição da matriz associada às condições suficientes, obtemos:

Para $\left(3,1,\dfrac{6}{5}\right) \Rightarrow$

$$\begin{vmatrix} 0 & 5 & -5 \\ 5 & -\dfrac{2}{5} & \dfrac{6}{5} \\ -5 & \dfrac{6}{5} & -\dfrac{24}{5} \end{vmatrix}$$

O determinante da matriz acima é $70 > 0 \Rightarrow (3,1)$ é um máximo local. O valor assumido por f nesse ponto é $3^2 - 3 \cdot 1^2 = 6$.

Para $(-3,-1) \Rightarrow$

$$\begin{vmatrix} 0 & -5 & 5 \\ -5 & \dfrac{2}{5} & \dfrac{6}{5} \\ 5 & \dfrac{6}{5} & -\dfrac{24}{5} \end{vmatrix}$$

O determinante da matriz acima é $70 > 0 \Rightarrow (-3,-1)$ é um máximo local. O valor da função nesse ponto é 6. Não são pontos máximos globais, pois o ponto $\left(5, \dfrac{\sqrt{105}-5}{2}\right)$, por exemplo, satisfaz a restrição e fornece um valor de $100 - \dfrac{3}{4}(2\sqrt{30}-5)^2 \cong 73{,}41 > 6$

Exemplo 10.25:

Encontre os máximos e os mínimos locais da função $f(x,y) = x^2 - y^2$ sujeita à condição $\dfrac{x^2}{9} + \dfrac{y^2}{4} = 1$, avaliando se os pontos dos extremos encontrados são globais ou não.

Resolução:

A função de Lagrange associada é:

$$F(x,y,\lambda) = (x^2 - y^2) - \lambda\left(\dfrac{x^2}{9} + \dfrac{y^2}{4} - 1\right)$$

$$\dfrac{\partial F}{\partial x} = 2x - \lambda\dfrac{2x}{9} = 0$$

$$\dfrac{\partial F}{\partial y} = -2y - \lambda\dfrac{2y}{4} = 0$$

$$\dfrac{\partial F}{\partial \lambda} = -\left(\dfrac{x^2}{9} + \dfrac{y^2}{4} - 1\right) = 0$$

Capítulo 10 — Otimização em Funções de Várias Variáveis

Os pontos que satisfazem as condições de primeira ordem são:
$(x, y, \lambda) = (0,2,-4); (0,-2,-4); (3,0,9); (-3,0,9)$

Para determinar a natureza dos pontos, devemos investigar suas condições de segunda ordem em tais pontos. As derivadas de primeira e de segunda ordem de $f(x,y) = x^2 - y^2$ e $g(x,y) = \dfrac{x^2}{9} + \dfrac{y^2}{4} - 1 = 0$ são:

$$\frac{\partial f}{\partial x} = 2x$$

$$\frac{\partial f}{\partial y} = -2y$$

$$\frac{\partial g}{\partial x} = \frac{2x}{9}$$

$$\frac{\partial g}{\partial y} = \frac{y}{2}$$

$$\frac{\partial^2 f}{2x^2} = 2$$

$$\frac{\partial^2 f}{\partial y^2} = -2$$

$$\frac{\partial^2 f}{\partial x \partial y} = \frac{\partial^2 f}{\partial y \partial x} = 0$$

$$\frac{\partial^2 g}{\partial x^2} = \frac{2}{9}$$

$$\frac{\partial^2 g}{\partial y^2} = \frac{1}{2}$$

$$\frac{\partial^2 g}{\partial x \partial y} = \frac{\partial^2 g}{\partial y \partial x} = 0$$

Aplicando a definição da matriz associada às condições suficientes, obtemos:

Para $(0,2,-4) \Rightarrow$

$$\begin{vmatrix} 0 & 0 & 1 \\ 0 & \dfrac{26}{9} & 0 \\ 1 & 0 & 0 \end{vmatrix}$$

O determinante da matriz acima, $-\dfrac{26}{9} < 0 \Rightarrow (0,2)$, é um mínimo. O valor assumido por f nesse ponto é -4.

Para $(0,-2,-4) \Rightarrow$

$$\begin{vmatrix} 0 & 0 & -1 \\ 0 & \dfrac{26}{9} & 0 \\ -1 & 0 & 0 \end{vmatrix}$$

O determinante da matriz acima, $-\dfrac{26}{9} < 0 \Rightarrow (0,-2)$, é mínimo local, e a função assume valor -4.

Para $(3,0,9) \Rightarrow$

$$\begin{vmatrix} 0 & \dfrac{2}{3} & 0 \\ \dfrac{2}{3} & 0 & 0 \\ 0 & 0 & -\dfrac{13}{2} \end{vmatrix}$$

O determinante da matriz acima vale $+\dfrac{26}{9} > 0$. Logo $(3,0)$ é mínimo local da função f restrita à g, assumindo valor 9.

Para $(-3,0,9) \Rightarrow$

$$\begin{vmatrix} 0 & -\dfrac{2}{3} & 0 \\ -\dfrac{2}{3} & 0 & 0 \\ 0 & 0 & -\dfrac{13}{2} \end{vmatrix}$$

O determinante da matriz acima vale $\dfrac{26}{9} > 0$. Portanto, $(-3,0)$ é máximo local da função f sujeita à restrição g, sendo $f(-3,0) = 9$.

A função avaliada $f(x,y) = x^2 - y^2$ é contínua sobre o conjunto restrição $g(x,y) = \dfrac{x^2}{9} + \dfrac{y^2}{4} - 1 = 0$ (elipse com semi-eixos x e y, valendo respectivamente 3 e 2), fechado e limitado. A função deve assumir máximos e mínimos globais sobre o conjunto em questão, de acordo com o teorema apresentado na seção 10.1.

Como a restrição não possui pontos de fronteira, os gradientes de f e g existem, sendo que este último não se anula nos pontos da elipse. Os únicos candidatos a máximo e mínimo globais são os pontos críticos encontrados na condição de Lagrange. Portanto, quando sujeita à restrição do problema:

$(0,2)$ e $(0,-2)$ são mínimos globais e $f(0,2) = f(0,-2) = -4$

e

$(3,0)$ e $(-3,0)$ são máximos globais e $f(3,0) = f(-3,0) = 9$

Trata-se de um hiperbolóide parabólico restrito a uma elipse de acordo com a Figura 10.27, que esboça os máximos M, N e mínimos P, Q apresentados.

Antes de estendermos o procedimento de multiplicadores de Lagrange para um número qualquer de restrições e de variáveis independentes, vamos tecer alguns comentários sobre o caso de maximizar ou de minimizar a função $f(x,y,z)$ sujeita às condições $g(x,y,z) = c$ e $h(x,y,z) = d$, que ainda possui interpretação geométrica interessante.

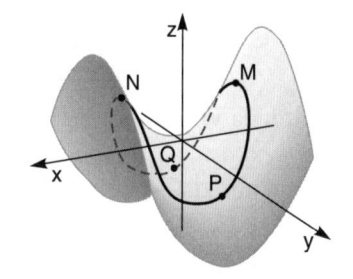

FIG. 10.27

Supondo que o problema anterior admita uma solução em (x_0,y_0,z_0) e que os vetores $\nabla g(x_0,y_0,z_0)$ e $\nabla h(x_0,y_0,z_0)$ não sejam múltiplos, as superfícies definidas pelas restrições definem uma curva c em R^3 de acordo com a Figura 10.28.

De maneira análoga às argumentações realizadas para duas variáveis, o vetor $\nabla f(x_0,y_0,z_0)$ deve ser perpendicular ao vetor tangente à curva c no ponto (x_0,y_0,z_0), pois, caso contrário, seria possível caminhar no sentido da projeção de $\nabla f(x_0,y_0,z_0)$ ou sentido contrário da projeção de $\nabla f(x_0,y_0,z_0)$ de modo a, respectivamente, aumentar ou diminuir o valor de $f(x_0,y_0,z_0)$, o que faria com que tal ponto não fosse um máximo ou um mínimo local.

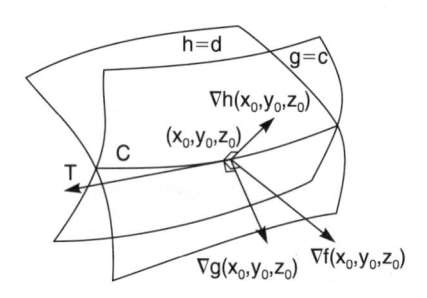

FIG. 10.28

Como o espaço considerado é R^3, $\nabla f(x_0,y_0,z_0)$, encontra-se no plano definido por $\nabla g(x_0,y_0,z_0)$ e $\nabla h(x_0,y_0,z_0)$, ou seja, $\nabla f(x_0,y_0,z_0) = \lambda_1 \nabla g(x_0,y_0,z_0) + \lambda_2 \nabla f(x_0,y_0,z_0)$, sendo portanto ponto crítico da função de Lagrange mais geral $F(x,y,z,\lambda_1,\lambda_2) = f(x,y,z) - \lambda_1 (g(x,y,z) - c) - \lambda_2 (h(x,y,z) - d)$. Assim, o método dos Multiplicadores de Lagrange estende-se para n variáveis e m restrições da seguinte maneira:

---

considere o problema de maximizar ou de minimizar a função $f(x_1, x_2, ..., x_n)$ sujeita às condições

$$g_1(x_1, x_2, ..., x_n) = c_1$$
$$g_2(x_1, x_2, ..., x_n) = c_2$$
$$g_3(x_1, x_2, ..., x_n) = c_3$$
$$\cdot$$
$$\cdot$$
$$g_m(x_1, x_2, ..., x_n) = c_m$$
$$\text{com } m \leq n - 1$$

Se $(x_{01}, x_{02}, ..., x_{0n})$ é solução do problema e se $f(x_1, x_2, ..., x_n)$ e $g_i(x_1, x_2, ..., x_n)$, $i = 1, 2, ..., m$ possuem derivadas parciais de primeira ordem contínuas em uma vizinhança de $(x_{01}, x_{02}, ..., x_{0n})$, então existem $\lambda_{01}, \lambda_{02}, ..., \lambda_{0m}$ tais que $(x_{01}, x_{02}, ..., x_{0n}, \lambda_{01}, \lambda_{02}, ..., \lambda_{0m})$ deve ser um ponto crítico da função de Lagrange generalizada.

$F(x_1, x_2, ..., x_n, \lambda_1, \lambda_2, ..., \lambda_m) = f(x_1, x_2, ..., x_n) - \lambda_1(g_1(x_1, x_2, ..., x_n) - c_1) - \lambda_2(g_2(x_1, x_2, ..., x_n) - c_2) - ... - \lambda_m(g_m(x_1, x_2, ..., x_n) - c_m)$

Exercícios 10.3

Utilizando o método dos Multiplicadores de Lagrange, encontre os valores máximos e mínimos das seguintes funções sujeitas às restrições correspondentes expressas por igualdades.

1. $f(x,y) = x + y$ sujeita a $x^2 + y^2 = 1$

2. $f(x,y) = x^{\frac{1}{3}} y^{\frac{1}{3}} z^{\frac{1}{3}}$ sujeita a $x + y + z = 6$ e $x^2 + \dfrac{y^2}{4} = 1$

3. $f(x,y) = x^2 - xy + y^2$, sujeita a $x^2 - y^2 = 1$

4. $f(x,y,z) = x^2 + 24xy + 8y^2 + z$ sujeita a $x^2 + y^2 = 25$ e $x + y + z = 6$

5. $f(x,y) = x + y$ sujeita a $\dfrac{x^2}{4} + \dfrac{y^2}{9} = 1$

6. $f(x,y,z) = x^2 - y^2 - 2z$ sujeita a $x^2 + y^2 = z$ e $x + y + z = 5$

7. $f(x,y) = xy$ sujeita a $2x + y = m$

8. $f(x,y) = x^3 y^5$ sujeita a $x + y = 8$.

9. Encontre os valores de a, b e c que maximizem o valor de $ab^2 c^3$ de modo que a soma de tais variáveis seja 30.

10. Encontre o volume da maior caixa retangular com faces paralelas aos planos coordenados que possa ser inscrito dentro do elipsóide $\dfrac{x^2}{a^2} + \dfrac{y^2}{b^2} + \dfrac{z^2}{c^2} = 1$.

11. Encontre a distância mínima do plano $x + 2y + 4z = 8$ à origem utilizando inicialmente argumentos geométricos, reduzindo o problema a uma otimização não condicionada e, por fim, utilizando multiplicadores de Lagrange. Compare os resultados.

12. Encontre os valores das quantidades de produtos x e y que maximizem a função utilidade expressa por $u(x,y) = (xy)^a$ (a>0), sabendo-se que tal escolha se encontra subordinada à restrição orçamentária $2x + 3y = 12$.

13. Utilizando o método das curvas de nível com auxílio de derivadas parciais, encontre o máximo da função $f(x,y) = x^a y^b$ no problema de demanda do consumidor sujeito a $px + y = m$, onde a e b são constantes.

14. Utilize multiplicadores de Lagrange para encontrar os pontos da esfera $x^2 + y^2 + z^2 = r^2$ que apresentam a menor e a maior distância de um ponto (a,b,c) tal que $a^2 + b^2 + c^2 > r^2$. Confirme os resultados anteriores geometricamente.

15. Considere a produção de uma determinada firma dada por $p(x,y) = xy$. Utilizando o método dos Multiplicadores de Lagrange, encontre a combinação de insumos x e y que propicie a máxima produção, supondo que o custo correspondente a tais quantidades de insumos $c(x,y) = 2x + y + 10$ é fixado no valor de 200 unidades.

16. Considere a função utilidade $u(x,y) = 6xy - 2x$, onde x e y representam quantidades de produtos comprados por um consumidor. Calcule a utilidade máxima do consumidor, sabendo que a restrição orçamentária é expressa por $8x + 3y = 17$.

17. Considerando $p(x,y) = 36x^2y$ e $c(x,y) = 6x + 8y + 10$ como funções de produção e de custo de uma determinada firma, encontre a combinação de insumos x e y que minimize o custo para uma produção de 32 unidades, bem como a combinação que propicie a produção máxima para um custo fixo de 70 unidades.

18. Considere a produção de uma certa firma expressa pela função de Cobb-Douglas $p(k,l) = 60k^{\frac{1}{4}}l^{\frac{3}{4}}$, onde k e l representam respectivamente o capital e a força de trabalho. Utilizando o método dos Multiplicadores de Lagrange, encontre os valores dos insumos que maximizem a produção, considerando que o trabalho e o capital custam respectivamente R$ 100,00 por operário e R$ 200,00 por unidade, e que o orçamento total é de R$ 30.000,00.

Demonstre que, para os valores de capital e trabalho que maximizam a produção, a relação entre a produtividade marginal do trabalho $\frac{\partial p}{\partial l}$ e a do capital $\frac{\partial p}{\partial k}$ equivale à razão do custo da unidade de trabalho pelo custo da unidade de capital.

Constate a interpretação econômica apresentada para o Multiplicador de Lagrange verificando que o aumento do orçamento de uma unidade propicia um aumento da produção correspondente ao valor do Multiplicador de Lagrange.

19. Encontre os valores máximo e mínimo assumidos pela função $f(x_1, x_2, ..., x_n) = x_1 + x_2 + x_3 + ... + x_n$ sujeita à restrição $x_1^2 + x_2^2 + ... + x_n^2 = 1$.

20. O dono de uma grande loja possui um orçamento de R$12.000,00, expresso, segundo pesquisas estatísticas, pela fórmula $F = 20g^{0,6}a^{0,3}$, onde g e a representam respectivamente o número de gerentes e atendentes da referida loja. Utilizando o método dos Multiplicadores de Lagrange, encontre o número de funcionários necessários para maximizar o número de fregueses, sabendo-se que os salários dos gerentes e dos atendentes são respectivamente R$ 800,00 e R$ 200,00. Encontre o valor do Multiplicador de Lagrange λ para tal situação, interpretando-o economicamente, bem como o custo marginal aproximado de um freguês com respeito ao aumento de um gerente e de um atendente a partir do ponto ótimo. Comente os resultados.

10.4 OTIMIZAÇÃO CONDICIONADA A DESIGUALDADES: CONDIÇÕES DE KUHN-TUCKER

Vamos apresentar uma pequena introdução à teoria de otimização condicionada a desigualdades, ou seja, à maximização ou minimização de funções em que o conjunto de escolhas encontra-se sujeito a restrições expressas por desigualdades.

Um exemplo desse tipo de problema é o de restrição orçamentária que limita os gastos de um consumidor. Nesse caso, desejamos maximizar a função u(x,y) sujeita ao vínculo $p_x x + p_y y \leq c$, que não representa uma curva, mas sim uma região do plano.

Em princípio, poderíamos verificar se u(x,y) assume pontos críticos no interior da região mencionada. Entretanto, é razoável pensar que, a partir de uma dada combinação de bens consumidos, pode-se aumentar a satisfação, aumentando-se os gastos, se procedermos criteriosamente. Temos de descobrir, dentre as combinações possíveis de bens consumidos, aquela que propicia a maior satisfação.

Para muitos problemas de otimização, o tratamento de desigualdades como igualdades propicia soluções corretas. Em tais casos, o método dos multiplicadores de Lagrange apresentado na seção 10.3 nos permite descobrir o valor ótimo. A Figura 10.29 refere-se à maximização de uma função objetivo f(x,y) condicionada à restrição g(x,y) ≤ c.

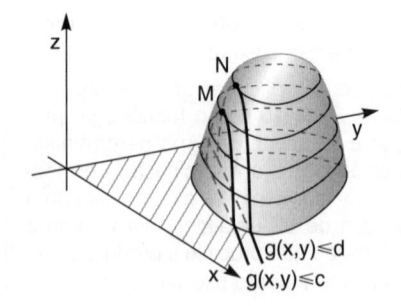

FIG. 10.29

Na Figura 10.29, pode-se observar que o máximo de f(x,y) — ponto M — restrita ao conjunto de escolhas g(x,y) ≤ c (hachurado no plano xy) encontra-se na fronteira g(x,y) = c e o afrouxamento da restrição — aumento de c para d — modifica a solução do problema — ponto P —, de acordo com a Figura 10.30, que apresenta o problema anterior em termos de curvas de nível e projeções sobre o plano xy.

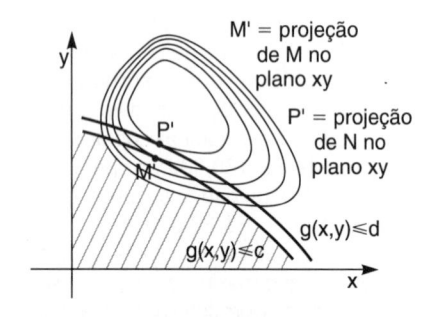

FIG. 10.30

Entretanto, se o enfraquecimento da restrição — aumento de c para d — não alterar o máximo (ou mínimo) desejado (como na Figura 10.31), o método dos multiplicadores de Lagrange não será suficiente para a descoberta deste extremo, sendo necessário utilizar condições complementares.

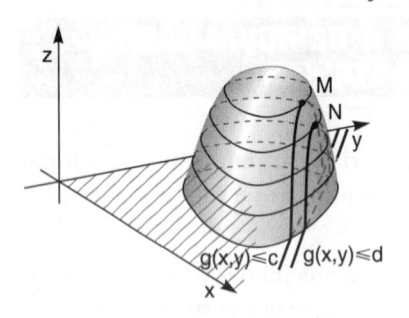

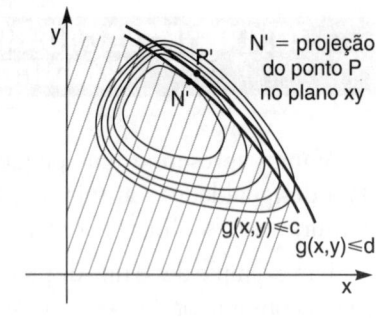

FIG. 10.31

Observe que, no caso anterior, o máximo da fronteira — ponto M — não representa solução do problema — ponto N — e o afrouxamento da restrição g(x,y) ≤ c — tomando d maior que c — não modifica a solução — ponto N —, produzindo um máximo na fronteira — ponto P —, cuja cota z é menor que o máximo da fronteira de g(x,y) ≤ c — ponto M.

Capítulo 10 — Otimização em Funções de Várias Variáveis

De modo geral, na otimização de funções objetivo f(x,y) sujeitas a restrições expressas por desigualdades, pode-se inicialmente avaliar os pontos interiores ao domínio a fim de encontrar os pontos críticos, utilizando a teoria apresentada na Seção 10.2. Além disso, encontram-se os extremos locais da função sobre a fronteira, utilizando o método dos Multiplicadores de Lagrange. Assim, reduzimos os candidatos aos pontos críticos interiores e extremos locais da fronteira.

Se estivermos seguros de que a função em questão assume máximo e mínimo globais no domínio sobre o qual ela é avaliada — por exemplo, por se tratar de uma função contínua sobre um conjunto fechado e limitado —, testa-se o valor de tal função em todos os candidatos mencionados, sendo o máximo e mínimo globais aqueles que fornecerem respectivamente o maior e menor valor da função em questão.

Exemplo 10.26:

Encontre os valores máximo e mínimo da função $f(x,y) = (x-2)^2 + (y-3)^2$ sujeita à restrição $x^2 + y^2 \leq 52$.

Resolução:

O conjunto sobre o qual se deseja avaliar a função é a região interior de círculo de raio $2\sqrt{13}$ juntamente com a sua fronteira. Trata-se, portanto, da otimização de uma função contínua sobre um domínio fechado e limitado, que, de acordo com o teorema apresentado na Seção 10.1, admitirá máximo e mínimo globais. Vejamos inicialmente os candidatos pertencentes ao interior do conjunto, que são os críticos interiores.

Para isso, de acordo com a Seção 10.2, basta impor a condição necessária $\nabla f(x, y) = (0,0) \Rightarrow$

$$\frac{\partial f}{\partial x} = 2(x-2) = 0 \Rightarrow x = 2$$

$$\frac{\partial f}{\partial y} = 2(y-3) = 0 \Rightarrow y = 3$$

Logo, (2,3) é um ponto crítico interior, e, dentre os pontos interiores, o único candidato.

Para avaliar os candidatos a extremos globais pertencentes à fronteira, de acordo com a Seção 10.3, basta impor as condições de primeira ordem à função de Lagrange associada, que no caso é:

$$F(x,y,\lambda) = (x-2)^2 + (y-3)^2 - \lambda(x^2 + y^2 - 52)$$

$$\frac{\partial F}{\partial x} = 2(x-2) - \lambda(2x) = 0$$

$$\frac{\partial F}{\partial y} = 2(y-3) - \lambda(2y) = 0$$

$$\frac{\partial F}{\partial \lambda} = -(x^2 + y^2 - 52) = 0$$

$\Rightarrow$

$x - 2 = \lambda x$

$y - 3 = \lambda y$

$\Rightarrow \dfrac{x}{x-2} = \dfrac{y}{y-3} \Rightarrow y = \dfrac{3}{2}x$, que substituída na terceira equação das condições de Lagrange de primeira ordem, produz:

$x^2 + \dfrac{9}{4}x^2 = 52 \Rightarrow x = \pm 4$ e portanto $y = \pm 6 \Rightarrow$ os candidatos a extremos são $(4,6)$ e $(-4,-6)$.

Agora, basta avaliar o valor da função nos três candidatos, ou seja,

$f(2,3) = 0$

$f(4,6) = 2^2 + 3^2 = 13$

$f(-4,-6) = (-6)^2 + (-9)^2 = 117$

Portanto, o máximo e mínimo globais de $f(x,y) = (x-2)^2 + (y-3)^2$ sujeita à restrição $x^2 + y^2 \leq 52$ são respectivamente os pontos $(-4,-6)$ e $(2,3)$, que produzem os valores 117 e 0. Trata-se de um parabolóide restrito a um círculo de raio $2\sqrt{13}$ e centro na origem. O gráfico é assim esboçado:

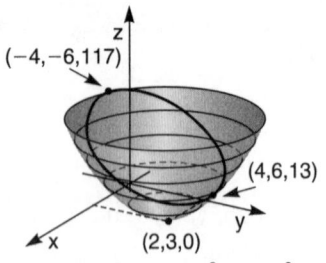

Parabolóide $z = (x-2)^2 + (y-3)^2$
resposta ao vínculo $x^2 + y^2 \leq 52$

FIG. 10.32

Embora a estratégia anterior resolva o problema, existe outra forma de fazê-lo. Pode-se estender o método dos Multiplicadores de Lagrange, de modo a evitar cálculos desnecessários, por intermédio das condições de Kuhn-Tucker.

As condições de Kuhn-Tucker

Vamos considerar, em princípio, um caso de otimização restrita a desigualdades para funções de duas variáveis, uma vez que é passível de ser observada geometricamente. Suponhamos o caso mais simples, apresentado anteriormente, em que se deseja maximizar uma função $f(x,y)$ sujeita à restrição $g(x,y) \leq c$, $c > 0$. A condição de maximização bem como a forma da desigualdade anterior não significam perda de generalidade na análise do problema, uma vez que a minimização equivale a uma maximização com sinal invertido, assim como uma desigualdade com outra forma pode facilmente ser expressa segundo a configuração apresentada.

A solução do problema pode encontrar-se na fronteira $g(x,y) = c$ ou no interior do conjunto $g(x,y) \leq c$, ou seja, em $g(x,y) < 0$. A Figura 10.33 apresenta as curvas de nível de $f(x,y)$ bem como a região determinada pela restrição de desigualdade para os dois casos mencionados. Considere ainda N o máximo de f sem restrições, P o máximo de f sujeito à igualdade ($g(x,y) = c$) e M a solução do problema, ou seja, o máximo de f sujeito à desigualdade ($g(x,y) \leq c$).

a) solução na fronteira

b) solução no interior

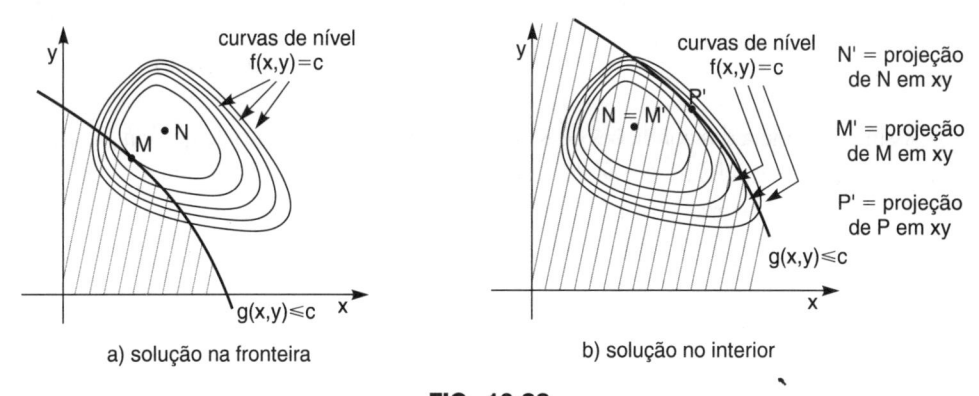

FIG. 10.33

No espaço R^3, M representa o ponto de máximo de $f(x,y)$ condicionado à restrição $g(x,y) \leq c$.

a) máximo na fronteira
ponto M

b) máximo no interior
ponto M

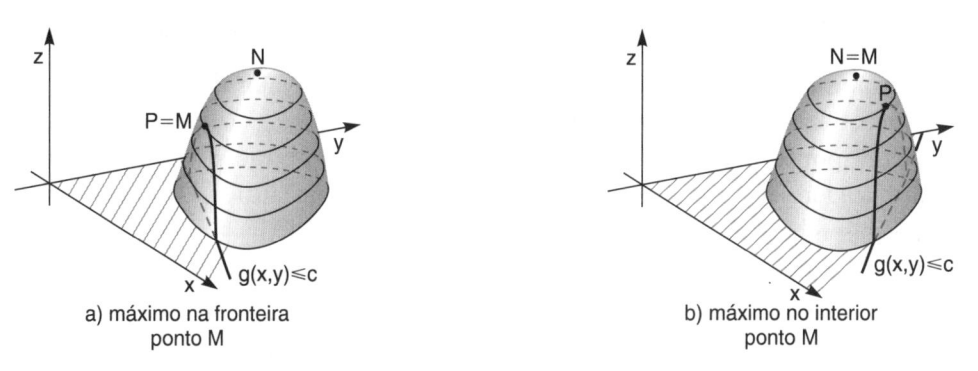

FIG. 10.34

Analisemos inicialmente o caso em que a solução do problema se encontra na fronteira. Nesse caso, se o ponto $P = (x_0, y_0)$ da figura é uma solução do problema, deve satisfazer as condições necessárias de primeira ordem do método dos Multiplicadores de Lagrange, ou seja, $\nabla f(x_0, y_0) = \lambda \nabla g(x_0, y_0)$. Caso o λ encontrado seja negativo, pode-se dizer que $\nabla f(x_0, y_0)$ e $\nabla g(x_0, y_0)$ possuem direções contrárias. Tendo em vista que, de acordo com a Seção 9.4, o gradiente de uma função aponte na direção de seu crescimento, o valor de f cresceria se caminhássemos em sentido contrário ao vetor gradiente de g a partir do ponto (x_0, y_0).

Isso significa que a função f cresceria no sentido de decrescimento de g, ou seja, no sentido do interior do conjunto restrição, de acordo com a Figura 10.35, o que é absurdo, pois haveria valores maiores de f no interior (por exemplo, o ponto N) do que o máximo na fronteira (ponto P), quando a solução, por hipótese, se encontra na fronteira. Logo, λ deve ser maior ou igual a zero ($\lambda \geq 0$).

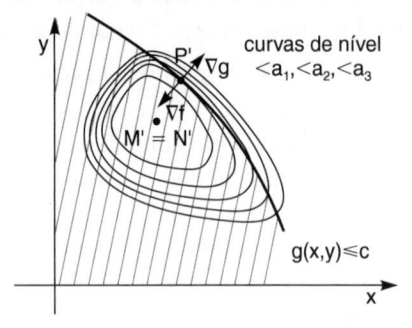

FIG. 10.35

Assim, a essência das condições de Kuhn-Tucker consiste no fato de que *em problemas de maximização, os candidatos dos Multiplicadores de Lagrange em que λ é negativo — grad f em sentido oposto ao grad g — não são mais candidatos ao problema correspondente condicionados à desigualdade, ainda que os primeiros candidatos representem máximos para o caso da igualdade tratado pelo método referido, pois, para λ negativo, é possível obter outros pontos no conjunto de escolhas onde a função objetivo assume valores superiores* de acordo com a Figura 10.36.

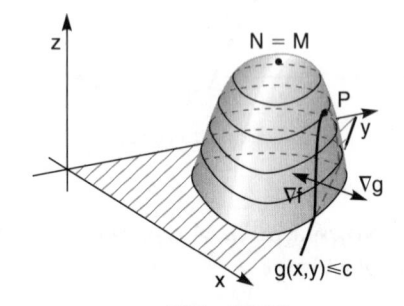

FIG. 10.36

Portanto, caso a solução se encontre na fronteira, o valor de λ não pode ser negativo, ou seja, $\lambda \geq 0$. Se $\lambda = 0$ no caso anterior, $\nabla f(x_0, y_0) = 0$ e, portanto, (x_0, y_0) seria um ponto crítico de f. De acordo com a interpretação econômica dos Multiplicadores de Lagrange como função de c, resulta que $f_0'(c) = \lambda(c)$, denominado preço sombra.

No caso mencionado, $f_0'(c) = 0$ e, portanto, o afrouxamento da restrição (orçamentária, por exemplo) não resultaria em aumento da função. Portanto, o máximo de $f(x, y)$ não sujeita à restrição encontrar-se-ia na fronteira, de acordo com a Figura 10.37.

Na Figura 10.37, temos N = M = P. Devemos pensar em c como uma variável — por exemplo, a verba ou orçamento disponível para a produção de uma firma ou satisfação de um consumidor —, que denominaremos aqui b > 0 para não haver confusão.

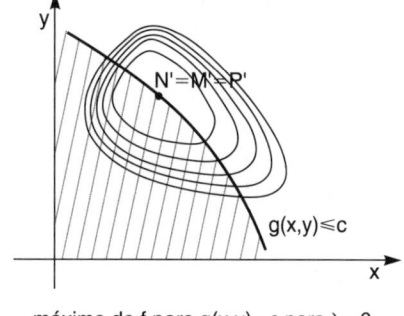

máximo de f para g(x,y)=c para λ=0
FIG. 10.37

A restrição original pode ser pensada como união de todas as restrições g(x,y) ≤ b, com b ≤ c. Todo o raciocínio anterior torna-se válido para pontos quaisquer satisfazendo a restrição original, que podem sempre ser pensados como fronteira da restrição g(x,y) ≤ b, para algum b ≤ c, de acordo com a Figura 10.38.

a) g(x,y)≤ equivale a g(x,y)≤b para todo b≤e

b)

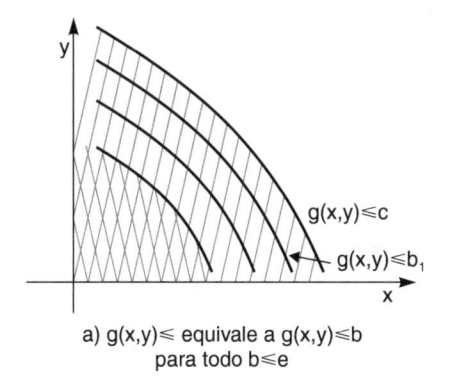

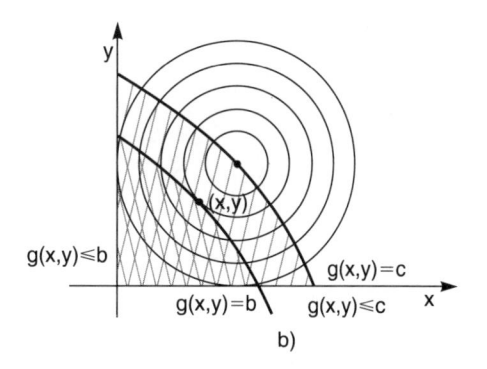

FIG. 10.38

Logo, se (x,y) é um candidato à maximização, o multiplicador de Lagrange associado a ele não deve ser negativo, ou seja, $\lambda \geq 0$. Lembrando que $f_0'(b) = \lambda(b)$, se $\lambda > 0$ para algum ponto (x,y) candidato à solução pertencente à restrição original, este ponto deve encontrar-se na fronteira g(x,y) = c, pois, caso contrário, o valor de f aumentaria com o aumento de b ainda no interior do conjunto restrição original. Não seria, portanto, um candidato à maximização.

Se (x,y), candidato a solução, é tal que g(x,y) < c, então o multiplicador de Lagrange associado não deve ser positivo nem negativo, ou seja, λ deve ser nulo. É interessante encontrar todos os pares (x,y) pertencentes à restrição expressa por desigualdade que satisfaçam às duas primeiras condições de primeira ordem no Método dos Multiplicadores de Lagrange (pois a terceira refere-se à igualdade da restrição, mas agora a restrição é uma desigualdade, ou de acordo com o raciocínio anterior, g(x,y) = b, para todo b ≤ c), acrescidas da condição $\lambda \geq 0$ (se g(x,y)< c $\Rightarrow \lambda = 0$).

Podemos enunciar as condições necessárias à maximização de f(x,y) sujeita à restrição g(x,y) ≤ c:

> **Teorema de Kuhn-Tucker:** Considere o problema de maximização da função f(x,y) sujeita à restrição g(x,y) ≤ c. Se (x,y) é solução do problema, deve, naturalmente, satisfazer a condição g(x,y) ≤ c bem como as duas primeiras condições de primeira ordem do Teorema dos Multiplicadores com $\lambda \geq 0$ (= 0, se g(x,y) < c).

Exemplo 10.27:

Encontre o máximo da função $f(x,y) = 2x^2 + 2y^2 + 2y - 1$, sujeita à restrição $g(x,y) = 2x^2 + 2y^2 \leq 1$.

Resolução:

A função de Lagrange associada é:
$F(x,y,\lambda) = 2x^2 + 2y^2 + 2y - 1 - \lambda(2x^2 + 2y^2 - 1)$

De acordo com o teorema apresentado, os candidatos devem satisfazer as seguintes condições:

$\frac{\partial F}{\partial x} = 4x - \lambda 4x = 0$

$\frac{\partial F}{\partial y} = 4y + 2 - \lambda 4y = 0$

$\lambda \geq 0$ (se g(x,y) < c $\Rightarrow \lambda = 0$)

$2x^2 + 2y^2 \leq 1$

Das duas primeiras equações, temos: $x(\lambda - 1) = 0$ e $2y(\lambda - 1) = 1$. Se $\lambda = 1$, $0 = 1$, logo $\lambda \neq 1$ e x = 0. Devemos agora considerar os casos $2x^2 + 2y^2 = 1$ e $2x^2 + 2y^2 < 1$

1) $2x^2 + 2y^2 = 1$

Como x = 0, $y = \pm\frac{\sqrt{2}}{2}$.

Se $y = \frac{\sqrt{2}}{2}$, então: $\lambda = \frac{\sqrt{2}}{2} + 1 > 0$, portanto $\left(0, \frac{\sqrt{2}}{2}\right)$ é um candidato à otimização.

Se $y = -\frac{\sqrt{2}}{2}$, $\lambda = -\frac{\sqrt{2}}{2} + 1 > 0$, portanto $\left(0, -\frac{\sqrt{2}}{2}\right)$ é um candidato à otimização.

2) $2x^2 + 2y^2 < 1$

Portanto, $\lambda = 0$ e da segunda restrição, $y = -\frac{1}{2}$. Logo, $\left(0, -\frac{1}{2}\right)$ com $\lambda = 0$ é um candidato.

Capítulo 10 — Otimização em Funções de Várias Variáveis

Tendo em vista que se trata de um problema de otimização de uma função contínua $f(x,y) = 2x^2 + 2y^2 + 2y - 1$ sujeita à restrição $g(x,y) = 2x^2 + 2y^2 \leq 1$, portanto sobre um conjunto fechado e limitado, o teorema apresentado na seção 10.1 garante que a função assume máximo e mínimo globais nesse conjunto.

Para encontrar estes pontos, basta verificar, dentre os candidatos, aqueles em que a função f assume, respectivamente, maior e menor valor. Logo,

$$f\left(0, \frac{\sqrt{2}}{2}\right) = \sqrt{2}$$

$$f\left(0, -\frac{\sqrt{2}}{2}\right) = -\sqrt{2}$$

$$f\left(0, -\frac{1}{2}\right) = -\frac{3}{2}$$

Assim, o ponto $\left(0, \frac{\sqrt{2}}{2}\right)$ resolve o problema.

As condições de Kuhn-Tucker apresentadas anteriormente estendem-se de maneira natural quando o número de variáveis independentes e/ou o número de restrições aumenta, de acordo com o esquema seguinte:

---

considere o seguinte problema:

Maximização de $f(x_1, x_2, ..., x_n)$ sujeita às restrições $g_k(x_1, x_2, ..., x_n) \leq c_k$, $k = 1, 2, ..., m$

Os candidatos $(x_1, x_2, ..., x_n)$ à solução do problema anterior são tais que, se a função de Lagrange generalizada se expressa por

$$L(x_1, x_2, x_3, ..., x_n, \lambda_1, \lambda_2, ..., \lambda_m) = f(x_1, x_2, ..., x_n) - \sum_{k=1}^{m} \lambda_k (g_k(x_1, x_2, ..., x_n) - c_k)$$

tais candidatos devem satisfazer as seguintes condições:

a) $\dfrac{\partial}{\partial x_i} L(x_1, x_2, x_3, ..., x_n, \lambda_1, \lambda_2, ..., \lambda_m) = \dfrac{\partial}{\partial x_i} f(x_1, x_2, ..., x_n) - \sum_{k=1}^{m} \lambda_k \dfrac{\partial}{\partial x_i} g_k(x_1, x_2, ..., x_n)$

para $i = 1, 2, ..., n$

b) $\lambda_k \geq 0$ ($= 0$ se $g_k(x_1, x_2, ..., x_n) < c_k$), para $k = 1, 2, 3, ..., m$

c) $g_k(x_1, x_2, ..., x_n) \leq c_k$, para $k = 1, 2, ..., m$

Exemplo 10.28:

Encontre o máximo de $f(x,y,z) = x + y + z$, sujeita à restrição $x^2 + y^2 + z^2 \leq 1$

Resolução:

A função de Lagrange associada será:
$F(x,y,z,\lambda) = x + y + z - \lambda (x^2 + y^2 + z^2 - 1)$

As condições necessárias para que (x,y,z) seja solução do problema são:

$\dfrac{\partial F}{\partial x} = 1 - \lambda 2x = 0$

$\dfrac{\partial F}{\partial y} = 1 - \lambda 2y = 0$

$\dfrac{\partial F}{\partial z} = 1 - \lambda 2z = 0$

$\lambda \geq 0$ (se $g(x,y,z) = x^2 + y^2 + z^2 - 1 < 0 \Rightarrow \lambda = 0$)
$x^2 + y^2 + z^2 \leq 1$

Das três primeiras condições, temos:

$1 = \lambda 2x$

$1 = \lambda 2y$

$1 = \lambda 2z$

$\Rightarrow \lambda = \dfrac{1}{2x} = \dfrac{1}{2y} = \dfrac{1}{2z} \Rightarrow x = y = z$ e $\lambda \neq 0$, portanto, se o problema admitir solução, então $\lambda > 0 \Rightarrow x^2 + y^2 + z^2 = 1 \Rightarrow x = \pm\dfrac{\sqrt{3}}{3}$. Como nos interessam apenas os pontos em que $\lambda > 0 \Rightarrow x = +\dfrac{\sqrt{3}}{3}$, o candidato será apenas $\left(\dfrac{\sqrt{3}}{3}, \dfrac{\sqrt{3}}{3}, \dfrac{\sqrt{3}}{3}\right)$, onde a função assume o valor:

$f\left(\dfrac{\sqrt{3}}{3}, \dfrac{\sqrt{3}}{3}, \dfrac{\sqrt{3}}{3}\right) = \dfrac{\sqrt{3}}{3} + \dfrac{\sqrt{3}}{3} + \dfrac{\sqrt{3}}{3} = \sqrt{3}$.

Como a função em questão é contínua e sujeita a um conjunto restrição fechado e limitado, deve assumir máximo e mínimo globais neste conjunto e, como $\left(\dfrac{\sqrt{3}}{3}, \dfrac{\sqrt{3}}{3}, \dfrac{\sqrt{3}}{3}\right)$ é o único candidato a máximo, ele é global.

Capítulo 10 — Otimização em Funções de Várias Variáveis

Podemos visualizar a solução encontrada, tendo em vista que as superfícies de nível da função em questão são os planos $x + y + z = c$ e a restrição é o conjunto formado pelos pontos interiores e de fronteira da esfera centrada na origem com raio 1, de acordo com a Figura 10.39.

O ponto $\left(-\frac{\sqrt{3}}{3}, -\frac{\sqrt{3}}{3}, -\frac{\sqrt{3}}{3}\right)$ para o qual λ era negativo representa precisamente o ponto de mínimo da função em questão restrita à esfera $x^2 + y^2 + z^2 \leq 1$.

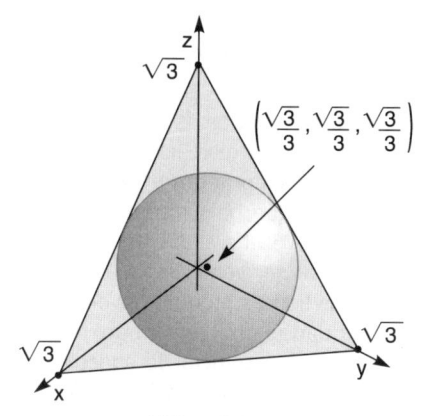

FIG. 10.39

Exercícios 10.4

Utilizando as condições de Kuhn-Tucker, encontre os valores máximos e mínimos, quando possível, das seguintes funções sujeitas a restrições expressas por desigualdades

1. $f(x,y) = x^2 + 2y^2$, sujeita à restrição $x^2 + y^2 \leq 4$

2. $f(x,y) = 5x + 3y$ sujeita às restrições $2x + y \geq 10$; $x + y \geq 8$; $x + 2y \geq 10$, $x,y \geq 0$

3. $f(x,y) = x^3 + y$, sujeita à restrição $x + y \geq 1$

4. $f(x,y) = 5x + y$ sujeita às restrições $x - y \leq 3$; $5x + 2y \leq 20$ e $x,y \geq 0$

5. $f(x,y) = 2xy$, sujeita à restrição $x^2 + 2y^2 \leq 1$

6. $f(x,y,z) = xyz$ sujeita à restrição $ax + y + z \leq 5$ e $x^2 + y^2 \leq 1$, onde a é uma constante positiva

7. $f(x,y) = (x+2)(y+1)$ sujeita à restrição $ax + 5y \leq 20$

8. $f(x,y,z) = x^2 + y^2 + z^2$ sujeita à restrição $ax + y + z \geq m$, onde $a, m > 0$

9. De acordo com o regulamento de uma determinada companhia aérea internacional, a bagagem de mão de cada passageiro deve ser tal que a soma da largura, comprimento e altura não ultrapasse 135 cm. Dadas tais condições encontre a valise de volume máximo que as satisfaça.

10. Supondo que a utilidade para um consumidor se expressa por $u(x,y) = x^2 + 2y^2 + 5xy$, onde x e y representam as quantidades dos bens desejados, se o preço de bens são respectivamente 5 e 10 e a despesa com tal consumo não deve ultrapassar 90, determine as quantidades x e y dos bens que o consumidor deve comprar de modo a maximizar sua satisfação.

11. Suponha que a utilidade para um consumidor se expresse por $u(x,y) = x^2 + 2y^2 + 5xy$, onde x e y representem as quantidades dos bens desejados. Se o preço de tais bens forem, respectivamente, 5 e 10, e a despesa com tal consumo não possa ultrapassar 90, determine as quantidades x e y dos bens referidos que o consumidor em questão deverá comprar de modo a maximizar sua satisfação.

12. Considere uma produção expressa pela função de Cobb-Douglas $p(x,y) = 2xy$, onde x e y representam quantidades de insumos cujos preços são respectivamente 8 e 4. Calcule as quantidades de insumos que promovam produção máxima, bem como seu valor, sabendo-se que a quantidade total de insumos não deve ultrapassar 20 e a verba destinada a sua compra não deve ser superior a 96.

13. Um agricultor deseja vender quiabos, alfaces e repolhos. Supondo que o caminhão que realizará o transporte para a cidade suporta um máximo de 400 caixas, e que pelo menos 100 caixas de quiabo, 50 de alface e 100 de repolhos devem ser vendidas, quantas caixas de cada tipo de produto devem ser acondicionadas no caminhão de modo a maximizar o lucro do agricultor? Os lucros por caixa de quiabo, alface e repolho são respectivamente R$ 4,00, R$ 6,00 e R$ 2,00.

14. Uma fábrica produz um computador B com os recursos básicos e um modelo sofisticado S. Há 5 trabalhadores disponíveis para realizar a montagem dos computadores e 2 para aplicar testes de qualidade nos equipamentos antes da venda. Suponha que os custos por unidade de B e S sejam 25 e 10. Considerando uma jornada semanal de 40 horas por empregado, bem como as informações sobre o tempo necessário à montagem e aos testes, para cada tipo de computador (apresentadas abaixo), encontre o número de computadores de cada tipo que a fábrica deve produzir a fim de maximizar seu lucro, sabendo-se que os modelos B e S possuem, respectivamente, as funções demanda $p_b = 100 - b$ e $p_s = 500 - s$, onde b e s representam respectivamente as quantidades de computadores básicos e sofisticados produzidas.

	Computador básico (h/peça)	Computador sofisticado (h/peça)
Montagem	1	3
Testes	0.5	1

15. Considere $u(x,y) = -6x^2 + 108x - 3y^2 + 6y$ a função utilidade de um consumidor, onde x e y representam as quantidades de bens desejados, cujos preços são, respectivamente, 6 e 3. Encontre a combinação de produtos x e y que propiciem a satisfação máxima, sabendo que a quantidade total adquirida pelo consumidor não deve ultrapassar 30 unidades e que a verba total não deve ultrapassar 45.

16. Considere uma firma que produz uma determinada mercadoria em dois períodos, vendendo 50 unidades no primeiro e 150 no segundo. Para isso, pode produzir nos dois períodos ou produzir quantidades extras no primeiro e menor no segundo. Logo, a firma em questão necessita produzir pelo menos 50 unidades no primeiro período e deve produzir pelo menos 150 unidades no segundo, ou seja, $q_1 \geq 50$ e $q_1 + q_2 \geq 200$. Supondo ainda que os custos de produção no primeiro e segundo períodos sejam respectivamente $c_1 = 2q_1^2$ e $c_2 = 2q_2^2$, onde q_1 e q_2 representam as respectivas quantidades produzidas e que os custos concernentes à produção extra no primeiro período seja de $c_{ex} = 200(q_1 - 50)$, quais as quantidades q_1 e q_2 que devem ser produzidas nos períodos referidos de modo a minimizar o custo?

Respostas dos Exercícios (Ímpares)

Capítulo 1 - Números Reais

Seção 1.1 – Conjuntos – Página 6

1. (a) $A \cup B = \{1,2,3,4,5,7\}$
   (b) $A \cap B = \{2,3\}$
   (c) $A \setminus B = \{1,4\}$
   (d) $B \setminus A = \{5,7\}$
   (e) $A \times B = \{(1,2);(1,3);(1,5);(1,7);(2,2); (2,3);(2,5);(2,7);(3,2);(3,3);(3,5);(3,7); (4,2);(4,3);(4,5);(4,7)\}$

3. (a) F
   (b) F
   (c) V
   (d) F
   (e) V
   (f) V
   (g) V

Seção 1.2 – Números Naturais, Inteiros e Racionais – Página 12

1. $\dfrac{61}{35}$

3. $\dfrac{8}{33}$

5. $\dfrac{58}{6}$

7. $-\dfrac{11}{5}$

9. $-\dfrac{1}{8}$

11. $\dfrac{32}{15}$

13. 15

15. $\dfrac{1}{15}$

17. $\dfrac{16}{21}$

19. $\dfrac{49}{36}$

21. $\dfrac{2.889}{350}$

23. 0,0075

25. $6,\overline{3}$

27. $\dfrac{4.247}{200}$

29. $\dfrac{279}{8}$

31. $\dfrac{103.299}{100}$

33. $\dfrac{21.219}{900}$

35. $-\dfrac{289}{990}$

37. $S = \left\{\dfrac{567}{41}\right\}$

39. $S = \{20\}$

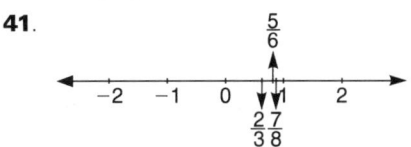

41.

Seção 1.3 – Números Reais – Página 18

1. $S = \left\{\dfrac{19}{42}\right\}$

3. $S = \left\{\dfrac{3\sqrt{3} - 4\sqrt{2}}{5}\right\}$

5. $S = \{-3; 3\}$

7. $S = \left\{\dfrac{1}{5}\right\}$

9. $S = \left\{\dfrac{1 - \sqrt{13}}{6}; 0; \dfrac{1 + \sqrt{13}}{6}\right\}$

11. $(x + 3)(x - 3)$

13. $(x - 3)(x - 2)$

15. (Prova da lei do anulamento do produto.)

Seção 1.4 – Desigualdades – Página 24

1. $S = \{x \in \mathbb{R} \mid x \leq 3\}$

3. $S = \left\{x \in \mathbb{R} \mid x > -\dfrac{120}{11}\right\}$

5. $S = \left\{x \in \mathbb{R} \mid x < -\dfrac{11}{7}\right\}$

7. $S = \left\{x \in \mathbb{R} \mid \dfrac{1}{2} \leq x \leq \dfrac{2}{3}\right\}$

9. $S = \{x \in \mathbb{R} \mid x < 1 \text{ ou } x > 4\}$

11. $S = \{x \in \mathbb{R} \mid x \leq -3 \text{ ou } x \geq 1\}$

13. $S = \emptyset$
15. $b > 4$ ou $b < -4$
17. $c = \dfrac{9}{4}$

Seção 1.5 – Intervalos – Página 26

1. $\left[\dfrac{1}{2}, \dfrac{3}{2}\right]$
3. $[-\infty, 3]$
5. $-10 < x < 5$
7. $0 < x \leq 9$
9. $x > -5$
11. $I \cap J = \left(0; \dfrac{7}{2}\right)$
13. $I \cap J = \left(\dfrac{3}{7}, \dfrac{5}{8}\right)$

Seção 1.6 – Módulo de um Número Real – Página 32

1. $S = \{1; 5\}$
3. $S = \{-1; 7\}$
5. $S = \{-8; 2\}$
7. $S = \{0; 2\}$
9. $S = \left\{-3; \dfrac{1}{7}\right\}$
11. centro $= -\dfrac{3}{2}$;
   raio $= \dfrac{11}{2}$
13. centro $= -2$;
   raio $= 3$
15. centro $= \dfrac{29}{30}$
   raio $= \dfrac{1}{20}$
17. $-\dfrac{5}{2}; -\dfrac{7}{2}$
19. $a + r; a - r$
21. $S = \{x \in \mathbb{R} \mid x < -4 \text{ ou } x > 1\}$
23. $S = \left\{x \in \mathbb{R} \mid -\dfrac{11}{4} \leq x \leq \dfrac{5}{4}\right\}$
25. Se $x < -\dfrac{3}{2} \Rightarrow S = \left\{x \in \mathbb{R} \mid x \leq -\dfrac{3}{2}\right\}$
   Se $-\dfrac{3}{2} < x < -\dfrac{1}{5} \Rightarrow$
   $\Rightarrow S = \left\{x \in \mathbb{R} \mid -\dfrac{3}{2} \leq x \leq -\dfrac{4}{7}\right\}$
   Se $x > -\dfrac{1}{5} \Rightarrow$
   $\Rightarrow S = \left\{x \in \mathbb{R} \mid x < -\dfrac{4}{7} \text{ ou } x > \dfrac{2}{3}\right\}$
27. Se $x < 0 \Rightarrow S = \,]-\infty; 0]$
   Se $0 < x < \dfrac{3}{4} \Rightarrow S = \left[0; \dfrac{1}{2}\right[$
   Se $x > \dfrac{3}{4} \Rightarrow S = \,\left]-\infty; \dfrac{1}{2}\right[\cup \left]\dfrac{3}{2}; +\infty\right[$
29. (Prova.)

Seção 1.7 – Plano Cartesiano – Página 37

1. $(3, 5)$
3. $(-5, 5)$
5. $(-1, -1)$
7. $(4, -4)$
9. $(0, 0)$
11. $(-a, -2a)$
13. $(-x, -y)$
15. $(0, 0)$
17. $(-4, -2)$
19. (k, h)
21. $(8, -3)$
23. $(0, -5)$
25. $(d - c, -a - b)$
27. 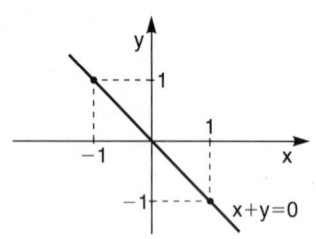
29.

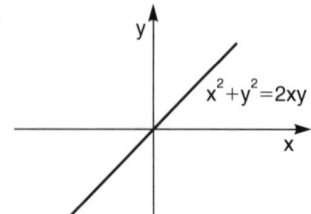

31. [gráfico]

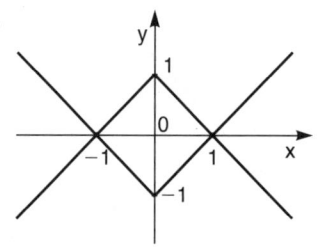

Capítulo 2 - Funções

Seção 2.1 - Funções - Página 46

1. (a) Sim; (b) Não; (c) Não; (d) Sim; (e) Sim
3. $f(2) = 1$
5. $h(\pi/3) = -\dfrac{\pi^3}{27}$
7. $q(-28) = -3$
9. $Dg = \{x \in \mathbb{R} \mid x \leq -3 \text{ ou } x \geq 3\}$
11. $Dp = \mathbb{R}$
13. $Dr = \mathbb{R} - \{-3, 3\}$
15. $Dt = \{x \in \mathbb{R} \mid x \leq -1 \text{ ou } x \geq 0\}$
17. [gráfico]

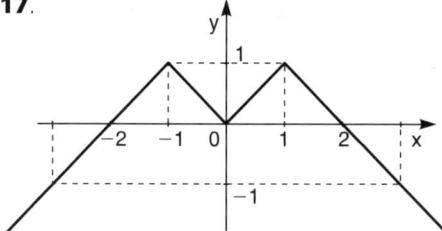

19. injetora
21. injetora
23. sobrejetora

Seção 2.2 - Operações com Funções - Página 50

1. $(f + g)(x) = 4x^2 + x - 1$
$(f - g)(x) = 2x^2 + 3x - 1$
$(f \cdot g)(x) = 3x^4 - x^3 - x^2 - x$
$(f/g)(x) = \dfrac{3x^2 + 2x + 1}{x^2 - x}$
3. $(f_{og})(x) = 3\sqrt[3]{x^2 - 2x} + 1$
$(g_{of})(x) = \sqrt[3]{3x^2}$
5. $(f_{og})(x) = 3$
$(g_{of})(x) = 9$
7. $f(x) = x^2 - x + 1$
$g(x) = \sqrt[3]{x}$
9. $f(x) = \text{tg}\left(x + \dfrac{\pi}{2}\right)$
$g(x) = \sqrt{x}$
11. Exemplo: $f(x) = x$ e $g(x) = x^3$
13. $g^{-1} = \dfrac{-1 + \sqrt{1 + 4x}}{2}$
15. A inversa da função é a própria função, portanto, os gráficos são coincidentes.

Seção 2.3 - Função Linear - Página 57

1. $\left\{-\dfrac{3}{2}; \dfrac{13}{2}\right\}$
3. [gráfico]
5. [gráfico]
7. crescente
9. decrescente
11. $]-2, 3[$ ou $]5, 7[$
13. $S = \left[-\dfrac{6}{7}, +\infty\right[$
15. $S = \left]-\dfrac{3}{4}; +\infty\right[$
17. $S = \{x \in \mathbb{R} \mid 1 < x < 3\}$
19. Equação de demanda
21. Equação de oferta

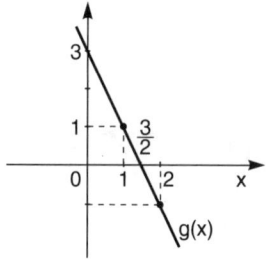

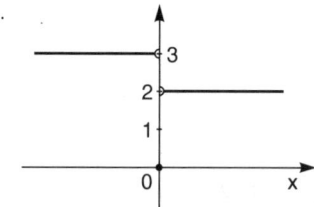

23. Não é equação de oferta nem de demanda.

25. Ct = 800,00 + 0,04x
X = 16.000

Seção 2.4 - Função Modular - Página 63

1. $f(x) = -|x|$

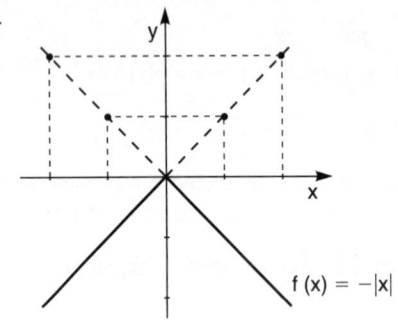

3.

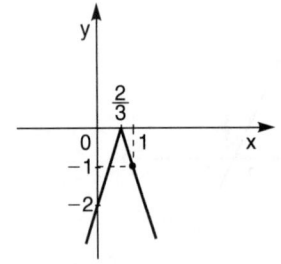

5. $S = \{x \in \mathbb{R} \mid -2 < x < 4\}$

7. $S =]-\infty, -1] \cup [1, +\infty[$

9.

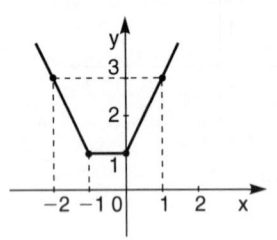

11.

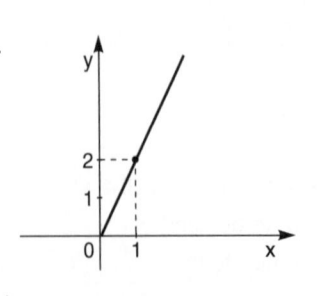

13.

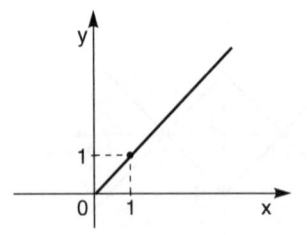

15.

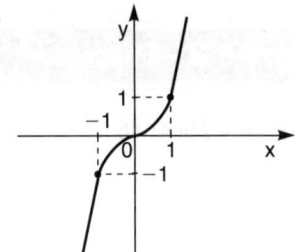

17. $S = \left]-\infty, -\dfrac{4}{7}\right[\cup \left]\dfrac{2}{3}, +\infty\right[$

19. $S = \left]-\infty, \dfrac{1}{2}\right[\cup \left]\dfrac{3}{2}, +\infty\right[$

21. $S = \left\{x \in \mathbb{R} \mid \dfrac{5}{2} < x < 3 \text{ e } x > 4\right\}$

Seção 2.5 - Função Quadrática - Página 71

1.

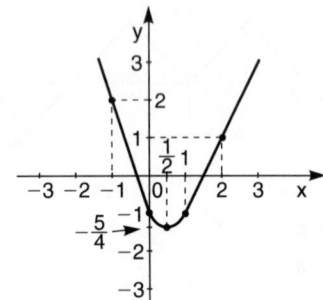

3.

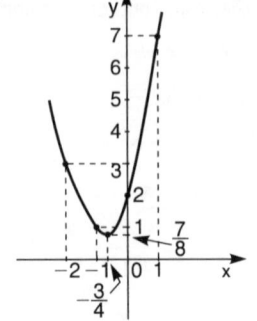

Respostas dos Exercícios

5. (0,1) e (3,1)

7. (0,0) e $\left(\dfrac{1}{12}, 0\right)$

9. $V = \left(-\dfrac{3}{2}, -\dfrac{9}{4}\right)$

11. $V = \left(-\dfrac{1}{24}, \dfrac{379}{960}\right)$

13. $x = -\dfrac{1}{24}$

15. $S = \{x \in \mathbb{R} \mid x < -2 \text{ ou } x > 1\}$

17. $S = \left\{x \in \mathbb{R} \,\middle|\, \dfrac{1 - \sqrt{21}}{2} < x < \dfrac{1 - \sqrt{21}}{2}\right\}$

19. $S = \left]\dfrac{-1 - \sqrt{33}}{2}, \dfrac{-1 + \sqrt{33}}{2}\right[$

21. $S = \,]-\sqrt{2}, +\sqrt{2}\,[$

23. $S = \left]\dfrac{3 - \sqrt{5}}{2}, \dfrac{3 + \sqrt{5}}{2}\right[$

Seção 2.6 – Funções Trigonométricas – Página 76

1. (a) $- \operatorname{sen} x + \cos x - \operatorname{tg} x$
(b) $\cos^2 \alpha - \operatorname{sen}^2 \alpha$
(c) -1
(d) $-\dfrac{1}{2}$

3. $a = \pm\sqrt{\dfrac{13}{13}}$

5. 2

7. (a) $2 \operatorname{sen} x \cos x$
(b) $-2 \operatorname{sen} 50 \operatorname{sen} 20$
(c) 0

9. (a) $\left]\dfrac{\pi}{6}, \dfrac{\pi}{2}\right[$
(b) $\varnothing$

Capítulo 3 – Limite e Continuidade

Seção 3.1 – Limite de Seqüência – Página 83

1. $f(n) = 3n$

3. $F(n) = 5\left(\dfrac{1}{4}\right)^{n-1}$

5.

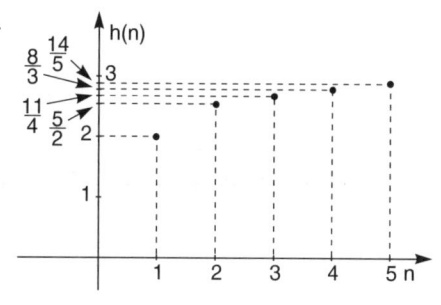

7.

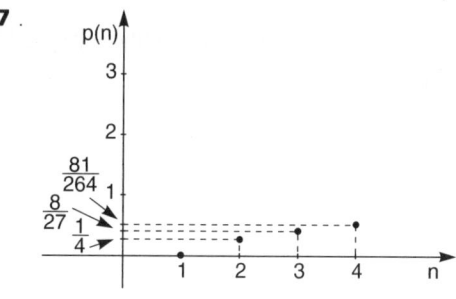

9. 1

11. $+\infty$

13. 1

15. $\dfrac{1}{5}$

17. 0

Seção 3.2 – Limite de Função – Página 93

1. -3

3. $-\dfrac{1}{3}$

5. 1

7. -3

9. -1

11.

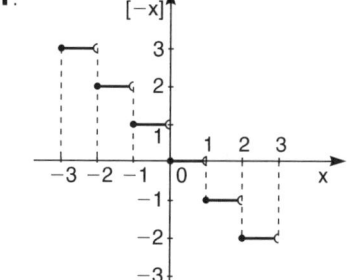

13.

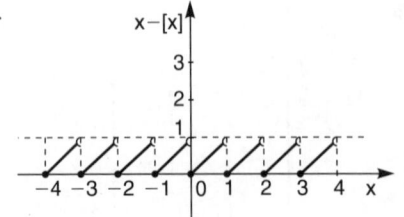

15. 1
17. 1
19. 2

Seção 3.3 – Propriedades dos Limites – Página 99

1. $\dfrac{3\sqrt{5}}{5}$

3. $\dfrac{1}{4}$

5. -512

7. não há limite

9. 0

Seção 3.4 – Continuidade – Página 104

1. $a = 4$

3. $a = \dfrac{18}{5}$

5. contínua

7. descontínua

Seção 3.5 – Funções Exponenciais e Logarítmicas – Página 110

1. $\dfrac{5}{a+b}$

3. $8(a + b)$

5. $3(a + b)$

7. $a + b + 10$

9. $\dfrac{2(a+b) - 4}{a+b-1}$

11.

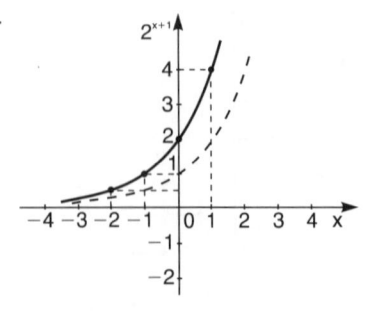

13.

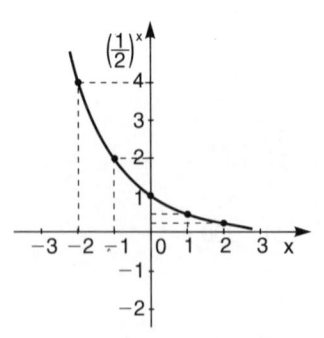

15. e^2

17. $-e + 1$

19. $\log_{10} e < \log_e 10$

21. (a) $x = -\dfrac{1}{2}$

(b) $x = 3$

(c) $x = \dfrac{5}{2}$

23. $x = 1;\ y = 1;\ z = p - 2$

25. (a) $S = \left]\dfrac{2}{3},\ \dfrac{4}{3}\right[$

(b) $S =]4,\ +\infty]$

Seção 3.6 – Limites Fundamentais – Página 113

1. 5

3. -2

5. 3

7. 0

Seção 3.7 – Juros Compostos – Página 116

1. $M(t) \approx 4.562,60$

3. $M(t) \approx 4.666,40$

5. $5.637,50$

7. 3 anos e meio

CAPÍTULO 4 – LIMITE E CONTINUIDADE

Seção 4.1 – Derivada de uma Função – Página 126

1. $f'(x) = 3x^2$

3. $f'(x) = 4x^3$

5. 2

7. $y_1 = 4x$ e $y_2 = -4x$

9. $\Delta x = 3$; $\Delta y = 12$; $\dfrac{\Delta y}{\Delta x} = 4$

11. $f'(2) = 1$

13. Não. O limite de f(x), quando x tende a zero, não existe. Como a função não é contínua em a = 0, então, não é diferenciável em a = 0.

15. $f'(2) = -\dfrac{1}{4}$

Seção 4.2 - Regras de Derivação - Página 136

1. $f'(x) = 48x^5 + 25x^4 - 4x^3 + 6x^2 + 2x - 1$

3. $g'(x) = 6x + 1$

5. $p'(x) = \dfrac{5}{(2-x)^2}$

7. $r'(x) \; 1 - \dfrac{1}{x^2}$

9. $f'(x) = \dfrac{\sqrt{x}(-x+1)}{2x(x+1)^2}$

11. $h'(x) = 1 - \dfrac{3}{4x^{\frac{3}{4}}}$

13. $f'(x) = -\dfrac{1}{2x^{3/2}} - \dfrac{1}{x^{\frac{4}{3}}}$

15. $y = \dfrac{235x}{1.521} - \dfrac{235}{507} + \dfrac{80}{117}$

17. $f''(x) = 5x^4 - 8x^3 + 3x^2 - 40$
$f'''(x) = 20x^3 - 24x^2 + 6x$
$f''''(x) = 60x^2 - 48x + 6$
$f^{(4)}(x) = 120x - 48$
$f^{(5)}(x) = 120$
A partir da sexta derivada, a função assume valor zero.

Seção 4.3 - Regra da Cadeia - Página 143

1. $(f(g(x)))' = 3 - \dfrac{1}{2\sqrt{x-1}}$

3. $(f(f(x)))' = (18x^2 - 6x + 11)(6x - 1)$

5. $f'(x) = \dfrac{3}{(x^5-1)^7} - \dfrac{35x^4(3x+8)}{(x^5-1)^8}$

7. $h'(x) = \dfrac{\dfrac{\sqrt{x-3}}{2\sqrt{x}} - \dfrac{(2+\sqrt{x})}{2\sqrt{x-3}}}{x-3}$

9. $y'(\sqrt{3}) = \dfrac{3\sqrt{3}}{2}$

11. 1

Seção 4.4 - Derivadas das Funções Logarítmicas e Exponenciais - Página 148

1. $y' = \dfrac{3}{3x+1}$

3. $y' = \dfrac{3}{x} \cdot \left(\ln\left(\dfrac{x}{7}\right)\right)^2$

5. $f'(x) = -\dfrac{1}{x(\ln x)^2}$

7. $h'(x) = \dfrac{2x+1}{(x^2+x)\ln 2}$

9. $f'(0) = 0$

11. $h'(10) = -\dfrac{1}{10 \cdot \ln 10}$

13. $y' = 3 \cdot e^{3x}$

15. $y' = -2 \cdot e^{-2x+1}$

17. $y' = \dfrac{e^x - e^{-x}}{2}$

19. $y' = -2 \cdot x \cdot e^{-x^2}$

21. $y' = 2^{x+1} \cdot \ln^2 \cdot \ln(x^7-5) + \dfrac{7x^6 \cdot 2^{x+1}}{x^7-5}$

23. $y' = -\dfrac{(2^x \cdot \ln 2 + 3^x \cdot \ln 3)}{(2^x+3^x)^2}$

25. $\dfrac{1}{3}$

Seção 4.5 - Derivadas e Integrais de Funções Trigonométricas - Página 150

1. $f'(x) = \cos^2 x - \text{sen}^2 x$

3. $f'(x) = \cos x - x \cdot \text{sen} x$

5. $f'(x) = \text{arctg} x + \dfrac{x}{1+x^2}$

7. $f'(x) = \sec^2 x \cdot \text{arctg} x + \dfrac{\text{tg} x}{x^2+1} - \text{sen} x$

9. $f'(x) = 2\cot g x$

11. $f'(x) = e^{\text{sen} x} - x \cdot \cos x \cdot e^{\text{sen} x} + \dfrac{2\text{tg} x \cdot \sec^2 x}{1+\text{tg}^2 x}$

Seção 4.6 - Análise Marginal - Página 154

1. (i) $Cme = \dfrac{\sqrt{x+8}}{x}$

(ii) $Cmg = \dfrac{1}{2\sqrt{x+8}}$

3. $\varepsilon = 1 + x$

5. $\varepsilon = 3 - 2x$

7. $\varepsilon(Ct) = \dfrac{ax}{ax+b} + 1$

Seção 4.7 - Regra de l'Hôpital - Página 159
1. 1
3. 0
5. e^{-3}

Capítulo 5 - Estudo Completo das Funções

Seção 5.1 - Crescimento e Decrescimento - Página 165

1. Dom $f(x) = \mathbb{R}$;
Não há pontos de descontinuidade;
Ponto crítico: $x = -\frac{1}{2}$;
Não há pontos singulares;
Função crescente no intervalo $\left(-\frac{1}{2}, +\infty\right)$;
Função decrescente no intervalo $\left(-\infty, -\frac{1}{2}\right)$.

3. Dom $f(x) = \mathbb{R}$;
Não há pontos de descontinuidade;
Ponto crítico: $x = 0$;
Não há pontos singulares;
Função crescente em todo o seu domínio.

5. Dom $f(x) = \mathbb{R} - \{\pm 1\}$ ou $\{x \in \mathbb{R} \mid x \neq \pm 1\}$;
Função descontínua nos pontos $\{-1, 1\}$;
Ponto crítico: $x = 0$;
Pontos singulares: $\{-1, 1\}$;
Função crescente nos intervalos $(-\infty, -1)$ e $(-1, 0)$;
Função decrescente nos intervalos $(0, 1)$ e $(1, +\infty)$.

7. Dom $f(x) = \mathbb{R}^*$ ou $\{x \in \mathbb{R} \mid x \neq 0\}$;
Função descontínua no ponto $x = 0$;
Ponto crítico: $x = \sqrt[3]{\frac{1}{2}}$;
Ponto singular: $x = 0$;
Função crescente no intervalo $\left(\sqrt[3]{\frac{1}{2}}, +\infty\right)$;
Função decrescente nos intervalos $(-\infty, 0)$ e $\left(0, \sqrt[3]{\frac{1}{2}}\right)$.

9. Dom $f(x) = \mathbb{R}^*$ ou $\{x \in \mathbb{R} \mid x \neq 0\}$;
Não há pontos de descontinuidade;
Não há pontos críticos;
Ponto singular: $x = 0$;
Função crescente no intervalo $(0, +\infty)$;
Função decrescente no intervalo $(-\infty, 0)$.

11. Dom $f(x) = \mathbb{R}$;
Não há pontos de descontinuidade;
Ponto crítico: $x = 0$;
Ponto singular: $x = 1$;
Função crescente em todo o seu domínio.

13. Dom $f(x) = \{x \in \mathbb{R} \mid k\pi < x < \pi + k\pi\}$;
Não há pontos de descontinuidade;
Ponto crítico: $x = \frac{\pi}{2} + k\pi$;
Ponto singular: $x = k\pi$;
Função crescente no intervalo $\left(k\pi, k\pi + \frac{\pi}{2}\right)$;
Função decrescente no intervalo $\left(k\pi + \frac{\pi}{2}, (k+1)\pi\right)$.

Seção 5.2 - Máximos e Mínimos Relativos - Página 168

1. Dom $f(x) = \mathbb{R}$;
Não há pontos de descontinuidade;
Não há pontos críticos;
Não há pontos singulares;
Função crescente em todo o seu domínio;
Não há pontos de máximo nem de mínimo relativos.

3. Dom $f(x) = \mathbb{R}^+$ ou $\{x \in \mathbb{R} \mid x > 0\}$;
Não há pontos de descontinuidade;
Ponto crítico: $x = e$;
Não há pontos singulares;
Função crescente no intervalo $(0, e)$;
Função decrescente no intervalo $(e, +\infty)$;
Ponto de máximo relativo: $x = e$;
Valor máximo relativo: $f(e) = \frac{1}{e}$.

5. Dom $f(x) = \mathbb{R}$;
Não há pontos de descontinuidade;
Pontos críticos: $x = 3$ e $x = 2$;
Não há pontos singulares;
Função crescente nos intervalos $(-\infty, 2)$ e $(3, +\infty)$;
Função decrescente no intervalo $(2,3)$;
Ponto de máximo relativo: $x = 2$;
Valor máximo relativo: $f(2) = \frac{2}{3}$;
Ponto de mínimo relativo: $x = 3$;
Valor mínimo relativo: $f(3) = \frac{1}{2}$.

7. Dom $f(x) = \mathbb{R}^+$ ou $\{x \in \mathbb{R} \mid x > 0\}$;
Ponto de descontinuidade: $x = 0$;
Não há pontos críticos;
Ponto singular: $x = 0$;
Função decrescente nos intervalos $(-\infty, 0)$ e $(0, +\infty)$;
Não há pontos de máximo nem de mínimo relativos.

Seção 5.3 - Concavidade - Página 175

1. Pontos de inflexão: $x = 1 \pm \left(\sqrt{\frac{6}{6}}\right)$

3. Ponto de inflexão: $x = 1$

5. Ponto de inflexão: $x = 0$

7. Ponto de inflexão: $x = k\pi$

9. $x = 1$ é ponto singular

11. Se $2 < x < 3$, $f(x)$ é côncava para baixo
Se $x < 2$ ou $x > 3$, $f(x)$ é côncava para cima

13. Dom $f(x) = \mathbb{R} - \{-1\}$ ou $\{x \in \mathbb{R} \mid x \neq -1\}$;
Ponto de descontinuidade: $x = -1$;
Não há pontos críticos;
Ponto singular: $x = -1$;
Função crescente nos intervalos $(-\infty, -1)$ e $(-1, +\infty)$;
Não há pontos de máximo nem de mínimo relativos;
Ponto de inflexão: $x = 1$
Concavidade: Se $x < -1$, $f(x)$ é côncava para cima
Se $x > -1$, $f(x)$ é côncava para baixo

Gráfico:

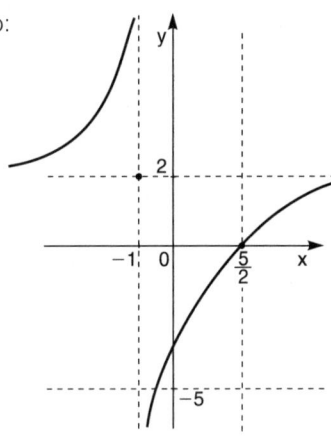

Seção 5.4 - Assíntotas - Página 179

1. Assíntota horizontal: $y = 1$;
Assíntotas verticais: $x = 1$ e $x = -1$;
Assíntota oblíqua: igual à assíntota horizontal;

3. Não há assíntotas horizontais;
Não há assíntotas verticais;
Assíntota oblíqua: $y = x$;

5. Assíntota horizontal: $y = 0$;
Não há assíntotas verticais;
Assíntota oblíqua: $y = x$;

Seção 5.5 - Estudo Completo de uma Função - Página 184

1. Dom $f(x) = \mathbb{R} - \left\{\frac{5}{4}\right\}$ ou $\left\{x \in \mathbb{R} \mid x \neq -\frac{5}{4}\right\}$;
Ponto de descontinuidade: $x = -\frac{5}{4}$;
Não há pontos críticos;
Ponto singular: $x = -\frac{5}{4}$;
Função decrescente nos intervalos $\left(-\infty, -\frac{5}{4}\right)$ e $\left(-\frac{5}{4}, +\infty\right)$;
Não há pontos de máximo nem de mínimo relativos;
Concavidade: Se $x > -\frac{5}{4}$, $f(x)$ é côncava para cima;
Se $x < -\frac{5}{4}$, $f(x)$ é côncava para baixo;

Ponto de inflexão: $x = -\dfrac{5}{4}$

Assíntota horizontal: $y = \dfrac{1}{2}$;

Assíntota vertical: $x = -\dfrac{5}{4}$;

Gráfico:

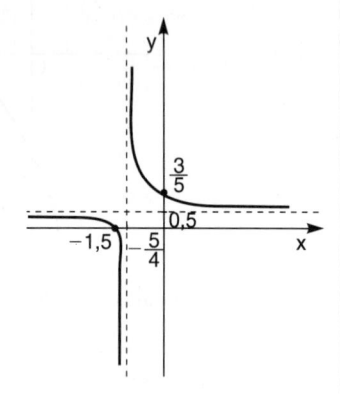

3. Dom $f(x) = \mathbb{R}$;

Não há pontos de descontinuidade;

Ponto crítico: $x = -\dfrac{1}{2}$;

Não há pontos singulares;

Função crescente no intervalo $\left(-\dfrac{1}{2}, +\infty\right)$;

Função decrescente nos intervalos $\left(-\infty, -\dfrac{1}{2}\right)$;

Ponto de mínimo relativo: $x = -\dfrac{1}{2}$

Valor mínimo relativo: $-\dfrac{1}{2}e$

Concavidade: Se $x > -1$, $f(x)$ é côncava para cima;

Se $x < -1$, $f(x)$ é côncava para baixo;

Ponto de inflexão: $x = -1$

Assíntota horizontal: $y = 0$;

Não há assíntotas verticais;

Gráfico:

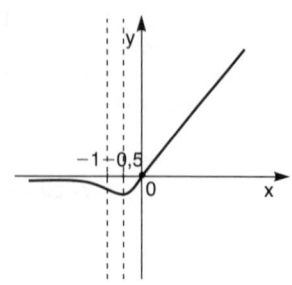

5. Dom $f(x) = \mathbb{R}^*$ ou $\{x \in \mathbb{R} \mid x \neq 0\}$;

Ponto de descontinuidade: $x = 0$;

Ponto crítico: $x = \sqrt[3]{\dfrac{1}{2}}$;

Ponto singular: $x = 0$;

Função crescente nos intervalos $(-\infty, 0)$ e $\left(0, \sqrt[3]{\dfrac{1}{2}}\right)$;

Função decrescente no intervalo $\left(\sqrt[3]{\dfrac{1}{2}}, +\infty\right)$;

Ponto de mínimo relativo: $x = \sqrt[3]{\dfrac{1}{2}}$

Concavidade: $f(x)$ é côncava para cima nos intervalos $(-\infty, -1)$ e $(0, +\infty)$;

$f(x)$ é côncava para baixo no intervalo $(-1, 0)$;

Ponto de inflexão: $x = -1$ e $x = 0$;

Não há assíntotas horizontais;

Assíntota vertical: $x = 0$;

Não há assíntotas oblíquas

Gráfico:

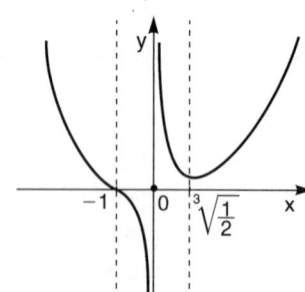

7. Dom $f(x) = \mathbb{R}^+ - \{1\}$ ou $\{x \in \mathbb{R} \mid x > 0$ e $x \neq 1\}$;

Ponto de descontinuidade: $x = 1$;

Ponto crítico: $x = e$;

Ponto singular: $x = 1$;

Função crescente no intervalo $(e, +\infty)$;

Função decrescente nos intervalos $(0, 1)$ e $(1, e)$;

Ponto de mínimo relativo: $x = e$;

Concavidade: $f(x)$ é côncava para cima nos intervalos (e, e^2) e $(1, e)$;

$f(x)$ é côncava para baixo no intervalo $(0, 1)$ e $(e^2, +\infty)$;

Ponto de inflexão: $x = e$ e $x = e^2$;

Não há assíntotas horizontais;
Assíntota vertical: x = 1;
Não há assíntotas oblíquas
Gráfico:

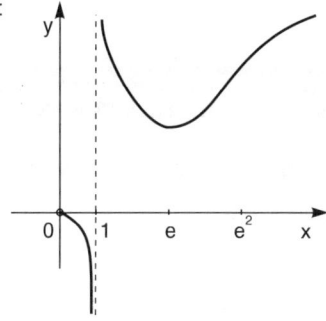

9. Dom f(x) = $\mathbb{R}^+$ ou {x ∈ $\mathbb{R}$ | x > 0};
Não há pontos de descontinuidade;
Não há pontos críticos;
Não há pontos singulares;
Função crescente em todo o seu domínio;
Não há pontos de máximo, nem de mínimo relativos;
Concavidade: f(x) é côncava em todo o seu domínio;
Não há pontos de inflexão;
Não há assíntotas horizontais;
Assíntota vertical: x = 0;
Não há assíntotas oblíquas
Gráfico:

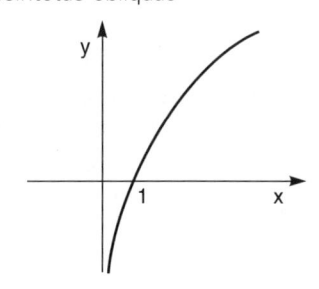

Seção 5.6 - Problemas de Otimização - Página 186

1. Preço = R$ 5.560,00
Quantidade = 4.440 computadores

3. Receita líquida máx. = $\dfrac{2}{9(9.990 - T)} - 120$

Preço = $\dfrac{50.040 + 4T}{9}$

5. $r = \sqrt[3]{\dfrac{V}{2\pi}}$

$h = 2 \cdot \sqrt[3]{\dfrac{V}{2\pi}}$

CAPÍTULO 6 - INTEGRAL

Seção 6.1 - Integral de uma Função - Página 194

1. (a) $4x + C$
(b) $2x^3 + 8x^2 - 6x + C$
(c) $\ln(x+1) + C$
(d) $\dfrac{2}{3}(x+1)^{\frac{3}{2}} + C$

3. Lucro = R$ 374,00
5. 223 km
7. R$ 2.250,00
9. Para 126 elevadores: 1.331 operários
Para 1.800 elevadores: 8.000 operários

Seção 6.2 - Métodos de Integração - Página 208

1. $\dfrac{1}{21}\left[x^3(x^3+5)^7 - \dfrac{(x^3+5)^8}{8}\right] + C$

3. $\dfrac{(x+5)^2 \ln x}{2} - \dfrac{1}{2}\left(\dfrac{x^2}{2} + 10x + 25 \ln |x|\right) + C$

5. $\dfrac{(x-1)^2}{2} + 3(x-1) + 2\ln|x-1| + C$

7. $\dfrac{1}{81}\left[\dfrac{(3x+2)^3}{3} - 3(3x+2)^2 + 12(3x+2) - 8\ln|3x+2|\right] + C$

9. $\dfrac{1}{2} \ln|1 + (\ln x)^2| + C$

11. $2\ln|x-1| - \ln|x+1| + 2\ln|x+2| + C$

13. $\dfrac{x^3 e^{3x}}{3} - \dfrac{x^2 e^{3x}}{3} + \dfrac{2x e^{3x}}{9} - \dfrac{2}{9} \cdot \dfrac{e^{3x}}{3} + C$

Seção 6.3 - Funções Trigonométricas: Integrais e Técnicas - Página 217

1. $\sqrt{\left(\dfrac{4}{x}\right)^2 - 1} + \arcsen\left(\dfrac{x}{4}\right) + C$

3. $\sen x - \dfrac{\sen^3 x}{3} + C$

5. $\dfrac{\operatorname{sen}^2 x}{2} + C$

7. $\dfrac{1}{\sqrt{5}} \ln \left|\sqrt{1 + 5x^2} + x\sqrt{5}\right| + C$

9. $\dfrac{\operatorname{sen}^4 x}{4} - \dfrac{\operatorname{sen}^5 x}{5} + C$

11. $2(1 + \operatorname{tg} x)^{\frac{1}{2}} + C$

13. $\ln \left|\dfrac{x}{5} + \sqrt{\dfrac{x^2}{25} + 1}\right| + C$

15. $\operatorname{arctg} x - \dfrac{1}{2} \ln (x^2 + 1) + C$

17. $-x^3 \cos x + 3x^2 \operatorname{sen} x + 6x \cos x - 6 \operatorname{sen} x + C$

19. $\ln |\operatorname{sen} x| + C$

21. $-\operatorname{cotg} x + C$

Seção 6.4 - Equações Diferenciais - Página 231

1. $y^2 = x^2 + k$

3. $y = Ce^{-x} + 1 - x$

5. $y = K(1 + t^2)$

7. $p = 1 \pm \sqrt{\dfrac{1}{1024\, t + \dfrac{4}{(p_0 - 1)^4}}}$

Se t tende a infinito, p tende a 1, que é o ponto de equilíbrio

Gráfico:

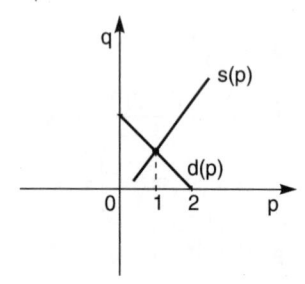

9. Quando t tende a infinito,

$P(t) = \dfrac{n}{m}$

$N(t) = \left[\dfrac{A}{\left(\dfrac{n}{m}\right)}\right]^{\frac{1}{1-r}}$

$P(t) = \left[\dfrac{A}{\left(\dfrac{n}{m}\right)}\right]^{\frac{r}{1-r}}$

11. $K(t) = \left[-\dfrac{A}{\left(\dfrac{m}{n-1}\right) - r} e^{mt} + k e^{r(n-1)t}\right]^{\frac{1}{n-1}}$

CAPÍTULO 7 - INTEGRAL DEFINIDA

Seção 7.1 - Área sob o Gráfico de uma Função - Página 238

1. Área $= \dfrac{1}{2}$

3. Área $= 24$

Seção 7.2 - Integral Definida - Página 247

1. π

3. $\dfrac{3e - 1}{\ln 3 + 1}$

5. $18\ln 6 - 2\ln 4 - 8$

7.

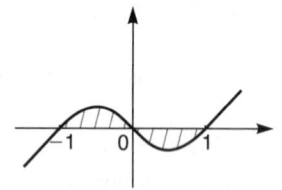

Área $= \dfrac{1}{2}$

9. Área $= 2\sqrt{2}$

11. $K(t) = 200t + 500$
    $K(1) = R\$ 700,00$
    $K(5) - K(3) = R\$ 41.196,80$
    $K(8) - K(6) = R\$ 1.585,48$

13. $p(t) = p_0 - \dfrac{M}{a} \cdot (1 - e^{-at})$
    Condições para que o poço não se esgote: $p_0 > \dfrac{M}{a}$

Seção 7.3 - Integral Imprópria - Página 252

1. A integral não converge

3. A integral não converge

5. $\dfrac{1}{2} \ln \dfrac{5}{3}$

7. A integral não converge

Respostas dos Exercícios

9. A integral não converge
11. 2
13. Área = π

Seção 7.4 – Aplicações à Economia – Página 268

1. $\dfrac{1}{\sqrt{2\pi}} \displaystyle\int_{-2,5}^{\infty} e^{-\frac{1}{2}\mu^2}\, du$

3. Excedente do consumidor = 27
   Gráfico:

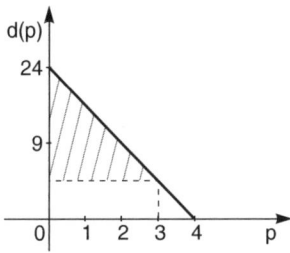

5. Excedente do consumidor (antes) = US$ 720 bilhões

   Excedente do consumidor (depois) = US$ 583,2 bilhões

   Diferença = US$ 136,8 bilhões

   Gráfico:

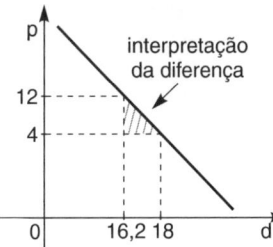

   A diferença decorre do aumento do preço do barril, o que diminui os ganhos dos consumidores.

7. Quantidade que maximiza o lucro = 6 unidades

   Lucro = 288 u.m.

9. Expectativa de duração média = 200 dias

   Probabilidade de duração entre 30 e 60 dias = 11,99%

   Probabilidade de duração maior que 30 dias = 86,07%

   Probabilidade de duração menor que 30 dias = 13,93%

11. $\mu = \dfrac{1}{k}$

    $\sigma = \dfrac{1}{k}$

    Probabilidade = 86,5%

CAPÍTULO 8 – FUNÇÕES DE VÁRIAS VARIÁVEIS: LIMITE E CONTINUIDADE

Seção 8.1 – Espaços $\mathbb{R}^2$ e $\mathbb{R}^3$ – Página 288

1. (gráfico: região com $y = -x^2 + 4x + 3$ e $x + y = 1$)

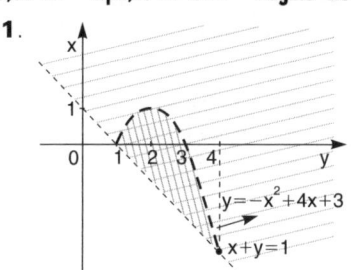

3. (gráfico: elipse no plano xz)

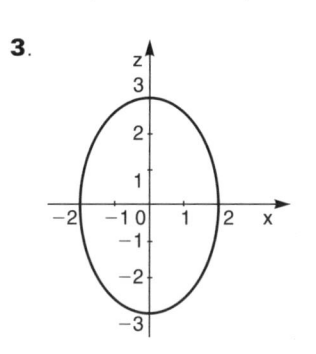

5. Região descrita em $\mathbb{R}^2$:

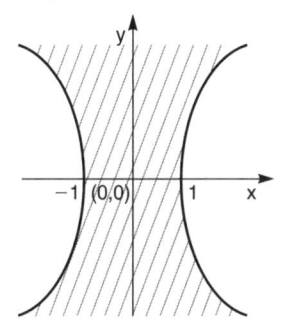

   Região descrita em $\mathbb{R}^3$:

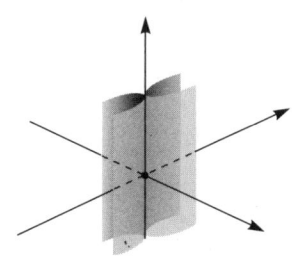

7. região definida pelas equações dadas.

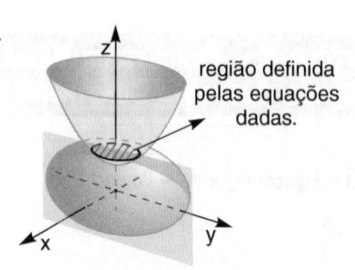

9. região definida pelas equações dadas.

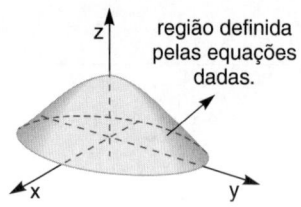

Seção 8.2 – Funções de Duas e Três Variáveis – Página 300

1. Dom $f = \{(x,y) \in \mathbb{R}^2 \mid x \neq y\}$
Gráfico do domínio:

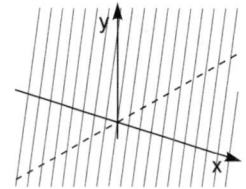

Mapa de contorno:

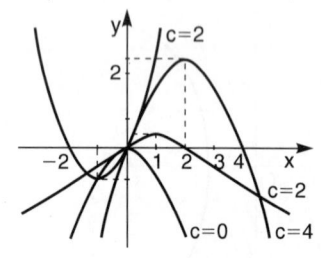

Gráfico de $\mathbb{R}^3$: (Figura de difícil representação no espaço $\mathbb{R}^3$).

3. Dom $f = \left\{(x,y) \in \mathbb{R}^2 \mid \dfrac{x^2}{25} + \dfrac{y^2}{4} \geq 1\right\}$
Gráfico do domínio:

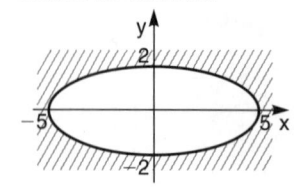

Mapa de contorno:

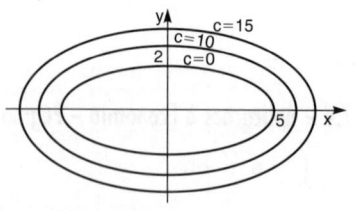

Gráfico de $\mathbb{R}^3$:

para cada z uma elipse

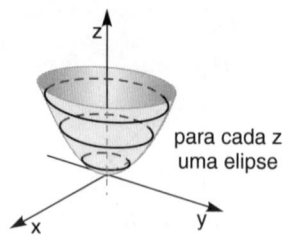

5. Dom $f = \{(x,y,z) \in \mathbb{R}^3 \mid x^2 + y^2 + z^2 < 16\}$
Gráfico do domínio:

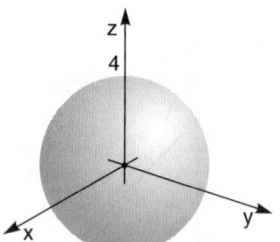

Superfícies de nível:

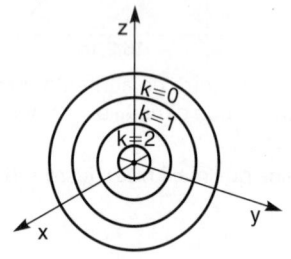

7. Dom $f = \{(x,y) \in \mathbb{R}^2 \mid x^2 + y^2 < 25,\ x + y > 0 \text{ e } x > 0\}$
Gráfico do domínio:

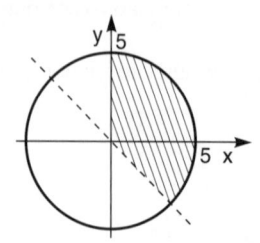

9. Curva isocusto e mapas de contorno:

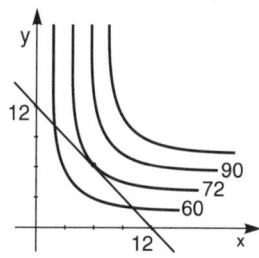

Quantidade máxima de insumos: $x = y = 6$
Valor de produção máxima: 72 milhares de unidades
Taxa de substituição técnica = 1

11. (Demonstração)
Quantidade de B = 3,16 unidades
Quantidade de A = 100 unidades

13. Taxa de substituição = $\dfrac{5}{8}$

15. Demanda = 19.704.784
$\dfrac{\partial d}{\partial p} = -3,75$; $\dfrac{\partial d}{\partial i} = -1,5613 \cdot 10^5$;
$\dfrac{\partial d}{\partial p} = 68,75$

A demanda é mais sensível à taxa de juros

Seção 8.3 - Limite e Continuidade - Página 310

1. Limite = 0; Pode ser transformada em uma função contínua na origem.

3. Limite = 0; Pode ser transformada em uma função contínua na origem.

5. Limite = $\dfrac{1}{2}$; Pode ser transformada em uma função contínua na origem.

7. (Demonstração)

9. É possível, para

$$f(x,y) = \begin{cases} \left[\dfrac{(x^2 + y^2 - x^3 y^3)}{(x^2 + y^2)}\right], \text{ se } (x,y) \neq (0,0) \\ 1, \text{ se } (x,y) = (0,0) \end{cases}$$

Seção 8.4 - R^n e Funções de n variáveis: limite e continuidade - Página 319

1. Não existe o limite e, portanto, não é possível transformá-la em uma função contínua na origem.

3. Limite = 0; Pode ser transformada em uma função contínua na origem.

5. (Demonstração)

7. (Demonstração)

Se $a + b + c + d = 1$, a função-produção tem a seguinte propriedade: se todos os insumos envolvidos aumentam de uma mesma proporção k, a produção resultante também aumentará da mesma proporção k.

9. Demanda (preço R$ 500,00) = $2,2544 \times 10^{11}$;
Demanda (preço R$ 400,00) = $3,0130 \times 10^{11}$;
Produto é substituto;

$\dfrac{\partial d}{\partial p_1} = -5,86128 \cdot 10^8$

$\dfrac{\partial d}{\partial r} = 2,8180 \cdot 10^8$

$\dfrac{\partial d}{\partial i} = -1,8035 \cdot 10^8$

$\dfrac{\partial d}{\partial p_2} = 4,8845 \cdot 10^8$

A demanda é mais sensível à variação da taxa de juros.

Capítulo 9 - Diferenciação em Funções de Várias Variáveis

Seção 9.1 - Derivadas Parciais - Página 335

1. (a) $\dfrac{\partial f}{\partial x} = y + e^{(x+y)}$; $\dfrac{\partial f}{\partial x}(1,1) = 1 + e^2$;

$\dfrac{\partial f}{\partial y} = x + e^{(x+y)}$; $\dfrac{\partial f}{\partial x}(1,1) = 1 + e^2$;

(b) $\dfrac{\partial f}{\partial x} = y + z - yz \operatorname{sen}(xyz)$;

$\dfrac{\partial f}{\partial x}(1,1,2) = 3 - 2\operatorname{sen}2$

$\dfrac{\partial f}{\partial y} = x + z - xz \operatorname{sen}(xyz)$;

$\dfrac{\partial f}{\partial y}(1,1,2) = 3 - 2\operatorname{sen}2$

$\dfrac{\partial f}{\partial z} = x + y - xy \operatorname{sen}(xyz)$;

$\dfrac{\partial f}{\partial z}(1,1,2) = 2 - 2\operatorname{sen}2$

(c)
$\frac{\partial f}{\partial x} = yzwu + ye^{(z+w+u)} + \frac{1}{x+y+z+w+u}$;

$\frac{\partial f}{\partial x}(1,1,1,2,1) = \frac{13}{6} + e^4$;

$\frac{\partial f}{\partial y} = xzwu + xe^{(z+w+u)} + \frac{1}{x+y+z+w+u}$;

$\frac{\partial f}{\partial y}(1,1,1,2,1) = \frac{13}{6} + e^4$;

$\frac{\partial f}{\partial z} = xywu + xye^{(z+w+u)} + \frac{1}{x+y+z+w+u}$;

$\frac{\partial f}{\partial z}(1,1,1,2,1) = \frac{13}{6} + e^4$;

$\frac{\partial f}{\partial w} = xyzu + xye^{(z+w+u)} + \frac{1}{x+y+z+w+u}$;

$\frac{\partial f}{\partial w}(1,1,1,2,1) = \frac{7}{6} + e^4$;

$\frac{\partial f}{\partial u} = xyzw + xye^{(z+w+u)} + \frac{1}{x+y+z+w+u}$;

$\frac{\partial f}{\partial u}(1,1,1,2,1) = \frac{13}{6} + e^4$.

(d) $\frac{\partial f}{\partial x} = \ln yz + \frac{y}{x} + \frac{z}{x}$

$\frac{\partial f}{\partial x}(1,3,2) = 5 + \ln 6$

$\frac{\partial f}{\partial y} = \frac{x+z}{y} + \ln xz$

$\frac{\partial f}{\partial y}(1,3,2) = 1 + \ln 2$

$\frac{\partial f}{\partial z} = \frac{x+y}{z} + \ln xy$

$\frac{\partial f}{\partial z}(1,3,2) = 2 + \ln 3$

(e) $\frac{\partial f}{\partial x} = yzw - 2xy^2$; $\frac{\partial f}{\partial x}(1,0,1,0) = 0$

$\frac{\partial f}{\partial y} = xzw - 2yx^2$; $\frac{\partial f}{\partial y}(1,0,1,0) = 0$

$\frac{\partial f}{\partial z} = xyw + 9z^2w$; $\frac{\partial f}{\partial z}(1,0,1,0) = 0$

$\frac{\partial f}{\partial w} = xyz + 3z^3$; $\frac{\partial f}{\partial w}(1,0,1,0) = 3$

3. (Demonstração)

5. $\frac{\partial f}{\partial x} = 2xy \frac{\partial f}{\partial u} + 2y \frac{\partial f}{\partial v}$

$\frac{\partial f}{\partial y} = x^2 \frac{\partial f}{\partial u} + 2 \frac{\partial f}{\partial v}$

7. $\frac{\partial R}{\partial q_1} = 12$;

$\frac{\partial R}{\partial q_2} = 28$;

$\frac{\partial q_1}{\partial y} = 0,3$;

$\frac{\partial q_2}{\partial y} = 0,4$;

$\frac{\partial R}{\partial y} = 14,8$.

9. $\frac{\partial q}{\partial k} = -\frac{q^3 \cdot 2k + ql}{3q^2k^2 + kl}$

$\frac{\partial q}{\partial l} = -\frac{3l^2 - qk}{3q^2k^2 + kl}$

11. $\frac{\partial d_1}{\partial p_1} < 0$;

$\frac{\partial d_1}{\partial p_2} > 0$;

$\frac{\partial d_2}{\partial p_1} > 0$;

$\frac{\partial d_2}{\partial p_2} < 0$.

13. $\frac{\partial V}{\partial p_1} = \frac{kp_2}{d^n} > 0$; (O número de viajantes aumenta quando a população aumenta;)

$\frac{\partial V}{\partial p_2} = \frac{kp_1}{d^n} > 0$; (O número de viajantes aumenta quando a população aumenta;)

$\frac{\partial V}{\partial d} = -\frac{nkp_1p_2}{d^{n+1}} < 0$. (O número de viajantes diminui quando a distância entre as cidades aumenta.)

Seção 9.2 – Diferenciação – Página 344

1. $f(2.1, 1.8) \cong 0{,}0667$

3. $f(3.1, 0.9) \cong 6{,}9$

5. $z = 0$

7. $9x - 8y - z = 0$

9. Não é diferenciável na origem, mas é diferenciável nos outros pontos, pois trata-se de um quociente entre duas funções diferenciáveis.

11. Função diferenciável na origem e em R^2.

Seção 9.3 – Funções Homogêneas: a Função de Produção de Cobb-Douglas – Página 352

1. (a) Função é homogênea de grau 1;
   (b) Função não é homogênea;
   (c) Função é homogênea de grau $\frac{7}{5}$.
3. Função é homogênea de grau 1
5. (Demonstração)
7. (Demonstração)
9. $\frac{\partial p}{\partial k} = AaK^{(a-1)} l^e e^{c\left(\frac{k}{l}\right)} + AcK^a l^{b-1} e^{c\left(\frac{k}{l}\right)}$

   $\frac{\partial p}{\partial l} = AK^a b l^{b-1} e^{c\left(\frac{k}{l}\right)} - AcK^{(a+1)} l^{(b-2)} e^{c\left(\frac{k}{l}\right)}$

   $\frac{\partial p}{\partial K} > 0$

   $\frac{\partial p}{\partial l}$ depende de parâmetros

11. (Demonstração)
13. (Demonstração)

Seção 9.4 – Gradiente e Derivadas Direcionais – Página 366

1. $\nabla f(2,-1) = (4,2)$
   $\partial f/\partial u = 3\sqrt{2}$
3. $\nabla f(1,-1,1) = (3,-1,4)$
   $\partial f/\partial u = \frac{5\sqrt{3}}{3}$
5. $\nabla f(1,3,2) = \left(\frac{1}{7}, \frac{3}{7}, \frac{2}{7}\right)$
   $\partial f/\partial u = \frac{-4\sqrt{3}}{21}$
7. Um vetor possível é: $\left(\frac{(3\pi + 1)}{3}, 1\right)$
9. $\nabla f(x_0, y_0) = (7,-1)$
11. (Demonstração); Função não é contínua na origem
13. $\dfrac{\frac{\partial q}{\partial k}}{\frac{\partial q}{\partial \ell}} = -\frac{3}{350}$
15. $\left(\frac{l_0}{k_0}\right) \frac{(al_0 + ck_0)}{(bl_0 - ck_0)}$

Seção 9.5 – Aplicações – Página 376

1. $\partial R/\partial q_1 = -4q_1 - 10q_2 + 20$;
   $\partial R/\partial q_2 = -2q_2 - 10q_1 + 24$;
   $\partial L/\partial q_1 = -10q_1 - 10q_2 + 20$;
   $\partial L/\partial q_2 = -6q_2 - 10q_1 + 24$.

3. (a) Funções-demanda marginais:

   $\frac{\partial q_1}{\partial p_1} = a(-1) e^{(p_2 - p_1)}$

   $\frac{\partial q_1}{\partial p_2} = a \cdot e^{(p_2 - p_1)}$

   $\frac{\partial q_2}{\partial p_1} = b \cdot e^{(p_1 - p_2)}$

   $\frac{\partial q_2}{\partial p_2} = -b \cdot e^{(p_1 - p_2)}$

   Elasticidades diretas:

   $\varepsilon p_1 q_1(p_1, p_2) = \frac{p_1}{q_1} \cdot a(-1) e^{(p_2 - p_1)}$

   $\varepsilon p_2 q_2(p_1, p_2) = \frac{p_2}{q_2} (-b) e^{(p_2 - p_1)}$

   Elasticidades cruzadas:

   $\varepsilon p_1 q_2(p_1, p_2) = \frac{p_1}{q_2} \cdot b e^{(p_1 - p_2)}$

   $\varepsilon p_2 q_1(p_1, p_2) = \frac{p_2}{q_1} \cdot a e^{(p_2 - p_1)}$

   Como $\varepsilon p_2 q_1 > 0$ e $\varepsilon p_1 q_2 > 0$, os bens são substitutos.

   (b) Funções-demanda marginais:

   $\frac{\partial q_1}{\partial p_1} = -ap_2 \, e^{-(p_2 \cdot p_1)}$

   $\frac{\partial q_1}{\partial p_2} = -ap_1 \, e^{-(p_2 \cdot p_1)}$

   $\frac{\partial q_2}{\partial p_1} = b \cdot e^{(p_1 - p_2)}$

   $\frac{\partial q_2}{\partial p_2} = (-b) \cdot e^{(p_1 - p_2)}$

   Elasticidades diretas:

   $\varepsilon p_1 q_1(p_1, p_2) = \frac{p_1}{q_1}(-ap_2) \, e^{-(p_2 \cdot p_1)}$

   $\varepsilon p_2 q_2(p_1, p_2) = \frac{p_2}{q_2} (-b) \, e^{(p_1 - p_2)}$

Elasticidades cruzadas:

$$\varepsilon p_2 q_1(p_1,p_2) = \frac{p_2}{q_1}(-ap_1)\,e^{-(p_2,p_1)}$$

$$\varepsilon p_1 q_2(p_1,p_2) = \frac{p_1}{q_2}\,b \cdot e^{(p_1-p_2)}$$

Como $\varepsilon p_2 q_1 < 0$, mas $\varepsilon p_1 q_2 > 0$, não é possível avaliar a natureza dos bens.

(c) Funções-demanda marginais:

$$\frac{\partial q_1}{\partial p_1} = -\frac{2a}{p_1^3 p_2}$$

$$\frac{\partial q_1}{\partial p_2} = -\frac{a}{p_1^2 p_2^2}$$

$$\frac{\partial q_2}{\partial p_1} = -\frac{a}{p_1^2 p_2^2}$$

$$\frac{\partial q_2}{\partial p_2} = -\frac{a}{p_1 p_2^2}$$

Elasticidades diretas:

$$\varepsilon p_1 q_1 = \frac{p_1}{q_1} \cdot \frac{(-2a)}{p_1^3 p_2}$$

$$\varepsilon p_2 q_2 = \frac{p_2}{q_2} \cdot \left(-\frac{a}{p_1 p_2^2}\right)$$

Elasticidades cruzadas:

$$\varepsilon p_2 q_1 = \frac{p_2}{q_1}\left(-\frac{a}{p_1^2 p_2^2}\right)$$

$$\varepsilon p_1 q_2 = \frac{p_1}{q_2}\left(-\frac{a}{p_1^2 p_2}\right)$$

Como $\varepsilon p_2 q_1 < 0$ e $\varepsilon p_1 q_2 < 0$, os bens são complementares.

(d) Funções-demanda marginais:

$$\frac{\partial q_1}{\partial p_1} = -b;$$

$$\frac{\partial q_1}{\partial p_2} = +c;$$

$$\frac{\partial q_2}{\partial p_1} = +d;$$

$$\frac{\partial q_2}{\partial p_2} = -a.$$

Elasticidades diretas:

$$\varepsilon p_1 q_1 = \frac{p_1}{q_1} \cdot (-b)$$

$$\varepsilon p_2 q_2 = \frac{p_2}{q_2} \cdot (-a)$$

Elasticidades cruzadas:

$$\varepsilon p_2 q_1 = \frac{p_2}{q} \cdot c$$

$$\varepsilon p_1 q_2 = \frac{p_1}{q_2} \cdot d$$

Como $\varepsilon p_2 q_1 > 0$ e $\varepsilon p_1 q_2 > 0$, os bens são substitutos.

5. $Umg = e - xi\ (> 0)$.

O aumento do consumo de qualquer bem A_i resulta num aumento da utilidade.

7. Caminho de expansão: $y = x^2$
   Gráfico:

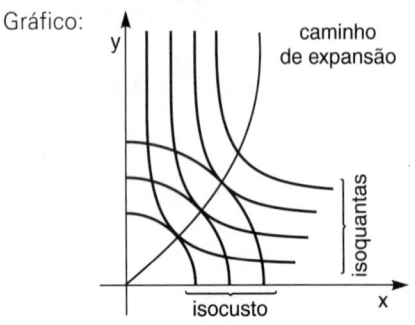

9. $TmgS = \left(\dfrac{x}{y}\right)^{n-1}$

11. Elasticidade direta: $-\dfrac{4p_1}{q_1}$

    Elasticidade cruzada: $\dfrac{8p_2}{q_1}$

13. (Demonstração)

15. (a) $\varepsilon_x f = 2$;
    $\varepsilon_y f = 1$;
    Função com elasticidade constante.

    (b) $\varepsilon_x f = \dfrac{x}{x + y + z}$;
    $\varepsilon_y f = \dfrac{y}{x + y + z}$;
    $\varepsilon_z f = \dfrac{z}{x + y + z}$;

    (c) $\varepsilon_{xi} f = p + x_i a_i$;

    (d) $\varepsilon_x f = 2$
    $\varepsilon_y f = 3$
    $\varepsilon_z f = 5$
    $\varepsilon_w f = 6$
    Função com elasticidade constante.

17. (Demonstração)

Capítulo 10 – Otimização em Funções de Várias Variáveis

Seção 10.1 – Introdução à Programação Linear – Página 387

1. $x = \dfrac{26}{7}$

$y = \dfrac{5}{7}$

$f\left(\dfrac{26}{7}, \dfrac{5}{7}\right) = \dfrac{135}{7}$

3. Valor máximo, que ocorre no ponto (4,6), é f(4,6) = 16

Valor mínimo, que ocorre no ponto (0,0), é f(0,0) = 0

5. Quantidades: 8.307,70 kg do tecido I e 4.615,39 kg do tecido II

Receita máxima = R$ 34.153,85

7. 5,42 porções de arroz e 5 porções de peixe

9. 80 computadores B e 40 computadores S, para um lucro máximo de R$ 1.800,00

11. 10 casacos, 30 vestidos e 40 blusas, para um lucro máximo de R$ 1.080,00

Seção 10.2 – Máximos e Mínimos Não-Condicionados – Página 411

1. Pontos críticos: (0,0) e (1,1);

Ponto de mínimo local: (1,1);

Ponto de máximo local: não há.

3. Pontos críticos: (0,k), (k,0), $\left(\dfrac{2 - 4\sqrt{7}}{3}, 4 + \sqrt{7}\right)$, $\left(\dfrac{2 + 4\sqrt{7}}{3}, 4 - \sqrt{7}\right)$;

Ponto de mínimo local: não há;

Ponto de máximo local: $\left(\dfrac{2 + 4\sqrt{7}}{3}, 4 - \sqrt{7}\right)$.

5. Ponto crítico: (1, 2, 3);

Ponto de mínimo local: não há;

Ponto de máximo local: (1, 2, 3).

7. Ponto crítico: $\left(1, 1, \dfrac{1}{2}\right)$;

Ponto de mínimo local: não há;

Ponto de máximo local: não há.

9. Pontos críticos: (0,0) e (1,1);

Ponto de mínimo local: (1,1);

Ponto de máximo local: não há.

11. Pontos críticos: (0,0) e (−18,6);

Ponto de mínimo local: não há;

Ponto de máximo local: não há.

13. Mínimo global = $-\dfrac{1}{2} e^{-1}$;

Máximo global = $\dfrac{1}{2} e^{-1}$;

Pontos de mínimo global: $\left(-\sqrt{\dfrac{2}{2}}, \sqrt{\dfrac{2}{2}}\right)$ e $\left(\dfrac{\sqrt{2}}{2}, -\sqrt{\dfrac{2}{2}}\right)$;

Pontos de máximo global: $\left(\sqrt{\dfrac{2}{2}}, \sqrt{\dfrac{2}{2}}\right)$ e $\left(-\dfrac{\sqrt{2}}{2}, -\sqrt{\dfrac{2}{2}}\right)$.

15. R$ 100 mil em propagandas em televisão e R$ 133,33 mil em propagandas em revistas

17. $L_{máx}$ = R$ 26,47

19. p_a = R$ 6,00/kg; p_b = R$ 1,60/kg

21. x = 3; y = 6; U (3,4) = 18

23. p_m = R$ 1,00/lata; p_b = R$ 0,50/lata

25. a = 15/16; b = −1/16

Seção 10.3 – Otimização Condicionada a Igualdades: Multiplicadores de Lagrange – Página 434

1. Máximo: $f\left(\sqrt{\dfrac{2}{2}}, \sqrt{\dfrac{2}{2}}\right) = \sqrt{2}$

Mínimo: $f\left(-\sqrt{\dfrac{2}{2}}, -\sqrt{\dfrac{2}{2}}\right) = -\sqrt{2}$

3. Não há pontos de valor máximo, nem de mínimo.

5. Máximo:

$f\left(\dfrac{12\sqrt{117}}{117}, \dfrac{27\sqrt{117}}{117}\right) = \dfrac{39\sqrt{117}}{117}$;

Mínimo:

$$f\left(\frac{-12\sqrt{117}}{117}, \frac{-27\sqrt{117}}{117}\right) = \frac{-39\sqrt{117}}{117};$$

7. Mínimo: $f\left(\frac{m}{4}, \frac{m}{2}\right) = \frac{m^2}{8}$

9. $a = 5$; $b = 10$; $c = 15$

11. Gráfico:

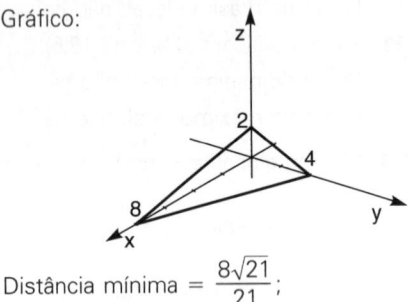

Distância mínima = $\frac{8\sqrt{21}}{21}$;

13. Máximo $f\left[\frac{m}{p\left(1+\frac{b}{a}\right)}\right], \frac{bm}{a+b}$

15. $x = 47,5$ unidades; $y = 95$ unidades

17. Combinação de insumos para produção de 32 unidades: $x = 4/3$; $y = 0,5$

Combinação de insumos a um custo fixo de 70 unidades: $x = 20/3$; $y = 5/4$

19. Máximo: $f(2\sqrt{n}, 2\sqrt{n}, ..., 2\sqrt{n}) = 2\sqrt{n}$
Mínimo: $f(-2\sqrt{n}, -2\sqrt{n}, ..., -2\sqrt{n}) = -2\sqrt{n}$

Seção 10.4 – Otimização Condicionada a Desigualdades: Condições de Kuhn-Tucker – Página 445

1. Máximo: $f(0, 2) = f(0, -2) = 8$
Mínimo: $f(0, 0) = 0$

3. Não há ponto máximo, nem mínimo

5. Máximo: $f\left(\sqrt{\frac{2}{2}}, \frac{1}{2}\right) = f\left(-\sqrt{\frac{2}{2}}, -\frac{1}{2}\right) = \sqrt{\frac{2}{4}}$

Mínimo: $f\left(0, \sqrt{\frac{2}{2}}\right) = f\left(0, -\sqrt{\frac{2}{2}}\right) = 0$

7. Máximo: $\frac{25 - 2a}{2a}$

9. Valise de volume máximo terá dimensões 45cm x 45cm x 45cm

11. $x = \frac{7}{2}$; $y = \frac{9}{4}$

13. 100 caixas de quiabo; 100 caixas de repolho; 200 caixas de alface

15. $x = \frac{15}{2}$; $y = 0$

Bibliografia

ADAMS, R. A., *Calculus: a Complete Course*, Don Mills, Ontário: Addison Wesley, 1995

ALLEN, R. G. D., *Análise Matemática para Economistas*, Rio de Janeiro: Editora Fundo de Cultura, 1960

ANTHONY, M. & BIGGS, N., *Mathematics for Economics and Finance: Methods and Modelling*, Cambridge: Cambridge University Press, 1996

APOSTOL, T. M., *Calculus*, Nova York: Blaisdell Publishing Company, 1961

ARCHIBALD, G. C. & LIPSEY, R. G., *Tratamento Matemático da Economia*, Rio de Janeiro: Zahar, 1978

ARCHINARD, G. & GUERRIEN, B., *Principes Mathématiques pour Économistes*, Paris: Economica, 1992

ÁVILA, G., *Cálculo*, Rio de Janeiro: Livros Técnicos e Científicos, 1986

BALDANI, J., BRADFIELD, J. & TURNER, R., *Mathematical Economics*, Fort Worth: Dryden Press, 1996

BARNETT, RAYMOND A., *Calculus for Management, Life and Social Sciences*, 2ª edição, São Francisco, Califórnia: Dellen Publishing Company, 1981

CARVALHO E SILVA, J., *Princípios de Análise de Matemática Aplicada*, Lisboa: McGraw-Hill, 1994

CHIANG, A., *Matemática para Economistas*, São Paulo: McGraw-Hill, 1982

COURANT, R., *Differential and Integral Calculus*, Nova York: Wiley Interscience, 1970

CROWDIS, G. D., SHELLEY, S. M. & WHEELER, B. W., *Calculus for Business, Biology, and the Social Sciences*, Londres: Glencoe Publishing CO, 1979

GOLDSTEIN, LAY, SCHNEIDER, *Calculus and its Applications*, 7ª edição, Upper Saddle River, Nova Jersey: Prentice Hall, 1996

GUIDORIZZI, H. L., *Um Curso de Cálculo*, 2ª edição, São Paulo: Livros Técnicos e Científicos, 1987

HAEUSSLER JR., E. F. & PAUL, R. S., *Introductory Mathematical Analysis for Business, Economics, and the Life and Social Sciences*, 8ª edição, Upper Saddle River, Nova Jersey: Prentice Hall, 1996

HAHN, A. J., *Basic Calculus: From Archimedes to Newton, its Role in Science*, Nova York: Springer, 1998

HAIRER E. & WANNER, G., *Analysis by its History*, Nova York: Springer, 1995

HOFFMANN, L. D., *Cálculo: um curso moderno e suas aplicações*, Rio de Janeiro: Livros Técnicos e Científicos, 1990

HUGHES-HALLET, D. & GLEASON, A. M., *Calculus*, Nova York: John Wiley & Sons, 1994

LEITHOLD, L., *O Cálculo com Geometria Analítica*, São Paulo: Harbra, 1994

McCALLUM, W. G., HUGHES-HALLETT, D. & GLEASON, A. M., *Cálculo de Várias Variáveis*, São Paulo: Edgard Blücher, 1997

MEDEIROS DA SILVA, S., *Matemática para cursos de Economia, Administração e Ciências Contábeis*, São Paulo: Atlas, 1996

MORGAN, F., *Calculus Lite*, Wellesley: A . K. Peters, 1997

PINHO, D. B. & VASCONCELLOS, M. A. S. (org.), *Manual de Economia*, São Paulo: Saraiva, 1998

SALAS, S. L. & HILLE, E., *Calculus: Einführung in die Differential und Integralrechnung*, Heildelberg: Spektrum, 1994

SANDRONI, P., *Novo Dicionário de Economia*, São Paulo: Editora Best Seller, 1994

SIMMONS, G. F., *Calculus with Analytic Geometry*, Nova York: Mc Graw-Hill, 1985

SYDSAETER, K. & HAMMOND, P. J., *Mathematics for Economic Analysis*, Upper Saddle River, Nova Jersey: Prentice Hall, 1995

VASCONCELLOS, M. A. S. & GARCIA, M. E., *Fundamentos de Economia*, São Paulo: Saraiva, 1998

VERAS, L. L., *Matemática Aplicada à Economia*, São Paulo: Atlas, 1995

WEBER, J. E., *Matemática para Economia e Administração*, São Paulo: Harbra, 1976

WHIPKEY, K. L., & WHIPKEY, M. N., *Introducción al Cálculo en Administración y Ciencias Sociales*, México: Limusa, 1976